D1664430

# Deutsch-russische Wirtschaftsbeziehungen 1906—1914

Quellen
und Studien zur Geschichte
Osteuropas

Begründet von
Eduard Winter

Neue Folge

Herausgegeben
vom Institut
für Allgemeine Geschichte
Berlin

Band XXIX

# Deutsch-russische Wirtschaftsbeziehungen 1906–1914 Dokumente

Herausgegeben und eingeleitet
von
Heinz Lemke

Akademie-Verlag Berlin

ISBN 3-05-000968-3
ISSN 0079-9114

Erschienen im Akademie-Verlag Berlin, Leipziger Str. 3—4, Berlin, O-1086

Printed in Germany
Gesamtherstellung:
Druckhaus „Thomas Müntzer“ GmbH, O-5820 Bad Langensalza
Lektor: Regina Thurner
Einbandgestaltung: Eckhard Steiner
LSV 0255
Bestellnummer: 755 120 5 (2087/29)

# Inhalt

# Abkürzungsverzeichnis

| | |
|---|---|
| AA | Auswärtiges Amt |
| Abteilung II des AA | Handelspolitische Abteilung |
| Abteilung III b des AA | Rechtsabteilung |
| AVPR | Archiv vnešnej politiki Rossii Moskau |
| CGIA | Central'nyj gosudarstvennyj istoričeskij archiv SSSR Leningrad |
| GORR | Geheimer Oberregierungsrat |
| GP | Die Große Politik der Europäischen Kabinette |
| PA Bonn | Politisches Archiv des Auswärtigen Amtes, Bonn |
| RdI | Reichsamt des Innern |
| Abteilung II des RdI | |
| Abteilung III des RdI | |
| StS | Staatssekretär |
| UStS | Unterstaatssekretär |
| ZStAP | Zentrales Staatsarchiv Potsdam (jetzt Bundesarchiv, Abteilungen Potsdam) |

# Einleitung

Anliegen der vorliegenden Dokumentenveröffentlichung über die deutsch-russischen Wirtschaftsbeziehungen vom Inkrafttreten des Handelsvertrages zwischen beiden Ländern am 1. Mai 1906 bis zum Ausbruch des ersten Weltkrieges ist u. a., es der Forschung zu erleichtern, den Stellenwert ökonomischer Faktoren, d. h. insbesondere der sich aus wirtschaftlichen Anlässen ergebenden Zerwürfnisse und Auseinandersetzungen, für die Gesamtentwicklung der deutsch-russischen Beziehungen in dem behandelten Zeitraum genauer als bisher zu bestimmen. Die Publikation soll daher nach der Intention des Herausgebers in einem wichtigen Teilbereich einen Beitrag zur Erforschung der Wechselwirkung von Politik und Ökonomie in den zwischenstaatlichen Beziehungen leisten und damit die komplexen Ursachen imperialistischer Gegensätze und Konflikte in den Jahren vor 1914 erhellen helfen. Am eindrucksvollsten wird dieses Ineinandergreifen zweifellos durch die Dokumente aus dem Jahre 1914 belegt. Einschränkend sei jedoch bemerkt, daß an Hand des in diesem Band veröffentlichten Materials sich die Verflochtenheit politischer und ökonomischer Reibungsflächen nicht allzu häufig unmittelbar nachweisen läßt, in der Regel setzt das Aufzeigen dieser Zusammenhänge eine eingehende Kenntnis des politischen Geschehens voraus, wobei die einschlägigen Bände der „Großen Politik der Europäischen Kabinette" und, soweit sie erschienen sind, der „Internationalen Beziehungen im Zeitalter des Imperialismus", der Aktenreihe, in der die Dokumente des russischen Ministeriums für auswärtige Angelegenheiten vor 1917 veröffentlicht sind, von erheblichem Nutzen sein können.

Die ökonomische Komponente der zwischenstaatlichen Beziehungen besaß aber auch ihr Eigengewicht. Ausfuhrverbote und Einfuhrsperren, die Nichtzulassung bzw. die Behinderung der Zulassung russischer Anleihen und anderer Wertpapiere auf dem deutschen Markt sowie das beiderseits praktizierte plötzliche Zurückziehen erheblicher Geldmittel aus dem Nachbarstaat, aber auch eine mit dem Text des Handelsabkommens vielleicht noch zu vereinbarende, nach der Interpretation der betroffenen Seite jedoch mit dem vielberufenen „Geist des Vertrages" im Widerspruch stehende einseitige gegen den Handelspartner verfügte Verschlechterung der terms of trade trugen nicht nur zur Verschärfung bereits vorhandener politischer Spannungen bei, sondern konnten auch Ressentiments erzeugen, die, von einem Teil der inneren Ressorts und breiten Geschäftskreisen mitgetragen, das Verhältnis beider Staaten zueinander insgesamt stark belasteten und in offene Gegnerschaft umschlagen konnten. Allerdings ist nicht zu verkennen, daß die Bahnen der politischen und ökonomischen Beziehungen nicht immer parallel zueinander verliefen und zeitweise erheblich divergierten.

Die genannte Zielstellung bedingt auch die fast ausnahmslose Beschränkung auf Dokumente staatlichen Ursprungs. Bestimmte Aspekte der deutsch-russischen Wirtschaftsbeziehungen sind daher relativ breit, andere hingegen weit weniger ausführlich dokumentiert.

Abgesehen von den großen Finanztransaktionen wurden für amtliche Vertreter sowohl Deutschlands als auch Rußlands ökonomische Belange in der Regel erst dann Gegenstand der Berichterstattung bzw. Anlaß, sich bei den Regierungen in Berlin und St. Petersburg zu beschweren, wenn heimische Interessenten sie ersuchten, ihre Anliegen gegenüber der fremden Regierung — berechtigt oder unberechtigt — zu unterstützen. Unterblieben derartige Schritte der Interessenten, was meistens darauf hindeutete, daß sich der Wirtschaftsverkehr auf dem betreffenden Gebiet reibungslos vollzog, spiegeln sich die entsprechenden Bereiche der beiderseitigen Handelsbeziehungen, abgesehen von Berichten, in denen amtliche Vertreter einen Gesamtüberblick zu geben suchten, im konsularischen und diplomatischen Schriftwechsel nur sporadisch wider.

Die Aufnahme verhältnismäßig zahlreicher Berichte, in denen amtliche Vertreter Deutschlands, in erster Linie der Generalkonsul in St. Petersburg Max Biermann (1856—1923) und der Konsul und spätere Generalkonsul in Moskau Wilhelm Kohlhaas (1868—1914), aus verschiedenen Anlässen die wirtschaftliche Gesamtlage Rußlands zu analysieren und nicht selten die zukünftige Entwicklung vorauszusehen suchten, erscheint angebracht; formten doch diese Berichte in einem nicht unwesentlichen, im einzelnen allerdings schwer zu bestimmenden Ausmaß das Bild mancher deutscher Interessentenkreise von den Möglichkeiten, die Rußland als Handelspartner und Investitionsgebiet in Gegenwart und Zukunft zu bieten schien. Einzelne dieser Berichte wurden in den Publikationen des Reichsamts des Innern, wie „Deutsches Handelsarchiv", „Nachrichten für Handel und Industrie" und „Berichte über Land- und Forstwirtschaft im Ausland" publiziert — allerdings unter Ausklammerung von Passagen, deren Veröffentlichung aus den unterschiedlichsten Gründen Bedenken hervorrief. Reichsämtern und preußischen Ministerien wurden vom Auswärtigen Amt jedoch in der Regel auch andere Berichte, darunter auch die in diesem Band veröffentlichten, zur Verfügung gestellt und von den inneren Ressorts den interessierten Geschäftskreisen in Deutschland häufig mit dem Vermerk „Vertraulich" zur Kenntnis gebracht.

Die Konsulate in St. Petersburg und Moskau, die beiden wichtigsten deutschen Wirtschaftsvertretungen in Rußland, schöpften ihr Wissen über die ökonomischen und finanziellen Verhältnisse des östlichen Nachbarlandes und über deren voraussichtliche Entwicklung aus unterschiedlichen Quellen; da die Frage, inwieweit Biermanns und Kohlhaas' Beurteilung der deutsch-russischen Wirtschaftsbeziehungen und ihrer Perspektiven auf einer realen Grundlage beruhte, nur unter Berücksichtigung der ihnen zu Verfügung stehenden Informationsmöglichkeiten beantwortet werden kann, erscheint es angebracht, auf diese näher einzugehen. Beide Konsuln erfuhren über nichtamtliche deutsch-russische Wirtschaftsverhandlungen nicht alles, auch wenn die Unterredungen in Petersburg und Moskau stattfanden; das geht aus ihrer eigenen Berichterstattung hervor. Wiederholt wiesen sie darauf hin, daß deutsche Geschäftsleute die Konsulate nicht aufsuchten und diese über derartige Verhandlungen mit russischen Behörden und Firmen nichts erfuhren.[1] Auch vom Botschafter Graf Pourtalès sind derartige Äußerungen überliefert. Dabei handelt es sich meistens um Angelegenheiten, denen große ökonomische Bedeutung zukam. Neben dem Bestreben deutscher Interessenten, die bevorstehenden Geschäftsabschlüsse geheim zu halten, wurde eine derartige Zurückhaltung damit begründet, daß man in den Verhandlungen mit russischen Behörden und Unternehmen alles vermeiden wollte, was den Anschein einer Rückendeckung durch offizielle deutsche Vertretungen erwecken könnte, denn dies hätte nach Ansicht der deutschen Unterhändler die Aussichten für einen erfolgreichen Geschäftsabschluß verringert. Die angeführte Begründung ist für die Haltung russischer hoher Beamter und Vertreter der Wirtschaft dem amtlichen Deutschland gegenüber recht auf-

1 Vgl. Dok. Nr. 82, 85 u. 89.

schlußreich. Franzosen und Engländer, aber auch Angehörige anderer Nationen, hegten derartige Befürchtungen offensichtlich nicht.

Es wäre aber zweifellos unrichtig, solche Feststellungen deutscher Diplomaten und Konsuln zu verallgemeinern und ihnen zu große Bedeutung beizumessen. Sie trafen alles in allem doch nur für eine, wenn auch gewichtige Minderheit deutscher Industrieller, Kaufleute, Finanziers und Vertreter von Wirtschaftsverbänden zu; und nur solange es nach dem Vertragsabschluß mit den jeweiligen russischen Partnern nicht zu Unstimmigkeiten kam, wurden doch zu deren Beilegung häufig die amtlichen Vertretungen einbezogen. Derartige Zerwürfnisse bei Geschäften, die ohne Kenntnis der Botschaft oder der Konsulate eingeleitet wurden, ergaben sich gar nicht so selten. Insgesamt wird man daher auch die Informationen, die sich in Rußland zeitweise aufhaltende Kaufleute und Techniker den Vertretungen übermittelten, nicht gering einschätzen dürfen.

Die Motive, die für die Zurückhaltung vieler nach Petersburg reisender deutscher Unternehmer und Kaufleute gegenüber den dortigen amtlichen deutschen Vertretungen ausschlaggebend waren, erklären zur Genüge, warum zwischen dem Generalkonsulat und russischen Wirtschaftskreisen nur lose Kontakte bestanden. Biermann bedauerte dies.[2] Gelegentliche Unterredungen mit namhaften Vertretern russischer Unternehmerverbände, wie etwa mit dem Präsidenten des Petersburger Börsenkomitees A. J. Prozorov und dem Präsidenten des Fabrikantenvereins E. L. Nobel,[3] konnten fehlende ständige Verbindungen zu führenden Männern der russischen Wirtschaftsverbände, die nach der Revolution 1905/06 gegründet wurden bzw. an Bedeutung gewannen, nur unzulänglich ersetzen. Biermann betonte jedoch wiederholt, daß ungeachtet der in russischen Handels- und Unternehmerkreisen verbreiteten nationalistischen Tendenzen und deutschfeindlichen Stimmungen für den einzelnen russischen Industriellen und Kaufmann beim Bezug von Waren aus dem Ausland nicht politische Sympathien, sondern Preis, Zahlungsbedingungen und Qualität den Ausschlag gaben und daß eine Benachteiligung des deutschen Exports daher nicht zu befürchten war. Die Entwicklung der deutschen Ausfuhr vor 1914 nach Rußland bestätigte diese Ansicht.

Eine weitere wichtige Nachrichtenquelle für das Generalkonsulat waren in Rußland lebende vermögende deutsche Kaufleute, Unternehmer und Ingenieure — sowohl Reichsangehörige als auch russische Staatsbürger. Der persönliche Umgang der Konsuln beschränkte sich weitgehend auf diese Kreise. Daß Staatsangehörige deutscher Bundesstaaten, wenn ihre Geschäfte größeren Umfang erreichten, mit amtlichen Vertretern des Reichs möglichst gut auszukommen suchten, war selbstverständlich. Soweit es sich bei diesem Personenkreis um Importeure deutscher Waren handelte, ergab sich bereits aus den fast ständigen, in den Dokumenten dieses Bandes nur gelegentlich erwähnten Auseinandersetzungen mit russischen Zollbehörden über die Tarifierung der eingeführten Waren nur allzu häufig die Notwendigkeit, die Unterstützung der Konsuln zu beanspruchen. Und es war schon nicht unwichtig, ob diese die Anlegenheit nur routinemäßig behandelten, oder sich mit Engagement, unter Ausnutzung persönlicher Beziehungen zu den zuständigen russi-

2 Bericht Biermanns, 28. 10. 1907: Das Komitee für die 1908 geplante internationale kunstgewerbliche Ausstellung in Petersburg beabsichtigt, ihn zum Ehrenmitglied des Komitees zu ernennen. Falls eine größere deutsche Beteiligung an der Ausstellung vorgesehen sei, scheint ihm die Annahme des Vorschlages erwünscht.
Er fände dadurch „gute Gelegenheit, mit angesehenen Russen, die in mehr oder weniger engen Beziehungen zu Handel und Industrie stehen, in persönliche Berührung zu kommen. Solche Gelegenheiten finden sich hier nicht allzuhäufig." ZStAP, AA 2059.

3 Biermann an Pourtalès 8. 3. 1911, ebenda 3576.

schen Beamten für den vermeintlichen oder tatsächlich Geschädigten einsetzten. Als Sachverständige für viele Fragen waren diese im praktischen Wirtschaftsleben tätigen Männer, die mit zahlreichen russischen Geschäftspartnern Beziehungen unterhielten, von großem Wert.

Russische Staatsangehörige deutscher Nationalität hielten sich insgesamt in den Beziehungen mit amtlichen deutschen Vertretungen aus naheliegenden Gründen stärker zurück; zwischen ihnen, die häufig gleichfalls Geschäfts- und persönliche Verbindungen mit Deutschland unterhielten, und in Rußland lebenden Reichsangehörigen — Unternehmern und Großkaufleuten — waren jedoch teilweise die Übergänge fließend. Dazu trugen Heiraten bei und die Annahme der russischen Staatsbürgerschaft — häufig allerdings beschränkt auf ein Mitglied der Unternehmerfamilien —, der Wechsel der Staatsbürgerschaft kam übrigens in diesem Ausmaß unter Geschäftsleuten, Unternehmern und Angehörigen der technischen Intelligenz anderer Nationen in Rußland nicht vor. Insgesamt ermöglichten diese direkten und Querverbindungen die Konsuln, auch über russische Staatsbürger deutscher Nationalität, die vermögenden Geschäftskreisen angehörten, wertvolle Auskünfte über das Wirtschaftsleben zu erlangen.

Darüber hinaus gewährten in St. Petersburg und Moskau die in Hauptstädten allgemein üblichen Kontakte der Konsuln der einzelnen Länder zueinander den fremden Vertretungen insgesamt einen tieferen Einblick in die ökonomische Lage und die Entwicklung Rußlands, als es nur durch eigene Beobachtungen und Erfahrungen möglich gewesen wäre. Allerdings muß hier einschränkend gesagt werden, daß es zwischen deutschen und französischen Konsuln, die über einzelne Bereiche der russischen Volkswirtschaft besser als die anderer Länder unterrichtet waren, kaum zu vertraulichen Unterredungen kam.

Demgegenüber kam den wenigen Korrespondenten deutscher Zeitungen in Rußland als Vermittlern von Nachrichten über ökonomische Vorgänge keine größere Bedeutung zu. Auch in deren Berichterstattung spielten, von Ausnahmen abgesehen, Wirtschaftsangelegenheiten nur eine untergeordnete Rolle. Wie aus den Dokumenten dieses Bandes hervorgeht, widersetzte sich Biermann gewissen Aktivitäten einzelner Korrespondenten sehr nachdrücklich, so in erster Linie den Bemühungen des Berichterstatters der „Täglichen Rundschau“ M. T. Behrmann, in St. Petersburg eine deutsch-russische Handelskammer zu errichten. Schwierig zu beurteilen ist, in welchem Ausmaß dienstliche Unterredungen konsularischer Vertreter mit russischen Beamten als zusätzliche Informationsquelle dienten, weil aus Gründen der Diskretion in der Berichterstattung nur sehr zurückhaltend darauf eingegangen wurde. Gelegentlich begegnen wir jedoch solchen Hinweisen — auch in den Dokumenten dieses Bandes. Eine derartige wertvolle Informationsquelle, wie sie dem ersten Sekretär an der Botschaft in St. Petersburg und zeitweiligen Geschäftsträger von Lucius in der Person des Leiters der Besonderen Kanzlei des russischen Finanzministeriums Davydov zur Verfügung stand, besaß das Petersburger Generalkonsulat nicht. Davydovs Offenheit gegenüber Lucius war übrigens durchaus zweckbestimmt; der Russe suchte nicht ohne Erfolg über den Diplomaten in Deutschland verbreitete und der zaristischen Regierung schädlich erscheinende Vorstellungen von der Finanzlage Rußlands und von manchen Maßnahmen des zaristischen Finanzministeriums zu berichtigen.[4]

Abschließend sei noch auf die eingehende Durchsicht der einschlägigen russischen Zeitungen und anderer Publikationen hingewiesen, wobei auf die vom Finanzministerium herausgegebene offiziöse „Torgovaja gazeta“ (Handelszeitung) in der Berichterstattung am häufigsten Bezug genommen wurde. Im Petersburger Generalkonsulat, das über einen relativ umfangreichen Mitarbeiterstab verfügte, war die gründliche Auswertung der Presse

4 Vgl. Dok. Nr. 347.

über Jahre hinweg ein wichtiges Mittel, die für die deutsch-russischen Wirtschaftsbeziehungen wesentlichen Fragen systematisch zu verfolgen.[5]

Da die Angehörigen des Konsulardienstes in der Regel auf ihren Posten in Rußland über einen längeren Zeitraum verblieben, konnten sie sich mit den ökonomischen Problemen des Zarenreichs besser vertraut machen als etwa die Botschaftssekretäre. Biermann war seit November 1905 bis zum Ausbruch des ersten Weltkrieges Generalkonsul in St. Petersburg, Kohlhaas wurde 1899 an das Generalkonsulat in St. Petersburg entsandt, 1904 erfolgte seine Ernennung zum Konsul in Moskau, wo er seit Ende Mai 1912 als Generalkonsul bis Ende März 1914 amtierte, um dann zur Bearbeitung vorwiegend russischer Angelegenheiten in die Handelspolitische Abteilung des Auswärtigen Amtes einberufen zu werden. Auch Konsuln in weniger exponierter Stellung, von denen einzelne Berichte in diesem Bande veröffentlicht sind, taten während all dieser Jahre Dienst im Russischen Reich, wenn auch nicht immer auf dem gleichen Posten. Genannt seien Wilhelm Ohnesseit, zuletzt Generalkonsul in Odessa, der spätere Botschafter in Moskau Graf von der Schulenburg, in den Vorkriegsjahren Konsul in Tiflis, und Stobbe, der 1911 zum ersten deutschen Konsul in Vladivostok ernannt wurde. Das Belassen der Konsuln über Jahre hinweg in einem Land entsprach damals bereits allgemeinen Richtlinien des Auswärtigen Amts, Rußland nahm in dieser Hinsicht keine Sonderstellung ein. Die regionale Spezialisierung der Konsuln trug dazu bei, daß ein Teil von ihnen nach einigen Jahren die Landessprache beherrschte und in Situationen, in denen die Kenntnis des Russischen unerläßlich war, nicht mehr ausschließlich auf die Hilfe von Dolmetschern angewiesen war. In einzelnen Punkten knüpfte die nach der Novemberrevolution durchgeführten Schülerische Reform des Auswärtigen Amtes[6] an die bereits in den Vorkriegsjahren geübte Praxis an.

Die Konsuln waren ihrer Ausbildung nach durchgehend Juristen. Mit praktischen Wirtschaftsfragen kamen sie in der Regel erst im Ausland in Berührung. Bei dem Umfang des deutsch-russischen Wirtschaftsaustausches kam ökonomischen Angelegenheiten in ihrer Tätigkeit an den einzelnen Konsulaten zwar nicht überall die gleiche, insgesamt aber doch hervorragende Bedeutung zu. Der mehrjährige Aufenthalt in Rußland und das lange Verbleiben auf ihren jeweiligen Posten, die ja hinsichtlich des deutsch-russischen Warenverkehrs nicht geringe Besonderheiten aufwiesen, ermöglichten es ihnen, verläßlichere Auskünfte deutschen Interessenten zu erteilen, als wenn sie in Rußland nur wenige Jahre verblieben wären. Was ihr ökonomisches Wissen anging, waren sie wohl alles in allem, zumindest in Rußland, besser als ihr Ruf, den sie in den am Export nach und am Import aus Rußland interessierten Wirtschaftskreisen sowie in der durch diese beeinflußten Presse und im Reichstag hatten. Ausnahmen kamen vor. So ist die Berichterstattung des langjährigen Leiters des Generalkonsulats Warschau, des Freiherrn von der Brück, über die ökonomische Lage im Königreich Polen und dessen doch so rege Wirtschaftsbeziehungen zu Deutschland nicht anders als dürftig zu bezeichnen. Für den Verbleib des Generalkonsuls auf dem Warschauer Posten gaben offensichtlich andere Erwägungen den Ausschlag.

Daß der Konsul auch nach langjährigem Aufenthalt an einem Ort in Rußland häufig nicht in der Lage war, in ökonomischen Spezialfragen ohne Hinzuziehen von Fachleuten erschöpfende Auskünfte zu erteilen, kann unter den gegebenen Umständen nicht weiter verwundern; in vielen Fällen war daher entscheidend, ob er im Laufe der Zeit mit sachkundigen Persönlichkeiten des örtlichen bzw. regionalen Wirtschaftslebens derartige Beziehungen anzuknüpfen verstand, um ihre Erfahrung zu nutzen und sie zu Rate zu ziehen.

5 Vgl. Dok. Nr. 1.

6 Vgl. Kurt Doß, Das deutsche Auswärtige Amt im Übergang vom Kaiserreich zur Weimarer Republik. Die Schülersche Reform, Düsseldorf 1977.

Die damit verbundene Verzögerung bei der Auskunftserteilung mußte in Kauf genommen werden.

Die Präponderanz des Generalkonsulats in St. Petersburg bei der Behandlung deutsch-russischer Wirtschaftsangelegenheiten konnte durch die ihm beigegebenen Handels- und Landwirtschaftssachverständigen — ein Entgegenkommen des Auswärtigen Amts gegenüber der öffentlich laut gewordenen, vorhin erwähnten Kritik an der Kompetenz der Konsuln in Wirtschaftsfragen — bis zum Ausbruch des ersten Weltkrieges nicht gefährdet werden. Obwohl die Handelssachverständigen zu den laufenden Arbeiten des Generalkonsulats nicht herangezogen wurden und dem Auswärtigen Amt direkt berichteten, waren sie doch verpflichtet, dem Generalkonsulat angeforderte Auskünfte über Wirtschaftsangelegenheiten schriftlich zu erteilen. Biermann setzte diese Regelung nach einer heftigen Auseinandersetzung mit dem Handelssachverständigen Otto Göbel Mitte 1906 durch, nachdem das Auswärtige Amt seinen Standpunkt gebilligt hatte.[7] Der Generalkonsul versah zuweilen die seiner Ansicht nach zu theoretische, praktische Bedeutung entbehrende Tätigkeit der Handelssachverständigen mit ironischen Kommentaren. In der Handelspolitischen Abteilung neigte man in derartigen Fällen häufig zu Recht dazu, auf den „Praktiker“ und nicht auf den „Außenseiter“ zu hören. Es war auch nicht ohne Belang, daß die Handels- und anderen Sachverständigen keine Beamten waren und nach Ablauf ihrer auf einige Jahre begrenzten Verträge aus dem Dienst des Auswärtigen Amts ausschieden.

In welchem Maße beeinflußten Biermann und Kohlhaas die deutsche Wirtschaftspolitik gegenüber Rußland? Ohne die Tendenz ihrer Berichterstattung hier eingehend zu analysieren, sei auf zwei ihrer in dieser Veröffentlichung verhältnismäßig gut dokumentierten gewichtigen Stellungnahmen hingewiesen. Als der Staatssekretär des Auswärtigen Amts von Tschirschky nach dem russisch-englischen Abkommen vom 30. August 1907 deutsche Kapitalinvestitionen in Rußland zu fördern erwog und in dieser Richtung auch erste, allerdings nicht allzu konsequente Schritte unternahm, trugen Biermanns und Kohlhaas' negative, den politischen Aspekt weitgehend außer acht lassende gutachtliche Äußerungen mit dazu bei, daß das Vorhaben bereits im Ansatz steckenblieb. Beide Konsuln beurteilten zu diesem Zeitpunkt die wirtschaftliche Lage Rußlands und deren zukünftige Entwicklung äußerst skeptisch. Die bald darauf einsetzende Stabilisierung nahmen zwar beide wahr, hatten jedoch den 1909 in Rußland einsetzenden, durch eine Reihe außergewöhnlich guter Ernten in den nächsten Jahren geförderten Wirtschaftsaufschwung nicht erwartet. Die Konjunkturbelebung überraschte allerdings auch, das sollte nicht übersehen werden, viele andere ausländische und auch russische Wirtschaftsexperten.

Biermann und Kohlhaas waren jedoch bestrebt, die deutsch-russischen Wirtschaftsbeziehungen nicht durch auf falschen Voraussetzungen beruhende, wenig durchdachte Maßnahmen zu erschweren und ließen sich nicht von der Handelspolitischen Abteilung Auffassungen suggerieren, sondern bewahrten ihren eigenen Standpunkt. Diese Haltung erklärt auch ihre Reaktion im Jahre 1913 auf den in Berlin entworfenen Plan, den deutschen Markt für alle Emissionen russischer Wertpapiere zu sperren. Es war auf ihren entschiedenen Widerspruch zurückzuführen, daß dieses Vorhaben von Berlin aus nicht weiter verfolgt wurde.

Den konsularischen Vertretungen waren im Verkehr mit russischen Behörden verhältnismäßig enge Grenzen gesteckt. Das Generalkonsulat in Petersburg durfte sich in bestimmten Zollsachen unmittelbar an die zuständigen Petersburger Dienststellen wenden und gewisse Angelegenheiten, denen teilweise auch wirtschaftliche Bedeutung zukam, wie die der jüdischen Handlungsreisenden, mit dem zaristischen Innenministerium regeln. Alle anderen Anliegen mußten auf diplomatischem Wege, also über die Botschaft, der russischen Re-

7 Bericht Biermanns, 4. 5. 1906; Erlaß Koerners an Goebel, 17. 7. 1906, ZStAP, AA 3248.

gierung zur Kenntnis gebracht werden. Dies entsprach den allgemein üblichen Normen des Völkerrechts. Dem Botschafter bzw. dem Geschäftsträger blieb es ferner überlassen, mit russischen Regierungsmitgliedern, in erster Linie mit dem Außen- und dem Finanzminister, strittige Fragen des deutsch-russischen Wirtschaftsverkehrs zu erörtern und deutsche schriftliche Proteste und Beschwerden zu erläutern und zu begründen.

Die meisten Erlasse an die Petersburger Botschaft über wirtschaftliche Angelegenheiten wurden in der Handelspolitischen Abteilung des Auswärtigen Amts konzipiert. Ausnahmen bildeten die Anleihepolitik gegenüber Rußland und die von Petersburg deutschen Betrieben und Werften erteilten Rüstungsaufträge, die generell in den Aufgabenereich der Politischen Abteilung des Auswärtigen Amts fielen. Anleihefragen wurden jedoch zuweilen ohne Kenntnis des Staatssekretärs des Auswärtigen Amts durch den Reichskanzler in Absprache mit den interessierten Bankiers direkt entschieden. Die wirtschaftlichen Erlasse an die Botschaft zeichnete in der Regel der Direktor der Handelspolitischen Abteilung bzw. dessen Stellvertreter, in Angelegenheiten, die als besonders dringend oder gewichtig galten, auch der Staatssekretär bzw. der Unterstaatssekretär des Auswärtigen Amts. Das traf besonders dann zu, wenn der Botschafter zu energischen Schritten im russischen Ministerium für auswärtige Angelegenheiten an der Sängerbrücke aufgefordert wurde.

In der Handelspolitischen Abteilung herrschte die Ansicht vor, daß Graf Pourtalès bei der Durchführung derartiger Aufträge häufig keinen allzu großen Eifer zeigte. Richtig daran war, daß dieser, wenn er den aus verschiedensten Anlässen eingereichten deutschen Protestnoten in Wirtschaftsfragen durch Interventionen bei den russischen Ministern Nachdruck verleihen sollte, die politische Gesamtlage in Betracht zog und in angespannten Situationen die zwischenstaatlichen Beziehungen nicht durch zusätzliche wirtschaftspolitische Auseinandersetzungen belasten wollte.[8] Pourtalès war aus einer stockkonservativen Grundhaltung heraus überzeugter Anhänger gutnachbarlicher Beziehungen zu Rußland. Seinem politischen Ideal hätte die Wiederherstellung des Dreikaiserbündnisses der achtziger Jahre des 19. Jh. entsprochen. Diese seine Einstellung glich in vielem der politischen Überzeugung des langjährigen russischen Botschafters in Berlin, des Grafen Osten-Sacken.

In der Handelspolitischen Abteilung, vor allem in deren Osteuropäischem Handelsreferat, das die deutsch-russischen Wirtschaftsangelegenheiten vorrangig bearbeitete, wurde diese Haltung des Botschafters, häufig zu Unrecht, als Lässigkeit bei der Verfolgung wirtschaftspolitischer Ziele gedeutet. Sich wiederholende Mißverständnisse zwischen Pourtalès und der Abteilung waren auch darauf zurückzuführen, daß sie im Prinzip nur schriftlich miteinander verkehrten. Der Botschafter suchte bei seinen Besuchen im Auswärtigen Amt die Handelspolitische Abteilung wohl nur in Ausnahmefällen auf, in der Regel dann, wenn ihn deren Direktor von Koerner darum schriftlich ersuchte, was nicht oft geschah. Wie tief der aufgerissene Graben zwischen Handelspolitischer Abteilung und Botschaft war, ergibt sich auch daraus, daß Pourtalès aufgefordert werden konnte, den Wortlaut von Noten mit deutschen Beschwerden, die er vor Monaten an der Sängerbrücke überreicht hatte und die von der russischen Regierung unbeantwortet geblieben waren, dem Auswärtigen Amt, und daß hieß in diesem Falle der Handelspolitischen Abteilung, einzusenden. Man argwöhnte offensichtlich, er habe den ihm übermittelten Sachverhalt dermaßen abgemildert, daß das russische Ministerium der auswärtigen Angelegenheiten es nicht für notwendig erachtete, die Note in einer angemessenen Frist zu beantworten.

8 Vgl. Heinz Lemke, Der Abschluß des Urheberrechtsvertrages zwischen Rußland und Deutschland im Jahre 1913, in: Jahrbuch für Geschichte der sozialistischen Länder Europas, Bd. 26/1, 1982, S. 142 u. Dok. Nr. 359.

Die Gelassenheit, mit der Pourtalès zuweilen ökonomische Fragen betreffende Weisungen behandelte, spiegelt bis zu einem gewissen Grade die grundsätzliche Haltung älterer, aus aristokratischen Kreisen stammender Berufsdiplomaten wider. Der Botschafter trug zwar den Gegebenheiten und den Forderungen, die das imperialistische Zeitalter an die Missionschefs stellte, Rechnung und suchte die ihm übermittelten Aufträge über verschiedenste Wirtschaftsangelegenheiten, einschließlich der Vielzahl von Zollreklamationen über einige hundert Mark, so gut er konnte auszuführen; er war jedoch zutiefst davon überzeugt, daß in seiner Petersburger Tätigkeit der Pflege guter Beziehungen zu den seiner Ansicht nach „ausschlaggebenden Sphären" Rußlands Priorität zukomme und daß ein energisches Engagement für die Durchsetzung ökonomischer Belange nur gerechtfertigt sei, wenn dieses vorrangige Anliegen dadurch nicht gefährdet werde. In der Handelspolitischen Abteilung stieß diese Vorgangsweise des Botschafters oft auf Unverständnis. Ob Pourtalès mit dieser Einstellung, die man in Petersburger Regierungskreisen kannte, auch bei der Behandlung ökonomischer Angelegenheiten nicht mehr erreicht hätte, als wenn er jeden wirtschaftlichen Streitfall mit äußerster Härte durchzufechten versucht hätte, sei dahingestellt. S. N. Sverbejev, seit 1912 russischer Botschafter in Berlin, stand Wirtschaftsfragen aufgeschlossener gegenüber als sein Vorgänger Osten-Sacken, dem die russische Presse wohl nicht zu Unrecht vorgeworfen hatte, daß ihm die Wirtschaftsproblematik fremd sei und er bei der Durchsetzung russischer ökonomischer Forderungen nicht genügend energisch vorgehe. In Berliner Regierungskreisen bildete sich jedoch im Verlauf der Balkankriege die Ansicht heraus, daß Sverbejev persönlich nur wenig zur Beilegung der Krise beitrage, so daß er nach wenigen Monaten in eine Abseitsstellung geriet. Durch persönlichen Einfluß vermochte er in Berlin fast nichts, auf jeden Fall viel weniger als Osten-Sacken durchzusetzen. So wie sich die Beziehungen zwischen Rußland und Deutschland nach der Konferenz in Algeciras gestalteten, die Jahre 1911 und 1912 bis zum Ausbruch des Balkankrieges vielleicht ausgenommen, hätte vermutlich die strikte Befolgung mancher Weisungen der Handelspolitischen Abteilung auch Pourtalès' Position in Petersburg erheblich erschwert. Ohne daß dies eintrat, vermochte allerdings auch der Botschafter nicht, eine Reihe wirtschaftspolitischer russischer Maßnahmen, die sich objektiv in erster Linie gegen Deutschland richteten, zu verhindern.

Die zwischen der Handelspolitischen Abteilung und Pourtalès aufgetretenen Spannungen spiegelten das Verhältnis zwischen dem Petersburger Generalkonsulat und der Botschaft wider. In der Literatur ist bereits darauf hingewiesen worden, daß in den Monaten vor Kriegsausbruch die Beziehungen schlecht waren.[9] Hier darauf etwas näher einzugehen, erscheint notwendig, weil der jahrelange latente Konflikt die Wahrung deutscher ökonomischer Interessen in Rußland durch beide Vertretungen beeinträchtigte. Die Situation in Petersburg stellte an sich nichts Außergewöhnliches dar. In Landeshauptstädten, in denen Botschaften bzw. Gesandtschaften und Generalkonsulate ihren Sitz hatten, gestaltete sich ihr Verhältnis zueinander nicht selten konfliktreich. Neben sachlichen Gegensätzen begünstigte die Trennung der diplomatischen und der konsularischen Laufbahn mit allen daraus resultierenden Konsequenzen für Beförderung und gesellschaftliche Position die Herausbildung persönlicher Animositäten. Daß mehr als zwei Drittel der Diplomaten Adlige waren, bei den Konsuln hingegen das bürgerliche Element bei weitem überwog, förderte zusätzlich die Abkapselung der Vertretungen voneinander. Für St. Petersburg trafen für die Jahre 1906—1914 die oben angeführten Angaben nicht einmal zu: Die deutschen Diplomaten waren durchgehend Adlige, die Mitarbeiter des Generalkonsulats ohne Ausnahme

9 Anton Joseph Jux, Der Kriegsschrecken des Frühjahrs 1914 in der europäischen Presse, Diss. phil., Köln 1929, S. 18.

Bürgerliche. In der russischen Hauptstadt trat die Entfremdung zwischen den beiden Vertretungen besonders kraß hervor. Sie nahm gelegentlich regelrecht groteske Formen an.[10]

Die Zusammenarbeit zwischen Generalkonsulat und diplomatischer Vertretung ließ bereits zu wünschen übrig, als Baron von Schoen, der Vorgänger von Pourtalès, den Botschaftsposten in St. Petersburg innehatte.[11] Als Pourtalès Missionschef wurde, nahmen die Spannungen jedoch erheblich zu. Dieser warf Biermann u. a. vor, er überweise der Botschaft Angelegenheiten, die das Generalkonsulat selbst bearbeiten könne. Biermanns Entgegnung, daß für die angeführten Fälle das Generalkonsulat nicht zuständig sei, weil deren Erledigung nur auf diplomatischem Wege erreicht werden könne, stimmte die Handelspolitische Abteilung, nicht aber die Botschaft zu.

Selbstverständlich kritisierte Biermann in offiziellen Berichten an das Auswärtige Amt nicht Pourtalès. Der Rangunterschied zwischen einem Botschafter und einem Generalkonsul ließ das einfach nicht zu. Nur Ausrufungs- und Fragezeichen, gelegentlich auch Randbemerkungen auf Berichten der Botschaft und des Generalkonsulats lassen erkennen, in welchem Ausmaß Pourtalès' Vorgangsweise in der Handelspolitischen Abteilung Widerspruch hervorrief. In der Botschaft in St. Petersburg hegte man sicherlich keine Zweifel, daß die Kritik an Pourtalès' Behandlung wirtschaftlicher Angelegenheiten auf Mitteilungen Biermanns und dessen Mitarbeiter bei Unterredungen im Auswärtigen Amt zurückzuführen sei; die Abneigung des Botschafters gegen die Mitarbeiter des Generalkonsulats konnte dadurch nur vertieft werden.

Der jahrelange Konflikt schloß jedoch nicht aus, daß Botschaft und Generalkonsulat in manchen Fragen an einem Strang zogen. So widersetzten sie sich manchmal gemeinsam und energisch der Anwendung von Vergeltungsmaßnahmen gegen Rußland, die deutsche Interessenten dem Auswärtigen Amt zu ergreifen vorschlugen. Obwohl das Petersburger Generalkonsulat das Engagement der Botschaft bei Auseinandersetzungen in wirtschaftlichen Fragen als ungenügend empfand, betrachtete Biermann, wie übrigens auch Kohlhaas, die Dinge viel zu realistisch, als daß er in den häufig geforderten rigorosen Kampfmitteln gegen den russischen Export nach Deutschland ein Allheilmittel gesehen hätte. Deutsche Handels- und Unternehmerkreise und deren Verbände drängten häufig das Auswärtige Amt zu derartigen Schritten, wenn sie durch geplante oder bereits durchgeführte Maßnahmen der russischen Regierung materiellen Schaden zu erleiden befürchteten, unabhängig davon, ob sich das Petersburger Vorgehen mit dem deutsch-russischen Handelsvertrag vereinbaren ließ oder ob eine Verletzung des Abkommens tatsächlich vorlag. Biermann war von den finanziellen und ökonomischen Ressourcen, die Rußland zur Verfügung standen, viel zu sehr überzeugt, um eine mutwillige Zuspitzung von Konflikten zu billigen, deren Ausgang sich nicht vorhersehen ließ. Auch übersah er zuweilen besser als die für Rußland zuständigen Mitarbeiter der Handelspolitischen Abteilung, daß Deutschland in einem wirtschaftspolitischen Kleinkrieg mit Rußland weniger wirksamere Mittel zur Verfügung standen als dem

10 Jacoby & Co. an das Auswärtige Amt, 18. 5. 1913: Die Firma bemüht sich um die Erlaubnis der russischen Regierung, eine große Partie Zucker durch Rußland nach Persien zu versenden. „Wir hatten bei unserer Anwesenheit in St. Petersburg Herrn Generalkonsul Biermann gebeten, uns zur Ermöglichung bzw. Begleitung zu einer Konferenz im russischen Finanzministerium den Handelssachverständigen des Kaiserl. Konsulats ... mitzugeben; leider hat Herr Generalkonsul, welcher sonst sehr wohlwollend zu uns war, solches abgelehnt. Wir glauben, derselbe sah es nicht gern, daß wir in St. Petersburg uns auch an die Kaiserl. Botschaft gewandt hatten. Es ist deshalb unsere bescheidene ergebenste Bitte, daß das Auswärtige Amt bei Weitergabe unserer Bitte es einzurichten sucht, daß die Kaiserl. Deutsche Botschaft in Petersburg selbständig, also möglichst ohne weitere Besprechung mit dem Generalkonsulat handelt.", ZStAP, AA 6378.

11 Vgl. Dok. Nr. 26.

Zarenreich. Wenn Biermann eine derartige Position bezog, stimmte ihm Pourtalès in der Regel zu. So sprachen sich beide ganz entschieden dagegen aus, daß deutsche Handelskreise, die an der Erhaltung niedriger Einfuhrzölle in Finnland interessiert waren, öffentlich gegen die Einschränkung der Autonomie des Großherzogtums durch die russische Regierung protestierten.[12]

Seit der Liman-von-Sanders-Krise Ende 1913 bis zum Ausbruch des ersten Weltkrieges beurteilte jedoch Biermann die russische Politik immer kritischer. Mehrere von der russischen Regierung teilweise bereits seit Jahren geplante Maßnahmen, die sich auf Deutschlands Export nachteilig auswirken mußten, wurden in dieser Zeit verwirklicht. Ob Ministerpräsident Kokovcov bei längerem Verbleiben im Amt gewillt und in der Lage gewesen wäre, das Inkrafttreten mancher Gesetze zu verzögern, sei dahingestellt. Es ist nicht weiter verwunderlich, daß das Generalkonsulat auf die Offensive Petersburgs schärfer reagierte als die Botschaft; besaßen dieses Vorgehen der russischen Regierung und die sich daraus für den deutsch-russischen Wirtschaftsverkehr ergebenden Folgen für die konsularische Vertretung doch einen viel höheren Stellenwert als für die Botschaft. So veranlaßten Pressemeldungen über Beratungen russischer Ministerien, die der Einbringung der Gesetzesvorlagen über die russischen und finnischen Mehl- sowie Getreidezölle vorausgegangen waren, Biermann Anfang 1914 zu der Äußerung, daß „man an der bona fides der russischen Regierung stark zweifeln" dürfte. Abschließend hieß es in dem gleichen Bericht: „Wir hätten wirklich allen Anlaß, diese Unzuverlässigkeit der russischen Regierung ihren vertraglichen Pflichten gegenüber auch öffentlich zu rügen und die Sache nicht auf sich beruhen zu lassen."[13]

Diese Ausführungen bieten den Schlüssel für Biermanns Verhalten in den nächsten Monaten. Ob und in welchem Ausmaß russische Ministerien nach der wegen Spionageverdachts erfolgten unbegründeten Verhaftung Poljakovs und Popovs, die im Auftrage Petersburger Ministerien in Deutschland Aufträge vergeben bzw. deren Ausführung überprüfen sollten, ein Verbot erließen, Staatsbestellungen in Deutschland aufzugeben, wird sich wohl erst an Hand von Materialien aus sowjetischen Archiven endgültig feststellen lassen. Wahrscheinlich gilt auch hier zu Recht: Kein Rauch ohne Feuer. Trotzdem wird man Biermanns Berichterstattung im März und April 1914 über diese Angelegenheit nur als Panikmacherei bezeichnen können. Sie trug neben einzelnen Berichten deutscher Zeitungskorrespondenten über russische Rüstungen, den Nachwirkungen der Liman-von-Sanders-Krise und den Auseinandersetzungen über Türkisch-Armenien zweifellos dazu bei, noch vor dem Attentat in Sarajewo die deutsch-russischen Beziehungen erheblich zu belasten. Es verdient hervorgehoben zu werden, daß manche der einschlägigen Meldungen Biermanns über das Verbot, russische Staatsbestellungen in Deutschland aufzugeben, Sichtvermerke von Bethmann Hollweg tragen, was bei Konsularberichten selten genug vorkam und stets ein Zeichen dafür war, daß die Angelegenheit in Berlin als Politikum betrachtet wurde. Die Stellungnahme der Botschaft in dieser Frage kennzeichnete größere Besonnenheit. Ausführungen einiger für diesen Ausfuhrbereich kompetenter deutscher Exporteure weisen darauf hin, daß die Diplomaten dem tatsächlichen Sachverhalt doch wohl wesentlich näher kamen als Biermann.

Die anhaltenden Meinungsverschiedenheiten zwischen der Botschaft und dem Generalkonsulat in St. Petersburg führten nicht zur Abberufung Biermanns von seinem Posten. Es ist dies mit ein Beweis, daß ungeachtet der unbestritten dominierenden Stellung der Politischen Abteilung im Auswärtigen Amt die Handelspolitische Abteilung innerhalb ihres

12 Vgl. Dok. Nr. 191, 193 u. 194.

13 Bericht Biermanns, 2. 1. 1914, ZStAP, AA 6373.

Wirkungsbereichs auch in Personalfragen einen weiten Spielraum besaß. Allerdings wird man aus den langjährigen Auseinandersetzungen der beiden amtlichen deutschen Vertretungen in St. Petersburg nicht automatisch schlußfolgern dürfen, daß Pourtalès auf die Versetzung Biermanns hingewirkt habe.

Bei den Dokumenten dieses Bandes handelt es sich um Erstveröffentlichungen mit Ausnahme von zweien, die in einer Aktenpublikation in russischer Übersetzung aus dem Deutschen erschienen sind.[14] Der Herausgeber war bestrebt, möglichst viele Dokumente ungekürzt zu veröffentlichen, der Umfang mancher Berichte machte es jedoch gelegentlich notwendig, von diesem Prinzip abzuweichen. Dabei wurden die für die Thematik des Bandes weniger wesentlichen Teile weggelassen. In den Dokumenten sind die Kürzungen durch in eckige Klammern gesetzte Punkte kenntlich gemacht. Bei der Auswahl der Dokumente kam es dem Herausgeber darauf an, einige wichtige Gebiete der deutsch-russischen Wirtschaftsbeziehungen, wie etwa die Anleihepolitik, möglichst umfassend zu dokumentieren; auf andere, seiner Ansicht nach weniger bedeutende Aspekte weisen nur einzelne Dokumente hin. Die Dokumente werden in chronologischer Reihenfolge veröffentlicht. Eine Ausnahme wurde nur bei dem im Auswärtigen Amt am 11. Dezember 1911 gehaltenen Vortrag von Vizekonsul Trautmann gemacht, weil in ihm der Gesamtkomplex der deutsch-russischen Wirtschaftsbeziehungen erörtert wird und er als Einführung in die behandelte Thematik besonders geeignet erscheint. Die Datierung erfolgt durchgehend nach dem Gregorianischen Kalender, Orthographie und Zeichensetzung wurden modernisiert. Der Anmerkungsapparat zu den einzelnen Dokumenten wurde von wenigen Ausnahmen abgesehen knapp gehalten und auf das zum Verständnis der einzelnen Stücke Unumgängliche beschränkt. Auf einen Teil der in diesem Bande veröffentlichten Dokumente wurde bereits in Monographien und Aufsätzen Bezug genommen,[15] darauf im Anmerkungsapparat in jedem Fall hinzuweisen schien entbehrlich.

Der Leitung des Bundesarchivs, Abteilungen Potsdam und der des Politischen Archivs des Auswärtigen Amts, Bonn danke ich sehr für die mir während der Arbeit zuteil gewordene Unterstützung und für die Erlaubnis, die Dokumente zu veröffentlichen.

Berlin, im Juli 1988 — Heinz Lemke

14 Dok. Nr. 303 u. 311.

15 Rein exemplarisch sei auf die Arbeiten von Peter-Christian Witt, Die Finanzpolitik des Deutschen Reiches von 1903 bis 1913, Lübeck und Hamburg 1970 und Brigitte Löhr, Die „Zukunft Rußlands" Perspektiven russischer Wirtschaftsentwicklung und deutsch-russischer Wirtschaftsbeziehungen vor dem Ersten Weltkrieg, Wiesbaden 1985 hingewiesen.

**1 Vortrag von Vizekonsul Dr. Trautmann, gehalten im Auswärtigen Amt. Vertraulich!**

*Als Manuskript gedruckt.*

Berlin, 11. Dezember 1911

Meine Herrn!

Rußland ist für uns in handelspolitischer Beziehung von außerordentlicher Wichtigkeit. Ein Blick in die Statistik unseres Handels genügt, um diese überragende Bedeutung zu zeigen. Ich will Sie nicht mit Zahlen quälen, möchte aber das eine erwähnen, daß Rußland zur Zeit dasjenige Land ist, mit dem wir den *größten* Warenaustausch haben. Der Gesamtwarenverkehr mit unserem östlichen Nachbar ausschließlich der Edelmetalle betrug 1910 eine Milliarde 933 Millionen Mark.

Damit ist unser Handelsumsatz mit Großbritannien in die zweite, der mit den Vereinigten Staaten in die dritte Stufe hinabgedrückt. Allerdings ist dabei zu berücksichtigen, daß zu diesem wohl temporären Faktum in der Hauptsache die heute überreichen russischen Ernten im Jahre 1909 und 1910 beigetragen haben, die eine Hochkonjunktur auf allen Gebieten in Rußland mit sich brachten, eine Hochkonjunktur, die einzig ist, wenn man bedenkt, daß sich Rußland erst sechs Jahre nach einem verlustbringenden Kriege und einem inneren Aufstand befindet. Der Getreidereichtum, den die beiden Ernten mit sich gebracht haben, konnte zur Leistung eines Ausfuhrrekords benutzt werden, wie er in der russischen Wirtschaftsgeschichte noch nicht dagewesen ist; und das *trotz* der vom russischen Finanzministerium inaugurierten Politik, durch Beleihung des Getreides und seine Zurückhaltung im Lande einen Getreide-Corner zu bilden, wie er in gleicher Größe wohl selbst in den Vereinigten Staaten selten ist. Man kann sagen, daß im ganzen das Experiment geglückt ist und Rußlands zurückhaltende Getreidepolitik zeitweise einen stimulierenden Einfluß auf die Weltmarktpreise übte. Trotz dieser Zurückhaltung aber hat, wie ich schon erwähnte, eine außerordentliche Steigerung der Getreideausfuhr Rußlands stattfinden können. Und da muß man gleich die eine Tatsache feststellen, daß Deutschland dasjenige Land gewesen ist, daß Rußland zur Abnahme seiner riesigen Produktion zur Verfügung gestanden hat. Wenn man die Ausfuhr Rußlands nach Deutschland während der Jahre 1907/08 derjenigen von 1909/10 gegenüberstellt, so sieht man, daß Deutschland in den letzten zwei Jahren ungefähr für 700 Millionen Mark mehr Waren von Rußland gekauft hat als in den beiden vorhergehenden Jahren. Es ist wahr: Auch unsere *Ausfuhr* nach Rußland hat im vorigen Jahre einen kolossalen Ruck gemacht, um rund 100 Millionen Mark haben wir 1910 mehr Waren nach Rußland ausgeführt als 1909, aber man wird doch feststellen müssen, daß Rußland am deutschen Handel rein zahlenmäßig stärker interessiert ist als Deutschland am russischen. In der Liste derjenigen Länder, die zu uns importieren, steht Rußland an erster, in der Liste unserer Exportländer dagegen steht es erst an vierter Stelle, *nach* Großbritannien, Österreich-Ungarn und den Vereinigten Staaten. Sie wissen vielleicht, meine Herren, daß unser Handelsvertrag mit Rußland im Jahre 1917 abläuft, daß aber jetzt schon eine Bewegung in Rußland begonnen hat, die sich ein Studium aller der Fragen zur Aufgabe macht, welche mit der Erneuerung dieses Vertrages verbunden sind. An der Spitze der Bewegung steht der frühere russische Handelsminister Timirjaseff, der schon an den jetzigen Handelsverträgen Rußlands lebhaft mitgearbeitet hat. Exzellenz Timirjaseff gehört zu jenen Intransigenten, die bei den kommenden Verhandlungen, wenn irgend möglich, Konzessionen erzwingen wollen, ohne selbst etwas dafür zu bieten. Er steht, wie er dies noch neulich bei einer Beratung in St. Petersburg ausgeführt hat, auf dem Standpunkt, daß Deutschland von Rußland in der Getreideversorgung wirtschaftlich abhängig sei, und er hat empfohlen, das Material für die kommenden Handelsverträge hauptsächlich von diesem Gesichtspunkt aus zu sammeln und dafür Beweismaterial herbeizuschaffen. Das ist meines Erachtens ein ziemlich naives Unterfangen. Wir könnten derartigen „Beweisen" immer ähnliche hypothetische Behauptungen entgegenstellen und etwa darlegen, daß andere Getreideländer mit unserer Brotversorgung einsetzen würden, falls Rußland einmal Schwierigkeiten machen wollte. Die ganze Argumentation ist schief. Wo soll Rußland im Falle einer reichen Ernte mit seinen Getreidevorräten hin, wenn nicht auf den deutschen Markt? Wer soll ihm z. B. die 2 1/2 Millionen Tonnen Gerste abnehmen, die wir ihm für 270 Millionen Mark im vorigen Jahr abgekauft haben? Eine solche Nachfrage ist in keinem anderen Lande vorhanden, nicht einmal in Großbritannien. Hier ist Rußland eher von uns wirtschaftlich abhängig als wir von ihm.

Übler ist unsere Position für unseren Import nach Rußland. Auf ihn sind wir in der Tat angewiesen und mit unserer Industrie eingerichtet, so daß Rußland uns gegebenenfalls recht große Schwierigkeiten durch weitere Erhöhung der Zölle machen könnte.

Denn wie die Handelsstatistik zeigt, liefern wir nicht nur für etwa 120 Millionen Mark Erzeugnisse der Land- und Forstwirtschaft an Rußland, sondern

| | |
|---|---|
| Maschinen, elektrotechnische Erzeugnisse, Fahrzeuge zu | 89,6 Mill. Mark |
| unedle Metalle, Metall- und Eisenwaren | 73,6 Mill. Mark |
| Spinnstoffe und Waren | 62,1 Mill. Mark |
| davon Leder und Lederwaren | 53,1 Mill. Mark |
| chemische, pharmazeut. Waren, Farben | 50,0 Mill. Mark |
| mineralische und fossile Rohstoffe, Mineralöle | 27,9 Mill. Mark |

usw.

Wir müssen aber mit Recht erwarten, daß Rußland, dem wir den weitaus größten Teil seines Getreides abnehmen, die Einfuhr unserer Fabrikate und Halbfabrikate nicht über Gebühr erschwert. In solchem grandiosen Handelsverkehr wie dem deutsch-russischen ist kein Land Sklave des anderen oder Ausbeuter des anderen (das sind Ausdrücke, wie sie nur zu oft in den russischen Zeitungen auf uns in unserem Verhältnis zu Rußland angewandt werden), hier ist auf beiden Seiten Nehmen und Geben gleichmäßig verteilt. Es wäre zu wünschen, daß die künftigen Vertragsverhandlungen von vornherein auf Grund solcher Erkenntnis geführt werden.

Sie sehen, meine Herren, aus diesen paar Bemerkungen, diesen wenigen Zahlen, wie interessant die Zeit ist, die wir augenblicklich in wirtschaftspolitischer Beziehung in Rußland durchleben, wie wichtig die sich darbietenden Probleme. [!] Unter solchen Umständen haben unsere Konsulate dort eine außerordentliche Bedeutung. Es gilt nicht nur, dem heimischen Handel helfend und fördernd zur Seite zu stehen, sondern auch in möglichst weitem Maße nach der Heimat hin aufklärend und informierend zu wirken, über Regierungsmaßnahmen und Stimmungen in Rußland rechtzeitig zu orientieren. Wir müssen das um so mehr tun, je mehr die Informationsquellen, die uns für andere Länder zu Gebote stehen, namentlich die Presse, bezüglich Rußlands versagen. Denn leider haben wir wenig deutsche Berufsjournalisten in Rußland und auch die wenigen sind in politischen und wirtschaftlichen Dingen oft mangelhaft unterrichtet. Es gilt immer wieder, im Gespräch und im schriftlichen Verkehr mit der Heimat falsche Vorstellungen über Rußland zu beseitigen.

Will der Konsul in Rußland seinem Lande wirklich das Beste nutzen, so soll er die russische Sprache lernen. Er gewinnt dadurch eine ganz andere Bewegungsfreiheit und Übersicht, als wenn er beständig auf seinen Dolmetscher angewiesen ist. Sehr bedeutende Persönlichkeiten helfen sich noch leichter über einen derartigen Mangel hinweg, der Durchschnittsmensch dagegen nicht.

Wir haben im Petersburger Generalkonsulat eine sehr nützliche Einrichtung, die auch den jüngeren Herren des Konsulats, denen Sprache und wirtschaftliche Verhältnisse noch fremd sind, ermöglicht, bald einen kleinen Überblick über die Verhältnisse zu bekommen: das ist der wöchentliche Vortrag des Kanzleidragomans, in dem er alles berührt, was die russische Presse der Woche an wichtigem für uns gebracht hat.

An der Hand der einzelnen Pressethemata findet in der Regel eine kleine Diskussion statt. Man erörtert Ursachen und Wirkungen etwa getroffener Regierungsmaßnahmen, prüft deren Rückwirkung auf unser heimisches Wirtschaftsleben, und der Chef des Konsulats bestimmt, ob und in welcher Form ein Bericht über den Gegenstand an das Auswärtige Amt stattfinden soll oder was sonst zu geschehen hat. Meist genügen natürlich die Presseberichte nicht, dann ist es weitere Aufgabe des Konsulats, das nötige Material anderweit herbeizuschaffen. Dafür findet sich in den meisten Fällen ein gangbarer Weg. Eine große deutsche Kaufmannschaft mit lebhaftem Verständnis für Interesse der Allgemeinheit sitzt an fast allen russischen Plätzen. Die leitenden Posten in vielen russischen Großbanken sind mit Deutschen besetzt. In der Industrie findet man überall deutsche Unternehmungen oder, wo diese fehlen, deutsche Ingenieure und Kaufleute an leitenden Stellen bei russischen Gründungen.

Von allen diesen Personen knüpfen sich leicht Fäden zu denjenigen *amtlichen* Stellen, mit denen das Konsulat nicht direkt in Beziehungen treten will oder kann. Aber auch in dieser Hinsicht haben wir es in St. Petersburg nie schwer gehabt.

Prinzipiell geht ja, wie Sie alle wissen, die überwiegende völkerrechtliche Theorie dahin, daß der Konsul, der nicht Repräsentant seiner Regierung ist, nur befugt ist, in gewissen Sachen, die seine eigenen Staatsangehörigen betreffen, mit den Lokalbehörden seines Amtsbezirks zu verkehren. Das Leben hat sich vielfach auch hier über alle Theorien hinweggesetzt.

Wo es nötig ist und wo es keinen anderen Weg gibt, soll der Konsul ruhig über seine Kompetenzen im praktischen Leben herausgehen. Er wird dann dasjenige für sein Land erreichen, was er irgendwie erreichen kann; dabei wird er vermeiden, irgendwelche Prätentionen zu erheben, die ihm nicht zustehen; er muß eben lavieren und praktische Zustände schaffen, die nachher nicht mehr zu beseitigen sind. Das Recht kommt dann nachher nachgehinkt und sanktioniert dasjenige, was sich wider das Recht in historischer Notwendigkeit entwickelt hat.

In Petersburg hat sich die Übung herausgestellt, daß der Generalkonsul Deutschlands in verschiedenen Materien direkt mit den Zentralbehörden des Landes verhandelt. Wir verkehren z. B. in den sogenannten Judensachen mit dem Ministerium des Innern (es handelt sich dabei um die Frage der Zulassung, des Aufenthalts und der Niederlassung ausländischer Juden in Rußland). In Schiffahrts-, Patent- und Steuersachen, landwirtschaftlichen und Medizinalangelegenheiten findet häufig ein Schriftwechsel zwischen dem Konsulat und den Departements der betreffenden Ministerien statt, wobei die Frage der Kompetenz nicht aufgerollt wird. Ich erinnere endlich an die bekannte Bestimmung des deutsch-russischen Handelsvertrages, wonach der Konsul in allen Zollstreitigkeiten berechtigt ist, direkt mit dem Zolldepartement des Finanzministeriums zu verkehren. Das ist ein für uns wichtiges Recht, denn auf diese Weise ist die Möglichkeit geschaffen, ohne Inanspruchnahme des umständlichen diplomatischen Weges, unmittelbar mit der ausschlaggebenden Behörde in sachverständiger Weise zu verhandeln. Die Kontrolle über das Funktionieren des wichtigsten Teiles des deutsch-russischen Handelsvertrages, des Zolltarifs, ist also dem Generalkonsulat übertragen. Wie so eine Zollreklamation vor sich geht, ist Ihnen sicherlich bekannt. Gewöhnlich knüpft sich die Tätigkeit des Konsuls an die ihm vorliegende Beschwerde eines deutschen Importeurs, der sich bei der Zolltarifierung benachteiligt glaubt. Solche

Beschwerde wird je nach Art und Bedeutung dem Zolldepartment des Finanzministeriums entweder einfach übersandt oder befürwortend übermittelt oder vom Dolmetscher oder endlich vom Vizekonsul zum Gegenstand mündlicher Verhandlungen im Zolldepartment gemacht. Der Dolmetscher verhandelt mit dem zuständigen Referenten, der Vizekonsul mit dem Ministerialdirektor. Man kann bei der Behandlung dieser Zollbeschwerden beobachten, welcher Unterschied darin liegt, einen Vertrag abzuschließen und später durch Interpretationen anzuwenden. Ein Beispiel: Im Artikel 267 des russischen Zolltarifs ist ein bestimmter niedriger Zollsatz für den Import von Maschinen und „Apparaten" gewisser Art vorgesehen. Ja, aber was ist nun ein Apparat? Es ist klar, daß die russischen Zollbehörden die Intention haben, den Begriff möglichst restriktiv auszulegen und umgekehrt unsere Kaufleute das Bestreben zeigen, möglichst jede Maschinenanlage, wenn sie nur zusammenhängt und miteinander in Verbindung steht, unter den Begriff des Apparats zu bringen.

Oder einen anderen Fall:
Landwirtschaftliche Maschinen gehen zollfrei ein, jetzt führt eine deutsche Fabrik Ostpressen ein. Es entsteht die Frage: fallen diese unter den Begriff der landwirtschaftlichen Maschine? Von uns wird es behauptet, von den Russen bestritten.

Oder: Gewisse Fabriken entfernen bei der Einfuhr ihrer Maschinen die schweren Teile (Sockel, Schwungräder), die man auch billig in Rußland herstellen kann und die den Zoll unnütz verteuern. Die russischen Zollbehörden zeigen Neigung, den verbleibenden Rest nicht mehr als Maschine, sondern als Maschinenteil zu behandeln und teuer zu verzollen. In allen solchen Fällen müssen dann Kompromisse geschlossen und Ausgleiche gefunden werden. Sie zeigen aber, wie wertvoll es wäre, wenn man bei allen Tarifstreitigkeiten eine einfach und glatt funktionierende obligatorische Schiedsgerichtsbarkeit durchsetzen könnte. So weit sind wir aber noch nicht mit allen Staaten. Mit Rußland insbesondere nicht. Mittel, um Rußland gegenüber gelegentlich Retorsion auf wirtschaftlichem Gebiet zu üben, haben wir kaum. Denn nach altüberkommenen und festgehaltenen Maximen, die ja auch in der Organisation unseres Amts durchaus zum Ausdruck kommen, trennen wir im Gegensatz zu anderen Staaten die Wirtschaftspolitik von der allgemeinen Politik. Rein wirtschaftliche Retorsionsmittel haben wir Rußland gegenüber aber wenige. Es bleiben da schließlich nur Zoll- und Veterinärmaßnahmen übrig. Und da Rußland nach Deutschland Rohstoffe oder geringe Bearbeitung erfordernde Naturprodukte einführt, wie Getreide, Holz, Flachs, Erze, Butter, Häute, lebende Tiere, Kleie, Leinkuchen und dergleichen, also zolltechnisch einfach zu behandelnde Gegenstände, so ist es schwer, unsererseits bei der Zollabfertigung Schwierigkeiten zu machen, wogegen wir den Russen bei unserer Einfuhr von Fabrikaten und Halbfabrikaten, namentlich der metallurgischen, elektrischen, chemischen, Textil- und Lederindustrie ein weites Angriffsfeld für Zollschikane und Tarifschikane bieten. Ich möchte aber nicht unterlassen, zu erwähnen, daß auf unserer Botschaft in St. Petersburg sowohl wie auf dem Generalkonsulat stets große Freude herrschte, wenn einmal eine kleine Vergeltungsaktion eingeleitet oder angedroht wurde. Wichtig ist, daß das Generalkonsulat von allen Schritten unterrichtet wird, die auf wirtschaftlichem Gebiet in Fragen, die Rußland angehen, von unserer diplomatischen Vertretung oder vom Auswärtigen Amt unternommen werden. Wir kämpfen sonst gegen Windmühlen oder machen Vorschläge, die längst erledigt sind.

Ehe ich einen Überblick über die Art der dem Generalkonsulat obliegenden wirtschaftlichen Berichterstattung und ihrer einzelnen Zweige gebe, möchte ich Ihnen noch einige Worte über die Organisation des Petersburger Generalkonsulats sagen. Wie Sie wissen, haben wir dort neben dem Generalkonsul drei Vizekonsuln, deren Referate verschieden eingeteilt sind. Der jüngste Vizekonsul hat juristische Angelegenheiten zu bearbeiten, in erster Linie sämtliche Nachlaßsachen, die auf Grund der deutsch-russischen Nachlaßkonvention den deutschen Konsuln in Rußland obliegen, dann fallen ihm zu die Schiffahrtsangelegenheiten, soweit sie nicht ins ökonomische Gebiet schlagen, Militärsachen, Unterstützungssachen und Heimschaffungssachen, Zeugenvernehmungen, Zustellungen, juristische Gutachten, Anfragen Privater, Ermittlungssachen und in der Hauptsache der Verkehr mit dem Publikum, soweit er nicht von den Sekretären erledigt werden kann. Der zweite Konsul hat neben den Reklamationen und Interventionen, Staatsangehörigkeitssachen und den Paßsachen, das sogenannte kleine Handelsreferat, d. h. alle laufenden Handels- und Kreditauskünfte an deutsche Firmen. Dieses Referat erfordert natürlich in hohem Maße persönliches Interesse und Beweglichkeit des Referenten. Denn eine solche Sache kann man nach Schema F bearbeiten, man kann ihr aber auch einen solchen Anstrich geben, daß die Auskunft dem Publikum wirklich von Nutzen ist. Daß dies immer unser Bestreben war, brauche ich kaum zu betonen. Die Tätigkeit des zweiten Referenten ist zu gleicher Zeit eine gute Vorbildung für das erste Referat, wo die Zoll- und ökonomischen Sachen bearbeitet werden, denn durch die Anfragen der Handelskreise kann man sich ein praktisches Bild darüber machen, worauf es dem deutschen Kaufmann in Rußland ankommt. — Außer den Vizekonsuln sind dem Generalkonsul ein landwirtschaftlicher und ein Handelssachverständiger zugeteilt. Der Handelsattaché nutzt nach den von mir gemachten Erfahrungen dann am meisten, wenn man ihm denjenigen Teil der Handelsfragen zur Bearbeitung überträgt, die ein größeres Eindringen in Einzelheiten des Handels, und ausführliche persönliche Erkundigungen an Ort und Stelle benötigen, für die der Vizekonsul oft keine Zeit übrig hat. So ist es auch teilweise in St. Petersburg gehandhabt worden, doch hat sich ein festes System nicht herausgebildet, und es besteht vielfach die Neigung, den Handelsattaché sowohl wie den Landwirtschaftsattaché als wissenschaftlichen commis voyageur anzusehen, der interessante Reisen zur Aufklärung gewisser Wirtschaftsfragen in den ihm zugewiesenen Ländern macht und darüber Bücher schreibt, die niemand liest und die für unseren Handel und unsere Landwirtschaft keine große Bedeutung haben.

Ich komme nun zu den *Einzelfragen* der wirtschaftlichen Berichterstattung unserer Konsulate in Rußland. Dabei schicke ich voraus, daß das Petersburger Konsulat, das, wenn man von Sibirien absieht, einen verhältnismäßig kleinen Bezirk hat, doch über *ganz Rußland* berichtet. Unsere übrigen in Rußland befindlichen Konsuln und Generalkonsuln haben die Weisung, Abschrift ihrer wirtschaftlichen Berichte an das Petersburger Generalkonsulat einzusenden, wie wir auch umgekehrt wieder den einzelnen Kollegen die sie interessierenden Abschriften gleich von Petersburg aus erteilen, so daß auf diese Weise ohne hierarchische Zentralisierung ein Sich-gegenseitig-in-die-Hände-Arbeiten der einzelnen Behörden garantiert ist.

Rußland ist, wie Sie alle wissen, ein durchaus agrarisches Land. In absehbarer Zeit wird die Landwirtschaft dort die erste Rolle spielen und das Geschick des Landes in jeder Beziehung davon abhängen, ob gute oder schlechte Ernten erzielt werden. Die Berichte über diesen Punkt sind daher von größter Wichtigkeit, denn wie gesagt, von der Ernte hängt in Rußland alles ab. „Hat der Bauer Geld, so hat's die ganze Welt." Die gute Ernte bringt die aufsteigende Konjunktur, erhöhte Kaufkraft der zum überwiegenden Teile agrarischen Bevölkerung, daher wiederum Beschäftigung der Industrie, Belebung der Bautätigkeit, Erhöhung des Imports und gute Finanzen. Das hat man, wie ich schon erwähnte, besonders in den beiden Jahren gesehen, wo Rußland gute Ernten gehabt hat. Mit einer im Vergleich zu früheren Jahren enormen Ausfuhr ging ein bedeutendes Steigen der Einfuhr Hand in Hand. Wie Sie wissen, ist Deutschland der beste Lieferant Rußlands und die beiden guten Jahre in Rußland sind auch für unsere Kaufmannschaft, die nach Rußland exportiert, von großem Gewinn gewesen. Wegen der Rückwirkung der Ernte auf alle diese Umstände, ist es also wesentlich, daß die konsularischen Berichte zur rechten Zeit einen Überblick darüber geben, was man von der russischen Ernte im allgemeinen zu erwarten hat. Die einzelnen *Phasen* der Ernteentwicklung genau von Woche zu Woche durch Berichte zu verfolgen, ist zwecklos, denn der Verkehr des deutschen Handels mit Rußland ist so intensiv, daß die deutschen Börsen und die großen Handelshäuser jeden Tag telegraphische Nachrichten darüber erhalten, wie sich die Ernteaussichten unter dem Einfluß der Witterung gestalten und wie die Preise und Qualitäten der einzelnen Früchte sich stellen. Hier ist also jedes Schreiben Unfug. Der Konsul soll die Sache selbst verfolgen, aber nicht darüber berichten. Über die Organisation des russischen Getreidehandels wird Ihnen einiges bekannt sein. Sie wissen, daß man einen nordrussischen Getreidehandel und einen südrussischen unterscheidet. Der nordrussische hat zum Ausfalltor Petersburg, wohin auf dem Marienkanalsystem von den inneren Stapelplätzen der Kama und oberen Wolga das Getreide hingeleitet wird. Der bedeutendere südrussische Getreidehandel geht auf den südrussischen Bahnen und den großen russischen Flußsystemen abwärts, zum Asowschen und Schwarzen Meere. Dort wird Odessa allmählich in den Hintergrund gedrängt. Andere Städte, wie Nikolajew, Rostow, Noworossijsk, entwickeln sich zu bedeutenden Getreideverladungsplätzen. Der Hauptverkehr nach Deutschland geht über Rotterdam rheinaufwärts. Für das deutsch-russisch-niederländische Geschäft gibt es bestimmte Kontrakte, welche die Lieferungsbedingungen stipulieren. Diese Kontrakte, die namentlich Bestimmungen über die sogenannten Besatzklauseln (d. h. über die höchstzulässigen Beimischungen von Fremdkörpern zu dem Getreide), über das Naturalgewicht eines bestimmten Hohlmaßes der Ware, über Mängelfeststellungen und Schiedsgerichte enthalten, werden von den Vertretern des Getreidehandels der interessierten Länder: Deutschland, Rußland, Holland, Rumänien in gemeinsamen Beratungen festgesetzt. Die letzte dieser Beratungen, an denen auch Vertreter des Deutschen Generalkonsulats teilnahmen, tagten im verflossenen Sommer in St. Petersburg unter dem Vorsitz des deutschen Handelstages. Ich weiß nicht, ob Ihnen aus den Zeitungen der letzten Wochen aufgefallen ist, daß gerade jetzt wieder Streitigkeiten über die Ausführung der Kontrakte zwischen Russen und Deutschen schweben. Bei den hohen Getreidepreisen zeigen die Nikolajewer Exporteure vor allem die Neigung, sich um ihre Lieferungsverpflichtungen zu drücken. Ergeht nachher ein Spruch des vertragsmäßig festgelegten Schiedsgerichts, so erfüllen sie ihn nicht, denn solche Schiedsgerichtssprüche sind nach russischem Recht nicht erzwingbar. Die Beratungen, die über diese Kontraktwidrigkeiten zwischen Angehörigen der beiden Nationen kürzlich in St. Petersburg stattgefunden haben, sind resultatlos geblieben. Die Russen führen immer — und wie ich glaube, ist der Einwand nicht ganz unberechtigt — an, daß die Deutschen selbst mit Schuld an den Mißständen tragen. Viele deutsche Firmen lassen sich lieber mit bekannt schlechten Firmen ein, nur weil diese um ein paar Kopeken billiger anbieten; sie können sich dann nicht wundern, wenn diese bei hohen Preisen nicht liefern. Ein dritter Getreideausfallsweg, der bisher noch keine besondere Bedeutung hat, ist der für das westsibirische Getreide auf der Permbahn bis Kotlas, von dort die Dwina aufwärts bis Archangelsk. Die Schwierigkeit hierbei ist die, daß das Getreide immer erst nach ungefähr einem Jahre von dem Produktionsorte nach dem Abladeort gelangen kann. Sie können sich denken, daß sich unter solchen Umständen ein einigermaßen befriedigender Handel nicht entwickeln konnte. Auch hier wird die Zeit Abhilfe bringen. Bessere Einfallswege für das sibirische Getreide werden geschaffen werden (man arbeitet zur Zeit an dem Kanalprojekt Ob-Kama und man denkt an die Möglichkeit eines Schiffahrtsweges durch das nördliche Eismeer nach Sibirien). Vor allem aber wird der Bahnweg für das Getreide geöffnet werden. Bisher hat man die Konkurrenz des sibirischen Getreides in Rußland selbst gefürchtet und deshalb das System des sogenannten Umbruchs in Tscheljabinsk, der Grenzstation zwischen Sibirien und dem europäischen Rußland, eingeführt. Sie wissen, daß in Rußland die Tarife immer billiger werden, je länger der zurückzulegende Weg ist. Für eine Strecke von Sibirien bis zu einem der baltischen Häfen Petersburg, Windau oder Libau würde unter Zugrundelegung des allgemeinen Tarifs ein verhältnismäßig billiger Satz herauskommen. Dies hat man verhindert, indem man die Tarife in Tscheljabinsk umbrach, d. h. von dort einen neuen Tarif einsetzte, was wiederum die Frachtkosten so hoch machte, daß sich der Export des Getreides aus Westsibirien nicht mehr lohnt. Da Westsibirien noch hinreichend Gebiete besitzt, die sich für Getreidebau eignen, und da ganze Strecken, die bisher ohne Verbindung waren, durch die neugeplanten Zweiglinien der sibirischen Magistrale in Westsibirien und dem Altai in den Verkehr hineinbezogen werden, so wird die Beseitigung des Umbruchs in Tscheljabinsk, die eine bereits beschlossene Sache ist, sicherlich, wenn auch nicht in naher Zukunft, dem sibirischen Getreidebau einen Weg zum Weltmarkt bahnen.

[... Über den deutschen Roggenexport nach Rußland; System der Einfuhrscheine ...]

Andererseits ist zu verstehen, daß Rußland eine solche Politik nicht gerne sieht. Man erblickt in der Erteilung von Einfuhrscheinen versteckte Exportprämien und behauptet, daß durch diese Begünstigung nicht nur ermöglicht worden sei, daß deutscher Roggen in erheblichen Mengen nach Rußland eingeführt wird, sondern daß Rußland auch durch Deutschland von seinen natürlichen Exportländern (Finnland, Skandinavien) verdrängt werde. Von vielen Seiten wird daher in Rußland empfohlen, durch Einführung von Roggenzöllen die deutsche Einfuhr zu erschweren oder mit einer solchen Maßregel wenigstens ein Druckmittel in die Hand zu bekommen, um Deutschland zur Herabsetzung seiner Getreidezölle zu zwingen.

Daß Rußland durch unseren Roggen- und Roggenmehlexport geschädigt wird, kann aber nicht ohne weiteres zugegeben werden. Die Tatsache, daß wir zu einem Roggenexportland geworden sind, zwingt uns auf der anderen Seite, mehr Weizen und Gerste zu importieren. Und gerade für diese Getreidesorten werden wir immer mehr Abnehmer Rußlands. *Das* sollte man in Rußland stets in Rechnung stellen. Man gewinnt dort aber gewöhnlich ein total falsches Bild von der Sachlage, weil man sich von der russischen Statistik leiten läßt, die die Waren nach den nächsten Bestimmungsländern klassifiziert und daher einen großen Teil des russischen Getreideexports auf die Rechnung der Holländer stellt. Hier gilt es dauernd die russischen Behauptungen an der Hand der deutschen Statistik richtigzustellen.

Außer an dem russischen Getreide ist Deutschland auch an anderen russischen Rohprodukten interessiert. Ich erwähnte schon das Holz, das aus den baltischen Häfen und den Häfen des Weißen Meeres und auf den Binnenflüssen, namentlich der Weichsel, exportiert wird; die sibirische *Butter*, die in Kühlwaggons bis St. Petersburg und Windau befördert wird und von da nach Deutschland, Dänemark, England weitergeht; die *Eierausfuhr*, die Ausfuhr der mannigfachen *Rauchwaren*, für die auf der jährlichen Messe in Irbit die Preise festgestzt werden und die zur Bearbeitung in großen Mengen nach Deutschland gebracht werden, um von hier im zubereiteten Zustande wieder weiter exportiert zu werden. Auch hinsichtlich der von uns aus Rußland bezogenen *Häute*, die wir als Leder in großen Quantitäten nach Rußland zurückexportieren, besteht ein solcher Veredlungsverkehr. Der Verkehr in diesen Waren mit Rußland ist einer unserer größten Aktivposten.

Ich erwähnte schon die Ausfuhr von *lebenden Tieren* (namentlich Pferden und Gänsen), von Nebenprodukten der Müllerei: *Kleie*, *Leinkuchen*, andere Futtermittel und Sämereien.

Für den Flachsbau ferner ist Nordrußland das Hauptgebiet. Es nimmt darin fast eine Monopolstellung ein, denn alle westeuropäischen Spinnereien werden mit russischem Flachs versorgt. Bisher aber fehlt es sehr an einer Organisation des Anbaues sowie des Handels. Rußland hat keine Erfolge mit seinen Bestrebungen gehabt, als Hauptproduzent seine Bedingungen dem Ausland zu diktieren. Es sind sogar umgekehrt die ausländischen Käufer, die in der Union des filateurs eine gemeinsame Interessenvertretung haben, oft in den Bestrebungen sieghaft geblieben, den Russen recht harte und ungünstige Kontrakte aufzuzwingen, in denen scharfe Normen für die Trockenheitgehaltsgarantie und die Qualität des Flachses vorgesehen sind. Sobald natürlich starke Nachfrage nach dem Rohprodukt herrscht, wie im vergangenen Jahre, fragt niemand weder nach Trockenheit noch nach Qualität der Ware. Man ist zufrieden, wenn man überhaupt welche bekommt. Man sollte sich auch hüten, allzu hohe Anforderungen an das russische Geschäft zu stellen. Die russische Produktion ist eben bisher durchaus unorganisiert und wird es noch auf lange Zeit hin bleiben. Standardmarken für solche Waren wie Flachs aufzustellen, wird immer mehr oder weniger eine papierne Maßregel bleiben.

Die russische Zuckerproduktion und Zuckergesetzgebung wird von unseren Konsulaten dauernd beobachtet. Wir haben ein doppeltes Interesse daran. Gibt es z. B. eine Zuckernot in Rußland wie im Jahre 1909, so daß sogar auf gesetzlichem Wege zur Öffnung der Grenzen geschritten werden muß, so ist Deutschland der natürliche nächste Lieferant. Das sind aber außerordentlich seltene und wohl kaum wiederkehrende Ausnahmezustände. Denn in Rußland gewinnt die Zuckerrübenproduktion von Jahr zu Jahr mehr an Bedeutung. Sie ist in den letzten Jahren geradezu verdoppelt worden und das ist für uns, die wir das größte Zuckerrübenland der Welt sind, eine große Konkurrenzgefahr.

Wie Sie wissen, hat die Brüsseler Zuckerkonvention den Zuckerhandel auf dem Weltmarkt in normale Bahnen gelenkt. Durch die Konvention, der auch England, das größte Zuckerkonsumland, angehört, wurden die Exportprämien für Zucker abgeschafft, und die Zuckerexportstaaten dadurch gegenseitig ungefähr in dieselben Konkurrenzbedingungen versetzt. Umgekehrt wurden sie von der Konkurrenz derjenigen Staaten, die nach wie vor Prämien für Exportzucker geben, dadurch geschützt, daß in allen Vertragsländern für solchen Zucker besondere Zuschlagszölle erhoben werden (die sogenannte Penalisierung des Prämienzuckers).

Rußland trat der Brüsseler Konvention zunächst nicht bei, da es seine heimische Gesetzgebung nicht ändern wollte, welche in der Tat Prämien für Exportzucker enthält. Je mehr aber die eigene Zuckerproduktion Rußlands zunahm, desto mehr Interesse hatte es daran, sich ebenfalls einen Ausweg auf den englischen Markt zu eröffnen. In England wiederum überwog allmählich wieder das Verbraucherinteresse. Durch den vor Abschluß der Zuckerkonvention bestehenden Zuckerkrieg war es mit sehr billigem Zucker von dem Kontinent her versorgt worden, der Volkskonsum an Zucker hatte sich aber daher in England bedeutend gesteigert und die Zucker verbrauchende Industrie, (Biskuits-, Marmelade-, Jam-Fabrikation), die natürlich Interesse an billigem Zucker hatte, einen bedeutenden Umfang angenommen.

England erklärte daher 1907, daß es weiter der Konvention nicht angehören wolle, wenn es nicht von der Penalisierungspflicht prämierten Zuckers befreit werden würde. Wir wären durch diese englische Erklärung in eine sehr üble Lage geraten, wenn es nicht gelungen wäre, einen Ausgleich auf folgender Basis zu finden. Rußland, das prämiierten Zucker auf den englischen Markt bringen wollte, wurde dazu bewogen, sich eine Kontingentierung seiner Zuckerausfuhr gefallen zu lassen, d. h., es durfte in ungefähr 5 Jahren nicht mehr als 1 Million Zucker nach England werfen, ein Quantum, das uns nicht arg gefährlich werden konnte. England stimmte dieser Kontingentierung, die bis zum Jahre 1913 geht, zu.

Jetzt hat nun Rußland in sehr geschickter Weise einen günstigen Zeitpunkt gewählt, um eine Abänderung dieses Zuckerabkommens und dauernde Erhöhung des Kontingents zu verlangen. Die Situation auf dem Zuckermarkt liegt nämlich so, daß infolge der außerordentlichen Dürre dieses Sommers in den westeuropäischen Zuckerländern: Deutschland, Frankreich und Österreich, bedeutende Ernteausfälle stattgefunden haben, bei uns ungefähr 40 %. Der Zucker war daher im Oktober ungefähr doppelt so teuer wie zu Beginn des Jahres; Rußland dagegen hat sowohl im vorigen als auch in diesem Jahre eine bedeutende Ernte, große Zuckervorräte haben sich im Lande angehäuft und drängen zur Ausfuhr. Daher das russische Verlangen auf Erhöhung seines Ausfuhrkontingents.

Rußland hat einen brillanten Sekundanten wiederum an England. Wie Sie aus der Rede von Sir Edward Grey im House of Commons wissen, zeigt England Geneigtheit, über die russischen Forderungen noch hinauszugehen, Rußland das Ausfuhrkontingent noch mehr zu erhöhen, als es dies selbst will und später womöglich von der Kontingentierung ganz zu befreien. England droht im Falle der Nichtbewilligung dieser Forderungen auch diesmal wieder mit seinem Austritt aus der Konvention.

Unter diesen Umständen wird es bei den Brüsseler Verhandlungen nicht leicht sein, die Interessen der Staaten auszugleichen. Wir müssen den russischen Forderungen feindlich gegenüberstehen. Unsere Industrie erblickt in ihnen eine große Gefahr. Würden sie bewilligt, ohne daß Rußland seine innere Gesetzgebung ändert, so wären wir, je mehr sich die russische Zuckerindustrie stärkt, um so mehr in unserem Absatzgebiet, England, bedroht. Wir müssen einem enormen Preisfall des Zuckers für die Zukunft entgegensehen, und unserem Zuckerrübenbau und unserer Landwirtschaft würden schwere Zeiten bevorstehen.

Ist die russische Zuckerproduktion im ganzen gut organisiert, so kann man das von den übrigen Zweigen der russischen Landwirtschaft im allgemeinen nicht sagen. Die russische Landwirtschaft entbehrt, teilweise aus klimatischen Ursachen, teilweise aber auch wegen der mangelhaften landwirtschaftlichen Technik der Bauern, durchaus der Stetigkeit. Die mangelhafte Technik wiederum beruht zum großen Teil auf den bestehenden Agrarverhältnissen, dem Ausschluß des bäuerlichen Individualeigentums zugunsten des Gemeineigentums. Es ist die Großtat Stolypins, daß er hier zur Auflösung des russischen Dorfes geschritten ist und den Bauern den Übergang zur Individualwirtschaft ermöglicht. Bis jetzt ist aber alles im Werden. Ein abschließendes Urteil über die Reform, die mit dem den Slawen eigenen ersten anstürmenden Elan begonnen ist, kann man noch nicht fällen. Wir stehen schon in diesem Jahre trotz der zwei glänzenden Ernten in Rußland wieder vor einer Hungersnot in ganzen Provinzen, angefangen von den östlich der Wolga gelegenen Gebieten bis zum Ural in Westsibirien. Gar nicht vorauszusagen ist, ob nicht eine große Enttäuschung die Bauern ergreifen wird, die zur Diskreditierung der Agrarreformen führen kann, auf welche ein Teil der Bauern schon an sich mit ungünstigen Augen blickt. Die vergangene Revolution hat ferner zu einer Entwicklung geführt, die vom landwirtschaftlichen Standpunkte aus zu beklagen ist. Der Großgrundbesitz geht mit rapiden Schritten zurück. Innerhalb von 5 Jahren ist ungefähr 10% des gesamten Herrschaftslandes in die Hände der Agrarbanken übergegangen, die es an die Bauern verparzellieren. Den wirtschaftlich schwachen Adel löst so der wirtschaftlich gänzlich machtlose Bauer ab. Es wird also immerhin eine Zeit dauern, bis die Agrarwirtschaft in Rußland zu der Kontinuität kommt, die dieses Land in wirtschaftlicher und damit auch in politischer Beziehung zu einem der mächtigsten der Welt machen könnte.

Ganz anders sind allerdings die Verhältnisse überall da in Rußland, wo es fremdstämmige Ansiedler, z. B. auch deutsche Kolonisten, gibt. Unter ihnen herrscht zum Teil Wohlstand, und es macht sich das Bestreben nach Schaffung größerer Güter geltend. Wenigstens gilt dies für Südrußland.

Es gibt in Rußland auch eine *Industrie*, die gegenüber der Landwirtschaft zwar zurücktritt, aber von der Regierung mit besonderer Liebe großgezogen ist und weiter gepflegt wird. Zunächst ist zu erwähnen die *Textil-* und *Baumwollindustrie*, die Deutschland in großem Maßstabe mit Garn versorgt. Zentren derselben sind die in Russisch-Polen gelegenen Industrierayons auf der einen Seite, Moskau und Iwanowo-Wossnessensk auf der anderen Seite. In erstklassigen Textilwaren findet zwar nach wie vor auch aus Deutschland ein sehr großer Export nach Rußland statt, aber die russische Industrie gewinnt doch immer mehr an Bedeutung. Moskauer billigere Baumwollwaren haben die ausländischen nicht nur auf den russischen Märkten, sondern auch auf den angrenzenden asiatischen Märkten verdrängt. Der Gang der russischen Industrie und des Handels mit Industriewaren hat sein Barometer in dem großen Markt von Nishnij Nowgorod, der alljährlich stattfindet und über den das Konsulat in Moskau ausführlich berichtet. Von Moskau aus wird auch fortlaufend die Produktion der russischen Baumwolle in Turkestan, die immer mehr anwächst und mit der vielleicht einmal erfolgenden Ausdehnung der künstlichen Bewässerungsanlagen des Murgab für Industrie und Baumwollhandel erhöhte Bedeutung erlangen kann.

Die russische *Eisenindustrie*, die ihren Sitz um Charkow herum hat, hat während des Krieges und der Revolution, wo die großen Regierungsbestellungen ausblieben und auch die Tätigkeit im Lande stockte, eine große Krise durchgemacht, die jetzt einer Hochkonjunktur gewichen ist, wie sie selten dagewesen ist. Die Kurse der Industriepapiere sind auf eine Höhe hinaufgetrieben worden, die der inneren Berechtigung entbehrt. Der Eisenbahnbau ist lebhaft wieder aufgenommen. Ich erwähne die Legung der zweiten Gleise der sibirischen Bahn, den Bau der strategischen Bahn am Amur zum Zwecke der Verbindung des Heimatlandes mit Wladiwostok, Ausbau der südrussischen und kaukasischen Bahnen — Norddonetzbahn, Armavir-Tuapsebahn. Zu erwarten sind noch große Bahnbauten in Südwestsibirien und dem Altaigebiet. Die sonstige Bautätigkeit im Lande ist durch die gute Ernte bedeutend gehoben. Der Ausbau der Schwarzmeerflotte ist in Agriff genommen, nachdem die Türken durch Ankauf von Schiffen von uns die ersten Versuche gemacht haben, sich eine Flotte zu schaffen. Alles das gibt den Werken Arbeit.

Obwohl der Grundsatz besteht, daß alle Staatsbestellungen in *Rußland* und nicht im Ausland ausgeführt werden müssen, profitiert doch auch unsere Industrie lebhaft von diesem Aufschwung. Indirekt werden komplizierte Maschinen auch an den Staat geliefert, und vor allem liefern wir in solchen Zeiten an die mit Staatsbestellungen versorgte russische Industrie. Gerade der Export von Maschinen aller Art ist unser größter Ausfuhrartikel nach Rußland. Wir liefern darin für ungefähr 45 Millionen Mark jährlich.

Rußland hat seine eigenen *Eisenerzlager*, die sich, wenn man von dem polnischen Bassin absieht, namentlich im Kriwoi-Rog-Gebiet, nicht weit von Nikolajew befinden; diese Erze dienen aber nicht nur für russische Zwecke, sondern werden auch zu *uns* ausgeführt. Namentlich sind dort direkt mit Kapital interessiert die Gelsenkirchner Bergwerksgesellschaft und die Gewerkschaft „Deutscher Kaiser". Die russischen Fabriken wirken nun beständig auf die Regierung ein, die Erzausfuhr zu untersagen, man fürchtet oder gibt vor zu fürchten, daß einmal eine Erschöpfung der Erzlager stattfinden könnte. Andererseits wissen Sie, meine Herren, wie großen Wert gerade Deutschland auf die Erhaltung seiner Erzeinfuhr legt. Sie haben beobachtet, was dieses Motiv für eine Rolle gespielt hat bei den deutsch-schwedischen Vertragsverhandlungen und bei der Regelung des Marokkostreits. Unsere Regierung wird auch hier also im gegebenen Momente zu erwägen haben, ob und welche Mittel sie ergreifen soll, um uns die russische Erzeinfuhr zu erhalten, wenn einmal das Gespenst des Ausfuhrverbots Gestalt annimmt.

Deutsches Kapital ist ferner in starkem Maße engagiert in der Ausbeutung der kaukasischen *Manganerze*, die, wie Ihnen bekannt, zur Herstellung von Ferromangan und einiger hoher Stahlsorten nötig ist. Die deutsche Industrie hat nicht nur ein Interesse daran, ihre im Kaukasus investierten Kapitalien gut zu verzinsen, sondern auch den kaukasischen Erzen den Konkurrenzkampf mit den indischen zu ermöglichen. Alle Maßnahmen, die die russische Regierung hinsichtlich der Eisenbahntarife, Hafenabgaben usw. im Kaukasus trifft, haben somit direkt eine Rückwirkung auf Deutschland.

Eine andere Frage, die jetzt gerade akut ist, ist das von der russischen Regierung beabsichtigte Verbot der Ausfuhr von *Platinaerzen*. Wie ihnen bekannt, ist die russische Platinagewinnung fast ganz in den Händen der Franzosen, aber die chemisch-reine Herstellung des Metalls, die sogenannte Affinierung, wird nicht nur in Paris, sondern auch in Deutschland (besonders in Hanau) vorgenommen. Es liegt also in Deutschland ein wenn auch nicht großes Interesse vor, das Ausfuhrverbot, wenn möglich, zu hindern. Allerdings gewinnt es den Anschein, als ob unsere Affineure sich schon mit ihren russischen Kollegen, der Tenteleff-Fabrik, für den Fall geschäftlich geeinigt haben, daß das Verbot Gesetz wird. Das ist ja überhaupt der wunde Punkt der mondialen Schutzzollpolitik. Sie führt für einen Staat, der alljährlich mehr und mehr dazu gedrängt wird, seine Produktion auf den Export einzurichten, zu dem bedrohlichen Faktum, daß mit dem Anziehen der Schutzzollschraube in seinen Absatzgebieten dem Export immer neue Schwierigkeiten entstehen.

So steht es auch für unseren Export nach Rußland. Der russische Zolltarif ist teilweise schon recht hoch, so daß sich für gewisse Fabrikate die Einfuhr immer unlohnender gestaltet. Je mehr aber die russische Industrie erstarkt, desto mehr Gebiete werden uns natürlich genommen werden. Ich erinnere nur an die landwirtschaftlichen Maschinen, die bisher zollfrei eingeführt werden, die aber sicherlich einmal einen so erheblichen Zoll zu tragen haben werden, daß der russische Landwirt nur noch in Rußland kaufen wird. Dann kommt die bekannte Abwanderung unseres Kapitals nach Rußland. Unsere Fabrikanten versuchen, in Rußland selbst das herzustellen, was sie wegen des hohen Zolles nicht exportieren können. Wenn auch die Zinsen des Kapitals in der deutschen Zahlungsbilanz als Plus für uns erscheinen, so ist das doch ein pis aller und ich glaube, daß viele der deutschen Fabriken, die es jetzt schon in Rußland gibt, mit Ausnahme der sehr gut gehenden Elektrizitäts- und Beleuchtungswerke, keine allzu goldnen Früchte geerntet haben. Aber machen wir's nicht, so machen es die anderen Nationen. So hat die bekannte amerikanische Harvester Co. der russischen Regierung nahegelegt, Schutzzölle für landwirtschaftliche Maschinen einzurichten, zugleich hat sie sich erboten, große Fabriken in Rußland zu erbauen, um dadurch der russischen Volkswirtschaft erheblichen Nutzen zu bringen.

Daß Rußland in naher Zukunft Fabrikate exportieren wird, um uns auf dem Weltmarkte Konkurrenz zu machen, ist vorläufig nicht zu fürchten. Die russische Industrie arbeitet erheblich teurer als wir. Nur bezüglich der Fabrikate der Halbindustrie wird von manchen Sachkennern die Zeit nicht mehr für allzufern gehalten, wo ein Export erfolgen wird. Wie Sie wissen, ist ja auch Rußland schon ins Internationale Schienensyndikat mit aufgenommen worden.

Hinsichtlich des Imports nach Rußland, bei dem, wie ich bemerkte, Deutschland an erster Stelle steht, ist in letzter Zeit, nachdem die *politische Annäherung Rußlands an England* erfolgt ist, das Bestreben sowohl der russischen offiziellen Kreise, als auch der russischen Regierung dahin gegangen, den *englischen* Import auf Kosten des deutschen in Rußland zu vermehren. Es ist eine englische Handelskammer in St. Petersburg, eine russische in London gegründet worden; leitende Parlamentarier und businessmen der beiden Nationen haben gegenseitige Besuche abgestattet. Das russische Finanzministerium hat die Sache begünstigt, weil es einen Zustrom englischen Kapitals nach Rußland erhoffte.

Eine unserer Aufgaben in St. Petersburg ist es gewesen, diese Bewegung aufmerksam zu verfolgen. Man kann jetzt sagen, daß sie einen échec erlitten hat. Der Handel läßt sich nun einmal durch ein Wort von oben herab nicht beeinflussen und, ganz abgesehen von der geographischen Lage Deutschlands zu Rußland, sind die bestehenden deutschen Verbindungen dorthin so mannigfach verzweigt und durch ein Heer von russisch-sprechenden deutschen Vertretern im ganzen Lande bis hinein nach Russisch-Turkestan und Sibirien so gut organisiert, daß dagegen nicht so leicht ein anderer Konkurrent ankämpfen kann. Da nützen auch alle Handelskammern nichts, und das Gefühl, daß der deutsche Handel in Rußland sich durch die Macht der eigenen guten Organisation und durch eigene Tüchtigkeit auch ohne solche papiernen Ämter durchsetzen wird, hat uns veranlaßt, vorläufig gegen die Gründung einer deutsch-russischen Handelskammer Stellung zu nehmen.

Was das Eindringen englischen Kapitals nach Rußland anlangt, so ist da wohl auch mancher Russe enttäuscht worden. Die Engländer interessieren sich für die Goldindustrie in Sibirien und für die Kupferindustrie im Ural, die beide wohl noch eine Zukunft haben. Wenngleich das Interesse in letzter besonders deutlich sich dokumentiert haben mag, so ist es doch immer vorhanden gewesen und wäre gewiß auch durch die Macht der Tatsachen ohne Wünsche der beiderseitigen Regierungen von selbst gewachsen. Die Investierungen englischen Kapitals in der Naphtaindustrie im Kaukasus sind nicht etwa deshalb erfolgt, weil man mit Nobel oder mit Rothschild, deren großartige Unternehmungen, wie Sie wissen, um Baku herum gruppieren, ernstlich konkurrieren wollte, sondern weil die Gründer einen boom an der Londoner Börse machen und ihr Schäfchen ins trockene bringen wollten. Die Sache ist jetzt schon eingeschlafen. Die russischen Kommunalanleihen in London haben nur einen Achtungserfolg gehabt, und bis jetzt ist es noch nicht möglich gewesen, am russischen Bankgeschäft englisches Kapital in demselben Maßstab zu beteiligen, wie französisches Kapital direkt und deutsches indirekt dort engagiert ist.

Diese Gesichtspunkte mögen genügen, um Ihnen anzudeuten, wie vielseitig die Aufgaben der deutschen Konsulate in Rußland zur Beobachtung und Förderung deutscher Wirtschaftsinteressen sind. Ich habe nicht gesprochen und kann auch nicht eingehen auf die großen Gebiete der russischen Tarifpolitik, des Ausstellungswesens, hinsichtlich dessen wir Hand in Hand mit der Ständigen Ausstellungskommission für die deutsche Industrie arbeiten, des Eisenbahnbaues und der Eisenbahnpolitik, der russischen Kolonialpolitik und Agrarwirtschaft in Turkestan, dem russischen Ägypten, und Sibirien, dem russischen Kanada.

Ich erwähne nur noch, daß es eine der interessantesten Aufgaben des St. Petersburger Konsulats ist, die russische *Finanzpolitik* dauernd zu verfolgen. Sie wissen, daß in keinem Lande der Welt das Finanzministerium auf die Volkswirtschaft und das Staatsregiment einen größeren Einfluß hat als in Rußland. Wenn ich Ihnen die Namen zweier russischer Finanzminister nenne, des früheren Premierministers Witte und des jetzigen Kokowzoff, so genügt das, um den Einfluß zu illustrieren. Vom Finanzminister hängt in Rußland alles ab, das Handelsministerium, das Ministerium der Verkehrswege und schließlich hängt auch die Reorganisation des russischen Heeres und der Flotte und damit die Stabilisierung der politischen Machtstellung für Rußland damit zusammen, ob es gelingt, die Finanzen des Reichs dauernd auf einem befriedigenden Stande zu erhalten oder nicht.

Sie wissen alle, daß die Achillesferse der russischen Volkswirtschaft die enorme Verschuldung des russischen Staates im Ausland ist, und es ist klar, daß das Faktum der großen russischen Verschuldung an Fankreich bei der rücksichtslosen Weise, mit der dieses Land seinen wirtschaftlichen Einfluß in den Dienst der Politik einstellt, allein hinreicht, um bei schlechten russischen Finanzen die politischen Geschicke des Landes mit denen der Republik fest zu verknüpfen. Den Russen wäre ja aus diesem Grunde wohl nichts erwünschter, als wenn sich die deutschen und englischen Märkte dem russischen Anleihebedürfnis, das auf die Dauer doch nicht wird in Rußland befriedigt werden können, möglichst weit öffnen würden. Vorläufig ist das aber gar nicht einmal nötig. Denn die Russen haben so viel Glück gehabt wie wohl keine andere Nation nach einem verlustbringenden Kriege. Die beiden guten Ernten der Jahre 1909 und 1910 sind es gewesen, welche die russischen Budgets nicht nur in zwei Perioden ohne Anleihe zum Ausgleich gebracht, sondern so viel Überschüsse dem Finanzminister in den Schoß geworfen haben, daß er sich eine nette Summe, beinahe eine Milliarde Mark, in seine Sparbüchse, den sogenannten freien Barbestand der Reichsrentei, legen konnte. Ganz so klingt die Sache allerdings nur für den Uneingeweihten. Die Auguren wissen, daß es nicht nur die guten Ernten waren, die hier geholfen haben, sondern daß ein großer Teil der obengenannten Summe aus unnützen Steuererhöhungen und Schaffung neuer Steuern zusammengebracht worden ist. Doch ist es ein unbestreitbares Faktum, daß das Geld da ist, daß Rußland schon eine ganze Zeit *ohne Auslandsanleihe* ausgekommen ist und daß es ohne allzugroße Kunst der russischen Kreditkanzlei gelungen ist, die Kurse der russischen Staatspapiere auf einer sehr guten Höhe zu halten. Die Fakta ermöglichen es Rußland, an der Reorganisation der Armee und den Neubau der Flotte heranzugehen.

Dem tiefer stehenden Beobachter drängt sich dabei die Frage auf: Wird dieser Zustand *stabil* sein? Wir müssen auf die Frage mit einem Ignorabimus antworten. In Rußland hängt in letzter Linie alles von der Ernte ab, haben wir ein paar Mißernten und macht die gegenwärtig aufsteigende Konjunktur in Landwirtschaft und Industrie einer Krise Platz, so werden wir die Rückseite der Medaille sehen. Vom russischen Budget für 1912 sagt einer der besten Kenner der russischen Finanzen, der Dumaabgeordnete Ehrhardt:

„Die Betrachtung des Budgetentwurfs für 1912 hinterläßt, soweit es sich um die Ausgaben handelt, keinen befriedigenden Eindruck. Die Ausgaben für kulturelle und produktive Zwecke sind kärglich bemessen, sind zugunsten der Ausgaben für die Landesverteidigung, speziell der Marine, beeinträchtigt worden. Andererseits liegt die dringende Notwendigkeit vor, die kulturellen und produktiven Zwecken dienenden Teile des Ausgabenbudgets in viel höherem Maße zu entwickeln als dies geschieht, die in Zukunft vielleicht noch größere Zurückdrängung dieser Kredite zu verhüten. Es ist dies um so notwendiger, als unser Volkswohlstand trotz seiner Kräftigung in den zwei letzten Jahren doch noch *auf schwachen Füßen* steht, eine einzige, nur partielle Mißernte ihm schon gefährlich wird und den Staat zu schweren Opfern nötigt."

Die Befriedigung über die Perspektive, daß auch das Budget für 1912 ohne Defizit abschließe, werde leider getrübt durch die Erkenntnis, daß die Steigerung der produktiven und kulturellen Ausgaben, welche weit davon entfernt seien, voll befriedigt zu werden, im Budgetentwurf für 1912 gegen die früheren Jahre zurückgeschraubt werde.

Dies wird gesagt in einem Jahre, das noch unter der Nachwirkung der vergangenen guten Ernte steht. Was wird die Zukunft bringen?

Wir können über ein wirtschaftlich kräftiges Rußland nur froh sein und wollen daher den Russen alles mögliche Gute wünschen. In wirtschaftlicher Hinsicht kräftigt sich die Kaufkraft der Bevölkerung und damit die Importmöglichkeit für uns. In politischer Beziehung wird ein solches Rußland vielleicht einmal auf das französische Bündnis weniger angewiesen sein als es jetzt ist.

*ZStAP, AA 6226, Bl. 213ff.*

**2 Telegramm des Staatssekretärs des Auswärtigen Amts von Tschirschky und Bögendorff and die Botschaft in St. Petersburg**

*Abschrift.*

Berlin, 19. Februar 1906

Im Anschluß an Telegramm Nr. 39.

Anfragen und Beschwerden deutscher Interessenten wegen Stockungen im Warenverkehr an der russischen Grenze häufen sich derartig, daß es für uns der Öffentlichkeit und dem

Reichstag gegenüber dringend erwünscht ist, mit einer bindenden Erklärung der russischen Regierung, daß sie den festen Willen hat, den Übelständen abzuhelfen, hervortreten zu können. Wir dürfen ein entsprechendes Vorgehen der russischen Regierung um so eher ererwarten, als dasselbe angesichts der gegenseitigen guten handelspolitischen Beziehungen und durch den Wortlauf und den Geist des bestehenden Handelsvertrags geboten erscheint. Die im Warenverkehr nach Rußland z. Zt. an der Grenze herrschenden Zustände, die soweit gediehen sind, daß auf verschiedenen russischen Grenzstrecken Güter zur Beförderung überhaupt nicht mehr angenommen werden, machen es unseren Exporteuren völlig unmöglich, ihre jetzt unterwegs oder bereits an der Grenze befindlichen Sendungen noch zu den Sätzen des alten Tarifs nach Rußland einzubringen. Hierdurch wird russischerseits für einen großen Teil der Einfuhr aus Deutschland der bisherige Zolltarif schon geraume Zeit vor dem 1. März d. J. tatsächlich außer Geltung gesetzt. Soweit vertragsmäßig festgelegte Positionen in Frage kommen, würde hierin eine Verletzung des jetzt gültigen Handelsvertrags erblickt werden müssen.

Ich bitte daher, nochmals in dringender Weise dort vorstellig zu werden, daß sowohl seitens der Zoll- wie seitens der Eisenbahnverwaltung alles geschieht, damit diejenigen Waren, welche rechtzeitig an die Grenze angefahren worden sind, noch zu den alten Tarifsätzen verzollt werden. Es könnte dies zweckmäßiger Weise durch eine russischerseits zu erlassende Verordnung sichergestellt werden, wonach alle Güter, welche nachweislich bis zum 28. Februar auf den deutschen Grenzstationen zur Überführung nach russischen Stationen bereitstanden, aber nicht über die Grenze geschafft werden konnten, zu den alten Sätzen zuzulassen sind.

*ZStAP, AA 14918, Bl. 34f.*

## 3 Bericht Nr. 1100 des Konsuls in Moskau Kohlhaas an den Reichskanzler Fürsten von Bülow

*Abschrift*

Moskau, 5. März 1906

Von den hiesigen großen Zeitungen haben nur „Russkije wjedomosti" in ihrer Nummer vom 17. Februar/2. März (Nr. 46) von dem Inkrafttreten des neuen deutsch-russischen Handelsvertrages in einem Leitartikel Notiz genommen. Dieser Artikel, von dem ich Übersetzung gehorsamst beifüge, benutzt natürlich, der Richtung des Blattes entsprechend, auch diesen Anlaß, um die Selbstherrschaft zu diskreditieren. Daneben aber — und das erscheint mir als das einzig bemerkenswerte an dem Artikel — fällt er durch seine Unfreundlichkeit gegen Deutschland auf. In dieser Hinsicht möchte ich ihn als einen neuen Beleg dafür ansehen, daß wie schon die Verhandlungen des Moskauer Semstwokongresses im September und November v. J. aus Anlaß der Polenfrage gezeigt haben, Deutschland auf Sympathien des russischen Liberalismus nicht zu rechnen hat. Das wird voraussichtlich später in der Reichsduma noch schärfer zutage treten, als bisher.

*ZStAP, AA 10584, Bl. 124.*

**4** **Stellungsnahme der Handelspolitischen Abteilung des Auswärtigen Amts für die Rechtsabteilung des Auswärtigen Amts**
*Ausfertigung.*

Berlin, 9. März 1906

[Zum Konzept des Schreibens III b 3055 des Staatssekretärs des Auswärtigen Amts von Tschirschky und Bögendorff an den Staatssekretär des Reichsamts des Innern Graf Posadowsky-Wehner vom 11. März 1906.[1]]

Schon in dem Votum der Abteilung II vom 27. Januar d. J. zu III b 1904[2] ist ausgeführt worden, daß nur ein von Deutschland gegen Rußland erlassenes Waffenausfuhrverbot Rußland nicht viel nützen, andererseits aber die legale deutsche Waffenausfuhr und damit unsere Industrie zu Gunsten derjenigen anderer Länder schädigen würde, und daß auch aus innenpolitischen Gründen es nicht erwünscht sein könne, wenn nur von Deutschland ein solches Ausfuhrverbot erlassen worden sei. Dagegen hat Rußland inzwischen ein Einfuhrverbot für die deutsch-russische Grenze erlassen, welches jedoch für die Grenzstrecke des Gouvernements Kowno eine Lücke läßt. Dieser Sachlage gegenüber scheint es noch weniger erforderlich, deutscherseits mit einem Ausfuhrverbot vorzugehen. Denn einerseits ist die Wirkung eines solchen im Vergleich mit einem Einfuhrverbot an sich schon nur gering, da die Einfuhr viel leichter verhindert werden könne als die Ausfuhr. Andererseits würde ein Ausfuhrverbot, das nur für einen gewissen Teil der Grenze erlassen ist, sehr leicht umgangen werden können.

Hinzu kommt aber, daß die russische Regierung sich gegenüber unsern dringenden Anträgen auf Beseitigung der Verkehrsstockungen an der deutsch-russischen Grenze in der letzten Zeit vor dem 1. März und auch genügende Fürsorge für die Möglichkeit ordnungsmäßiger Verzollung der zum Eingang nach Rußland bestimmten Waren völlig ablehnend verhalten hat.[3] Es ist damit ziemlich deutlich der Zweck verfolgt worden, im Widerspruch mit dem bestehenden Handelsvertrage, die Anwendung der vor dem 1. März gültigen niedrigen Zölle auf Waren zu verhindern, welche längst vor diesem Termin an der russischen Grenze angekommen sind. Hierdurch und namentlich auch durch die Notwendigkeit längerer Lagerung der Sendungen in den Grenzstationen ist unserem Handel und unserer Industrie großer Schaden erwachsen, den die russische Regierung bei einigem Entgegenkommen hätte verhüten können.

Die Beschwerden unserer Interessenten haben im Reichstag durch die Interpellation Gothein und Genossen sehr scharf Ausdruck gefunden.[4] Bei dieser Sachlage dürfte es bedenklich sein und zu unangenehmen parlamentarischen Erörterungen führen, wenn wir jetzt zur Unterstützung der russischen Regierung ein Waffenausfuhrverbot erlassen wollten, das wie oben bemerkt, noch dazu weder notwendig noch wirksam sein würde.

Abteilung II schlägt daher vor, von dem Ausfuhrverbot und demgemäß auch von dem Schreiben an das Reichsamt des Innern abzusehen[5] und erachtet die Frage für so wichtig, daß um Einholung der Entscheidung des Herrn Staatssekretärs gebeten wird, wenn Abteilung III an der gegenteiligen Auffassung festhalten sollte.

Hiermit bei Abteilung III b ergebenst wieder vorgelegt.[x] Koerner.

x Bemerkungen des Vortragenden Rats in der Rechtsabteilung Kriege am Kopf des Schreibens: Der Herr Staatssekretär hat auf meinen Vortrag die Angabe gezeichnet. Der Herr Unterstaatssektretär Wermuth im Reichsamt des Innern ist von mir mündlich auf das von Abteilung II weiter aufgeführte Bedenken hingewiesen worden und wird auch dieses in seiner Antwort an das Auswärtige Amt berücksichtigen.

*ZStAP, AA 28678, Bl. 7f.*

1 Die zaristische Regierung ersuchte während der Revolution wiederholt, den Versand von Handfeuerwaffen und Explosivstoffen nach Rußland zu verhindern. Nachdem Ende Januar 1906 für die Weichsel- und Ostseegouvernements — das Gouvernement Kowno blieb ausgespart — ein allgemeines Waffeneinfuhrverbot erlassen wurde, erklärte sich die Reichsleitung „gern bereit, Maßregeln zu ergreifen, um, den Wünschen der befreundeten russischen Regierung entsprechend, zur Unterstützung des von ihr erlassenen Einfuhrverbots die Ausfuhr von Waffen, Munition und Explosivstoffen nach den russischen Grenzgebieten zu verhindern. Da strafrechtliche Maßnahmen mit Rücksicht auf die mangelnde Gegenseitigkeit nicht ergriffen werden können, würde nur die Möglichkeit bleiben, den Wünschen der russischen Regierung dadurch Rechnung zu tragen, daß ein Waffenausfuhrverbot, das der Zustimmung des Bundesrats bedarf, für das Reich erlassen wird. Eine solche schwerwiegende Verwaltungsmaßregel kann indessen nur dann in Aussicht genommen werden, wenn die russische Regierung durch ihren hiesigen Botschafter in amtlicher Form einen entsprechenden Antrag stellt. Auch würde diese Maßregel nur dann Wirkung haben, wenn Rußland die anderen in Betracht kommenden Staaten, insbesondere Österreich-Ungarn, zum Erlaß eines gleichen Ausfuhrverbots aufforderte und dieser Wunsch bei den anderen Staaten Berücksichtigung fände«. (Erlaß an Schoen, 3. 2. 1906, ZStAP, AA 28677.) Daraufhin beantragte die russische Regierung, ein Waffenausfuhrverbot zu erlassen (Osten-Sacken an Tschirschky, 22. 2. 1906).

2 Konzept des Erlasses an Schoen, 3. 2. 1906.

3 Vgl. Dok. Nr. 2.

4 Stenographische Berichte über die Verhandlungen des deutschen Reichstages, Bd. 215, Berlin 1906, S. 1738ff.

5 In dem Schreiben wurde Posadowsky ersucht, die Angelegenheit zu prüfen und falls Bedenken nicht bestehen, das Weitere wegen Erlasses des Ausfuhrverbots zu veranlassen.

## 5 Bericht Nr. 19 des Konsuls in Tiflis Frommann an den Reichskanzler Fürsten von Bülow

*Ausfertigung.*

Tiflis, 10. März 1906

Die kaukasische Manganindustrie, die sich schon seit Jahren, wie des öfteren berichtet worden, in einer schweren Krisis befindet, hat unter den politischen und sozialen Wirren des vergangenen Jahres ganz besonders zu leiden gehabt. Die fortwährenden Ausstände der Arbeiter in Tschiauturi und in den Häfen Batum und Poti, der Aufstand in Gurien, der durch Ausstände und Beschädigungen des Bahnkörpers hervorgerufene, mehrere Wochen anhaltende Stillstand im Betriebe der Transkaukasischen Eisenbahn haben einerseits eine ruhige Arbeit in den Gruben, andererseits die Beförderung der Ausfuhr des Erzes während eines großen Teils des Jahres zur Unmöglichkeit gemacht. Durch diese ungünstigen Umstände ist auch die Eisenindustrie bei uns in Deutschland in empfindlicher Weise in Mitleidenschaft gezogen worden, da diese bekanntlich die Hauptabnehmerin des kaukasischen Mangans ist.[1]

Über die augenblickliche Lage der Manganindustrie hat mir in den letzten Tagen der Kutaiser Vertreter des in Berlin domizilierten Mangansyndikats in mehreren Eingaben Bericht erstattet, die ich nebst Anlagen im Auszug hier beifüge.

Zur Besserung der kritischen Lage der Manganindustrie schlägt der Verfasser folgende Maßnahme vor:

1.) Vermehrung der zur Zeit durchaus unzureichenden Zahl der Eisenbahnwaggons für die Beförderung des Erzes;
2.) Regelung der Arbeiterverhältnisse im Hafen von Poti;
3.) Ermäßigung des Bahnfrachttarifs auf der Tschiaturier Zweigbahn;
4.) Beibehaltung der bisherigen Tarifierung des Erzes zu deren Durchführung er die amtliche Verwendung erbittet.

Wegen des Punktes 1 und 2 habe ich mit dem gegenwärtigen Chef der Transkaukasischen Eisenbahn, Oberst Neugebauer, Rücksprache genommen. Er erklärte mir, daß er kürzlich die Frage des Manganexports persönlich an Ort und Stelle geprüft und mehrere, den Wünschen der Interessenten entsprechende Anordnungen getroffen habe. Die Zahl der für das Manganerz zur Verfügung gehaltenen Waggons sei jetzt bereits auf 150 Stück täglich vermehrt und werde allmählich auf die gewünschte Zahl von 200 vermehrt werden. Die Arbeiterfrage hoffe er ebenfalls im Einvernehmen mit den Potier Hafenbehörden in zufriedenstellender Weise regeln zu können.

Über die unter 3 und 4 erwähnten Maßnahmen habe die Zentralbehörde in St. Petersburg zu entscheiden. Euerer Durchlaucht darf ich daher das Weitere in dieser Beziehung gehorsamst anheimstellen. Auch darf ich bitten, die von dem Antragsteller erbetene Benachrichtigung der Handelskammern geneigtest veranlassen zu wollen [. . .]

*ZStAP, AA 10587, Bl. 20f.*

1 Am 9. 1. 1906 wandte sich die Gutehoffnungshütte, am 11. 1. die Nordwestliche Gruppe des Vereins deutscher Eisen- und Stahlindustrieller, am 12. 1. der Verein deutscher Eisen- und Stahlindustrieller an das AA mit dem Ersuchen, in Petersburg darauf hinzuwirken, daß der auf der transkaukasischen Bahn herrschende Waggonmangel, der die Verschiffung der Manganerze in Poti und Batum erheblich verzögere, behoben werde. Daraufhin sagte die russische Regierung Schoen zu, den Waggonmangel abzustellen, „soweit unter den derzeitigen Verhältnissen tunlich" (Telegramm Schoen Nr. 25, 13. 1. 1906). In einer weiteren Eingabe von 42 Eisen- und Stahlwerken an das AA vom 15. 1. 1906 (u. a. Gutehoffnungshütte, Oberhausen; Bergische Stahlindustrie; Duisburger Eisen- und Stahlwerke; Dillinger Hüttenwerke; Eisen & Stahlwerk Hoesch, Dortmund; Hagener Gußstahlwerke; Friedr. Krupp, Essen; Rheinische Stahlwerke, Meiderich; Thyssen & Co., Mülheim; Röchlingsche Eisen- und Stahlwerke, Völklingen) wurde u. a. ausgeführt: „Zur Erzeugung von Stahl sind die Hüttenwerke auf die Lieferung von Ferromangan unbedingt angewiesen, doch ist die Herstellung dieses Zusatzeisens in genügenden Mengen nach Angabe der Ferromangan hervorbringenden Werke durch die bereits seit langem anhaltende Stockung in der Anfuhr kaukasischer Manganerze, die seit Jahren für die Verhüttung hauptsächlich in Betracht kommen, nachgerade zur Unmöglichkeit geworden. Ein Ausbleiben der Ferromangananlieferung würde die Hüttenwerke in die tatsächliche Unmöglichkeit versetzen, die Stahlerzeugung weiter zu betreiben und somit deren gesamten Betrieb teilweise zur Erliegung bringen." In dem Erlaß an Schoen vom 17. 1. 1996, mit dem ihm diese Eingabe übersandt wurde, hieß es ferner: „Zugleich bemerke ich, daß seitens der Interessenten darauf hingewiesen worden ist, es empfehle sich nicht, der russischen Regierung gegenüber die Abhängigkeit zu sehr zu betonen, da dadurch möglicherweise Rußland veranlaßt werden könnte, Manganerz mit einem Ausfuhrzoll zu belegen; es erscheint mehr in unserem Interesse gelegen, in St. Petersburg das Argument in den Vordergrund zu stellen, daß bei Stockung der russischen Zufuhr die deutschen Verbraucher zum Bezug aus anderen Ländern (Brasilien, Borneo), wie teilweise schon geschehen, übergehen könnten, und daß dadurch der russischen Ware der deutsche Markt geschmälert werden könnte." (ZStAP, AA 10583.) Am 12. 2. 1906 meldete Schoen: „Nach einer weiteren Mitteilung des Russischen Ministeriums der auswärtigen Angelegenheiten vom 10. d. M. hat der Statthalter im Kaukasus die notwendigen Vorkehrungen getroffen, um die Beförderung des Manganerzes auf der Strecke Tschiauturi-Poti zu erleichtern." (ebenda, 10584.)

6 **Bericht Nr. II 82 des Generalkonsuls in St. Petersburg Biermann an den Reichskanzler Fürsten von Bülow**

*Ausfertigung.*

St. Petersburg, 12. März 1906

Euerer Durchlaucht beehre ich mich in der Anlage Übersetzung eines Artikels aus dem Slowo vom 6. d. M. gehorsamst vorzulegen, wonach der Minister des Innern durch ein an die Gouvernements gerichtetes Zirkular empfohlen hat, die Vertreter eines deutsch-belgischen Syndikats zu unterstützen, welches die Gründung allerlei elektrischer Unternehmungen in Rußland sich zur Aufgabe gesetzt hat.

Auch von anderer Seite ist mir mitgeteilt worden, daß im Gegensatz zu früheren noch gar nicht so fern liegenden Zeiten, die Regierung jetzt merklich bestrebt zu sein scheint, fremdes Kapital, und zwar nicht nur in der Form von Anleihen, in das Land zu ziehen und mit seiner Hilfe die Entwicklung von Verkehr und Industrie und die Nutzbarmachung der natürlichen Schätze des Landes zu fördern.

Auch in der Presse wird jetzt vielfach für diesen Gedanken Propaganda gemacht.

Während es früher für den Nichtrussen schwer war, von der Regierung eine Konzession auf industriellem Gebiet zu erhalten, werden jetzt geradezu an fremde Firmen von der Regierung Aufforderungen gerichtet, sich um Konzessionen zu bewerben.

Über die Richtigkeit der durch die Zeitungen laufenden Nachrichten über die Verleihung von Eisenbahnkonzessionen an amerikanische Kapitalisten (wie z. B. betreffend den Bau einer Verbindungsbahn von Taschkent nach der sibirischen Bahn) habe ich Sicheres nicht erfahren, aber fest steht, daß sowohl englisches wie amerikanisches Kapital schon auf dem Platze ist, um sich seinen Anteil an der erhofften wirtschaftlichen Entwicklung des russischen Reiches zu sichern.

*ZStAP, AA 2104, Bl. 9.*

7 **Bericht Nr. 21 des Konsuls in Tiflis Frommann an den Reichskanzler Fürsten von Bülow**

*Ausfertigung.*

Tiflis, 13. März 1906

In Ergänzung seiner früheren Mitteilungen hat der Kutaiser Vertreter des Mangan-Syndikats mir die nebst Übersetzung beigefügte notariell beglaubigte Abschrift einer weiteren Bescheinigung der Poti'er Hafenbehörde vom 17. 2. d. M. eingereicht, inhaltlich deren im Monat Dezember v. J. in Poti nur 4 ausländische Dampfer mit Mangan beladen wurden, und zwar nur zwei mit voller, einer mit halber und einer mit 1/10 Ladung, während im Laufe des Monats Januar d. J. überhaupt kein ausländischer Dampfer den Hafen von Poti verlassen hat, und daß zur Zeit infolge Waggonmangels die Verladung von Manganerz nur in unvollkommenem Maße stattfindet. Der Umstand, daß im Dezember überhaupt Mangan verschifft werden konnte, erklärt sich daraus, daß die beiden Firmen, die die Dampfer beluden, zufällig einen größeren Vorrat von Ware in Poti lagern hatten als andere Firmen; es darf daher hieraus nicht der Schluß gezogen werden, daß eine force majeure eigentlich nicht vorgelegen habe.

Euerer Durchlaucht darf ich anheimstellen, auch diese Bescheinigung den Handelskammern mitzuteilen.

*ZStAP, AA 10587, Bl. 34.*

**8 Schreiben Nr. 351 des preußischen Finanzministers von Rheinbaben an den preußischen Minister der auswärtigen Angelegenheiten Fürsten von Bülow. Eilt sehr!**
*Ausfertigung, eigenhändig.*

Berlin, 22. März 1906

Des Kaisers und Königs Majestät haben gelegentlich eine Auskunft über die momentane Lage der russischen Finanzen von mir erfordert. Demgemäß beabsichtigte ich, den in Abschrift ganz ergebenst beigefügten Bericht an die Allerhöchste Stelle zu erstatten. Am Schlusse dieses Berichts habe ich darauf hingewiesen, daß das Reich und Preußen in der allernächsten Zeit mit einem Anleihebedürfnis von 400 bis 600 Millionen Mark an den Markt herantreten müssen, und daß dies nicht möglich oder nur mit den schwersten Opfern erreichbar sein würde, wenn die zu viel günstigeren Bedingungen auszulegende russische Anleihe in naher Aussicht steht.

Ew. Durchlaucht ersuche ich deshalb sehr ergebenst, bei entwaigen Verhandlungen über den Moment der russischen Anleihe geneigtest dahin zu wirken, daß die vorgängige Ausbringung der Anleihe des Reiches bzw. Preußens sichergestellt wird.

Anlage
Euere Kaiserliche und Königliche Majestät hatten die Gnade, bei einem der letzten Vorträge die Frage über den gegenwärtigen Stand der russischen Finanzverhältnisse an mich zu richten. Demgemäß verfehle ich nicht, den Bericht des russischen Finanzministers an Seine Majestät den Kaiser von Rußland über das Reichsbudget für das Jahr 1906 hierneben alleruntertänigst zu überreichen.

Aus diesem Berichte ergibt sich zunächst die erstaunliche Tatsache, daß in dem Etatjahre 1905 trotz der schweren Schicksalsschläge Rußlands im Innern wie im Äußern, mit einer Mehreinnahme von 125 Millionen Rubel gegen den Etatansatz im Ordinarium unter der Voraussetzung gerechnet wird, daß auch die Monate November und Dezember 1905 eine gleich günstige Entwicklung aufweisen, wie die entsprechenden Monate des Vorjahres. Wie sich diese beiden Monate tatsächlich gestaltet haben und wie also das effektive Ergebnis des Etatjahres 1905 im Ordinarium gewesen ist, läßt sich zur Zeit noch nicht übersehen. Das erwähnte, scheinbar blendende Resultat verliert aber an seinem Glanz, wenn man erwägt, daß die russische Finanzverwaltung üblicher Weise die Einnahmen sehr niedrig veranschlagt, um dann mit einem Überschusse in dem Berichte paradieren zu können. Selbst wenn aber die geschätzten 125 Millionen Rubel Mehreinahme im Ordinarium eingehen sollten, würde der Gesamtabschluß, mit Einrechnung der im Budget des Jahres 1905 nicht vorgesehenen außerordentlichen Aufwendungen von 1068 Millionen Rubel (überwiegend Kriegskosten), einen Fehlbetrag von 943 Millionen Rubel ergeben, von denen 61,8 Millionen Rubel aus dem freien Barbestande vom 1. Januar 1905 und 780 Millionen Rubel durch Anleihen und Schatzanweisungen gedeckt worden sind, so daß immer noch ein ungedeckter Betrag von 101,2 Millionen Rubel verbliebe.

Der Etatentwurf für das Jahr 1906 schließt mit einem ungedeckten Beitrage von 481,1 Millionen Rubel ab. Dazu kommen noch 150 Millionen Rubel zur Einlösung fällig werdender Staatsscheine, so daß
das Defizit für 1905 mit 101,2 Millionen
das Defizit für 1906 mit 481,2 Millionen
die Schatzscheine mit 150 Millionen
einen Gesamtfehlbetrag von 732,3 Millionen Rubel ergeben, mithin für das Jahr 1906 mit einem Anleihebedarf von 732 Millionen Rubel, also von annähernd 1 1/2 Milliarden Mark, zu rechnen ist. Zur Deckung dieses Bedarfs hat man zunächst eine innere Anleihe von 100 Millionen Rubel ausgegeben, welche die russischen Banken übernommen haben. Diesen ist es aber nicht möglich gewesen, den Betrag im Innern unterzubringen, und sie haben deshalb, wie ich höre, die erforderlichen Summen unter Verpfändung von Schatzscheinen aus dem Auslande, zum großen Teil aus Deutschland, erhalten. Die restierenden 632 Millionen Rubel wird die Russische Regierung nach Beendigung der Algeciraskonferenz im Auslande, d. h. wiederum in erster Linie in Frankreich und Deutschland, unterzubringen suchen, und zwar wird sie die Anleihe zu außergewöhnlich günstigen Bedingungen auslegen müssen, um das den russischen Verhältnissen gegenüber allmählich skeptisch gewordene Publikum zur Zeichnung zu veranlassen. Dadurch erhöht sich wiederum die Zinsenlast des russischen Staates um gegen 40 Millionen Rubel, und es muß als sehr fraglich bezeichnet werden, ob der russische Staat seine kolossal gewachsene jährliche Zinsenlast auf die Dauer tragen kann und nicht vielmehr den ersten günstigen Moment benutzen wird, um zu einer erheblichen Konvertierung zu schreiten.

Dazu kommt, daß mit der eben gedachten Anleiheoperation die Schwierigkeit der russischen Finanzlage aber noch keineswegs endgültig behoben ist, vielmehr damit gerechnet werden muß, daß in den nächsten Jahren noch eine weitere Anleihe von nicht geringerem Betrage notwendig wird, um die enormen Retablissementskosten für Heer, Marine, Eisenbahnen und dergleichen zu decken und die in nicht kontrollierbarem Umfange ausgegebenen Schatzscheine einzulösen. Der europäische Markt, insbesondere auch der deutsche, hat also zu erwarten, daß in absehbarer Zeit russische Anleihen in dem enormen Betrage von etwa 3 Milliarden Mark zur Auflage gelangen werden, was für die Plazierung unserer deutschen Anleihen im höchsten Grade nachteilig ist. Insbesondere wird es in *allernächster* Zeit erforderlich werden, daß das Reich und Preußen mit einem Beitrage von 400 bis 600 Millionen Mark an den Markt treten, und es muß meines alleruntertänigsten Erachtens mit aller Kraft dahin gestrebt werden, diese Anleihe noch vor dem Erscheinen der russischen Anleihe zu begeben, wie wir umgekehrt im Jahre 1904 während des Schwebens der Verhandlungen über den russischen Handelsvertrag den Russen die Priorität am Markte eingeräumt haben.

In diesem Sinne habe ich mich im Verhoff der Allergnädigsten Genehmhaltung durch Euere Kaiserliche und Königliche Majestät mit dem Herrn Minister der auswärtigen Angelegenheiten in Verbindung gesetzt.

*ZStAP, Reichskanzlei 244, Bl. 8ff.*

**9 Notiz des Vortragenden Rats in der Reichskanzlei von Loebell für den Reichskanzler Fürsten von Bülow**

*Reinschrift.*

[Berlin], 24. März 1906

Exz. v. Rheinbaben wird den Immediatbericht nicht absenden, sondern zunächst die heute früh gewünschte Äußerung abgeben und weitere Nachricht von Euerer Durchlaucht abwarten.

Exz. v. Rheinbaben hält es aber für sehr erwünscht, daß der Bericht baldmöglichst abgesendet werde, damit seine Majestät Sich nicht, ohne den Inhalt des Berichts zu kennen, von irgend einer Seite für die russischen Wünsche bestimmen lassen.[x]

Die von Euerer Durchlaucht befohlenen Gutachten über die russische Anleihe werden von den Herren

Exzellenz von Rheinbaben
Exzellenz Koch
Präsident Havenstein
Exzellenz von Stengel

schleunigst erstattet werden.

x Randbemerkung Bülows: Das ist völlig ausgeschlossen.

*ZStAP, Reichskanzlei 244, Bl. 12.*

**10 Schreiben des Präsidenten des Reichsbankdirektoriums Koch an den Reichskanzler Fürsten von Bülow. Geheim!**

*Ausfertigung.*

Berlin, 26. März 1906

Euerer Durchlaucht beehre ich mich, meine gutachterliche Äußerung darüber, ob eine Beteiligung Deutschlands an den zu erwartenden russischen Anleihen unserem wirtschaftlichen und finanziellen Interesse entspricht oder ob es sich mehr empfiehlt, daß wir die Aufbringung dieser Anleihen den Franzosen, eventuell den Engländern und Amerikanern überlassen, sowie darüber, ob es erwünscht wäre, daß das deutsche Publikum bei einer solchen russischen Anleihe die jetzt in Deutschland befindlichen Stücke abstößt, im folgenden gehorsamst zu erstatten.

Der Besitz Deutschlands an ausländischen, insbesondere auch an russischen Wertpapieren hat unleugbar gewisse Vorteile, denen ich mich keineswegs verschließe. Er sichert den regelmäßigen Bezug von Gold mittels der Zinsen und in kritischen Zeiten vermöge Abstoßung von Schuldverschreibungen die Besserung unserer Zahlungsbilanz; er verbürgt auch selbst ohne ausländische Zusicherungen in gewissem Grade die Beschäftigung unserer Industrie in Rußland. Überdies würde ein weiteres starkes Fallen der russischen Valuta eine sehr nachteilige Verschiebung der Absatzbedingungen für Deutschland zweifellos zur Folge haben. Aber gleichwohl dürfte es sich nicht empfehlen, den deutschen Besitz an russischen

Staatsschuldverschreibungen, welcher nicht unter 3 Milliarden Mark betragen wird, noch zu vermehren. Selbst wenn es Rußland gelingt, der fortdauernden und vielleicht bald von neuem angefachten anarchistischen Bewegung Herr zu werden, bleibt seine finanzielle Lage eine äußerst prekäre. Der japanische Krieg hat den Staatshaushalt der Jahre 1904—06 mit 2082,2 Millionen R. belastet, seit dem 1. Januar 1905 die äußere Schuld um 670 Millionen R., die innere um 500 Millionen R. vergrößert, und das Reich in die Lage gebracht, daß heute das Defizit des Jahres 1905 mit 101,2 Millionen R. und ein für 1906 auf 481,1 Millionen R. veranschlagtes Defizit ungedeckt sind. Außerdem sind erhebliche Beiträge von in die obige Schuldvergrößerung nicht eingerechneten Schatzwechseln ausgegeben, die im Laufe des Jahres eingelöst werden müssen. Das läßt ersehen, daß solch große Mittel notwendig werden, allein um wieder Ordnung in den Staatshaushalt zu bringen. Sind die beschafft, so werden nicht minder große Beiträge für andere Staatsbedürfnisse erforderlich werden, deren Befriedigung nicht weiter zurückgestellt werden kann. Die Unruhen im Innern haben dem Lande schwere Wunden geschlagen und enorme Kapitalien in das Ausland getrieben. Dadurch ist die Währung bereits in Mitleidenschaft gezogen. Die russische Staatsbank gibt zwar noch Gold zum Kurse von 100 R. = 216 M., aber nicht regelmäßig und nicht für jeden Zweck. An der Börse ist der Kurs indessen schon auf 213,55 gesunken. Dem entspricht die Lage der russischen Staatsbank, welche früher infolge zahlreicher Anleihen einen großen Goldschatz angehäuft hatte. Noch im September v. J. überstieg ihr Goldbestand einschließlich der Goldguthaben im Auslande den Notenumlauf von 1038 Millionen Rubel um 210 Millionen. Gegenwärtig laufen bereits mehr als 209 Millionen ungedeckte Noten, so daß der Staatsbank nach dem Gesetz von 1899 nur noch etwa 91 Millionen Rubel an solchen zur Verfügung bleiben. Das Guthaben der Staatlichen Finanzverwaltung bei ihr ist in derselben Zeit von 60 auf 12,2 Millionen Rubel gesunken. Auch die deutschen Börsen bewerten die russischen Staatsanleihen gegenwärtig sehr niedrig. Die dreiprozentige russische Goldanleihe von 1896 ist von 78% im Oktober v. J. auf 64,50% im Dezember gefallen und wird seitdem nicht notiert. Die 4% Anleihe von 1894 fiel von 89,70% am 31. Oktober 1905 auf 72,90% Ende Dezember und hatte am 23. d. Mt. einen Kurs von 77,60. Ich möchte diese Beispiele nicht weiter fortsetzen.

Die Beteiligung an einer nun auszugebenden russischen Anleihe läge aber nicht bloß nicht in dem wohlverstandenen Interesse des deutschen Publikums, sondern verstieße geradezu gegen die Lage unseres Geldmarktes und gegen die sich in derselben spiegelnden größeren inländischen Interessen. Infolge der fortdauernden lebhaften Tätigkeit unseres Handels und unserer Industrie, und nachdem die in der ersten Hälfte v. J. vorhandenen bedeutenden Guthaben des Auslandes bis auf die zur Zinsenzahlung und zur Einlösung fälliger russischer Schatzwechsel hierher gelegten etwa 300 Millionen M. zurückgezogen worden sind, genügen die Mittel der Reichsbank und des offenen Marktes kaum den an sie erhobenen großen Ansprüchen. Bei dem hohen Kurse fremder Wechsel, welcher z. B. für Paris sich schon seit dem Januar d. J. um den Goldpunkt herum bewegt hat, ist die Reichsbank genötigt gewesen, mit dem Banksatze bis auf 6% hinaufzugehen und hat sich ungeachtet mancher Bemühungen der Großfinanz bisher nicht in der Lage gesehen, den noch immer hohen Diskont von 5 Prozent zu ermäßigen, während der Privatdiskont am offenen Markte 4 1/8% beträgt. Die im vorigen Sommer ungewöhnlich gesteigerte Emissionstätigkeit hat wesentlich nachgelassen; im letzten Vierteljahr umfaßten die in Berlin subskribierten und eingeführten Werte einen Betrag von nur 450 Millionen gegen 925,4 Millionen M. im Vorjahre. Dazu kommt, daß das Reich und Preußen genötigt sein werden, schon in nächster Zeit einen bedeutenden Betrag von neuen Anleihen (anscheinend 600 Millionen) zu emittieren, und daß ultimo Juni d. J. die Abhebung der 85 Millionen betragenden Guthabens Japans aus den Einzahlungen auf die letzte japanische Anleihe wahrscheinlich bevorsteht.

Werden nun noch die Mittel des bereits beengten Geldmarktes durch eine große russische Anleihe in Anspruch genommen, so wird dessen Lage ungemein verschärft, ja beinahe kritisch. Unser Goldbestand würde dadurch zweifellos sehr beeinträchtigt und die weitere Verlängerung oder gar Erhöhung des ohnehin hohen Diskontsatzes würde schädlich auf Handel, Industrie und Landwirtschaft einwirken. Käme nun sogar Rußland mit neuen Anleihen unseren Finanzverwaltungen zuvor, so würden sich die Bedingungen für die von diesen auszugebenden Anleihen erheblich verschlechtern. Unter diesen Umständen wäre es bei weitem vorzuziehen, wenn das Risiko, das heute mit der Übernahme neuer russischer Anleihen unzweifelhaft verbunden ist, in der Hauptsache — eine gänzliche Ausschließung Deutschlands wäre bei der heutigen Solidarität der Geldmärkte gar nicht durchführbar — Frankreich, England und den Vereinigten Staaten überlassen werden könnte.

Was den anderen Punkt anbelangt, so wäre es gewiß an sich erwünscht, wenn das deutsche Publikum bei Gelegenheit einer neuen Anleihe seinen Besitz an russischen Papieren ohne große Verluste verkleinern könnte. Eine Einwirkung darauf würde ich aber nicht empfehlen. Abgesehen von der politischen Wirkung, die eine sichtbare Einwirkung haben müßte und für die das Lombardierungsverbot aus den achtziger Jahren geeignetes Material zur Beurteilung bietet, sollten wir aus wirtschaftlichen Rücksichten nichts tun, was direkt oder indirekt dazu beitragen könnte, Rußland zu bedenklichen Schritten hinsichtlich seiner äußeren Schuld zu drängen, oder die Valuta zu Fall zu bringen. Dazu ist das von uns in Rußland investierte Kapital, dazu sind unsere Handels- und industriellen Beziehungen zu ihm zu groß, und unsere Geschäftswelt würde es unserer Regierung nicht Dank wissen, wenn ihr die spätere Wiederausdehnung ihrer Beziehungen zu diesem Lande, das seine Entwicklung vor sich hat, zum zweiten Male durch eine besonders schroffe Stellungnahme erschwert werden sollte. Zudem möchte ich annehmen, daß, wenn sich auch ein Teil unseres Publikums durch etwaige Maßnahmen zum Verkauf drängen ließe, dafür ein anderer Teil diese Papiere zu niedrigerem Kurse aufnehmen würde, so daß dadurch der Gesamtbetrag der russischen Papiere in Deutschland keine Verringerung erfahren dürfte.

*ZStAP, Reichskanzlei 244, Bl. 21ff.*

## 11 Schreiben des Staatssekretärs des Reichsschatzamts von Stengel an den Reichskanzler Fürsten von Bülow

*Ausfertigung.*

Berlin, 26. März 1906

Euerer Durchlaucht beehre ich mich auf die Frage wegen einer eventuellen Beteiligung Deutschlands an den zu erwartenden russischen Anleihen gehorsamst das Nachstehende zu berichten. Ich glaube dabei nicht fehl zu gehen, wenn ich die politische Seite der Frage unerörtert lasse und zwar sowohl nach der Richtung hin, ob die gegenwärtige Stellungnahme der Kaiserlichen Russischen Regierung gegenüber Deutschland Veranlassung bieten könnte, Rußland durch eine Beteiligung Deutschlands an seinen Anleihen entgegenzukommen, als auch bezüglich der etwa möglichen politischen Folgen in der Zukunft durch eine gegenwärtige Verschließung des deutschen Kapitals für Rußlands Geldbedürfnisse. Ich beschränke mich daher im folgenden lediglich auf die finanzielle und volkswirtschaftliche Bedeutung der aufgeworfenen Frage.

Die Geldflüssigkeit des deutschen Kapitalmarktes ist bereits seit längerer Zeit eine recht knappe. Während noch vor Jahresfrist der Bankdiskont 3% betrug, stieg er im September v. J. auf 4%, im Oktober auf 5, im November auf 5 1/2 und im Dezember sogar auf 6% — im Lombardverkehr noch jeweils 1% höher —, um erst im Februar d. J. wieder auf 5% herabzugehen, auf welchem Stande er sich seitdem ohne Aussicht auf eine nahe Besserung hält. Hand in Hand mit diesen Schwankungen des Bankdiskonts gingen die Bewegungen des Privatdiskonts. Vor Jahresfrist noch 1 3/4 bis 1 7/8% ist er nach und nach bis zu 5 3/8% im Dezember v. J. gestiegen und schwankt in letzter Zeit zwischen 4 und 4 1/8%. Täglich fälliges Geld ist allerdings — abgesehen von den Medio- und namentlich den Ultimoregulierungen — verschiedentlich zu billigeren Sätzen ausgeliehen worden. Allein aus allem ergibt sich, daß eine gewisse allgemeine Geldknappheit auf dem Weltmarkte besteht sowie daß die Banken und großen Bankhäuser gewisse Summen flüssig halten, um auf alle Eventualitäten vorbereitet zu sein.

Ein solcher Geldstand ist im allgemeinen zur Begebung großer Anleihen nicht geeignet. Insbesondere müßten schon zwingende Gründe politischer Art vorliegen, in solchen Zeiten den heimischen Geldmarkt für die finanziellen Bedürfnisse eines fremden Staates zu öffnen. Allerdings sind die Folgen eines solchen Schrittes von vornherein nicht immer mit Sicherheit zu übersehen. Würden beispielsweise die neuen russischen Anleihen nur in Deutschland und Frankreich aufgelegt, während gleichzeitig englisches und amerikanisches Kapital sich in erheblichem Umfang an der Zeichnung beteiligte, so könnte das Belassen größerer Goldbestände in den Anleiheländern unter Umständen auf deren Kapitalmärkte günstig einwirken, obwohl dann immer mit der Gefahr einer für das Anleiheland unzeitigen Entziehung dieser Goldbestände gerechnet werden müßte. Grundsätzlich aber wird, wenn die Geldknappheit wie augenblicklich, eine mehr oder minder internationale ist — wie die steten Besorgnisse einer Erhöhung der englischen Bankrate, die zum Teil exorbitant hohen Sätze für tägliches Geld in New York beweisen —, es angezeigt sein, den heimischen Geldmarkt zu schonen und ihn jedenfalls für fremde Staaten nicht zu öffnen.

Dies trifft alsdann noch um so mehr zu, wenn man genötigt ist, mit der Wahrscheinlichkeit eigener inländischer Anleihen binnen kürzerer Frist zu rechnen. Sowohl für das Reich wie für Preußen liegt ein dringendes Anleihebedürfnis vor. Die regelmäßigen Einnahmen reichen zur Deckung der auftretenden Bedürfnisse nicht aus. Das Reich ist augenblicklich bereits wieder mit 219 Millionen Mark Schatzanweisung belastet, die sich nur infolge der Voreinfuhr und der Aufhebung gewisser Zollkredite nicht auf der bisherigen Höhe von 250 bis 270 Millionen Mark gehalten haben. Die Anleihebedürfnisse aus den letzten Nachtragsetats sowie aus dem Etat für 1906 werden sich auf rund etwa 260 bis 270 Millionen Mark belaufen, denen aus noch offen stehenden Krediten einige 20 Millionen Mark hinzutreten. Wird das sogenannte Zwölfteilungs- oder Notgesetz unverändert angenommen, so stehen Anfang April für das Reich etwa 250 bis 260 Millionen Mark zur Realisierung zur Verfügung. Preußen rechnet, wenn ich recht unterrichtet bin, mit einem Anleihebedarfe von rund 360 Millionen Mark. Wenngleich der Kursstand sowohl der Reichs- wie der preußischen Anleihen augenblicklich kein guter und die Lage des Kapitalmarktes für die Aufnahme einer Anleihe keine günstige ist, so liegt der finanzielle Ausblick in die Zukunft doch gleichfalls trübe und um so trüber, wenn es Rußland gelänge, mit seinen Anleihen Deutschland — wenn auch nur außerhalb Deutschlands — zuvorzukommen. Dadurch würde die internationale Geldknappheit sich voraussichtlich noch mehr versteifen, was nicht ohne Rückwirkung auf den heimischen Geldmarkt zu bleiben vermöchte. So wird damit gerechnet werden müssen, daß Reich und Preußen durch die Verhältnisse trotz der

Ungunst der Lage des Geldmarkts genötigt sein werden, bereits im April d. J. ihrerseits mit ihren Anleihen vorzugehen.

Daß bei dieser Sachlage eine Beteiligung Deutschlands an den zu erwartenden russischen Anleihen unseren finanziellen und wirtschaftlichen Interessen nicht entsprechen würde, möchte einer weiteren Begründung nicht bedürfen. Nur das eine möchte ich noch hinzufügen. Würde der deutsche Markt alsbald nach Auflegung der Reichs- und der preußischen Anleihen den russischen Anleihen geöffnet, so wären die beiden ersteren jedenfalls wohl noch nicht klassiert; ein Übermaß des Angebots in ihnen an den Börsen und damit ein empfindlicher Kursdruck wären die unausbleiblichen Folgen.

Gegen eine Überlassung der russischen Anleihen an England und Amerika wäre vom diesseitigen Standpunkte nichts einzuwenden.

Dagegen würde ich dringend befürworten, das inländische Publikum gelegentlich der neuen russischen Anleihen zur Abstoßung der jetzt in Deutschland befindlichen Stücke zu veranlassen, wobei ich abermals die politische Seite einer solchen Maßnahme unerörtert lasse.[x] Wenngleich ich der Überzeugung bin, daß sowohl im russischen Boden wie im russischen Volke große wirtschaftliche Kräfte vorhanden sind, die eine Prosperität der russischen Anleihen ausreichend zu verbürgen vermöchten, so bedarf die Hebung dieser Schätze doch zunächst einer völligen Wiedergeburt des gesamten innerpolitischen Lebens daselbst, einer Regeneration der Beamtenschaft, einer Konsolidierung von Industrie, Handel und Verkehr — Momente, von denen zur Zeit noch nicht zu übersehen ist, ob und wann je sie eingetreten sein werden. Bis dahin vermag ich in einem größeren Besitze Deutschlands an russischen Anleihepapieren nur eine Gefahr für den deutschen Wohlstand zu erblicken, deren Fortdauer je eher je lieber, soweit angängig, zu beschränken sich empfiehlt.

x Randbemerkung Bülows: vide dagegen das Votum von Koch!

*ZStAP, Reichskanzlei 244, Bl. 18ff.*

## 12 Schreiben Nr. 1291 des Präsidenten der Königlichen Seehandlung Havenstein an den preußischen Minister der auswärtigen Angelegenheiten Fürsten von Bülow. Geheim!

*Ausfertigung*

Berlin, 28. März 1906

Euer Durchlaucht berichte ich zur Frage der Öffnung des deutschen Marktes für eine neue russische Anleihe ehrerbietigst wie folgt.

I. Nach meiner Überzeugung entspricht eine Beteiligung Deutschlands an den zu erwartenden russischen Anleihen unseren wirtschaftlichen und finanziellen Interessen nicht; es empfiehlt sich vielmehr, die Aufbringung dieser Anleihen den Franzosen und eventl. auch den Engländern zu überlassen.

Das deutsche Kapital ist z. Z. bereits stark — mit 2 bis 4 Milliarden — an den russischen Anleihen beteiligt und hat an ihnen in den letzten Jahren bereits beträchtliche Verluste erlitten. Die russischen Verhältnisse sind politisch, wirtschaftlich und finanziell so ungeklärt und teilweise so stark gefährdet, daß es mir im wirtschaftlichen Interesse Deutschlands nicht ratsam erscheint, das deutsche Kapital noch stärker mit den Geschicken Rußlands zu verknüpfen. Auch wenn man von der Unsicherheit der politischen Entwicklung Rußlands ganz absieht, liegt das Eintreten einer wirtschaftlichen und finanziellen Krisis dort durchaus im Bereich der Möglichkeit, und ihr Eintreten würde mit weiterer schwerer Schädigung des deutschen Kapitals, das sich an russischen Anleihen beteiligen würde, verbunden sein.

Die Besorgnis einer finanziellen Krisis wird unmittelbar nahe gerückt durch das für die nächste Zukunft zu erwartende außerordentlich große und zwingende Anleihebedürfnis des Staates und die damit verbundene Steigerung seiner Schulden- und Zinsenlast sowie durch die gespannte Lage der russischen Staatsbank und die damit im Zusammenhang stehende Gefahr eines Valutasturzes, und sie wird verstärkt durch die als Folge des Krieges und der inneren Wirren zutage tretende wirtschaftliche Schwächung des Reichs.

Der Anleihebedarf Rußlands für das laufende Jahr wird kaum auf weniger als 1 Milliarde Rubel zu veranschlagen sein.

Von den bisher publizierten Kriegsausgaben für 1904 und 1905 von 1677 Millionen Rubel verblieb zur Deckung für das Jahr 1905 1 Milliarde Rubel; hiervon sind durch Begebung endgültiger Anleihen, soweit festzustellen, ca. 630 Millionen Rubel beschafft. Die zu weiterer Teildeckung im Mai 1905 ausgegebenen 150 Millionen 5% Schatzwechsel wurden im Januar bis März 1906 fällig; zu ihrer Einlösung und zur vorläufigen Deckung des übrigen für 1905 verbliebenen Fehlbetrages ist durch Ukas vom Dezember 1905 die Ausgabe von 400 Millionen Rubel kurzfristiger Schatzwechsel angeordnet worden, deren Unterbringung bis heute nur zum Teil gelungen ist. Für diese Schatzwechsel wird aber, zumal sie bei der russischen Staatsbank rediskontierbar sind und ihre Neuunterbringung immer schwieriger wird, ebenfalls bald Ersatz durch endgültige Anleihen zu beschaffen sein.

Zu diesem aus 1905 verbliebenen Fehlbetrag von 400 Millionen Rubel, der sich leicht noch dadurch erhöhen kann, daß infolge der revolutionären Bewegung in Rußland sich auch bei der Rechnung des Ordinariums für 1905 noch ein Fehlbetrag ergibt, tritt das bei dem Budget für 1906 veranschlagte Defizit von 481 Millionen Rubel, und überdies erscheint gegenüber der starken Erhöhung der Einnahmeansätze im Ordinarium 1906 und den schweren Schäden, die Krieg und Revolution dem Lande zugefügt haben, es mindestens zweifelhaft, ob nicht auch bei dem Ordinarium 1906 das Jahresergebnis noch ein weiteres starkes Minus aufweisen wird. Der noch ausstehende und dauernd nur durch Anleihen zu deckende Fehlbetrag für 1905 und 1906 dürfte hiernach eine Anleihe von rund 1 Milliarde Rubel nominal nötig machen.

Zu dieser 1 Milliarde tritt aber für die unmittelbar folgenden Jahre der aus dem Retablissement der Marine und Armee und dem Ersatz der Schäden des Krieges und der inneren Wirren folgende große Bedarf, der mit 2 weiteren Milliarden wohl kaum überschätzt sein dürfte. Alle diese Anleihen werden nur unter sehr schweren Bedingungen zu begeben sein, und jede Milliarde Anleihe belastet das russische Budget mit 50—60 Millionen Rubel. Ob es der russischen Regierung überhaupt gelingen wird, diese riesigen Anleihesummen zu placieren, ob, wenn ihr das gelingt, der russische Staat auch bei stärkster Anziehung der Steuerschraube in der Lage sein wird, diese schnell wachsenden Ausgaben aus eigener Kraft zu decken, und ob die russische Regierung stark genug sein wird, die zu einer allmählichen Gesundung des Landes erforderlichen inneren wirtschaftlichen Reformen — die überdies lange Zeit und neue Geldmittel erfordern würden — durchzuführen, ist völlig ungewiß. Ohne solche grundlegende Reformen ist die Besorgnis nicht zu unterdrücken, daß dies mit der gegenwärtigen wirtschaftlichen Kraft des Landes im Mißverhältnis stehende Anleihesystem über kurz oder lang zusammenbrechen und die russische Regierung sich vor die Entschließung gestellt sehen könnte, diese für das eigene Land unerträgliche Last durch Zinsreduktionen pp. auf die auswärtigen Gläubiger abzuzuwälzen. Und jede Mißernte — und eine solche hat für kein anderes Land eine so einschneidende Bedeutung wie für Rußland — würde diese Gefahr außerordentlich verstärken.

Der russische Kredit und die Bewertung seiner Anleihen stehen aber auch in engem Zusammenhang mit der Frage der Aufrechterhaltung der Gold-Valuta.

Die Verhältnisse der russischen Staatsbank sind außerordentlich gespannt; ihr Goldschatz und damit die Goldvaluta kann nur durch fortgesetzte Anleihen aufrechterhalten werden. Der Mangel ausreichender Anleihen im Jahre 1905, die Rückgriffe der russischen Finanzverwaltung auf die Staatsbank, die Auswanderung bedeutender russischer Kapitalien ins Ausland pp. haben die Goldbestände der Staatsbank stark geschwächt, gleichzeitig aber auch, wie die große Vermehrung der umlaufenden Noten und namentlich der kleineren Abschnitte zeigt, das im Verkehr umlaufende Gold beträchtlich abgezogen. Allein im November und im Dezember 1905 sind 200 Millionen Rubel Gold ins Ausland abgeflossen, und Anfang Januar 1906 war die russische Staatsbank bereits bis auf 9 Millionen Rubel ihrer Notengrenze nahe gekommen; die seitdem zur Heranziehung von Gold getroffenen Maßnahmen — Verzinsung der bisher unverzinslichen Einlagen auf laufende Rechnung, Erhöhung des Zinsfußes der sogenannten ewigen Renten und der Einlagen auf den Sparkassen — haben die Verhältnisse nicht entscheidend gebessert. Gelingt es Rußland nicht sehr bald, eine große ausländische Anleihe abzuschließen, so wird es kaum möglich sein, die Gold-Valuta und den schon jetzt ins Schwanken geratenen Rubelkurs aufrecht zu erhalten. Aber selbst wenn die Anleiheoperationen durchgeführt werden können, wird die dadurch hervorgerufene wachsende Verschuldung an das Ausland und die dadurch fortgesetzt gesteigerte passive Zahlungsbilanz Rußlands fortdauernden Goldabzug zur Folge haben und für lange Zeit eine schwere Gefahr für die Aufrechterhaltung der Valuta in sich bergen. Und auch hier würde jedes Mißjahr die Gefahr vermehren. Auch diese Gefahr wird nur durch große wirtschaftliche Reformen gebannt werden können.

Die Unmöglichkeit, die Gold-Valuta aufrecht zu erhalten, und die etwaige Einführung des Zwangskurses der Noten wäre zum Teil mit unmittelbaren Verlusten für die russischen Gläubiger, zum anderen Teil mit einer schweren Schädigung des russischen Kredits und einer Minderbewertung seiner alten und neuen Anleihen und damit weiteren schweren Schäden für die Anleihebesitzer verbunden.

Ich glaube deshalb, daß es im dringenden Interesse des deutschen Kapitalistenpublikums liegt, die aus dieser ganzen Unsicherheit und Undurchsichtigkeit der Entwicklung der russischen Verhältnisse ihm drohende Schädigung von ihm fernzuhalten und einstweilen den deutschen Markt russischen Anleihen zu verschließen.

Es kommt hinzu, daß Deutschland zwar bereits stark an den russischen Anleihen interessiert ist, immerhin aber im Verhältnis zu seinem Nationalreichtum nicht so stark, daß es bereits wie Frankreich sich in der Zwangslage sähe, um seine alten Anleihen vielleicht zu retten, seinem Schuldner immer neue Kredite zu gewähren. Eine beträchtliche Steigerung unseres Besitzes an russischen Anleihen würde aber auch uns der Situation immer mehr nähern, in der Frankreich z. Z. sich befindet.

Den finanziellen Interessen des Reichs und der deutschen Bundesstaaten, in erster Linie Preußens, würde die Beteiligung Deutschlands an den zu erwartenden russischen Anleihen z. Z. in hohem Maße zuwiderlaufen.

Die Auflegung einer großen russischen Anleihe auf dem deutschen Geldmarkt würde dessen Aufnahmefähigkeit für die deutschen Anleihen außerordentlich beeinträchtigen, und das wäre gerade für das laufende Jahr um so schwerwiegender, als das Reich und Preußen in diesem Jahr gezwungen sein werden, den deutschen Geldmarkt mit dem außergewöhnlich hohen Anleihebetrage von 6—700 Millionen Mark in Anspruch zu nehmen. Die Aufnahmefähigkeit unseres Geldmarktes für heimische Staatsanleihen ist trotz der 2—2 1/2 Milliarden Mark, auf die die jährliche Sparkraft des deutschen Volkes eingeschätzt wird, leider nichts weniger als unerschöpflich. Ich halte es für höchstwahrscheinlich, daß eine neue russische Anleihe dank ihrer voraussichtlich hohen Verzinsung und dank der Werbetätigkeit der wahrscheinlich mit entsprechenden Provisionen bedachten Vermittlerstellen, wenn auch kaum einen vollen Erfolg haben, so doch einen beträchtlichen Teil derjenigen Kapitalien aufnehmen würde, die ohne diese Anleihe den deutschen Anleihen sich zuwenden würden. Die Placierung der deutschen und preußischen Anleihen wird bei ihrer Höhe ohnehin schon große Schwierigkeiten bieten, und wir haben um so mehr Anlaß unseren heimischen Markt zu schonen, als wir auch für die nächsten Jahre voraussichtlich noch mit einem beträchtlichen Anleihebedarf im Reich sowohl wie in Preußen und den anderen Bundesstaaten werden rechnen müssen.

Die Begebung der heimischen Anleihen ohne übermäßige Kursabschläge und ihre feste Placierung wird z. Z. insbesondere auch noch durch den hohen Reichsbankdiskont und den ebenfalls hohen Privatdiskont erschwert werden. Die Öffnung des deutschen Marktes für eine russische Anleihe unter diesen Verhältnissen und die damit verbundene zeitweilige Goldentziehung würde es der Reichsbank wahrscheinlich schwer, wenn nicht unmöglich machen, die nicht nur für die Kursgestaltung der deutschen Anleihen wertvolle, sondern auch von dem ganzen deutschen Wirtschaftsleben seit längerer Zeit ersehnte Herabsetzung des Diskonts eintreten zu lassen, und damit der finanziellen Beeinträchtigung des Reichs und der anleihebedürftigen Bundesstaaten auch noch weitere wirtschaftliche Schädigung unseres Erwerbslebens hinzufügen.

Diese Schädigung der deutschen Anleihen und ihrer dauernden Placierung würde auch nicht wesentlich gemindert werden, wenn etwa nur darauf Gewicht gelegt würde, daß die russischen Anleihen den deutschen zeitlich den Vorrang lassen. Auch eine spätere Auflegung der russischen Anleihen würde unter allen Umständen wieder einen Teil der Besitzer deutscher Anleihen veranlassen, diese auf den Markt zu werfen, um auf die russische Anleihe zu zeichnen, und würde ebenso die gleiche Wirkung auf den Reichsbank-Diskont üben.

II. Hinsichtlich der Frage, ob es erwünscht wäre, daß unser Publikum bei einer solchen neuen russischen Anleihe die jetzt in Deutschland befindlichen Stücke abstößt, möchte ich mich der Verneinung zuneigen.

Ich halte es zwar, da Rußland für längere Zeit noch größere Anleihen wird auf den Markt werfen müssen und diese Anleihen sämtlich hoch verzinslich sein und deshalb den Kurs der alten Anleihen herunterdrücken und niedrig halten werden, nicht für sehr wahrscheinlich, daß unser Publikum in naher Zukunft die während der beiden letzten Jahre an seinem russischen Besitz erlittenen Kursverluste auch nur zum größeren Teil wieder ausgleichen wird, und sehe andererseits auch die Gefahr, daß bei einer ungünstigen Entwicklung der russischen Verhältnisse die Verluste an diesem bisherigen deutschen Besitz an russischen Papieren sich noch vergrößern könnten, und ich würde es deshalb an sich für keinen Nachteil halten, wenn ein Teil dieser russischen Werte noch abgestoßen werden könnte. Ich möchte indes annehmen, daß das nur dann zu erreichen sein würde, wenn durch mehr oder weniger offizielle Maßnahmen — Aufhebung oder Beschränkung der Beleihbarkeit russischer Werte durch die Reichsbank pp. — oder Warnungen gegen die russischen Anleihen Stellung genommen würde. Derartige Maßnahmen würden aber — von ihrer politischen Zulässigkeit und Wirkung sehe ich ab — jedenfalls eine große Beunruhigung in weite Kreise tragen, leicht ein überstürztes Abstoßen der Papiere und dadurch sicher Verluste veranlassen und vielleicht auch auf die wirtschaftlichen Beziehungen der deutschen zu den russischen Erwerbskreisen schädigend wirken. Es wird auch bei dieser Frage nicht außer Acht bleiben dürfen, daß der deutsche Besitz an russischen Wertpapieren zu einem großen Teil nicht auf die reinen Staatsanleihen, sondern auf die staatlich garantierten russischen Eisenbahnobligationen entfällt, die zum Teil schon in sich gut fundiert sind und durch die Maßnahmen staatlicher Finanznot weniger berührt werden als die reinen Staatsanleihen.

*ZAtAP, Reichskanzlei 244, Bl. 13ff.*

## 13 Schreiben des preußischen Finanzministers von Rheinbaben an den preußischen Minister der auswärtigen Angelegenheiten Fürsten von Bülow

*Ausfertigung.*

Berlin, 29. März 1906

Beischrift

Den nebenstehenden Darlegungen[1] kann ich nur beipflichten aus den Gründen, die ich in dem Ew. Durchlaucht in Abschrift ergebenst übersandten Entwurf eines Immediatberichts — S. I. No. 351 — des näheren entwickelt habe.[2]

Ich vermag nicht zu beurteilen, ob die von verschiedenen Seiten, insbesondere auch von Professor *Schiemann*, vertretene Ansicht zutreffend ist, das die Periode der revolutionären Erhebung in Rußland noch keineswegs abgeschlossen sei, daß Land vielmehr aller Voraussicht nach von neuem schweren inneren Erschütterungen entgegengehe. Aber auch ganz abgesehen hiervon steht fest, daß Rußland durch die in letzter Zeit aufgenommenen und die noch bevorstehenden Anleihen seine schon sehr hohe Schuldenlast noch weiter gesteigert hat bezw. steigern wird, und es ist daher vorauszusehen, daß Rußland zumal bei den ungünstigen Bedingungen, denen es sich hat unterwerfen müssen, um die Anleihen zu plazieren, die erste Gelgenheit benutzen wird, um das Maß seiner Verpflichtungen wesentlich herabzusetzen. Sollte also selbst eine politische Krisis nicht eintreten, so muß doch mit einer schweren Benachteiligung der Inhaber russischer Titres gerechnet werden und deshalb ist es meines Erachtens dringend geboten, das deutsche Publikum nach Möglichkeit vor derartigen Verlusten zu bewahren. Die Freihaltung des deutschen Marktes wird aber durch die eigenen Interessen des deutschen Reiches bezw. Preußens gebieterisch gefordert, da die für Heer und Flotte, Kanäle und Eisenbahnbauten benötigten großen Anleihen nicht oder nur unter den ungünstigsten Bedingungen untergebracht werden können, wenn eine russische, natürlich zu viel günstigeren Bedingungen ausgelegte Anleihe in Sicht ist. Denn bei der Urteilslosigkeit weiter Kreise unseres Publikums in finanziellen Dingen, bei seiner Neigung, ohne Rücksicht auf die Sicherheit lediglich einem höheren Zinsgewinne nachzujagen, würde sich unser Publikum der russischen, nicht den heimatlichen Anleihen zuwenden.

Ich besorge endlich aus einer Verschließung des deutschen Marktes für die jetzt in Aussicht stehende russische Anleihe auch keine wesentliche Schädigung unserer Industrie. Denn einmal ist bei dem sonstigen Verhalten Rußlands eine angemessene Berücksichtigung der deutschen Industrie an sich nicht zu erhoffen. Sodann handelt es sich gegenwärtig im wesentlichen nur um die Deckung der laufenden Kosten des Krieges, während die für die Industrie wichtigen Aufwendungen zur Rekonstruktion der Marine, des Armeematerials etc. erst einer späteren Anleihe vorbehalten sein dürften.

*ZStAP, Reichskanzlei 244, Bl. 26ff.*

1 Vgl. Dok. Nr. 12.

2 Vgl. Dok. Nr. 8.

**14** **Bericht No. 1395 des Botschafters in St. Petersburg von Schoen an den Reichskanzler Fürsten von Bülow**

*Ausfertigung.*

St. Petersburg, 1. April 1906

Infolge des hohen Auftrages vom 20. v. M. Nr. II. 7127 war ich in der Frage der Erschwerung der Wareneinfuhr nach Rußland bei der Inkraftsetzung des neuen Zolltarifs unverzüglich in erneute Verhandlung mit der hiesigen Regierung getreten. Ich hatte hierbei dargelegt, daß die Verzögerungen vielfacher Warensendungen lediglich auf die Unzulänglichkeit russischer Verkehrs- und Zolleinrichtungen zurückzuführen seien, und hatte gebeten, daß die in einem früheren Stadium der Frage gegebene Zusage einer wohlwollenden Prüfung derjenigen Einzelfälle, wo es sich um Verzögerungen innerhalb Rußlands handelte, auch auf solche Fälle ausgedehnt werde, wo die Sendungen geraume Zeit vor dem Inkrafttreten des neuen Zolltarifs auf deutschen Grenzstationen angekommen waren, von den entsprechenden russischen Stationen jedoch nicht rechtzeitig übernommen werden konnten.

Zugleich habe ich die Angelegenheit in diesem Sinne mündlich mit großem Nachdruck sowohl bei dem Minister des Auswärtigen und bei dem Ministerpräsidenten zur Sprache gebracht und bei beiden die Versicherung tunlichsten Entgegenkommens erhalten. Der Ministerpräsident machte allerdings auf die Voraussetzung einer gewissen Gegenseitigkeit mit Bezug auf diejenigen russischen Exporte nach Deutschland — hauptsächlich Getreidesendungen — aufmerksam, welche gleichfalls, obwohl rechtzeitig auf den Weg gebracht, nicht vor dem Inkrafttreten des neuen deutschen Tarifs zur Verzollung gelangen konnten. Ich habe dem entgegengehalten, die Lage sei keineswegs eine gleichartige: Zunächst sei es bei uns für die Verzollung nicht wie in Rußland, der Zeitpunkt des Austritts der Ware aus der Zollbehandlung maßgebend, sondern derjenige des Eintritts, eine Verschiedenheit, welche unter Umständen sehr erheblich ins Gewicht falle und im allgemeinen dem russischen Import in der vorliegenden Frage eine wesentlich günstigere Stellung sichere wie unserem Import nach Rußland; ferner dürften die Ursachen der Verspätungen russischer Transporte lediglich auf russischer Seite liegen, so daß weder ein Rechts- noch ein Billigkeitsanspruch auf Schadloshaltung von unserer Seite vorliege. Der Ministerpräsident glaubte über diesen Punkt mit der Bemerkung hinweggehen zu können, es komme nicht auf die Verschuldung an der Verzögerung an, sondern lediglich auf die Tatsache derselben — eine Logik, welche meines Erachtens jedenfalls nicht haltbar sein wird.

Heute ist mir nun eine schriftliche Äußerung des Ministers des Auswärtigen auf meine bezügliche Note zugegangen. Die Antwortnote, von welcher ich Abschrift hier gehorsamst beifüge, besagt zunächst, daß die Russische Regierung, angesichts der Gesetzesvorschrift (Artikel 464 des Zollreglements), welche bestimmt, daß derjenige Zolltarif anzuwenden ist, welcher zur Zeit der Beendigung der zollamtlichen Behandlung in Kraft ist, eine grundsätzliche Zulassung der verspäteten Importe zu dem alten Tarif nicht zugestehen könne, daß sie indessen bereit sei, diejenigen Reklamationen entgegenkommend zu behandeln, bei welchen es sich um Verzögerungen handelt, die nicht etwa den betreffenden Absendern sondern ausschließlich den ungewöhnlichen Zuständen bei den russischen Zollämtern und Eisenbahnen zur Last fallen.

Wie Euere Durchlaucht inzwischen aus offiziösen Auslassungen, über welche der Kaiserliche Generalkonsul hier berichtet hat, entnommen haben dürften, scheint die hiesige Regierung anzunehmen, daß die Verzögerungen vielfach durch die deutschen Spediteure selbst verschuldet sind, welche in Erwartung einer Klärung der Lage durch die hier eingeleiteten Verhandlungen die Sendungen zurückhielten.

Es wird nun abzuwarten sein, inwieweit die russische Regierung die einzelnen Reklamationen in dem schriftlich und mündlich zugesagten entgegenkommenden Geiste behandelt. In dieser Beziehung bemerke ich gehorsamst, daß ich einstweilen nur wenige Einzelfälle zur Sprache zu bringen in der Lage war, da die mir vorliegenden von Euerer Durchlaucht überwiesenen oder direkt zugegangenen oder auch von den Konsulaten übermittelten Reklamationen meist nur so unvollkommene Angaben enthielten, daß zunächst noch Rückfragen bezugs Ergänzung des Materials bei den Reklamanten erforderlich waren. Soweit sich bis jetzt übersehen läßt, ist übrigens die Zahl der Reklamationen im Ganzen eine verhältnismäßig geringe.

*ZStAP, AA 6363, Bl. 22ff.*

**15 Schreiben des Reichskanzlers Fürsten von Bülow an den Vortragenden Rat in der Politischen Abteilung des Auswärtigen Amts Hammann**

*Ausfertigung.*

[Berlin], 2. April 1906

Ich habe Mühlberg gebeten, mir eine (ganz kurze!) Aufzeichnung für den Reichstag über die Frage der russischen Anleihe zu machen. Vielleicht besprechen Sie auch die Sache mit ihm. Nach meiner Überzeugung treiben wir Rußland direkt in die ihm weit geöffenten Arme Englands, wenn wir ihm die Anleihe in scharfer Form verweigern; wir geben dann auch der russisch-französischen (bisher friedlichen) Allianz eine ganz andere Nuance. Andererseits verkenne ich nicht die Gefahr, weitere ungezählte Millionen in ein so unsicheres und so unberechenbares Land zu stecken. Tschirschky meinte, wir müssen eine Formel finden, durch die wir qua Regierung die Verantwortung ablehnten. Es könnte auch auf die Marktlage hingewiesen und hervorgehoben werden, daß nur jetzt eine Beteiligung an einer russischen Anleihe schwierig erscheine. Wir müssen uns aber bald über eine Formel klar werden. [. . .]

*ZStAP, Nachlaß Hammann 12, Bl. 3f.*

**16 Bericht Nr. 138 des Botschafters in St. Petersburg von Schoen an den Reichskanzler Fürsten von Bülow**

*Abschrift.*

St. Petersburg, 11. April 1906

Die ablehenende Haltung der Kaiserlichen Regierung zur neuen russischen Anleihe hat hier starken Eindruck gemacht und wird allgemein als Erwiderung auf Rußlands Haltung in der Marokkofrage aufgefaßt.

Graf Witte, den ich versicherte, daß die Entschließung der Kaiserlichen Regierung sich auf das einstimmige Urteil von Zentralbehörden und Finanzinstituten gründe, wonach die Auflegung einer fremden Anleihe zu einer Zeit, wo inländische Anleihen auf den Markt gebracht werden müssen, nicht angezeigt erscheine, daß also nicht politische, sondern technisch-finanzielle Erwägungen vorliegen, sagte mir mit der ihm eigenen brutalen Offenheit, er höre wohl die Botschaft, aber es fehle ihm der Glaube. Er wisse, daß Herr von Mendelssohn noch vor kurzem, offenbar mit Zustimmung der Kaiserlichen Regierung, wegen der Anleihe in London und in Paris habe verhandeln lassen, es sei daher nicht anzunehmen, daß die plötzliche Sinnesänderung in anderen als politischen Erfahrungen, die inzwischen aufgetreten, begründet sei. Er beklage den Entschluß hauptsächlich deshalb, weil er im gegenwärtigen Augenblick eine Ermutigung der russischen Revolutionäre bedeute, die gegen das Zustandekommen einer auswärtigen Anleihe agitieren, um die Regierung in die Klemme zu bringen.

Damals lagen die Nachrichten über die für Rußland wenig günstigen Äußerungen von Parteiführern im Reichstag[1] und in der deutschen Presse noch nicht vor. Seitdem dies der Fall, hat sich auch die russische Presse mit der Sache befaßt. Peterburgskaja Gaseta tröstet sich zunächst damit, daß die deutsche Ablehnung nicht die gleiche Wirkung haben könne, wie eine ähnliche Maßregel vom Jahre 1889, da Rußland heutzutage nicht fast ausschließlich auf den deutschen Geldmarkt angewiesen sei. Der unfreundliche, durch die Reichstagsrede Freiherrn von Hertlings in grelles Licht gerückte Akt Deutschlands könne von großen politischen Folgen sein, insofern er Rußland veranlasse, einen noch engeren Anschluß an Frankreich und vielleicht auch einen solchen an England anzustreben. Nowoje Wremja hebt hervor, daß an der neuen Anleihe eben jene Mächte sich beteiligen, die Deutschland in Algeciras in eine isolierte Lage versetzt haben. Wenn Deutschland schmolle, so sei übrigens nicht zum wenigsten die ungeschickte Lamsdorffdepesche schuld, die bei der russischen Botschaft in Berlin einen Tag zu lange liegen geblieben sei. England beeile sich natürlich, die Abkühlung der deutsch-russischen Beziehungen durch offenes Liebäugeln mit Rußland zu vertiefen. Die englische Presse mache aber auch diesmal „viel Lärm um nichts“; so schlimm stünden die Sachen nicht, Deutschland, wohl bewußt, daß es sich ins eigene Fleisch schneiden würde, werde die alten, guten Beziehungen zu Rußland nicht ernstlich gefährden wollen.

Die oppositionelle Presse, in deren Taktik die deutsche Ablehnung der russischen Anleihe zur Zeit paßt, der aber ein allgemeiner Mißerfolg noch erwünschter gewesen wäre, schweigt sich aus.

Soviel mir bekannt, war es von vornherein beabsichtigt, auch die größeren russischen Bankinstitute an der neuen Anleihe teilnehmen zu lassen. Der Finanzminister hat nun, wie ich vertraulich von einem Beteiligten höre, vor einigen Tagen die Vertreter dieser Banken zu sich gebeten und ihnen — mit dem hier üblichen sanften Druck — die Übernahme von 300 Millionen Rubel nahegelegt. Die Banken haben sich jedoch nach Beratung unter sich nur bis zu einer Summe von 200 Millionen verstanden.

*ZStAP, Reichsschatzamt, 2506, Bl. 14f.*

1 Vgl. Stenographische Berichte über die Verhandlungen des deutschen Reichstages, Bd. 216, Berlin 1906, S. 2626ff.

17 **Bericht Nr. 139 des Botschafters in Rom Graf Monts an den Reichskanzler Fürsten von Bülow**

*Abschrift.*

Rom, 12. April 1906

Anscheinend ist nicht nur von französischer sondern auch von englischer finanzieller Seite hier mit Nachdruck versucht worden, die italienische Bankwelt für Übernahme eines größeren Postens der neuen russischen Anleihe zu gewinnen. Als wichtigstes italienisches Emissionsinstitut kam die einst vorwiegend mit deutschem Gelde gegründete Mailänder Banca Commerciale in Betracht. Nebenbei bemerkt sind die Aktien dieses Instituts jetzt wohl zum allergrößten Teil in italienischen Händen, immerhin hat die deutsche haute finance vermittels mehrerer deutscher Verwaltungsräte und deutscher Oberbeamten noch einen großen Einfluß auf das Unternehmen.

Der zur Zeit hier weilende Generaldirektor der Bank Joel hatte es nicht für nötig erachtet, mich über die geplante Beteiligung italienischen Geldes an der Russenanleihe zu informieren. Als ich, von anderer Seite benachrichtigt, Herrn Joel gestern abend meine Verwunderung durchblicken ließ, äußerte dieser Folgendes:

Er habe absichtlich mich nicht benachrichtigt, um in den Konferenzen erklären zu können, daß er in keiner Weise von Deutschland beeinflußt ist. Seine Bank hätte nämlich bei dem Geschäft an sich Millionen profitiert. Außerdem wären die Franzosen außerordentlich dringend gewesen; es läge aber sowohl für die Bank wie für das Land die Notwendigkeit vor, die französischen Geldmänner bei guter Laune zu erhalten. Denn Italien brauche für die jetzt aufblühende Industrie Geld und Frankreich sei nun doch einmal der große Geldschrank Europas. Trotz all dieser Momente halte er, Joel, eine Beteiligung Italiens an der Rußlandanleihe für ein Unglück. Die Finanzlage sei eine derartige, daß nur höchst leichtsinnige Leute ihr Geld noch in russischen Werten anlegen könnten. Die Franzosen liefen zwar fortgesetzt ihrem Gelde nach und würden sicher noch weitere Milliarden mobil machen. Einmal müsse aber auch diesen potenten Leuten der Atem ausgehen. So wäre er von vornherein innerlich mit sich im reinen gewesen, seine Hand zur Beteiligung seiner Bank nicht zu bieten. Er habe es indes aus den oben erwähnten geschäftlichen Rücksichten vermeiden müssen, dezidiert Stellung zu nehmen. Ähnliche Verhältnisse hätten bei Credito italiano vorgewaltet, dessen Leitung gleichfalls von den Franzosen bestürmt worden. Die italienischen Bankiers hätten überdies gewußt, daß das Kabinett Sonnino dem Anleihegedanken nicht freundlich gegenübersteht. Hiermit sei zugleich die Möglichkeit gegeben worden, den Pariser Geschäftsfreunden gegenüber die ablehnende Haltung der eigenen Regierung ins Vordertreffen zu schieben. Tatsächlich hätte sich Baron Sonnino sofort und ohne Umschweife negativ geäußert, Graf Guicciardini desgleichen, unter Hinweis auf die Haltung der Kaiserlichen Regierung in der gleichen Frage. Beim Schatzminister hätten die Franzosen alle Hebel in Bewegung gesetzt und namentlich auf die Beteiligung Österreichs (Creditanstalt und Boden-Creditanstalt) hingewiesen. Herr Luzzatti indes wäre fest geblieben und hätte geäußert, das was Österreich sich leisten könne, wäre Italien jetzt politisch nicht gestattet.

Es bot sich mir Gelegenheit mit Herrn Luzzatti die ablehnende Haltung Italiens zu besprechen. Der Minister führte nur wirtschaftliche Gründe ins Feld. Ähnlich wie unsere Regierung könne auch Italiens Staatsleitung unmöglich die Hand dazu bieten, daß die eigenen Konnationalen ihre Sparpfennige in schlechte russische Papiere stecken.

Eine Subskription auf eine russische Anleihe wäre in Italien sicher sehr unpopulär gewesen und hätte schwerlich ein sehr glänzendes Ergebnis geliefert. Abgesehen hiervon haben die italienischen Minister und Bankiers jedenfalls in erster Linie auf die wohlverstandenen eigenen Interessen Rücksicht genommen. Immerhin ist zuzugeben, daß auch der Wunsch mitsprach, Deutschland und den deutschen Markt in der Anleihesache nicht zu isolieren. Wir werden also die Haltung des Kabinetts Sonnino in dieser Frage als eine durchaus deutschfreundliche zu betrachten haben.

*ZStAP, Reichsschatzamt 2506, Bl. 20f.*

**18 Bericht Nr. 30 des Konsuls in Tiflis Frommann an den Reichskanzler Fürsten von Bülow**

*Ausfertigung.*

Tiflis, 14. April 1906

Im Anschluß an den Bericht Nr. 21 vom 13. v. M.[1]

Nach Mitteilung des Kutaiser Vertreters des Mangan-Syndikats stellt die Eisenbahnverwaltung jetzt seit einiger Zeit in Schorapan regelmäßig 200 Waggons täglich und hat für die nächste Zeit eine weitere Vermehrung bis auf 240 in Aussicht gestellt.

Ein weiterer Beschwerdepunkt der Manganexporteure, die Erhöhung des Standgeldes auf dem Bahnhof Poti von 3 auf 9 Rubel pro Waggon und Tag und dessen Erhebung auch an Sonn- und Feiertagen, wo überhaupt nicht gearbeitet wird, ist gleichfalls in zufriedenstellender Weise erledigt worden.

*ZStAP, AA 10587, Bl. 36.*

1 Vgl. Dok. 7.

**19 Bericht Nr. 387 des Botschafters in London Graf von Wolff-Metternich an den Reichskanzler Fürsten von Bülow**

*Abschrift.*

London, 17. April 1906

Die russische Anleihe hat in England keine „gute Presse“. Hier und da versuchen einzelne Blätter das Publikum mit politischen Motiven zum Zeichnen zu bewegen, indem sie von der Beförderung der russisch-englischen Annäherung sprechen und darauf hinweisen, daß Rußland von Deutschland bestraft werde, weil es sich in Algeciras zu England und Frankreich gehalten habe. Im allgemeinen stehen aber die Zeitungen der Anleihe teilnahmslos oder sogar feindlich gegenüber. Wie ich aus Citykreisen höre, würden die englischen Banken auch nicht bereit gewesen sein, einen so großen Betrag — 13000000 £ — der Anleihe zu übernehmen, wenn sie nicht glaubten, daß deutsche Kapitalisten hier in London bedeutende Summen zeichnen würden.

Die „Tribune“, welche als das Hauptorgan der herrschenden liberalen Partei angesehen werden kann, tadelt Europa heute in einem langen Artikel dafür, daß es die russische Autokratie durch Geld stütze. Man hätte den Zusammentritt der Duma abwarten müssen. Was speziell die englische Beteiligung anlange, so habe dies keine politische Bedeutung. Die betreffenden Bankiers kompromittierten nur sich selbst. Die Anleihe habe in England weder bei der Regierung noch bei der Presse Unterstützung gefunden, und wenn irgend ein Engländer so übel beraten wäre, einen Beitrag zu zeichnen, so geschehe dies ausschließlich, weil er durch den Zinsfuß von 5 1/2 Prozent verführt würde, sich an einer gewagten Spekulation zu beteiligen.

Ähnlich äußert sich der „Daily Graphic“, der sogar die Hoffnung hegt, daß sich das französische Publikum nicht für den Zaren und die durch hohe Prämien bestochenen Bankiers sondern für das russische Volk entscheiden werde, welches die Anleihe nicht vor Zusammentritt der Duma abzuschließen wünsche.

*ZStAP, Reichsschatzamt, 2506, Bl. 24.*

## 20 Bericht Nr. 399 des Botschafters in London Graf von Wolff-Metternich an den Reichskanzler Fürsten von Bülow

*Abschrift.*

London, 24. April 1906

Der heute hier von der Firma Baring & Co veröffentlichte Prospekt für die neue 5prozentige russische Anleihe, an welcher England mit 13101000 £ teilnimmt, wird im Handelsteil der heutigen Times mit politischen Kommentaren versehen. Der Artikel vertritt den Standpunkt derjenigen hiesigen Kreise, welche die Anleihe benutzen wollen, um den Gedanken einer englisch-russischen Annäherung zu fördern. Da Deutschland Rußland durch Nichtbeteiligung an der Anleihe dafür strafen wolle, daß es in Algeciras sich zu Frankreich und England gehalten habe, so müsse England die entstandene Lücke ausfüllen und den Augenblick ergreifen, um Rußland einen Dienst zu erweisen.

Die Ansichten darüber, ob die politischen Motive der Anleihe hier zu einem Erfolg verhelfen werden, gehen selbst in sehr eingeweihten Citykreisen auseinander. Jedenfalls dürften Lord Revelstoke und sein Anhang, sowie deren Pariser Freunde unter allen Umständen dafür sorgen, daß man nicht von einem Fiasko der Anleihe wird sprechen können. Sollte der Erfolg ausbleiben, so werden die Verschleierungskünste allerdings wohl nur kurze Zeit den wahren Sachverhalt verbergen können. Wie ich schon früher berichtete, hat Sir Edward Grey mir gesagt, daß die Regierung keinen Anlaß habe, gegen die Anleihe aufzutreten. Die Presse, mit Ausnahme der antideutschen Koterie, bringt der Anleihe wenig Sympathie entgegen. Die Times, welche bisher Deutschland und Rußland mit fast gleichmäßiger Feindseligkeit behandelte, hat bei diesem Anlasse zwischen beiden Möglichkeiten optieren müssen und sich für Rußland entschieden. Es ging nicht an, das Verhalten Deutschlands gegenüber der Anleihe zu tadeln und gleichzeitig die Anleihe zu bekämpfen. Die Parteinahme der Times dürfte immerhin auf die kleinen Zeichner einigen Einfluß ausüben.

Hinsichtlich der Beteiligung deutscher Banken und Kapitalisten sind die Ansichten hier auch sehr geteilt. Von einer dem Hause Baring sehr nahe stehenden Seite wurde mir gesagt, das Russische Finanzministerium hätte den Wunsch geäußert, daß keine deutschen Banken hier zum Zeichnen zugelassen würden, weil man ihnen eine Lektion erteilen wolle. Tatsächlich ist der hiesigen Filiale der Deutschen Bank kein Angebot gemacht worden. Herr Fischel, der bekannte Vertreter des Hauses Mendelssohn hat hier mit Lord Revelstoke verhandelt, doch weiß ich nicht mit welchem Erfolge. Vorherrschend ist hier allerdings die Ansicht, daß die Erhöhung des englischen Anteils von zuerst 5 Millionen £ auf 10 und zuletzt 13 Millionen nur in der Erwartung einer starken Beteiligung deutscher Kapitalisten erfolgt sei, da das englische Publikum die russischen Werte nicht liebe und auch aus politischen Motiven nicht kaufen werde.

Ich hatte schon die Ehre zu berichten, daß das hiesige Haus Rothschild und sein Anhang die Anleihe bekämpft.

Über den Erfolg oder den Mißerfolg der Anleihe werde ich berichten.

*ZStAP, Reichsschatzamt 2506, Bl. 38f.*

## 21 Bericht Nr. 436 des Botschafters in Paris Fürst von Radolin an den Reichskanzler Fürsten von Bülow

*Abschrift.*

Paris, 3. Mai 1906

Wie ich aus wohlinformierten Finanzkreisen erfahre, hat die fr. 1200000000 russische 5% Anleihe, welche am 26. April zum Kurse von 88% in Paris zur Subskription aufgelegt worden ist, bei dem französischen Publikum großen Anklang gefunden, und der Erfolg ist unzweifelhaft ein glänzender gewesen, wiewohl mir Herr Pallain gesagt hatte, daß die hier unerwartete Ablehnung der deutschen Börse, sich an der russischen Anleihe zu beteiligen, freilich nur während 24 Stunden in Paris Unbehagen und Ungelegenheit in den Finanzkreisen provoziert hatte.

Bei dem erzielten Erfolg ist nicht zu übersehen, daß 800 Millionen russische 5% Schatzbons ein Vorzugsrecht hatten, indem die Inhaber dieser Bons den gleichen Nominalbetrag, d. h. also 800 Millionen neue russische Rente, verlangen konnten, so daß eigentlich nur 400 Millionen effektiv zur Subskription gelangten. Die Schatzbonbesitzer haben von diesem Vorzugsrecht, welches ihnen zu 88% ein Staatsrentenpapier sicherte, das am Tage der Emission schon 91% notierte, natürlich den weitgehendsten Gebrauch gemacht.

Die großen Banken und Bankiers haben enorme Summen flüssig gemacht, um eine möglichst große Subskription zu liefern, was, abgesehen von der politischen Idee, den Erfolg zu sichern, bei der Prämie von 3% am Emissionstage einen namhaften Verdienst in Aussicht stellte.

Es ist nach Ansicht meines Gewährsmannes unmöglich zu schätzen, wieviel Male die effektiv zur Subskription verbleibenden 400 Millionen, welche durch Nichtausübung des Bezugsrechts von 100 Millionen francs Bons vielleicht auf 500 Millionen angewachsen sind, überzeichnet worden sind; wenn man in Betracht zieht, daß den Zeichnern 1% zuerteilt worden ist, so müßte man daraus schließen, daß am Emissionstage 5 Milliarden zu Subkriptionszwecken bar eingezahlt worden sind.

Nachdem der große Erfolg erst klar geworden ist, hat der Wunsch des großen Publikums, die günstige Gelegenheit einer vorteilhaften Kapitalanalge nicht ungenutzt vorübergehen zu lassen, durch bedeutende Kassakäufe an der Börse sich bestätigt. Der Kurs konnte sich dadurch in wenigen Tagen von 88 auf 94 heben. Wie ich von maßgebender Seite höre, hat sich die deutsche Finanz an der Subskription ziemlich umfangreich beteiligt, und bei den Banken, welche mit Deutschland Beziehungen unterhalten, sind aus allen Gegenden Deutschlands zahlreiche Subskriptionen eingelaufen. Man zitiert den Fall eines einzigen Bankiers, dessen Namen ich indes nicht feststellen konnte, der 4 Millionen Francs eingezahlt haben soll, was bei 10% Einzahlung eine effektive Zeichnung auf 40 Millionen repräsentiert.

Das Haus Rothschild hat sich vollständig von dem russischen Anleihegeschäft ferngehalten. Schon seit einiger Zeit verweigert dasselbe (angeblich aus religiöser Interessengemeinschaft), sich an russischen Staatsgeschäften überhaupt zu beteiligen.

Nachtrag. Die angebliche Demission des Ministerpräsidenten Witte in Rußland, sogleich nach der Durchführung der Anleihe, hat auf der hiesigen Börse einen ungünstigen Eindruck gemacht. Dieser Eindruck dürfte aber, wie ich höre, nicht nachhaltig sein. Die Verhältnisse in Rußland werden im ganzen optimistisch beurteilt, weil die Ansicht vorherrscht, daß sie sich ruhiger entwickeln werden, als anfänglich geglaubt wurde. Auch ist die Anleihe nach der starken hausse der letzten Tage von 88 auf 95% auf die Nachricht des Abganges Wittes hin nur um 1/2—2% also auf 93% zurückgegangen. Dabei spielten allerdings auch die entsprechenden Ereignisse in San Francisco nicht unwesentlich mit.[1]

*ZStAP, AA 2034, Bl. 86f.*

1 Am 18. 4. 1906 wurde die Stadt durch ein Erdbeben und eine anschließende Feuersbrunst fast vollständig zerstört.

## 22 Aufzeichnung des Ständigen Hilfsarbeiters in der Handelpolitischen Abteilung des Auswärtigen Amts Edler von Stockhammern

*Ausfertigung.*

Berlin, 10. Mai 1906

In der Frage der durch die Stockung im Güterverkehr an der russischen Grenze anläßlich der Einführung des neuen russischen Zolltarifs verursachten Schäden hatte der Kais. Botschafter in St. Petersburg unterm 23. März d. J. telegraphisch gemeldet, er habe diese Sache bei der Rus. Regierung nachdrücklich zur Sprache gebracht und Graf Lamsdorff habe zugesagt, unsere Wünsche im Ministerkonseil warm befürwortend anzubringen. Se. Durchlaucht der Herr Reichskanzler hatte hierauf verfügt, es sei zu antworten, nach dem Tempszwischenfall hätten die Russen doppelte Veranlassung, in der Zollsache endlich Entgegenkommen zu zeigen. Nachdem in einer Aufzeichnung vom 26. März d. J. mit Rücksicht auf die dem Kais. Botschafter bereits erteilten eingehenden Weisungen und der russischerseits gegebenen Zusage tunlichsten Entgegenkommens ausgeführt worden war, daß es sich noch nicht empfehlen würde, bei der Rus. Regierung in energischerer Form auf den Gegensatz zurückzukommen, daß vielmehr zunächst abzuwarten sein möchte, ob und inwieweit das zugesagte Entgegenkommen russischerseits verwirklicht wird, hat sich Seine Durchlaucht mit dieser Behandlung der Sache einverstanden erklärt.

Nachdem eine Äußerung über die von uns zur Sprache gebrachten Einzelfälle russischerseits bis jetzt noch nicht erfolgt ist, dürfte der Zeitpunkt für die Erteilung weiterer Instruktionen an Herrn von Schoen noch nicht gekommen sein.

*ZStAP, AA 6363, Bl. 28.*

**23 Bericht Nr. 2248 des Konsuls in Moskau Kohlhaas an den Reichskanzler Fürsten von Bülow**

*Ausfertigung.*

Moskau, 12. Mai 1906

Es schweben gegenwärtig Unterhandlungen zwischen einer deutschen Bankgruppe — man nennt mir die Dresdner Bank und die Nationalbank für Deutschland — und einer Anzahl russischer Banken über die Errichtung eines neuen großen Bankinstituts am hiesigen Platze. Es handelt sich dabei um eine Sanierung der Moskauer Internationalen Handelsbank, die seit lange notleidet und deren Aktien gegenwärtig an der hiesigen Börse mit 120, d. h. mit noch nicht 50% des Emissionswertes notiert werden, durch Fusionierung mit der Orlower Kommerzbank und der Südrussischen Bank, von denen die erstere ein gut geleitetes Institut mit klarer Bilanz ist, während der status der letztgenannten nicht einwandfrei ist, da vermutet wird, daß in ihrem Portfeuille, wie in dem der Moskauer Internationalen Handelsbank sich viele Werte befinden, bei deren Realisierung schwere Verluste eintreten müßten. Alle drei Banken zusammen verfügen über ein Netz von etwa 80 Filialen in ganz Rußland; die beiden letztgenannten betreiben bisher schon ein lebhaftes Geschäft in Beleihung von zur Bahn ausgelieferten Exportgütern. Es ist anzunehmen, daß wenn die geplante Fusion unter Mitwirkung deutschen Kapitals zustande käme, die neue Bank dieses Geschäft in der Provinz in noch größerem Umfang betreiben würde und daß der deutsche Einfluß auf die Leitung desselben eine Belebung des Exporthandels (hauptsächlich Holz und Getreide) nach deutschen Häfen (Königsberg, Danzig, Stettin) zur Folge haben würde. Damit würde auch ein Gegengewicht gegen den Einfluß geschaffen, den die französischen Banken (Crédit Lyonnais und Société Générale, letztere durch ihre russische Gründung ‚Nordische Bank') durch ihr Netz von Filialen in der Provinz auf den russischen Exporthandel und insbesondere seine Richtung nach bestimmten Häfen zweifellos ausüben und der wahrscheinlich noch erheblich fühlbarer wäre, wenn nicht der Crédit Lyonnais in Rußland ganz ungenügend (von Paris aus) geleitet würde. Wie mein Gewährsmann meint, interessieren sich gegenwärtig auch noch andere deutsche Bankinstitute für eine Kapitalbeteiligung in Rußland, insbesondere die Deutsche Bank, der meines Wissens vor Jahren von der Kreditkanzlei in St. Petersburg die Errichtung einer Filiale in Rußland nicht gestattet worden ist. Sie soll damit umgehen, eine hiesige kleinere, aber gut geleitete Privatbank, deren Geschäft sich in der letzten Zeit stark ausgedehnt hat, zu kommanditieren. Die Verhandlungen sollen aber noch nicht sehr weit gediehen sein, da man einerseits eine weitere Beruhigung Rußlands, andererseits eine Erleichterung des europäischen Geldmarktes abwarten will. Meines Erachtens dürfte eine Beteiligung deutschen Kapitals in den hiesigen Banken nicht nur für den Handel der deutschen Ostseehäfen, sondern auch für die deutsche Exportindustrie von Nutzen sein, da die unter deutscher Kontrolle stehenden Banken bei ihrer Klientel für die Abnahme deutscher Fabrikate eine wirksame Propaganda zu machen in der Lage sein werden.

*ZStAP, AA 2071, Bl. 7f.*

## 24 Erlaß Nr. IIIb 4776 des Staatssekretärs des Auswärtigen Amts von Tschirschky und Boggendorff an den Botschafter in St. Petersburg von Schoen. Geheim!

*Konzept.*

Berlin, 23. Mai 1906

Auf das Telegramm Nr. 65[1]

Der hiesige russische Botschafter hat mit dem in Abschrift angeschlossenen Schreiben vom 22. Februar d. J. den Antrag gestellt, in Deutschland ein Verbot der Waffenausfuhr über die russische Grenze zu erlassen.

Bei den Erörterungen, die darauf zwischen den beteiligten Ressorts stattgefunden haben, hat sich ergeben, daß einer entsprechenden Vorlage an den Bundesrat Schwierigkeiten entgegenstehen, die bei der gegenwärtigen Lage nicht wohl zu überwinden sind.[2] Von einer solchen Vorlage hat daher vorläufig abgesehen werden müssen.

Sollte der hiesige russische Botschafter auf seinen Antrag zurückkommen, so würde ihm in diesem Sinne eine mündliche und vertrauliche Mitteilung gemacht werden.

Falls die Sache von der dortigen Regierung Euerer Exzellenz gegenüber zur Sprache gebracht werden sollte, stelle ich Ihnen anheim, darauf hinzuweisen, daß etwaige Anträge durch Vermittlung der hiesigen Russischen Botschaft bei der Kaiserlichen Regierung anzubringen sein würden.[x]

x Vermerk Koerners: Bei Abteilung II mit dem Bemerken mitgezeichnet, daß Abteilung II sich im wesentlichen den Ausführungen des Reichsamts des Innern anschließt und nach wie vor in dem Erlaß eines derartigen Waffenausfuhrverbots eine Schwächung unserer wirtschaftlichen Interessen erblicken wird.

Vermerk des Vortragenden Rats in der Rechtsabteilung von Wichert: Die Ausführungen des Reichsamts des Innern auf völkerrechtlichem Gebiet erscheinen unzutreffend. Gegen die übrigen Ausführungen, soweit sie sich nicht auf die Nichtbeteiligung Österreich-Ungarns beziehen, lassen sich erhebliche Einwendungen geltend machen. Es erübrigt sich indessen bei der nach der Angabe vorgezeichneten Sachbehandlung hierauf näher einzugehen.

*ZStAP, AA 28678, Bl. 138f.*

1 Vgl. Dok. Nr. 4; im Telegramm 65 vom 16. 2. 1906 meldete Schoen, daß die russische Regierung wegen der formellen Beantragung des Waffenausfuhrverbots „baldmöglichst" eine Entscheidung treffen werde.

2 Posadowsky äußerte in einem Schreiben an Tschirschky vom 22. 3. 1906 zahlreiche Bedenken gegen den Erlaß eines Waffenausfuhrverbots. Unter anderem vertrat er die Ansicht, daß Privatpersonen Waffen und Schießbedarf auch an kriegsführende Parteien liefern könnten, „ohne daß sich der Staat, aus dem eine solche Ausfuhr durch Privatpersonen stattfindet, einer Neutralitätsverletzung schuldig macht". Posadowky schloß: „Nach Vorstehendem würde ich den Erlaß eines Ausfuhr- und Durchfuhrverbots für Waffen und Kriegsmaterial über die preußisch-russische Grenze nicht eher für möglich halten, als wenn meine dargelegten wirtschafts-politischen und zolltechnischen Bedenken Erledigung finden, während ich die Frage, ob ein solches Verbot überhaupt notwendig und politisch empfehlenswert ist, der wiederholten gefälligen Erwägung Euerer Exzellenz unterstellen muß."

**25 Bericht Nr. II 184 des Generalkonsuls in St. Petersburg Biermann an den Reichskanzler Fürsten von Bülow**

*Abschrift.*

St. Petersburg, 28. Mai 1906

[. . .] Die Bilanz des deutsch-russischen Handels [für 1905] stellt sich, wenn man lediglich die russischen Gesamtzahlen für die Ausfuhr nach Deutschland und die Einfuhr von dort gegenüberstellt, auf 22 Millionen Rubel zugunsten Rußlands. Rechnet man von der Einfuhr aus Deutschland die von diesem nur im Zwischenhandel verkauften Artikel wie Südfrüchte, Gewürze, Kaffee, Tee, Gummi usw., Gerbstoffe, Rohbaumwolle und Jute mit etwa 36 Millionen ab, dagegen von den 111,2 Millionen der Getreideausfuhr nach Holland etwa 70 und von den 18 Millionen der Ausfuhr nach Belgien etwa 7, im ganzen rund 77 Millionen der Ausfuhr zu, so ergibt sich eine Einfuhrziffer von 197, eine Ausfuhrziffer von 332 Millionen, d. h. ein Überschuß zugunsten Rußlands von 135 Millionen Rubel [. . .]

Der Weg, den die russische Handelspolitik während der Epoche des Konventionaltarifs von 1894 nachgegangen ist, soll auch in der jetzt beginnenden neuen Epoche weiter und sogar noch energischer verfolgt werden. Die Zollschranke gegen die Einfuhr ist zum Teil noch höher geworden und soll noch weitere Gelegenheit bieten, auf finanzpolitischem, protektionistischem und zollfiskalischem Gebiete Erfolge zu ernten. Aber die hohe Zollschranke hat zugleich eine wesentliche, für den Konsumenten schwer erträgliche Verteuerung aller Fabrikate zur Folge, auch derer, die im Inlande erzeugt werden. Ob der Bogen in dieser Hinsicht nicht überspannt ist, wird die Erfahrung lehren. Ferner dürfte es wohl zeitgemäß sein, die Frage zu erwägen, ob nicht vielleicht der jetzt vollzogene Wechsel in der Regierung, der doch eine weitergehende Berücksichtigung der Bedürfnisse des Volkes und speziell der Landwirtschaft mit sich bringen soll, eine Schwenkung in der Handelspolitik zur Folge haben kann. Ich möchte dem eingetretenen Wechsel, falls er einen im wesentlichen friedlichen Verlauf der innerpolitischen Ereignisse zur Folge hat, nicht allzugroße Bedeutung nach dieser Richtung beimessen. Natürlich ist es nicht ausgeschlossen, daß die Rücksichtnahme auf die Landwirtschaft zur Herabsetzung einiger Zölle auf landwirtschaftliche Gebrauchsartikel führt; auch ist es wohl möglich, daß eine einseitige Unterstützung dieses Volkswirtschaftszweiges der jetzt ohnehin mitgenommenen Industrie [Nachteile] zugunsten der ausländischen Einfuhr schaffen wird. Daß man sich jedoch mit Entschiedenheit freihändlerischen Tendenzen zuneigen sollte, ist aus finanzpolitischen Erwägungen kaum anzunehmen. Eher ist darauf zu rechnen, daß man noch mehr bedacht sein wird, ausländisches Kapital zur Gründung russischer Unternehmungen ins Land zu ziehen, um auf diese Weise nicht der Konkurrenz des Auslandes sondern der des Inlandes, der vielleicht noch Maßregeln gegen willkürliche Preisbildungen zu Hilfe kommen können, die Rolle des Preisregulators zuzuweisen. Dann kann an uns vielleicht in noch höherem Maße die Frage herantreten, wieweit wir der Auswanderung deutschen Kapitals nach Rußland entgegenarbeiten oder sie zulassen oder gar begünstigen sollen, damit nicht allein die Kapitalisten anderer Länder die Gewinne der russischen Unternehmungen ziehen. Hierbei ist zu berücksichtigen, daß fremde Industrien, sobald sie außerhalb der eigenen Grenzpfähle Niederlassungen gründen, zwar den kapitalistischen Interessenten nützliche Anlagen für ihr Geld schaffen, dem heimischen Fabrikarbeiter aber und ihren heimischen Konkurrenten dagegen die Arbeitsgelegenheit verringern, bzw. den Absatz ins Ausland erschweren.

Diese schädliche natürliche Folge der Auswanderung der Industrie kann für die heimische künstlich verstärkt werden, wenn, wie es hier in Rußland geschehen ist, die Vertreter fremder industrieller Niederlassungen mit Erfolg für die Erhöhung der russischen Einfuhrzölle agitieren.

*ZStAP, AA 2005, Bl. 83f.*

**26 Privatschreiben des Generalkonsuls in St. Petersburg Biermann an den Vortragenden Rat in der Handelspolitischen Abteilung des Auswärtigen Amts Lehmann**

*Ausfertigung.*

Petersburg, 7. Juni 1906

Bei der Unterhaltung, die wir vor meiner Abreise nach hier hatten, sprachen wir auch über die zweckmäßige Aufgabe des hiesigen Generalkonsulats, allgemeinere wirtschaftliche Berichte, die ganz Rußland betreffen, zu erstatten. Die innere Berechtigung für diese, nach H. Marons[1] Mitteilung, schon vor Jahren angeordnete Berichterstattung (den betr. Erlaß habe ich hier nicht finden können), liegt in den Verhältnissen begründet. Die Zentralisation der russischen Verwaltung, die Domizilierung der obersten Behörden und der Vertreter vieler Industrien, der bedeutendsten Finanzinstitute etc. bringt es mit sich, daß die meisten Fäden des russischen Wirtschaftslebens hier zusammenlaufen und daß man hier besser wie sonstwo, einen Überblick über die Gesamtlage der industriellen und sonstigen Unternehmungen bekommen kann. Auch die allerdings durch Dienstreisen unterbrochene Anwesenheit der wirtschaftlichen Sachverständigen gibt hier manche Gelegenheit und Veranlassung, sich über allgemein russische, über die Grenzen des eigentlichen Amtsbezirkes hinausreichende Dinge zu informieren und ev. darüber zu berichten. Wenn aber solche Berichte erstattet werden sollen, wie es ja in den meisten anderen Ländern auch den Generalkonsulaten obliegt, so müssen auch dem Generalkonsulat alle Quellen zur Information offenstehen und zu diesen gehören wesentlich die Berichte der übrigen in Rußland residierenden Konsuln. Dadurch würde ich manche Einzelheiten erfahren, die mir sonst nicht bekannt werden, die aber gerade bei Beurteilung einer Lage im ganzen von Wert sein können, und ich würde manches Mal vielleicht auch Fragen, die vom Lokalstandpunkt aus behandelt sind, unter Heranziehung des von anderer Seite erhaltenen Materials von einem allgemeineren Standpunkt aus behandeln können. Solche Berichte der Konsulate sollen ja nun durch die Botschafter eingereicht werden. Ich habe den Botschafter nun zweimal unter Darlegung des Sachverhalts gebeten, mir diese Konsularberichte auf kurze Zeit zur Einsicht zu überlassen. Ich habe dabei als Beispiel Finanz, Zucker, Naphtaberichte angeführt. Der Botschafter hat mir jedesmal zugesagt, daß ich die Berichte erhalten solle, aber dabei ist es geblieben. Nur ab und zu erhalte ich einen der regelmäßigen Ernteberichte aus Kiew oder Odessa, deren Inhalt im großen und ganzen auch nur den Zeitungen bekannt wird. Daß bei diesem Betriebe mir viel Wissenswertes verborgen bleibt, anderseits auch dem Auswärtigen Amt unnütze Arbeit gemacht wird, zeigte z. B. der Fall, daß mir vor einigen Tagen die Abschrift des durch die Botschaft gegangenen Moskauer Berichtes vom 12. v. M.[2] mit dem von Ihnen gezeichneten Erlaß II 13740 zugeschickt werden mußte.

Unsere Unterhaltung im Januar d. J. kam zu dem Ergebnis, daß ich erst versuchen sollte, diese Berichtsübermittlungsfrage hier zu regeln und wenn diese Bemühungen, wie es ja nun der Fall ist, nicht zu einem Resultat führten, Ihnen deswegen privatim zu schreiben, damit ein anderer Weg zur Erreichung des auch von Ihnen als zweckmäßig erachteten Zustandes gewählt würde.

Würde es nicht angehen, die übrigen Konsuln in Rußland (schlimmstenfalls mit Ausnahme der Gen. Konsuln in Warschau und Odessa) anzuweisen, ihre Berichte, die durch oder an die Botschafter gehen, nicht dorthin, sondern an das Gen. Konsulat zu adressieren?

Ich würde dafür sorgen, daß die Verzögerung der Absendung auf ein Mindestmaß beschränkt würde und eine Änderung in der gegenseitigen Stellung zwischen den anderen Konsulaten und dem in St. Petersburg brauchte und würde ja dadurch nicht eintreten, es wäre eine rein praktische, aus den tatsächlichen Verhältnissen sich ergebende Maßregel, ebenso wie z. B. die Bestimmung, daß alle mit dem Zolltarif- und Handelsvertrag im Zusammenhang stehenden Reklamationen, Beschwerden etc. von mir bearbeitet und erledigt werden. Jedenfalls würden bei der vorgeschlagenen Bestimmung die Berichte schneller nach Berlin gelangen, als wenn sie erst an die Botschaft, dann an das Gen. Konsulat, dann wieder an die Botschaft zurückgingen. Vielleicht könnte der oben erwähnte Moskauer Bericht zum Anlaß einer solchen Weisung an die Konsulate genommen werden. Doch wie die Sache am besten zu arrangieren ist, können Sie ja weit besser bestimmen. Ich wäre Ihnen sehr dankbar, wenn Sie Ihre Hand zur Regelung dieser Angelegenheit, die ich für ziemlich wichtig halte, bieten wollten. Da Ihre Zeit, wie ich wohl weiß, ja überreichlich in Anspruch genommen ist, möchte ich Ihnen nicht zumuten, mir schriftlich Ihre Antwort bzw. Ihren Rat zu erteilen, sondern ich möchte Ihnen vorschlagen, mit Vizekonsul Nadolny, der in diesen Tagen nach Berlin kommt und sich jedenfalls bei Ihnen melden lassen wird, die Sache zu besprechen. Er ist über diese Frage genau informiert.

Was meine Tätigkeit hier im allgemeinen betrifft, so kann ich nur sagen, daß ich damit recht zufrieden bin. Das Arbeitsfeld ist ein weites und interessantes. Ich muß zwar offen gestehen, daß ich mir klar darüber bin, daß ich noch lange nicht das ganze Gebiet des russischen Wirtschaftslebens oder auch nur der deutschen Beziehungen zu Rußland übersehe und beherrsche, aber ich hoffe und fühle, daß ich diesem Ziel doch jeden Tag etwas näher komme.

Wenn Sie in dieser Sache etwas tun wollen, so sind Sie wohl so freundlich und entschuldigen mich bei Herrn von Göbel[3], daß ich ihm nicht auch darüber schreibe, denn „er ist ja doch eigentlich der Nächste dazu", wie Frau Pastor sagt.

*ZStAP, AA 10588/1, Bl. 99ff.*

1 Biermanns Vorgänger als Generalkonsul in St. Petersburg.

2 Vgl. Dok. Nr. 23.

3 Vortragender Rat im Auswärtigen Amt, Leiter des Handelsreferats Osteuropa in der Handeslpolitischen Abteilung.

## 27 Bericht Nr. II 192 des Generalkonsuls in St. Petersburg Biermann an den Reichskanzler Fürsten von Bülow

*Ausfertigung.*

St. Petersburg, 8. Juni 1906

Euere Durchlaucht haben mir mittels des hohen Erlasses vom 26. v. M. — II 13740 — den Bericht des Kaiserlichen Konsulats in Moskau vom 12. v. M.[1] — dortige Nummer II 13740 — zur vertraulichen Kenntnisnahme abschriftlich mitgeteilt.

Euere Durchlaucht wollen mir gestatten, zu diesem Bericht noch einige Ausführungen zu machen.

Die drei russischen Banken: die Moskauer Internationale Handelsbank, die Südrussische Bank und die Orlover Kommerzbank sind, nach meiner Information, alle drei Gründungen des früher sehr reichen Russen Lazare Polliakoff. Der Status aller drei Banken soll zur Zeit kein guter sein. Polliakoff, der noch an ihnen und an vielen anderen Unternehmungen beteiligt ist, selbst ist so gut wie bankrott. Die Zentralverwaltung der Banken soll viel zu wünschen übrig lassen, während die zahlreichen in verschiedenen Plätzen des Landes domizilierten Filialen zum Teil gut, zum Teil sehr gut geleitet werden und ein gutes Geschäft machen.

Wenn die faulen Verbindungen der Banken, wie z. B. die der Moskauer Internationalen, mit der „Persischen Gesellschaft"[2] gelöst würden, was allerdings ohne schwere Verluste sich kaum machen ließe, und wenn, nach erfolgter Fusion, wodurch die Verwaltungskosten sehr bedeutend ermäßigt würden, der neuen Gründung neue Mittel zugeführt und tüchtige Kräfte zur Leitung der Zentrale gefunden würden, so wäre bei den guten Verbindungen im Lande zu erwarten, daß das neue Institut ein gutes und gewinnbringendes Unternehmen würde.

Als Bedingung ihrer Beteiligung sollten die deutschen Banken aber die vollständige Lösung aller Beziehungen zu Polliakoff stellen.

Bei der Beleihung von den zur Bahn gelieferten russischen Exportgütern ist, wenn die Bank die nötige Vorsicht nicht außer Acht läßt, ein guter Verdienst zu erwarten.

Aber Vorsicht ist, wie die Erfahrung gelehrt hat, sehr nötig.

So haben z. B. mehrere hiesige Banken vor nicht langer Zeit in dem Bankrott der Firma Walliano in Rostow, die unter anderem mit gefälschten Konossementen operiert hat, sehr erhebliche Verluste erlitten.

Über die Verhandlungen der Deutschen Bank in Moskau habe ich sicheres nicht erfahren können.

Es wird hier vermutet, daß die betreffende Moskauer Firma das Bankgeschäft der Brüder Rabutschinsky ist. — Diese Firma erfreut sich auch hier eines guten Rufes. Aus ihren regelmäßig veröffentlichten Bilanzen läßt sich ersehen, daß sie sich in guter Lage befindet.

Man spricht hier auch davon, daß Verhandlungen über eine engere Verbindung zwischen der Deutschen Bank und der hiesigen russischen Bank für auswärtigen Handel gepflogen werden, doch ist auch darüber etwas sicheres bis jetzt nicht zu erfahren gewesen.

Daß die Beteiligung deutschen Bankkapitals an den russischen Banken und der dadurch zu gewinnende Einfluß die in dem Bericht des Kaiserlichen Konsuls in Moskau erwähnten günstigen Folgen für den Handel unserer baltischen Häfen und für unsere Exportindustrie haben kann, ist nicht unwahrscheinlich.

Eine solche Einwanderung deutschen Kapitals nach Rußland — natürlich immer unter der Voraussetzung, daß das wirtschaftliche Leben Rußlands nicht neuen großen Erschütterungen ausgesetzt ist — ist daher mit ungemischterer Freude zu begrüßen, als die Gründung industrieller Unternehmungen in Rußland mit deutschem Kapital.

*ZStAP, AA 2071, Bl. 13ff.*

1 Vgl. Dok. Nr. 23.

2 1889 gründete L. S. Poljakov das „Tovariščestvo promyšlennosti i Torgovli v Persii i Srednej Azii", 1892 in Teheran das „Persidskoe strachovoe i transportnoe obščestvo", vgl. B. V. Anan'ič, Rossijskoe samoderžavie i vyvoz kapitalov, Leningrad 1975, S. 14ff.

**28 Bericht Nr. 2783 des Konsuls in Moskau Kohlhaas an den Reichskanzler Fürsten von Bülow**

*Ausfertigung.*

Moskau, 15. Juni 1906

[. . .] Haben diese Äußerungen eines Kenners der Stimmung der Arbeiterkreise nur eine gewisse symptomatische Bedeutung für die Beurteilung der politischen Lage, so ist einer der Gründe, die er für die von ihm erwarteten großen Arbeiterstreiks anführt, auch für den deutschen Handel nicht ohne Interesse. Jasjutinskij[1] ist der Ansicht, daß neben den politischen Gründen, die die Arbeiterschaft gegenwärtig wieder zu neuen Streiks veranlassen könnten, auch noch ein neuer, bis jetzt nicht berücksichtigter Faktor zu beachten sei, der den Arbeitern den jetzigen Zeitpunkt zur Erzwingung neuer ökonomischer Zugeständnisse günstig erscheinen lassen müsse. Das sei der immer schärfer zutage tretende Mangel an Ware inländischer Produktion auf den russischen Märkten. Dieser Mangel erkläre sich ganz natürlich daraus, daß die fortgesetzten Streiks der letzten 1 1/2 Jahre, ebenso wie die Einschränkung der Arbeitszeit infolge der Streiks und die Betriebseinstellung vieler Fabriken die Produktion früher fühlbar verkleinert haben, während der Bedarf keineswegs geringer geworden, sondern gewachsen sei. Das treffe nicht nur für die Textilindustrie, sondern auch für die Maschinenindustrie zu. Infolge dieses Mangels an Ware und der gleichzeitigen Verteuerung der Produktion durch gesteigerte Löhne und Teuerung der Rohmaterialien (z. B. der Wolle) sei eine solche Verteuerung der russischen Fabrikate wahrnehmbar, daß vielleicht schon jetzt der Zeitpunkt nicht mehr fern sei, wo keine Schutzzölle mehr imstande sein werden, dem Eindringen der unter anderen Bedingungen produzierten ausländischen Fabrikate — speziell Textilwaren — Einhalt zu tun. Diese Äußerung des Herrn Jasjutinskij deckt sich in manchen Beziehungen mit dem, was ich von hiesigen Spediteuren und Importeuren höre. Es steht außer Zweifel, daß die Konjunktur in Moskau gegenwärtig der Einfuhr ausländischer Waren äußerst günstig ist; der neue Zolltarif hat nach dem Urteil vieler sachverständiger Personen, die ich gesprochen habe, dank dieser Verhältnisse keine schädigende Wirkung auf den deutschen Import hierher ausgeübt, im Gegenteil ist trotz der trüben politischen Aussichten die Einfuhr gegenwärtig lebhafter als in den letzten beiden Jahren; das Wachsen der Garneinfuhr aus Deutschland, das in den letzten Monaten zu beobachten ist, bestätigt die Auffassung des Herrn Jasjutinskij. Außerdem werden, wie ich höre, gegenwärtig wieder zahlreiche Maschinen für die Textilindustrie eingeführt, was auf Erweiterung und Modernisierung von Fabriken im Zusammenhang mit der Einschränkung der Arbeitszeit in der Textilindustrie hinweist und gleichzeitig von einem bemerkenswerten Optimismus der Industrie zeugt.

*ZStAP, AA 10588, Bl. 124.*

1 Mitglied des Reichsrats K. A. Jasjutinskij.

## 29 Telegramm Nr. 224 des Botschafters in St. Petersburg von Schoen an das Auswärtige Amt

St. Petersburg, 23. Juni 1906

Antwort auf Telegramm Nr. 119.

Die hier noch nicht vorliegende Privatnachricht, daß Russische Regierung die Zollreklamation abgewiesen habe, da eine gemischte Kommission die Schuldlosigkeit der russischen Eisenbahnverwaltung konstatiert habe, ist unrichtig. Finanzminister Kokowzow versichert mir, daß Prüfung der zahlreichen Einzelfälle noch im Gange und in voller Würdigung des Gewichts, das wir der Sache beilegen, geführt wird. Auf seine Anregung sollen in nächsten Tagen vertrauliche kommissarische Besprechungen stattfinden, an welchen neben Vertretern der beteiligten russischen Ressorts auch ein Mitglied der Botschaft und Generalkonsul teilnehmen sollen.

*ZStAP, AA 6363, Bl. 62.*

## 30 Bericht Nr. 213 des Generalkonsuls in St. Petersburg Biermann an den Reichskanzler Fürsten von Bülow

*Ausfertigung.*

St. Petersburg, 26. Juni 1906

Es gelangen jetzt häufig Eingaben aus Deutschland an das Generalkonsulat, in denen angefragt wird, ob die Verhältnisse in Rußland wieder soweit geordnet seien, daß man ohne besonderes Risiko sich hier in geschäftliche Unternehmungen einlassen könne.

Die Antworten darauf können immer nur sehr allgemeine und unsichere sein, wie eben die Lage in Rußland selbst eine völlig ungeklärte ist. Die Gestaltung der wirtschaftlichen Verhältnisse hängt zunächst fast ganz von der Entwicklung der innerpolitischen Zustände ab, und über diese ist das Generalkonsulat zu wenig informiert, als daß es auch nur mit annähernder Sicherheit darüber ein Urteil fällen könnte. [. . .]

Überblickt man heute das gesamte wirtschaftliche Leben Rußlands, so wird man zu dem Urteil kommen müssen, daß die Zeit für eine Ausdehnung der geschäftlichen Beziehungen im allgemeinen vorläufig noch nicht angetan ist, wenn schon auf manchen einzelnen Gebieten die Aussichten auf gewinnbringende Tätigkeit wohl vorhanden sind.

Das Rückgrat des russischen Wirtschaftslebens ist die Landwirtschaft. Wenn irgendwo, gilt für Rußland der Spruch „Hat der Bauer Geld, hat's die ganze Welt". Aber gerade die Lage der Bauern ist jetzt eine ungünstige. [. . .]

Und auch der Grundbesitz findet sich in keiner besseren Lage. [. . .] Wenn man auch im allgemeinen noch nicht allzu besorgt ist, daß die von der Majorität der Reichsduma bisher proklamierte Forderung der Expropriation des Privateigentums zur Tatsache wird, so wird doch durch dieses Schreckgespenst die Unternehmungs- und Arbeitslust bei vielen merklich gehemmt. [. . .]

Darüber kann man wohl nicht im Zweifel sein, daß wenn es den demokratischen Parteien gelingen sollte, die Expropriation des Privatlandes durchzusetzen, die Eigentümer, auch bei nomineller Entschädigung, tatsächlich von sehr großen Verlusten betroffen würden. [. . .]

Ist hiernach die Zukunft der Landwirtschaft in ein tiefes Dunkel gehüllt, so ist auch das Bild, das die russische Industrie zeigt, nur teilweise ein besseres [. . .]

Daß in Rußland übrigens vielfach die Lage der Arbeiter eine sehr schlechte und das Streben nach Verbesserung ihres Loses seine Berechtigung hat, wird von Unparteiischen allgemein anerkannt.

Die Arbeitgeber haben sich bisher noch nicht in der Art und dem Umfange wie in Deutschland zum Kampf gegen die aufsässigen Arbeiter verbunden, und so ist der einzelne eigentlich seinen Leuten gegenüber machtlos, ein Zustand der noch bedenklicher ist, weil jetzt auch die Sicherheitsorgane manchmal nicht wagen, der Arbeitermasse energisch entgegenzutreten und diese daher von Tag zu Tag rücksichtsloser und anmaßender in ihrem Auftreten wird.

So hat, um ein naheliegendes Beispiel anzuführen, die hiesige Niederlassung von Siemens & Halske schon vor Wochen die Fabrik schließen müssen, da ein Teil der Arbeiter streikte und die Arbeitswilligen mit Gewalt von der Arbeit abhielt. Dies ist soweit gegangen, daß die Streikenden in voriger Woche ein paar Vorarbeiter und Werkmeister, die an den Maschinen Reparaturen vornahmen, überfallen und schwer mißhandelt haben, ohne daß die anwesende Polizei es wagte, die Angegriffenen zu schützen.

Sieht man von diesen Schwierigkeiten, die die Arbeiterfrage darbietet ab, so sind manche Industrien, unter diesen z. B. die Textilwarenbranche, mit dem Geschäftsgang recht zufrieden. [. . .] Anders dagegen ist die Lage derjenigen Industrien, die ihre Existenz in erster Linie auf die Aufträge der Regierung gegründet haben. [. . .]

So sind z. B. die von dem Eisenbahndepartement gestellten Forderungen von Mitteln zur Bestellung von Waggons und Lokomotiven, um den außerordentlichen Abgang derselben durch und während des Krieges wieder gutzumachen, abgelehnt worden, trotzdem der Mangel an rollendem Betriebsmaterial ja in der letzten Zeit geradezu eine Kalamität für die Volkswirtschaft gewesen ist, unter der Importeure wie Exporteure gleich sehr gelitten haben. [. . .]

Da nun bei Geltung der sogenannten Grundgesetze neue Anleihen ohne Zustimmung der Duma ausgeschlossen sind, es müßte sich denn um Kriegsanleihen handeln, so wird bei dieser Gelegenheit entweder der Duma ein ihr bis jetzt vorenthaltener Einfluß auf die Regierung eingeräumt werden müssen, oder man würde sie wieder völlig beiseite schieben oder beseitigen müssen: beides Ereignisse, die auf das innere Leben des Reiches von bedeutungsvollem Einfluß sein müßten.

Dieser kurze Überblick dürfte immerhin zeigen, daß die derzeitige wirtschaftliche Lage Rußlands soweit zu wünschen übrigläßt, daß man jedem, der Personen und Verhältnisse nicht genau kennt, nur große Vorsicht bei Wiederaufnahme oder Neuschaffung von Geschäftsbeziehungen anraten kann, und daß ebenso die wirtschaftliche Zukunft Rußlands von einer großen Zahl noch jedem sicheren Urteil entzogenen Faktoren abhängig ist. Anderseits ist aber die Lage auch nicht so schlimm, wie sie vielfach in der Presse, z. B. im Berliner Tageblatt, mit Vorliebe dargestellt wird, es ist immerhin möglich, daß auch ohne daß ein vollständiges Chaos entsteht, eine Beruhigung der politischen und sozialen Leidenschaften und dann ein Aufschwung eintritt. Für diesen Fall würde es recht wünschenswert sein, wenn auch das deutsche Kapital, selbst auf die Gefahr einiger Verluste hin, sich rechtzeitig einen Anteil an den dann zu erwartenden großen Unternehmungen wahrt, die zum Aufschluß und der Entwicklung der noch ungehobenen Schätze und Hilfsquellen des Landes sicher entstehen werden.

*ZStAP, AA 2005, Bl. 110ff.*

**31 Erlaß Nr. II 16 577 des Direktors der Handelspolitischen Abteilung des Auswärtigen Amts von Koerner an das Konsulat in Kiew**

*Abschrift.*

Berlin, 30. Juni 1906

[. . .] Ferner ist an mehreren Stellen des Handelsberichts (z. B. für die Beleuchtungskörperindustrie, die Automobil- und Emailgeschirr-Industrie, sowie ganz allgemein am Schlusse) der Anschauung Ausdruck gegeben worden, es empfehle sich für unsere Industrie, Filialfabriken in Rußland zu errichten. [. . .] Es wird dabei zu berücksichtigen sein, daß die Gründung von Filialen im Ausland uns an sich nicht erwünscht erscheinen kann, da erfahrungsgemäß die Filialen in kürzerer oder längerer Zeit zu einer wirtschaftlichen Selbständigkeit und Bedeutung gelangen, die vielleicht noch dem deutschen Mutterunternehmen nützlich, den Interessen unserer allgemeinen heimischen Volkswirtschaft aber häufig nicht von Vorteil sein wird. Im speziellen Fall wird weiter zu beachten sein, daß die in dem Handelsbericht des Kaiserlichen Konsulats mehrfach betonte Steigerung der Produktionskosten in Rußland infolge der jüngsten Bewegungen und die Unsicherheit der dortigen Verhältnisse zum mindesten jetzt die Aufforderung zur Filialgründung in Rußland nicht angezeigt erscheinen läßt. [. . .]

*ZStAP, AA 10588, Bl. 150.*

**32 Schreiben der Handelskammer zu Berlin an den Unterstaatssekretär im Auswärtigen Amt von Mühlberg**

*Abschrift.*

Berlin, 13. Juli 1906

Die inneren Unruhen, von denen Rußland seit dem Herbst v. J. heimgesucht wird und die das Erwerbsleben des Landes schädigen, erstrecken ihre Wirkungen über die Grenzen des russischen Reiches hinaus. Besonders wird Deutschland, das unter den mit Rußland im Handelsverkehr stehenden Ländern weitaus den ersten Platz behauptet, in Mitleidenschaft gezogen.

Euerer Exzellenz beehren wir uns in Nachstehendem einige Ausführungen zu unterbreiten, durch welche die Einwirkung jener Unruhen auf den Handel und die Industrie der Reichshauptstadt beleuchtet und die Besorgnisse erklärt werden, die in den Kreisen der am Geschäftsverkehr mit Rußland beteiligten Gewerbszweige bezüglich der weiteren Gestaltung der Dinge herrschen.

Die Erschütterung, die der russische Staat durch den Krieg mit Japan erfahren hatte, ist bekanntlich nicht von so ungünstigem Einflusse auf die deutsch-russischen Handelsbeziehungen gewesen, wie man ursprünglich befürchtet hatte. Die russische Geschäftswelt erfüllte ihre Verpflichtungen nach Möglichkeit, und deshalb hielten sich die Verluste, die den deutschen Firmen in der Zeit des Krieges und seiner Nachwehen entstanden, in verhältnismäßig engen Grenzen.

Erst im Oktober v. J. trat eine Wendung zum Schlechteren ein. Zwar waren die russischen Kaufleute und Fabrikanten nach wie vor bemüht, den vertragsmäßig übernommenen Verbindlichkeiten gerecht zu werden, indes wuchsen ihnen die Verhältnisse über den Kopf. Die Unruhen, die in zahlreichen Orten des russischen Reichs ausbrachen und die öffentliche Sicherheit des Landes zeitweise völlig aufhoben, mußten um so mehr zu einer schweren Schädigung des russischen Wirtschaftslebens führen, als die Ausschreitungen sich namentlich gegen die jüdischen Bewohner des russischen Reiches, also diejenigen Elemente der Bevölkerung richteten, in deren Händen ein großer Teil des russischen Geschäfts liegt. Da die Schwächung oder gar Vernichtung der Existenz zahlreicher jüdischer Fabrikanten, Kaufleute, Agenten etc. die Bonität christlicher Großfirmen, die regelmäßig an kleine jüdische Händler ihre Ware absetzten, nicht unberührt lassen konnte, so verbreiteten sich die unheilvollen Wirkungen jener Exzesse über ein weites Gebiet des russischen Wirtschaftslebens.

Wurden damit dem internen russischen Verkehr tiefe Wunden geschlagen, so vollzog sich zugleich eine schwere Beeinträchtigung des deutsch-russischen Handelsverkehrs. In erster Linie wurde der Export deutscher Waren nach Rußland getroffen. Die Zahlungskraft und Kreditwürdigkeit der russischen Kundschaft nahmen beträchtlich ab, die Unsicherheit im Lande, die Leben und Vermögen gefährdeten, brachte den Absatz deutscher Waren ins Stocken, die russischen Einkäufer, die früher nach Deutschland kamen, blieben aus, die deutschen Reisenden waren nicht in der Lage, Bestellungen in Rußland zu suchen. Fast alle deutschen Gewerbe, die nach Rußland Waren auszuführen gewöhnt waren, sahen sich genötigt, den Export einzuschränken. Diesem Schicksal verfielen namentlich die Werkzeug- und Maschinenindustrie, die Fabrikation der Instrumente, die Gummiwarenindustrie, die Textil-, Kurzwarenbranche usw. Der Rückgang des Verkehrs steigerte sich bei einzelnen Waren zum völligen Abbruch der Handelsbeziehungen. Das Grenzgeschäft, das für einige Gewerbe, z. B. die Tuchfabrikation, die Zigarrenfabrikation und den Weinhandel, von Wichtigkeit ist, wurde völlig lahmgelegt.

In ähnlicher ungünstiger Weise wurde der Warenverkehr beeinflußt, der sich in der Richtung von Rußland nach Deutschland vollzieht. Der Import vollzieht sich zum großen Teil in der Art, daß die hiesigen Firmen ihre Ordres an russische Einkäufer übergeben. Da die Unsicherheit im russischen Reich einen hohen Grad erreichte, sahen sich die Einkäufer vielfach verhindert, ihre Einkaufsreisen zu machen, so daß die Absendung der Ware, auf die der deutsche Importeur gerechnet hatte, unterblieb. Weiter kam in Betracht, daß jenen Einkäufern, die zwar zuverlässig, aber meistens ohne erhebliche eigene Mittel sind, von jeher auf die zu liefernde Ware bare Vorschüsse gegeben wurden; soweit infolge der Unruhen Einkäufer ihre wirtschaftliche Existenz einbüßten, gingen für die deutschen Importeure, welche die Vorschüsse geleistet hatten, letztere verloren.

Aber wenn wir die Schädigungen, die auf einem großen Gebiete des deutsch-russischen Verkehrs durch die inneren russischen Wirren herbeigeführt worden sind, hier aufzählen, so haben wir erst einen Teil und zwar den geringsten Teil der Einbußen und Gefahren berührt, um die es sich handelt. Nicht die bereits erlittenen sondern *die noch drohenden Verluste sind es*, die der am Handelsverkehr mit Rußland beteiligten deutschen Gewerbetätigkeit ernste Sorgen bereiten. Wäre Hoffnung vorhanden, daß im russischen Reiche Ruhe und Sicherheit einkehrten, so würden die deutschen Exporteure und Importeure ihre Kraft daran setzen, den Schaden, der ihnen zugefügt worden ist, durch energische Wiederaufnahme der Handelsbeziehungen wettzumachen. Aber jene Hoffnung erscheint trügerisch. Man hegt die Besorgnis, daß die beklagenswerten Ausschreitungen, die neuerdings in russischen Städten zur Vernichtung von Menschenleben und Zerstörung von wirtschaftlichen Werten geführt haben, sich wiederholen werden. In diesem Falle würden aber die Verluste, die das deutsche Export- und Importgewerbe träfen, um ein Vielfaches alle diejenigen Einbußen überholen, welche bisher im deutsch-russischen Handelsverkehr auf deutscher Seite erlitten worden sind.

Die Eigenart des deutsch-russischen Handelsverkehrs gibt die Erklärung für eine solche Befürchtung. Sowohl bei dem Verkauf deutscher Waren nach Rußland, als auch bei dem Einkauf russischer Waren für deutsche Rechnung spielt das Hilfsmittel des Kreditwesens eine ausschlaggebende Rolle. Die deutschen Exporteure geben den russischen Käufern in umfangreicher Weise Kredit, und die deutschen Importeure leisten auf die Waren, deren Lieferung sie zu erwarten haben, regelmäßig erhebliche Vorschüsse. Diese Praxis entspringt nicht der Willkür der deutschen Geschäftswelt, sondern gründet sich auf die geringe Kapitalkraft des russischen Volkes. Ohne die weitestgehende Rücksicht auf diese Schwäche der russischen Volkswirtschaft ist ein Geschäft ausgeschlossen. Auch die deutschen Banken sind gezwungen, diesen Tatsachen Rechnung zu tragen. Eine Berliner Großbank bemerkt in dieser Hinsicht:

— Den russischen Fabrikanten sind für den Import der von ihnen benötigten Rohprodukte von den deutschen Banken Rembourskredite zur Verfügung gestellt worden, und zwar meist in der Weise, daß den russischen Firmen Akzepte von drei- und sechsmonatlicher Laufzeit zur Begleichung ihrer Wareneinkäufe überlassen wurden. Absatzschwierigkeiten, die durch die Unruhen im Lande für die russischen Fabrikanten entstehen und deren finanzielle Position schwächen, vergrößern das mit der Gewährung des Akzeptkredits verbundene Risiko.

Ebenso sind die deutschen Bankiers an dem russischen Export beteiligt, indem sie gegen Empfangnahme der Verladungsdokumente entweder die Bezahlung der Waren bewirkt oder Vorschüsse auf letztere gewährt haben. Die Bankiers haben ein großes Interesse daran, daß die verpfändeten Waren wohlbehalten ihren Bestimmungsort erreichen, zumal sich alle mit deren Beförderung verbundenen Risiken, insbesondere die des Aufruhrs und innerer Unruhen, in den seltensten Fällen durch Versicherungen decken lassen. —

Das deutsche Export- und Importgeschäft ist deshalb andauernd mit bedeutenden Summen in Rußland engagiert. Eine weitere Festlegung deutscher Kapitalien in Rußland ist dadurch erfolgt, daß deutsche Industriezweige — wir nennen nur die elektrische Industrie, die Maschinenfabrikation — in Rußland Filialen eingerichtet oder sich an russischen Unternehmungen, Bahnen etc. beteiligt haben.

Daß die großen finanziellen Verpflichtungen, welche die russische Geschäftswelt gegenüber der deutschen hat, in kurzer Frist ordnungsgemäß liquidiert würden, ist völlig ausgeschlossen, selbst wenn der Wille dazu auf beiden Seiten vorhanden wäre. Aus allen Gewerben, die mit Rußland Geschäftsverbindung unterhalten, wird berichtet, daß seit Oktober v. J. der Eingang der Zahlungen aus Rußland sich verlangsamt, zum Teil aufgehört hat. Sollten die Wirren, welche auf das russische Geschäftsleben verwüstend gewirkt haben, sich wiederholen, so ist mit Sicherheit anzunehmen, daß die Forderungen, welche die deutschen Firmen an die russische Kundschaft haben, großenteils verloren sein werden. Im Nachstehenden geben wir bezüglich einer Reihe der wichtigsten Gegenstände des deutsch-russischen Handelsverkehrs einiges Material, das uns von hiesigen Großfirmen mitgeteilt wird und das zum Beleg obiger Darlegung dienen mag.

1. Export nach Rußland

*Landwirtschaftliche Maschinen und Geräte.* Eine große Berliner Exportfirma, die namentlich den Süden und Südwesten Rußlands mit Maschinen versorgt, benennt aus ihrer russischen Kundschaft 16 jüdische Firmen, die z. Z. sämtlich ihre Bezüge eigestellt haben und denen sie die Zahlungen hat prolongieren müssen [. . .]

*Metallwaren.* Der durch die Wirren geschwächten russischen Kundschaft wurde auf ihr Ansuchen seit dem Herbst v. J. vielfach Prolongation ihrer Akzepte gewährt. Die deutschen

Lieferanten haben somit noch Restforderungen aus dem vergangenen Jahre; dazu treten beträchtliche Außenstände aus Sendungen, die gegen Schluß des genannten Jahres und im ersten Quartal des laufenden Jahres (noch vor dem am 1. März in Kraft tretenden Handelsvertrag) nach Rußland gingen. Die Branche ist danach gegenwärtig in Rußland stärker engagiert als in früheren Jahren; der Wiederausbruch der Wirren würde uns tiefere Schädigungen verursachen. [. . .]

*Schriftgießerei.* Die Zerstörung russischer Typographien (die großenteils in jüdischen Händen sind) hat den Export nach Rußland geschädigt.

*Medizinische Instrumente, Krankenhauseinrichtungen etc.* Der Export nach Rußland ist umfangreich, namentlich sind jüdische Ärzte Abnehmer. Die Wirren haben aber das Geschäft beeinträchtigt, die russische Kundschaft ist in ihrer Zahlungsfähigkeit geschwächt. Man hegt lebhafte Befürchtungen wegen der bestehenden Engagements [. . .]

*Textilerzeugnisse* [. . .] Eine Firma, die Wollwaren, Trikotagen etc. nach Rußland exportiert, stellt fest, daß viele Einkäufer jüdischer Konfession, die früher regelmäßig in Berlin erschienen und gute Abnehmer waren, durch die Exzesse der letzten Zeit ruiniert worden sind [. . .]

2. Import aus Rußland

*Holz.* Die Vorschüsse, die deutsche Holzhändler und Schneidemühlenbesitzer jährlich nach Rußland geben, werden von sachkundiger Seite auf mindestens 20 Millionen Mark beziffert. Der Einkauf des Holzes in Rußland ist nur durch Vermittlung der dortigen jüdischen Händler möglich, letztere sind, da sie meist ohne eigene Mittel sind, genötigt, bei Abschluß des Geschäfts, d. h., wenn das Holz sich noch im Walde oder auf den Ablagen befindet, Vorschüsse zu nehmen, die weiterhin ergänzt werden, so daß bei Eintreffen des Holztransports an der deutschen Grenze den Verkäufern nur noch geringe Restbestände zustehen. Ein großer Teil der Vorschüsse wird ohne Zweifel gefährdet sein, wenn die Exzesse in Rußland sich wiederholen. Sämtliche Schneidemühlen, vom Einlauf der Weichsel in deutsches Gebiet bis zu den Anlagen in Oderberg, die auf den Import russischen Rohmaterials angewiesen sind, wären in ihrer Existenz bedroht, wenn sie nicht ordnungsgemäß ihre Einkäufe in Rußland vornehmen könnten. [. . .] Eine andere Firma teilt mit, daß sie gegenwärtig an der Lieferungspflicht von 26 russischen Firmen, deren Inhaber sämtlich jüdischer Konfession sind, interessiert ist, wobei es sich um einen Gesamtbetrag von 1 314 000 Mark handelt. [. . .]

Das im Vorstehenden auszugsweise wiedergegebene Material [. . .] läßt erkennen, daß Deutschlands Handel und Industrie an der Wiederherstellung geordneter Verhältnisse im russischen Reiche ein schwerwiegendes Interesse haben. Es liegt auf der Hand, daß, je länger die Unruhen dort dauern, um so schärfer die schädigende Wirkung, die sie auf den deutsch-russischen Handel ausüben, sich ausprägen wird, und es ist die Besorgnis der deutschen Geschäftswelt verständlich, daß bei einer Wiederholung der Ausschreitungen, wie sie in den letzten Monaten stattgefunden haben, ein großer Teil der Werte, die sich im Bereiche des deutsch-russischen Handelsverkehrs befinden, der Vernichtung preisgegeben sein wird.

Wir glauben die Befürchtung der am russischen Geschäft beteiligten deutschen Firmen vortragen zu sollen, obwohl wir natürlich die Schwierigkeiten nicht verkennen, welche allen Schritten, die auf Abwehr der geschilderten Gefahren gerichtet sind, entgegenstehen. Immerhin wird sich vielleicht die Gelegenheit ergeben, daß die Reichsregierung in dieser oder jener Weise ihren Einfluß zugunsten der einheimischen Gewerbsinteressen geltend machen kann. Louis Ravené.

*ZStAP, AA 10 588/1, Bl. 31ff.*

**33 Bericht Nr. II 237 des Generalkonsuls in St. Petersburg Biermann an den Reichskanzler Fürsten von Bülow**

*Abschrift.*

St. Petersburg, 20. Juli 1906

Bei Gelegenheit der Beratung der Vorlage betr. die Linderung der Not in den durch die Mißernte betroffenen Gouvernements, hat der Finanzminister Kokowzow sowohl in der Duma wie im Reichsrat Erklärungen über die Lage der Reichsfinanzen abgegeben. Sie haben im ganzen das düstere Bild bekräftigt, das sich auch sonst dem Betrachter darbietet. Bemerkenswert war das Zugeständnis, daß die Milliardenanleihe abzüglich Disagio und Spesen nur 680 Millionen Rubel ergeben habe, d. h. noch nicht einmal 81% des Nominalwerts und noch um 20 Millionen weniger, als in dem oben erwähnten Bericht angegeben war. [. . .]

Die Ansicht des Ministers, daß man keinen Anlaß habe, auch im weiteren Verlauf des Jahres auf Mehrerträge über den Voranschlag bzw. das Vorjahr bei den einzelnen Einnahmeposten zu rechnen, wird man beitreten müssen. Es ist nicht zu verkennen, daß die inneren Zustände sich von Tag zu Tag verschlimmern, daß die politischen Wirren zunehmen, daß große umfassende Streiks wie jetzt wieder in Baku und Odessa häufiger werden, daß die Ernteaussichten sich verschlechtern, daß die Agrarunruhen, Zerstörungen und Plünderungen des Privateigentums in Staat und Land sich häufen.

Diese Zustände können auf die Reichsfinanzen nicht ohne Einfluß bleiben. [. . .]

Nach dem Voranschlag soll der Branntwein 12,3 Millionen mehr als im Jahre 1905 abwerfen. Er hat bis jetzt seine Schuldigkeit getan. [. . .] Kann man es schon an sich nicht als ein Zeichen gesunder volkswirtschaftlicher Verhältnisse ansehen, daß ca. 1/4 der ordentlichen Reichseinnahmen aus dem Branntwein gezogen wird, so kann man auch in dem trotz Erhöhung der Preise gesteigerten Konsum kein Zeichen des Fortschritts sehen, um so weniger, wenn, wie im vorliegenden Fall, so viele andere Zeichen des Niedergangs und der Zerüttung sichtbar werden. [. . .] Schon jetzt tritt das Gerücht wieder leise auf, die Regierung gehe mit Anleihegedanken um. Es wird zwar dementiert, daß eine neue äußere Anleihe geplant sei, aber bei der offenbaren Unmöglichkeit, auf dem inneren Markt eine größere Anleihe unterzubringen, es müßte denn zu dem Mittel einer Zwangsanleihe gegriffen werden, wird man doch auf den Gedanken einer äußeren Anleihe zurückkommen.

Würde nun die Beteiligung an einer solchen empfehlenswert oder nur entschuldbar sein?

Ein Blick auf die wirtschaftlichen Verhältnisse in Rußland läßt keinen Zweifel, daß davon mehr denn je dringend abzuraten ist.

Der wirtschaftliche Niedergang zeigt sich auf allen Gebieten.

Es sei auf die Bewegung der Kurse der russischen Staats- und Privatpapiere, auf die Bewegung des Bankdiskonts und auf die Wechselkurse hingewiesen. [. . .]

In dem allgemeinen, nur ganz vorübergehend durch besondere Umstände in seiner Stetigkeit unterbrochenen Niedergang der Anlagewerte zeigt sich die Auffassung der Finanziers und des besitzenden Publikums von der Lage.

So ist z. B. in Petersburg die 4% Staatsrente, die am 2./15. Januar noch 80 1/4—3/4 stand bis zum 5./18. Juli um ca. 10% auf 72 3/4—7/8 gefallen, die Milliardenanleihe d. J. die bei ihrer Emission 88 5/8—89 1/4 notierte, obwohl sie von den Emissionshäusern gewiß noch so gut es geht, gehalten wird, bis heute auf 84 1/2 gefallen. [. . .]

Die 5% Schatzscheine von 1904, die anfangs des Jahres an der Pariser Börse zu 96,4 gehandelt wurden und denen, als ihnen bei Begebung der mit allen Mitteln der Reklame angepriesenen großen Anleihe ein Vorzugsrecht auf diese eingeräumt wurde, bis auf 104,4 gestiegen waren, sind schon wieder auf 97,4 gefallen und die neue Anleihe, die zuerst auf 93,4 bis 93,8 gestiegen war, notierte heute nur noch 84,3/4. [. . .]

[. . .] Zahlreiche Verkaufsorders des Kapitalistenpublikums drückten das Kursniveau der Industriepapiere.

Bei der großen Anleihe haben die Emissionshäuser ein sehr gutes Geschäft getan, und die Trauer des deutschen Russenkonsortiums, daß sie nicht ihren vollen Anteil an diesem Gewinn abbekommen haben, ist gewiß ebenso aufrichtig wie egoistisch.

Eine neue Anleihe würde den Übernehmern gewiß noch größeren Gewinn abwerfen, aber das große Publikum, dem die Papiere doch zuletzt aufgehalst würden, hätte den Schaden zu tragen.

Es kann daher meines Erachtens aus wirtschaftlichen Gründen vorläufig gar nicht genug vor der Beteiligung an weiteren russischen Anleihen gewarnt werden, und alle optimistischen Schilderungen und Anpreisungen der Lage Rußlands, mögen sie von den russischen Machthabern oder den provisions- und kommissionslüsternen Bankiers ausgehen, verdienen als tendenziöse Mache keine Beachtung.

Bei der Beurteilung der Frage der Beteiligung an einer neuen Anleihe, wird man aber nicht nur die wirtschaftliche, sondern auch die staatsrechtliche Seite ins Auge fassen müssen. Ich glaube nicht, daß das jetzige oder ein anderes ohne Einvernehmen mit der Majorität der Duma gebildetes Ministerium überhaupt eine größere Anleihe zustande bringen wird.

Nach dem neuen Grundgesetz ist bekanntlich die Zustimmung der Duma zur Aufnahme einer Anleihe notwendig. Ich halte es so gut wie sicher, daß die Duma jeder ihr nicht genehmen Regierung jede Anleihe von Bedeutung verweigert, selbst auf die Gefahr eines Staatsbankrotts hin.

Die Budgetrechte der Duma sind so eingeschränkt, daß ihr eigentlich allein das Recht der Anleihebewilligung übrig bleibt, um einen Einfluß auf die bestehende Regierung oder auf die Bildung einer neuen auszuüben. Der Vorgang bei der Beratung der Notstandsvorlage hat schon bewiesen, daß sie von diesem Recht ausgiebig Gebrauch machen will. Ob bei der Richtung, die die innerrussischen Verhältnisse zu nehmen scheinen, die Regierung es heute noch wagt, die Duma aufzulösen und die Konstitution zu suspendieren, ist nicht sicher. Der Ausbruch einer allgemeinen gewaltsamen Revolution, zu deren Bekämpfung nicht einmal mehr die Armee sicher ist, würde vielleicht die Folge sein.

Und solange diese nicht völlig zu Boden geschlagen wäre, dürften selbst die Franzosen nicht mehr geneigt sein, von neuem ihre Gelder in das russische Danaidenfaß zu werfen.

Ist doch schon vor dem Zusammentritt der Duma die Ansicht vertreten worden, daß die April-Anleihe ungesetzlich und für die konstitutionelle Regierung nicht bindend sei. Diese Behauptung ist rechtlich vielleicht nicht haltbar, aber anders wäre es wohl mit einer jetzt ohne Zustimmung der Duma aufgenommenen Anleihe.

Der Ausgang einer Gewaltrevolution in Rußland ist zum mindesten zweifelhaft.

Der Vergleich mit der großen französischen Revolution drängt sich einem doch immer wieder auf und läßt eine gleichartige Entwicklung der russischen nicht so ganz unwahrscheinlich erscheinen.

Ein großer Unterschied bezüglich der Staatsschulden ist ja allerdings vorhanden, insofern die Franzosen selbst ihre Staatsgläubiger waren, während es für Rußland die fremden Nationen sind, aber ob eine russische revolutionäre Regierung im Fall der Not auf die Fremden mehr Rücksicht nehmen würde als seinerzeit die französische Regierung auf ihre Mitbürger, ist eine wohl aufzuwerfende Frage, und dann ist noch zu berücksichtigen, daß Rußland, dem nicht die reichen Mittel Frankreichs zur Verfügung stehen, bei der voraussichtlichen völligen Zerrüttung sich in der physischen Unmöglichkeit befinden könnte, seinen internationalen Verpflichtungen gerecht zu werden.

Alle diese Momente werden vielleicht das Zustandekommen einer Anleihe ohne Zustimmung der Duma überhaupt hindern.

Die Voraussetzung für eine neue Anleihe scheint mir daher zu sein, daß vorher eine gewisse Harmonie zwischen Regierung und Dumamajorität hergestellt ist. Das kann aber nur geschehen durch Bildung eines Ministeriums aus der Partei der Kadetten.

Es fragt sich aber, ob, wenn dieser Fall wirklich eintreten sollte, auf eine Wiederherstellung der Ordnung und damit eine Sicherung der Finanzlage zu rechnen ist.

Je später es zu einer Einigung der beiden Machtfaktoren kommt, desto schwieriger wird es für eine neue parlamentarische Regierung sein, ihr Ziel zu erreichen.

Schon jetzt ist die Befürchtung gerechtfertigt, daß auch ein Kadettenministerium nicht mehr imstande sein wird, die Revolution zu bändigen und zum Abschluß zu bringen.

Mag es noch so liberal sein und noch so volksfreundlich auftreten, den extremen Parteien wird es nie weit genug gehen, die Aufreizungen zum Umsturz werden fortdauern, und ob die bestehende Beamtenschaft, deren Wechsel doch nur ganz allmählich erfolgen könnte, und das jetzt noch regierungstreue Militär einem solchen parlamentarischen Ministerium ehrlich Heeresfolge leisten und ihm nicht vielmehr wenigstens passive Resistenz entgegenstellen wird, läßt sich nicht ohne weiteres bejahen. [. . .] Aber auch bei Beteiligung an einer Anleihe, die mit Zustimmung der Duma zustande käme, würden die Gläubiger ein sehr großes Risiko des teilweisen oder ganzen Zins- und Kapitalverlustes übernehmen.

Daher wird auch in diesem Fall, wenn man sein Geld nicht in Gefahr bringen will, das ceterum censeo sein: den Russen vorläufig nichts zu borgen.

*ZStAP, AA 2034, Bl. 98ff.*

**34 Erlaß Nr. 884 des Unterstaatssekretärs im Auswärtigen Amt von Mühlberg an den Botschafter in St. Petersburg von Schoen**

*Konzept.*

Berlin, 25. Juli 1906

Euerer Exzellenz übersende ich zu Ihrer gefälligen Information anbei ergebenst Abschrift einer Eingabe der Handelskammer zu Berlin[1], worin diese ihren Besorgnissen wegen der steigenden Gefährdung des Güteraustausches zwischen Deutschland und Rußland Ausdruck gibt. Gleichzeitig sucht sie das eigene Interesse Rußlands an der Erhaltung des jüdischen Elements nachzuweisen, weil es als Vermittler des Güterverkehrs für beide Staaten unentbehrlich sei.

Nachdem Eure Exzellenz auf Grund des Erlasses Nr. 777 vom 28. v. Mt. anläßlich der Vorgänge in Bialystok Herrn Iswolsky über die Judenfrage unterhalten und wenig Anklang bei ihm gefunden haben, kann mir von einer weiteren Demarche, der die vorliegende Eingabe zum Ausgang dient, einen Erfolg nicht wohl versprechen. Ich muß es Euerer Exzellenz daher überlassen, inwieweit sich die von der Handelskammer hervorgehobenen Gesichtspunkte gelegentlich an geeigneter Stelle verwerten lassen.

*PA Bonn, Rußland 61, Bd. 111.*

1 Vgl. Dok. Nr. 32.

## 35 Erlaß Nr. II 18221[1] des Vortragenden Rats in der Handelspolitischen Abteilung des Auswärtigen Amts Lehmann an die Konsuln in Charkow, Kiew, Kowno, Riga, Tiflis, Moskau und die Generalkonsulate in Odessa und Warschau

*Abschrift.*

Berlin, 13. August 1906

Das Kaiserliche Generalkonsulat in St. Petersburg läßt es sich angelegen sein, über die wichtigeren und das Gesamtgebiet Rußlands betreffenden Vorgänge auf wirtschaftlichem Gebiet zu berichten. Dieses Verfahren, durch welches die übrigen Konsularämter von den ihnen nach dieser Richtung hin obliegenden Verpflichtungen nicht befreit werden, empfiehlt sich wegen der Zentralisation der russischen Verwaltung in St. Petersburg und wegen des vielfach dort zusammenlaufenden Nachrichtendienstes. Um aber einerseits unnötige Doppelberichte über dieselben Gegenstände zu vermeiden und andererseits ein einheitliches Zusammenwirken der verschiedenen Konsularämter in Rußland auf dem Gebiete der wirtschaftlichen Berichterstattung herbeizuführen, erscheint es zweckmäßig, daß die einzelnen Konsulate ihre wirtschaftlichen Berichte, soweit ihr Inhalt allgemeines Interesse bietet und nicht rein lokale Verhältnisse behandelt, dem Kaiserlichen Generalkonsulat in St. Petersburg abschriftlich mitteilen.

Indem ich bemerke, daß die übrigen Berufskonsulate in Rußland entsprechend verständigt werden, und daß das Kaiserliche Generalkonsulat in St. Petersburg angewiesen wird, von seinen für den Bezirk der dortigen Kaiserlichen Konsularbehörde Interesse bietenden Berichten in gleicher Weise Abschrift dorthin mitzuteilen, ersuche ich das Kais. (Gen.) Konsulat ergebenst, hiernach gefälligst zu verfahren.

Den Empfang dieses Erlasses bitte ich mir zu bestätigen.

*ZSt, AA 2071, Bl. 20.*
1 Vgl. Dok. Nr. 26.

## 36 Bericht Nr. 3803 des Konsuls in Moskau Kohlhaas an den Reichskanzler Fürsten von Bülow

*Ausfertigung.*

Moskau, 20. August 1906

Die Krise des letzten Herbstes und Winters ist an Moskau vorübergegangen ohne die zunächst erwarteten schlimmen Folgen. Die Moskauer Industrie hat keinen Grund zum Klagen. Die Zahlungen gehen im allgemeinen befriedigend ein.

Daß die direkte Lieferung von Waren auf Kredit an kleinere hiesige Firmen vom Auslande aus eingeschränkt worden ist, dürfte allerdings zutreffen und diese Vorsicht ist auch durchaus geboten, wie ich auf vielfache Anfragen von deutschen Firmen immer wieder geantwortet habe. Solche Geschäfte sind selbst in normalen Zeiten auch nach Plätzen wie Moskau und St. Petersburg immer mit einem gewissen erhöhten Risiko verbunden, zumal es auch meist gerade kleinere deutsche Firmen sind, die diesen Weg der Geschäftsverbindung mit Rußland suchen und einschlagen. Dieses Risiko ist natürlich jetzt noch beträchtlich gestiegen, da es gegenwärtig noch viel schwieriger als in ruhigen Zeiten ist, sich über den augenblicklichen status einer kleinen russischen Firma zuverlässig zu orientieren und Verluste daher nicht ausbleiben können. Es ist deshalb nur wünschenswert, wenn die deutschen Kaufleute und Industriellen in dieser Hinsicht jetzt größte Vorsicht üben. Es kommen trotzdem auch jetzt immer noch genug Fälle vor, wo leichtsinnige Lieferung und Kreditgewährung an kleine oder den Lieferanten ganz unbekannte hiesige Händler Verluste zur Folge haben. Noch mehr gilt Vorsicht gegenüber den kleinen Händlern in der Provinz, mit denen man wegen der Undurchsichtigkeit der Verhältnisse und der bekannten Schwierigkeiten der Rechtsverfolgung auch in normalen Zeiten nicht in direkte Verbindung treten sollte.

*ZStAP, AA 10588/1, Bl. 185f.*

## 37 Schreiben der Firma Jencquel & Hayn an die Senatskommission für die Reichs- und auswärtigen Angelegenheiten, Hamburg

*Abschrift.*

Hamburg, 27. August 1906

Bereits im Februar d. J. wandten sich die ergebenst Unterzeichneten schon einmal an die Senatskommission für die Reichs- und auswärtigen Angelegenheiten mit der Bitte[1], wegen Waggonmangel beim Transport von kaukasischem Manganerz nach Batum und Poti geneigtest durch Vermittlung des auswärtigen Amtes in Berlin bei der russischen Regierung vorstellig zu werden, um dem Übelstande Abhilfe zu schaffen. Dank der freundlichen Vermittlung gelang es auch, eine Besserung der durch den japanisch-russischen Krieg damals fühlbaren Mängel herbeizuführen, aber schon wieder liegt leider Grund zu denselben Klagen vor, die nun schon monatelang andauern, ohne daß die russische Regierung dem wachsenden Manganerzgeschäfte Beachtung zuwendet. Dauerte es zunächst sehr lange, bis schadhaft gewordene Waggons und Lokomotiven wiederhergestellt waren, so macht es sich jetzt, nachdem die Arbeiter wieder einen Monat gestreikt hatten, um vermöge ihrer Zähigkeit schließlich ihre horrenden und teilweise ans Unverschämte grenzenden Forderungen zu ertrotzen und durchzusetzen, höchst störend für das kaukasische Manganerzgeschäft fühlbar, daß die Arbeiter seit ca. 2 Monaten nur mehr 8 Stunden täglich arbeiten und jede Sonn- und Feiertagsarbeit rundweg ablehnen. Infolgedessen vollzieht sich die Expedition auf der Eisenbahn nur sehr viel langsamer als erforderlich und die Exporteure erhalten um soviel seltener die ihnen für ihre Bedürfnisse erforderliche Anzahl Waggons. [. . .]

Im Kaukasus arbeitet hauptsächlich *deutsches* und englisches Kapital: Englischerseits ist bereits auf diplomatischem Wege durch den englischen Botschafter in St. Petersburg versucht worden, einen Druck auf die russische Regierung auszuüben und bitten die ergebenst Unterzeichneten daher die Senatskommission für die Reichs- und auswärtigen Angelegenheiten ergebenst, bei der russischen Regierung auch durch unsern deutschen Botschafter in St. Petersburg dahin vorstellig zu werden, daß unversäumt dortseits diejenigen erforderlichen Maßnahmen getroffen werden, um dem notleidenden kaukasischen Manganerzgeschäft durch umgehende Bestellung und Einstellung weiterer Eisenbahnwaggons und Lokomotiven auf der Manganerzbahn Tschiaturi [. . .] Batum resp. Poti [. . .] zu Hilfe zu kommen, denn die Exporteure sind nicht in der Lage, unter den augenblicklich herrschenden Zuständen ihre Geschäfte trotz genügender Vorräte an den Bahnstationen im Minengebiet ordnungsmäßig abzuwickeln [. . .]

*ZStAP, AA 10588/2, Bl. 41f.*

1 Im Schreiben vom 10. 2. 1906 bezeichneten sich Jencquel & Hayn „als bedeutendste Importeure kaukasischer Manganerze in Deutschland und Eigentümer von circa 20000 tons an den Bahnstationen des Kaukasus lagernder versandbereiter Erze". (ZStAP, AA 10584.)

## 38 Bericht Nr. 107 des Generalkonsuls in Odessa Schäffer an den Reichskanzler Fürsten von Bülow

*Abschrift.*

Odessa, 28. August 1906

Die für eine Steigerung der Wareneinfuhr günstige Lage des russischen Marktes ist auch im Süden Rußlands beobachtet worden. Schon seit Anfang dieses Jahres macht sich hier eine Zunahme der Einfuhr aus dem Auslande, besonders Deutschland bemerkbar, die, soweit die Zeit nach dem Inkrafttreten des neuen Zollgesetzes in Betracht kommt, auf dieselben Ursachen zurückgeführt wird, welche der Industrielle K. A. Jassjutinsky in dem Artikel über die Lage der Textilindustrie im Moskauer Bezirk in Nr. 122 der russischen „Handels- und Industriezeitung" anführt[1], während es sich in den ersten Monaten des Jahres hauptsächlich um solche Waren handelte, die im neuen Tarif mit einem höheren Zoll belegt sind, und die man daher bestrebt war, noch zu den bisherigen Zollsätzen zu importieren. Wie lange die schwierige Lage der russischen Industrie, der die jetzige für den Einfuhrhandel so besonders günstige Konjunktur zu danken ist, währen wird, hängt ganz und gar von der Entwicklung ab, welche die politischen Verhältnisse in Rußland nehmen werden, wird aber immerhin als eine nur vorübergehende, wenn auch vielleicht noch mehrere Jahre andauernde Periode betrachtet werden müssen. Freilich darf man darauf rechnen, daß die Produktionskosten der russischen Fabrikate, die jetzt durch Ausstände, hohe Löhne, Kürzung der Arbeitszeit usw. übermäßig in die Höhe getrieben sind, in absehbarer Zeit auf das frühere Niveau zurückgehen werden, so daß die schädigende Wirkung der höheren Zölle, die viele Positionen des neuen Tarifs aufweisen, auch in Zukunft durch die Verteuerung der inländischen Warenproduktion wenigstens zum Teil aufgehoben werden wird.

Besonders lebhaft ist zur Zeit die Einfuhr von Manufakturwaren. Darunter befinden sich Artikel, an deren Bezug aus dem Auslande man seit Jahren nicht mehr gedacht hat. Es sind dies hauptsächlich gewisse Sorten sächsischer Strumpfwaren, Hemdkragen und Manschetten, Seidenwaren aller Art, namentlich Bänder, Wollstoffe für leichte Damenkleider, geflochtene Sachen, wie Schnürbänder, Borten und dergl. Im Import von Metallen, Metallwaren und Maschinen ist dagegen in diesem Bezirk eine wesentliche Steigerung bisher nicht wahrnehmbar gewesen; eine Ausnahme machen nur landwirtschaftliche Maschinen und Geräte, die besonders im Juni und Juli in großen Mengen eingeführt wurden, um der durch die in Aussicht auf eine gute Ernte in Südrußland hervorgerufenen starken Nachfrage zu genügen.

Zu bemerken ist, daß in den letzten Jahren hier nur Artikel des notwendigen Gebrauchs

Absatz finden, in allen anderen, besonders in Luxuswaren, aber der Handel völlig darniederliegt. Im Hinblick auf die Unsicherheit, die die politischen und wirtschaftlichen Verhältnisse derzeit in Rußland bieten, kann den deutschen Exporteuren nicht dringend genug geraten werden, bei der Gewährung von Kredit die äußerste Vorsicht walten zu lassen.

*ZStAP, AA 2005, Bl. 128.*
1 Vgl. Dok. Nr. 28.

### 39 Schreiben des Stellvertretenden Staatssekretärs des Auswärtigen Amts Graf von Pourtalès an den russischen Geschäftsträger in Berlin Bulacel'

*Abschrift.*

Berlin, 17. September 1906

Pour faire suite ma lettre en date du 9 avril 1905, concernant les ouvriers russes occupés dans des exploitations agricoles allemandes ou dans leurs annexes, j' ai l'honneur de porter à votre connaissance, que les autorités compétentes ont examiné avec soin les propositions russes exposées dans la lettre du 2 août 1904, sur le traitement de ces ouvriers par les autorités allemandes.

D'après le résultat de cet examen, on pourra donner suite, en général, aux desirs du Gouvernement Impérial de Russie.

1. Le Gouvernement Royal de Prusse est prêt à apporter ses soins à ce que les contrats qui auront été passés, entre les propriétaires allemands et les ouvriers russes, par les agences intermédiaires publiques en Prusse, surtout par les „Landwirtschaftskammern" et la „Deutsche Feldarbeiterzentralstelle", soient faits par écrit et d'après un formulaire rédigé en allemand et en russe, ou en allemand et en polonais, et indiquant le terme de l'engagement ainsi que l'espèce et la durée quotidienne du travail. Quant à la réglementation des contrats passés, en Prusse, par les agences intermédiaires privées, il n'est guère possible de l'établir d'après le même principe et sur les mêmes bases. On pourrait, toutefois, ordonner à ces agences de remettre aux ouvriers une attestation rédigée en allemand et en russe, ou bien en allemand et en polonais, attestation qui devrait.

a) constater que le contrat a été passé.

b) indiquer les conditions essentielles du contrat, surtout du terme de l'engagement ainsi que de l'espèce et de la durée quotidienne du travail.

2 Le Gouvernement Russe désire en outre que les propriétaires allemands ne doivent accepter et occuper que des ouvriers russes qui possèdent un passeport en régle, valable au moins pendant huit mois et demi, c'est, à dire du 1 er février au 20 décembre. Or une pareille exigence constituerait d'après les lois existantes un empiétement sur les droits privés de l'individu il ne pourra pour cette raison pas être donné suite au désir du Gouvernement Impérial Russe, du moins pas de la manière générale envisagée par ce Gouvernement. Toutefois, le Gouvernement Royal de Prusse se déclare prêt à prendre les mesures nécessaires, pour que les papiers de légitimation des ouvriers russes soient examinés scrupuleusement, dès le commencement des travaux, et que les ouvriers trouvés sans papiers en règle soient tenus à se les procurer le plus tôt possible. Cependant, en faisant cette déclaration, le Gouvernement Impérial s'attend que le Gouvernement Impérial Russe avisera les autorités compéten-

tes de délivrer immédiatement et sans difficultés, à moins d'empêchements sérieux, à tous les ouvriers agricoles passant de Russie en Allemagne les papiers de légitimation prévus dans l'article 2, première partie, No. 2, avant-dernier alinéa de la Convention additionelle du 28/15 juillet 1904 au traité de commerce et de navigation entre l'Allemagne et la Russie, du 10 février/29 janvier 1894, et espère que le Gouvernement Russe voudra bien ordonner la stricte observation de cet avis.

3. Actuellement déjà, les „Amtsvorsteher" et les agents de police respectifs ont à surveiller l'exécution des dispositions et règlements d'ordre public émis dans l'intérêt des ouvriers. Ils seront désormais avisés d'examiner avec un soin tout particulier les plaintes que les ouvriers russes pourraient leur présenter et, dans la mesure du possible, de leur servir d'intermédiaire, sur demande de leur part, dans les différends de caractère privé qui s'élèveraient entre les ouvriers et leurs employeurs.

4. Les autorités de police en Prusse auront à prendre en dépôt les papiers de légitimation des ouvriers russes, dès l'ouverture des travaux, en sorte que ces papiers n'entreront pas en possession des employeurs.

5. D'après les articles 14 à 16 de la Convention de la Haye, du 14 novembre 1896, tous les nationaux russes sont mis au même pied que les ressortissants allemands, en ce qui concerne l'assistance judiciaire en cas d'action civile. Déjà maintenant on applique aux ouvriers russes les dispositions du § 114, alinéa un, et des §§ 115 à 127 du Code de procédure civile.

En Vous priant de porter ce qui précède à la connaissance du Gouvernement Impérial de Russie et de m'en communiquer la réponse.

*ZStAP, AA 480, Bl. 62f.*

**40 Bericht Nr. 3820 des Geschäftsträgers in St. Petersburg von Miquel an den Reichskanzler Fürsten von Bülow**

*Ausfertigung.*

St. Petersburg, 27. September 1906

Euerer Durchlaucht beehre ich mich auf den Erlaß vom 20. d. M. II 24984[1] zu berichten, daß die Kaiserliche Botschaft schon Mitte Juli d. J. auf eine durch Vermittlung des Kaiserlichen Konsulats in Tiflis hier abhängig gemachte Beschwerde des „Schalker Gruben- und Hüttenvereins" die hiesige Regierung ersucht hat, die Anzahl der dem Transporte des Manganerzes dienenden Waggons auf der Strecke Tchiaturi-Poti nach Tunlichkeit zu vermehren. Das hiesige Ministerium der auswärtigen Angelegenheiten hat darauf am 1. vorigen Monats dem Kaiserlichen Herrn Botschafter die Mitteilung zugehen lassen, daß nach einem telegraphischen Berichte des Statthalters im Kaukasus die zuständigen Behörden die geeigneten Maßnahmen ergriffen hatten, um die Anzahl der Güterwagen auf der Strecke Tchiaturi-Poti zu vermehren und für ihre raschere Abfertigung Sorge zu tragen. Gleichzeitig ist der Kaiserlichen Botschaft eine Abschrift des in Übersetzung gehorsamst beigefügten Telegrammes des Stadthalters im Kaukasus mitgeteilt worden.

Sofern daher seitens der interessierten Kreise auch jetzt noch über den Mangel an rollendem Material Klage geführt wird, glaube ich den Grund hierzu nicht in einem Mangel an gutem Willen auf seiten der russischen Behörden als vielmehr in der tatsächlichen Unmöglichkeit suchen zu müssen, allen wünschenswerten Anforderungen auf diesem Gebiete gerecht zu werden.

Unter diesen Umständen vermag ich mir zur Zeit von erneuten Vorstellungen bei der hiesigen Regierung einen Erfolg nicht zu versprechen und habe ich vorläufig davon Abstand genommen, die Angelegenheit schon jetzt wieder zur Sprache zu bringen.

*ZStAP, AA 10588/2, Bl. 86.*

1 Mit dem Erlaß wurden die Eingaben von Jencquel & Hayn vom 27. 8. 1906 — vgl. Dok. Nr. 37 — und eine weitere vom 10. 9. 1906 der Botschaft übersandt, die in der Angelegenheit intervenieren sollte, falls sie nicht Bedenken gegen einen derartigen Schritt erhebe. (ZStAP, AA 10588/2.

## 41 Bericht Nr. II 306 des Generalkonsuls in St. Petersburg Biermann an den Reichskanzler Fürsten von Bülow

*Ausfertigung.*

St. Petersburg, 28. September 1906

Seit einigen Wochen ist die auffällige Tatsache zu verzeichnen, daß aus Deutschland Getreide nach den russischen Ostseehäfen eingeführt wird. Es handelt sich bisher im ganzen um etwa 15000 To. Roggen, 500 To. Weizen und 200 To. Hafer, die in der Hauptsache nach St. Petersburg, in geringeren Mengen auch nach Riga, Libau und Reval gelangt sind.

[. . .] Eine Einfuhr nach den Ostseehäfen kam dagegen bisher nicht vor.

Die neuerlichen Importe haben daher einiges Aufsehen erregt, und man sucht, sie auf verschiedene Weise zu erklären. Eine Lesart, die den Hauptgrund in dem Wachsen des Roggenbaus und der Begünstigung seines Exports in Deutschland sucht und für die Zukunft schon einen Tausch der Rollen der beiden Länder im Roggenhandel vorauszusehen scheint, beehre ich mich Euerer Durchlaucht in dem anliegenden Auszug aus einem Artikel der Handels- und Industriezeitung vom 16./3. d. M. gehorsamst zu unterbreiten. Nach der Unterschrift zu urteilen, rührt der Artikel wohl von dem Handelssachverständigen beim russischen Generalkonsulat in Berlin Dr. Alexis Markow her.

Soviel ich nach Rücksprache mit Fachleuten sehe, hat die Einfuhr ihren Grund in der durch die Mißernte im Wolgarayon herbeigeführten Preiskonjunktur [. . .]

Danach dürfte es sich bei dieser Einfuhr nicht um einige Zufallskäufe, sondern, wenigstens für die jetzige Herbstkampagne um eine ständige Erscheinung handeln. In der Tat sind auch noch weitere Bestellungen auf deutschen Roggen ergangen. Ja es sind sogar Aufträge schon für die Eröffnung der Schiffahrt im künftigen Frühjahr erteilt worden, doch erscheint es zweifelhaft, ob sie effektuiert werden, da anzunehmen ist, daß sich im Laufe des Winters hier noch einige Ware ansammelt. Auch werden dabei die Aussichten auf die nächste Ernte mitzusprechen haben.

Von den behandelten Vorgängen auf eine allgemeine Abnahme der Exportfähigkeit Rußlands an Getreide schließen zu wollen, würde natürlich zu weit gehen [. . .]

*ZStAP, AA 10588/2, Bl. 71f.*

**42** **Bericht Nr. 3939 des Geschäftsträgers in St. Petersburg von Miquel an den Reichskanzler Fürsten von Bülow**

*Abschrift.*

St. Petersburg, 1. Oktober 1906

Euerer Durchlaucht beehre ich mich eine Notiz der „St. Petersburger Zeitung" vom 17/30. v. M. über die Verhandlungen wegen des Freihafens in Wladiwostok einzureichen. Es geht daraus hervor, daß die Frage, ob Wladiwostok Freihafen bleiben oder ob der am 10. Juni 1900 eingeführte und während des Krieges suspendierte Zollschutz wieder in Kraft treten soll, sehr verschieden beurteilt wird. Während die russischen Industriellen und Getreideimporteure den Zoll wünschen, lassen die Interessen der Stadt Wladiwostok das Fortbestehen des Freihafens als dringend erforderlich erscheinen, und zwar schon deswegen, weil alle Lebensbedingungen in Wladiwostok unerträglich teuer sind.

Für den deutschen Handel wird die Entscheidung über diese Angelegenheit jedenfalls auch von großer Bedeutung sein, zumal Wladiwostok wohl den einzigen Endpunkt der sibirischen Bahn bilden wird, da die Abzweigung nach China vorläufig nicht in Betrieb gesetzt zu werden scheint. Dadurch dürfte Wladiwostok mit seinem ungeheueren Hinterlande mehr und mehr ein Zentrum des Handels in Ostasien werden.

*ZStAP, AA 10588/2, Bl. 121.*

**43** **Telegramm Nr. 347 des Geschäftsträgers in St. Petersburg von Miquel an das Auswärtige Amt**

St. Petersburg, 5. Oktober 1906

Gestern fand Kommissionssitzung wegen Zollreklamationen aus Anlaß des 1. März d. J. statt. Gehilfe des Finanzministers, je ein Vertreter des Handelsministeriums, des Ministeriums der auswärtigen Angelegenheiten, der Zolldirektor von Wirballen, sowie Vizekonsul Nadolny und ich nahmen teil. Über die Erörterungen wird ein Protokoll angefertigt werden, auf Grund dessen Finanzminister entscheiden soll. Vermutlich wird ein Teil der Ansprüche anerkannt werden.

*ZStAP, AA 6363, Bl. 82.*

**44** **Bericht Nr. 363 des Geschäftsträgers in St. Petersburg von Miquel an den Reichskanzler Fürsten von Bülow. Streng vertraulich!**

*Abschrift.*

St. Petersburg, 8. Oktober 1906

In einem Gespräch mit dem Finanzminister hatte Baron Aehrenthal erwähnt, daß ich an einer Kommissionssitzung teilnehmen werde, in welcher über die Forderungen deutscher Kaufleute aus Anlaß der Betriebsstörungen vor dem 1. März d. J. verhandelt werden soll.[1]

Herr Kokowzow erwiderte ihm, er lege großes Gewicht darauf, daß die Kommission zu einem Ergebnis käme, mit welchem die deutschen Kaufleute sich zufrieden geben könnten, und er werde selbst seinen Einfluß in dieser Richtung geltend machen. Er sei stets bemüht, alles aufzubieten, um keinerlei Reibungen, und wäre es auch nur aus geringsten Anlässen, zwischen Rußland und Deutschland aufkommen zu lassen. Seit langer Zeit beobachte er täglich das Barometer, welches über den jeweiligen Stand der deutsch-russischen Beziehungen Aufschluß gäbe. Seiner Ansicht nach sei es fraglich, ob der Zweibund noch auf lange Zeit bestehen werde [. . .]

Ich erwiderte dem Baron Aehrenthal, daß der Finanzminister hinsichtlich der Zollkommission nicht zu viel gesagt habe, denn die russischen Mitglieder seien bisher durchaus entgegenkommend gewesen.

*ZStAP, AA 6363, Bl. 80.*
1 Vgl. Dok. Nr. 43.

**45** **Anlage zum Bericht Nr. 4566 des Konsuls in Moskau Kohlhaas an den Reichskanzler Fürsten von Bülow**

*Ausfertigung.*

Moskau, 8. Oktober 1906

Die Messe in Nischnij-Nowgorod 1906

[. . .] Die Messe in Nischnij-Nowgorod gilt seit alters als Gradmesser für die Kaufkraft der Bevölkerung. Wenn auch, wie zu Eingang bemerkt, die Messe aus verschiedenen Gründen, die mit den politischen Ereignissen im Zusammenhang stehen, nur eine mittelmäßige war, so gibt es doch durchaus keinen Anlaß zu pessimistischen Anschauungen über den Rückgang der Kaufkraft der Bevölkerung.

Es ist richtig, daß das mittlere Wolgagebiet und der westliche Teil des Urals wenig Aufnahmefähigkeit gezeigt haben, was mit der Mißernte und mit der schlimmen Lage der uralischen Montanindustrie zusammenhängt. Auch ist der Kaukasus als Käufer fast ganz ausgefallen. Andererseits aber zeigten Sibirien und das Steppengebiet, welch letzteres in Folge der rasch wachsenden Besiedelung, der Ausdehnung des Weizenbaus und der Butterproduktion sich gut entwickelt, sich nicht nur als große Konsumenten, sondern auch als im Besitz flüssiger Geldmittel befindlich. Das kam um so mehr zum Ausdruck, als die Verkäufer bei dem Mangel an Waren in den wichtigsten Artikeln in der Lage waren, auf starke Veränderung der Zahlungsbedingungen, insbesondere Anzahlungen und starke Abkürzung der früher üblichen langen Ziele, hinzuwirken. Es ist dies dieselbe Erscheinung, die auch schon in Moskauer Manufakturgeschäft in diesem Jahre zu beobachten gewesen ist, da die Fabrikanten bei dem Mangel an Ware Herren der Situation sind. Optimisten erhoffen sogar auf Grund dieser Beobachtungen eine allgemeine Gesundung der Kreditverhältnisse, die im Moskauer Handel so wenig befriedigend gewesen sind, durch die gegenwärtige Krisis. Ob diese Hoffnungen sich bewahrheiten werden, muß dahingestellt bleiben; bei den Anschauungen, die in einem großen Teil der hiesigen Kaufmannschaft noch herrschen, ist zu erwarten, daß, wenn der nicht ausbleibende Rückschlag eintritt und wieder eine Überproduktion vorhanden ist, auch das alte Unterbieten in den Preisen und Überbieten in der Kreditgewährung wieder anfangen wird. Jedenfalls aber, und das soll hier nochmals konstatiert werden, hat die Messe trotz ihres durch die Verhältnisse bedingten geringeren Umsatzes die alte Wahrheit bestätigt, daß von einem *allgemeinen* Rückgang der Kaufkraft der Bevölkerung in Rußland nicht die Rede sein kann und daß neben Gebieten, die sich im wirtschaftlichen Niedergang zu befinden scheinen, andere Reichsteile vorhanden sind, die sich, von den Wirren kaum berührt, auf einer verheißungsvollen Bahn der Entwicklung befinden. Man sollte sich daher in Deutschland bei der Beurteilung der wirtschaftlichen Lage Rußlands vor den Verallgemeinerungen hüten, zu denen ein Teil unserer Presse und zahlreiche Augenblicksliteraten neigen und die nirgends weniger angebracht sind, als bei einem so großen Lande, das Gebiete mit so verschiedenen klimatischen und kulturellen Eigenschaften einschließt. Dem deutschen Handel wird jedenfalls nicht damit gedient, wenn ihm die Presse und gewisse Tendenzschriften ganz Rußland als ein erschöpftes Land mit einer ausgepowerten Bevölkerung und einer wurzellosen Industrie schildern, weil es gewisse Gebiete gibt, wo die bisherigen Wirtschaftsformen versagen, und weil es Industriezweige gibt, die künstlich ins Leben gerufen worden sind, ohne daß vorläufig der erforderliche Absatz im Lande vorhanden ist, und die daher in dem Augenblick notleidend werden, wo der Staat keine Bestellungen und keine Subsidien geben kann. Es liegt die Gefahr nahe, daß die deutschen Kaufleute, die mit Rußland arbeiten, durch solche schiefe Darstellungen der Sachlage unnötig kopfscheu gemacht werden und durch allzugroße Zurückhaltung sich gegenwärtig und unter Umständen auch für die Zukunft schädigen.

*ZStAP, AA 10588/3, Bl. 11ff.*

## 46 Telegramm Nr. 170 des Direktors der Handelspolitischen Abteilung des Auswärtigen Amts von Koerner an die Botschaft in St. Petersburg

*Konzept.*

Berlin, 15. Oktober 1906

Auf Bericht vom 8. d. Mt. Nr. 4042[1] und Telegramm Nr. 347[2].

In erster Linie müssen wir daran festhalten, daß Rußland verpflichtet ist, für alle vor dem ersten März d. J. zur russischen Grenze gelangten, dort aber infolge Verkehrsstörungen erst nach diesem Zeitpunkt verzollten Waren die volle Differenz zwischen dem alten und neuen Zollbetrag zu vergüten. Sollte dies nicht durchgesetzt werden können, so würde eine für alle Beteiligten gleiche und möglichst hohe Prozentquote der Differenz anzustreben sein. Von Rußland vorgeschlagene 50 Prozent erscheinen sehr niedrig und möchten mindestens auf 75 Prozent erhöht werden. Die übrigen russischen Vorschläge, wie Setzung eines Normaltags, Verausgabung eines von vornherein fixierten Entschädigungspauschales erachten wir, da Härten unvermeidbar, für unzweckmäßig und undurchführbar.

*ZStAP, AA 6363, Bl. 88.*

1 Miquel berichtete darin ausführlich über die Kommissionssitzung mit den Vertretern der russischen Ministerien.

2 Vgl. Dok. Nr. 43.

## 47 Bericht Nr. II 372 des Generalkonsuls in St. Petersburg Biermann an den Reichskanzler Fürsten von Bülow

*Abschrift.*

St. Petersburg, 29. Oktober 1906

[. . .] Ohne fremdes Geld kann Rußland sich in absehbarer Zeit nicht aus seiner prekären Lage erheben [. . .]

Man mag die Sache ansehen, von welcher Seite man will, man kommt immer wieder darauf zurück, ohne fremde Kapitalien kann Rußland sich nicht entwickeln und andererseits mit der Zunahme der Staatsschulden kommt die Gefahr eines finanziellen Zusammenbruchs immer näher [. . .]

Die Stimmung der Gebildeten, d. h. der erwerbenden Kreise in Handel und Industrie, hat sich allerdings vielfach geändert. Die heimlichen terroristischen Ausschreitungen und die jeden politischen Gedankens baren Räubereien und Diebstähle haben die Sehnsucht nach Sicherung von Leben und Eigentum mächtig anwachsen lassen [. . .]

Ob aber der Versuch konstitutionell zu regieren, aufgegeben wird, wenn dies ohne Gefahr geschehen kann, falls die neue Duma nicht gefügig ist, scheint weniger sicher [. . .]

[. . .] möchte aber schon hier bemerken, daß die deutsche Exportindustrie sich trotz allem nicht abhalten lassen sollte, ihre Verbindungen nach Rußland aufrecht zu erhalten und wenn möglich neue z. B. in Sibirien, das zuerst einem Aufschwung entgegen zu gehen scheint, anzuknüpfen. Vorsicht ist natürlich dringend nötig, aber ohne Kreditgewährung wird es nicht abgehen.

Die Hauptsache neben nicht zu langer Kreditgewährung wird sein, sich über nicht bekannte Firmen bei einem Auskunftsbureau, z. B. dem jetzt auch hier vertretenen von Schimmelpfeng Informationen einzuholen. Übergroße Ängstlichkeit ist aber von Übel. Wenn z. B., wie mir erzählt ist, deutsche Firmen die Ausführung kleiner Ordres der hiesigen Niederlassung von Siemens und Halske oder der ebenso angesehenen Draht- und Nagelwerke von der vorherigen Einsendung des Fakturabetrages abhängig machen, so ist das einfach lächerlich, aber auch sonst ist eine zu große Zurückhaltung nicht zu billigen, sie würde unseren Export zugunsten der Engländer und Amerikaner schwer schädigen, die schon jetzt emsig bemüht sind, ihren Markt in Rußland zu verbessern.

Auch darauf möchte ich hinweisen, daß unsere Industrie, die ja jetzt mit Aufträgen überhäuft und nicht imstande ist, allen an sie herantretenden Anforderungen gerecht zu werden, gut täte, den russischen Markt, selbst wenn zur Zeit auf anderen Gebieten mehr und sicherer zu verdienen ist, nicht ganz zu vernachlässigen.

Die russischen Industriellen sind sehr hinterher, ihren Betrieb auf die Herstellung von Gegenständen, die bisher aus dem Ausland kamen, einzurichten. Ist erst die Möglichkeit, gewisse Waren hier zu fabrizieren, gegeben, so hat auch die Stunde des Imports geschlagen. Die hiesige Kundschaft, die einmal begonnen hat, russische Erzeugnisse zu kaufen, wird so leicht nicht wieder davon abgehen, und wo es möglich ist, wird die Zollbehörde schon dafür sorgen, daß die fremde Konkurrenzware nicht mehr über die Grenze kommt.

Die deutsche Industrie würde, wenn sie jetzt Rußland stiefmütterlich behandelte, vielleicht dauernd ein Absatzgebiet verlieren, das bei einem Umschwung der Konjunktur bei uns für sie von größter Bedeutung sein dürfte [. . .]

*ZStAP, AA 10588/3, Bl. 29ff.*

## 48 Erlaß Nr. 7506 des preußischen Ministers für Landwirtschaft, Domänen und Forsten von Podbielski an sämtliche Landwirtschaftskammern (mit Ausnahme von Kiel und Danzig)

*Abschrift.*

Berlin, 31. Oktober 1906

Bei Durchsicht der auf meinen Erlaß vom 27. September 1904 mir vorgelegten Formulare zu Verträgen und Verpflichtungsscheinen ausländischer Wanderarbeiter[1] sind mir einige Vorschriften aufgefallen, die zum Teil rechtlich anfechtbar sind, zum Teil vom Standpunkt der Billigkeit Bedenken erregen.

So haben die Bestimmungen über die „Einbehaltung" von Arbeitslohn teilweise eine Fassung, deren Vereinbarkeit mit 394 BGB. bzw. mit dem Lohnbeschlagnahme Gesetz vom 21. Juni 1869 (BGB. S. 242) zum mindesten fraglich ist. Die Vertragsdauer wird vielfach in das willkürliche Ermessen der Arbeitgeber gestellt, dem Arbeiter unbedingte und unbegrenzte Verpflichtung zur Leistung von Überstunden auferlegt. Die Entscheidung von Streitigkeiten wird mehrfach dem schiedsgerichtlichen Urteil von Organen der Landwirtschaftskammer, einer ausschließlichen Vertretung der Arbeitgeber, übertragen. Hin und wieder findet sich die Bestimmung, daß die Einziehung zum Militär — auch außer dem Falle einer Verschweigung der Militärpflichtigkeit durch den Arbeiter — dem Kontraktbruch gleichzuachten ist.

Ich bin überzeugt, daß diese Bindungen nur dazu dienen sollen, den Arbeitgebern diejenige Sicherung ihrer Rechte zu gewähren, die den ausländischen, vielfach unzuverlässigen und zum Kontraktbruch neigenden Arbeitern gegenüber besonders nötig ist. Ich zweifle auch nicht daran, daß in der Praxis ihre Strenge erheblich geringere Bedeutung besitzt, als es nach der Fassung der §§ den Anschein hat und daß wirkliche Härten aus ihrer Anwendung nur in Ausnahmefällen entstanden sind. Übelwollenden Arbeitgebern bieten sie immerhin zum Teil die Möglichkeit, ihre Arbeiter in unbilliger Weise zu verkürzen[!]. Jedenfalls erwecken sie den Anschein übergroßer Härte und erregen dadurch einen Anstoß, der zu dem, wie gesagt, verhältnismäßig geringen praktischen Werte der zum Teil im Ernstfall geradezu versagenden Vorschriften nicht im Verhältnis steht.

[. . .] Ich ersuche jedoch, die Aufnahme von Bestimmungen der eingangs gekennzeichneten Art in die von Arbeitsnachweisen der Landwirtschaftskammern vermittelten Arbeitsverträge künftig zu vermeiden. Namentlich muß, um Streitigkeiten und ausländischen Reklamationen vorzubeugen, unbedingt darauf gehalten werden, daß alle von Organen der Landwirtschaftskammer vermittelten Verträge schriftlich, und zwar mit russischen Arbeitern in deutscher und russischer oder deutscher und polnischer Sprache, abgeschlossen werden und über die Art der zu leistenden Arbeiten, über die Vertragsdauer und die tägliche Arbeitszeit Bestimmungen enthalten. Die Vertragsdauer, d. i. das Ende der Arbeitszeit, braucht nicht notwendig nach dem Datum, sondern kann nach bestimmten Ereignissen festgesetzt, z. B. mit dem Schluß der Ernte, begrenzt werden; ebenso würde es genügen, wenn als tägliche Arbeitszeit die „ortsübliche" bedungen und hinsichtlichtlich der Art der Arbeit auf „die in landwirtschaftlichen Betrieben üblichen Arbeiten" verwiesen wird. Die Festsetzung lediglich in das Ermessen des Arbeitgebers zu stellen, indem z. B. der Vordruck über Anfang und Ende der täglichen Arbeitszeit durchstrichen oder unausgefüllt gelassen wird, ist dagegen nicht zulässig. Sollte dem Arbeitsnachweis einer Landwirtschaftskammer der Auftrag zum Abschluß eines diesen Grundsätzen widersprechenden Vertrages erteilt werden, so ist die Vermittlung abzulehnen, wenn sich der Auftraggeber ihnen auch auf Vorhalt nicht fügen will [. . .]

*ZStAP, AA 480, Bl. 169f.*
1 Vgl. Dok. Nr. 39,

**49 Schreiben Nr. II 29 423 des Unterstaatssekretärs im Auswärtigen Amt von Mühlberg an den preußischen Minister der Öffentlichen Arbeiten von Breitenbach**

*Abschrift.*

Berlin, 3. November 1906

Mit der von Euerer Exzellenz vertretenen Auffassung bin ich einverstanden.

Sollten Eure Exzellenz es wünschen, so wäre ich bereit, schon im jetzigen Augenblick der russischen Regierung Kenntnis davon geben zu lassen, daß wir uns für berechtigt halten, die dem russischen Petroleum auf den deutschen (preußischen) Bahnen eingeräumten Vorzugstarife aufzuheben, und daß wir zu dieser Maßregel greifen werden, falls Rußland die Erhöhung der Eisenbahnfrachttarife für Eisenwaren und Maschinen auf den internationalen Verkehr ausdehnen würde.

*ZStAP, AA 6268, Bl. 55.*

**50 Bericht Nr. 5161 des Konsuls in Moskau Kohlhaas an den Reichskanzler Fürsten von Bülow**

*Abschrift.*

Moskau, 10. November 1906

In den letzten Monaten sind hier, offenbar angeregt durch die auch in die Presse des Auslandes übergegangenen Nachrichten der russischen Zeitungen über die mißliche finanzielle Lage der russischen Semstwos, zahlreiche Anfragen deutscher Firmen über die Kreditwürdigkeit dieser Institutionen, mit denen sie bisher in landwirtschaftlichen Maschinen und Geräten, teilweise auch in künstlichen Düngemitteln gearbeitet hatten, eingegangen. Diese Anfragen haben mir den Anlaß gegeben, mich mit dieser Frage, die speziell den hiesigen Amtsbezirk berührt, entfallen doch auf ihn 20 von den 34 Gouvernements mit Semstwoinstitutionen, eingehender zu beschäftigen, und ich möchte annehmen, daß die Ergebnisse, zu denen ich auf Grund der Mitteilungen zuverlässiger russischer Zeitungen, bei sachkundigen hiesigen Gewährsmännern eingezogener Erkundigungen und anderer Beobachtungen gekommen bin, für zahlreiche Exporteure von Interesse sein dürften [. . .]

Da aus vielen Anfragen von deutschen Firmen, die ihren Angaben zufolge schon seit Jahren von Deutschland her entweder direkt oder durch Vermittelung von ebenfalls in Deutschland domizilierten Agentur- und Speditionsfirmen mit den Semstwos arbeiten, hervorgeht, daß recht häufig über den Charakter der Semstwos und ihre Stellung im Staat Unklarheit herrscht, scheint es mir notwendig, diese Seite der Sache zunächst mit einigen Worten zu berühren [. . .] Aus dem Gesagten geht klar hervor, daß die Semstwos zwar öffentlich-rechtliche Korporationen, keineswegs aber Staatsbehörden sind, wie man in Deutschland vielfach anzunehmen scheint, und daß daher eine juristische Haftung des russischen Staates für ihre Verbindlichkeit entgegen einer anscheinend unter den Interessenten noch immer verbreiteten Annahme durchaus nicht besteht [. . .]

In den Zeiten vor dem Beginn des japanischen Krieges konnten die Semstwos im allgemeinen als sichere, wenn auch in nicht seltenen Fällen unpünktliche und unbequeme Kunden gelten. Kam ein Semstwo durch Mißernte, Seuchen oder aus anderen Gründen, die auch nicht allzu selten in unhaushälterischer Verwaltung zu suchen waren, in Geldverlegenheiten, so war die Regierung regelmäßig bereit, mit einem Darlehen oder mit einer Subsidie einzuspringen, um so mehr als die fast ausschließlich aus den Reihen der adligen Gutsbesitzer hervorgegangenen Mitglieder der Landschaftsämter meist gute Beziehungen in den Petersburger Regierungskreisen besaßen. Die Gefahr, sein Geld entweder durch Zahlungsunfähigkeit eines Semstwo, für dessen Verkaufslager man geliefert hatte, zu verlieren, konnte damals als völlig ausgeschlossen betrachtet werden. Trotzdem aber unterschieden die landeskundigen Firmen, die mit den Semstwos regelmäßig arbeiteten, schon damals sehr scharf zwischen „guten“ und „schlechten“ Semstwos, ja man machte sogar eine Einteilung mit noch mehr Abstufungen [. . .]

[. . .] Dieser Teil der Semstwos, innerhalb dessen begreiflicherweise verschiedene Abstufungen der Mißwirtschaft und Verschuldung vorkamen, hielt seine Zahlungsverpflichtungen nur sehr unpünktlich und mangelhaft ein und es kam hier recht häufig vor, daß Lieferanten mehrere Jahre über die vereinbarten, an sich schon recht langen Ziele hinaus auf ihr Geld warten mußten und es nur allmählich in Raten nach vielen Scherereien einbrachten. [. . .] Immerhin aber geboten diese Zustände, die große Zinsverluste und unter Umständen auch einige Geldverlegenheiten für den Lieferanten nach sich zogen, schon vor dem japanischen Krieg im Geschäftsverkehr mit den Semstwos eine Vorsicht, die zum Schaden der Lieferanten nicht immer beachtet wurde. [. . .] Prozessieren dagegen war selbst in offenkundigen Verzugsfällen, abgesehen von den Schwierigkeiten und Kosten einer Prozeßführung in Rußland, mit Rücksicht auf die Konkurrenz nicht rätlich, die sich ohnehin schon in billigen Preisen und günstigen Zahlungsbedingungen unterbot. Dazu kam noch der Umstand, daß wiewohl die Liberalen nicht müde wurden, darauf hinzuweisen, daß in der Selbstverwaltung der russischen Semstwos das korrupte Bestechungssystem der staatlichen Bureaukratie keinen Eingang gefunden habe, dies, wie mir von durchaus zuverlässigen und sachkundigen Leuten versichert wird, tatsächlich dennoch in weitem Umfang der Fall ist. Wer Bestellungen bekommen will, ebenso wie wer pünkliche Zahlungen oder jetzt wenigstens Bevorzugung vor anderen Gläubigern in der Bezahlung seiner Ausstände genießen will, muß bei einer großen Anzahl von Semstwos ganz ebenso „schmieren", wie bei Geschäften mit den staatlichen Behörden.

Aus allen diesen Gründen war es schon in den Zeiten vor dem japanischen Kriege für deutsche Fabrikanten landwirtschaftlicher Maschinen und Geräte nicht rätlich, von Deutschland aus direkt Geschäfte mit den Semstwos zu machen. Es fehlte den Firmen an ausreichender Kenntnis der Finanzlage und der geschäftlichen Gepflogenheiten der einzelnen Semstwos sowie der jeweils maßgeblichen Persönlichkeiten und es fehlte ihnen überdies an der Möglichkeit, den oben gekennzeichneten landesüblichen Einfluß auf die Abwicklung der Verbindlichkeiten zu nehmen. Klagen solcher Firmen, die sich trotz aller Warnungen auf direkte Geschäfte eingelassen hatten und keine Zahlungen bekommen konnten, waren daher sehr häufig, auch bei solchen Semstwos, bei denen die hiesigen kundigen Firmen das Geschäft als glatt bezeichnen konnten. Es mußte daher schon damals grundsätzlich geraten werden, mit den Semstwos nur durch in Rußland domizilierte Vertreter oder Importhäuser zu arbeiten, wie dies auch die größten am russischen Geschäft interessierten deutschen Exporteure landwirtschaftlicher Maschinen längst eingeführt haben.

[. . .] Jedenfalls muß jeder Geschäftsmann, der mit den Semstwos arbeiten will, damit rechnen, daß selbst im günstigsten Fall einer ganz ruhigen politischen Entwicklung die tief erschütterten Finanzen der Semstwos erst nach längerer Zeit wieder in Ordnung kommen werden, daß aber auch eine nochmalige Verschärfung der politischen Kämpfe und damit eine nochmalige weitere Verschlechterung der Vermögenslage der Semstwos nicht außer dem Bereiche der Möglichkeit liegt. Freilich braucht man, nach der Entwicklung, die die politischen Ereignisse bisher genommen haben, kein Optimist zu sein, um mit ziemlicher Sicherheit sagen zu können, daß eine Auflösung aller staatlicher Ordnung, die allein ein Aufhören der Semstwos hätte herbeiführen können, jetzt für Rußland nicht mehr zu fürchten sein wird und daß daher die Forderungen der Gläubiger der Semstwos nach menschlichem Ermessen nicht mehr ihrem Kapitalbetrage nach gefährdet erscheinen, wie dies wohl im Herbst 1905 der Fall zu sein schien [. . .] Deshalb kann den deutschen Firmen jetzt noch mehr als früher nur dringend davon abgeraten werden, auf eigene Faust von Deutschland aus mit den Semstwos zu arbeiten. Sie werden dabei zwar schwerlich ihr Geld ganz verlieren, aber sie werden Jahre lang auf Zahlungen warten können, ohne einen Pfennig Verzugszinsen zu sehen, die sich ja hier nicht von selbst verstehen. Dasselbe Semstwo, das einer hiesigen Firma wenigstens regelmäßige Teilzahlungen gibt, wenn es auch in finanziellen Nöten ist, tut dies, weil der Vertreter der Firma regelmäßig selbst erscheint, um zu mahnen und diese Mahnung in der landesüblichen Weise wirkungsvoll zu machen; es wird aber auf die Mahnbriefe eines im Ausland lebenden Gläubigers, weil ihm diese Mittel nicht zu Gebote stehen, entweder gar nicht oder mit einem trockenen Hinweis auf den augenblicklichen Mangel an Mitteln antworten. Der Ausländer wird also mit großen Zinsverlusten rechnen müssen [. . .]

Als guter Zahler gelten bei den hiesigen Firmen gegenwärtig noch die Gouvernementssemstwos von Orel und Samara, als befriedigend diejenigen von Moskau, Kaluga und Woronesh, als unbefriedigend diejenigen von Kasan, Tula, Pens, Ufa und Simbirsk, als schlecht diejenigen von Saratow, Kursk und Tambow [. . .] Diese Charakteristik gilt natürlich für die hiesigen, mit den Verhältnissen genau vertrauten Firmen und ist bei weitem nicht erschöpfend. Für das Geschäft von Deutschland her direkt sind zur Zeit Semstwos ungeeignet [. . .]

*ZStAP, AA 2005, Bl. 144ff.*

## 51 Bericht Nr. 4609 des Botschafters in St. Petersburg von Schoen an den Reichskanzler Fürsten von Bülow

*Ausfertigung.*

St. Petersburg, 21. November 1906

Euerer Durchlaucht hat der Kaiserliche Geschäftsträger seiner Zeit über den Zusammentritt und die Beratungen einer gemischten Komission berichtet, in der die von deutscher Seite anläßlich des Inkrafttretens des neuen russischen Zolltarifs erhobenen Zollbeschwerden zum Gegenstande einer Besprechung gemacht worden waren.[1]

Der Finanzminister Herr Kokowzow hat mir nun gelegentlich eines Besuches vertraulich mitgeteilt, daß er bei Seiner Majestät dem Kaiser von Rußland die Anweisung einer bestimmten Summe behufs Entschädigung der Reklamanten beantragen werde. Dabei habe es sich jedoch nicht tunlich erwiesen, die Entschädigungssumme auf einen Betrag festzusetzen, der ungefähr 75% der von deutscher Seite geltend gemachten Gesamtforderung gleichkomme, wie dies von uns angestrebt worden sei; denn die Russische Regierung stehe nach wie vor auf dem Standpunkt, daß ein Verschulden ihrerseits nicht vorliege; außerdem sprächen auch die formellen Bestimmungen des russischen Zollgesetzes voll und ganz zu ihren Gunsten. Andererseits stehe er nicht an, zuzugeben, daß damals außerordentliche Umstände vorgelegen hätten; Rücksichten der Billigkeit, die er auch in weitestgehendem Maße walten lassen wolle, hätten ihn deshalb zu seinem Antrage bestimmt; die Art und Weise der Verteilung der überwiesenen Summe sollte uns allein überlassen bleiben.

Wie ich inzwischen unter der Hand erfahren habe, hat der Antrag des Finanzministers die Genehmigung Seiner Majestät des Kaisers gefunden. Die Gesamtsumme, zu deren Rückzahlung die Russische Regierung sich entschlossen hat, beträge 66278 Rubel. Dieser Betrag stellt ungefähr 50% jener Forderungen dar, die sich bei näherer Prüfung als einer besonderen Berücksichtigung würdig erwiesen haben. Eine höhere Summe zu erreichen, dürfte schon aus dem Grunde ausgeschlossen sein, da in der Angelegenheit, wie erwähnt, bereits eine Allerhöchste Entscheidung erfolgt ist.

Eine amtliche Mitteilung ist mir bisher noch nicht zugegangen; sobald eine solche vorliegt, werde ich nicht verfehlen, Euerer Durchlaucht zu berichten und gleichzeitig auch bezüglich der Art der Verteilung weitere Vorschläge zu unterbreiten.

*ZStAP, AA 6363, Bl. 100f.*

1 Vgl. Dok. Nr. 46.

52 **Bericht Nr. 5555 des Konsuls in Moskau Kohlhaas an den Reichskanzler Fürsten von Bülow**

*Ausfertigung.*

Moskau, 7. Dezember 1906

Der Kampf um die Freihafenstellung Wladiwostoks und Nikolajewsks geht, nachdem der Handelsminister seinem in Moskau gegebenen Versprechen gemäß die Angelegenheit in den Ministerrat gebracht hat, weiter. Die hiesigen industriellen Kreise, die an der sofortigen Aufhebung der Zollfreiheit in Ostsibirien lebhaft interessiert sind, haben die Hoffnung auf einen Sieg ihrer Sache noch nicht aufgegeben, obgleich es den Anschein hat, daß das Handelsministerium auch im Ministerrat auf dem Standpunkt steht, daß die Entscheidung der Reichsduma überlassen werden müsse, was, selbst wenn die nächste Duma arbeitsfähig werden sollte, einer Vertagung der Entscheidung auf Jahre hinaus gleichkäme.

Meines Erachtens wird man in den interessierten deutschen Kreisen gut tun, sich nicht allzu sicher der Hoffnung hinzugeben, daß das Votum des Handelsministers ausschlaggebend und deshalb die Zollfreiheit im Fernen Osten auf absehbare Zeit weiter gesichert sein werde. Wenn die Gesamtregierung wirklich, wie in dem Bericht des Kaiserlichen General-Konsulats in St. Petersburg vom 31. Oktober v. J. Nr. II 367 angenommen wurde, geneigt sein sollte, sich durch Rücksichten auf den Ausfall der bevorstehenden Wahlen in ihrer Stellungnahme zu der ostsibirischen Frage bestimmen zu lassen, so dürfte man wohl erwarten, daß dann die Wahl zwischen den zwei Standpunkten ihr nicht schwer fallen könnte und der Standpunkt der Moskauer Industriellen im Ministerrat siegen müßte. Denn für den Ausfall der Wahlen in den wichtigsten Gebieten des Reichs müßte jedenfalls Zufriedenheit oder Unzufriedenheit der zentralrussischen Industrie unendlich viel schwerer ins Gewicht fallen als die Stimmung der Kaufleute von Wladiwostok und der verhältnismäßig beschränkten Kreise in St. Petersburg, Warschau und Odessa, die an der Schiffahrt nach Ostsibirien und an dem Seetransport ihrer Fabrikate nach Wladiwostok interessiert sind.

Allein ich glaube gar nicht, daß die Rücksicht auf die Wahlen für die Stellungnahme der Regierung in dieser Angelegenheit bestimmend sein kann. Bei den nächsten Reichsdumawahlen spielen handelspolitische Gesichtspunkte überhaupt keine Rolle und die industriellen und kaufmännischen Kreise werden nicht ausschlaggebend sein; das dürfte auch dem Kabinett Stolypin vollkommen klar sein. Vielmehr handelt es sich bei dem Kampfe um die Zollfreiheit in Ostsibirien, wie ich den Äußerungen der hiesigen Industriellen entnehme, um eine Kraftprobe zwischen dem Einfluß der großen Handelsfirmen in Wladiwostok und der russischen Schiffahrtsgesellschaften einerseits, die an gewissen Stellen in St. Petersburg bis hinauf zum Kaiserhause mächtige Fürsprecher ihrer Interessen besitzen, und demjenigen der zentralrussischen Industrie andererseits, die jenen zwar an Geldmacht überlegen ist, aber nie großen Wert darauf gelegt hat, in Hof- und Ministerialkreisen gut angeschrieben zu sein. Wenn daher die Interessenten der ostsibirischen Zollfreiheit bei der bevorstehenden Entscheidung im Ministerrat siegreich sein sollten, werden weder handelspolitische noch innerpolitische Erwägungen, sondern in erster Linie persönliche Einflüsse ausschlaggebend sein, wie dies in Rußland stets der Fall war und woran sich bisher noch nichts geändert hat. Das wissen auch die Interessenten der Aufhebung der Zollfreiheit ganz genau; ihre Angriffe richten sich daher neuerdings in der Presse gerade gegen diese persönlichen Verbindungen und Einflüsse ihrer Gegner. Charakteristisch hierfür sind die scharfen Angriffe, die die „Moskowskie Wjedomosti" dieser Tage gegen die in Ostsibirien dominierende deutsche Firma Kunst und Albers und speziell gegen ihren jetzigen Chef, den kaiserlichen Vizekonsul Dattan[1] richten. Auszugsweise Übersetzung dieses, sachlich nichts Neues bietenden Artikels füge ich gehorsamst bei. Es ist bei der genannten Zeitung selbstverständlich, aber auch ein geschickter Schachzug der hinter dem Artikel stehenden Interessenten, daß sie nationalistische Gesichtspunkte in den Vordergrund rücken und dadurch auf die latent bei jedem Russen vorhandene Germanophobie zu wirken suchen. Darauf ist der Schluß des Artikels berechnet, der mit der Perspektive schließt, Rußland müsse, wenn es nicht schleunigst die Zollfreiheit in Ostsibirien aufhebe, in nicht allzuferner Zeit nicht nur den ostsibirischen Markt, sondern das Gebiet selbst den Deutschen mit den Waffen in der Hand wieder abnehmen, die schon jetzt daraus großen Gewinn zögen, während es Rußland bei der gegenwärtigen Politik nur Verluste bringe.

*ZStAP, AA 6218, Bl. 13f.*

1 Vgl. über die Firma: L. Thomas, Das Handelshaus Kunst & Albers im russischen Fernen Osten bis 1917, in: Jahrbuch für Geschichte der sozialistischen Länder Europas, Bd. 28, 1984, S. 187ff.

## 53 Bericht Nr. 26 des Botschafters in St. Petersburg von Schoen an den Reichskanzler Fürsten von Bülow

*Abschrift.*

St. Petersburg, 22. Januar 1907

Allen Dementis des Finanzministers zum Trotz und selbst nach Veröffentlichung des günstigen Budgets wollen die Stimmen nicht schweigen, welche Rußland als sehr geldbedürftig bezeichnen. Den Beweis hierfür will man u. a. aus dem Etat für 1907 selbst herauslesen. In der Tat muß es auffallen, daß den dringenden Anforderungen darin keine Rechnung getragen wird. Für Ausgaben für die Armee ist nur eine verhältnismäßig geringe Summe angesetzt worden; noch schlechter wird die Flotte im Budget behandelt, welche doch unzählige Lücken auszubessern hat; und gerade kümmerlich sind die für Volksschule in Aussicht genommenen Gelder bemessen. An eine solche Bedürfnislosigkeit des Russischen Staates will niemand recht glauben. Die Geschäftswelt soweit ich mit ihr in Berührung gekommen bin, sieht daher in den niedrigen Posten nur ein Manöver zur Blendung des Publikums durch einen günstigen Etat und bleibt dabei, daß Rußland auch im Jahre 1907 so viel Geld nötig hat, als es nur immer bekommen kann.

Somit ist es nicht zu verwundern, daß immer von neuem die Gerüchte von versteckten Anleihen und Eisenbahnverpfändungen laut werden.

Die liberale Presse sprach in diesen Tagen von der bevorstehenden Verpachtung der Katharinenbahn an eine französische Gesellschaft gegen eine Summe von 200 Millionen Rubel. Diese Nachricht wurde sodann von der Regierung dementiert.

Ich höre nun von einer gut unterrichteten Seite, daß der Gedanke an eine Verpfändung oder Verpachtung von russischen Eisenbahnen doch nicht ganz von der Hand zu weisen sei. Von einer solchen Operation sei schon bei den Verhandlungen mit deutschen Banken über finanzielle Unterstützung der hiesigen Agrarbank die Rede gewesen. Denn als die deutschen Bankiers Bedenken getragen hätten, auf das Geschäft einzugehen, weil ihnen der Russische Staat keine Spezialsicherheiten geben konnte, sei die Verbindung des Agrarbankgeschäfts mit einem anderen Arrangement angeregt worden, durch welches russische Eisenbahnen verpachtet werden sollten, ohne daß die Russische Regierung dies a limine abgewiesen habe.

Herr Kokowzow betrachte derartige Besprechungen, solange sie noch keine ganz feste Gestalt angenommen hätten, als rein private Angelegenheiten und glaube sich deshalb zu der Erklärung berechtigt, die Regierung führe keine solchen Verhandlungen.

Daher sei auch das Dementi in der Katharinenbahnangelegenheit mit Vosicht aufzufassen, wie denn überhaupt die Versuche der Franzosen, auf Grund ihrer hohen Anleihen Einfluß auf russische Eisenbahnlinien, namentlich in dem für sie sehr wichtigen Donezindustriegebiet zu gewinnen, einer scharfen Kontrolle bedürfen.

Dieser Ansicht kann ich nur beipflichten, denn es kann uns als Nachbarn von Rußland gewiß nicht erwünscht sein, daß die Franzosen infolge ihrer größeren Kapitalkraft die Verwaltung eines Teiles der russischen Staatsbahnen in die Hände bekommen.

Vorläufig sind die Dinge noch nicht soweit gediehen, man sieht vielmehr nur einen kleinen Anfang, der dahin führen könnte. Die französische Société Générale möchte nämlich einen Teil der Bahn im Donezgebiet ausbauen. Zur Vorbereitung erschien in der hiesigen Presse ein Artikel, wonach im Interesse der Industrie und des Kohlentransportes die Herstellung einer Brücke und der Bau eines zweiten Geleises dringend geboten seien. Da die neu zu bauende Verbindungslinie angeblich unter französischer Leitung bleiben soll, so würde sich dann später im Interesse der Betriebseinheit leicht ein Grund finden lassen, welcher die Übernahme der ganzen Katherinenbahn in französische Verwaltung rechtfertigt.

Einer wesentlichen Änderung in der Verwaltung russischer Staatsbahnen steht, wenigstens dem ersten Anschein nach, insofern ein Hindernis entgegen, als für viele Linien Obligationen ausgegeben sind, welche den Namen der Linien tragen. Die Russische Regierung hat diese zum großen Teil in Deutschland untergebrachten Obligationen garantiert, den Gläubigern kann es daher nicht viel Unterschied machen, ob die Zinsen durch die Einnahmen der einen bestimmten Linie oder durch die Staatseinnahmen im allgemeinen gedeckt sind. Andererseits stehen die Obligationen ungefähr einer ersten Hypothek gleich, so daß die Gläubiger einer wesentlichen Änderung des Verwaltungssystems nicht gleichgültig gegenüberstehen werden. Die Russische Regierung hat auch hieran schon gedacht und in Anregung gebracht, die Obligationen nicht mehr nach den einzelnen Linien zu benennen, sondern sie als allgemeine russische Eisenbahnobligationen umzuwandeln. Käme es hierzu — bisher sollen die Besprechungen keinen Erfolg gehabt haben — so würde sich der Übergang der Bahnen in eine fremde Verwaltung leichter vollziehen können.[1]

Ich darf noch hinzufügen, daß die Absichten der Franzosen auf die Bahnen des Donezgebietes nicht mit dem auch noch nicht abgeschlossenen Waggonlieferungsgeschäft der Rouviergruppe zu tun haben. Zu demjenigen Syndikat, welches sich mit dem anderen Projekt beschäftigt, gehört Herr Verstraet, Direktor der Banque du Nord und früherer Handelsattaché der hiesigen französischen Botschaft, welcher enge Beziehungen mit Herrn Pallain und Herrn Bompard unterhält.

Euerer Durchlaucht würde ich sehr zu Dank verpflichtet sein, die vorstehenden Angaben als streng vertraulich ansehen zu wollen.

*PA Bonn, Rußland 71, Bd. 51.*

1 Am 24. 1. 1906 wies der Agent des russischen Finanzministeriums in Berlin, P. I. Miller, in einer Zuschrift an die Vossische Zeitung das Gerücht, die russische Regierung beabsichtige für einen Vorschuß ausländischer Kapitalistengruppen einzelne Bahnen zu verpfänden, entschieden zurück.

## 54 Bericht Nr. II 37 des Generalkonsuls in St. Petersburg Biermann an den Reichskanzler Fürsten von Bülow

*Abschrift.*

St. Petersburg, 1. Februar 1907

[. . .] Aber trotz dieses im ganzen unerfreulichen Abschlusses des Wirtschaftsjahres 1906 und trotz des nicht unbedenklichen Zustandes der Staatsfinanzen liegt noch kein Grund vor, an der Zukunft des russischen Wirtschaftslebens zu zweifeln. Früher oder später muß die jetzige Übergangsperiode voller Unruhe und Unsicherheit überwunden werden, und dann wird, daran zweifelt hier kaum jemand, eine Zeit des Aufschwungs und der Blüte in Handel und Wandel eintreten. Dann wird auch der Moment kommen, wo sich für viele Zweige der Exportindustrie, trotz der hohen Zollschranken, Rußland als ein ergiebiges Absatzgebiet bewähren wird, und deshalb kann man nur immer wieder raten, die geschäftlichen Beziehungen, die deutsche Firmen in Rußland haben, nicht abreißen zu lassen, sondern wenn auch mit Vorsicht die Position, die sie einmal gewonnen haben und die besonders von England und mehr und mehr von Amerika bestritten wird, festzuhalten, selbst auf die Gefahr hin, in der nächsten Zukunft auch mal einen Verlust in Kauf nehmen zu müssen [. . .]

*ZStAP, AA 21575, Bl. 8.*

## 55 Bericht Nr. 467 des Botschafters in St. Petersburg von Schoen an den Reichskanzler Fürsten von Bülow

*Ausfertigung.*

St. Petersburg, 7. Februar 1907

[Die russische Regierung vergütet den durch die Zollerhöhungen am 1. März 1906 betroffenen deutschen Exporteuren den Schaden zu 47,7 %.[1]]

Ich möchte nicht unterlassen darauf hinzuweisen, daß dieses nach Lage der Verhältnisse recht günstige Ergebnis in erster Linie dem persönlichen Eingreifen des Finanzministers Kokowzow und seines Vertreters Tschistiakoff zu danken ist, während sich die übrigen Ressorts ziemlich ablehnend verhielten. Ich ersehe daraus, welch großen Wert Herr Kokowzow — wohl aus guten Gründen — darauf legt, mit der Kaiserlichen Regierung gute Beziehungen zu unterhalten und der deutschen Geschäftswelt Entgegenkommen zu zeigen. [. . .]

*ZStAP, AA 6363, Bl. 132.*
1 Vgl. Dok. Nr. 51.

## 56 Schreiben des Direktors der Rheinischen Metallwaren- und Maschinenfabrik Düsseldorf, Gustav Müller, an das Auswärtige Amt. Geheim!

*Ausfertigung.*

Berlin, 22. März 1907

Ergebenst bezugnehmend auf meinen heutigen Besuch bitte ich das Kaiserliche Auswärtige Amt mir durch die Kaiserliche Botschaft in St. Petersburg in folgenden Angelegenheiten im notwendigen Falle geeignete Unterstützung angedeihen zu lassen.

1. Die von mir vertretene Firma: Rheinische Metallwaren- und Maschinenfabrik Düsseldorf bewirbt sich seit 2 Jahren um die Bestellung auf beim Schuß ruhig stehende 48 Linien Haubitzen. Die genannte Fabrik hat zu diesem Zweck ein Haubitz-Modell zur Erprobung nach Rußland gesandt. Das System dieses Modells hat sich beim Schießen und Fahren gut verhalten. Einige Wünsche wegen Einzelheiten, die mit dem eigentlichen System nichts zu tun haben, (Visiereinrichtungen etc.) veranlaßten uns, die Haubitzen zurückzuziehen und entsprechend umzuändern. Auch die umgeänderte Haubitze hat sich bei den Versuchen in Rußland gut verhalten, wie aus dem beiliegenden Auszug aus dem Bericht des Artilleriekomitees hervorgeht. Wir hoffen daher, bei einer etwaigen Vergebung von Haubitzen auf Berücksichtigung.

2. In alleiniger Konkurrenz mit der österreichischen Firma Boehler & Co. in Wien haben wir der Kaiserlichen Hauptartillerieverwaltung in St. Petersburg Offerte gemacht auf die Lieferung einer Einrichtung zur Fabrikation von Zündern in dem Sinne, daß bei uns gleichzeitig eine bedeutende Anzahl Zünder zu einem vereinbarten Preise, lieferbar in einer bestimmten Zeit und auszuführen in Rußland auf der zu liefernden Anlage, bestellt werden. Nach Erledigung dieser Bestellung geht die Anlage in den Besitz der Hauptartillerieverwaltung über. Die Offerte ist also so zu verstehen, daß die Fabrikanlage durch den Preis der Zünder bezahlt wird. Nach unserer Information hat unsere Offerte Aussicht angenommen zu werden.

Ich reise heute abend nach Petersburg, um mich über den augenblicklichen Stand der Angelegenheit zu informieren, und wiederhole meine ergebene Bitte um Unterstützung durch die Kaiserliche Botschaft in Petersburg.

*ZStAP, AA 2918, Bl. 72f.*

## 57 Telegramm Nr. 51 des Direktors der Handelspolitischen Abteilung des Auswärtigen Amts von Koerner an die Botschaft in St. Petersburg

*Konzept.*

Berlin, 23. März 1907

[Inhaltsgabe des Briefes Gustav Müllers an das Auswärtige Amt v. 22. März 1907.[1]]

Ew. pp. bitte ich in Haubitzenangelegenheit Reisezweck des Genannten, wenn er sich vorstellt, tunlichst zu fördern, sofern nicht, wie anzunehmen, Konkurrenz mit Krupp oder anderen deutschen Firmen vorliegt. Ist dies der Fall, bitte ich, nach Konkurrenzerlaß vom 14. Januar 1887 zu verfahren.[2]

Hinsichtlich Fabrikanlage wird Unterstützung nur eintreten können, wenn nicht durch beabsichtigte Anlage der deutsche Export Gefährdung erleidet. Bitte daher zunächst, diese Frage prüfen und Vermittlung von deren Ergebnis abhängig machen. Im übrigen wäre, falls Behauptung der Gesuchestellerin, daß keine deutsche Firma konkurriert, unzutreffend, ebenfalls nach Erlaß von 1887 zu handeln.

*ZStAP, AA 2918, Bl. 77ff.*

1 Vgl. Dok. Nr. 56.

2 Im Zirkularerlaß II 156 vom 14. 1. 1887 wurden deutsche diplomatische Vertreter im Ausland aufgefordert, falls mehrere gleich gut renommierte deutsche Unternehmen sie um Unterstützung bei der Erlangung von Regierungsaufträgen ersuchen sollten, auf ein Zusammengehen der deutschen Firmen hinzuwirken, da deren Konkurrenz den Missionen die Vermittlung erschwere. Der Erlaß wurde veröffentlicht von Lothar Rathmann, Die Nahostexpansion des deutschen Imperialismus vom Ausgang des 19. Jahrhunderts bis zum Ende des ersten Weltkrieges, Phil. Habilschrift, Leipzig 1961, S. 413.

## 58 Militärbericht Nr. 19 des Militärattachés in St. Petersburg Major Graf Posadowsky-Wehner an den preußischen Kriegsminister von Einem

*Abschrift.*

St. Petersburg, 4. April 1907

*Feldhaubitzen.* Das Artillerie-Budget für 1907 führt mit Feldhaubitzen bewaffnet: die 1., 2., 3., 4. und 5. Mörser-Artillerie-Abteilung und die ostsib. Mörser A. Abt. Es wären dies 72 Geschütze, was der Anzahl der zur Probe gelieferten Kruppschen und russischen Geschütze entsprechen würde.

Ende Mai stellt Krupp erneut seine Feldhaubitze vor, die im allgemeinen dem früheren Modell entspricht und nur um 60 bis 70 kg leichter ist. Auch Ehrhardt stellt noch einmal seine Haubitze vor. Die Absicht, die Feldhaubitze mit der Fabrik in Perm zusammen herzustellen, ist aufgegeben, da die Arbeiterverhältnisse zu schwierig sind. Mit Putilow glaubt Krupp nicht arbeiten zu können, da dieser noch auf drei Jahre Kontrakt mit Schneider-Creuzot hat. Bei Obuchow soll die Verwaltung und das Material zu schlecht sein. Man denkt jetzt an die Petersburger Metallfabrik. Ehrhardt denkt daran, sein Modell teuer zu verkaufen. Zur Zeit hat er besondere Schwierigkeiten dadurch, daß sein bisheriger Agent, von dem er nicht leicht loskommen kann, sehr üble Geldgeschäfte in Petersburg gemacht hat.

Der bereits seit längerer Zeit bestehende Grundsatz, im Auslande nur das zu kaufen, was im Inlande nicht hergestellt werden kann, ist kürzlich für die Militärverwaltung Gesetz geworden. Die Vergebung von Lieferungen an Ausländer muß bei Beträgen über 10000 Rubel unter Darlegung der Gründe dem Minister-Konseil gemeldet werden.

*ZStAP, AA 3126, Bl. 13.*

## 59 Schreiben Nr. IV. 3516 des Unterstaatssekretärs im Reichsamt des Inneren Wermuth an den Staatssekretär des Auswärtigen Amts von Tschirschky und Bögendorff

*Ausfertigung.*

Berlin, 25. April 1907

Auf das Schreiben vom 6. April d. J. — II 0 1244 —, betreffend die Ausfuhr von russischem Manganerz.

Zur Zeit der Verhandlungen über den Zusatzvertrag zum deutsch-russischen Handelsvertrage war der Gedanke noch nicht aufgetaucht, daß die Ausfuhr der südrussischen und der noch sehr viel wichtigeren kaukasischen Manganerze russischerseits durch Verbote oder Zölle erschwert werden könnte. Demgemäß hat sich auch die Anfrage, die unserseits zu Nr. 5 e des russischen Zolltarifs gestellt worden ist, nur auf die südrussischen Eisenerze und nicht auf Manganerze bezogen. Die Einfuhr von Eisen- und Manganerzen aus Rußland hat sich wie folgt gestaltet:

| in 1000 dz | 1901 | 1902 | 1903 | 1904 | 1905 | 1906 |
|---|---|---|---|---|---|---|
| Eisenerze | 374 | 532 | 2202 | 2501 | 1358 | 1496 |
| Manganerze | 1544 | 1664 | 1614 | 1429 | 1512 | 1830 |

Danach hat in den letzten beiden Jahren die Manganerzeinfuhr der Menge nach die Einfuhr der Eisenerze nicht unerheblich übertroffen. Aus unserer Montanstatistik ergibt sich weiter, daß unser Gesamtbedarf an Manganerzen etwa 300000 t beträgt, daß in Deutschland selbst nur etwas über 50000 t, d. i. etwa 1/6 unseres Bedarfs, gewonnen werden, daß dagegen die russische Einfuhr fast die Hälfte unseres gesamten Bedarfs ausmacht. Da unter diesen Umständen eine Erschwerung der russischen Manganerzausfuhr von uns keineswegs leicht zu nehmen sein würde, so erlaube ich mir das ergebene Ersuchen, durch unsere Vertretungen in Rußland die weitere Entwicklung der Ausfuhrzollfrage mit Aufmerksamkeit verfolgen und zu gegebener Zeit Bericht erstatten lassen zu wollen, ob und welche Schritte gegen die Verwirklichung des geplanten Zolles zu unternehmen sein möchten.[1]

*ZStAP, AA 2086, Bl. 53.*

1 Biermann wurde daraufhin mit Erlaß vom 27. 5. 1907 angewiesen, „über den Export von Manganerzen aus Rußland fortlaufend zu berichten und sich über die Aussichten für die Einführung eines Ausfuhrzolls auf Manganerze und dessen voraussichtlichen Einfluß auf die Produktion und Ausfuhr der Erze zu äußern". (ZStAP, AA 2086.)

## 60 Bericht Nr. II 176 des Generalkonsuls in St. Petersburg Biermann an den Reichskanzler Fürsten von Bülow

*Ausfertigung.*

St. Petersburg, 29. April 1907

Vor etwa 14 Tagen besuchte mich mein amerikanischer Kollege Herr Watts, um mir mitzuteilen, daß von einem Herrn Weltner die Gründung eines internationalen Handelsmuseums in St. Petersburg geplant sei. Er sympathisiere mit dieser Idee und habe sich der Sache angenommen, habe auch mit einflußreichen Russen, z. B. Herrn Timiriaseff darüber gesprochen. Jetzt hätten auch die Minister der Finanzen und des Handels, sowie der allrussische Handels- und Industriellenverband ihr reges Interesse an der dem auswärtigen wie dem russischen Handel gleich nützlichen Gründung erklärt.

Es sei beabsichtigt, nunmehr eine Sitzung der Interessenten anzuberaumen, und er hoffe, daß auch das Konsularkorps, auf eine Einladung, die er als Doyen ergehen lassen wolle, zu der Versammlung erscheinen würde.

Ich erwiderte Herrn Watts, mir sei diese Idee ganz neu. Über ihre Zweckmäßigkeit und Durchführbarkeit im allgemeinen und für St. Petersburg im besonderen, hätte ich noch kein Urteil, aber wenn er die Konsuln einlüde, würde ich auch zur Versammlung kommen und mich über die Details und die Aussichten des Projekts gern informieren lassen.

Auf die Einladung, von der ich Abschrift gehorsamst beifüge, nahm ich an der Versammlung teil.

Außer den Konsuln, die fast vollständig erschienen waren, zwei oder drei Mitgliedern des allrussischen Verbandes für Handel und Industrie, dessen Vizepräsident Herr Awdakow der Versammlung präsidierte, und dem Vertreter des Handels- und Finanzministeriums Herrn Litwinow-Falinski waren nur wenige Personen erschienen.

Aus den einleitenden Worten des Präsidenten, einem kurzen Vortrage des Generalkonsuls Watts und des Herrn Weltner ging hervor, daß außer der reinen Idee des Museums noch nichts feststand. Es wurden nur ganz allgemeine Redensarten gemacht. Ein bestimmtes Projekt darüber, wie, von wem das Museum geschaffen, wie es finanziert und verwaltet werden sollte, wurde nicht vorgelegt.

Ich hatte den Eindruck, daß es den Entrepreneuren Watts und Weltner darauf ankäme, die Versammlung durch Beschlüsse in zustimmendem Sinne für das Unternehmen Propaganda machen zu lassen.

Ich erkläre deshalb, nachdem auf eine Anfrage des dänischen Generalkonsuls festgestellt war, daß noch gar kein Programm ausgearbeitet und kein Material zum Nachweise der Zweckmäßigkeit des Museums gesammelt wäre, daß ich nur gekommen sei, um zu hören, aber nicht um Beschlüsse zu fassen, Kommissionen zu wählen etc., daß ich mich vorläufig aktiv nicht beteiligen würde, nach meiner amtlichen Stellung dazu bis jetzt auch keine Befugnis hätte. Es müsse ein festes Projekt vorgelegt werden, dann wolle ich meiner Regierung darüber berichten.

Die übrigen Konsuln, mit Ausnahme des englischen, stellten sich auf denselben Standpunkt. Die weiteren Verhandlungen ergaben, daß weder die russische Regierung, noch der allrussische Verband für Handel und Industrie vorläufig irgendwelche Versprechen machen oder Verpflichtungen übernehmen wollten. Sie zeigten ein rein platonisches Interesse an der Sache.

Der englische Konsul sprach sich dafür aus, eine Kommission zu wählen, in die er einzutreten bereit wäre, welche ein Projekt ausarbeiten sollte, das dann in einer neuen Versammlung besprochen werden könnte.

Von Wahlen und Beschlüssen sah indes der Präsident wegen der Haltung der meisten Konsuln ab; es wurde der Ausweg gewählt, daß während einer Pause der Verhandlungen einige Herren sich erboten, eine solche Kommission zu bilden. Es waren dies die Konsuln der Vereinigten Staaten, von England, Spanien und der Türkei.

Auf die Äußerungen des Vorsitzenden, daß er eine weitere Sitzung einberufen werde, wenn die Kommission ihre Arbeit beendet hätte, bat ich noch, daß die Ergebnisse der Kommission den Konsuln vorher so zeitig mitgeteilt würden, daß sie darüber an ihre Regierungen berichten könnten. Dies wurde zugesagt.

Wie der amerikanische Vizekonsul gesprächsweise andeutete, hätten amerikanische Kaufleute vor einiger Zeit schon den Plan gehabt, ein amerikanisches Handelsmuseum in Rußland zu gründen. Wegen Schwierigkeit der Finanzierung und der Unsicherheit des Erfolges bei den noch immer abnormen Verhältnissen in Rußland sei der Plan aber fallen gelassen. Nun sei der Herr Weltner gekommen und habe den Plan, aber in weiterem, internationalem Sinne wieder aufgenommen und dafür die Unterstützung des Herrn Watts gefunden.

Herr Weltner war früher Weinhändler, soll aber in seinem Geschäft kein Glück gehabt haben. Er scheint es sich jetzt zur Aufgabe gemacht zu haben, Projekte auszudenken und für deren Realisierung zu wirken, mit der Haupt- oder Nebenabsicht, für sich eine gut salarierte Position in der Administration zu schaffen.

Herr Watts hat mir das bei seinem Besuch selbst mitgeteilt.

Mir macht es den Eindruck, als ob die Amerikaner, vielleicht im Bunde mit den Engländern, darauf ausgehen, mit internationalen Mitteln ein Institut zu schaffen, dessen Leitung dann allmählich in ihre Hände übergeht, in ihrem Sinne verwaltet wird und ihnen den Hauptnutzen bringt.

Es ist das eine Politik, die besonders von den Engländern im kleinen und großen oft mit Erfolg geübt wird.

In der Versammlung wurde behauptet, daß solche internationalen Handelsmuseen in Tokio und Philadelphia bestünden und dem ausländischen und inländischen Handel wichtige Dienste leisteten. Mir ist nichts Näheres darüber bekannt.

Ich bin mir nicht klar, ob ein solches Museum, das einer dauernden internationalen Weltausstellung entsprechen würde, den ausstellenden Nationen überhaupt Nutzen bringen würde. Ich glaube aber nicht, daß der Nutzen zu den jedenfalls sehr bedeutenden Kosten im Verhältnis stehen würde. Soll eine solche permanente Ausstellung Erfolg haben, so müssen die Exponate immer das neueste und modernste sein, das produziert ist, es müßte also ein häufiger Umtausch derselben stattfinden, sonst wird überhaupt niemand mehr in das Museum gehen.

Die hiesigen Importeure und Vertreter großer deutscher Industrieunternehmungen, mit denen ich gesprochen habe, wollen erklärlicherweise von der Sache nichts wissen. Sie meinen, die hier gut eingeführten Firmen brauchen das Museum nicht, es würde höchstens die Konkurrenz stärken.

Es ist auch fraglich, ob unseren Industriellen damit gedient ist, wie es doch nötig wäre, ihre neuesten Erfindungen, Fabrikate dauernd auszustellen, den Konkurrenten Einblick in die Preise zu gewähren und den russischen und fremden Konkurrenten die Imitation zu erleichtern.

Fraglich ist weiter, ob, wenn in Rußland ein solches Museum errichtet würde, St. Petersburg dafür der richtige Platz wäre. Mir scheint, daß eher Moskau gewählt werden sollte, wo das Zentrum der russischen Industrie und des Handels ist.

Dies sind alles Bedenken, die mir auf den ersten Blick gekommen sind.

Erst die weiteren Verhandlungen und Mitteilungen der Projektmacher werden es möglich machen, sich in abstracto und concreto über die Nützlichkeit und Lebensfähigkeit des geplanten Instituts ein klares Bild zu machen.

Wenn ich so in sachlicher und persönlicher Hinsicht zunächst der Gründung mit Argwohn gegenüberstehe, so glaube ich doch, daß es sich nach Lage der Sache empfiehlt, wenn man die Entwicklung weiter verfolgt.

In der Annahme Euerer Durchlaucht Einverständnisses werde ich deshalb ohne mich für oder wider zu erklären, darauf hinwirken, daß die Frage erst mal nach allen Seiten erörtert wird.

Die Möglichkeit der Beteiligung, wenn etwas aus der Sache werden sollte, was ich vorläufig noch bezweifle, müßte uns jedenfalls offen bleiben.

Ich darf mir eine weitere Berichterstattung gehorsamst vorbehalten.

Abschrift des Berichts ist der Kaiserlichen Botschaft hier selbst übermittelt.

*ZStAP, AA 2526, Bl. 14ff.*

## 61 Schreiben der Maschinenfabrik Badenia an das Konsulat in Moskau

*Abschrift.*

Weinheim in Baden, 15. Mai 1907

Wir besitzen Ihr sehr Geehrtes vom 25. v. M., insbesondere unsere Angelegenheit mit der Kreislandschaft Saransk betreffend und haben uns bemerkt, daß nach Ihrer Ansicht nichts übrig bleiben dürfte, als bis zum Herbst zu warten. Daß Verzugszinsen vertraglich vereinbart werden, ist wohl ein seltener Fall, sondern diese Zinsen kommen nach hiesigem Begriffe ohne weiteres in Anrechnung, wenn die zinsfrei vereinbarten Zahlungstermine überschritten werden, und glaubten wir auch, nachdem wir uns Saransk gelegentlich unserer Mahnungen wiederholt die Berechnung von Verzugszinsen vorbehalten haben, diese Verzugszinsen rechtlich für die Zeit der Zielüberschreitung verlangen zu können.

Was Ihre Schlußbemerkung in Ihrem Geehrten betrifft, so wären wir Ihnen sehr verbunden, wenn Sie uns Ihre Antwort darüber zukommen ließen, wie Sie sich das Geschäft mit den Semstwos (wenn Sie von einem direkten Verkehr von Deutschland aus abraten) ohne diesen denken.[1] Die Kreditwürdigkeit der Semstwos im allgemeinen wird nach wie vor nicht angezweifelt, und haben wir uns, namentlich auch in letzter Zeit, viel und eingehend allerorts nach dieser Richtung zu informieren gesucht, stets aber die Auskunft erhalten, daß die Semstwos, wenn einzelne auch zu jetziger Zeit mit finanziellen Schwierigkeiten zu kämpfen hätten, im allgemeinen nach wie vor für die beanspruchten Kredite für gut gehalten werden müßten. Bedeutende Auskunfteien sprechen sich einstimmig nach dieser Richtung aus, und geben wir Ihnen beispielsweise anliegend Abschrift eines Schreibens des Deutsch-Russischen Vereins vom 19. 12. 1906 an den Verein der Fabrikanten landwirtschaftlicher Maschinen in Berlin zur gefälligen Kenntnis, worin ebenfalls gesagt ist, daß die Kreditwürdigkeit der Semstwos nicht anzuzweifeln sei.[2] Unserer Ansicht nach läßt sich der direkte Verkehr mit den Semstwos gar nicht umgehen, denn die Semstwos sind gewöhnt, ihren Bedarf direkt bei der Fabrik unter Umgehung des Zwischenhandels, um dadurch möglichst günstige Einkaufspreise zu erzielen, zu bestellen, während die in Rußland ansässigen Händler für diese Institution nicht in Betracht kommen, und dann hätte auch das indirekte Geschäft aus anderen Gesichtspunkten seine Schwierigkeiten. Derartige zum Teil nicht unbeträchtliche Kredite, wie sie von den einzelnen Semstwos beansprucht werden, würden unter Berücksichtigung des gesamten jährlichen Absatzes an die Semstwos für den auf eigene Rechnung beziehenden Wiederverkäufer oder Zwischenhändler eine abnorme Kreditbeanspruchung bedingen, deren Bewilligung bei Privaten noch weniger ratsam sein dürfte, als den immerhin einen gewissen staatlichen Charakter tragenden Semstwos gegenüber. Diese und noch andere Umstände lassen uns nicht klar darüber werden, auf welche Weise sich der direkte Verkehr mit den Semstwos vermeiden und eine indirekte, namentlich auch hinsichtlich des Geldeingangs angenehmere Geschäftsverbindung bewerkstelligen ließe [...]

*ZStAP, AA 2006, Bl. 115.*

1 Vgl. Dok. Nr. 50.

2 In dem Schreiben hieß es u. a.: „Letzte Zeit ist die Regierung den in Verlegenheit geratenen Semstwos durch Vorschüsse zur Hilfe gekommen, so daß es jetzt erst recht nicht angebracht sei, vor einer Geschäftsverbindung mit diesen Geschäftsinstitutionen direkt zu warnen; dazu besonders zu ermutigen, halten wir allerdings auch nicht für richtig." (ZStAP, AA 2006.)

## 62 Schreiben des Roheisen-Syndikats an den Staatssekretär des Innern Graf Posadowsky-Wehner

*Abschrift.*

Düsseldorf, 6. Mai 1907

Wir beehren uns den Empfang Ihres gefälligen Schreibens vom 8. Mai d. J. IV. 4003, nebst Abschrift zweier Berichte des Kaiserlichen Generalkonsulats in St. Petersburg vom 29. März und 11. April d. J. ergebenst anzuzeigen und unseren verbindlichsten Dank dafür abzustatten.

Es wäre für uns äußerst wichtig, zu erfahren, welche Firmen an der Bildung eines Syndikats für Roheisen beteiligt sind, damit wir entweder den Versuch einer Fernhaltung des russischen Roheisens von den deutschen Märkten machen, oder aber Vorkehrungen treffen können, daß die deutschen Märkte nicht durch russisches Roheisen überschwemmt werden.

Wir richten daher an Euere Exzellenz die ergebenste Bitte, gütigst veranlassen zu wollen, daß uns die in Betracht kommenden Firmen und deren Domizil namhaft gemacht werden.

*ZStAP, AA 2086, Bl. 83.*

## 63 Stellungnahme der Handelspolitischen Abteilung des Auswärtigen Amts

Berlin, 27. Mai 1907

Zum Votum der Konsularabteilung vom 16. Mai 1907.

Abteilung II trägt Bedenken, sich dem Votum von IC anzuschließen,[1] Konsul Röhll gehört zu den tüchtigsten Wahlkonsuln, die wir haben, und wird imstande sein, auf der Reise nach Russisch-Zentralasien Beobachtungen zu machen und Erfahrungen zu sammeln, die für den deutschen Handel von großem Nutzen sein werden. Daß er auf der Reise einen größeren Teil seiner Zeit und Arbeit seinen Privatinteressen widmen wird, ist bei dem bekannten Amtseifer des Konsuls Röhll kaum anzunehmen. Jedenfalls dürfte ein Berufsbeamter in absehbarer Zeit kaum vorhanden sein, der, wie Konsul Röhll, mit den gleichen Kenntnissen und Erfahrungen hinsichtlich der wirtschaftlichen Verhältnisse in Südrußland die Reise nach Russisch-Zentralasien unternehmen könnte. Sollte in der Tat durch den nächstjährigen Etat ein Berufskonsulat in Samara errichtet werden, so wird der neue Inhaber dieses Postens längere Zeit bedürfen, um sich in die Verhältnisse seines Wirkungskreises einzugewöhnen, bevor er die jetzt in Aussicht genommene Reise ausführen kann. Dadurch würde die von dem früheren Kaiserlichen Gesandten in Teheran für notwendig erachtete Reise zur Beobachtung der wirtschaftlichen Verhältnisse in Zentralasien wenigstens um zwei bis drei Jahre hinausgeschoben werden.

Hiermit nochmals bei IC.[2]

*ZStAP, AA 6312, Bl. 63.*

1 Graf Rex, der deutsche Gesandte in Teheran, hatte auf der Durchreise in Baku eine Unterredung mit dem dortigen Konsul Röhll über Russisch-Zentralasien, wo die Petersburger Regierung, bis auf Persien, keine Konsuln fremder Mächte zuließ. Rex unterbreitete daraufhin dem Auswärtigen Amt den Vorschlag, Röhll jedes Jahr für mehrere Wochen nach Russisch-Zentralasien zu senden, „um Berichte über alle dortigen Verhältnisse zu erstatten". Der Konsul war bereit, diese Aufgabe zu übernehmen. Die Genehmigung zur Reise wurde ihm, als Direktor der Bakuer Niederlassung von Siemens & Halske, vom Generalgouverneur in Taschkent erteilt (Bericht Röhll, 22. 11. 1906, ZStAP, AA 6312). Die Handelspolitische Abteilung begrüßte es, „wenn in der von Konsul Röhll vorgeschlagenen Weise unsere Kenntnis der handelspolitischen Möglichkeiten und Vorgänge in Mittelasien erweitert wird. Das Projekt hat den Vorteil, daß seine Ausführung in einer unauffälligen Weise bewirkt werden kann." (Stellungnahme, 3. 12. 1906, ebenda.) Die Abteilungen A, I B und I C wurden von der Handelspolitischen Abteilung zu einer Stellungnahme aufgefordert. Abteilung I C brachte daraufhin in ihrer Antwort vom 16. 5. 1907 gegen die Reise Röhlls ernste Bedenken zum Ausdruck (ebenda).

2 Am 8. 6. 1907 zog Abteilung I C ihren Einspruch zurück.

## 64 Bericht Nr. 2079 des Konsuls in Moskau Kohlhaas an den Reichskanzler Fürsten von Bülow

*Ausfertigung*

Moskau, 10. Juni 1907

Mit Beziehung auf den Bericht vom 10. November v. J. Nr. 5161[1].

In dem nebenbezeichneten Berichte hatte ich mir erlaubt, die Aufmerksamkeit Euerer Durchlaucht auf die Finanzlage der russischen Semstwos zu lenken und die daraus für den Geschäftsverkehr deutscher Firmen mit den Semstwoniederlagen landwirtschaftlicher Maschinen sich ergebenden Folgerungen zu entwickeln.

Die Lage der Semstwos hat sich seit jener Zeit nicht verbessert, sondern eher noch weiter verschlechtert, wie dies z. B. auf der unlängst im Russischen Handelsministerium abgehaltenen Konferenz über die Förderungen des Baus landwirtschaftlicher Maschinen in Rußland konstatiert worden ist und wovon ich mich auch noch auf meiner jüngsten Dienstreise im Wolgagebiet überzeugen konnte. Z. B. steht neuerdings das Gouvernementssemstwo von Samara, das ich im November v. J. noch als guten Zahler bezeichnen konnte, gegenwärtig vor dem völligen Ruin, seine Schulden betragen gegen 6 Millionen Rubel, denen ein greifbares Aktivvermögen nicht gegenübersteht, und unter diesen Schulden figurieren fast für eine halbe Million Rubel Verpflichtungen aus den Geschäften der Semstwoniederlagen für landwirtschaftliche Maschinen.

Wie es scheint, ist mein Bericht vom 10. November v. J. noch nicht zur Kenntnis aller deutschen Interessenten gelangt, denn ich erhalte immer wieder Anfragen über die Semstwos von deutschen Fabrikanten landwirtschaftlicher Maschinen, deren kurze Beantwortung der Natur der Sache nach nicht möglich ist. Jeder einzelnen Fabrik aber immer wieder die gleichen allgemeinen Aufklärungen über die Semstwos geben zu müssen, bürdet dem Kaiserlichen Konsulat eine schwer zu bewältigende Geschäftslast auf.

Um ein Beispiel dieser Anfragen zu geben, erlaube ich mir die jüngste Anfrage der Maschinenfabrik „Badenia" in Weinheim in Abschrift beizufügen[2] und gleichzeitig gehorsamst zu bitten, den neben Abschrift für dortige Akten unter fliegendem Siegel gehorsamst beigeschlossenen Bescheid, falls keine Bedenken entgegenstehen, an seine Adresse gelangen lassen zu wollen.

Ich möchte mir erlauben, der geneigten Erwägung Euerer Durchlaucht anheimzugeben, ob nicht der Bericht vom 10. November v. J. noch nachträglich in vertraulicher Weise den Interessenten — darunter auch dem Deutsch-Russischen Verein — zugänglich gemacht werden könnte, damit ich mich neuen Anfragen gegenüber darauf beziehen kann.

*ZStAP, AA 2006, Bl. 114.*
1 Vgl. Dok. Nr. 50.
2 Vgl. Dok. Nr. 61.

**65 Bericht Nr. II 243 des Vizekonsuls am Generalkonsulat in St. Petersburg Stobbe an den Reichskanzler Fürsten von Bülow**

*Ausfertigung.*

St. Petersburg, 19. Juni 1907

Auf den Erlaß vom 27. v. M. II 0 1653[1].

Obgleich die Verhandlungen in den Ministerien der Finanzen und des Handels über die Frage der Einführung eines Ausfuhrzolls auf Manganerz noch schweben, glaubt die Mehrheit der in Betracht kommenden russischen Eisenindustriellen nicht an den Ausfuhrzoll. Ein kleiner Kreis von Interessenten hofft noch, und zwar auf eine baldige Einführung, wenn auch nicht in der ursprünglichen projektierten Höhe von 10 Kopeken, so doch in Höhe von 6—9 Kopeken pro Pud, also $7^1/_2$—10 Mark pro Tonne. Die Kaukasische Manganerzproduzenten protestieren lebhaft gegen jede Einführung eines Exportzolls, da sie durch die Hemmung der Exportfreiheit einen bedeutenden Schaden erleiden würden. In den Ministerien führt die dem Zoll günstige Partei eine Besserung des Budgets um einige Millionen Rubel als Grund der neuen Maßregel ins Feld, während nach Ansicht der Gegner die durch das Sinken der Manganerzausfuhr zu erwartende Verschlechterung der russischen Handelsbilanz vermieden werden sollte.

Das Resultat der Verhandlungen ist vorläufig noch nicht mit Bestimmtheit vorauszusagen, doch versichert mir ein sonst sehr gut unterrichteter Manganerzhändler, die ganze Sache werde ohne eine bestimmte Entscheidung binnen kurzem unter den Tisch fallen. Die Einführung eines Ausfuhrzolls sei so gut wie ausgeschlossen.

Was etwaige Gegenmaßregeln anlangt, so sind die Ansichten gleichfalls geteilt.

Wie mir von sachkundiger Seite mitgeteilt wird, würde eine Anlage deutscher Hüttenwerke z. B. in Poti am Schwarzen Meer zur Verhüttung von Manganerz und zur Exportierung des gewonnenen Ferromangans rein rechnerisch mit den südrussischen Ferro-Mangan Werken konkurrenzfähig sein.

Ein Hüttenwerk in Poti würde ersparen:

1) die Fracht auf das Manganerz von Poti bis zu den südrussischen Hüttenwerken,

2) Verfracht und Spesen auf das Ferro-Mangan von den südrussischen Hüttenwerken bis fob Exporthafen.

Dies würde etwa 10 Kopeken pro Pud ausmachen. Andererseits würde ein Werk in Poti genötigt sein, Coaks aus dem Donezgebiet zu beziehen und dafür circa 7 Kopeken pro Pud bezahlen müssen. Die Ausgabe fällt für die in der Nähe der Donezkohlenlager gelegenen russischen Werke fort.

Es wird nun weiter der Berechnung die Annahme zu Grunde gelegt, daß Coaks und Manganerz ungefähr in demselben Verhältnis verwandt werden. Trifft diese Annahme zu, so würde das Werk in Poti immerhin um 3 Kopeken pro Pud, d. h. um ca. 4 M pro Tonne im Vorteil sein. Als weiterer Vorzug würde hinzu kommen, daß von Poti aus das ganze Jahr über exportiert werden könnte, während die südrussischen Werke infolge der Eisverhältnisse von November bis März weder Erze über Mariupol importieren noch Ferro-Mangan über Mariupol exportieren können. Bei dem Export über den nächsten Hafen also Nicolajew, würden die südrussischen Werke eine Extraausgabe von ca. $7^1/_2$ M pro Tonne haben.

[. . .] Gegen eine Anlage von deutschen Hüttenwerken im Kaukasusgebiet spricht, wie mir von mehreren Seiten versichert wird, die gegenwärtige unsichere politische Lage. So lange die Unruhen im Kaukasus anhalten, ist von Neugründungen im Kaukasus deutscherseits abzuraten.

Vielleicht könnte jedoch schon jetzt in der Presse in geeigneter Weise angedeutet werden, daß die deutsche Industrie, um der von der Ausführung von Ausfuhrzöllen zu befürchtenden Erschwerung der Manganerzausfuhr aus Rußland zu begegnen, sich eventuell genötigt sehen würde, auf eigene Hand Unternehmungen in Südrußland zur Verhüttung von Eisenerzen zu gründen, um so ihren Bedarf an Manganerz unter Vermeidung des Ausfuhrzolls decken zu können. Inwieweit Pressemitteilungen in dieser Richtung schon jetzt sich empfehlen, entzieht sich meiner Beurteilung.

Mehrfach wird darauf hingewiesen, daß ein Ausfuhrzoll auf Manganerz die englische Ferro-Manganindustrie in gleichem Maße schädigen würde wie die deutsche und daß die nichtrussische Eisenindustrie, soweit sie bisher auf den Bezug von russischen Manganerzen angewiesen war, mit Erfolg versuchen würde, ihren Bedarf in anderen Manganerz produzierenden Ländern zu decken. [. . .]

*ZStAP, AA 2086, Bl. 73f.*

1 Vgl. Dok. Nr. 59, Anmerkung.

**66 Bericht Nr. 2420 des Botschafters in St. Petersburg von Schoen an den Reichskanzler Fürsten von Bülow**

*Ausfertigung.*

St. Petersburg, 20. Juni 1907

Zeitungsnachrichten zufolge hatte der Minister des Äußern in der Budgetkommission der Duma auf gegebene Veranlassung sich eingehend über die Frage der russischen Saisonarbeiter in Deutschland ausgesprochen. Der Inhalt dieser Äußerungen war in der Presse nicht näher angegeben.

Ich habe nun Herrn Iswolsky gelegentlich vertraulich gefragt, ob in jener Frage etwa Schwierigkeiten vorlägen, deren Kenntnis für uns Interesse haben könnte. Der Minister antwortete mir bereitwillig, es handele sich um folgendes: In der Budgetkommission habe ein polnischer Abgeordneter auf die Lage der nach Deutschland und anderen Ländern in großer Zahl herangezogenen Saisonarbeiter russischer Staatsangehörigkeit hingewiesen und angeregt, daß Vorsorge dafür getroffen werde, daß sie nicht der geistigen Verwahrlosung sowie der Ausbeutung durch gewissenlose Agenten und Arbeitgeber anheimfallen. Herr Iswolsky habe darauf geantwortet, ihm seien die Verhältnisse der polnischen Saisonarbeiter aus seiner früheren amtlichen Tätigkeit in Dänemark,[1] wo vielfach auf den großen Gütern polnische Arbeiter, meist Arbeiterinnen, verwandt würden, näher bekannt. Obwohl ihm eklatante Fälle von Ausbeutung und Übervorteilung sowie von sittlicher Verwahrlosung nicht vorgekommen seien, müsse er anerkennen, daß eine gewisse Aufsicht über die Anwerbung und die Behandlung russischer Auslandsarbeiter ebenso wie auch eine geistige Fürsorge namentlich wenn es sich um Gebiete ohne katholische Kirchen handelte, angezeigt erscheine. Indessen sei es nicht seines, des Ministers des Äußern, Amtes, in dieser Beziehung etwas zu veranlassen. Wenn eine besondere Fürsorge von Staats wegen in Betracht käme, so wäre es diejenige des russischen Staates, nicht des Auslandes, es läge also keine Veranlassung vor, an die fremden Regierungen mit Anregungen hervorzutreten. Der größte Teil der Fürsorge für die russischen Saisonarbeiter würde, seiner Meinung nach, übrigens nicht der staatlichen, sondern der privaten Initiative zukommen, ähnlich wie dies in der österreichisch-ungarischen Monarchie der Fall, wo Vereine für das Wohl der gruppenweise ins Ausland gehenden Arbeiter sorgen. An sich der periodischen Auswanderung russischer Staatsangehöriger Schwierigkeiten zu bereiten, liege keinerlei Veranlassung vor, denn sie würden im Ausland im allgemeinen gut behandelt und brächten regelmäßig ein schönes Sümmchen redlich verdienten und redlich gezahlten Geldes nach Hause.

*ZStAP, AA 482, Bl. 167f.*

1 Izvol'skij war, ehe er zum Minister der auswärtigen Angelegenheiten berufen wurde, russischer Gesandter in Kopenhagen.

## 67 Schreiben Nr. 1411/12 der Handelskammer zu Düsseldorf an das Auswärtige Amt

*Ausfertigung.*

Düsseldorf, 4. Juli 1907

Von industrieller Seite werden wir auf einen Artikel aufmerksam gemacht, der in der Beilage „Der Welthandel" zu Nr. 7 der Zeitschrift „Deutsche Export-Revue" von 1907 erschienen ist.[1] Da die darin angedeutete Bedrohung der deutschen Ausfuhr nach Rußland bei der an dieser Ausfuhr sehr stark beteiligten Industrie unseres Bezirks eine gewisse Beunruhigung hervorgerufen hat, so erlauben wir uns das Auswärtige Amt zu bitten, den Inhalt des Artikels, von dem wir eine Abschrift beifügen, zu prüfen und festzustellen, ob seine tatsächlichen Angaben besonders über die Nichtbeteiligung der deutschen konsularischen Vertretung an dem Präsidium des darin erwähnten zur Veranstaltung einer permanenten internationalen

Musterausstellung gewählten Arbeitsausschusses richtig sind. In diesem Falle sind wir selbstverständlich davon überzeugt, daß nur wohlerwogene Gründe zu der Zurückhaltung bezw. Nichtbeteiligung der deutschen konsularischen Vertretung in dieser für unsere Ausfuhr nach Rußland so überaus wichtigen Angelegenheit geführt haben können. Es wäre aber dann richtig, die beteiligten Kreise wenigstens vertraulich über die Gründe zu unterrichten und uns eine nähere Aufklärung zu geben, damit der Verbreitung irriger Ansichten über mangelhafte Vertretung der deutschen Ausfuhrinteressen rechtzeitig entgegengetreten werden kann.[2]

*ZStAP, AA 2526, Bl. 29.*

1 Vgl. Dok. Nr. 60; In dem Artikel wurde heftig dagegen polemisiert, daß kein Vertreter des Generalkonsulats in St. Petersburg dem Präsidium der Ausstellung angehöre, obwohl vor allem Deutschland als größter Exporteur nach Rußland daran interresiert sein müßte. Da der englische Konsul dem Präsidium angehöre, ließe sich der Vorgang als Symptom für die wirtschaftliche Einkreisung Deutschlands deuten.

2 Koerner stellte es dem Reichsamt des Innern mit Schreiben vom 22. 7. 1907 anheim, die Handelskammer mit dem Inhalt von Biermanns Bericht vom 29. 4. 1907 bekannt zu machen. (ZStAP, AA 2526.)

## 68 Bericht Nr. 2676 des Botschafters in St. Petersburg von Schoen an den Reichskanzler Fürsten von Bülow

*Ausfertigung.*

St. Petersburg, 11. Juli 1907

Auf den Erlaß vom 3. Juli d. J. betreffend Reise des Kaiserlichen Konsuls Röhll in Baku nach Russisch-Innerasien beehre ich mich zu berichten,[1] daß Bedenken gegen dieses Vorhaben nicht bestehen. Es ist vielmehr in hohem Maße wünschenswert, der Frage einer Kontrolle und Organisation der zahlreichen deutschen Interessen, namentlich im Ferganagebiet, näher zu treten und Klarheit darüber zu gewinnen, ob überhaupt und auf welchen Gebieten eine stärkere Beteiligung deutschen Kapitals an der Entwicklung dieser zukunftsvollen Länder zu begünstigen ist. Eine solche Beteiligung wird von einflußreichen russischen Kreisen gewünscht. Einen dahingehenden Wunsch hat besonders der Direktor der zentralasiatischen Filialen der Russisch-Chinesischen Bank, Herr Bauer in Samarkand, in Privatgesprächen wiederholt geäußert und seine, natürlich nicht uninteressierte Mithilfe zugesagt. Nähere Beziehungen bestehen, wie ich vertraulich hinzufügen darf, gutem Vernehmen nach zwischen den Herren Bauer und Röhll nicht.

Herr Röhll ist mit Zentralasien persönlich seit längerer Zeit bekannt und wird die stets engen russischen Empfindlichkeiten zu schonen wissen.

*ZStAP, AA 6312, Bl. 67.*

1 Vgl. Dok. Nr. 63.

## 69 Schreiben der Gelsenkirchner Bergwerks-Actien-Gesellschaft an das Auswärtige Amt[1]

*Ausfertigung.*

Gelsenkirchen, 24. Juli 1907

Wir erlauben uns, Ihnen nachstehende Angelegenheit zu unterbreiten.

Wir unterhalten in Tschiaturi im Kaukasus eine Einkaufsstelle, deren Aufgabe es ist, das dort vorkommende Manganerz einzukaufen, auf sogenannte Plattformen zu sammeln und von da per Bahn nach Poti zu verbringen, wo es zum Export nach Deutschland in Dampfer geladen wird. — Wir haben gegenwärtig in Tschiaturi rund 125000 Tonnen bar bezahltes Erz lagern, vermögen dieses jedoch nicht in der gewünschten Weise zu verschiffen, weil es fortgesetzt an der für den Transport des Erzes nach Poti erforderlichen Anzahl Waggons fehlt. — Wir sind seit Jahr und Tag bemüht, den Export von kaukasischem Manganerz zu heben und die Lage der Exporteure und insbesondere auch der Arbeiter in Tschiaturi zu verbessern, doch drohen alle unsere diesbezüglichen Bemühungen vergeblich zu werden, denn nach einer uns soeben von unserem Vertreter in Tschiaturi zugehenden Depesche hat das Ministerium für Wege und Verbindungen in St. Petersburg sich auf Ersuchen der südrussischen Konsumenten dazu verstanden, 30 Waggons pro Tag für die Verladung von Manganerz für deren Werke zu stellen.

Das Erz für die in Frage stehenden südrussischen Werke wird von einem Händler namens Tschernewsky geliefert, und die beabsichtigte Maßnahme würde lediglich diesem einzelnen Manne nützlich sein, während sie der Gesamtheit zu großem Schaden gereichen wird. Die 30 Wagen pro Tag sollen dem Erzhändler Tschernewsky ohne Rücksicht auf den Bedarf der übrigen Erzexporteure und völlig unabhängig von der in Tschiaturi üblichen Verteilung der Waggons gestellt werden. Letztere wird in der Weise geregelt, daß jedem Exporteur für je 20000 Pud versandfertiges Erz ein Waggon zusteht. Es liegen gegenwärtig im Tschiaturigebiet insgesamt ca 70000000 Pud Erz, und es besteht sonach eine Waggonreihe aus mindestens 3500 Wagen. Expediert werden z. Z. aus Tschiaturi im Ganzen täglich 120 bis 140 Waggons, wovon laut jetzt getroffener Verfügung des Ministeriums für Wege und Verbindungen der Händler Tschernewsky 30 Waggons erhalten soll, also 25% des Gesamtexports, welche Ziffer einen Erzbestand von 18000000 Pud entspricht und den Erzvorrat der drei größten Exporteure in Tschiaturi repräsentiert.

[Bitte darauf hinzuwirken, daß der Beschluß wieder rückgängig gemacht wird.][2]

*ZStAP, AA 2086, Bl. 86ff.*

1 Das Schreiben wurde mit einem Empfehlungsbrief der Deutschen Bank an das Auswärtige Amt übersandt.

2 Schoen wurde mit Erlaß II 0 3002 vom 2. 8. 1907 angewiesen, geeignete Schritte zu unternehmen.

## 70 Militärbericht Nr. 37 des Militärattachés in St. Petersburg Major Graf Posadowsky-Wehner an den preußischen Kriegminister von Einem

*Abschrift.*

St. Petersburg, 25. Juli 1907

Stand der Umbewaffnung.[1] Krupp steht jetzt in Verbindung mit Putilow zur gemeinschaftlichen Herstellung von Feldhaubitzen und Belagerungsgeschützen. Die Verhandlungen schweben noch; als Grundlage ist vorläufig in Aussicht genommen: Krupp liefert die Modelle und Werkmeister und erhält dafür 12% vom Reingewinn. Putilow ist die beste der russischen Geschützfabriken, es fehlt ihm aber an Kapital zur Einrichtung der neuen Fabrik. Krupp könnte ihm hierin ja ebenso helfen wie Schneider Creuzot für die Feldkanonen. Die Frage der 12 cm Feldhaubitzen wird sich aber jedenfalls so lösen, daß Putilow sie mit Kruppscher oder Schneiderscher Hilfe anfertigt. Der Vorteil für das Ausland besteht nur in einem Geldgeschäft.

Die Kruppschen Versuche haben vor 14 Tagen begonnen. Eine Beschreibung des neuen Modells lege ich bei.

Auch mit dem Einheitsgeschosse will Krupp noch einmal Versuche anstellen, ohne Aussicht auf Erfolg, da man sich zur Annahme der Granate für die Feldkanone entschlossen hat. Boehler ist an dieser Granatlieferung nicht beteiligt, er hofft nicht mehr auf russische Bestellungen, die Errichtung einer Zünderfabrik in Rußland hat er der hoffnungslosen Arbeiterverhältnisse wegen fallen lassen.

Das Putilowsche Geschütz für die reitende Artillerie hat bei den Schießübungen verschiedene Mängel gezeigt und wird noch einmal umgearbeitet.

*PA Bonn, Rußland 72, Bd 86.*
1 Vgl. Dok. Nr. 58.

## 71 Militärbericht Nr. 39 des Militärattachés in St. Petersburg Major Graf Posadowsky-Wehner an den preußischen Kriegsminister von Einem

*Abschrift.*

St. Petersburg, 12. August 1907

Vertrag Krupp-Putilow.[1] Der Vertrag zwischen Krupp und Putilow ist unterschrieben worden, eine Abschrift lege ich bei. Die Hauptpunkte sind etwas verschleiert. Krupp stellte seine Modelle für die Feldhaubitzen und die Umbewaffnung der Belagerungsartillerie Putilow zur vollen Verfügung. Putilow zahlt ihm 12% der Auftragssumme, ganz gleich ob ein Kruppsches oder ein anderes Modell angenommen wird. In derselben Weise zahlt er 8% an Schneider-Creuzot. Er gibt also 20% der Auftragssumme als Abstandsgeld und Lizenz an die beiden unbequemsten Konkurrenten, den Schaden soll natürlich die russische Regierung tragen. Das Bedenkliche für Krupp liegt aber in der Klausel unter „g" „à la seule condition, que la commande soit donnée en dehors d'une soumission". Die Lieferungen werden zweifellos, nachdem die Versuche abgeschlossen sind, auf dem Wege der Submission vergeben, und das Geschäft, das Krupp macht, gilt daher nur für die ersten Versuchsbatterien. Der Vorteil für die Hergabe einer größeren Anzahl von Modellen an das Ausland ist also recht gering. Der Trost der Kruppschen Vertreter besteht darin, daß es besser wie gar nichts ist, falls nicht im Hintergrunde noch ein Geschäft schweben sollte, den Putilow-Werken die Kapitalien vorzustrecken zur Herstellung der Geschütze.

Der Kriegsminister[2] sagte mir, die Gerüchte in den Zeitungen wegen eines gegen ihn gerichteten Attentats beruhen auf Wahrheit. Leider wäre es früher ausgeplaudert, als gut wäre, da man nun die Fäden in die Hand bekommen hätte, nicht aber die Personen. Er tritt einen zweimonatigen Urlaub an und trägt sich ernstlich mit Rücktrittsgedanken. Als seinen Nachfolger hat er, wie er mir sagte, den General Poliwanow empfohlen. Für seinen Entschluß ist wohl auch bestimmend, daß er sich von seiner Frau scheiden läßt, um eine andere Ehe einzugehen. Er selbst wie seine erste Frau sind lutherische Finnländer, seine zukünftige Gattin ist eine orthodoxe Russin.

*PA Bonn, Rußland 72, Bd 86.*
1 Vgl. Dok. Nr. 70.
2 A. F. Rediger.

## 72 Schreiben Hermann Dernens[1] an den Staatssekretär des Auswärtigen Amts von Tschirschky und Bögendorff

*Ausfertigung.*

Godesberg, 30. August 1907

Euerer Exzellenz habe ich die Ehre meine gestrigen mündlichen Darlegungen nachstehend zu rekapitulieren:
Ich beobachte seit etwa einem Jahr einen sich anhaltend steigernden wirtschaftlichen Aufschwung Rußlands. Er findet seinen Ausdruck vorläufig in lebhafter Beschäftigung der sogenannten leichten Industrie (Textil, Kurzwaren, Kleineisenzeug und dergleichen). Die Textilindustrie kann den Anforderungen stellenweise nicht nachkommen. Das liegt zum Teil an der verkürzten Arbeitszeit, hauptsächlich aber an dem sehr gesteigerten Bedarf. Die Außenstände gehen gut ein.

Erfahrungsgemäß folgt einer Belebung der leichten Industrie in kurzem Abstande ein Aufschwung bei der schweren Industrie (Walzwerke, Konstruktion, Eisenbahnmaterial). Der Satz kann auf Rußland nur mit einer Einschränkung angewandt werden, weil hier die Regierung in besonders großem Umfang Bestellerin für die schwere Industrie ist. Daß große Bestellungen bald gegeben werden müssen, ist bekannt, doch können sie voraussichtlich erst nach Realisierung einer Anleihe erteilt werden. Gleich nach Abschluß der Anleihe dürfte infolge des lange zurückgedrängten Bedarfs ein besonders intensiver, wirtschaftlicher Aufschwung sich über das ganze Land und alle Industrien erstrecken.

Ich habe die russischen Verhältnisse aus alter Gewöhnung verfolgt und als Deutscher den selbstverständlichen Wunsch, daß unser Land von der voraussichtlichen Entwicklung profitieren möge. Unter diesem Gesichtspunkte habe ich es mir angelegen sein lassen, in geeigneten Kreisen anzuregen, daß man sich auf russische Geschäfte einrichten und ihnen soweit möglich schon jetzt nahetreten möge. Aus vielen Details erwähne ich eines: die Anregung, sich die Majorität der schwach gewordenen Privat-Handelsbank in St. Petersburg zu verschaffen, um von diesem festen Punkte aus in die russische Industrie hineinzugehen, durch Erschließung großer deutscher Akzeptkredite ihr zu helfen und sie zu beeinflussen. Nach dem berechtigten Einwande, daß die Operation für *eine* deutsche Bank zu groß sei, habe ich angeregt, sie für ein aus der Mehrzahl der Berliner Banken zu kreierendes Konsortium durchzuführen, sich dadurch gewissermaßen eine Vertretung der deutschen Hautefinance in Petersburg zu schaffen und der Industrie gegenüber mit der ganzen Wucht des vereinten deutschen Kapitals aufzutreten. Darauf ist mir die Antwort geworden: für gemeinsame Durchführung solch einer Operation sei die Eifersucht der deutschen Banken untereinander zu groß.

Der Klarheit wegen sei hier erwähnt, daß allen solchen Kombinationen gegenüber das Bankhaus Mendelssohn & Co. auf Grund seiner eigenartigen Verhältnisse eine Sonderstellung einnimmt. Dieses Bankhaus hat auf Grund seiner alten Beziehungen zur russischen Regierung eine so vorzügliche und lukrative Position, daß es irgend eine Veränderung schwerlich wünschen kann.

Inzwischen ist die Zeit vorangerückt, und der Termin für den Abschluß einer durch die Duma zu votierenden Anleihe scheint nähergekommen. Nach einer mir zugegangenen privaten Mitteilung sollen im russischen Handelsministerium heute ungewöhnlich viel Gesuche für Genehmigung von Aktiengesellschaften liegen, mehr als vor etwa 10 Jahren zur Zeit der damaligen Gründerperiode. Die Mehrzahl der heute vorliegenden Gesuche soll ausländisches, überwiegend französisches und englisches Kapital betreffen. Offenbar bereiten unsere wirtschaftlichen Konkurrenten sich auf den Termin der Anleihegewährung energisch vor. Von ähnlicher intensiver Vorbereitung in deutschen Interessen ist nichts bekannt geworden.

Euere Exzellenz mögen mir gestatten, hier den Gedankengang zu unterbrechen, um die nahliegende Frage zu streifen, ob Deutschland an der kommenden russischen Anleihe sich überhaupt beteiligen und dabei auf Gewährung einer Sicherheit bestehen sollte. Wenn diese Frage auch nicht unmittelbar mit den Vorbereitungen auf einen wirtschaftlichen Aufschwung in Rußland zusammenhängt, so dürfte doch unsere Stellung zu der Anleihe von großer Bedeutung für die Möglichkeit einer Beteiligung an den Vorteilen des Aufschwunges werden.

Ich glaube nicht, daß die russische Regierung eine Sicherheit gewähren will oder kann, letzteres mit Rücksicht auf ihre Stellung im Innern. Bestehen auf einer Sicherheit würde voraussichtlich gleichbedeutend mit Ablehnung sein. Daß zur Zeit gewichtige Gründe gegen Gewährung einer Anleihe sprechen, daß insbesondere die deutsche Regierung Anlage freier Gelder in heimischen Staatspapieren lieber sehen muß, liegt auf der Hand; doch die für Teilnahme an der Anleihe sprechenden politischen und wirtschaftlichen Gründe scheinen mir zu überwiegen. Ich würde es für nachteilig halten, wenn Deutschland der Anleihe fern bliebe und erst recht, wenn das mit dem Punkte der Sicherheit in Verbindung gebracht würde, der von der russischen Presse leicht als verletzend dargestellt werden kann. So wenig aber, wie mir eine Nichtbeteiligung an der Anleihe unseren Interessen zu entsprechen scheint, ebenso wenig möchte ich, in Wiederholung der vorletzten Anleihesituation, sehen, daß wir gegen Frankreich ausgespielt würden. Nach meiner Ansicht werden wir am besten fahren, wenn wir als Mitglied eines großen, internationalen Anleihekonsortiums bei dem Geschäfte sind, ohne es zu führen. Die Führerrolle müßte wohl Frankreich zufallen. — Über die prozentuale Höhe unserer Beteiligung könnten wir uns m. E. bald schlüssig werden. Je früher und je einfacher wir das russische Finanzministerium wissen lassen, daß bei uns auf x% Beteiligung an einer international zu placierenden Anleihe gerechnet werden könne, ohne Sonderbedingung, sondern schlechthin unter den durch die voraussichtlich französische Führung des Konsortiums zu vereinbarenden Konditionen um so mehr wird man uns wohl

Dank wissen. Wir erleichtern dem Finanzminister die Negotiation damit erheblich und überlassen nebenbei das Aussprechen alles Unangenehmen der französischen Gruppe. Beiläufig bemerkt, könnte diesmal vielleicht auch Italien etwas zugezogen werden.

In meiner weiteren Darlegung fuße ich auf der Annahme, daß die russische Anleihe unter deutscher Beteiligung zustande kommen werde. Dann aber möchte ich auch den ganzen Nutzen für Deutschland gesichert sehen, der sich aus der Konstellation erzielen läßt. Wenn wir wie bisher verharren, dann ist zu befürchten, daß wir eines Tages zur Anleihe unser Geld hergeben, in der russischen Presse die übliche unangenehme Quittung erhalten und bei der wirtschaftlichen Ausbeutung der Anleihe daneben stehen. Wenn das eintreten sollte, dann freilich könnten wir, unter rein wirtschaftlichem Gesichtspunkt, auch der Anleihe fernbleiben. Der dabei zu erzielende Bankgewinn und die Zinsendifferenz sind keine genügende Kompensation. Wir müssen vielmehr die Gelegenheit benutzen, um mehr zu erzielen, insbesondere:
dauernde Eingänge aus Beteiligungen, Krediten und dergleichen beim russischen Bank- und Transportwesen und insbesondere der Industrie;
langfristige gute Placierung von Geld- und Akzeptkredit; hauptsächlich bei der Industrie;

Beeinflussung der Industrie und zum Teil des Transportwesens in jedem Sinne dadurch, daß wir sie gewöhnen und wo angängig zwingen, auf Deutschland als Quelle ihrer Betriebsmittel und jeglicher finanzieller Unterstützung zu sehen. — Verwertung der damit zusammenhängenden indirekten Beeinflussung von Presse, Regierungsorganen etc. etc.

Stärkung unserer Beziehungen und unseres Einflusses dadurch, daß wir in Verbindung mit den gesteigerten Geldinteressen wieder eine größere Anzahl gebildeter Männer (Kaufleute, Ingenieure) nach Rußland senden. Schon eine nahe Zeit dürfte bei uns Kräfte freimachen.

Weniger würde auf direkte Anträge der russischen Regierung an die deutsche Industrie zu rechnen sein. Die russische Regierung muß in erster Linie ihre eigenen, sehr gewachsenen Werke alimentieren.

In der Befürchtung, daß wir den Moment und damit eine große Gelegenheit zu wirtschaftlicher und politischer Förderung verpassen könnten, habe ich mir erlaubt, mich an Euere Exzellenz zu wenden. Ich stehe unter dem Eindrucke, daß bei der heutigen, etwas entmutigenden Lage des Geldmarktes und unseres Bankgeschäftes private Anregungen in der Sache nichts vermögen. — Deshalb habe ich mir gestattet, Euerer Exzellenz die Entsendung einer kleinen Kommission nach Rußland vorzuschlagen, die die heutige wirtschaftliche Lage noch einmal zu überblicken und darüber einen Bericht zu erstatten haben würde. Ich nehme nicht an, daß diese Kommission besondere Entdeckungen machen und daß der Bericht Dinge enthalten würde, die nicht zum großen Teil als Einzelheiten schon bekannt wären. Immerhin könnte auf einzelne Geschäfte, wie russisch-amerikanische Schiffahrt, Kleinbahnwesen und dergleichen ausdrücklich hingewiesen werden. Den Schwerpunkt aber erblicke ich darin, daß diese Einzeldinge und die gesamte Situation von amtlicher Stelle im Zusammenhange dargestellt würden. Dieser Bericht ganz oder auszugsweise den deutschen Großbanken mitgeteilt, könnte m. E. ein einheitliches, wuchtiges Vorgehen anregen und herbeiführen.

Die Kommission denke ich mir unter Führung eines Generalkonsuls aus wenigen Herren der Industrie und des Handels, einem Techniker und einigen Sekretären zusammengesetzt.

*ZStAP, AA 6219, Bl. 101ff.*

1 War viele Jahre als Industrieller und Bankdirektor in Rußland tätig. Über sein Wirken in der Petersburger Internationalen Handelsbank, vgl. V. I. Bovykin, Zaroždenie finansovogo kapitala v Rossii, Moskau 1967, S. 22 u. passim.

## 73 Bericht Nr. 3677 des Konsuls in Moskau Kohlhaas an den Reichskanzler Fürsten von Bülow. Vertraulich!

*Ausfertigung.*

Moskau, 9. September 1907

In dem Handelsbericht für 1906 habe ich ausgeführt, daß die hiesigen Filialen der großen deutschen Farbenfabriken bisher anscheinend nicht dazu übergegangen seien, infolge des neuen russischen Zolltarifs hier neue Fabrikationszweige aufzunehmen. Diese Nachricht vermag ich jetzt mit voller Sicherheit zu bestätigen.

Ich habe dieser Tage Gelegenheit gehabt, die hiesige Fabrik der Firma Fr. Bayer & Co. in Elberfeld, das weitaus größte Etablissement der Teerfarbenindustrie in Rußland, eingehend zu besichtigen. Die Fabrik ist, wie ebenfalls in dem angezogenen Bericht erwähnt, im vorigen Jahre sehr bedeutend erweitert worden.[1] Diese Erweiterung verfolgte indes nicht den Zweck, neue, bisher nicht betriebene Fabrikationszweige hier einzuführen, sondern war bedingt durch den in den letzten Jahren verdoppelten Absatz von Anilinfarben in Rußland, dem die bisherige Produktion nicht mehr genügen konnte. Es werden in der Fabrik nach wie vor der Erweiterung im wesentlichen Azofarben, ferner von den sogenannten Catigenfarben Schwefelschwarz hergestellt. Die Fabrikation anderer Schwefelfarben soll später aufgenommen werden, ist aber noch nicht begonnen. An eine Verlegung der Fabrikation der Zwischenprodukte nach Rußland ist nach Ansicht der Fachleute, die ich bei dieser Gelegenheit gesprochen habe, gar nicht zu denken. Die Zollerhöhung von 2 Rbl. 25 Kop. auf 4 Rbl., die der neue Tarif gebracht hat, könne ein solches Unternehmen selbst dann kaum lohnend machen, wenn die Hauptschwierigkeit, der Mangel von Steinkohlenteer in Rußland, beseitigt werden könnte. Anders wäre die Situation allerdings dann geworden, wenn es nicht gelungen wäre, bei den Vertragsverhandlungen den Zollsatz für die in Art. 122. Punkt 7 a) des russischen Zolltarifs genannten Zwischenprodukte von 9 auf 4 Rbl. pro Pud herabzusetzen. Übrigens haben die russischen Teerfarbenfabriken ein anderes Mittel gefunden, um sich für die erhöhten Zölle, die sie für die aus Deutschland und der Schweiz kommenden Zwischenprodukte zahlen müssen, schadlos zu halten. Sie haben einfach mittels einer besonderen Verständigung seit dem 1. März 1907 die Verkaufspreise für Anilinfarben um 5% erhöht, was ihnen bei ihrer Monopolstellung auf dem russischen Markt keine Schwierigkeiten bereiten konnte.

Von der hiesigen Fabrik der „Farbwerke" in Höchst, die gleichfalls, wenn auch in geringerem Maß als die Bayerschen im Vorjahr, vergrößert worden ist, höre ich ebenfalls, daß nur eine Vergrößerung der bisherigen Produktion, nicht eine Ausdehnung der Fabrikation auf neue Artikel erfolgt ist. Diese Fabrik stellt außer Azofarben bekanntlich auch einige Sorten von Alizarin her, während die Badische Anilin- und Soda-Fabrik und Fr. Bayer & Co hier Alizarin nur „verschneiden".

Nach dem Gesagten kann vorläufig nicht davon die Rede sein, daß der neue Zolltarif auf die Entwicklung der russischen Teerfarbenindustrie zuungunsten der deutschen Produktion eingewirkt habe. Die Vergrößerung der hiesigen Fabriken entspricht dem gesteigerten Absatz infolge der zunehmenden Verdrängung der natürlichen Farbstoffe durch die Anilinfarben. Es ist auch eine natürliche Entwicklung, daß die russischen Anilinfarbenfabriken nach und nach den Kreis ihrer Fabrikation zu erweitern bestrebt sind. Aber eine Verpflanzung einzelner Fabrikationszweige nach Rußland infolge des neuen Zolltarifs hat nicht stattgefunden und ist in der Teerfarbenindustrie aus den obigen Gründen auch schwerlich zu erwarten.

*ZStAP, AA 6268, Bl. 110f.*

1 Vgl. Walther Kirchner, Die Bayer-Werke in Rußland 1883—1914. Ein deutscher Beitrag zur Industrialisierung Rußlands, in: Osteuropa in Geschichte und Gegenwart. Festschrift für Günther Stökl zum 60. Geburtstag, hrsg. v. Hans Lemberg, Peter Nitsche und Erwin Oberländer, Köln-Wien 1977, S. 153ff.

**74 Erlasse Nr. II 0 3438 des Staatssekretärs des Auswärtigen Amts von Tschischky und Bögendorff an 1 den Geschäftsträger von Miquel in St. Petersburg, 2 Generalkonsul Biermann in St. Petersburg, 3 Generalkonsul Schäffer in Odessa und 4 Konsul Kohlhaas in Moskau**

*Konzept.*

Berlin, 11. September 1907

Von den Kaiserl. Vertretungen in Rußland ist in der Berichterstattung der letzten Jahre wiederholt zum Ausdruck gebracht worden, daß die russische Volkswirtschaft unter den schwierigen politischen Verhältnissen nicht in dem Maße zu leiden hat, wie man außerhalb Rußlands vielfach annimmt, daß sich vielmehr gerade jetzt in Rußland auf vielen Gebieten des wirtschaftlichen Lebens ein deutlicher Aufschwung bemerkbar macht. Dabei ist auch verschiedentlich darauf hingewiesen worden, daß man deutscherseits gut daran täte, dieser Erscheinung seine Aufmerksamkeit zuzuwenden und aus ihr nach Möglichkeit Nutzen zu ziehen. Ein gleicher Hinweis, zugleich mit Vorschlägen über die Art unserer Stellungnahme zu den russischen Vorgängen, ist dem Auswärtigen Amt dieser Tage von einem ehemaligen St. Petersburger Kaufmann Hermann Dernen in Godesberg, dem an sich ein gutes Urteil über russische Verhältnisse zuzutrauen sein dürfte, zugegangen.[1] Herr Dernen schreibt: [. . .]

[An 1 u. 2] Was die im Vorstehenden enthaltenen Ausführungen über die Beteiligung an einer neuen russischen Anleihe betrifft, so dürfte sich ein Eingehen darauf an dieser Stelle erübrigen, wenn auch die Gewährung der Anleihe von Herrn Dernen mit der Erzielung wirtschaftlicher Vorteile in Rußland in engsten Zusammenhang gebracht wird. Die Entscheidung einer etwa auftauchenden Anleihefrage wird in erster Linie von der Gestaltung des deutschen Geldmarktes abhängen. Auch ist mir der dortseitige Standpunkt zu einer derartigen Transaktion aus der bisherigen Berichterstattung bekannt; es könnte sich höchstens fragen, ob etwa dort inzwischen andere Gesichtspunkte in dieser Beziehung erstanden sind.

[An alle] Die von dem Einsender vorgeschlagene Abordnung einer Komission zur Feststellung der gegenwärtigen Lage und Aussichten der russischen Volkswirtschaft dürfte sich erübrigen. Besser als eine solche ad hoc abgesandte Kommission dürften vielmehr die ständig vorhandenen Beziehungen sowohl der amtlichen Vertretungen wie auch der deutschen Interessentenkreise zu Rußland imstande sein, eine Diagnose der wirtschaftlichen Lage des Landes zu fällen und zu beurteilen, ob und an welcher Stelle eine Einsetzung deutschen Kapitals oder deutscher Arbeit Aussicht auf Erfolg bietet.

[An Miquel] Ich habe die vorstehenden Ausführungen zur Kenntnis der für ihre Beurteilung am meisten in Betracht kommenden Konsularvertreter, nämlich der Kaiserl. Generalkonsulate in St. Petersburg und Odessa und des Kaiserl. Konsuls in Moskau, gebracht — letzteren beiden jedoch unter Ausschluß der sie weniger interessierenden Ausführungen über die Anleihefrage — und sie um eine Äußerung dazu ersucht. Die genannten Vertreter sind angewiesen worden, ihre Äußerungen durch die Hand der Kaiserl. Botschaft einzureichen.

Ew. pp. darf ich ergeb. ersuchen, nach Eingang der Äußerungen auch Ihrerseits zu den angeregten Fragen Stellung zu nehmen und mir die konsularischen Berichte mit einem entsprechenden Bericht Ew. pp. gef. zugehen zu lassen.

[An 2—4] Indem ich Ew. pp. von Vorstehendem Kenntnis gebe, ersuche ich Sie ergeb., dazu Stellung zu nehmen und mir eine Darstellung Ihrer Ansicht darüber zugehen zu lassen, ob und in welcher Beziehung sich gegenwärtig ein Aufschwung des russischen Wirtschaftslebens bemerkbar macht, ob er gegebenenfalls eine längere Dauer verspricht und endlich, ob und in welcher Weise nach Ihrer Meinung der deutsche Handel und die deutsche Industrie im gegebenen Moment an einem derartigen Aufschwung Anteil nehmen und Vorteile daraus ziehen können.

Den Bericht bitte ich, durch die Kaiserl. Botschaft in St. Petersburg einzureichen.

*ZStAP, AA 6219, Bl. 114.*
1 Vgl. Dok. Nr. 72.

## 75 Aufzeichnung des Konsuls in Riga Ohnesseit

*Ausfertigung.*

Berlin, 11. September 1907

Auf Befehl Seiner Exzellenz des Herrn Staatssekretärs.

Zuerst traf ich Geheimrat Gutmann von der „Dresdner Bank". Ich wies ihn darauf hin, wie mannigfach und elastisch die wirtschaftlichen Kräfte Rußlands wären. Trotz Krieg, Revolution und monatelangen Streiks hätte z. B. der Außenhandel Rigas in den beiden letzten Jahren nicht nur nicht abgenommen, sondern sich um viele Millionen Rubel vergrößert. Durch die Entsendung energischer Vertreter der Regierungsgewalt sei die äußere Ruhe in den Ostseeprovinzen im großen und ganzen wiederhergestellt; das Vertrauen zu der zielbewußten, maßvollen Politik des Ministerpräsidenten Stolypin werde voraussichtlich auch ganz Rußland in ruhige Bahnen zurückführen. Bereits jetzt, noch vor der völligen politischen Beruhigung, habe ein lebhafter wirtschaftlicher Aufschwung eingesetzt. Seit etwa einem Jahre stehe die sogenannte Kleinindustrie, insbesondere Schloß-, Messer-, Feilen und Charnierfabriken, Mühlenbau, ferner die gesamte Textilindustrie in regster Tätigkeit und könne die zuströmenden Aufträge kaum bewältigen. Erfahrungsgemäß folge der Kleinindustrie nach einem gewissen Zeitraum die Großindustrie, wie Waggon- und Maschinenbau, Walzwerke u.s.w. Der Aufschwung der Großindustrie in Rußland sei mit ziemlicher Sicherheit zu erwarten, sobald die Regierung durch eine Anleihe in die Lage gesetzt sein würde, Staatsbestellungen zu vergeben. Jetzt wäre der psychologische Moment für das deutsche Kapitel und die deutsche Industrie, vorauseilend einzugreifen, um den Hauptnutzen von dem wirtschaftlichen Aufschwunge im Nachbarlande Rußland für Deutschland zu sichern.
Geheimrat Gutmann wandte zunächst ein, daß seine eigenen Informationen über einen zu erwartenden Aufschwung Rußlands, soweit wenigstens die Osthälfte des Russischen Reichs in Betracht käme, nicht ganz so günstig lauteten. Besonders scharf wies er auf die mangelnde Sicherheit im Südosten, auf die Judenhetze in Odessa u. s. w. hin. Ich erwiderte ihm, daß man solche Einzelerscheinungen nicht durch die Brille des Westeuropäers betrachten und ihnen keine zu große allgemeine Wichtigkeit beilegen dürfe.

Ferner wandte er ein, daß die „Dresdner Bank" während der Gründerzeit der 1890er Jahre besonders in Riga große Verluste erlitten habe; er gab aber zu, daß diese Verluste die Folgen von eigenen Fehlgriffen, insbesondere in der Auswahl der leitenden Persönlichkeiten gewesen seien.

Dann unternahm Geheimrat Gutmann einen heftigen Angriff gegen die deutsche Börsengesetzgebung, die den deutschen Banken die Flügel beschnitten habe. Ich wies darauf hin, daß Fürsorge getroffen sei, die vorhandenen Mängel abzustellen.

Der Haupteinwand ging dahin, die deutschen Banken hätten ihr Geld in der deutschen Industrie so stark festgelegt, daß das Fehlen flüssiger Mittel auch das Unternehmen sicherer und nutzbringender Anlagen in Deutschland selbst zur Zeit verhindere. Dabei sei der Ertrag, der den Banken zufließe, ein durchaus befriedigender. Ich entgegnete hierauf, daß diese Lage, die ja an sich auswärtigen Anlagen ungünstig sei, jedenfalls doch nur eine vorübergehende sein würde, während es sich bei den Anlagen in Rußland um eine großzügige Verstärkung unserer Machtmittel für die Dauer handele. Würde man den gegenwärtigen Moment ungenutzt vorübergehen lassen, so würde sich statt unserer französisches und englisches Kapital mehr als bisher in der Industrie Rußlands festsetzen. Geheimrat Gutmann meinte, daß er die Konkurrenz französischen Kapitals in der russischen Industrie nicht fürchte, daß ihm allerdings ein stärkeres Eindringen englischen Einflusses in Rußland gefährlich erscheinen würde. Der englische Industrielle besitzt nämlich eine eigene starke Initiative, während sich die französischen wie unsere eigenen Industriellen von den Banken führen ließen.

Nun fragte Geheimrat Gutmann, ob ich ihm bestimmte einzelne Vorschläge machen könne. Ich erwiderte darauf, daß dies nicht meine Aufgabe sei, vermochte ihm indessen aus meiner Erfahrung in Riga mehrere Fälle anzuführen, in denen in jüngster Zeit deutsches Kapital durch Finanzierung bestehender industrieller Unternehmungen günstige Anlagen gefunden hat und noch finden kann.

Schließlich fragte Herr Gutmann noch, wie ich mir die Form der Beteiligung der deutschen Finanz an der russischen Industrie dächte. Ich erwiderte ihm, mir schiene der geeignetste Weg der zu sein, eine Bank in Petersburg unter ausschließlich deutschen Einfluß zu bringen und sie bei der Plazierung deutschen Kapitals in russischen industriellen Unternehmungen als Vermittler zu benutzen.

Geheimrat Gutmann beauftragte mich, Euerer Exzellenz für die gegebene Anregung seinen verbindlichsten Dank abzustatten. Trotz der mannigfachen Schwierigkeiten, die sich der Ausführung, insbesondere auch in Personalfragen, entgegenstellten, werde er mit seinen Kollegen von der „Dresdner Bank" die Anregung einer sorgfältigen Prüfung unterziehen und versuchen, ob er nicht der Schwierigkeiten Herr werden und aus der Situation für das deutsche Kapital und die deutsche Industrie Nutzen ziehen könne. Damit schloß die Unterhaltung, die mehr als 1 1/2 Stunden gedauert hatte.

Nachmittags empfing mich Herr Gwinner von der „Deutschen Bank". Ich schilderte ihm zunächst die wirtschaftliche Lage in Rußland ähnlich wie Herrn Gutmann. Er erwiderte, daß zwar meine Auffassung auch seinen eigenen Informationen entspräche. Trotzdem sei die „Deutsche Bank" außerstande, großzügige wirtschaftliche Unternehmungen in Rußland durchzuführen, da ihr die Mittel dazu fehlten. Auf eine eingehendere Besprechung ging Herr Gwinner nicht ein. Er bemerkte, daß die „Deutsche Bank" kleinere Aufgaben, wie z. B. die Finanzierung elektrischer Bahnen in einzelnen russischen Städten, nicht vernachlässige.[1]

Hieran schloß Herr Gwinner Klagen über die deutsche Börsengesetzgebung, über den angeblich nicht ausreichenden gesetzlichen Einfluß der Reichsregierung auf die Zulassung auswärtiger Anleihen in Deutschland — er empfahl Nachahmung des französischen Beispiels — und erhob Angriffe auf die Stellung des Bankhauses Mendelssohn und Co. Seine Wünsche in dieser Hinsicht dürften Euerer Exzellenz bekannt sein.[2]

*ZStAP, AA 6219, Bl. 118ff.*

1 Viel Material dazu enthält die Arbeit von V. S. Djakin, Germanskie kapitaly v Rossii. Ėlektroindustrija i ėlektričeskij transport, Leningrad 1971.

2 Über die Auseinandersetzung zwischen der Deutschen Bank und Mendelssohn & Co. vgl. Heinz Lemke, Finanztransaktionen und Außenpolitik. Deutsche Banken und Rußland im Jahrzehnt vor dem ersten Weltkrieg, Berlin 1985.

**76 Bericht Nr. 3708 des Konsuls in Moskau Kohlhaas an die Botschaft in St. Petersburg**

*Abschrift.*

Moskau, 16. September 1907

Der Bericht der Landwirtschaftskammer in Hannover an den Oberpräsidenten daselbst geht meines Erachtens von irrigen Voraussetzungen aus.

Ein wohlwollendes Interesse für die Nöte der deutschen Landwirtschaft können wir von der Russischen Regierung unmöglich erwarten. Wie bekannt, hat sich Rußland bei den letzten Handelsvertragsverhandlungen auf das Hartnäckigste gegen die Annahme der deutschen Minimalzölle für die vier Hauptgetreidearten gewehrt, und es ist keineswegs sicher, wie der Ausgang dieses Kampfes gewesen wäre, wenn nicht die Mißerfolge der russischen Waffen in Ostasien und das dringende Geldbedürfnis Rußlands im Sommer 1904 die Russische Regierung zur Nachgiebigkeit veranlaßt hätten. Die russische öffentliche Meinung betrachtet — ob mit Recht oder Unrecht kann hier dahingestellt bleiben — nach wie vor die vertragsmäßige Festlegung der deutschen Minimalzölle als eine schwere Schädigung der russischen Landwirtschaft und des russischen Exportes, die Deutschland überdies mittels skrupelloser Ausnützung der politischen und finanziellen Schwierigkeiten Rußlands durchgesetzt habe. In dieser Auffassung dürften die Auffassungen der leitenden Staatsmänner Rußlands mit der öffentlichen Meinung des Landes ziemlich übereinstimmen. Jedenfalls aber dürfte kein russischer Minister, selbst wenn er persönlich diese Auffassung nicht teilt, geneigt sein, sich in diesem Punkte mit der öffentlichen Meinung, die sich in dieser Hinsicht wesentlich mit der Anschauung der größeren Grundbesitzer decken dürfte, in Widerspruch zu setzen. Das wäre aber der Fall, wenn er es unternehmen wollte, um der von der Landwirtschaftskammer angenommenen kleinen Vorteile für Rußland willen die Versorgung der deutschen Landwirtschaft mit russischen Saisonarbeitern durch besondere Regierungsmaßnahmen zu begünstigen.

Schon auf Grund dieser Erwägung erscheint mir die Anregung der Landwirtschaftskammer überhaupt nicht diskutabel.

Aber auch die Gründe, die nach dem Schreiben der Landwirtschaftskammer ihre Idee der Russischen Regierung annehmbar und sogar verlockend erscheinen lassen sollen, können meines Erachtens für die Russische Regierung gar nicht ernsthaft in Betracht kommen.

In erster Linie ist die Annahme, daß es in Rußland in jedem Jahre Hungergebiete gäbe, keineswegs begründet. Mißernten werden zwar alljährlich in irgend einem Teil des Russischen

Reiches vorkommen, allein eine einmalige Mißernte schafft auch in Rußland noch keine Hungergebiete. Dazu gehören mehrere nacheinander folgende Mißernten in ein und demselben Gebiet, wie z. B. 1905 und 1906 an der Wolga, wobei überdies zu beachten ist, daß die Nachrichten über den Notstand, wie hier vielfach betont wurde, teils aus politischen teils aus eigennützigen Gründen kolossal übertrieben worden sind. Auf Grund welcher Informationen die Landwirtschaftskammer gerade für das Jahr 1908 eine Hungersnot in verschiedenen Teilen Rußlands vorhersagen zu können glaubt, entzieht sich meiner Beurteilung.

Selbst wenn aber infolge des teilweise unbefriedigenden Ausfalls der diesjährigen Ernte im nächsten Jahr irgendwo in Rußland wieder ein Notstand entstehen sollte, so wäre die Maßregel, die die Landwirtschaftskammer der Russischen Regierung empfehlen lassen will, am allerwenigsten geeignet, Abhilfe zu schaffen. Da die Saisonarbeiter schon im frühen Frühjahr nach Deutschland gehen und dort bis in den späten Herbst verbleiben, so würde die Ablenkung der geeignetsten Kräfte für die Feldarbeit nach dem Ausland die richtige Ausführung der Feld- und Erntearbeiten in dem Notstandsgebiet und die Neubestellung der Felder daselbst nach der Ernte von 1908 in Frage stellen, also zu einer dauernden Minderung des Ertrages der Landwirtschaft in dem betreffenden Gebiet und dadurch zu einer Verringerung des für den Export zur Verfügung stehenden Getreidequantums führen. Da ferner als Saisonarbeiter in Deutschland nur Leute im kräftigsten Alter und vom weiblichen Geschlecht nur Mädchen und kinderlose Frauen angenommen werden, so würden in dem Notstandsgebiet Greise, arbeitsuntüchtige Männer, Weiber und Kinder zurückbleiben, die dann die Regierung erst recht durchfüttern müßte. Große Ersparnisse pflegen die Saisonarbeiter nicht zu machen, und was sie in Deutschland in Reichsmark etwa ersparen, hat in Rußland nur die halbe Kaufkraft.

Den ganzen Nutzen von der Idee der Landwirtschaftskammer hätte die deutsche Landwirtschaft; Rußland hätte davon keinen Nutzen, denn seine Landwirtschaft und sein Getreideexport würden noch weiter geschwächt, während die deutsche Konkurrenz begünstigt würde. Man kann nicht annehmen, daß die Russische Regierung dies nicht auch sofort erkennen würde und es bedarf keiner Erörterung, daß man ihr die kostenfreie Stellung der Saisonarbeiter an die deutsche Grenze ernsthaft gar nicht vorschlagen könnte, zumal noch mit der von der Landwirtschaftskammer gewünschten Klausel, daß die Saisonarbeiter an der deutschen Grenze noch ein Mal gesiebt werden sollen, was zur Folge hätte, daß Rußland die Zurückgewiesenen auf seine Kosten auch wieder nach Hause schaffen müßte.

[. . .]

Nach allem bin ich der Ansicht, daß eine Anregung im Sinne des Vorschlags der Landwirtschaftskammer auf eine wohlwollende Aufnahme durch die Russische Regierung nicht rechnen kann und daher wohl besser unterbleiben dürfte.

Soweit übrigens der Moskauer Konsulatsbezirk in Betracht kommt, scheinen mir auch vom deutschen Standpunkt Bedenken gegen die Idee der Landwirtschaftskammer zu bestehen. Das einzige Element, das bis jetzt überhaupt für die Saisonarbeit in Frage gezogen worden ist, sind die deutschen Kolonisten an der Wolga. Die bisherigen Versuche mit ihnen sind nur sehr beschränkt gewesen und nur teilweise geglückt. Die Meinungen in den Kolonien selbst sind noch immer geteilt. Viele Kenner der Verhältnisse raten den Kolonisten von der Saisonarbeit in Deutschland ab. Andererseits halten viele Kenner die Kolonisten für nicht geeignet für die deutschen Verhältnisse und Anforderungen. Wenn dies schon für die Deutschen gilt, muß es noch viel mehr für die Russen gelten, die kulturell und moralisch noch viel tiefer stehen und noch weniger arbeitswillig und diszipliniert sind. Ob es vom nationalen — nicht ausschließlich landwirtschaftlichen — Standpunkt aus wünschenswert sein kann, neue slawische Elemente nach Deutschland zu ziehen, die zwar vorläufig nur vorübergehend dort arbeiten, im Laufe der Zeit aber naturgemäß teilweise auch dort seßhaft würden, erscheint mir zweifelhaft. Welche Gefahren aber der jedes Frühjahr sich erneuernde Zuzug von russischen Saisonarbeitern aus dem Innern und dem Osten Rußlands für die gesundheitlichen Verhältnisse Deutschlands in sich bergen würde, zeigt die diesjährige Choleraepidemie an der Wolga von neuem.

*ZStAP, AA 483, Bl. 43ff.*

## 77 Bericht Nr. 3654 des Geschäftsträgers in St. Petersburg von Miquel an den Reichskanzler Fürsten von Bülow

*Ausfertigung.*

St. Petersburg, 20. September 1907

Euerer Durchlaucht beehre ich mich auf den Erlaß vom 30. v. M. II E 4827 einen Bericht des Kaiserlichen Konsuls in Moskau vom 16. d. M. Nr 3708 in Abschrift einzureichen,[1] in welchem eingehend erörtert ist, aus welchen Gründen der Zuzug russischer Saisonarbeiter aus den Hungergebieten nach Deutschland auf Schwierigkeiten stößt und weshalb der Russischen Regierung von deutscher Seite her nicht gut zugemutet werden kann, diese Bewegung ihrerseits zu erleichtern.

Ich schließe mich diesen Ausführungen in allen Punkten an, da meine Beobachtungen, soweit ich dazu Gelegenheit hatte, damit vollkommen übereinstimmen.

Von einem Herrn, welcher längere Zeit in den Hauptdistrikten an der Wolga — um diese kann es sich hier wohl nur handeln — verweilt hat, hörte ich, daß diejenigen Arbeiter aus den deutschen Kolonien, welche bereits in Deutschland zu Feldarbeiten verwendet wurden, sich zum Teil recht unzufrieden mit ihrer Lage geäußert haben. Außerdem sehe die Russische Regierung es lieber, wenn etwa überschüssige Arbeitskräfte sich in Sibirien betätigten, anstatt nach den Westgebieten zu ziehen, wogegen die Balten wiederum die deutschen Elemente von der Wolga nach den baltischen Provinzen leiten möchten.

Daß ferner die Russische Regierung mit der Saisonarbeiterauswanderung überhaupt nicht sehr einverstanden ist, dürfte auch aus den Schwierigkeiten hervorgehen, welche den Arbeitern bei dem Verlassen der Grenze in den Weg gelegt werden. Die Kaiserliche Deutsche Regierung hat mehrfach Anlaß gehabt, sich hierüber zu beschweren und die Russische Regierung zur Befolgung der im Handelsvertrag getroffenen Vereinbarungen über die Legitimation der Saisonarbeiter anzuhalten.

Daß ferner die Russische Regierung mit der Saisonarbeiterauswanderung überhaupt nicht sehr einverstanden ist, dürfte auch aus den Schwierigkeiten hervorgehen, welche den Arbeitern bei dem Verlassen der Grenze in den Weg gelegt werden. Die Kaiserliche Deutsche Regierung hat mehrfach Anlaß gehabt, sich hierüber zu beschweren und die Russische Regierung zur Befolgung der im Handelsvertrag getroffenen Vereinbarungen über die Legitimition der Saisonarbeiter anzuhalten.

*ZStAP, AA 483, Bl. 42.*

1 Vgl. Dok. Nr. 76.

**78** **Erlaß Nr. II 0 3692 des Direktors der Handelspolitischen Abteilung des Auswärtigen Amts von Koerner an den Geschäftsträger in St. Petersburg von Miquel**

*Konzept.*

Berlin, 30. September 1907

Mit Bezug auf den Erlaß vom 2. v. M. — II 0 3002 — betr. Beschwerde der Gelsenkirchner Bergwerks-Actien-Gesellschaft über unzureichende Wagenstellung für die Manganerzausfuhr aus Rußland.[1]

Ew. Hochw. ersuche ich ergebenst, mich über den Stand der nebenbezeichneten Angelegenheit mit einem gefl. Bericht zu versehen.

Nach einem der Kaiserl. Botschaft abschriftlich vorliegenden Bericht des dortigen Kais. Generalkonsuls vom 19. d. M. — II 485 — ist seitens des russischen Eisenbahndepartements in der Tat eine allgemeine Anordnung des Inhalts getroffen worden, daß zur Beförderung des für die russischen Hütten bestimmten Erzes täglich 30 Wagen vorneweg gestellt werden sollen. Die in dieser Anordnung liegende Bevorzugung der russischen Erzverbraucher steht nach diesseitigem Dafürhalten nicht im Einklang mit der Bestimmung im Artikel 19 des deutsch-russischen Handelsvertrags, wonach weder hinsichtlich der Beförderungsweise noch *hinsichtlich der Zeit und der Art der Abfertigung* zwischen den Bewohnern der Gebiete der vertragschließenden Teile ein Unterschied gemacht werden soll. Ew. Hochw. stelle ich ergebenst anheim, bei der Weiterverfolgung der Beschwerdesache diesen Gesichtspunkt nötigenfalls zu verwerten.

*ZStAP, AA 2086, Bl. 146ff.*
1 Vgl. Dok. Nr. 69.

**79** **Bericht Nr. II 475 des Generalkonsuls in St. Petersburg Biermann an den Reichskanzler von Bülow**

*Ausfertigung.*

St. Petersburg, 7. Oktober 1907

Bezug auf den Erlaß v. 11 v. M. II 0 3478[1]. Betrifft: Wirtschaftliche Lage in Rußland.

Die erste Frage, deren Beantwortung mir aufgetragen ist, ob sich gegenwärtig ein allgemeiner Aufschwung im russischen Wirtschaftsleben bemerkbar macht, beantworte ich mit: „nein".

Im Vergleich mit den Kriegs- und Revolutionsjahren hat sich auf manchen Gebieten eine Besserung gezeigt und ist noch bemerkbar, aber für einen allgemeinen Aufschwung im Sinne einer Hochkonjunktur sind noch keine Anzeichen vorhanden.

Diejenigen Gebiete des Handels und der Industrie, die die Bevölkerung mit dem versorgen, was zu des Lebens Nahrung und Notdurft gehört, haben in den letzten Zeiten nicht gerade zu klagen gehabt. Ja zeitweise ist das Geschäft sogar recht gut gegangen, und es macht den Eindruck, als ob infolge der besseren Ernte dieses Jahres, die zwar der Menge nach nur eine mittlere ist, aber dank den höheren Preisen den Bauern guten Nutzen bringen wird, die Nachfrage nach manchen Artikeln einheimischer und fremder Produktion etwas steige.

Auch die Tatsache, daß bis vor kurzem weniger wie früher über schlechtes Eingehen der Rechnungen geklagt wurde, deutet darauf hin, daß die Not, die jahrelang im größten Teile des Landes herrschte, nachgelassen hat. Der Import aus dem Auslande hat sich, den Zolleinnahmen nach zu urteilen, in diesem Jahr etwas gehoben und die Eisenbahnbruttoeinnahmen sind etwas gestiegen. Doch wird auch wieder behauptet, daß im Vertrauen auf die Zunahme des Konsums viele Händler, besonders in der Provinz, sich weit über ihre Kräfte mit Waren überladen haben. Der Rückschlag scheint schon hier und da eingetreten zu sein. In der allerletzten Zeit wird auch schon wieder über schlechten Eingang der Zahlungen geklagt.

Es wiederholt sich hier, worauf ich schon früher hingewiesen habe, dieselbe Erscheinung wie anderwärts und zu anderen Zeiten nach Kriegen oder anderen andauernden Störungen des Wirtschaftslebens. Die bei Wiederherstellung ruhiger Zustände zuerst gesteigerte Kauflust des Publikums, das seine letzten Mittel aufwendet, wird von den Kaufleuten als Zeichen eines dauernden Aufschwunges angesehen und die Vorräte werden dementsprechend in ungewöhnlichem Maße angehäuft. Das macht sich dann in den Einnahmen der Zoll- und Eisenbahnverwaltung bemerkbar. Es zeigt sich aber bald, daß die nachteiligen Folgen der allgemeinen Wirtschaftsstörung nicht so schnell verschwinden, wie es zuerst schien.

Es kommt im vorliegenden Falle hinzu, daß man in Rußland eigentlich noch nicht vom Wiedereintritt normaler Zeiten sprechen kann. Zwar ist unverkennbar augenblicklich auf politischem und sozialem Gebiet eine größere Ruhe eingetreten, als in den letzten zwei Jahren, und man hört auch oft genug die Ansicht aussprechen, daß das Schlimmste überwunden, daß die Revolution im Absterben begriffen sei, aber es sind doch nur Ausnahmen, bei denen diese Ansicht schon zur festen Überzeugung geworden ist. Der Gedanke, daß nun nach der Aufregung der letzten Zeit eine Periode der Ermüdung bei den Führern der Bewegung und bei den großen Massen in Stadt und Land eingetreten und daß es der herrschenden Gewalt gelungen sei, die revolutionären Organisationen zu zerstören, daß aber doch ein neues Aufflackern der Bewegung mit allen ihren störenden Folgen für das wirtschaftliche Leben keineswegs ausgeschlossen sei, ist doch noch weit verbreitet und läßt die rechte Unternehmungslust im Lande und in auswärtigen Handels- und Industriekreisen noch nicht recht aufkommen.

Herr Dernen hat in seinen Ausführungen auf die Blüte der russischen Textilindustrie hingewiesen und daraus, nach ähnlichen Vorgängen, auf einen bevorstehenden Aufschwung in den anderen Industrien geschlossen. Er schränkt allerdings diese Erwartung in richtiger Erkenntnis der eigenartigen Verhältnisse in der russischen Metallindustrie selbst ein. Ich halte seine Ansicht aber auch sonst nicht für zutreffend.

Die letzthin günstige Lage der Textilindustrie ist noch kein Anzeichen eines allgemeinen Aufschwungs. Die oben angedeutete Auffassung, daß es sich in einzelnen Handels- und Industriezweigen nur um eine vorübergehende Besserung handelt, die auf besonderen Umständen beruht, scheint mir gerade auf die Textilindustrie zuzutreffen. Ich darf auf den Bericht des Konsuls in Moskau vom 2. September d. J. Bezug nehmen, in dem darauf hingewiesen ist, daß die Textilindustrie des Moskauer Bezirks sich schon wieder bemühe, im Auslande Absatz für ihre Fabrikate zu finden. Noch vor ein paar Monaten lauteten die Berichte aus Moskau so, als ob die Fabriken auf lange Zeit hinreichende Beschäftigung in der Versorgung des inneren Marktes hätten und ihre Aufträge kaum ausführen könnten. Neuere Informationen, die mir jetzt von Industriellen und aus Handelskreisen zugegangen sind, die mit dem zentralrussischen Industrierayon Beziehungen haben, gehen aber dahin, daß die günstige Konjunktur schon wieder im Schwinden sei und daß schon wieder vielfach auf Lager fabriziert werde. Wenn die Fabriken damit rechnen, daß sie, wenn nicht sofort, so doch im nächsten Jahr im Inland ihre Waren nicht glatt absetzen können und dies auf die Erweiterung ihrer Betriebe schieben, so dürfte das nach meinen Informationen doch nur zum Teil richtig sein. Auch für die nächste Zeit sind manche schon darauf gefaßt, ihren Betrieb wegen Nachlaß der Nachfrage einschränken zu müssen. So ist mir zum Beispiel von einem der größten hiesigen Kohlenimporteure mitgeteilt worden, daß mehrere Textilfabriken die für den kommenden Winter gemachten Kohlenbestellungen gern zu einem erheblichen Teil rückgängig machen möchten, weil der Betrieb kleiner geworden, als sie vor noch nicht langer Zeit erwartet hätten. Die mittelrussische Textilindustrie verdankt zum Teil ihre augenblicklich günstige Lage doch auch nur dem besonderen Zufall, daß ihre Hauptkonkurrenz in Polen durch die revolutionären Wirren fast völlig ausgeschaltet ist.

Die Metallindustrie, die durch Kronlieferungen großgezogen ist und fast vollständig von ihnen gelebt hat, zeigt infolge der Finanzlage des Reiches erklärlicherweise keine Spur eines Aufschwungs, eher könnte man bei ihr von einem Notstand sprechen. Die Kleineisenindustrie, die Nagel- und Drahtwerke u. s. w. klagen mehr wie je wegen Mangels an Absatz und bei den Walzwerken und Gießereien, Maschinen- und Waggonfabriken und den Schiffsbauanstalten sieht es nicht viel besser aus. Die Regierung ist nicht einmal imstande, ihren eigenen Werken angemessene Beschäftigung zu geben.

Ich habe in der letzten Zeit über die Versuche und Bemühungen dieses Industriezweiges berichtet, durch Bildung von Syndikaten oder Verbänden ähnlicher Art und durch Forcierung der Ausfuhr ihre Lage zu bessern. Die bisherigen Vereinigungsbestrebungen sind noch im großen und ganzen ergebnislos geblieben. Auch die letztjährige Exporttätigkeit ist nicht besonders gewinnbringend gewesen. War dies schon der Fall zu einer Zeit, in der die Bedingungen für den Export ausnahmsweise günstig waren, so ist anzunehmen, daß bei dem Nachlassen der Hochkonjunktur in den übrigen europäischen Industrieländern, für die nächste Zukunft wenigstens, die Chancen für die russischen Werke noch ungünstiger werden müssen.

Findet die russische Industrie für den überwiegenden Teil ihrer Produktion Absatz im Inland, so wird sich daneben auch das Ausfuhrgeschäft lohnen, aber es ist ihr auf die Dauer nicht möglich, das Hauptgeschäft mit dem Export zu machen, um damit den fehlenden Innenmarkt zu ersetzen.

Es hat sich auch herausgestellt, daß die russischen Werke noch nicht recht auf den Export eingerichtet sind. Die Lieferungen sollen wiederholt zu Ausstellungen seitens der Empfänger Anlaß gegeben haben.

Diese Umstände rechtfertigen den Schluß, daß die Metallindustrie keinen Aufschwung erfahren wird, solange nicht der innere Markt wieder aufnahmefähig wird, das heißt, ehe nicht die Regierung wieder in größerem Umfange die Werke mit Aufträgen versieht.

Auch die sonst blühende Manganeisenausfuhr befindet sich zur Zeit in nicht günstiger Lage; ein Umstand, der für die Handelsbilanz nicht ohne Bedeutung ist. (Bericht vom 19. September d. J. Nr II 485.)

Etwas besser ist zur Zeit die Lage der Kohlenindustrie. Der Rückgang der Produktion an Naphtaheizstoffen hat viele Betriebe, Eisenbahnen und Fabriken dazu geführt, sich auf Kohlenfeuerung einzurichten. Der Kohlenbedarf ist infolgedessen gestiegen und mit Ausnahme des Teils von Rußland, der seine Kohlen über die Ostsee erhält, beziehen die Verbraucher ihre Kohlen aus dem südrussischen Kohlengebiet.

Auch in der Naphtaindustrie ist von einem Aufschwung noch nichts zu verspüren. Die Produktion im Bakuer Bezirk hat noch nicht die Höhe der früheren Jahre vor Beginn der Unruhen erreicht. Wenn auch augenblicklich von größeren Streiks und Arbeiterunruhen nichts zu hören ist, so sind die Zustände doch noch keineswegs stabil. Es macht eher den Eindruck, als ob zwischen Arbeitgebern und -nehmern ein Waffenstillstand als ein definitiver Friede geschlossen sei. Mir ist vor einiger Zeit von jemanden, der die Verhältnisse in Baku aus eigener Anschauung kennt, gesagt worden, daß die großen Firmen vorläufig eine Ausdehnung des Betriebs und Steigerung der Produktion gar nicht wünschten; ihnen wäre ein kleiner Betrieb mit hohen Preisen und wenigen Arbeitern lieber als eine gesteigerte Produktion mit niedrigen Preisen und vielen Arbeitern, wodurch die Gefahr neuer Unruhen nun vergrößert werde. Ob diese Behauptung den Tatsachen entspricht, vermag ich nicht zu beurteilen, aber der Schein spricht für ihre Richtigkeit, und wenn dem so ist, so ist auch in diesem bedeutenden Industriezweige auf einen Aufschwung vorerst nicht zu rechnen.

Die Ausfuhr der Naphtaproduktion ist in den letzten zwei Jahren verhältnismäßig gering gewesen. Würde sie erheblich gesteigert, wozu die Regierung durch Ermäßigung der Transporttarife mithelfen müßte, so würde auch das auf die russische Handelsbilanz von günstigem Einfluß sein.

Eine Vorbedingung für den allgemeinen Aufschwung ist das Einströmen und Flüssigwerden von Werten im Lande, wie es in einer günstigen Handelsbilanz zum Ausdruck käme.

Eine reiche Ernte würde allerdings hierzu die Hauptsache sein, aber auch die Exportindustrie muß ihren Teil dazu beitragen.

Ohne Mitwirkung und Entgegenkommen der Regierung wird sich indes der Export von Fabrikaten nur schwer heben. Von einem solchen Entgegenkommen der Regierung ist bis jetzt recht wenig bemerkbar. Einzelne kleinere Hilfen hat sie den Exporteuren wohl zuteil werden lassen. Ich erwähne die Maßregeln zur Hebung der Ausfuhr von Ferromangan (Bericht vom 19. September d. J. II 485), die den Erzgruben von Kriwoi Rog erteilte Genehmigung zur Ausfuhr ihrer überschüssigen Ausbeute über die westliche Landesgrenze (Bericht vom 20. Juni d. J. II 277), die geringe Ermäßigung der Eisenfrachttarife (Bericht vom 24. April d. J. II 274), die Erstattung des Einfuhrzolls auf Rohkupfer beim Export von Kupferfabrikaten (Bericht vom 24. August d. J. II 423). Aber dies sind alles nur kleine Mittel, die die bedrohten Industriezweige wohl aus ihrer Bedrängnis befreien können, die aber einen weitgehenden Einfluß auf die Gesamtlage von Handel und Industrie nicht ausüben dürften.

Im Gegensatz dazu wird auch schon wieder die Frage der Erhöhung vieler Eisenbahntarife um 10% ventiliert. Bei Berücksichtigung der Lage der russischen Bahnen, deren Betriebskosten sich in letzter Zeit durch die Erhöhung der Löhne, die Verteuerung von Heiz- und Schmiermaterialien wesentlich vermehrt haben, ist das Verhalten der Regierung begreiflich. Ihre Lage ist eben zur Zeit derartig, daß sie im Augenblick nur für ihre nächsten Bedürfnisse sorgen kann und eine großzügige Wirtschaftspolitik sich auf bessere Zeiten versparen muß.

Es ist nicht zu leugnen und mag auf den Fernstehenden noch mehr Eindruck machen, daß sich im russischen Wirtschaftsleben eine gewisse Rührigkeit oder eher Unruhe bemerkbar macht, die den Anschein erweckt, als ob eine lebhafte Entwicklung unmittelbar bevorstehe. Ich erwähne z. B. die Gründung des Verbandes des russischen Handels und Industrie [!], die Errichtung einer Obst-, Tee- und Weinbörse, die Bestrebungen zwecks Gründung einer Wollbörse, die Vereinsbestrebungen der Metallindustrie, zahlreiche Ausstellungsprojekte u. s. w. Aber ich glaube, ohne diesen Bestrebungen ihre Bedeutung absprechen zu wollen, daß diese Rührigkeit noch nicht als Beweis eines unmittelbar bevorstehenden Aufschwungs anzusehen ist, sondern eher als Beweis dafür, daß man sich der andauernd ungünstigen Lage immer mehr bewußt wird und nun durch mehr künstliche Maßregeln eine Besserung herbeizuführen versucht, deren Eintritt doch hauptsächlich von anderen Voraussetzungen abhängt. Ich habe seinerzeit über die geplanten Kapitalerhöhungen russischer Banken berichtet (Bericht vom 30. April d. J. II 182). Soviel mir bekannt, hat bis jetzt allein die Sibirische Bank diesen Plan ausgeführt, was auch darauf schließen läßt, daß die Hochfinanz noch nicht die Zeit für gekommen erachtet, um das jetzt teuere Geld heranzuziehen zur Ausdehnung ihrer Wirksamkeit.

Ich komme nach allen meinen Beobachtungen zu dem Resultat, daß, wenn nicht besondere Umstände eintreten, ein allgemeiner Aufschwung noch nicht vor der Tür steht.

Ich habe Gelegenheit genommen, mit hiesigen Großkaufleuten und Industriellen über diese Frage zu sprechen und habe dabei ausnahmslos dieselben Ansichten gefunden.

Es kommt darauf an, daß Geld ins Land kommt und wirtschaftliche Verwendung findet, und ferner, daß das Vertrauen auf dauernden Bestand von Ruhe und Ordnung im Lande sich allgemein festsetzt; dann erst wird die Unternehmungslust und damit der wirtschaftliche Aufschwung kommen. Jetzt ist das Geld knapp, was unter anderem in dem hohen Zinssatz der Banken zum Ausdruck kommt. Seit einigen Tagen ist Geld nicht unter $8^1/_2\%$ zu haben.

Die Hauptwege, auf denen Geld ins Land kommen kann, sind: durch eine günstige Handelsbilanz, durch Beteiligung fremden Kapitals an wirtschaftlichen Unternehmungen oder durch Staatsanleihen.

Die diesjährige Handelsbilanz dürfte, soweit sich jetzt übersehen läßt, nicht wesentlich günstiger als die des Vorjahres werden. Daß der Export der Industrie zu wünschen übrig läßt, ist bereits oben erörtert worden. Die Ernte ist, wie ebenfalls schon bemerkt, zwar besser als im Vorjahr, aber doch auch nicht über Mittel. Höhere Preise, wenn sie sich noch länger halten, können den bisherigen Minderertrag der diesjährigen Ausfuhr wohl ausgleichen, aber schwerlich zu einer glänzenden Handelsbilanz führen.

Der Getreideexport war in der ersten Hälfte dieses Jahres ungewöhnlich schwach. Bis Ende August betrug die Ausfuhr an Getreide im ganzen für 259 Millionen Rubel, gegen 338 Millionen bzw. 411 Millionen bzw. 317 Millionen im selben Zeitraum der Jahre 1906—1904. Nach den bis Ende August reichenden Nachrichten hat die Gesamteinfuhr nach Rußland 452 Millionen Rubel, die Ausfuhr 616 Millionen Rubel betragen, gegen 448 Millionen bzw. 673 Millionen im Jahre 1906. Der diesjährige Ausfuhrüberschuß betrug also 173 Millionen und stand hinter dem des vorigen Jahres noch um 61 Millionen zurück. Selbst wenn der Getreideexport in den vier letzten Monaten d. J. den des Vorjahres noch erheblich übertreffen sollte, so wird der Saldo der Handelsbilanz doch wohl nicht viel weiter reichen als zur Deckung der Zinsen der auswärtigen Staatsschuld.

Der zweite Weg, dem Lande Mittel zur wirtschaftlichen Entwicklung zuzuführen, besteht in der Heranziehung ausländischen und auch russischen Privatkapitals zur Beteiligung an Handels- und Industrieunternehmungen. Hierzu ist aber wesentliche Voraussetzung, daß die innere Ruhe nicht nur hergestellt ist, sondern daß das Kapital auch Vertrauen für die Zukunft hat. Zur Herbeiführung dieses Vertrauens könnte die Regierung wohl auch beitragen, wenn sie sich, entgegen ihrem früheren Standpunkt, dem Einströmen fremden Kapitals sympathisch zeigte und ihm die Wege ebnete; davon ist aber noch nichts zu merken. Im Gegenteil macht es noch immer den Eindruck, als ob die Regierung das Eindringen fremden Kapitals wegen des damit verbundenen ausländischen Einflusses nicht gern sähe.

Wenn trotzdem auch in letzter Zeit mit ausländischem Gelde neue Unternehmungen ins Leben gerufen oder ältere unterstützt worden sind, so handelt es sich entweder um reine Spekulationsunternehmungen, bei denen wohl mehr die Hoffnung auf Gründergewinne als auf dauernde Anlage und Entwicklung des Landes im Spiele war, oder es waren Fälle, wie sie zu jeder Zeit hier und da vorkommen.

Das erstere trifft auf die von London ausgehenden Gründungen in Gold- und Kupferunternehmungen zu. Nach den über diese Unternehmungen eingegangenen Nachrichten scheint es, daß viel Schwindel dabei ist. Schon daß die südafrikanischen Minenspekulanten sich zahlreich daran beteiligt haben, scheint mir verdächtig. Da das Publikum auf Südafrikaner nicht mehr recht anbeißt, wird versucht, ihm für sibirische Goldfelder von zum mindesten problematischem Wert das Geld aus der Tasche zu ziehen.

Auch das in Kupferunternehmungen gesteckte Kapital dürfte bei dem inzwischen eingetretenen Kupferkrach nicht gerade sehr rentabel placiert sein. Die Handels- und Industriezeitung brachte noch in diesen Tagen einen Artikel, in dem gegen die Spekulation in Kupferwerten gewarnt wurde.

Außer diesen Spekulationsgründungen ist in letzter Zeit mehrfach ausländisches Kapital nach Rußland gelangt, und das wird auch weiter geschehen, und hoffentlich wird auch deutsches Kapital sich ferner an solchen als sicher erkannten Unternehmungen beteiligen können.

Als solche größere Kapitalinvestierungen führe ich an: die Unternehmungen der deutschen Tiefbohrgesellschaft zur Naphtagewinnung an der Nordküste des Schwarzen Meeres, die in Aussicht genommene Beteiligung der Deutschen Bank an der Kapitalerhöhung der Russischen Bank für auswärtigen Handel wie an der Sibirischen Bank, die Beteiligung der österreichischen Länderbank an Kohlengruben im Donezbassin (an diesem Geschäft soll auch deutsches Kapital teilgenommen haben), der Aufkauf großer Waldbestände im Kaukasus durch ein englisches Konsortium, des weiteren Beteiligung deutschen Kapitals an den Kolomna-Eisenwerken, der Abschluß eines Vertrages zwischen der Rouvierschen Unternehmung und der russischen Südostbahn über Leihe von Eisenbahnwaggons.

Es sind dies alles Unternehmungen von ziemlicher Bedeutung, und es sind nicht die einzigen dieser Art. Aber das durch sie nach Rußland gezogene Kapital ist doch noch nicht bedeutend genug, um das gesamte wirtschaftliche Leben zu heben. Dazu sind größere Kapitale erforderlich und mit ihrem Eindringen in das Land müßte die Anlage russischer Kapitalien in wirtschaftlichen Unternehmungen Hand in Hand gehen. Die Russen selbst müssen erst mehr Vertrauen in die Zukunft ihres Landes zeigen. Daran fehlt es noch völlig. Im Gegenteil haben viele wohlhabende Russen in den letzten Jahren ihre Gelder aus Rußland und russischen Unternehmungen herausgezogen und im Ausland in Sicherheit gebracht. Von einem Rückfluß solcher Kapitalien hat man noch wenig gehört.

Ich habe keine sichere Bestätigung für die Angaben des Herrn Dernen erhalten, daß zahlreiche Konzessionsgesuche zur Gründung von Aktiengesellschaften der Genehmigung des Handelsministers harren. Nach den Erkundigungen, die ich eingezogen habe, scheint es sich jedenfalls nicht um viele bedeutende und ernste Pläne zu handeln. Konzessionen werden überdies häufig nachgesucht, aber da die Projektemacher sich vielfach erst hinterher nach dem zur Ausführung ihrer Pläne nötigen Kapital, und zwar oft vergebens, umsehen, so verfallen die erteilten Konzessionen auch recht häufig. Ich komme zu dem Schlusse, daß sowohl das fremde wie das russische Kapital sich noch wenig unternehmungslustig zeigt und daß die in letzter Zeit erfolgten Investierungen nicht das gewöhnliche Maß überschreiten und nicht als Anzeichen einer nahe bevorstehenden Hochkonjunktur anzusehen sind.

Der dritte Weg, Geld ins Land zu bekommen und damit eventuell den Impuls zu einem allgemeinen Aufschwung zu geben, würde die Aufnahme einer großen Anleihe und deren Verwendung im Interesse der Entwicklung des Landes sein.

Die Anleihefrage hängt mit der Frage der russischen Staatsfinanzen eng zusammen.

Es ist heute, wie immer, schwer, ein klares Bild über diese Finanzlage zu erhalten.

Wenn man die von der Regierung bekanntgemachten Zahlen über die Einnahmen und Ausgaben, die detailliert allerdings erst bis Ende Mai vorliegen, betrachtet, so kann man wohl zu der Meinung kommen, daß die Finanzlage eine günstige ist. Auch der Finanzminister bemüht sich in letzter Zeit wieder, diesen Eindruck hervorzurufen.

Nach den vorliegenden statistischen Angaben sind bis Ende Mai an ordentlichen Einnahmen 890 Millionen, d. h. $10^1/_2$ Millionen mehr als 1906 eingegangen, während die ordentlichen Ausgaben mit 795 Millionen um 78 Millionen hinter denen des Vorjahres zurückgeblieben sind. Die außerordentlichen Einnahmen haben in den ersten fünf Monaten 51,7 Millionen und die außerordentlichen Ausgaben 98,9 Millionen Rubel betragen. Bis Ende Juli, worüber nur kurze Notizen vorliegen, sollen die ordentlichen Einnahmen 1254 Millionen gegen 1207 Millionen im Vorjahr betragen haben. Diese Ziffern sehen günstig aus, aber die Sache muß doch einen Haken haben. Wenn der Überschuß der Einnahmen wirklich so groß ist, und wenn man berücksichtigt, daß bei Beginn des Jahres eine disponible Summe von über 60 Millionen vorhanden war, so ist es doch auffällig, daß die jetzt fälligen kurzfristigen Schatzscheine von etwa 52 Millionen nicht, wie es erst angekündigt war, getilgt, sondern wieder bis ins nächste Jahr verlängert worden sind. Es ist ferner eine der angeblich günstigen Finanzlage nicht entsprechende Tatsache, daß die Regierung mit der Zahlung ihrer laufenden Rechnungen außerordentlich säumig ist. Es scheint bei einigen Departements fast zum Prinzip geworden zu sein, die fälligen Verpflichtungen nicht rechtzeitig zu tilgen. Es kennzeichnet die Verhältnisse, daß der hiesige Fabrikantenverein, dem die größten Industrieunternehmungen des Landes angehören, von denen sehr bedeutende Lieferungen für die Regierung ausgeführt werden, sich kürzlich genötigt gesehen hat, an seine Mitglieder ein Zirkular zu senden, in dem wegen der sich häufenden Klagen über Nichtbefriedigung längst fälliger Forderungen durch die Regierung die Mitglieder aufgefordert werden, in ein Formular die nicht bezahlten Staatsrechnungen, deren Beträge und die Fälligkeitstermine zu vermerken, damit seitens der Vereinsleitung im allgemeinen Interesse vorgegangen werden könne.

Die schlechtesten Zahler sollen die Staatsbahnen sein. So soll sich, um ein Beispiel zu nennen, ein südrussisches Werk seit über drei Viertel Jahren vergeblich bemühen, von der Südostbahn eine liquide Forderung von über $1^1/_2$ Millionen Rubel gezahlt zu erhalten.

Wie dieses Verhalten der Regierung auf die Knappheit ihrer Mittel schließen läßt, so deutet darauf auch der Umstand, daß auch für das nächste Jahr die Ausgaben aufs äußerste eingeschränkt und nur die absolut unaufschiebbaren, außerordentlichen Bedürfnisse berücksichtigt werden sollen. Auch hierzu ist die Zuhilfenahme des Kredits unabweislich.

Selbst die offenbare für Rußland als Großmacht notwendige Rekonstruktion seiner Flotte soll anscheinend verschoben werden oder nur in ganz langsamem Tempo erfolgen.

Die dringendsten außerordentlichen Aufwendungen sind bestimmt, die Stellung in den ostasiatischen Gebieten zu stärken und sich dort auf alle Eventualitäten, sei es gegen Japan, sei es gegen China, vorzubereiten.

Die im Mai d. J. von der Nowoje Wremja gebrachte Nachricht, daß ein Flottenbauprogramm mit einem Kostenanschlag von 1600 Millionen ausgearbeitet sei, mußte das Blatt schnell widerrufen (Bericht vom 25. Mai und 29. Mai). Auch die Verhandlungen zwischen den Putilowwerken und einem englischen Konsortium, das sich im Hinblick auf die in Aussicht stehenden Kriegsschiffsbauten an den Werken mit 1 Million Pfund Sterling beteiligen sollte, sind ohne Ergebnis abgebrochen worden, weil die Regierung die weitausschauenden Flottenbaupläne vorläufig fallen gelassen habe und die für die nächste Zeit bevorstehenden wenigen Neubauten auf den eigenen Werften ausführen lassen wolle.

Dagegen scheint man mit Bahnbauten besonders in Sibirien und Ostasien, die für die strategische Lage wichtig sind, ernst machen zu wollen.

Das Programm umfaßt:

Bau der Bahn von Bui an der Petersburg-Wjatkabahn nach Danilowo an der Nordbahn, Bau einer Brücke bei Jaroslaw, Herstellung der Verbindung zwischen den finnischen und russischen Bahnen, ferner Bau der Bahn von Tjumen nach Omsk, Anlage eines zweiten Gleises von Omsk bis Karymskaja, Umbau der Sibirischen Bahn in den Bergdistrikten und Bau der Amurbahn. Es heißt weiter, daß in nächster Zeit auch zur Ausführung kommen sollen:

neue Befestigungen bei Wladiwostok, Verbesserung des Hafens von Nikolajewsk und die Anlage großer Kasernen u. s. w. in Chabarowsk.

Die Mittel zur Verwirklichung der umfassenden Pläne können nur im Anleihewege aufgebracht werden. Es ist daher anzunehmen, daß die Regierung jedenfalls sobald sie die Zustimmung der neuen Duma erhält, mit Anleiheanträgen an das Ausland herantreten wird.

Noch ist es unklar, wie die neue dritte Duma aussehen wird. Die bis jetzt bekannt gewordenen Daten über die Wahlen deuten eher darauf hin, daß trotz der Erneuerung des Wahlgesetzes die Opposition doch wieder recht stark in das Taurische Palais einziehen wird.

Die oben erwähnten Bauten gelten aber für so dringlich, daß die Regierung auch dann eine Anleihe aufzunehmen versuchen wird, wenn die dritte Duma den Spuren ihrer zwei Vorgänger folgen würde.

Ich habe, als die Anleihe von 1906 bevorstand, mich gegen eine Teilnahme Deutschlands ausgesprochen und bin auch heute der Ansicht, daß, wenn wir erneut vor die Anleihefrage gestellt werden, wir am besten führen, wenn wir uns wieder zurückhalten könnten. Direkte Vorteile, etwa in Gestalt von Gegenleistungen auf wirtschaftlichem Gebiet, werden wir bei einer Beteiligung schwerlich haben. Daß durch unsere Teilnahme eine deutschfreundlichere Stimmung in Rußland entsteht und daraus dann eine Förderung des deutschen Handels und der Industrie folgt, bezweifle ich gleichfalls. Die Stimmung im großen und ganzen, wie sie auch in der einflußreichen russischen Presse durchgehend zutage tritt, ist antideutsch und wird es auch bleiben, trotz unserer Beteiligung an einer neuen Anleihe, ebenso wie die Negozierung der Kriegsanleihe von 1905 keinen Einfluß der Art gehabt hat. Ja selbst wenn wir allein eine Anleihe übernähmen oder uns an die Spitze der Darleiher stellten und eine ähnliche Position, wie das letzte Mal Frankreich einnähmen, würde das unser Verhältnis zu dem nicht offiziellen Rußland wenig ändern. Die Vorteile würden jedenfalls das Opfer und die Mühe nicht wert sein. Genau genommen hat auch Frankreich, obgleich es der Verbündete ist und der Russe mit dem Franzosen viel mehr sympathisiert als mit uns, für die riesigen Beträge, die es Rußland seit Jahren wieder und wieder gepumpt hat, nur recht mageren Dank geerntet.

Es wird Rußland keineswegs leicht werden, eine große Auslandsleihe zustande zu bringen. Auch Frankreich wird, die Zustimmung der Duma vorausgesetzt, allein eine Anleihe schwerlich übernehmen. Daß England die Überlassung von Afghanistan, Tibet und des Schlüssels zum Persischen Golf durch Übernahme einer Anleihe bezahlen wird, ist auch noch nicht wahrscheinlich.[2]

Einen Erfolg wird Herr Kokowzow am Ende nur wieder mit einer internationalen Anleihe haben, d. h.: einer, an der alle europäischen überhaupt als Gelddanleiher in Frage kommenden Mächte teilnehmen.

Wenn erst darüber Klarheit herrscht, dann wird zu entscheiden sein, ob wir, um nicht als die allein Fernstehenden den russischen Chauvinisten und Deutschhassern als Zielscheibe ihrer Angriffe zu dienen, uns ebenfalls mit einem mäßigen Betrag beteiligen.

Unsere wirtschaftliche Lage, die noch immer bestehende Geldteuerung werden es verständlich erscheinen lassen, wenn wir unsere im eigenen Land nötigen Geldmittel nicht oder doch nur in geringem Betrage an das Ausland abgeben. Eine solche Beteiligung würde vielleicht verhindern, daß auch in Rußland von neuem auf die Isolierung Deutschlands hingewiesen und hingewirkt würde.

Wenn Herr Dernen vorschlägt, schon jetzt, im voraus, den russischen Finanzminister wissen zu lassen, daß wir in jedem Fall für eine Anleihe zu haben sind, um ihm dadurch die Negozierung zu erleichtern, so halte ich das für verfehlt. Wir haben wirklich keinen Anlaß, ungebeten, ohne eine Aussicht auf volle Gegenleistung unser konstbares Geld in das durchlöcherte Faß der russischen Finanzen zu werfen. Herr Dernen scheint mir den russischen Charakter zu verkennen, wenn er annimmt, daß ein solches mehr wie höfliches Entgegenkommen hier anerkannt und uns Dank einbringen würde.

Angenommen nun, eine Anleihe von Bedeutung, d. h. von wenigstens 500 Millionen Rubel, käme in nächster Zeit zustande, so fragt es sich wieder, ob damit die Bedingung eines allgemeinen wirtschaftlichen Aufschwungs gegeben sei. Ich glaube nicht.

Die notleidende Metallindustrie wird ihre Lage verbessern, viele bei den neuen öffentlichen Bauten beschäftigten Arbeiter werden längere Zeit einen guten Verdienst haben, aber daß dadurch die Unternehmungslust auf den anderen Gebieten geweckt wird, ist doch keineswegs sicher.

Der Inlandskonsum, der für die russische Industrie noch für lange Zeit die Hauptsache bildet, wird sich durch solch eine Anleihe, die für politisch-strategische, aber nicht kulturell-wirtschaftliche Zwecke verwandt wird, nicht ohne weiteres heben.

Die zweite von Euerer Durchlaucht gestellte Frage bezüglich der Dauer eines etwaigen Aufschwungs erledigt sich durch meine vorstehenden Ausführungen.

Die Beantwortung der dritten Frage, ob und in welcher Weise der deutsche Handel und die deutsche Industrie im gegebenen Moment an einem Aufschwung Anteil nehmen und Vorteile daraus ziehen können, ist von Herrn Dernen versucht worden.

Seine ersten Vorschläge bezeichnen zwar das Ziel, das Deutschland schon immer vor Augen gehabt hat, aber sie geben nicht an, und das ist es, worauf es ankommt, wie dies Ziel zu erreichen sei.

Dauernde Eingänge aus Beteiligungen, Krediten u. dgl. beim russischen Bank- und Transportwesen und insbesondere der Industrie sind in dieser Beziehung sehr erwünscht, und der Weg, den mehrere unserer großen Banken eingeschlagen haben oder einzuschlagen gewillt sind, nämlich durch Kapitalbeteiligung Einfluß auf die russischen Finanzinstitute und durch sie auf andere Zweige des russischen Wirtschaftslebens zu gewinnen, ist jedenfalls der richtige. Diese Frage der Bankbeteiligung ist in dem Bericht vom 30. April d. J. II 182 behandelt worden.

Eine genaue Prüfung der betreffenden russischen Institute und der Gesamtlage ist aber sehr nötig, damit nicht an Stelle der dauernden Eingänge dauernde Verluste treten.

So scheint mir die Anregung zu einer Beteiligung an der Privathandelsbank etwas bedenklich. Es ist ja möglich, daß die Firmen, die die Sanierung dieses arg verfahrenen Unternehmens auf sich nehmen, dabei ohne Verlust davon kommen, aber ob selbst dann allgemeine deutsche Interessen in absehbarer Zeit gefördert werden, ist sehr fraglich. Die Privathandelsbank hat ihr Hauptgeschäft in St. Petersburg, außerdem hat sie nur drei Filialen. Ihre Kundschaft im Lande ist im Vergleich zu anderen Banken nie sehr umfangreich gewesen.

Einer Beteiligung an den Poliakoffschen Banken (Bericht vom 30. April d. J. II 182) würde, vorausgesetzt daß deren Sanierung auf gesunder Basis erfolgt, schon eher das Wort zu reden sein, da diese Banken ein weitverzweigtes Geschäft, zahlreiche Zweigniederlassungen, gute Verbindungen und Kundschaft in den Provinzen haben, so daß sich das Geschäft leicht weiter ausdehnen ließe.

Wie bei den Banken und durch die Banken, so sind auch Beteiligungen an den industriellen Unternehmungen oder bei Neugründungen von solchen an sich sehr erwünscht. Aber auch in solchen Fällen ist eine vorherige sorgfältige Prüfung sehr am Platze.

Die in dem Bericht vom 30. April d. J. II 161 gegebene Aufstellung über die Lage einer großen Zahl von industriellen und anderen Unternehmungen in Rußland zeigt nur zu deutlich, wie unsicher die Lage der russischen Industrie ist. Die Schwankungen in der Konjunktur sind eben in Rußland häufiger und größer als in den Ländern, die nicht nur von dem inneren Markt abhängen, sondern auch für den Export arbeiten. Es wird daher, sobald es sich um größere Beteiligungen handelt, anzuraten sein, durch sachverständige Vertrauenspersonen, die Land und Leute schon kennen, an Ort und Stelle sehr genaue Ermittlungen über Lage und Aussichten und Rentabilität des Unternehmens anzustellen, und es wird ferner, wo solche Beteiligungen oder Gründungen erfolgen, darauf Wert zu legen sein, daß zuverlässige, gut vorgebildete Personen, am besten Deutsche, an die Spitze oder doch auf maßgebende Posten gestellt werden.

Unter Umständen kann auch die Gründung von Filialen deutscher Industriewerke in Rußland in unserem Interesse liegen. Im allgemeinen wird es ja für uns, schon im Interesse unserer Arbeiterbevölkerung, besser sein, im eigenen Lande zu fabrizieren und die fertigen Fabrikate zu exportieren. Aber wenn die Frage so steht, ob wir oder dritte einen Industriezweig, dessen Erzeugnisse bis dahin ganz oder zum Teil von uns exportiert worden sind, in Rußland ins Leben rufen sollen, wenn dessen Entstehen in jedem Fall vorauszusehen ist, so ist noch immer besser, wir unternehmen diese Gründung und schaffen damit dem deutschen Kapital eine gute Anlagegelegenheit, als daß wir dies den Russen oder dritten Nationen überlassen.

Ich denke hier z. B. an unsere elektrische und Kabelindustrie, an den Bau von Feld- und Kleinbahnen. Daß solche Werke in Rußland entstehen und unsere Ausfuhr deutscher Artikel unterbinden oder doch wesentlich schmälern würden, war seinerzeit sicher. Die Gründung der Filialen von Siemens & Halske, der Kabelwerke, von Arthur Koppel und anderen in Rußland hat doch dazu geführt, daß der Gewinn aus der Versorgung des russischen Marktes in der Hauptsache dem deutschen Unternehmertum und Kapital verblieb. Und weiter war der Vorteil damit verbunden, daß eine große Zahl von Artikeln, deren Herstellung in Rußland noch unrentabel ist und vielleicht für immer bleiben wird, hauptsächlich von den deutschen Stammhäusern oder anderen Firmen in Deutschland bezogen werden.

Wo also das Entstehen neuer Industrien in Rußland in sicherer Aussicht steht, was bei den hohen Zöllen ja noch oft vorkommen wird, da sollten die deutschen Fabrikanten nicht zögern, Filialen in Rußland anzulegen, um anderen Nationen zuvorzukommen. Unter Umständen wird es sich auch empfehlen, Fabriken anzulegen in denen Halbfabrikate verarbeitet werden.

In Unternehmungen des Transportwesens, besonders am Bau von Privatbahnen sich zu beteiligen, ist vorläufig nur ausnahmsweise anzuraten. Die noch bestehenden russischen Privatbahnen haben bisher mit wenigen Ausnahmen keine glänzenden Geschäfte gemacht, und wenn auch in den Fällen, in denen die Regierung eine Garantie für die Anlagekapitalien übernommen hat, eine geringe Verzinsung gesichert erscheint, so kann man doch in solchen Fällen von einer guten Kapitalanlage nicht reden. Einzelne derartige Unternehmungen sind ja natürlich gut und rentabel, und es wird sich auch in dieser Branche eher ein Geschäft machen lassen, wenn die Regierung diese Privatunternehmungen zu fördern, sich aufrichtig bereit zeigt.

Daß ein zu überstürztes Vorgehen und mangelhafte Kenntnis der eigenartigen schwierigen Verhältnisse in Rußland recht verlustbringend sein kann, hat gerade jetzt wieder die amerikanisch-englische Firma Westinghouse erfahren, die mit Unterbieten der Offerten anderer die hiesigen Verhältnisse richtig beurteilenden Firmen den Bau der Petersburger elektrischen Straßenbahn übertragen erhalten hat.

Sie hat etwa 2 Millionen Rubel weniger als ihre Konkurrenten gefordert und soll jetzt mit einem Verlust von etwa $1^1/_2$ Millionen abschließen.

Es wird ferner darauf ankommen, Absatzgelegenheiten und neue Bedürfnisse in Rußland möglichst kennenzulernen, sobald sie entstehen.

Es soll eine Hauptaufgabe der Handelssachverständigen bei den Kaiserlichen Konsulaten sein, Informationen über solche neue Chancen für unseren Exporthandel einzuziehen und schleunigst darüber zu berichten. Ich hoffe, daß der Sachverständige,[3] der jetzt Sibirien bereist, diesen Teil seiner Aufgabe, den ich ihm besonders ans Herz gelegt habe, recht erfolgreich erledigt hat, und ich beabsichtige auch den zweiten Sachverständigen, der in der nächsten Zeit seinen hiesigen Platz antreten wird, gerade für diesen Zweig seiner Tätigkeit besonders zu interessieren. Aber bei der großen Ausdehnung des russischen Gebiets und den so verschiedenen Verhältnissen und Bedürfnissen, kann auch der Handelssachverständige und können auch die Konsuln nicht alle Chancen für die deutsche Industrie und den deutschen Handel erfahren und immer rechtzeitig die wünschenswerten Anregungen geben.

Es ist daher großen Exportfirmen oder vielleicht noch besser den Verbänden einzelner Industriezweige nur zu empfehlen, wenn eine Zeit der Hochkonjunktur beginnt, ihrerseits Sachverständigenkommissionen aus Kaufleuten und Technikern bestehend nach Rußland zu senden, damit sie sich an Ort und Stelle von den Absatzgelegenheiten Kenntnis verschaffen, die örtlichen Handels- und Verkehrsverhältnisse, die Lage des Marktes und die Maßnahmen der Konkurrenten studieren und persönliche Verbindungen anknüpfen.

Auch die lebhafte Aussendung von Reisenden mit reichhaltigen Musterkollektionen wird ihren Zweck nicht verfehlen, überhaupt wird es sich immer empfehlen, den alten und neuen Kunden, die Waren, die sie kaufen sollen, möglichst in Proben und Mustern vorzuführen.

Wenn nicht ständig, so wird es sich doch im Fall eines Aufschwungs für manche Industriezweige bezahlt machen, vorübergehend in den Handelszentren Musterlager anzulegen.

Auch die Beteiligung an Ausstellungen sollte nicht vernachlässigt werden. Es wird hierbei in jedem Fall zu prüfen sein, ob die betreffenden Ausstellungen ernste Unternehmungen mit praktischen Zielen oder bloße Schaustellungen ohne Aussicht auf regen Besuch der Sachkenner und fachmännischen Interessierten sind.

Die permanente Ausstellungskommission in Berlin, die sich schon mehrfach um Auskunft über angekündigte Ausstellungen hierher gewandt hat, scheint mir eine geeignete Instanz zu sein, um den deutschen Industriellen guten Rat zu erteilen.

Die Anregung des Herrn Dernen, auf die öffentliche Meinung in Rußland einzuwirken, um eine mehr deutschfreundliche Stimmung hervorzubringen, halte ich für beachtenswert. Der Einfluß der Presse ist auf den ganz- oder halbgebildeten Russen nicht gering und die deutschfreundliche Haltung eines oder mehrerer der größten Blätter in den Hauptstädten würde sich allmählich doch fühlbar machen.

Abgesehen von den beiden deutschen Zeitungen St. Petersburgs,[4] die fast nur in deutschen Kreisen gelesen werden, ist mir kein hiesiges Blatt bekannt, das in deutschfreundlichem Sinne schriebe und Stimmung für gute Beziehungen zwischen Deutschland und Rußland zu machen suchte.

Franzosen- und engländerfreundliche Artikel kann man oft genug zu lesen bekommen. Es ist nicht anzunehmen, daß England und Frankreich solche Presseerzeugnisse umsonst erhalten. Unsere Banken und Industriellen täten vielleicht auch gut, sich eine mehr deutschfreundliche Haltung in einzelnen Organen der russischen Presse etwas kosten zu lassen.

*ZStAP, AA 6220, Bl. 149ff.*

1 Vgl. Dok. Nr. 74.

2 Anspielung auf den russisch-englischen Vertrag vom 30. August 1907.

3 Otto Göbel.

4 St. Petersburger Zeitung und St. Petersburger Herold.

**80 Bericht Nr. 3906 des Konsuls in Moskau Kohlhaas an den Reichskanzler Fürsten von Bülow**

*Ausfertigung*

St. Petersburg, 20. Oktober 1907

Auf den Erlaß vom 11. v. M. Nr. II 3478.[1] Inhalt: Die gegenwärtige wirtschaftliche Lage in Rußland.

Euerer Durchlaucht beehre ich mich im Nachstehenden die befohlene Meinungsäußerung über die gegenwärtige wirtschaftliche Lage Rußlands und über die Vorschläge des Herrn Hermann Dernen in Godesberg gehorsamst einzureichen.

Im Laufe der letzten zwei Jahre ist von hieraus stets der Standpunkt vertreten worden, daß der Einfluß der politischen Ereignisse auf das Wirtschaftsleben Rußlands, den ein großer Teil der westeuropäischen Presse aus Sensationssucht und aus parteipolitischen Gründen zu übertreiben geneigt war, nicht überschätzt werden dürfe; der deutsche Handel und die deutsche Industrie müßten zwar den Gang der politischen Ereignisse im russischen Reiche mit wachsamem Auge verfolgen und der schweren Erschütterung des russischen Wirtschaftslebens entsprechend besondere Vorsicht im Geschäftsverkehr mit Rußland beobachten, dabei aber kaltes Blut und ruhige Nerven behalten und sich das objektive Urteil nicht durch tendenziös gefärbte Pressestimmen trüben lassen. So bestehe die Gefahr, daß sie aus alten Absatzgebieten, wo sie bisher die Vorherrschaft besessen hätten, durch den Wettbewerb anderer Länder verdrängt würden, deren Handelskreise die russischen Verhältnisse kühler und nüchterner beurteilen und die Vorteile wahrzunehmen wüßten, die sich für sie daraus ergäben, wenn die deutsche Geschäftswelt aus übertriebener Ängstlichkeit dem russischen Markte gegenüber allzugroße Zurückhaltung beobachtete.

Allein, wenn ich die allzu pessimistische Auffassung, die sich seit dem Herbst 1905 bezüglich der politischen und wirtschaftlichen Zukunft Rußlands in Deutschland Eingang verschafft hatte, auf Grund meiner hiesigen Wahrnehmungen bekämpfen zu müssen geglaubt habe, so vermag ich doch ebensowenig den meines Erachtens für die Gegenwart und die nächste Zukunft unberechtigten Optimismus des Herrn Dernen zu teilen.

Herr Dernen glaubt seit etwa einem Jahre einen sich anhaltend steigernden wirtschaftlichen Aufschwung Rußlands beobachten zu können. Da dieser persönliche Eindruck, dessen Quellen sich meiner Kenntnis entziehen, ihn veranlaßt hat, mit Vorschlägen hervorzutreten, die auf eine von der Reichsregierung ausgehende Ermutigung des deutschen Kapitals zur Beteiligung an russischen Unternehmungen hinauslaufen, so ist es meines Dafürhaltens in Anbetracht der eventuellen Tragweite der von ihm angeregten Einwirkung der Reichsregierung auf die Stimmung der deutschen Finanz- und Handelskreise sowie mit Rücksicht auf die große Verantwortung, die die Reichsregierung mit solch einem Vorgehen auf sich nehmen müßte, lebhaft zu bedauern, daß Herr Dernen die Beobachtungen, auf die sich der von ihm gewonnene günstige Eindruck von der gegenwärtigen wirtschaftlichen Lage Rußlands gründet, nicht ausführlicher dargelegt hat.

Soviel ich aus dem mir auszugsweise Mitgeteilten zu ersehen vermag, scheint er in seiner Denkschrift zur Begründung seiner Auffassung im wesentlichen nur die günstige Lage der russischen Textilindustrie und die angeblich große Zahl der im russischen Handelsministerium augenblicklich vorliegenden Gesuche ausländischer Kapitalisten um Genehmigung der Errichtung von industriellen Aktiengesellschaften angeführt zu haben. Das wäre, selbst wenn man diese Erscheinungen ohne Einschränkung als tatsächlich bestehend anerkennen und als Symptome eines wirtschaftlichen Aufschwungs anerkennen könnte, doch etwas wenig, um die von Herrn Dernen so bestimmt geäußerte Meinung als ausreichend und zweifelsfrei begründet erscheinen zu lassen und auf sie hin die von ihm befürwortete Beeinflussung der Stimmung der deutschen Bank- und Industriekreise zugunsten russischer Unternehmungen ins Werk zu setzen. Nach meiner Ansicht können aber auch diese beiden einzigen Punkte, auf die Herr Dernen sein günstiges Urteil über die gegenwärtige Lage und die nächste Zukunft des russischen Wirtschaftslebens gründet, einer näheren Betrachtung nicht standhalten.

Was zunächst die Lage der russischen Textilindustrie anlangt, so ist in erster Linie zu bemerken, daß diese keineswegs allgemein als günstig bezeichnet werden kann. Die Verhältnisse in der polnischen, speziell der Lodzer Industrie, sind zu bekannt, als daß ich darauf einzugehen brauchte. Aber auch im eigentlichen Rußland ist der Geschäftsgang gut nur in der Baumwoll-Industrie, während die Seidenindustrie und die Wollindustrie sehr schlechte Zeiten haben. Der gute Geschäftsgang in der Baumwollindustrie aber könnte dann als ein Zeichen des Erstarkens des wirtschaftlichen Lebens, als ein Symptom eines beginnenden Aufschwungs angesprochen werden, wenn es sich hier um eine gesunde, dem steigenden Volkswohlstand und damit dem wachsenden Absatz entsprechende Entwicklung handeln würde. Das ist aber nicht der Fall, vielmehr muß die gegenwärtige Konjunktur in der russischen Baumwoll-Industrie, wie weiter unten gezeigt werden wird, als eine durch Spekulation hervorgerufene bezeichnet werden, die nach dem Urteil erfahrener hiesiger Kaufleute in spätestens zwei Jahren einen großen Krach im Gefolge haben dürfte.

Darüber, wieviele Gesuche ausländischer Kapitalisten um die Genehmigung der Errichtung von industriellen Aktiengesellschaften in Rußland gegenwärtig im Handelsministerium in St. Petersburg liegen, bin ich nicht unterrichtet. Ich möchte aber ohne weiteres bezweifeln, daß ihre Zahl und vor allem der Wert der durch sie repräsentierten Kapitalien auch nur annähernd den Zahlen und Werten gleichkommt, um die es sich während der Witteschen Industrialisierungsära in der Zeit vom Jahre 1885 bis zum Krach des Jahres 1899 gehandelt hat. Der größte Teil der damaligen Gründungen zog französisches und belgisches Kapital in das Land. Wie es den Franzosen und Belgiern mit ihren Gründungen ergangen ist, bedarf hier keiner Ausführung, da diese Tatsachen allgemein bekannt sind. Der hiesige belgische Generalkonsul, der seit 25 Jahren hier tätig ist und jene Gründerperiode mitgemacht hat, beziffert die Verluste, die allein das belgische Kapital an seinen zahlreichen und überwiegend mißglückten russischen Unternehmungen in den letzten 10 Jahren erlitten hat, auf rund 500 Millionen Franken. Die Verluste der Franzosen dürften noch größer gewesen sein. In Frankreich wie in Belgien dürfte daher — ich schließe dies nicht nur aus den Erörterungen in der Presse, sondern insbesondere auch aus dem, was ich von den hiesigen konsularischen Vertretern dieser Länder wiederholt gehört habe — große Neigung für neue russische Unternehmungen schwerlich vorhanden sein, wobei für Frankreich auch noch die Erhaltung der politischen Beziehungen in Betracht kommt. Übrigens hat auch der französische Botschafter Bompard meines Wissens in seiner jüngsten Auslassung über die wirtschaftliche Lage Rußlands nur zur Aufrechterhaltung der bestehenden Handelsbeziehungen ermutigt, keineswegs aber Investierungen neuen französischen Kapitals in russischen Industrieunternehmungen das Wort geredet. Tatsächlich ist mir auch von neuen französischen Unternehmungen in Rußland in letzter Zeit fast nichts bekannt geworden. Für Moskau vermag ich nur die Gründung einer Aktiengesellschaft für Fabrikation von Kunstseide zu erwähnen. Im Gegenteil macht es den Eindruck, als ob man sich in Frankreich mehr denn je von russischen Geschäften zurückzuhalten bestrebt sei. Ich erinnere in dieser Beziehung nur an das Scheitern des Planes der Kapitalerhöhung der Russischen Bank für Handel und Industrie auf dem Pariser Markt, an die Aufgabe des Plans der Sanierung der Moskauer Internationalen Handelsbank durch ein französisches Konsortium, an die anscheinend endgültige Ablehnung des Baus einer zweiten Donez-Kohlenbahn durch ein französisches Konsortium.

Von englischen Unternehmungen in der letzten Zeit sind mir nur die Gründungen von Bergbaugesellschaften im Ural, in Westsibirien und im Steppengebiet bekannt, über die teils von hieraus, teils von dem Handelssachverständigen Göbel berichtet worden ist. Die meisten dieser, von einer dunklen Persönlichkeit gegründeten Gesellschaften sind spekulativen Charakters. Die Gold- und Platinvorkommen und die Kupferminen, deren Ausbeutung sie in die Hand nehmen sollen, sind in der Mehrzahl der Fälle noch gar nicht genau untersucht worden; die Bewertung der von den Gesellschaften erworbenen Optionen ist daher durchaus unsicher und teilweise phantastisch. In den Fällen, wo bereits an die Versuchsausbeutung gegangen worden ist, hört man, entgegen den Verheißungen der pomphaften Reklame, von höchst unbefriedigenden Ergebnissen, so bei der Orsk-Goldfields-Gesellschaft. Es ist daher sehr leicht möglich, daß ein großer Teil der mit so viel Lärm ins Leben gerufenen Gesellschaften sich mit erheblichen Verlusten aus Rußland zurückziehen wird. Hier hat man von Anfang an diese Gesellschaften als schwindelhaft angesehen und dem englischen Publikum, das die Aktien zu Phantasiepreisen erworben hatte, zu den im vorigen Winter durch den Kurssturz an der Londoner Börse erlittenen Verlusten noch weitere schlimme Erfahrungen prophezeit. Was speziell die englischen Kupferminengesellschaften, wie Spassky Copper-Mines und Altbasar Copper-Mines im Gebiet von Akmolinsk anlangt, so sind ihre Aussichten ganz unerfreulich, nachdem die hohen Kupferpreise des Jahres 1906, die zu diesen Unternehmungen angeregt haben, verschwunden sind und die älteren uralischen und kaukasischen Bergwerke deshalb ihre Kupferproduktion einzuschränken begonnen haben. Von anderen englischen Unternehmungen in Rußland ist mir nichts bekannt als der Plan der Erwerbung einer Kohlengrube im Donezgebiet durch ein englisch-schwedisches Konsortium, der aber meines Wissens noch nicht zur Ausführung gelangt ist. Es ist auch zu beachten, daß eine Reihe von Preßnachrichten über angebliche Erwerbung russischer Unternehmungen durch englische Gesellschaften sich bisher durchaus nicht bewahrheitet haben, so z. B. die Meldung von dem Übergang des Kyschtyn-Hüttenwerks im Ural und der Lena-Goldindustrie-Gesellschaft in Bodaibo (Sibirien) in englische Hände. Überhaupt möchte ich annehmen, daß die Zeitungsnachrichten von dem angeblichen Feuereifer, womit sich die Engländer auf die Erwerbung russischer Bergwerke und anderer Unternehmungen gestürzt haben und noch stürzen sollen, und die sich, wie bemerkt, vielfach als unrichtig oder übertrieben erwiesen haben, von der Regierung absichtlich in die russische und ausländische Presse gebracht worden sind, um das Interesse des Auslands für russische Geschäfte zu wecken und so zur Belebung der russischen Industrie und zur Stärkung der Valuta ausländische Kapitalien in das Land zu ziehen.

Wenn also Herr Dernen als Unterlagen für seine Ansicht, daß in Rußland seit etwa einem Jahr ein sich anhaltend steigender wirtschaftlicher Aufschwung bemerkbar sei, keine anderen Beobachtungen und Gründe anzuführen hat, als die oben erwähnten, so steht meines Erachtens sein Urteil auf recht schwachen Füßen. Nach meiner Überzeugung muß im Gegenteil jeder, der die bisherige Entwicklung und die augenblickliche Lage in Rußland ohne Voreingenommenheit nüchtern betrachtet, zu dem Eindruck gelangen, daß von einem wirtschaftlichen Aufschwung im Lande zur Zeit nichts zu spüren ist und daß ein solcher auch für absehbare Zeit nicht erwartet werden kann. Wenn auch eine ins einzelne gehende Begründung dieses Urteils zu weit führen würde, möchte ich doch im Nachstehenden die Hauptgesichtspunkte hervorheben, von denen aus ich zu meiner Auffassung gelange.

In allererster Linie scheint mir die politische Lage des Landes, die Herr Dernen gar nicht berücksichtigt, für den Augenblick und für die nächste Zukunft einen wirtschaftlichen Aufschwung kaum zuzulassen. An einen solchen konnte man allerdings denken, als im Jahre 1905 der Friede mit Japan geschlossen wurde und davon auch eine Rückwirkung auf die Stimmung im Lande erwartet werden durfte. Augenblicklich aber nach zwei Revolutionsjahren ist die Lage eine viel unklarere und unerfreulichere. Nach außen hin ist die Regierung der Revolution im allgemeinen wohl Herr geworden, aber es unterliegt für niemand, der die Verhältnisse kennt, einem Zweifel, daß der Funke unter der Asche weiter glimmt. Es ist möglich, wenn auch nicht sicher, daß die Regierung, eine gemäßigte dritte Duma bekommt, mit der das Budget für 1908 erledigt werden kann, was für die Möglichkeit einer Anleihe im Ausland zweifellos von hoher Bedeutung wäre. Aber es ist jedenfalls sicher, daß eine solche Duma, die durch die Änderung des Wahlgesetzes und mittels aller möglichen Beeinflussung des Ausgangs der Wahlen geschaffen worden ist, den größten Teil der öffentlichen Meinung des Landes gegen sich haben wird. Die Stimmung unter der sogenannten Intelligenz ist auch heute noch fast durchweg oppositionell, die studierende Jugend und der Nachwuchs der mittleren Schulen ist von revolutionären Ideen erfüllt, die industrielle Arbeiterschaft ist augenblicklich zwar eingeschüchtert, aber die Sozialisten sind im Geheimen unentwegt an der Arbeit, um zu wühlen und zu organisieren, unter den Bauern geht die sozialrevolutionäre Propaganda weiter und die überstürzte, der inneren Konsequenz und der sorgfältigen Durchführung entbehrende Agrarreform der Regierung weckt heute Begehrlichkeit und schafft neue Unzufriedenheit. Das trotz aller Strenge der Regierung bisher nicht ausrottbare Räuberunwesen, die immer wieder an verschiedenen Stellen auftretenden Agrarunruhen mit Mord und Brandstiftung, die Arbeiterunruhen in Lodz und Baku, sowie auf den Hüttenwerken des Ural sind nur Symptome der Gärung, in der sich das Land noch immer befindet.

Diese Gärung könnte vielleicht allmählich einer dauernden Beruhigung weichen, wenn die Regierung nach ihrem Sieg ehrlich den Weg vernünftiger Reformen einschlagen wollte. Allein es ist leider zu befürchten, daß ungeachtet dessen, daß zahlreiche russische Staatsmänner von dieser Notwendigkeit völlig durchdrungen sein dürften, im großen und ganzen alles beim alten bleiben wird. Denn es ist jetzt schon klar, daß die große Masse der hohen russischen Bürokratie und der von ihr abhängigen Beamtenschaft trotz der Erfahrungen der letzten Jahre nichts vergessen und aus ihnen nichts gelernt hat. Deshalb ist die Prognose, die dem russischen innenpolitischen Leben für die nächsten Jahre selbst in dem angenommenen für die Regierung günstigen Falle gestellt werden muß, keine günstige, und sie gewährt nicht diejenigen Aussichten auf Wiederherstellung der öffentlichen Ordnung und Sicherheit und auf eine ruhige Entwicklung des nationalen Wohlstands, die für einen wirtschaftlichen Aufschwung des Landes meines Erachtens die erste Voraussetzung sein muß. Wenn aber der ungünstigere Fall eintritt und die neue Duma wieder der Auflösung verfällt, so bedarf es erst recht keiner Ausführung, daß ein Land, wo die Regierung sich in einem fortwährenden Kampfe gegen weite und im wirtschaftlichen Leben wichtige Kreise der Bevölkerung befindet, einem wirtschaftlichen Aufschwung nicht entgegengehen kann. Früher oder später werden sich dann große Agrarunruhen, Streiks, Arbeiteraufstände, Militärrevolten, gehäufte Raubanfälle und alle die Erschütterung, die Rußland in den letzten zwei Jahren durchgemacht hat, wiederholen. Ich glaube, daß schon eine ruhige Erwägung der innerpolitischen Situation des Landes allein es verbieten muß, den jetzigen Zeitpunkt als zu einer Animierung der deutschen Finanz- und Industriewelt zu neuen russischen Unternehmungen geeignet zu bezeichnen.

Herr Dernen hat anscheinend auch die Lage der russischen Landwirtschaft nicht berücksichtigt, wiewohl diese mehr als irgendwo sonst der Grundpfeiler des gesamten Wirtschaftslebens werden muß, da einerseits der Export von Produkten der Landwirtschaft einen wesentlichen Faktor in der Zahlungsbilanz des Reichs bildet und andererseits fast die ganze russische Industrie nahezu ausschließlich auf den inländischen Markt angewiesen ist, auf dem jede Erschütterung des Wohlstands und damit der Kaufkraft der zu mindestens 85% von der Landwirtschaft lebenden Bevölkerung sich durch Stockung des Absatzes in der Industrie und im Handel fühlbar machen muß. Die Lage der russischen Landwirtschaft ist aber, wie hinreichend bekannt, eine nichts weniger als günstige zu nennen. Sie hat in den letzten drei Jahren sehr schwere Zeiten durchgemacht. Das Jahr 1905 hat eine Mißernte im mittleren Wolgagebiet gebracht, die sich im Jahre 1906 in weit stärkerem Maß und auf einem größeren Gebiete wiederholt hat. Die Ernte des Jahres 1907 ist trotz aller schönfärbenden Veröffentlichungen der russischen Offiziösen als im allgemeinen unbefriedigend zu bezeichnen, wofür es genügt, darauf hinzuweisen, daß allein die für den Export hauptsächlich in Betracht kommende Brotfrucht, der Weizen, in diesem Jahre um nahezu 200 Millionen Pud (rund 32 Millionen Doppelzentner) in ihrem Ertrag gegen den Durchschnitt der letzten fünf Jahre zurückgeblieben ist. Wenn auch die Nachrichten über die letzte Hungersnot in Ostrußland als vielfach tendenziös übertrieben haben bezeichnet werden müssen und wenn auch von der Regierung viel für die Bevölkerung in den Notstandsgebieten getan worden ist, so unterliegt es doch keinem Zweifel, daß die Kaufkraft der bäuerlichen Bevölkerung in den letzten Jahren nicht Fortschritte gemacht hat, sondern geschwächt worden ist, und daß auch das diesjährige Ernteergebnis nicht geeignet ist, auf eine wesentliche Besserung ihrer wirtschaftlichen Lage und damit ihrer Kaufkraft hoffen zu lassen. Für die russische Landwirtschaft eröffnen sich aber auch für die nächste Zukunft keine erfreulichen Perspektiven. Die Liquidation des Großgrundbesitzes, die von der Regierung im Zentrum und im Osten des Reichs seit der Auflösung der zweiten Duma mit Hochdruck betrieben wird, die Zerstückelung der Güter und ihre Verteilung an die Bauern wird in erster Linie, was für den Export und für die Zahlungsbilanz Rußlands von Wichtigkeit sein muß, für die nächste Zeit notwendig eine Verringerung der Getreideproduktion zur Folge haben, da bis jetzt die bäuerliche Wirtschaft in Rußland erfahrungsgemäß einen durchschnittlich um 20% niedrigeren Ertrag gibt als die Gutswirtschaft und da es den neuen Gutsbesitzern zunächst sowohl an den Betriebsmitteln als insbesondere an den landwirtschaftlichen Kenntnissen für die Einführung einer intensiveren Bodenkultur fehlt. Sodann aber darf nicht verschwiegen werden, daß es höchst unsicher ist, ob die von der Regierung eingeleitete Agrarreform ihr nächstes Ziel, die politische Beruhigung der von den Sozialrevolutionären aufgewiegelten Bauernbevölkerung, erreichen wird. Der gegenwärtige zur Verfügung stehende Landfonds von höchstens 10 Millionen Dessjatinen, dessen wesentliche Vermehrung schwer fallen wird, kann unmöglich für alle landarmen Bauern ausreichen, wofür ein Bedarf von mindestens 50 Millionen Dessjatinen berechnet worden ist. Da dieser Landfonds seiner Lage nach ganz ungleich auf die einzelnen Gebiete verteilt ist, so werden jetzt hauptsächlich die Bauern derjenigen im Nordosten und Osten gelegenen Gouvernements mit Land bedacht, wo große Ländereien teils aus Staatsbesitz teils von den durch die Bauernbank angekauften Gütern her zur Verfügung stehen. In den dichter bevölkerten und am meisten Landnot aufweisenden Gouvernements des Schwarzerdegebiets aber stehen nur verhältnismäßig geringe Ländereien zur Verfügung. Die Unzufriedenheit wird daher in diesen Reichsteilen durch das Vorgehen der Regierung schwerlich beseitigt, sondern im Gegenteil wegen der Ungleicheit der Behandlung verstärkt werden. Dazu kommt, daß auch in den östlichen und nordöstlichen Gouvernements, wie Wjatka, Perm, Nischnij-Nowgorod, Kasan, Ssamara, die weder auf die Anforderungen einer verständigen Bewirtschaftung noch auf die Wünsche der das Land erwerbenden Bauern Rücksicht nehmende Güterzerstückelungstätigkeit der von der Regierung entsandten Spezialkommissare, die auf die Agrarkommission im Sinne einer Beschleunigung der Übergabe des Landes drücken sollen, unter den Bauern selbst Mißvergnügen und Unzufriedenheit erweckt. Viele Kenner der Verhältnisse, die man nicht der tendenziösen Darstellung beschuldigen kann, sind der Ansicht, daß die Regierung mit ihrem Vorgehen nicht nur das Niveau der russischen Landwirtschaft für die nächste Zeit herabdrückt, sondern insbesondere auch selbst den Boden für neue schwere Agrarunruhen vorbereitet, die Pressimisten schon für den Sommer 1908 vorhersagen.

Diese Lage und Aussichten der russischen Landwirtschaft muß man im Auge behalten, wenn man die von Herrn Dernen als Hauptargument für seine Behauptung angeführte günstige Lage der Textilindustrie richtig beurteilen will. Denn die russische Baumwollindustrie — in dieser allein kann, wie bereits bemerkt, augenblicklich von einem guten Geschäftsgang die Rede sein — arbeitet fast ausschließlich für den inländischen Verbrauch, d. h. im wesentlichen für die bäuerliche Bevölkerung. Der gute Gang der Geschäfte der Baumwollindustrie während der Kriegsjahre erklärt sich ohne Schwierigkeiten aus der allgemeinen Belebung des Marktes, die die hauptsächlich im Inland erfolgende Verausgabung der gewaltigen, für die Versorgung der Armee bestimmten und durch ausländische Anleiheoperationen aufgebrachten Summen im ganzen russischen Reiche hervorrufen mußte. Nach dem Kriege und noch bis zum Frühjahr 1907 ließ sich der anhaltend gute Geschäftsgang in Manufakturwaren und die dementsprechend starke Beschäftigung der Baumwollindustrie damit erklären, daß einerseits Sibirien durch die lange Sperrung der Bahn von den Waren entblößt, vom Kriege her aber an Geldmitteln reich war, und daß andererseits die russische Produktion an Manufakturwaren durch die großen Streiks im zentralrussischen Industrierayon, durch die Verminderung der Arbeitszeit und insbesondere durch das fast gänzliche Ausfallen der polnischen Konkurrenz eine wesentliche Einschränkung erlitten hatte. Jetzt aber beginnt sich das Bild bereits zu ändern. Die Kaufkraft der bäuerlichen Bevölkerung im europäischen Rußland ist, wie oben dargelegt, nicht gestiegen, sondern eher zurückgegangen. Die Kaufkraft der industriellen Arbeiterkreise, die durch die während der Revolution erlangten Lohnerhöhungen theoretisch zweifellos gestiegen war, ist in Wirklichkeit nicht größer geworden, da die Lohnerhöhungen durch die seit den letzten zwei Jahren eingetretene enorme Teuerung aller Bedürfnisse des täglichen Lebens bei weitem wettgemacht worden sind und überdies große Industriezweige, wie weiter unten zu erwähnen ist, ihre Betriebe einzuschränken gezwungen gewesen sind. In Sibirien ist ein Rückschlag eingetreten, der dortige Markt ist zur Zeit nicht mehr aufnahmefähig. Dagegen aber hat die polnische Industrie — abgesehen von Lodz — wieder begonnen regelmäßig zu arbeiten, was z. B. auf der diesjährigen Messe in Nishnij-Nowgorod sich bemerklich machte, die Fabriken im Moskauer Rayon haben seit Frühkahr d. J. mit Nachtschicht zu arbeiten begonnen, 400000 neue Spindeln sind bereits aufgestellt, weitere neue Maschinerien dürften im Laufe des Winters folgen. Man muß daher mit großer Wahrscheinlichkeit damit rechnen, daß vom nächsten Sommer an eine Überproduktion eintreten wird, die einen Sturz der auf eine nie dagewesene Höhe gestiegenen Preise für Baumwollgarne, Mitkal und fertige Manufakturwaren zur Folge haben muß. Für den Augenblick freilich erscheint der Markt noch sehr fest, erst diese Tage sind große Garnpartien für die Zeit September 1908 bis Januar 1909 zu nochmals um einen Rubel pro Pud erhöhten Preisen verkauft worden. Allein es fehlt auch jetzt schon nicht an Anzeichen, daß die Konjunktur abwärts geht, wozu ich die Abschwächung der Preise für fertige Manufakturwaren auf der Nishnij-Messe und den unlängst erfolgten Zusammenbruch einer hiesigen Manufakturwaren-Großhandlung rechnen möchte. Daß die gegenwärtige Lage des Marktes ungesund ist, wo das Garn schon über zwei Baumwollernten hinaus verkauft wird und wo die Preistreiberei das Fertigfabrikat auf eine Preishöhe führt, die der wirtschaftlichen Lage des Konsumenten in keiner Weise entspricht und deshalb notwendig eine Verringerung des Absatzes verursachen muß, unterliegt keinem Zweifel und, wie bereits bemerkt, erwarten verschiedene Kenner des Marktes, mit denen ich über diese Verhältnisse gesprochen habe, spätestens in zwei Jahren einen Krach, der in erster Linie die Händler mit Manufakturwaren, in seinen Folgen aber auch die Fabriken betreffen dürfte.

So stellen sich augenblicklich bei näherer Betrachtung die Aussichten der russischen Baumwollindustrie für die nächste Zukunft dar. Daß die Wollindustrie teils infolge der hohen

Wollpreise, die wieder teilweise eine Folge der Agrarunruhen und der Güterliquidation sind, teils aber auch infolge der Verringerung der staatlichen Bestellungen für Militärzwecke gegenwärtig ungünstig ist, habe ich bereits bemerkt.

Eine andere große russische Industrie, die gleichfalls hauptsächlich vom Inlandkonsum abhängig ist, die Zuckerindustrie, befindet sich ebenfalls in höchst ungünstiger Lage, da der Verbrauch der Bevölkerung nur äußerst langsam steigt. Die Preise auf dem russischen Zuckermarkt sind infolge des mangelnden Absatzes so gedrückt, daß die Raffinerien gar nichts, die Sandzucker-Fabriken aber, die der Exportmöglichkeit halber immer noch besser stehen, nur ganz schlecht verdienen.

Während diese Industrien im wesentlichen für den Bedarf der Bevölkerung arbeiten, also in ihrem Gang von der Entwicklung des Wohlstands und der Kaufkraft der Nation abhängen, steht bekanntlich die russische metallurgische Industrie in ihren hauptsächlichsten Zweigen in direkter Abhängigkeit von den staatlichen Bestellungen, da nur der Staat mit seinem Bedarf an Eisenbahnmaterial, Lokomotiven, Waggons, Heeres- und Flottenausrüstungen und neben ihm noch die vom Willen des Staates mehr oder weniger abhängigen Privatbahnen als große und regelmäßige Verbraucher in Betracht kommen. Die prekäre Lage der Staatsfinanzen und die durch die Revolution verschuldete Unmöglichkeit, neue Anleihen im Auslande aufzunehmen, hat den Staat, wie bekannt, seit zwei Jahren gezwungen, seine Bestellungen, von denen früher wohl zwei Drittel der russischen metallurgischen Industrie gelebt haben, auf das äußerste einzuschränken. Welche Wirkungen dies auf die Industrie gehabt hat, zeigen nachstehende kurze Daten. Die Eisenproduktion im Ural ist erheblich zurückgegangen, zahlreiche Hochöfen dort, sämtliche Hochöfen in Zentralrußland sind ausgeblasen, die südrussischen Werke sind genötigt, grobes Eisen und Schienen zu Schleuderpreisen zu verkaufen. Die Maschinenfabriken sind mangels privater Aufträge ungenügend beschäftigt und haben sowohl hier als in St. Petersburg und in Polen ganze Abteilungen geschlossen und viele Tausende von Arbeitern entlassen. Die Waggon- und Lokomotivfabriken sind in der gleichen Lage; sie arbeiten, um nur Beschäftigung zu haben, auf Rechnung künftiger staatlicher Bestellungen und erhalten dafür von der Regierung eine Verzinsung, die den Zinsen nicht entspricht, die sie selbst für auf Kredit gelieferte Materialien zu zahlen haben. Einige Waggonfabriken haben, um beschäftigt zu sein, Lieferungen in das Ausland übernommen, obgleich die Preise, die sie erhalten, für sie verlustbringend sein müssen. Eine Besserung auf diesem Gebiet ist für absehbare Zeit nicht zu erwarten. Kommt eine arbeitsfähige Duma zusammen, so wird sie doch schwerlich für große, mit hohen Aufwendungen verknüpfte Projekte, wie große Bahnbauten, Flottenbau, Verstärkung des rollenden Materials und dergl. zu haben sein und auch die Regierung selbst sich solche Pläne der allgemeinen Finanzlage halber sehr überlegen. Fällt aber die Duma wieder oppositionell aus, kommt es wieder zur Auflösung und dauert der jetzige unbestimmte politische Zustand fort, dann bekommt der Staat auch schwerlich eine größere Anleihe, die ihn allein befähigen könnte, der Industrie wieder solche Bestellungen zuzuwenden, daß hier ein Aufschwung eintreten könnte. Private Bestellungen fehlen fast überall, da neue Fabrikeinrichtungen wenig vorkommen und die Bautätigkeit im ganzen Lande schwach zu sein scheint. Die neuen Spindeln für die Baumwollindustrie kommen fast ganz aus England.

Von den kleineren Industrien sei nur ein Beispiel angeführt, die elektrotechnische. Sie hat bekanntlich von Anfang an in Rußland an Überkapitalisierung und Überproduktion gelitten, weshalb auch die Fabrikationsgesellschaften sämtlich nicht prosperieren konnten. Dies hat sich bis auf den heutigen Tag nicht geändert und es ist nicht zu erwarten, daß eine Wendung zum Besseren bald eintreten wird, da der Verbrauch von elektrotechnischen Fabrikaten überaus langsam wächst. Erst dieser Tage ist wieder eine hiesige alte elektrotechnische Fabrik unter Administration gestellt worden. Was die von Herrn Dernen angeführte Kleineisenindustrie anlangt, so ist es richtig, daß sie bis jetzt im allgemeinen gut gegangen ist, was zum Teil mit der Verschiebung der Zollverhältnisse zugunsten der russischen Fabrikate zusammenhängt. Da diese Industrie aber ebenfalls von dem Massenverbrauch im Volke abhängig ist, so eröffnen sich auch für sie schwerlich günstige Aussichten für die Zukunft.

Der Eingang von Zahlungen war nach dem Kriege und das ganze Jahr 1906 hindurch ein recht guter gewesen. Allein er hat sich im Laufe des Jahres 1907 zweifellos nicht verbessert, sondern verschlechtert. In einer Industrie, wie der Baumwollindustrie, wo gegenwärtig noch jeder sich zu decken sucht und die Fabriken bisher nicht auf Lager, sondern ausschließlich zur Erfüllung längst abgeschlossener Verträge arbeiten, wird dies natürlich nicht gespürt, da derjenige, der fertige Waren haben will, eben bezahlen muß, weil sie der Fabrikant sofort anderweitig unterbringen kann. Allein im allgemeinen hört man in letzter Zeit sehr viele Klagen über schlechten Zahlungseingang. Die Zahl der großen Zahlungseinstellungen in Moskau ist zweifellos bedeutender als in den letzten Jahren; auch in Nishnij Nowgorod sind mehrere größere Zahlungseinstellungen vorgekommen; die Zahl der Wechselproteste auf der Messe war zwar nicht sehr groß, immerhin aber größer als 1905 und 1906, wie denn überhaupt der Verlauf der Messe, was den Absatz von Industrieprodukten anlangt, nicht befriedigend war.

Dies ist in kurzen Zügen ein ungefähres Bild der augenblicklichen wirtschaftlichen Lage des Landes, aus dem sich auch gewisse Schlüsse auf die Entwicklung der nächsten Zukunft ziehen lassen. Ich möchte mein Urteil, das dem des Herrn Dernen durchaus entgegengesetzt ist, dahin zusammenfassen: Ein wirtschaftlicher Aufschwung ist in Rußland gegenwärtig nicht bemerkbar, er ist auch für absehbare Zeit nicht zu erwarten, da eine völlige Klärung der innerpolitischen Situation in absehbarer Zeit nicht erwartet werden kann und mit einer Hebung des Volkswohlstands in nächster Zeit nicht zu rechnen ist. Damit erledigen sich die Vorschläge des Herrn Dernen von selbst, die man naiv nennen könnte, wenn man nicht wüßte, daß er lange in Rußland gelebt und Geschäfte betrieben hat. Wenn man diese Vorschläge liest, könnte man glauben, daß es sich um ein neuentdecktes Land handele, das erst dem deutschen Handel und der deutschen Industrie erschlossen werden müsse. Dabei muß es aber doch Herrn Dernen wohl bekannt sein, daß alle die finanziellen, kommerziellen und industriellen Beziehungen zwischen Deutschland und Rußland, die er angeknüpft sehen will, schon von alters her in reichem Maße bestehen, daß insbesondere die deutschen Großbanken die von ihm empfohlenen Geschäfte mit Rußland schon seit Jahrzehnten in großem Umfang machen, daß große deutsche Kapitalien sowohl in der russischen Industrie als in den russischen Eisenbahnen (Privatbahnen) investiert sind, daß die deutsche Exportindustrie an allen wichtigen Plätzen des Landes ihre Vertreter hat, die sie rechtzeitig über jede sich bietende Geschäftsmöglichkeit informieren, daß die Tausende von deutschen Kaufleuten, die im Ausfuhr- und Einfuhrhandel Rußlands eine hervorragende Rolle spielen, und die Tausende von deutschen Ingenieuren und Technikern, die in der russischen Industrie tätig sind, die sicherste Gewähr dafür bieten, daß deutsche Industrieprodukte in Rußland dauernd Absatz finden, daß überhaupt Deutschland mit dem russischen Handel und der russischen Industrie und mit dem ganzen Wirtschaftsleben Rußlands in innigerer Fühlung und Verbindung steht als irgend ein anderes Land, insbesondere als Frankreich trotz seiner in russischen Anleihen und Industrieunternehmungen investierten 17 Milliarden Franken. Es wird übrigens auch Herrn Dernen nicht entgangen sein, daß gerade in neuester Zeit, wo von französischer Seite große Zurückhaltung gezeigt wurde, deutsche Banken und Kapitalisten hier Beteiligungen eingegangen sind (z. B. Kapitalerhöhung der Russischen Bank für auswärtigen Handel, der Sibirischen Bank[2], der Maschinenfabrik Kolomna). Man wird es daher ruhig der Initiative und dem geschäftlichen Scharfblick unserer Banken, unseres Handels und unserer Industrie überlassen dürfen, die Möglichkeiten wahrzunehmen, die sich ihnen gegenwärtig etwa in Rußland bieten. Zu russischen Unternehmungen amtlich zu animieren, wie es Herr Dernen will, erscheint mir nach dem Ausgeführten die Situation keineswegs geeignet, ganz abgesehen davon, daß eine wirtschaftliche Eroberung Rußlands, wie sie Herrn Dernen vorzuschweben scheint, Deutschlands finanzielle Kräfte weit übersteigen und die von ihm erwarteten günstigen politischen Wirkungen überdies zweifellos nicht haben würde. Auch erschiene es mir handelspolitisch und volkswirtschaftlich verfehlt, wenn die Reichsregierung die Investierung deutscher Kapitalien in der russischen Industrie ausdrücklich begünstigen und dadurch den natürlichen Prozeß der Auswanderung gewisser Industrien und des Heranwachsens der russichen industriellen Konkurrenz künstlich beschleunigen wollte. Wenn Herr Dernen eine größere Zahl von Kaufleuten und Ingenieuren nach Rußland senden will, muß er für sie doch auch Wirkungskreise schaffen. Das wäre wohl nur denkbar entweder durch Gründung neuer Unternehmungen oder durch Ankauf bestehender und Verdrängung der dort tätigen Nichtdeutschen, hauptsächlich Russen, was die ohnehin schwachen Sympathien, die der Russe dem Deutschen entgegenbringt, schwerlich stärken dürfte. Überdies könnte in gegenwärtiger Zeit, wo die ungebildete russische Arbeiterschaft völlig verwildert und durch und durch revolutionär ist, keine amtliche Stelle die Verantwortung auf sich nehmen, deutschen Ingenieuren und Technikern die Neuannahme von Stellen in Rußland zu empfehlen. Die von Arbeitern an Fabrikleitern und Fabrikbesitzern begangenen Mordtaten (Lodz, Riga, Narva, Petersburg, Moskau, Jekaterinoslaw, Ural), die sich wiederholen werden, sprechen in dieser Hinsicht eine deutliche Sprache.

Ich glaube, man kann Herrn Dernen nicht von dem Vorwurf freisprechen, daß er mit seinen Vorschlägen hervorgetreten ist, ohne die Situation in Rußland gründlich studiert zu haben und ohne bei seinen Vorschlägen die tatsächlichen Verhältnisse zu berücksichtigen. Aus welchen Gründen er überhaupt sich an das Auswärtige Amt gewendet hat, entzieht sich meiner Beurteilung. Immerhin möchte ich in Anbetracht der Tatsache, daß Herr Dernen meines Wissens früher selbst in der russischen Industrie (Russisch-Baltische Waggonfabrik in Riga) tätig gewesen ist und mit dem verstorbenen Direktor Rothstein von der St. Petersburger Internationalen Handelsbank enge Fühlung gehabt hat, die Möglichkeit nicht von der Hand weisen, daß auch sein jetziges Vorgehen ein nicht ganz uninteressantes sei, zumal, wenn ich daran denke, daß die genannte Bank in letzter Zeit schon wiederholt schönfärbende Berichte über die wirtschaftliche Lage Rußlands in die Presse gebracht hat und mit Rücksicht auf ihre zahlreichen industriellen Engagements ein großes Interesse daran hat, ausländisches Kapital für diese Werte zu interessieren.

Abdruck dieses Berichts habe ich dem Kaiserlichen Generalkonsulat in St. Petersburg übermittelt.

*ZStAP, AA 6220, Bl. 174ff.*

1 Vgl. Dok. Nr. 74.

2 Vgl. Lemke, Finanztransaktionen, S. 99ff.

**81** **Bericht Nr. 131 des Generalkonsuls in Odessa Schöffer an den Reichskanzler Fürsten von Bülow**

*Ausfertigung*

Odessa, 7. Dezember 1907

Auf den Erlaß vom 11. September d. J. Nr. II.0.3478[1].

Die gegenwärtige Wirtschaftsperiode in Rußland steht im Zeichen des Übergangs. Fragt man sich, nach welcher Richtung, so wird eine Aufwärtsbewegung nicht in Abrede zu stellen sein. Das ist nach den Ereignissen der Vorjahre auch nur natürlich. Der Krieg und die inneren Unruhen haben jahrelang einen lähmenden Druck auf den Umfang und die Ausgestaltung der industriellen Produktion ausgeübt, die finanziellen Schwierigkeiten sind dadurch gewachsen, und die Unternehmungslust ist dementsprechend gesunken. Jetzt dagegen, nachdem eine ruhigere Stimmung langsam Platz greift, beginnt sich der große eigene Bedarf des Landes wieder zu regen, und die gesteigerte Nachfrage auf den verschiedensten Gebieten des Wirtschaftslebens wird auch dem ausländischen Kapitale mannigfache Gelegenheit zur Betätigung bieten.

Für Odessa selbst ist dieser Aufschwung freilich zunächst wenig bemerkbar. Es bedarf keiner langen Ausführungen, daß der Handel allein unter ruhigen Verhältnissen gedeihen kann. Ruhe ist aber bisher hier nicht eingekehrt. Noch immer sind Mord, Beraubungen, Erpressungen und Überfälle [. . .] an der Tagesordnung [. . .] Bei solchen Zuständen ist es erklärlich, daß die ausländische Kaufmannschaft dem hiesigen Platze mit einer etwas hartnäckigen Zurückhaltung, die ihren Ausdruck namentlich in der Vorenthaltung von Kredit findet, begegnet. Diese Zurückhaltung hat freilich noch einen tieferen Grund. Es ist nicht zu leugnen, daß Odessas Bedeutung als erster Seehandelsplatz Rußlands mehr und mehr im Schwinden ist [. . .] Das Aufblühen der Nachbarhäfen von Nikolajew und Cherson als große Getreideausfuhrhäfen muß Odessa schließlich verhängnisvoll werden, wenn es nicht wie diese endlich dazu schreitet, seinen Hafen den Bedürfnissen der Schifffahrt entsprechend auszubauen und zu vergrößern und ihn durch bessere Eisenbahnwege und günstige Tarife mit dem Innern des Landes in direkte, minder kostspielige Verbindung zu bringen, denn gerade im Exporthandel ruhte bisher die Stärke des Platzes, der in industrieller Hinsicht wenig Bedeutung beanspruchen kann. Beträgt doch die Zahl der in großindustriellen Betrieben beschäftigten Arbeiterbevölkerung nur etwa 8000.

Kann somit nach dem Vorangeschickten von einem Aufschwung des Wirtschaftslebens für die hiesige Stadt nicht die Rede sein, so gestaltet sich dagegen die Lage für ganz Rußland und mit ihr auch für den Süden im allgemeinen erheblich günstiger. Anzeichen hierfür liegen unter anderm in der Höhe und Stetigkeit der russischen Valuta, mit welcher bei dem reichen Goldbestande der Kaiserlichen Bank [. . .] weiter zu rechnen sein wird; ferner in der Tatsache, daß die Spareinlagen der Bevölkerung in den Staatssparkassen gegen das Vorjahr bedeutend gestiegen sind. Dazu kommt die gute Ernte von 1906, die von der heurigen Ernte, soweit mir bis jetzt Nachrichten vorliegen, noch um ein beträchtliches übertroffen wird, so daß die Handelsbilanz sich Ende dieses Jahres noch als weit günstiger erweisen wird als die des Jahres 1906. Ein förderndes Moment bildet hierbei die ungewöhnliche Steigerung der Getreidepreise, die sich um mehr als 30% gegen das Vorjahr gehoben haben. Bei einer Gesamtausfuhr von 3 Milliarden Rubel im Werte macht dies einen Mehrgewinn von ungefähr einer Milliarde aus. Es ist kaum zu bezweifeln, daß dieses Geld dem Lande wiederum zugute kommt [. . .] Bei dem Geldzufluß, welchen Rußland dank aller dieser Umstände zu erhalten hat, steht zu erwarten, daß es seinen Überfluß für wirtschaftliche Unternehmungen aller Art verwenden wird [. . .]. Trotz allen offiziellen Ableugnens gilt die Absicht der russischen Regierung und die Notwendigkeit des Abschlusses einer solchen [Auslandsanleihe] in hiesigen Finanzkreisen für ausgemacht. Auch zweifelt man nicht daran, daß, die Zustimmung der Duma vorausgesetzt, das Geld sich in Frankreich und Deutschland finden wird. Mit Beziehung auf Deutschland rechnet man dabei auf die Beliebtheit, deren russische Effekten sich wegen ihres hohen Zinsertrages als Anlagepapier dort stets, namentlich bei kleineren und mittleren Kapitalisten, erfreut haben. Die Aufwärtsbewegung, die die Kurse der russischen Staatspapiere seit einiger Zeit zeigen, wird hier auf ein Manöver gewisser Großbanken zurückgeführt, das den Zweck hat, das Feld für die bevorstehende Anleihe vorzubereiten. Demgegenüber darf allerdings nicht verkannt werden, daß jenseits der russischen Grenzpfähle ein an die glückliche Entwicklung Rußlands glaubender Optimismus noch mit manchen Anzweiflungen zu kämpfen hat. Eine solche Skepsis scheint mir aber nicht berechtigt zu sein und dürfte sich teilweise daraus herschreiben, daß deutsche Industrie- und Handelstreibende wegen vollständiger Unkenntnis russischer Verhältnisse und Handelsgewohnheiten Schaden erlitten haben. Und hiermit berühre ich einen der wundesten Punkte in unserem Handelsverkehre mit dem Nachbarreiche. Dies ist der Mangel an Vorsicht an richtiger Stelle. Für ein Abwägen der Vorteile und Nachteile in einem Lande wie Rußland ist Bedachtsamkeit die Grundbedingung. Nur bei eingehenden Studien lassen sich bittere Erfahrungen vermèiden. An Ort und Stelle erworbene Kenntnisse, strenge Anpassung an die Bedürfnisse des Landes und der Umgebung, sowie sachgemäße Beurteilung der Leistungsfähigkeit und des Abnehmerkreises sind unumgängliche Voraussetzungen. Dann aber werden neue Unternehmungen auch eine sichere Anlage bilden, um so mehr, als wenigstens für absehbare Zeit störende Einflüsse, wie Krieg oder Generalstreik, kaum zu befürchten sind. Es wäre daher kein übler Gedanke und zugleich eine große Hilfe, wenn, wie mir ein Gewährsmann vorschlägt, unter Führung einer deutschen Großbank eine deutsch-russische Bank mit rein deutschem Kapitel in Rußland geschaffen werden könnte. Abgesehen von der finanziellen Unterstützung würde ein solches Institut durch seine Landeskenntnis und durch Auskunftserteilung dauernden Nutzen stiften können.

Die von dem dortigen Gewährsmann vorgeschlagene Kommission wird auch in hiesigen Handelskreisen als nicht sehr zweckmäßig empfunden. Mehr verspricht man sich von Fachleuten, die von Fall zu Fall nach Rußland zu entsenden wären.

[. . .]

Zum Schluß möchte ich noch ein Unternehmen erwähnen, das von deutschem Kapital (Bleichröder) finanziert wird. Dies sind die gegenwärtig in der Nähe von Kertsch stattfindenden Bohrungen nach Erdöl. Man hat festgestellt, daß die Naphtalager von Baku sich bis zur Krim ausdehnen, und glaubt, daß sich dort Vorräte finden müssen, die die Reichtümer der Halbinsel Apscheron in den Schatten stellen.

*ZStAP, AA 6220, Bl. 185ff.*

1 Vgl. Dok. Nr. 74.

**82 Bericht Nr. 5190 des Konsuls in Moskau Kohlhaas an den Reichskanzler Fürsten von Bülow**

*Ausfertigung*

Moskau, 15. Dezember 1907

Der gleiche Gewährsmann, der mir unlängst auf Grund von Informationen aus der Stadtverwaltung mitgeteilt hatte, daß die Stadt mit der englischen Gruppe eine vorläufige Vereinbarung getroffen habe, hat mir gestern Abend mitgeteilt, daß diese frühere Nachricht nicht zutreffe.[1] Man sei zwar auf Seiten der Stadt am 9. d.M. nach dem Scheitern der Verhandlungen mit der deutschen Gruppe entschlossen gewesen, mit den Engländern abzuschließen; in letzter Stunde habe sich aber die Londoner Bank, die der englischen Industriellengruppe das Geld zur Einzahlung der Sicherheit vorstrecken sollte, zurückgezogen, so daß der Vertrag nicht unterschrieben worden sei.

Es haben also nicht nur die deutschen, sondern auch die englischen Finanzkreise die bisherigen Bedingungen der Stadt Moskau angesichts ihrer schlechten Finanzlage und der in der Stadtverwaltung von früher her herrschenden Mißwirtschaft, an der das jetzige Stadthaupt Gutschkow übrigens keine Schuld trägt, als unannehmbar befunden. Das scheint mir den Standpunkt, den die Deutsche Bank in dieser Angelegenheit eingenommen hat, durchaus zu rechtfertigen. Die Chancen der deutschen Gruppe, den Auftrag doch noch — und zwar zu den von ihr diktierten Bedingungen — zu erlangen, sind durch das Ausfallen der englischen Mitbewerberin, die man hier als endgültig erledigt ansehen zu können glaubt, wieder gestiegen. Es hat sich zwar neuerdings noch eine andere englische Bewerberin gemeldet (The British Electrical Company?), allein ihre finanzielle Seite soll nicht stärker sein als die von Bruce, Peebles & Co. Die Stadtverwaltung aber wird die Entscheidung nicht mehr lange hinausschieben können, da der Pferdebetrieb, der auf einem Teil der städtischen Linien noch besteht, seit Jahren mit Verlust arbeitet und dieses Defizit das ganze Reinerträgnis der neuen elektrischen Linien aufzehren soll. Die Stadt wird daher vielleicht sogar gezwungen sein, in den sauren Apfel zu beißen und der deutschen Gruppe auch die von dieser früher gewünschte Betriebskonzession für eine Reihe von Jahren zu erteilen. Einen weiteren Bericht über die fernere Entwicklung der Angelegenheit darf ich mir gehorsamst vorbehalten.

Ich möchte bei diesem Anlaß mir erlauben, noch eine allgemeine Frage kurz zu berühren, die ich schon in dem Bericht aus Anlaß der Dernenschen Denkschrift (Bericht vom 20. Oktober d.J. — Nr. 3909)[2] streifen wollte, dann aber unberührt ließ, um den Bericht nicht allzusehr auszudehnen. Herr Dernen hat in seiner Denkschrift die Auffassung vertreten, daß die Regierung die deutschen Finanzinstitute und das Großunternehmertum auf einzelne Geschäfte hinweisen und zu solchen anregen müsse. Nach meinen, allerdings leider nur auf Rußland sich beziehenden Erfahrungen lieben es aber die deutschen Finanzinstitute und Großindustriellen bei ihren Unternehmungen, jedenfalls in Rußland, selbständig ihre Wege zu gehen und vermeiden es sogar tunlichst, die amtlichen Vertretungen in ihre Pläne einzuweihen oder sich bei ihnen Rat zu erholen.[x] Das hat sicherlich eine gewisse Berechtigung. Einerseits wird die amtliche Vertretung in Rußland wenigstens schwerlich je in der Lage sein, auf die Entscheidung zugunsten des deutschen Bewerbers einzuwirken, andererseits sind die Männer, die die Verhandlungen führen, in der Regel durch Bank- und industrielle Verbindungen vorzüglich eingeführt und informiert, so daß sie eines amtlichen Rates im allgemeinen nicht benötigen. Überdies kommt es bei solchen Geschäften aus Konkurrenzrücksichten meist auf streng vertrauliche Behandlung und möglichste Geheimhaltung vor dem Abschluß an und endlich ist auch der nationalen Eigenart und

dem nationalen Empfinden der Russen Rechnung zu tragen, die unter Umständen gerade deshalb nicht abschließen würden, weil ihnen bekannt geworden ist, daß die deutsche amtliche Vertretung sich für die Sache interessiert. Ich verstehe deshalb vollkommen, daß sich die Bevollmächtigten der deutschen Gruppe, die hier die Verhandlungen mit der Stadt geführt haben, wie ich dies auch bei ähnlichen und größeren Anlässen früher in St. Petersburg beobachten konnte, überhaupt nicht an die amtliche Vertretung des Reiches gewendet haben, und ich schmeichle mir nicht, daß ich den Herren irgendwelche Informationen hätte geben können, die sie nicht auf andere Weise bequem erlangen konnten. Aber ich meine, dieses Verhalten der deutschen Herren in dieser und ähnlichen Angelegenheiten beweist einerseits, daß meine in jenem Bericht ausgesprochene Ansicht richtig ist, wonach man es ruhig der Initiative und dem Scharfblick der deutschen Industriekreise überlassen kann, Gelegenheit zu Investierungen in Rußland wahrzunehmen, und andererseits, daß es gar nicht in der Macht der Regierung liegt, die deutsche Finanz- und Industriewelt zu den von Herrn Dernen vorgeschlagenen Unternehmungen zu veranlassen, da die maßgebenden Persönlichkeiten dieser Kreise es vorziehen, selbständig ihre Wege zu gehen und eine amtliche Einmischung in ihre Geschäfte ungern sehen. Immerhin würde es meines Erachtens angesichts der immer wieder erhobenen Klage über die unzulänglichen Informationen der deutschen amtlichen Vertretungen im Ausland über Vorgänge auf dem wirtschaftlichen Gebiet wünschenswert sein, wenn sich bei den deutschen Finanzinstituten und Großunternehmern der Grundsatz einbürgern würde, daß sie die amtlichen Vertretungen des Reiches an dem Orte, wo sie Geschäfte planen, wenigstens in allgemeinen Zügen und natürlich nur streng vertraulich in ihre Pläne einweihen. Es lassen sich überdies doch Fälle denken, wo der amtliche Vertreter durch persönliche Beziehungen und Kenntnis der örtlichen Verhältnisse auch den gut informierten Bevollmächtigten dieser Großinstitute nützlich werden könnte. Ich verkenne nicht, daß obiger Gedanke wahrscheinlich nur ein frommer Wunsch bleiben wird, weil bei gewissen Geschäften, insbesondere größeren Kapitalinvestierungen, die Interessen der beteiligten Institute vielleicht mit der Anschauung der Regierung in Kollision geraten, aber ich glaube nicht unterlassen zu sollen, aus dem gegenwärtigen Anlaß auf den bezeichneten Mißstand gehorsamst hinzuweisen.

x Randbemerkung Koerners: sehr richtig.

*ZStAP, AA 2104, Bl. 55f.*

1 Vgl. über den Wettbewerb deutscher und englischer Firmen um die Erlangung der Konzession zur Erweiterung der Moskauer Straßenbahn: Heinz Lemke, Deutschland und die Intensivierung der englisch-russischen Wirtschaftsbeziehungen vor dem ersten Weltkrieg, in: Jahrbuch für Geschichte der sozialistischen Länder Europas, Bd. 30, 1986, S. 75ff.

2 Vgl. Dok. Nr. 80.

## 83 Bericht Nr. 415 des Geschäftsträgers in St. Petersburg von Miquel an den Reichskanzler Fürsten von Bülow

*Ausfertigung*

St. Petersburg, 16. Dezember 1907

Vorschlag des Kaufmanns Hermann Dernen zur Entsendung einer Kommission zur Beobachtung der wirtschaftlichen Verhältnisse Rußlands.

Euerer Durchlaucht beehre ich mich auf den Erlaß vom 11. September d.J. Nr. II. 0.3478 zu berichten,[1] daß die Kaiserlichen Generalkonsuln in St. Petersburg und Odessa sowie der Kaiserliche Konsul in Moskau nunmehr zu den Vorschlägen des Kaufmanns Hermann Dernen Stellung genommen haben. Die drei Berichte[2] beehre ich mich Euerer Durchlaucht beifolgend einzureichen und zunächst ihren wesentlichen Inhalt nachstehend wiederzugeben.

[. . .]

Bei den vorstehend genannten Berichten fällt zunächst auf, daß das hiesige Generalkonsulat und das Konsulat in Moskau übereinstimmend nicht auf eine Besserung der wirtschaftlichen Verhältnisse in Rußland rechnen, während der Kaiserliche Generalkonsul in Odessa viel zuversichtlicher in die Zukunft sieht. Ich glaube diesen Unterschied zum Teil darauf zurückführen zu sollen, daß die beiden ersten Berichte bereits in der unsicheren Zeit vor der letzten Dumawahl geschrieben waren, wogegen dem Generalkonsul in Odessa schon bei seiner späteren Berichterstattung bekannt war, daß Monarchisten und Oktobristen die Mehrheit in der Duma besitzen, ohne daß das Volk hiergegen Front machen kann. Außerdem mögen in Odessa die durch mangelnde staatliche Bestellungen eintretenden Mißstände weniger fühlbar sein und andererseits die im Getreidehandel erzielten außergewöhnlichen Gewinne einen besonders guten Eindruck gemacht haben.

Ein neues Moment nach Abgabe der Gutachten ist das Budget für das Jahr 1908. Die offizielle detaillierte Aufstellung der Staatseinnahmen und Ausgaben wird der Botschaft erst in der nächsten Woche zugehen, doch läßt sich schon jetzt sagen, daß das Budget die Finanzen Rußlands nicht in besonders schlechtem Lichte erscheinen läßt, zumal, wenn man die große Zurückhaltung des Finanzministers in den Ausgaben beachtet: daß ferner, soweit mir bekannt, das Budget an den Börsen keinen schlechten Eindruck gemacht hat und daß es von der Reichsduma ohne jede Beunruhigung hingenommen wurde. Ich hatte Gelegenheit mit Herrn Kokowzoff nach dessen Budgetrede zu sprechen. Er zeigte sich von der Finanzlage recht befriedigt und meinte, Herr Regierungsrat Martin[3] werde wohl trotz seiner wiederholten Angriffe nicht viel Glauben finden.

Gleichwohl möchte ich mich ganz der Ansicht der konsularischen Vertretungen in St. Petersburg und Moskau anschließen. Denn es lassen sich zwar viele Umstände dafür nennen, daß Rußlands Lage nicht zu einem Krach führen wird, aber mir scheint jeder Grund für die Erwartung eines großen Aufschwunges, für den man besonders vorbereitet sein müsse, zu fehlen. Rußland wird sich durch Zurückhaltung in der auswärtigen Politik und durch Sparsamkeit kräftigen; diese Periode der Selbstbeschränkung wird umfangreichen Unternehmungen kaum günstig sein.

Meine Beobachtungen stützen sich zum Teil auf die Äußerungen der hiesigen deutschen Kolonie. Es fiel mir schon seit einiger Zeit auf, daß dieselben Kaufleute und Techniker, die sogar im Herbst 1905 die Verhältnisse sehr ruhig beurteilten und die Übertreibungen der Presse bedauerten, jetzt weit weniger zuversichtlich und geradezu erstaunt sind, wenn von einem nahe bevorstehenden wirtschaftlichen Aufschwung die Rede ist. Zum anderen Teil muß ich auch die Ansichten anderer auswärtiger Missionen in Betracht ziehen. Obwohl nun deren Äußerungen mit Rücksicht auf die mißtrauische Beobachtung von seiten der russischen Regierung meist behutsam gehalten sind, so geht doch aus ihnen alles eher als Optimismus hervor. Namentlich hat sich Herr Bompard[4] durch eine mehr wie skeptische Beurteilung der Finanzaussichten hervorgetan, was ihm von hiesigen Regierungskreisen zum Vorwurf gemacht wird. Wenn er neuerdings sich in Paris hoffnungsvoller geäußert hat, so will er damit, wie in einem der Konsularberichte gesagt ist, mehr zur Erhaltung des Vorhandenen als zu Neugründungen ermuntern.

Die gleiche Auffassung fand ich auf der englischen Botschaft. Der Botschaftsrat[5], welcher zu einem Bericht über das Budget und die wirtschaftliche Zukunft Rußlands aufgefordert worden ist, der unter seinem Namen in England veröffentlicht werden soll, erzählte mir *streng vertraulich*, ihm sei dies sehr peinlich; denn entweder müsse er seine wahre Meinung sagen und sich damit bei der russischen Regierung mißliebig machen oder er müsse sich auf eine trockene Darlegung des heutigen Zahlenmaterials beschränken, was nicht viel Interesse habe. Er erblicke einen der wundesten Punkte im russischen Eisenbahnwesen. Es sei unglaublich, daß die Bahnen weit mehr kosten, als sie einbrächten. Wie dies besser werden solle, sei schwer zu begreifen. Denn es fehle so sehr an rollendem Material und anderen notwendigen Dingen, daß noch bedeutende Ausgaben bevorständen, während die Einnahmen nur wenig zunähmen. Man könne leicht sagen, durch Anleihen würden neue Bahnbauten, d.h. produktive Unternehmungen, ermöglicht. Jedoch die russischen Bahnen, namentlich auch das zweite Gleis der sibirischen, sowie die Amurbahn seien gar nicht produktiv. Die Zinsen für die neuen Anleihen müßten also den Staatshaushalt belasten, der dafür nicht durch die Bahnen entschädigt werde.

Der seit Jahrzehnten hier angesessene belgische Generalkonsul, welcher gleichzeitig einer der größten Eisenindustriellen ist, glaubt ebensowenig, daß Rußland in der nächsten Zeit ein günstiges Feld für neue Unternehmungen bilden werde. Seiner Ansicht nach wird eine Anleihe den schon bestehenden Werken einige wenn auch nicht genügende Bestellungen eintragen. Neuanlagen seien jedoch auf allen Gebieten deswegen nicht vorteilhaft, weil die Konsumfähigkeit der Bauern nicht zugenommen habe.

Hierbei ist die innerpolitische Lage noch nicht berücksichtigt. Ich halte deren Zukunft weder für so bedenklich, daß eine schwere Störung des Wirtschaftslebens zu befürchten ist, noch für so günstig, daß der normale Entwicklungsgang in Handel und Industrie völlig gesichert erscheint. Die Regierung hat zur Zeit die Macht völlig in Händen, gebietet über eine große Mehrheit der staatserhaltenden Elemente in der Reichsduma und einen durchaus ergebenen Reichsrat. An der Zuverlässigkeit des Heeres zweifelt niemand mehr. Die Intelligenz bleibt allerdings, wie der Kaiserliche Konsul in Moskau mit Recht schreibt, in der Opposition, weil sie die Reaktion befürchtet und weil die autokratischen Bestrebungen des Zaren mehr und mehr hervortreten. Man darf jedoch die Macht der Intelligenz nicht überschätzen. Die Advokaten, Lehrer, Professoren, Ärzte, Techniker etc. können nur im Verein mit den großen Massen der unzufriedenen Arbeiter und Bauern etwas ausrichten. Nun hat sich aber schon längst herausgestellt, daß diese großen Massen in Rußland ein höchst unzuverlässiges, energieloses und leicht entmutigtes Element darstellen, das zu einer wahren Tat überhaupt unfähig ist. Später mag sich dies ändern, aber für die allernächsten Jahre, welche hier in Betracht kommen, wird es wohl dabei bleiben. In diesem Kampf hat es die Regierung um so leichter, als sie aller Voraussicht nach für ihre auswärtigen Beziehungen keinerlei Befürchtungen zu hegen braucht. Auch dürfte sie in den letzten Jahren genügend gelernt haben, um nicht das Volk allzusehr zu reizen.

Hieraus auf ein bemerkenswertes Aufblühen von Handel und Wandel zu schließen, hieße jedoch zu weit gehen. Dazu sind die Verhältnisse namentlich in den Fabriken noch zu unsicher. Die Arbeiter leisten noch vielfach passiven Widerstand und machen durch ihr Zusammenhalten der Fabrikleitung das Leben sauer. Attentate gegen Techniker und Arbeiteraufseher werden noch fast täglich gemeldet. Erst kürzlich hat es sich bei der großen Brandstiftung in der Possehlschen Fabrik in Wilna gezeigt, wie vorsichtig, um nicht zu sagen nachgiebig sich die Fabrikbesitzer verhalten müssen. Solche Einzelfälle werden sich noch häufig wiederholen. Sie sind nicht dazu angetan, die Unternehmungslust zu Neugründungen zu erhöhen, welche immerhin noch ein großes Risiko enthalten, ohne daß mit Sicherheit auf einen entsprechend hohen Gewinn gerechnet werden könnte.

Unter diesen Umständen die deutschen Unternehmer durch eine aus einem Generalkonsul und Sachverständigen gebildete Kommission auf Rußland besonders aufmerksam zu machen, und zwar von Amts wegen, scheint mir verfehlt zu sein. Man kann dies ganz der Initiative der Privatleute überlassen, die es schon seit Jahrzehnten verstanden haben, ihre Wege in dem großen russischen Reiche zu finden.

Etwas anders steht es mit der Bankfrage. Das Vorhandensein einer rein deutschen Bank in St. Petersburg wäre in unserem Interesse mit Freuden zu begrüßen. Denn hierdurch würde der deutsche Einfluß zunehmen. Gleichzeitig würde sich auf diesem Wege auch eine engere Verbindung mit der Presse herstellen lassen. Ich bin überzeugt, daß die hiesige Nordische Bank zum Beispiel der Französischen Botschaft auch auf politischem Gebiet gute Dienste leistet. Wenn ich nun Herrn Dernen recht verstehe, scheint es ihm u.a. darum zu tun zu sein, Bankverbindungen zwischen Rußland und Deutschland auch außerhalb des Mendelssohnschen Einflusses herzustellen. Dieses Bestreben ist ja in Berliner Bankkreisen nicht neu. Meines Erachtens müssen jedoch diese Gegensätze von den Interessenten allein durchgekämpft werden. Dies würde die Kaiserliche Botschaft natürlich nicht hindern, ihren vollen Beistand zu leisten, wenn deutsche Privatkreise ernstlich an die Gründung einer Bank in Rußland herantreten sollten.

Ich darf noch ein Wort über die Beteiligung Deutschlands an der nächsten *russischen Anleihe* hinzufügen. Die Kaiserliche Botschaft stimmt hierbei der Auffassung des Kaiserlichen Generalkonsuls vollkommen zu. Vor allem dürfte, wie die Verhältnisse heute liegen, die deutsche Beteiligung keinen großen Einfluß auf die äußere Politik Rußlands ausüben. Rußland betrachtet sich mit oder ohne Anleihe in Deutschland als Bundesgenosse Frankreichs und wird in internationalen Fragen nicht umhin können, der Republik seine Stimme zu geben.

Trotzdem würde ich ein ostentatives Fernhalten, welches nicht allein auf dem Geldmangel beruht, bedauern. Es würde nicht im Einklang stehen mit den freundschaftlichen Beziehungen, welche in der letzten Zeit zwar nicht zwischen den beiden Völkern, wohl aber zwischen den beiden Regierungen bestanden haben. Herrn Kokowzoff ist natürlich sehr an der Bereitwilligkeit Deutschlands gelegen, schon um nicht ausschließlich auf Frankreichs Bedingungen angewiesen zu sein. Er hat dies öfters zu erkennen gegeben. Eine Mitbeteiligung Deutschlands in engen Grenzen scheint mir das beste Mittel zu sein, um uns keine Opfer aufzuerlegen, wozu nicht die geringste Veranlassung vorliegt, und doch andererseits den Eindruck zu vermeiden, als wollten wir durch zweimalige Ablehnung der Anleihe Rußland gegenüber eine Mißstimmung zur Schau tragen.[6]

*ZStAP, AA 6220, Bl. 141ff.*

1 Vgl. Dok. Nr. 74.

2 Vgl. Dok. Nr. 79, 80 u. 81.

3 Rudolf Martin verfocht 1905 und 1906 in mehreren Veröffentlichungen die Ansicht, daß Rußland dem Staatsbankrott entgegengehe.

4 Französischer Botschafter.

5 O'Beirne.

6 Die Berichte von Biermann vom 7. 10., Kohlhaas vom 20. 10., Schäffer vom 7. 12. und Miquel vom 16. 12. 1907 wurde am 18. 1. 1908 von Koerner an das Reichsamt des Innern und das Reichsschatzamt gesandt. Vermerk Nadolny vom 18. 1. 1908: „Mit Rücksicht auf die in den anliegenden Berichten angeführten Gründe dürfte von amtlichen Schritten in der Angelegenheit abzusehen und jedes Vorgehen der privaten Initiative zu überlassen sein. Sollte ein solches stattfinden, so wird ihm, soweit angängig, amtliche Förderung zuteil werden können.“ (ZStAP, AA 6220).

## 84 Privatäußerungen des Handelssachverständigen beim Generalkonsulat in St. Petersburg Goebel

*Ausfertigung*

Berlin, im Januar 1908

Über die Idee einer Studiengesellschaft für Rußland[1]:

Unter Studiengesellschaft verstehe ich eine Organisation, die im Ausland dauernde, einen hohen Nutzen wahrscheinlich machende Anlagen für deutsches Kapital sichern soll und zwar auf Gebieten, auf denen die deutsche Arbeit und das deutsche Kapital bislang noch nicht genügend orientiert und beteiligt sind. Sie sind es unter anderem noch nicht auf dem Gebiete des Bergbaus, so daß heute die in dieser Richtung Anlage suchenden Kapitalien über ausländische Börsen (London, Brüssel etc.) gehen müssen und in großem Umfang gehen.

Ich will die Idee einer Studiengesellschaft nur für Rußland einer kritischen Betrachtung unterziehen.

*Theoretisch* erscheint sie mir zweifellos richtig. Bisher wurde das deutsche Kapital bei den zu seiner Kenntnis kommenden Gelegenheiten allzu häufig von interessierter Seite beraten, oder es mußte sehen, daß ihm gute Anlagen von anderen Nationen vorweggenommen wurden, da man die Anlagemöglichkeiten nicht systematisch verfolgt. Die Kenntnis der Konsulate erstreckt sich auch viel mehr auf die Tätigkeit vorhandener Industrien als auf den Nachweis und die Rentabilitätsberechnungen ganz neuer Wirtschaftszweige. Die Konsulate können auch aus den verschiedensten Gründen keine Verantwortung nach dieser Richtung übernehmen, und ebensowenig ist der Handelssachverständige, der ohne jede Hilfe ein Gebiet wie das ganze russische Reich übersehen soll und dabei unter den obwaltenden Verhältnissen selten über die Einarbeitungszeit hinaus zu bleiben pflegt, dazu systematisch in der Lage.

Ad hoc seitens der Finanzkreise hinausgesandte Sachverständige sind aber auf neuen Gebieten beim besten Willen nie sachverständig, da die grundlegenden Schwierigkeiten in Rußland in Richtungen liegen, die solchen Herren meist vollkommen nebensächlich erscheinen und auch ohne langjährige Kenntnis von Land und Leute nebensächlich erscheinen müssen.

Eine Studiengesellschaft kollidiert nicht mit der Tätigkeit der Konsulate und ihre Feststellungen können nicht nur zu nutzbringenden Kapitalanlagen führen, sondern auch die viel umstrittene Frage des Reichtums oder der Armut Rußlands ganz anders klären als das heute der Fall ist.

Die Studiengesellschaft müßte sich freilich nicht damit befassen wollen in Konkurrenz mit in Rußland orientierten Industrien (z. B. der Elektrischen-, Maschinen-, Chemischen) zu gründen. Dann würde sich das deutsche Kapital nur selber Konkurrenz machen, während gerade Beseitigung der Konkurrenz des deutschen Kapitals mit sich selbst einer der Hauptzwecke der Studiengesellschaft sein muß.

Das große Gebiet der Urproduktion: Bergbau, Holz, Fischerei, Baumwollbau und anderes mehr dürfte aber in Rußland einer Studiengesellschaft mehr wie reichliche Beschäftigung sichern.

Der Einwand, man würde mit einer Studiengesellschaft in Rußland das Empfinden gewisser nationalistischer Kreise reizen, kann nicht gegen sie sprechen, denn die Sache liegt durchaus so, daß ein stets vorhandenes Mißtrauen und systematische Verhetzung jede Maßnahme unter dem gewollten Gesichtswinkel sehen. Wenn demnach auch zweifellos eine Studiengesellschaft in gewissen Kreisen unfreundlich besprochen werden würde, führt sie keinesfalls zu einer tiefer gehenden Erregung, da sie dem Fiskus wie vielen Privaten Geld zuführt, und sie andererseits durchaus kein das Nationalgefühl kränkendes Monopol anzustreben braucht.

Als Zeitpunkt erscheint mir die Gegenwart nicht ungeeignet. Ehe sich eine Organisation wie die Studiengesellschaft voll entfalten könnte, dürfte die Geldknappheit in Deutschland behoben sein und in den Großbanken Gelder zusammenströmen, die die Anlage in der einheimischen Industrie bis zur Wiedergesundung des Marktes scheuen und daher auf das Ausland angewiesen sind.

In Rußland aber hat das wirtschaftliche Leben auf fast allen Gebieten einen Tiefpunkt erreicht, von dem aus es kaum etwas anderes als einen Aufschwung geben kann. Ich spreche, wohlverstanden, von der Volkswirtschaft und nicht von den Staatsfinanzen.

Es will mir daher scheinen, als müsse die Reichsregierung sich von allen Gesichtspunkten aus freundlich und fördernd zu der Idee verhalten, sie freilich der privaten Initiative überlassen.

Trotz aller dieser Betrachtungen habe ich persönlich Zweifel an dem Zustandekommen einer Studiengesellschaft größeren Stils und zwar infolge nicht genügenden Interesses auf Seiten der Finanzkreise selber. Als Hemmungen erscheinen mir folgende Momente:

1. die Schwierigkeiten der Organisation und der Gewinnung geeigneter Kräfte sind fast unüberwindlich. Genaueste Kenntnis von Land und Leuten, des jeweiligen Faches nach der technischen und kommerziellen Seite, wie endlich von Finanzierungen müßten sich vereinigen, um auch nur wahrscheinliche Vorhersagen zu machen.
2. Wichtiger aber ist, daß die Bank- und Finanzkreise bei Gründungen auf fremde Rechnung oft gar kein erhebliches Interesse an der Klarstellung der Verhältnisse sehen. Klarstellung heißt fast immer Reduzierung hochgespannter Erwartungen auf ein bescheidenes Maß.
3. Bei Gründungen auf eigene Rechnung wird jede Bank- und Finanzgruppe für sich möglichst im stillen arbeiten, während eine Studiengesellschaft schwer unbemerkt ihre Tätigkeit ausüben kann. Die Geheimniskrämerei ist ja von größeren Gesichtspunkten aus auf die Dauer falsch, aber es ist eben bisher weder die so wünschenswerte Kapitalvereinigung für das Vorgehen außerhalb Deutschlands in genügendem Umfange erfolgt, noch auch sind die Bank- und Finanzkreise so weitausschauend, wie sie sich gerne nachsagen lassen.
4. Gründungsbereite Unternehmer werden oft ihrem eigenen Urteil mehr vertrauen, wie dem der Studiengesellschaft, sich ihrer also gar nicht bedienen oder ihr vielleicht gerade in den Punkten am wenigsten glauben, die sie infolge ihrer Kenntnis von Land und Leuten am sichersten richtig beurteilt.
5. Praktisch fast unüberwindliche Schwierigkeiten würden sich auch aus der Frage ergeben, in welchem Zeitpunkt und Stadium die Studiengesellschaft die finanzierten Objekte an die Gründer abzugeben hätte. Auch die Entlohnung für ihre Dienste müßte sich kompliziert gestalten.
6. Zweifellos würde auch an eine Studiengesellschaft in manchen Fällen stark der Wunsch herantreten, unter bestimmten Gesichtswinkeln (politischen, finanziellen etc.) zu sehen, was ihr unbefangenes Arbeiten auf die Dauer beeinträchtigen könnte.

*ZStAP, AA 6220, Bl. 196f.*

1 Vermerk Nadolny vom 18. 1. 1908: „Der landwirtschaftliche Sachverständige Borchardt aus St. Petersburg hat hier gelegentlich seines Urlaubs von sich aus die Gründung eines deutsch-russischen Studienunternehmens angeregt, das in ähnlicher Weise wirken sollte wie die von Dernen angeregte Kommission. Er meinte, die Banken (z. B. Bleichröder) würden dafür zu haben sein.
Ich habe mit dem Handelssachverständigen Goebel, als er sich urlaubsweise hier aufhielt, gelegentlich über die Sache gesprochen und ihn schließlich gebeten, seine Ansicht darüber zu Papier zu bringen. Darauf hat er mir die Anlage übergeben." (ZStAP, AA 6220.)

## 85 **Bericht Nr. II 39 des Generalkonsuls in St. Petersburg Biermann an den Reichskanzler Fürsten von Bülow**

*Ausfertigung*

St. Petersburg, 21. Januar 1908

Die Antworten der seinerzeit vom Handelsminister zur Äußerung über die Mißstände im Getreidehandel angegangenen Stellen sind in zwei Artikeln der Handels- und Industriezeitung wiedergegeben, deren Übersetzung ich gehorsamst beifüge.

Wie aus einer in der St. Petersburger deutschen Zeitung vom 1.14. d.M. abgedruckten und hier beigefügten Mitteilung des Berliner Tageblattes ersichtlich ist, scheint in den Kreisen der deutschen Importeure die Hauptschuld an den Mißständen den russischen Handelskreisen und Banken zugeschoben zu werden. Demgegenüber wurde mir von hiesiger uninteressierter und zuverlässiger Seite versichert, daß ein großer Teil der Schuld auch die deutschen Kaufleute treffe, die oft genug, der billigen Preise zuliebe mit unsoliden Firmen abschlossen. Es dürfte deshalb gerade in dieser Beziehung den deutschen Importeuren besondere Vorsicht anzuempfehlen sein.

Übrigens veranlaßt mich dieser Bericht, Eurer Durchlaucht gegenüber, einen Übelstand zur Sprache zu bringen, der auch von dem Kaiserlichen Konsul in Moskau in dessen Bericht vom 15. Dezember v.J.[1] betreffend die Moskauer Straßenbahn erwähnt worden ist. Es kommt häufig vor, daß deutsche Firmen oder Vereine Angestellte zur Information über gewisse geschäftliche oder wirtschaftliche Fragen oder auch zum Abschluß besonders wichtiger Geschäfte nach hier gesandt haben, ohne daß auf dem Generalkonsulat ihre Anwesenheit anders als durch Mitteilungen von dritter Seite oder Zeitungsnotizen bekannt geworden wäre. Abgesehen von der Entsendung des Herrn Siegmund Vasen, deren Ergebnisse in dem vorerwähnten Artikel des Berliner Tageblattes mitgeteilt werden, möchte ich noch auf die Anwesenheit eines Vertreters der deutschen Hamburg-Amerika-Paketfahrt Aktiengesellschaft, Dr. Eckert, hinweisen, der sich zum Studium der hiesigen Auswanderungsverhältnisse hier aufgehalten haben soll und ferner des Vertreters der Internationalen Bohrgesellschaft Erkelenz, die in ihrer Angelegenheit vorher die Hilfe des Auswärtigen Amtes und des Generalkonsulates (vgl. Erlaß III c 6261 vom 28. März v.J.) in Anspruch genommen hatte. Es wäre auf das lebhafteste zu begrüßen und ist doch nicht zu viel verlangt, wenn wenigstens in Fällen, wo das Auswärtige Amt um seine Mitwirkung angegangen worden ist, die Beteiligten sich gewöhnten, sich mit den Kaiserlichen Vertretungen und Konsularbehörden auch persönlich in Verbindung zu setzen. Denn es ist natürlich äußerst wünschenswert, daß in Fragen, die hier bearbeitet und von hier aus aufmerksam verfolgt werden und ein über den Einzelfall hinausgehendes Interesse bieten, der Verlauf und das endgültige Ergebnis solcher privater Bemühungen bekannt wird.

Abschriften dieses Berichts sind der Kaiserlichen Botschaft hier und dem Kaiserlichen Konsulat in Moskau vermittelt.

*ZStAP, AA 6366, Bl. 9.*

1 Vgl. Dok. Nr. 82.

**86 Schreiben des Vereins der Berliner Getreide- & Produktenhändler e.V. an das Kaiserliche Russische Ministerium für Handel und Industrie**

*Abschrift*

Berlin, 27. Januar 1908

Das von uns nach Rußland entsandte Mitglied unseres Vorstandes, Herr Siegmund Vasen, hatte die Ehre, dem Kaiserlich Russischen Ministerium für Handel und Industrie die Ursachen, die uns zu seiner Entsendung Anlaß gegeben haben, darzulegen und die Beschwerden vorzutragen, welche der Verkehr mit den südrussischen Exporteuren in den letzten Jahren, besonders aber in 1907, gezeigt hat.

Wir gestatten uns, dem Kaiserlich Russischen Ministerium für Handel und Industrie unsern lebhaften Dank auszusprechen für die unserm Delegierten gegenüber ausgesprochene Bereitwilligkeit, unser Bestreben um Abhilfe der zutage getretenen Mißstände fördern zu helfen, wie es bereits geschehen ist durch die ihm auf den Weg mitgegebenen Schreiben an die südrussischen Börsenkomitees, wodurch zunächst gemeinsame Beratungen mit unserem Delegierten ermöglicht wurden.

Es war für uns von dem größten Interesse zu erfahren, daß seitens der russischen Fachkreise und der Presse bei dem Kaiserlich Russischen Ministerium für Handel und Industrie Klage geführt wurde über die Einrichtung und die Handhabung der deutschen Schiedsgerichte, und wir sind dankbar dafür, daß sie unserem Delegierten gegenüber zur Sprache gebracht und ihm dadurch Gelegenheit geboten wurde, die Beschwerde zu prüfen und zu widerlegen.

Wir wiederholen hiermit ausdrücklich die von unserm Delegierten ausgesprochene Bereitwilligkeit, alle an das Kaiserlich Russische Ministerium für Handel und Industrie gelangenden, wie immer gearteten Beschwerden über den deutschen Getreidehandel im Verkehr mit Rußland entgegenzunehmen, um sie einer sorgfältigen Prüfung zu unterwerfen und alsdann dem Kaiserlich Russischen Ministerium für Handel und Industrie Bericht darüber zu erstatten und eventuell Abhilfe schaffen zu können. Desgleichen nehmen wir von der Erlaubnis Kenntnis, uns im gegebenen Falle mit dem Kaiserlich Russischen Ministerium für Handel und Industrie in direkte Verbindung, sei es brieflich oder telegraphisch, setzen zu dürfen.

Auch die Beschwerde, welche über die Leitung der Konferenzen des deutschen Handelstags geführt wurde, war unser Delegierter in der Lage als vollkommen unbegründet zurückweisen zu können. Wir glauben, bei dieser Gelegenheit hervorheben zu sollen, daß uns nichts ferner liegt, als einseitige Interessen zu vertreten und zu verfolgen; unser Bestreben ist vielmehr darauf gerichtet, Licht und Schatten nach beiden Seiten gleichmäßig zu verteilen und den Verkehr zwischen unsern Ländern derartig zu gestalten, daß er beide Teile befriedigt. Dabei ist es für uns von dem höchsten Werte, die Unterstützung des Kaiserlich Russischen Ministeriums für Handel und Industrie zu haben.

Wir gestatten uns nunmehr, einen kurzen Rückblick auf die durch unsern Delegierten in den mit dem südrussischen Börsenkomitee und den Exporteuren stattgehabten Sitzungen erhobenen Forderungen und deren Folgen zu werfen:

1. Vollmachten und Prokuren sollen bei den Börsenkomitees hinterlegt werden, damit eine amtliche Erklärung über deren Inhalt erfolgen kann.

Im Auslande sind die gesetzlichen russischen Bestimmungen bisher gänzlich unbekannt gewesen, woraus sich für die ausländischen Käufer die schwersten Nachteile ergaben, weil bei steigender Konjunktur die Verkäufer die Vollmachten oder Prokuren als Vorwand für die Nichterfüllung ihrer Verpflichtungen gebrauchten, und tatsächlich erwies es sich, daß der Inhalt der Vollmachten oder Prokuren ihr Vorgehen der Form nach deckte. Als wünschenswert wurde in allen südrussischen Handelskreisen die Einrichtung eines Handelsregisters anerkannt.

2. Jeder Getreide-Exporteur muß Mitglied der Börse sein.

Alle Börsen-Komitees sollen obligatorisch Schiedsgerichte mit feststehenden Statuten einrichten, denen sich jeder Exporteur unterwerfen muß. Ein Exporteur, der das Urteil eines solchen Schiedsgerichts nicht anerkennt und ihm nicht gerecht wird, soll von der Börse ausgeschlossen werden. Die Feststellungen haben ergeben, daß der Zusammenhang der Exporteure mit der Börse und ihren Einrichtungen ein sehr loser ist und den Börsen-Komitees keinerlei nachdrückliche Zwangsmittel gegen böswillige Börsenmitglieder an die Hand gegeben sind. Deshalb ist eine feste Organisation erforderlich.

3. Urteile ausländischer Schiedsgerichte sollen dieselbe Wirkung haben wie die russischen, nachdem sie von den betreffenden Börsen-Komitees geprüft worden sind.

Einem ausländischen schiedsgerichtlichen Urteile soll durch die Sanktion des russischen Börsen-Komitees gegenüber russischen Gerichten dasselbe Ansehen verliehen werden wie dem von diesem Börsenkomitee gefällten Urteil.

4. Banken und Bankiers sollen mit solchen Exporteuren keine Verbindung unterhalten, die nachweislich gegen Treu und Glauben verstoßen, Kontrakte mit dem Auslande in betrügerischer Absicht nicht erfüllt haben oder sonstwie ihren Verpflichtungen nicht nachgekommen sind. Jeder Fall wird vor dem betreffenden Börsen-Komitee geprüft, und von ihm ergeht eine offizielle Mitteilung darüber an die Banken und Bankiers.

Es ist nachweislich festgestellt worden, daß russische Banken solchen Exporteuren, welche ihre Verpflichtungen gegen das Ausland erfüllen konnten, aber nicht erfüllt haben, dadurch Beihilfe leisteten, daß sie für diese Exporteure unter dem Namen der Bank die Ware verschifften und ins Ausland verkauften.

5. Einrichtungen von Zertifikaten über das effektive und natürliche Gewicht der ins Ausland verladenen Ware.

Es ist bekannt und in vielen Fällen nachgewiesen, daß Exporteure die Verladungsdokumente über ein größeres Quantum ausgestellt haben als wirklich verladen wurde, ferner, daß sie wesentlich geringere Qualität als die verkaufte verladen haben und durch diese unehrliche Manipulation dem Käufer ein Risiko aufbürdeten, das gegen Treu und Glauben verstößt, in vielen Fällen wurden die daraus hervorgehenden Ansprüche des Käufers von den Exporteuren nicht beglichen. Dagegen und gleichzeitig gegen die Verunreinigung des Getreides durch Schmutz, Sand und dergleichen bieten die Zertifikate, wie sie in Nikolajew bereits seit längerer Zeit eingeführt sind, eine wirksame Gewähr. Gegen diese Einrichtung sträubt sich Odessa, die allgemein eingeführt, nicht allein für den ausländischen, sondern auch für den russischen Handel segensreich wirken würde.

Wir glauben uns dahin aussprechen zu sollen, daß wir durch unsere Maßnahmen bei den Börsen-Komitees nicht überall einen unmittelbar greifbaren Erfolg feststellen können, indessen hat unser Vorgehen, gestützt auf das Interesse, welches das Kaiserlich Russische Ministerium für Handel und Industrie demselben entgegenbrachte, in allen Fällen einen guten moralischen Effekt gehabt. Eine durchgreifende Änderung der bestehenden mißlichen Verhältnisse können wir uns aber nur von den Maßnahmen der Kaiserlich Russischen Regierung versprechen.

Zum Schlusse erlauben wir uns noch zu bemerken, daß wir bei Beratung der einschlägigen Fragen, sei es im Wege des Briefwechsels oder durch Delegierte, jederzeit mitzuwirken bereit sind. Badt. Vasen.

*ZStAP, AA 6367, Bl. 56ff.*

**87 Schreiben des Vereins Berliner Getreide- & Produktenhändler e.V. an den russischen Finanzminister Kokovcev**

*Abschrift*

Berlin, 28. Januar 1908

Wir beehren uns Eurer Exzellenz über die Feststellungen zu berichten, die unser Delegierter, Herr Siegmund Vasen, bereits die Ehre hatte, Ihnen in persönlichem Vortrage zu beleuchten.

In den Hafenplätzen Südrußlands, die er besuchte, haben seine Nachforschungen über die Verhältnisse der Banken zu den Exporteuren die Wahrnehmung gezeitigt, daß fast allenthalben das Bestreben vorherrscht, die unlauteren Elemente im Getreide-Exporthandel nach Möglichkeit auszuschalten, ihnen aber zum wenigsten eine Förderung nicht angedeihen zu lassen dadurch, daß man es ablehnt, ihre Verladungsdokumente zu negoziieren.

Eine Ausnahme in dieser Beziehung macht Nicolaiew, wo die Filiale der Internationalen Bank dominiert. Es steht außer Zweifel, daß der Leiter des Instituts in Nicolaiew die meisten derjenigen Exporteure, welche dem Auslande gegenüber ihre Verpflichtungen in schnödester Weise mißachten und nicht erfüllen, in ihrem Treiben dadurch unterstütze, daß die Internationale Bank für sie, die kontraktbrüchig waren, als Verkäuferin im Auslande auftrat. Der Leiter der Internationalen Bank hatte genaue Kenntnis von der unehrlichen Handlungsweise dieser Exporteure, wenn er auch, selbst der Verwaltung in St. Petersburg gegenüber, für seine Transaktionen Unkenntnis der Verhältnisse vorzuschützen sucht; selbst ein ehemaliger Getreidehändler, ist er über jeden Exporteur und seine Manipulationen genau unterrichtet, nimmt aber die Geschäfte da, wo er sie haben kann, unbekümmert um die zweifelhafte Stellung seines Klienten dem Auslande gegenüber. Er weiß der Verwaltung in St. Petersburg seine Geschäftspraktiken so darzustellen, daß sie das Odium nicht bemerkt, daß auf ihnen lastet. Dadurch ist die betrügerische Handlungsweise einer Reihe von Exporteuren gewissermaßen sanktioniert worden; denn sie fanden in der Filiale der Internationalen Bank eine wirksame Beschützerin und kümmerten sich um die Verpflichtungen, die sie an ausländische Käufer banden, in keiner Weise. Ungeheure Nachteile für die letzteren sind die Folge, ohne daß sie die Möglichkeit einer Remedur haben, es sei denn durch einen jahrelang dauernden Prozeß vor den ordentlichen Gerichten.

Es wäre an der Zeit, daß dieser Schutz der zweifelhaften Existenzen, der für das Ansehen des russischen Handels ebenso nachteilig, wie für die Interessen des Auslandes gefahrvoll ist, endlich aufhört. Wir wollen aber nicht verfehlen zu betonen, daß die Verwaltung der Internationalen Bank in St. Petersburg, mit welcher unser Delegierter vor und nach seiner Anwesenheit in Nicolaiew wiederholt über diese Angelegenheit konferierte, die Versicherung gab, Transaktionen ihrer Filiale nicht zu dulden, die im Gegensatze zu den Grundsätzen des Instituts stehen; allerdings will die Verwaltung auch nicht zugeben, daß derartige Transaktionen bisher gemacht wurden, was nach den vorhergehenden Ausführungen erklärlich erscheint.

Wir gestatten uns noch, Euer Exzellenz für die Förderung der unserm Delegierten gestellten Aufgabe unsern ergebensten Dank auszusprechen und gleichzeitig eine Abschrift unseres Berichts an das Kaiserlich Russische Ministerium für Handel und Industrie beizufügen. Badt. Vasen.

*ZStAP, AA 6367, Bl. 64f.*

## 88 Schreiben des Vereins Berliner Getreide- & Produktenhändler e.V. an den russischen Justizminister Ščeglovitov

*Abschrift*

Berlin, 28. Januar 1908

In der Unterredung, die Euer Exzellenz die Güte hatten, unserm Delegierten, Herrn Siegmund Vasen, im vorigen Monate zu gewähren, hatte er die Ehre, Ihre Aufmerksamkeit auf einige Mißstände zu lenken, unter denen der Verkehr im Getreidehandel zwischen unsern Ländern auf das empfindlichste leidet.
Es handelt sich im wesentlichen um folgende Punkte:

1. Prokuren. Um die Gefahren zu beseitigen, die in den gesetzlichen Bestimmungen begründet sind, sollten dahin Einrichtungen getroffen werden, daß durch die Übertragung einer Prokura der Geschäftsinhaber die volle Verantwortlichkeit für alle Handlungen seines Prokuristen trägt. Der Ausländer kennt den Inhalt der Prokura-Vollmacht nicht und ist gewohnt, sie nach den Gesetzen seines Landes als bindend für die Handlungen anzusehen, die der Träger der Prokura im Namen der Firma vollzieht und durch seine Unterschrift beglaubigt.

2. Schiedsgerichtliche Urteile. Nach den bestehenden Bestimmungen des russischen Gesetzes hat ein schiedsgerichtliches Urteil keine exekutorische Kraft, so daß vielmehr, wenn der Verurteilte es nicht honoriert, ein anderer Prozeß vor den ordentlichen Gerichten angestrengt werden muß, die von neuem in die Prüfung der Materie eintreten.

In Deutschlands gibt es nur eine einzige Art des Einspruchs gegen ein schiedsgerichtliches Urteil, das ist gegen die Zusammensetzung des Schiedsgerichts; im übrigen erlangt ein solches Urteil innerhalb 24 Stunden die exekutorische Kraft durch das ordentliche Gericht. In gleicher Weise behandelt das deutsche Gesetz auch schiedsgerichtliche Urteile, welche im Ausland gefällt sind.

Bevor das russische Gesetz schiedsrichterliche Urteile nicht mit derselben Wirkung ausstattet, dürfte eine Besserung der beklagenswerten Zustände im Getreide-Exporthandel nicht eintreten.

3. Die Verunreinigung des Getreides durch wertlose Substanzen nimmt von Jahr zu Jahr eine gefahrdrohendere Gestalt an. Nachdem zuerst in gewissen Häfen dem aus dem Innern kommenden rein gewachsenen oder gut gereinigten Getreide durch gewissenlose Exporteure hohe Prozentsätze Schmutz, Staub und Sand beigemischt wurden, sind jetzt die Bauern schon so weit vorgeschritten, daß sie selbst den Exporteuren die unsaubere Arbeit abnehmen und bei sich zu Hause das Getreide verunreinigen. Nur so ist es zu erklären, daß in letzter Zeit in Nicolaiew große Sendungen Gerste mit einer Beimischung von 15—30% Schmutz aus dem Innern angekommen sind.

Zweifellos liegt hierin ein schnöder Betrug. Indessen haben wir bisher nicht gehört, daß auch nur ein einziger Fall gerichtlich verfolgt worden wäre, und doch würde dies sowohl für Rußland wie für das Ausland von der weittragendsten Bedeutung sein [. . .]
Badt. Vasen.

*ZStAP, AA 6367, Bl. 61ff.*

## 89 Bericht Nr. II 63 des Generalkonsuls in St. Petersburg Biermann an den Reichskanzler Fürsten von Bülow

*Ausfertigung*

St. Petersburg, 29. Januar 1908

Mit Bezug auf den Bericht vom 31. Oktober 1906 — II 367.

Der Reichsdumaabgeordnete des Amurgebiets Schilo hatte sich kürzlich schriftlich mit der Bitte an mich gewandt, ihm zu seinen Arbeiten im Interesse des von ihm vertretenen Bezirks statistische Daten über die Waren- und Frachtpreise des deutschen Exports nach jenem Gebiet zu übermitteln.

Ich habe ihm geantwortet, daß ich das von ihm gewünschte Material nicht hier hätte, und um zu entscheiden, ob es mir möglich wäre, es aus Deutschland zu besorgen, eine mündliche Besprechung für angezeigt hielte.

Ich habe inzwischen festgestellt, daß Herr Schilo sehr lebhaft für die Aufrechterhaltung des Porto Franco und die Verwerfung des der Duma vorgelegten Gesetzentwurfes über die Aufhebung des Portofranko kämpft.

Ich habe jetzt von ihm das in Übersetzung beifolgende Schreiben erhalten, in dem diese Feststellung ihre Bestätigung findet und worin er seine Wünsche näher präzisiert.

Auch die Übersetzung des in dem Schreiben erwähnten Zirkulars beehre ich mich gehorsamst beizufügen.

Nach der Lage der Sache liegt es in unserem Interesse, Herrn Schilo zur Erreichung seines auch für uns vorteilhaften Ziels zu unterstützen.

Falls Euere Durchlaucht keine Bedenken haben, darf ich gehorsamst bitten, das erbetene statistische Material mir zur Übermittlung an den Abgeordneten zur Verfügung stellen zu lassen. Eventuell könnte die Übermittlung durch eine dritte Person oder unter der Bedingung erfolgen, daß die Vermittlung des Generalkonsulats unerwähnt bleibt.[1]

*ZStAP, AA 6233, Bl. 137.*

1 Koerner stellte dem Senat in Hamburg und Bremen anheim, Biermann das gewünschte Material zu übermitteln. Bei der Weitergabe „wird jedoch nicht erkennbar zu machen sein, daß die amtlichen Stellen in Deutschland mit der Angelegenheit befaßt worden sind". (Erlaß an Biermann, 7. 2. 1907, ZStAP, AA 6233.) Inzwischen erfuhr Biermann, daß Šilo der SDAPR angehörte, worauf er von einer Weiterleitung des Materials absah. (Bericht Biermann, 16. 3. 1908, ebenda.)

## 90 Bericht Nr. 642 des Konsuls in Moskau Kohlhaas an den Reichskanzler Fürsten von Bülow

*Ausfertigung*

Moskau, 17. Februar 1908

Wie ich aus sicherer Quelle höre, hat das deutsch-englische Syndikat der Produzenten von Anilinöl und Anilinsalz den Gedanken fallen gelassen, in Verbindung mit der Libauer Fabrik der Berliner Aktiengesellschaft für Anilinfabrikation eine Anlage zu erstellen, wo die genannten Produkte auf russischem Boden erzeugt werden sollten. Wenn dieser Gedanke auch das für sich hatte, daß der Vorsprung, der den russischen Produzenten aus dem Schutzzoll erwächst, ausgeglichen worden wäre, so haben doch die Bedenken, die hauptsächlich die finanzielle Seite seiner Ausführung betrafen, die Oberhand gewonnen. Man fürchtete, daß die Anlage bei ihren hohen Einrichtungs- und Betriebskosten sich nicht rentieren würde, da der Markt durch den beginnenden Konkurrenzkampf mit den russischen Produzenten auf Jahre hinaus schwer erschüttert werden müßte. Tatsächlich war zu Ende des vorigen Jahres auch bereits eine Erschütterung der Preise, besonders für Anilinsalz, infolge des verstärkten Angebots der Revaler Fabrik zu spüren; Anfang Dezember wurden in Moskau größere Posten Anilinsalz für 11 Rubel pro Pud gegen den Syndikatspreis von 13 Rubel 25 Kopeken verkauft.

Die deutsch-englische Gruppe hat es aus den angeführten Bedenken vorgezogen, mit den in Betracht kommenden russischen Fabriken zu verhandeln. Diese Verhandlungen haben im Januar zu dem Ergebnis geführt, daß die Aktiengesellschaft vormals Richard Mayer in Reval und die Aktiengesellschaft der Tentelewer chemischen Fabrik in St. Petersburg dem Syndikat beigetreten sind. Sie haben sich einer Kontingentierung ihrer Produktion unterworfen und sind in dieser Hinsicht noch einer besonderen Kontrolle dadurch unterstellt, daß sie sich verpflichtet haben, ihren Benzolbedarf ausschließlich vom Syndikat zu beziehen. Der Aktiengesellschaft für Benzol- und Anilinfabrikation in Kineschma, auf deren Produktion von Anilinsalz sich der Bericht vom 20. Dezember v.J. Nr. 5216 bezog, ist der Eintritt in das Syndikat verweigert worden, da man glaubt, sie auch fernerhin als quantité négligeable betrachten zu dürfen [. . .]

Für das deutsch-englische Syndikat ist diese Lösung, die ihm die Aufrechterhaltung der bisherigen hohen Preise für Anilinöl und Anilinsalz gestattet, vorläufig zweifellos die praktischste; sich für sie zu entscheiden, fiel ihm um so leichter, als die Nachfrage, wenigstens für Anilinsalz, in Rußland im abgelaufenen Jahre dank der günstigen Lage der Textilindustrie stark gestiegen ist. [. . .]

Für die russischen Fabriken ist die Aufnahme in das Syndikat von größter Wichtigkeit. Denn nur durch den Mitgenuß der hohen Syndikatspreise können sie hoffen, die Fabrikation rentabel zu gestalten. Die neue Konvention gibt ihnen die Möglichkeit, sich unter dem Schutze des Syndikats zu entwickeln. Auf die Dauer werden sie freilich dem Syndikat schwerlich treu bleiben und der Konkurrenzkampf zwischen dem russischen Produkt und der deutschen und englischen Einfuhr von Anilinöl und Anilinsalz ist durch die Konvention nur aufgeschoben. Haben die russischen Fabriken erst ihre Betriebe ausgestaltet und auf dem russischen Markt festen Fuß gefaßt, so werden sie auch versuchen, ihn für sich allein zu erobern und die ausländische Produktion zu verdrängen. Das gilt vor allem von der kapitalkräftigen Tenteljewschen Fabrik in St. Petersburg, die übrigens entgegen früheren Erwartungen erst im Sommer 1908 mit ihrem Erzeugnis auf den Markt treten soll. [. . .]

*ZStAP, AA 2101, Bl. 30f.*

## 91 Schreiben Nr. II b 1785 des preußischen Ministers für Handel und Gewerbe Delbrück an den Reichskanzler Fürsten von Bülow

*Ausfertigung*

Berlin, 19. Februar 1908

Die Deutsche Bank hierselbst beabsichtigt, die im vorigen Jahre begebenen jungen Aktien der Russischen Bank für auswärtigen Handel im Gesamtbetrage von 10000000 Rubel an der hiesigen Börse zur Einführung zu bringen. Die bisher ausgegebenen Aktien der Bank im Nominalbetrage von 20 Millionen Rubel werden bereits an der hiesigen Börse gehandelt. Ein Teil der neuen Aktien soll auf Grund des den alten Aktionären eingeräumten Bezugsrechts in deutschen Besitz übergegangen sein. Die jungen Aktien sind ausgegeben in 28500 Stücken über 250 Rubel und in 1150 Stücken über 2500 Rubel. Für die Zulassung der kleinen Stücke bedarf es nach § 2 Abs. 3 der Bekanntmachung des Bundesrats vom 11. Dezember 1896 (Reichsgesetzbl. S. 763) meiner Zustimmung. Falls nicht besondere Bedenken zu meiner Kenntnis kommen sollten, beabsichtige ich die Zustimmung den bisher befolgten Grundsätzen entsprechend zu erteilen.[1]

*ZStAP, AA 3163, Bl. 11.*

1 Schoen teilte Delbrück am 26. 2. 1908 mit, daß das Auswärtige Amt gegen die Einführung der Aktien keine Bedenken habe, (ZStAP, AA 3163.)

## 92 Schreiben der Gelsenkirchner Bergwerks-Actien-Gesellschaft an das Auswärtige Amt

*Ausfertigung*

Gelsenkirchen, 6. März 1908

Wir erlauben uns, Ihnen nachstehende Angelegenheit zu unterbreiten.

Wir unterhalten in Tschiaturi im Kaukasus eine Erzeinkaufstelle, deren Aufgabe es ist, das dort vorkommende Manganerz einzukaufen, auf sogenannte Plattformen zu sammeln und von da per Bahn nach Poti zu verbringen, wo es zum Export nach Deutschland in Dampfer geladen wird. — Wir haben gegenwärtig in Tschiaturi rund 125000 Tonnen bar bezahltes versandfertiges Erz lagern, doch gestattet die gegenwärtige Lage des Manganmarktes uns nicht, das Erz in der gewünschten Weise zu verschiffen, weil die Transportkosten von Tschiaturi nach Poti so hoch sind und das Erz so verteuern, daß es gegenüber den Manganerzen aus anderen Ländern, z.B. aus Indien, nicht mehr konkurrenzfähig ist. — Der Transport des kaukasischen Erzes erfolgt von Tschiaturi mit einer Schmalspurbahn nach Scharopan, wo es auf Wagen der normalspurigen Bahn zur Weiterbeförderung nach Poti umgeladen wird. — Die für die 40 Kilometer lange Strecke Tschiaturi—Scharopan für einen Wagen gleich 750 Pud zur Erhebung kommende Fracht beträgt 64,61 Rubel und setzt sich wie folgt zusammen . . ., hierzu kommt Fracht Scharopan—Poti (130 Kilometer) 12,23 Rubel, zusammen für 750 Pud 76,84 Rubel oder Mark 13,45 für 1000 Kilogramm oder Mark 0,079 für 1 Tonnenkilometer. . . .

Die Gesuche um eine Ermäßigung der Bahnfracht auf der Linie Tschiaturi-Scharopan sind bisher von der russischen Regierung ablehnend beschieden worden, weil das vorhandene rollende Material nicht hinlangte, um alles Erz, das die Exporteure zu versenden wünschten, zu befördern, woraus man den Schluß zu ziehen zu dürfen glaubte, daß die hohe Bahnfracht dem Verkauf und der Verwendung des Erzes nicht hinderlich sei.

Seit Mitte vorigen Jahres hat die Sachlage sich geändert. Das vorhandene Rollmaterial wird jetzt keineswegs in vollem Umfange ausgenutzt. — Der Bedarf der Manganerz verbrauchenden Werke ist infolge des wirtschaftlichen Niederganges wesentlich geringer geworden, und die niedrigen Preise, die für das Fertigfabrikat erzielt werden, zwingen dazu, von dem teuren kaukasischen Manganerz abzugehen und das indische oder brasilianische Manganerz zu verwenden. — Die Abflauung des Exports von kaukasischem Manganerz ist zum großen Teil auf die hohe Eisenbahnfracht Tschiaturi—Scharopan zurückzuführen. Diese macht es unmöglich, das Erz zu den gegenwärtigen Preisen zu verschiffen, was eine geringere Benutzung des rollenden Materials und eine ernste Beeinflussung der Einnahmen der Bahn zur Folge haben muß. — Der Export von kaukasischem Manganerz kann sich nur heben, wenn die russische Regierung die Bahnfracht Tschiaturi—Scharopan auf einen normalen Satz ermäßigt und es den Exporteuren dadurch ermöglicht, mit den Erzhändlern anderer Länder zu konkurrieren. — Ein vergrößerter Export wird nicht nur günstig auf die Einnahmen der bezüglichen Bahn wirken, sondern auch den jetzt stillliegenden Minen wieder Absatz und den beschäftigungslosen Leuten wieder Arbeit bringen. Hieran hat die russische Regierung sicher ein großes Interesse.

Wir erlauben uns nun, die ganz ergebene Bitte an Sie zu richten, bei der zuständigen Stelle auf Ermäßigung der Bahnfracht Tschiaturi—Scharopan hinzuwirken, damit ein weiteres Zurückdrängen des kaukasischen Erzes vermieden wird, und wir und die übrigen Beteiligten vor schweren Schaden bewahrt bleiben. [. . .]

*ZStAP, AA 2087, Bl. 45f.*

**93 Schreiben Nr. II a 1093 des preußischen Ministers für Handel und Gewerbe Delbrück an den preußischen Minister der auswärtigen Angelegenheiten Fürsten von Bülow**

*Ausfertigung*

Berlin, 13. März 1908

Die Moskauer Internationale Handelsbank ist bei den im Laufe des Winters erfolgten Zahlungseinstellungen mehrerer Danziger Holzhandelsgeschäfte als Gläubigerin beteiligt. Wenn gegen sie Schritte wegen Entziehung der Erlaubnis zum Geschäftsbetrieb in Preußen unternommen würden,[1] so wäre zu befürchten, daß die im Interesse des Danziger Handels dringend wünschenswerte Erledigung dieser Zahlungseinstellungen durch außergerichtliche Einigung von der Bank unmittelbar oder mittelbar verhindert werden würde. Neuere Mitteilungen lassen einen Zusammenbruch der Bank nicht als bald bevorstehend erscheinen. Der der Bank von der Russischen Staatsbank gewährte Kredit soll noch nicht gekündigt sein. Auch scheint wieder eine Fusion mit anderen Banken in Frage zu kommen. Übrigens betragen die bei der Danziger Filiale eingezahlten Deposited kaum mehr als eine halbe Million Mark; das Königsberger Depositengeschäft ist ganz geringfügig. Eine besondere Gefahr ist daher mit einer weiteren abwartenden Haltung kaum verbunden. Indessen darf ich Eure Durchlaucht ergebenst ersuchen, veranlassen zu wollen, daß, falls unerwartete Ereignisse bekannt werden sollten, die ein schleuniges Vorgehen gegen die Bank angezeigt erscheinen lassen, von den Kaiserlichen Vertretungen in Moskau und St. Petersburg sofort berichtet wird. Ich beabsichtige die Zwischenzeit zu benutzen, um den Betrag der hinterlegten Gelder und die Persönlichkeiten der Einzahler feststellen zu lassen, und behalte mir vor, sobald die Verhältnisse es gestatten, der Frage wieder näher zu treten. Sollte sich bis dahin die Lage der Bank nicht wesentlich gebessert haben, so beabsichtige ich den Versuch zu machen, die Bank zunächst zur Bestellung einer Sicherheit für die bei den preußischen Filialen hinterlegten Gelder und demnächst zur allmählichen Aufgabe des Depositengeschäfts zu veranlassen. Die Zurückziehung der Erlaubnis zum Geschäftsbetriebe in Preußen wird aus mannigfachen Gründen und nicht zuletzt im Interesse derjenigen, welche der Bank bereits Gelder anvertraut haben, tunlichst vermieden werden müssen. Die erforderlichen Verhandlungen werden zweckmäßig durch die Kaiserlichen Vertretungen in Moskau oder St. Petersburg geführt werden. Ich werde nicht unterlassen, zu gegebener Zeit die Mitwirkung Euerer Durchlaucht zu erbitten.

*ZStAP, AA 703, Bl. 43f.*

1 Die Moskauer Internationale Handelsbank besaß Filialen in Danzig und Königsberg. Als sich eine Königsberger Bankfirma darüber beschwerte, daß diese Filialen für Depositen höhere Zinsen als in Deutschland üblich zahlten und sich gleichzeitig die Nachricht von den finanziellen Schwierigkeiten Lazar Poljakovs, der die Aktienmajorität der Moskauer Internationalen Handelsbank besaß, in Berlin verbreitete, erwog man im Auswärtigen Amt, der Bank die Erlaubnis zum Geschäftsbetrieb in Deutschland zu entziehen. (einschlägiger Schriftverkehr: ZStAP, AA 703.)

## 94 Bericht Nr. II 220 des Generalkonsuls in St. Petersburg Biermann an den Reichskanzler Fürsten von Bülow

*Ausfertigung*

St. Petersburg, 21. März 1908

[. . .] In der Hauptsache sind also in der Steigerung der Erzproduktion für 1907 Kriwoi Rog Erze begriffen, von denen ein sehr großer Teil, nämlich die über Sosnowice ausgeführten Mengen nach Oberschlesien gegangen sein dürften. An der Beibehaltung dieser Bezugsmöglichkeiten haben die schlesischen Werke infolgedessen ein sehr großes Interesse. Die südrussischen Industriellen haben in letzter Zeit im Gegensatz dazu auf eine Einschränkung des Exports von Eisenerzen des Kriwoi Rog über die Westgrenze hingearbeitet. Man scheint zwar nicht das Radikalmittel, vollkommene Wiederherstellung des Ausfuhrverbots, zu empfehlen, versucht vielmehr dasselbe Resultat durch eine Erhöhung der Eisenbahntarife für die Ausfuhr zu erreichen. Der allgemeine Tarifkongreß, dem vom Eisenbahndepartement des Finanzministeriums die Frage zur Überprüfung übergeben war, hat beschlossen, eine besondere Kommission mit dem Studium dieser Frage zu betrauen.

Wenn wirklich durch Wiederherstellung des Ausfuhrverbots oder Erhöhung der Tarife die Ausfuhr über die Westgrenze nach Oberschlesien erschwert wird, so dürfte dies einen empfindlichen Schlag für die oberschlesische Industrie bedeuten, für die ein Bezug der Kriwoi Rog Erze über die südrussischen Häfen kaum in Betracht kommen dürfte.

*ZStAP, AA 2087, Bl. 57.*

## 95 Bericht Nr. 67 des Botschafters in St. Petersburg Graf von Pourtalès an den Reichskanzler Fürsten von Bülow

*Ausfertigung*

St. Petersburg, 28. März 1908

Auf den Erlaß vom 21. Dezember 1907 Nr. II.0.4595 beehre ich mich zu berichten, daß ich Anlaß genommen habe, sowohl das hiesige Ministerium der Auswärtigen Angelegenheiten wie das Handelsministerium für die dem russischen Handelsminister direkt vorgetragene Beschwerde des Vereins der Getreidehändler der Hamburger Börse zu interessieren.[1] Die Zurückhaltung, welche die mit ähnlichen Beschwerden befaßten hiesigen Vertretungen Frankreichs und Englands sich auferlegt haben und die Schwierigkeit, praktische und expeditive Vorschläge zu formulieren, welche zu dem doch wohl zunächst liegenden Ziele hätten führen können, den deutschen Interessenten zu ihrem Geld zu verhelfen, haben einer energischen Verfolgung der Angelegenheit von Anfang an Zügel angelegt. Auch konnte der Umstand nicht ohne Folgen bleiben, daß, während der englische Handelsattaché Mr. Cooke in direkter Fühlung mit den englischen Interessenten war, der Delegierte der deutschen Getreidehändler, Herr S. Vasen, der auf seiner Reise nach Südrußland hier Aufenthalt nahm, keine Gelegenheit fand, weder mit der Kaiserlichen Botschaft noch mit dem Generalkonsulat Fühlung zu nehmen. Es ist leider nicht das erste Mal, daß über solche Unterlassungen seitens deutscher Interessenten, welche amtliche Mitwirkung in Anspruch nehmen, Klage zu führen ist. Für die Rückwirkung auf die geschäftliche Führung der Angelegenheit werden Mandanten wie Mandateure verantwortlich zu halten sein.

Euerer Durchlaucht ist aus der Berichterstattung des Kaiserlichen Generalkonsuls hier bekannt, daß die bei der vorjährigen plötzlichen Preissteigerung des Getreides zutage getretene Unredlichkeit der südrussischen Getreideimporteure in maßgebenden russischen Kreisen Aufmerksamkeit erregt hat und daß die beteiligten Ressorts es sich wirkliche Mühwaltung haben kosten lassen, die Wurzel des Übels klarzulegen und zu ihrer Remedur Nützliches beizutragen. Die Auffassung des Handelsministeriums zur Sache dürfte sich in folgendem resümieren:

Es wird betont, daß Zahlungs- und Lieferungsschwierigkeiten bei plötzlicher enormer Preissteigerung eines für die wirtschaftliche Konjunktur so maßgebenden Exportartikels, wie es das Getreide für Südrußland ist, sich überall auf der Welt gezeigt hätten. Daß eine große Reihe von „abus“ vorliegt, wird dabei nicht geleugnet. An der mit der Eingabe der Hamburger Beschwerdeführer überreichten Übersichtsliste wird ausgesetzt, daß einige dort aufgeführte Differenzen so klein seien, daß sie als unerheblich bezeichnet werden können, daß ferner eine große Zahl der in Lieferungsverzug geratenen Firmen das erforderliche Quantum terminlich nicht aufkaufen konnte. Mehrere Häuser hätten übrigens auf eine, auf dem Verwaltungsweg an sie getretene Anfrage betreffend ihres Verhaltens erwidert, es sei ihnen gar nicht bekannt, daß man sie in Deutschland als Schuldner ansehe. Auch die Haltung der Banken dürfte nicht, wie geschehen, verdächtigt werden. Es sei ihnen nicht zu verdenken, wenn sie bei einer so großen und plötzlichen Kurssteigerung des Getreides, welche leicht zu einer weitgehenden Störung des Marktes hätte führen können, große Vorsicht hätten walten lassen. Darum sei es nur natürlich, daß sie sich geweigert hätten, den Exporteuren das zu niedrigen Preisen lombardierte Getreide herauszugeben, während sie das hochlombardierte behalten sollten.

Die Regierung trage sich, abgesehen von der beabsichtigten großen Reform des Handelsrechts, mit bestimmten Plänen, die sie in nächster Zeit durchzuführen hoffe. So sei nach deutschem Muster ein Firmenregister in Aussicht genommen. In diesem würden auch Vollmachten, Prokuren u.ä. einzutragen sein und damit den Interessenten zugänglich werden. Der Fehler der deutschen Vertragskontrahenten habe hauptsächlich darin bestanden, daß sie mit kleinen und kreditunwürdigen Häusern und Spekulanten in Verbindung getreten seien. In Zukunft möchten sich doch die deutschen Interessenten wegen Auskunft über Kredit etc. ihrer russischen Kontrahenten zuerst an die Börsenkomitees der an *allen* Handelsplätzen Rußlands bestehenden Börsenorganisationen wenden. Dort würden sie objektive und zweckdienliche Aufklärung erhalten, auch über den Punkt, inwieweit es sich lohne, jetzt wegen der klagbaren Differenzen die ordentliche Gerichtsbarkeit anzugehen. Der Weg durch diese sei allerdings recht umständlich. Während der diesseits angeregte Gedanke, etwa durch ein Zirkular des Justizministers zur Beschleunigung der in die Wege zu leitenden zivilgerichtlichen Verfahren beizutragen, im Handelsministerium Anklang fand, wurde dort dem amtlich bereits entworfenen Plan, das schiedsgerichtliche Prozeßverfahren auszubauen und ihm schnelle Zwangsvollstreckung folgen zu lassen — neben Registerzwang und Organisation der Börsenkomitees —, als eines der hauptsächlichen Mittel bezeichnet, durch welche in Zukunft der Wiederkehr einer so weitgehenden Unsolidität der Geschäftsgebarung gesteuert werden soll.

Das auswärtige Ministerium hier ist, wie ich vertraulich höre, seit über 14 Tagen im Besitz einer Denkschrift des Handelsministeriums, deren Inhalt den zur Frage interessierten Mächten mitgeteilt werden soll und deren Hauptpunkte im Vorstehenden berührt wurden.

*ZStAP, AA 6366, Bl. 115ff.*
1 Vgl. Dok. Nr. 86, 87 u. 88.

## 96 Bericht Nr. 1255 des Botschafters in St. Petersburg Graf von Pourtalès an den Reichskanzler Fürsten von Bülow

*Ausfertigung*

St. Petersburg, 31. März 1908

Im Anschluß an den Bericht vom 28. d.M. Nr. 67[1].

Euerer Durchlaucht beehre ich mich anliegend Abschrift einer Mitteilung des hiesigen Ministeriums des Auswärtigen vom 17./30. d.M. zu überreichen, welche die Erwiderung auf die diesseitige Anfrage in Sachen Beschwerde der Hamburger Getreidehändler darstellt. Im Begleitschreiben wird gesagt, „que des malentendus ont eu lieu entre les marchands de blés russes et les acheteurs étrangers". Die Mitteilung kontrastiert mit den im nebenbezeichneten Bericht niedergelegten aus dem Handelsministerium stammenden Informationen durch Beschönigungsversuche und Dürftigkeit.

Anlage.

Ministère des Affaires Etrangères. Deuxième Départment

Vers la fin de l'année passée des plaintes ont été portées directement au Ministère du Commerce et de l'Industrie relativement à certains procédés des exportateurs russes de blé dans les ports de la Mer Noire. Le dit Ministère ne manqua pas d'en communiquer la teneur aux différentes Comités des Bourses provinciales ainsi qu'aux Banques intéressées afin de tirer au clair les circonstances qui auraient pu occasioner les dites plaintes.

Ces investigations ont prouvé qu'il faut attribuer une grande partie des cas de nonexécution des contracts à la récolte exceptionellement mauvaise de l'année passée qui fut la cause d'une hausse normale dans les prix des blés. Les marchands se trouvèrent donc souvent contraints de ne pas observer leurs obligations envers les acheteurs étrangers parce que leurs propres agents refusaient de mettre en exécution les engagements contractés avec ces derniers.

Il y a lieu, en outre, d'imputer aux acheteurs étrangers mêmes une certaine légèreté dans leur manière d'agir, puisqu'ils entraient dans des transactions commerciales avec exportateurs connus pour leur négligence qui ne demandaient pas mieux que d'offrir de la marchandise à des prix moderées afin de se constituer une clientèle quelconque.

Dans beaucoup de cas les plaintes portées par les commerçants étrangers ont été malfondées et le Ministère du Commerce dispose de beaucoup d'exemples où la faute doit être attribué exclusivement aux fondées de pouvoir des raisons sociales étrangères.

Quant aux agissements dont furent accusées quelques banques, ces dernières protestent énergiquement contre les inculpations de ce genre, vu qu'elles seraient les premières à souffrir d'une mauvaise réputation qui causerait une diminution dans leur clientèle.

Le Ministère du Commerce estime que beaucoup d'exportateurs russes ont dû subir des pertes considérables pour s'acquitter de leurs engagements envers les marchands étrangers contractés antérieurement, lorsque les prix des blés étaient bas. Dans plusieurs cas ils ont été même obligés de renoncer complètement à la fourniture des blés qui leur avaient été commandés, vu que l'offre en étant excessivement restreinte, il était quelques fois impossible de se procurer la marchandise en question.

Des conférences ont été convoquées par les Comités des Bourses pour élaborer des projects de mesure tendant à éviter tout malentendu entre les fournisseurs de blés d'une côté et les acheteurs de l'autre.

Ainsi le Ministère du Commerce se propose d'instituer un enregistrement des procurations qui reçoivent les mandataires des raisons sociales exportatrices, ce qui permettra aux gens de commerce de prendre des renseignements sur le contenu des dites procurations ainsi que sur la position juridique qu'occupent les différentes raisons sociales.

Pour éviter toute mauvaise foi dans les transactions il serait très désirable que les importateurs étrangers s'adressant exclusivement aux marchands de blés russes, membres des bourses, vu qu'il est plus facile de garantir leur honnêteté commerciale.

Toutefois les litiges, surgissant dans les transactions commerciales, ne peuvent être résolus autrement que par la voie judiciaire, vu que toute intervention administrative n'est pas seulement contraire à la législation de l'Empire mais suscite nécessairement un élément d'instabilité dans les rapports commerciaux tout en éliminant la possibilité d'éclairer toutes les circonstances de l'affaire donnée.

*ZStAP, AA 6366, Bl. 120ff.*

1 Vgl. Dok. Nr. 95.

## 97 Aufzeichnung des Geschäftsinhabers des Bankhauses S. Bleichröder, Paul Schwabach

*Ausfertigung*

8. April 1908

Ich hatte Petersburg zuletzt im Juni des Jahres 1904 besucht. Die Stimmung war damals nach den ersten größeren Mißerfolgen in der Mandschurei sehr gedrückt gewesen; wogegen mir jetzt eine gewisse Zuversichtlichkeit auffiel. Die Herren, welche ich in Petersburg zu sehen pflege, gehören stets denselben Kreisen an; es handelt sich um hohe Beamte aus den einzelnen Abteilungen des Finanzministeriums, Angehörige der Bankwelt, einzelne Industrielle; eigentliche Politiker zählen nicht zu meinen Bekannten.

Die Ruhe, mit welcher die Finanzlage von den Russen selbst betrachtet wird, scheint auf die Erwägung zurückzugehen, daß man bisher allen Verpflichtungen in vollem Umfange hat nachkommen können, trotz der ungeheuren Summen, die dem Lande durch Krieg und Aufruhr verloren gegangen sind, teils nur durch Ausgaben, teils durch mittelbare Störungen des Erwerbslebens. Dabei ist seit zwei Jahren keine ausländische Hilfe begehrt worden; es muß vielmehr Rußland mit der Tatsache rechnen, daß ihm gerade diejenige Presse planmäßig seinen Kredit zu untergraben sucht, welche am meisten von den westlichen Kapitalisten gelesen wird.

Die Industrie, insbesondere die Eisenindustrie, macht noch immer schwere Zeiten durch. In dem Jahrzehnt vor Ausbruch des japanischen Krieges war die Entwicklung eine sehr schnelle gewesen unter dem Druck, sicherlich auf Anregung der Regierung. Diese war der größte Besteller und Abnehmer, und solange nicht der Staat (und die finanziell von ihm abhängigen Eisenbahngesellschaften) seine jetzige Zurückhaltung aufgeben kann, darf eine durchgreifende Besserung nicht erwartet werden. Die Hütten Südrußlands haben sich zu einem Trust zusammengeschlossen, in Polen sind ähnliche Bestrebungen im Gange; immerhin dürfen solche Maßregeln erhebliche Vorteile bringen. Die russischen Werke betreiben auch mit dem größten Eifer die Ausfuhr ihrer Erzeugnisse, zwar zu schlechten Preisen, aber doch mit dem Erfolge, ihre Werkstätten in Betrieb zu halten; wir Deutsche spüren diesen Wettbewerb empfindlich in Rumänien, Italien, ja in Südamerika sind wir schon von den Russen unterboten worden. Eine Hauptaufgabe der neuen Trusts soll die Pflege des Auslandsgeschäftes sein. Wesentlich besser sieht es auf dem dortigen Geldmarkt aus. Das Geld ist recht flüssig, die russischen Banken nehmen den ihnen von westlichen Freunden eingeräumten Kredit nur zum Teil oder gar nicht in Anspruch. Als ein gewichtiges Zeichen für die gesunde Lage des Kapitalmarktes ist die Tatsache anzusehen, daß das Anlagebedürfnis beträchtlich ist, daß auch im Auslande dauernd russische Anleihen vom Heimatlande aus gekauft werden; von den im Jahre 1905 in Berlin ausgegebenen Stücken ist reichlich die Hälfte nach Rußland ausgewandert.

Was nun die Staatsfinanzen betrifft, so läßt sich budgetmäßig nichts gegen sie einwenden. Der Herr Finanzminister umriß seinen Plan, wie folgt: zunächst muß die Duma ihre Beratungen zu Ende bringen, was etwa Ende Mai geschehen sein dürfte; das Budget wird dann ein Defizit von etwa Rb 200 Millionen aufweisen; dieser Betrag soll unmittelbar darauf als interne Anleihe aufgebracht werden, was ohne Schwierigkeiten zu bewerkstelligen sein wird. Damit ist für 1908 der Bedarf gedeckt. Die nächste Sache ist die Behandlung der im Mai 1909 fälligen 5% Schatzbons, die in Frankreich im Betrage von Frcs 800 Millionen untergebracht sind; es ist natürlich beabsichtigt eine Umwandlung in Rente vorzunehmen, man ist aber bisher nicht schlüssig darüber geworden, zu welchem Zeitpunkte diese Operation in Angriff genommen werden soll, wenngleich feststeht, daß es sicher nicht vor dem Spätherbst geschehen kann; auch ist es noch zweifelhaft, ob die dann zu schaffende Anleihe gleichzeitig dazu dienen soll, neues Geld herbeizuschaffen. (Außer Erwähnungen allgemeiner Natur über die jeweiligen Marktverhältnisse usw. kommen auch Fragen der inneren russischen Politik in Betracht, denn die Konsolidierung einer schwebenden Schuld ließe sich ohne Mitwirkung der Duma vornehmen, nicht aber die Aufnahme neuer Schulden.) Herr Kokowzoff sieht die Gesamtlage mit großer Ruhe an, obwohl er sich über die Plumpheit und Langsamkeit der Dumamitglieder beklagt. Das einzige, was ihm im Augenblick Sorge bereitet, ist, wie er sagt, die Valuta: die Ausfuhr ist in den letzten Monaten des Jahres zurückgegangen, und bei gleichbleibender Tendenz wäre ein Weichen des Rubelkurses zu befürchten, der Ausfall der Ernte wird ein sehr wichtiges Moment sein. Ich sprach Herrn K. dann auf die jüngste Rede des Grafen Witte an, der in einem Ausschuß des Reichsrates über Flotte und Sparsamkeit sich geäußert hatte. Herr K. sagte mir, daß er den Standpunkt seines Amtsvorgängers durchaus teile und für ein langsames Tempo bei dem Neubau der Flotte sei; die Duma dächte grundsätzlich nicht anders, verlange nur vor irgendwelchen Bewilligungen eine Reorganisation des Marineministeriums; ein Konflikt zwischen Regierung und Duma über die Flottenfrage käme nicht in Frage.

Es liegt auf der Hand, daß die Herstellung des Gleichgewichtes im Staatshaushalt nur dadurch hat erreicht werden können, daß sehr wünschenswerte Ausgaben für Eisenbahnen und andere wirtschaftliche Zwecke vertagt worden sind; nicht nur das rollende Material, sondern auch der Oberbau der Strecken sind reparaturbedürftig, vom Bau neuer Linien zu schweigen. Es wird zwar der Plan erörtert, mit französischem Geld die Verbindung zwischen dem Nordwesten des Reiches und dem kohlenreichen Donezbecken herzustellen, die schon um deswillen notwendig ist, daß die Preise für Heizmaterial (Holz oder englische Kohle) schier unerschwinglich geworden sind. Für das laufende Jahr ist die geringe Summe von etwa Rubel 25 Millionen für Eisenbahnzwecke ausgeworfen. Der Minister ist sich völlig klar darüber, daß für eine gedeihliche Fortentwicklung des russischen Wirtschaftskörpers die Beträge nicht ausreichen, welche durch die ordentlichen Einnahmen verfügbar werden, bezweifelt aber nicht, daß bei sonst normalen Verhältnissen und guter Ordnung in seinem Budget der russische Kredit kräftig genug sein wird, um im Ausland große Anleihen aufzunehmen — eine Ansicht, die ich völlig teile.

Als Kuriosum sei noch erwähnt, daß Herr Kokowzoff mich fragte, ob ich den Grafen Witte besuchen würde, und mir auf meine bejahende Antwort riet, ich möge mich vorher anmelden, car il serait regrettable, si vous ne le voyiez pas. Weitgehende Schlüsse möchte ich freilich hieraus nicht ziehen, denn die allgemeine Meinung sieht, wie ich glaube sagen zu dürfen, Graf Wittes Rückkehr zur Macht als unwahrscheinlich an.

*PA Bonn, Rußland 71, Bd 53.*

## 98 Schreiben des britischen Botschafters in Berlin, Sir Frank Lascelles, an den Staatssekretär des Auswärtigen Amts von Schoen

*Ausfertigung*

Berlin, 15. April 1908

His Majesty's Government have had under their consideration the serious complaints made by importers into Great Britain of Russian grain against the abuses prevalent in the export of grain from Russian Black Sea Ports. It is understood that Mr. Vasen, the Delegate of the German Trade Association has been enquiring into the same question on the spot, and I have the honour, under instructions from Sir Edward Grey, to inquire whether any report from this gentleman has been laid before the Imperial Government and, if so, what is nature is, and what action it is proposed to take upon it.

*ZStAP, AA 6366, Bl. 137.*

## 99 Bericht Nr. 1922 des Konsuls in Moskau Kohlhaas an den Reichskanzler Fürsten von Bülow

*Ausfertigung*

Moskau, 30. April 1908

Euere Durchlaucht haben mir mit Erlaß vom 5. Februar d. J. No II/4398 den interessanten Bericht auszugsweise mitteilen lassen, den der Kaiserliche Legationsrat Graf von Luxburg[1] über seine vorjährige Reise in Russisch-Zentralasien erstattet hat.

Ich kenne zwar dieses Gebiet nicht aus eigener Anschauung, habe aber hier so viele und vielseitige Gelegenheit gehabt, mich über seine Verhältnisse zu unterrichten, daß ich mich für verpflichtet und auch für berechtigt halten darf, zu der von dem Herrn Berichterstatter aufgeworfenen Frage der Investierung deutscher Kapitalien in Unternehmungen in Russisch-Zentralasien Stellung zu nehmen.

Die Auffassung, daß die russischen Besitzungen in Zentralasien sich im allgemeinen in rascher und günstiger wirtschaftlicher Entwicklung befinden, wird von den hiesigen Kennern des Landes völlig geteilt. Es unterliegt keinem Zweifel, daß die Produktion des Landes an wertvollen landwirtschaftlichen Erzeugnissen noch einer beträchtlichen Steigerung fähig ist. Dies gilt in erster Linie vom Baumwollbau und der damit zusammenhängenden Ölgewinnung (aus Baumwollsaat), ferner von der Seidenkultur und vom Anbau hochwertigen Obstes. Bezüglich der Mineralschätze hegt man hier weniger Zutrauen. Die Kupfervorkommen im Ferganagebiet sind fast noch gar nicht, die angeblichen Goldvorkommen in der Fergana, in Ssemiretschensk und im bucharischen Bergland überhaupt noch nicht untersucht; selbst über die Aussichten der jungen Naphtaindustrie in der Fergana, die eine Zeitlang so viel von sich reden gemacht hatte, herrscht völlige Ungewißheit, da man den Gehalt der vorhandenen Naphtalager nicht mit annähernder Sicherheit zu schätzen vermag. Jedenfalls wird aber, wie auch Graf Luxburg annimmt, der Zufluß großer

Kapitalien von auswärts in das kapitalschwache Gebiet erforderlich sein, um die an sich mögliche schöne Weiterentwicklung zu verwirklichen. Und es ist nur zu begreiflich, daß diejenigen, die bereits in Turkestan interessiert sind, es gerne sehen würden, wenn sich das allgemeine Interesse wirtschaftlichen Unternehmungen in jenem Gebiete zuwenden würde, da nur in diesem Fall ein rascher Zustrom befruchtenden Kapitals erwartet werden kann.

Es scheint mir aber doch recht fraglich, ob es von irgend einem Standpunkt aus für Deutschland wünschenswert sein könnte, daß deutsche Kapitalien und Unternehmungen sich in unmittelbarer Weise an der Erschließung und wirtschaftlichen Hebung Russisch-Zentralasiens beteiligen.

Vor allem darf man sich meines Erachtens nicht der Illusion hingeben, daß Turkestan, dessen Wohlstand und Aufnahmefähigkeit in den letzten zwei Jahrzehnten einen großen Aufschwung genommen hat und sich weiter entwickeln wird, jemals namhafte Bedeutung als Absatzmarkt für deutsche Industrieprodukte werde erlangen können. Es gibt naturgemäß keine statistischen Daten über die Einfuhr deutscher Waren nach Russisch-Zentralasien, aber sie kann, nach dem, was ich hier von Taschkenter und Kokander Kaufleuten gehört habe, nur sehr geringfügig sein. Es handelt sich hierbei in erster Linie um Stahl-, hauptsächlich Messerwaren, sodann um Emaillegeschirr und Lackleder, ferner um elektrotechnische Artikel, soweit diese nicht von den russischen Fabriken geliefert werden können, endlich um einzelne Maschinen für die Naphta- und Kohlenindustrie. Auf dem Gebiet der Maschinen für die Baumwollkultur und die Ölproduktion dominiert das amerikanische Produkt, das hierin anscheinend eine ähnliche Stellung einnimmt, wie auf dem Gebiete der Erntemaschinen. Alle anderen Bedarfsartikel, insbesondere Manufakturwaren, Eisenwaren, Leder, Schuhwaren, Galoschen, Zucker, liefert fast ausschließlich Rußland. Daran wird sich in der Zukunft nichts zu unseren Gunsten verändern, im Gegenteil wird die russische Industrie die ausländischen Waren immer mehr aus Zentral-Asien verdrängen. Die immer stärker sich geltend machende Abhängigkeit Turkestans von Rußland und speziell von Moskau, die durch die politischen und Zollverhältnisse, sowie das Dominieren des Moskauer Kapitals im zentralasiatischen Baumwoll- Woll- und Rohwaren-Geschäft bedingt ist, hat ihren schwerwiegenden Ausdruck in der vor zwei Jahren vollendeten direkten Bahnverbindung Moskau—Taschkent via Orenburg gefunden.

Hat Deutschland so von der Entwicklung Russisch-Zentralasiens schwerlich irgend etwas für den Absatz seiner Industrieprodukte zu erhoffen, so läßt sich ebensowenig erwarten, daß eine Beteiligung deutschen Kapitals an der Erschließung dieses Gebietes der deutschen Industrie eine leichtere oder billigere Versorgung mit wertvollen Rohstoffen sichern könne. Es könnte in dieser Hinsicht wohl überhaupt nur die Baumwolle in Frage kommen. Allein die zentralasiatische Baumwolle deckt bis jetzt selbst in den besten Jahren kaum mehr als ein Drittel der russischen Baumwollindustrie, die zudem entsprechend dem raschen Wachstum der Bevölkerung des Reiches fortgesetzt im Steigen begriffen ist. Also würde auch eine erhebliche Vermehrung der zentralasiatischen Baumwollproduktion auf dem Baumwolle-Weltmarkt schwerlich einen Einfluß ausüben, ganz abgesehen davon, daß das russische Produkt seiner Qualität nach nicht vollwertig ist und auch wegen der Gestehungs- und Transportkosten mit der amerikanischen Baumwolle nicht konkurrieren könnte.

Nach vorstehenden Ausführungen könnte also der leitende Gedanke bei der Investierung deutscher Kapitalien in Russisch-Zentralasien ausschließlich der sein, rentable Geschäfte in die Hand zu nehmen, um eine hohe Verzinsung des werbenden Kapitals und eventuell noch Gründer- und Kursgewinne zu erzielen.

Die Hindernisse allgemeiner Art, die solchen Unternehmungen von Ausländern in Russisch-Zentralasien entgegenstehen, sind auch dem Herrn Berichterstatter nicht entgangen; sie liegen in der Politik der russischen Regierung. Wie bekannt, war die Regierung stets ängstlich bemüht, die Ausländer diesen erst unlängst erworbenen Gebieten möglichst fern zu halten, wobei nicht nur Furcht vor Spionen, sondern auch der Wunsch, das wertvolle Kolonialgebiet den Russen zu reservieren, eine Rolle gespielt hat. Ausländer unterliegen noch heutigen Tages in Turkestan einer Reihe von Beschränkungen (Reiseerlaubnis, Aufenthaltserlaubnis, Erwerb von Grundeigentum), so daß es einem Deutschen oder einer deutschen Gesellschaft so ziemlich unmöglich gemacht wird, eine größere geschäftliche Unternehmung ins Leben zu rufen. Daß diese Fremdenpolitik der russischen Regierung in diesem exponierten Gebiete sich in absehbarer Zeit radikal ändern werde, kann ich nicht glauben, wenn auch nach der englisch-russischen Verständigung über die innerasiatischen Fragen ein Hauptgrund für die ursprüngliche Einschlagung dieser Politik hinweggefallen zu sein scheint. Gegen eine solche Änderung spricht die im allgemeinen den Ausländern wenig günstige Stimmung im gegenwärtigen Rußland, die Unklarheit darüber, was die nahe Zukunft in Persien, Afghanistan und China bringen wird, endlich — last not least — die wirtschaftliche Eifersucht der russischen und speziell der moskowitischen Kapitalistenkreise, die sich Gebiete, wo noch etwas zu holen ist, wie Zentral-Asien, unbedingt reservieren möchten, auch wenn sie selbst noch nach Jahrzehnten nicht daran denken können, sie zu erschließen.

Sieht man aber auch von den Hindernissen der bezeichneten Art ab und prüft man die von dem Herrn Berichterstatter angeführten Möglichkeiten deutscher Unternehmungen in Russisch-Zentralasien im einzelnen, so kann man auch aus anderen Gründen meines Erachtens nicht dazu raten. Allen — das Bankgeschäft als das Wichtigste werde ich weiter unten noch speziell berühren — ist gemeinsam, daß die aufzuwendenden Kapitalien sehr hohe und die Rentabilität äußerst unsicher wäre. Für Kleinbahnen wäre nach Ansicht hiesiger Kenner des Landes in Anbetracht der dünnen Bevölkerung des Gebietes und der Zusammendrängung der Frachtbeförderungen auf einige wenige Monate im Jahre die Rentabilität, die dem Risiko einer solchen Anlage in einem von Erdbeben und Überschwemmungen regelmäßig heimgesuchten Lande entsprechen würde, in absehbarer Zeit nicht zu erwarten. Terraingesellschaften wären in einem Lande mit so verwickelten und unklaren Grundeigentumsverhältnissen wie Turkestan, wo überdies in den letzten Jahren eine ganz schwindelhafte Treiberei in Grundstückspreisen stattgefunden hat, im höchsten Grade riskiert, selbst wenn eine ausländische Gesellschaft überhaupt Grundeigentum erwerben könnte. Stau- und Bewässerungsanlagen in Verbindung mit Baumwollplantagen erfordern, wie die Erfahrung gelehrt hat, enorme Mittel und sind in ihren Ergebnissen fast unberèchenbar. Auf eine baldige, dem Risiko entsprechende Rente solcher Anlagen wäre keinesfalls zu rechnen. Es ist übrigens, wie ich glaube, behaupten zu können, vollkommen ausgeschlossen, daß im gegenwärtigen Augenblick, wo das Moskauer Großkapital selbst die Frage der Erweiterung des zentralasiatischen Baumwollanbaus durch Anlage neuer Bewässerungsanlagen in die Hand nehmen zu wollen scheint und eine besondere Studienkommission nach Turkestan entsendet hat, die Konzession für eine solche Anlage einem ausländischen Unternehmer erteilt würde.

Die Naphtaunternehmungen im Ferganagebiet sind, wie bereits bemerkt, noch im Stadium völliger Unsicherheit darüber, was eigentlich an Naphta vorhanden ist. Bei Tschimion soll das Ergebnis der Bohrlöcher in diesen Jahren bedenklich zurückgegangen sein. Außerdem ist aber zu bemerken, daß gegenwärtig Moskauer Großkapitalisten sich mit der Fergana Naphta beschäftigen, die vielleicht sehr gern ihre Aktien und Obligationen in Berlin anbringen, der Konzessionierung einer eigenen deutschen Unternehmung aber zweifellos mit allen Mitteln entgegenarbeiten würden. Auf die Naphtalager in Tscheleken und am Kaspischen Meeresufer haben bereits Nobel und Rothschild ihre Hand gelegt, wenn auch vorläufig eine Ausbeutung nicht beabsichtigt zu sein scheint.

Hotelunternehmungen würden einen Fremdenstrom, wie etwa in Ägypten, voraussetzen, für den aber auch bei Wegfall der Reiseerschwerungen die klimatischen und kulturellen Voraussetzungen auf absehbare Zeit fehlen dürften.

Bei Bergbauunternehmungen — abgesehen von Naphtagesellschaften — könnte es sich vorläufig lediglich um Schürfungsexpeditionen handeln, deren Erfolge durchaus im dunkeln liegen. Der Herr Berichterstatter hat alle die allgemeinen und besonderen Schwierigkeiten, die diesen Vorschlägen entgegenstehen, wohl erkannt, und so ist er schließlich bei dem Bankgeschäft stehen geblieben, bei dem viele jener Bedenken wegfallen würden, während angesichts des in Zentralasien bestehenden hohen Zinsfußes guter Nutzen erzielt werden könnte.

Graf Luxburg scheint seine Beobachtungen hinsichtlich des zentralasiatischen Bankgeschäfts im wesentlichen in den Filialen der Russisch-Chinesischen Bank in Turkestan gemacht zu haben. Es ist nun vollkommen richtig, daß diese Bank, als sie zu Anfang dieses Jahrhunderts unter dem Protektorat des russischen Finanzministeriums ihre Tätigkeit in Zentralasien eröffnete, sehr gute Zeiten erlebt und zunächst sehr schön verdient hat. Ihr Auftreten in Turkestan fiel in eine der Bank besonders günstige Zeit, in die Zeit, wo die russischen Großindustriellen und die Moskauer Großhändler, die den zentralasiatischen Baumwollanbau in die Höhe gebracht hatten, sich mehr und mehr aus dem unmittelbaren Baumwollgeschäft in Turkestan zurückzuziehen suchten. Dadurch bekam die Bank, die anderen damals schon in Zentralasien etablierten Banken hatten dem Baumwollgeschäft bis dahin wenig Aufmerksamkeit geschenkt, einen nicht unbeträchtlichen Teil dieses Geschäfts in die Hand. Gleichwohl würde es zu weit gehen, wenn man davon reden wollte, daß die Russisch-Chinesische Bank das zentralasiatische Baumwollgeschäft zu irgend einer Zeit beherrscht oder monopolisiert hätte. Denn die alten Firmen, die lange vor dem Auftreten der Russisch-Chinesischen Bank das Baumwollgeschäft mit ihren eigenen Kapitalien und mit ihrem Moskauer Bankkredit gemacht hatten, überließen nicht etwa das Feld der neuen Bank, sondern übertrugen ihre bisherigen Beziehungen entweder auf die verschiedenen Banken, die jetzt selbst sich dem Baumwollgeschäft zuwendeten, oder aber besonders neugegründeten Aktiengesellschaften, die das ganze Risiko des Baumwollgeschäfts auf sich nahmen. Es ist daher selbst in den für die Russisch-Chinesische Bank günstigen Jahren schwerlich mehr als ein Drittel des zentralasiatischen Baumwollgeschäfts durch die Hände dieser Bank gegangen. In den letzten drei Jahren hat sich die Situation aber sehr verändert, insofern die Russisch-Chinesische Bank einerseits einen Teil ihrer Beziehungen zur Regierung und andererseits einen namhaften Teil ihrer Baumwollklientel an andere Banken verloren hat, nachdem sich eine ganze Anzahl großer Banken in Zentralasien etabliert hatte. Heutigen Tages arbeiten folgende Banken in Russisch-Turkestan:

1. Mittelasiatische Kommerzbank,
2. Moskauer Internationale Handelsbank,
3. Moskauer Handelsbank,
4. Wolga-Kamabank,
5. Russisch-Chinesische Bank,
6. Moskauer Diskontobank,
7. Russische Bank für auswärtigen Handel,
8. Moskauer Kaufmannsbank.

Angesichts dieser großen Anzahl von zum Teil sehr kapitalkräftigen, einflußreichen und allerbeste Verbindungen besitzenden Banken, will es mir dünken, daß für ein neues ausländisches Bankunternehmen in Russisch-Zentralasien schwerlich noch Raum sein dürfte, selbst wenn die politischen Bedenken der Russischen Regierung überwunden werden könnten. Mit welchen Mitteln müßte ein solches Bankunternehmen auf den Platz treten, wenn es mit Banken, wie No. 4, 6, 7 und 8 konkurrieren wollte und wie sollte es in der Lage sein, den Vorsprung wettzumachen, den diese Banken durch ihre langjährigen intimen Verbindungen mit den Produzenten, Vermittlern und dem russischen Markt besitzen? Überdies darf man nicht übersehen, daß das zentralasiatische Geschäft keineswegs leicht und ungefährlich ist. Die Rechtsverhältnisse — es spielen im Verkehr mit den einheimischen Produzenten und Vermittlern islamitische Rechtsgrundsätze eine Rolle — sind keineswegs sicher und klar, das Rechtsgefühl bei den einheimischen Vermittlern, mit denen die Banken meist zu tun haben, ist nicht gerade hervorragend entwickelt. Das herrschende Handgelder- und Vorschußsystem, das besonders im Baumwollgeschäft eine schädliche Rolle spielt und enorme Kapitalien erfordert (im Baumwollgeschäft haben die beteiligten Banken und Einkaufsgroßhäuser Jahr aus Jahr ein 10 bis 12 Millionen Rubel bei den einheimischen Vermittlern und Produzenten ausstehen), erleichtert Unehrlichkeiten und Betrügereien. Kommt eine schlechte Baumwollernte, wie 1907, dann ist gewöhnlich ein beträchtlicher Teil dieser Vorschüsse verloren oder doch auf absehbare Zeit nicht einbringlich. Gerade diese Schwierigkeiten sind es ja auch gewesen, die solche Großfirmen der Baumwollbranche, wie L. Knoop in Moskau und Posnanski in Lodz veranlaßt haben, sich vom direkten Geschäft in zentralasiatischer Baumwolle völlig zurückzuziehen und dasselbe eigens dafür gegründeten Aktiengesellschaften zu übertragen, die mit Bankkrediten arbeiten. Die Russisch-Chinesische Bank hat diese Schwierigkeiten im vorigen Jahr auch an sich selbst erfahren, denn man erzählt hier, daß ein — wenn auch kleinerer, so doch nicht unbeträchtlicher — Teil der großen Verluste, die diese Bank unlängst hat bekennen müssen, auf unglückliche Operationen ihrer zentralasiatischen Filialen zurückzuführen sei.

Hiernach glaube ich, daß durch ein deutsches Bankunternehmen in Russisch-Zentralasien keine besonders verlockenden Aussichten sich eröffnen würden, und daß jedenfalls die etwa möglichen Gewinne das Maß dessen nicht übersteigen würden, was deutsche Bankunternehmungen in anderen Ländern unter günstigeren allgemeineren Bedingungen und Konkurrenzverhältnissen und bei gleichzeitigem Nutzen für den deutschen Handel oder die deutsche Exportindustrie erreichen könnten.

Damit könnte ich meine Ausführungen beschließen, ich möchte aber doch nicht unterlassen, auch hier nochmals, wie bereits anläßlich der Dernenschen Vorschläge, meinen Standpunkt bezüglich der Investierungen deutscher Kapitalien in russischen Unternehmungen darzulegen, da er den vom Herrn Berichterstatter am Schlusse seiner interessanten und zum Nachdenken anregenden Arbeit gemachten Ausführungen entgegengesetzt ist.

Ich bezweifle, ob die lebhafte Beteiligung französischen Kapitals an der Industrialisierung Rußlands irgendwelchen Einfluß auf die Gestaltung der politischen Verhältnisse zwischen Frankreich und Rußland gehabt hat. Meines Erachtens war der Zustrom französischen Kapitals nach Rußland nicht die Ursache, sondern die Folge des politischen Bündnisses, das die russische Regierung sehr geschickt für ihre finanziellen und wirtschaftspolitischen Pläne auszubeuten verstanden hat. Die Existenz großer pekuniärer Interessen Frankreichs in Rußland hat der politischen Freundschaft beider Länder in den drei letzten Jahren bekanntlich eher geschadet als genützt. Für ihren Handel und ihre Industrie haben die Franzosen von ihren pekuniären Investierungen in Rußland keinen oder mindestens nur einen ganz vorübergehenden Nutzen gehabt, wie ein Blick auf die Entwicklung ihrer Einfuhr nach Rußland in den letzten 20 Jahren zeigt. Andererseits hat das französische Nationalvermögen — von den staatlichen Anleihen will ich hier nicht reden — in seinen russischen industriellen Unternehmungen viele Hunderte von Millionen Franken auf Nimmerwiedersehen eingebüßt, und die französischen Unternehmungen der metallurgischen und Kohlenindustrie, die jener Gründungsepoche entstammen und prosperieren, sind auf dem besten Wege sich nach und nach zu russifizieren. Den Anfang darin macht die fast gänzliche Verdrängung der Franzosen aus den leitenden und Ingenieurstellungen, die man überall, z.B. bei Huta Bankowa[2] und bei den Brjansker Werken deutlich beobachten kann. Von den Belgiern schon gar nicht zu reden, die von der Milliarde Franken, die sie in den letzten 20 Jahren in russische Industrie-Unternehmungen gelegt haben, zugegebenermaßen schon jetzt die Hälfte als völlig verloren ansehen müssen, während der Rest ihrer Unternehmungen sich mit wenigen Ausnahmen notdürftig eben noch über Wasser hält. Nichts charakterisiert die bei der jetzigen innerpolitischen Situation Rußlands doppelt hoffnungslose Lage der französisch-belgischen Großindustrie in Rußland besser, als der unlängst aufgetauchte grandiose Trustplan, der mit so herrischen Mitteln, wie die Stillegung der Fabriken der Hälfte seiner Mitglieder, die Produktion der anderen Hälfte lohnend zu machen hofft und natürlich den Aktionären der jetzt schon schwächeren Werke für diese Rettungsaktion neue schwere Opfer auferlegen wird. Wahrlich von den Resultaten der Konzentration und lokalisierten französisch-belgischen Vorgehens in Rußland darf man sagen: Vestigia terrent! Crédit Lyonnais und Société Générale arbeiten in Rußland zweifellos befriedigend, und ich bin auch durchaus nicht der Meinung, daß deutsche Banken sich von der Beteiligung an russischen Bankunternehmungen fern halten sollten. Beispiele für solche Beteiligungen bietet ja gerade die neueste Zeit (Deutsche Bank — Russische Bank für auswärtigen Handel und Sibirische Bank). Aber politischen Einfluß hat auch Frankreich weder durch den Crédit Lyonnais noch durch die Nordische Bank, die Schöpfung der Société Générale, gewonnen. Inwieweit diese Banken von der französischen Regierung oder auch nur überhaupt von Pariser Wünschen abhängig sind, ist mir nicht durchaus sicher.

Daß Deutschland Menschen nach Rußland exportiert hat und noch exportiert, halte ich nicht für bedauerlich, solange es sich, wie bisher, großenteils um ein kulturell hochstehendes Element, nämlich um Kaufleute, Ingenieure und Techniker handelt, bei denen — zumal bei der jetzigen stärkeren Entwicklung des Nationalgefühls — die Gefahr rascher Aufsaugung durch das Russentum nicht so groß ist. Dieser Menschenexport hat in Rußland das bewirkt, was für unseren Handel und unsere Exportindustrie von so ungeheurem Nutzen ist und was ihr keines der konkurrierenden Länder jemals entreißen kann, nämlich das über ganz Rußland verbreitete dichte Netz von deutschen Kaufleuten und Technikern in allen Zweigen des Handels und der Industrie und zum großen Teil in maßgebenden Stellungen. Diese Leute bewahren, selbst wenn sie die Staatsangehörigkeit aufgeben, doch meist durch Generationen den kulturellen und wirtschaftlichen Zusammenhang mit Deutschland, sie sind die Pioniere des deutschen Handels und sichern der deutschen Industrie dauernden Absatz in Rußland.

Wenn wir von oben herab die Auswanderung deutschen Kapitals und deutscher Industrie nach Rußland, die sich ja auch von selbst schon aus inneren Gründen auf gewissen Gebieten vollzieht (wie z.B. in der Teerfarben- und neuerdings in der übrigen chemischen Industrie), noch durch darauf hinzielende Ratschläge künstlich beschleunigen wollen, so würden bei dieser Bewegung zwar die Großkapitalisten Gründergewinne und auf einzelnen Gebieten auch hohe Verzinsung erzielen, am letzten Ende aber würde dadurch nur die Emanzipation des russischen Marktes von der Versorgung mit deutschen Industrieprodukten beschleunigt. Wir würden den Ast absägen, auf dem wir sitzen. Kann aber unsere Industrie mangels Absatzes im Ausland ihre Arbeiterschaft nicht mehr beschäftigen und ernähren, dann wird Deutschland bei seinem raschen Bevölkerungswachstum erst recht genötigt sein, Menschenmaterial zu exportieren; dann aber schon nicht mehr solches Material, das auch durch seine Tätigkeit im Ausland für die Heimat wirkt und deutsch bleibt, sondern Proletarier, also Arbeitskräfte, Soldaten, Kulturdünger für fremde Nationen. Auch daß eine konzentrierte und lokalisierte Investierung deutschen Kapitals in Rußland die politische Stimmung in Rußland zugunsten Deutschlands beeinflussen könnte, halte ich für ausgeschlossen. Ganz abgesehen davon, daß Deutschland dazu die freien Kapitalien fehlen — denn was wollten selbst 500 Millionen Mark oder eine Milliarde in Rußland in dieser Beziehung besagen — so glaube ich im Gegenteil, daß die zum Teil auf wirtschaftlichen Gründen beruhenden deutschfeindlichen Gefühle des russischen Volkes dadurch nur neue Nahrung finden würden. Nach meiner Ansicht wäre jede Anregung, die darauf hinzielt, das deutsche Kapital zur industriellen Betätigung in Rußland zu stimulieren, von unserem volkswirtschaftlichen und handelspolitischen Standpunkt aus ein Fehler. Daß deutsche Banken sich mit nicht allzugroßen Kapitalien an russischen Bankinstituten beteiligen, ist kein Schaden, denn sie können dadurch indirekt dem deutschen Handel nützen. Daß diejenigen Industriezweige, die der Zoll- und Konkurrenzverhältnisse halber nicht mehr anders können, die Fabrikation selbst nach Rußland verlegen, ist sogar wünschenswert, da sie auf diese Weise dem Export des Mutterlandes doch noch von großem Nutzen sein können (wie z.B. die Töchterwerke der deutschen Elektrizitätsfirmen und Teerfarbenfabriken ihren Mutterwerken), während sonst die Gefahr bestünde, daß andere Interessenten sich der Fabrikation bemächtigen und diese Vorteile der Industrie anderer Länder zuwendeten. Aber darüber hinaus wäre jede Stärkung der russischen Industrie mit Hilfe deutschen Kapitals im Interesse unserer eigenen Zukunft lebhaft zu bedauern.

Abschrift dieses Berichts geht der Kaiserlichen Botschaft und dem Kaiserlichen Generalkonsulat in St. Petersburg zu.

*ZStAP, AA 6312, Bl. 129ff.*

1 Zweiter Sekretär an der deutschen Botschaft in St. Petersburg; der Bericht von Luxburg (ZStAP, AA 6312 — Auszug), zu dessen wirtschaftlichen Teil Kohlhaas Stellung bezieht, ist vom 7. 11. 1907 datiert.

2 Über die Huta-Bankowa vgl. John P. McKay, Pioneers for Profit. Foreign Entrepreneurship and Russian Industrialization 1885—1913, Chicago 1970, S. 337ff.

## 100 Bericht Nr. 1862 des Botschafters in St. Petersburg Graf von Portalès an den Reichskanzler Fürsten von Bülow

*Ausfertigung*

St. Petersburg, 5. Mai 1908

Im Anschluß an den Bericht vom 31. März d.J. Nr. 1255[1].

Die hiesige großbritannische Botschaft hat einen weiteren Erlaß Sir E. Greys der von einem ausführlichen Gutachten des Board of trade begleitet ist, zur Frage erhalten, welche Maßnahmen geeignet wären zu einer solideren Geschäftsgebarung des russischen Exporthandels in der Getreide- und Holzbranche beizutragen. Die Beschwerden, welche englischerseits gegen die russischen Exporteure erhoben werden, sind in beiden Branchen analog: Nichterfüllung fälliger Kontrakte, Lieferung minderwertiger Ware. Im Getreidehandel wird über Beimischung geklagt. Im Holzhandel stehen Grubenhölzer im Vordergrund des Interesses. Die englische Botschaft hat Weisung, womöglich in Gemeinschaft mit den gleicherweise interessierten Botschaften Schritte bei der hiesigen Regierung zu unternehmen, um auf eine Sanierung beider Exporthandelsgattungen hin zu wirken. Als erstrebenswertes Ziel werden im Gutachten des Board of trade drei verschiedene Punkte erörtert.

1. Der erste kann, weil auf einem Mißverständnis beruhend, hier übergangen werden: eine im Verwaltungswege zu erwirkende Zurücknahme der trade license unzuverlässiger Firmen kann schon deswegen nicht ins Auge gefaßt werden, weil es in Rußland solche Lizenzen nicht gibt. Der Gewerbeschein, den jeder unbescholtene Untertan lösen kann, der die betreffenden Steuern gezahlt hat, ist nicht zurückziehbar.

2. Der Gedanke, auswärtigen Schiedssprüchen die Zwangsvollstreckung in Rußland zu sichern, scheint dagegen, obwohl er dem Board of trade wenig hoffnungsvoll erscheint, dem praktischen Bereich näherliegend. Die genannte Zentralbehörde weist darauf hin, daß englische Schiedssprüche in Deutschland vollstreckbar seien, in Frankreich die Bedeutung von first class evidence besitzen.

3. Es scheint der englischen Regierung wünschenswert, nach Muster des bereits jetzt in Nicolaieff üblichen Brauchs der Praxis Verbreitung zu sichern, daß dem Konossement der Getreideexporte eine Bescheinigung des Börsenkomitees angeheftet wird, welche die Menge, den Prozentsatz von Beimischung und das natürliche Gewicht (natural weight of consignment) der Frachtsendung konstatiert.

Bevor ich mit hiesigen Behörden in Erörterung über einen oder den anderen dieser desiderata trete, darf ich Euere Durchlaucht um Weisung bitten, ob die Wünsche und Ziele des englischen Handelsstandes mit denen unserer beteiligten Interessentenkreise zusammenfallen. Diese Frage kann natürlich nur von rein praktischen Erwägungen aus entschieden werden. Abgesehen jedoch von der Tatsache, daß die offizielle Antwort der hiesigen Regierung auf den Versuch, sie für die organisatorische Seite der zutage getretenen Mißstände zu interessieren, wie berichtet, recht dürftig ausgefallen ist, würde ein wiederholtes gemeinsames Vorgehen verschiedener Vertretungen hier doch ins Gewicht fallen. Gerade England den Beweis zu geben, daß wir nüchterne Interessenpolitik treiben und, wo solche uns zusammenführt, gern mit ihm einmal zusammengehen, schiene mir vom Standpunkt unserer hiesigen Interessen nicht unerwünscht.

*ZStAP, AA 6366, Bl. 139f.*
1 Vgl. Dok. Nr. 96.

## 101 Bericht Nr. 1222 des Geschäftsträgers in St. Petersburg von Miquel an den Reichskanzler Fürsten von Bülow[1]

*Ausfertigung*

St. Petersburg, 9. Mai 1908

Auf den Erlaß vom 26. März d.J. II 0 1054.

Euerer Durchlaucht beehre ich mich zu berichten, daß, gutem Vernehmen nach, die Frage betreffend Waggonstellung für Manganerze in Tschiaturi (Kaukasus), auf welche ich auftragsgemäß das Augenmerk der hiesigen Regierung gelenkt hatte, nicht mehr Anlaß zu Beschwerden bietet. Sie kann daher zur Zeit als gegenstandslos angesehen werden.

Was die Frachtsätze auf der Strecke Tschiaturi—Scharopan anlangt, so höre ich von einem hiesigen erfahrenen Interessenten, daß die Russische Regierung eine Ermäßigung der Frachtsätze abgelehnt hat. Eine Intervention der Kaiserlichen Botschaft würde ich, nicht nur im Hinblick auf diese Tatsache, für inopportun halten.

Die Frage, Exportzölle auf die kaukasischen Manganerze zu legen und damit den innerrussischen Verbrauch differenziell zu begünstigen, hat wiederholt zur Erörterung gestanden. Ein Teil der jetzt (ohne Differenzierung des Exports aus Rußland) gültigen allerdings sehr hohen Tarifsätze der Regierungsbahn von Tschiaturi nach Scharopan ist als fiskalische Verbrauchsabgabe zu betrachten. Es liegt, wie mir glaubhaft versichert wird, kein Anlaß vor, der hiesigen Regierung den Weg zu weisen, die Frachtsätze zu erniedrigen und den Ausfall durch einen Ausfuhrzoll aus Rußland zu ersetzen.

*ZStAP, AA 2087, Bl. 92.*
1 Vgl. Dok. Nr. 92.

## 102 Schreiben der Firma Henschel und Sohn an das Reichsschatzamt

*Abschrift*

Kassel, 9. Mai 1908

Wir bitten ganz ergebenst, dem Reichsschatzamt folgende Angelegenheit unterbreiten zu dürfen:

Während bis in die 90er Jahre des vorigen Jahrhunderts hinein die russischen Eisenbahnen erhebliche Aufträge auf Lokomotiven an deutsche Lokomotivfabriken erteilten, haben diese Bestellungen seit etwa 10 Jahren völlig aufgehört. Der Grund hierfür liegt nur scheinbar in den hohen $^{1}/_{3}$ des Lokomotivwertes und mehr betragenden Zöllen der neuen Handelsverträge. Diese Zölle sind zwar sehr hoch, dennoch würden die großen deutschen Lokomotivfabriken gern Aufträge für Rußland übernehmen, sofern die inländischen Materialpreise und Lohnverhältnisse es zulassen. Dies ist gegenüber den ungünstigeren Herstellungskosten in Rußland, welche einen Teil des Zolles wieder wett machen, und gegenüber der Bereitwilligkeit russischer Bahngesellschaften, für die besseren von deutschen Fabriken gebauten Lokomotiven höhere Preise zu bewilligen, häufig der Fall.[1]

Die bestehenden hohen Zölle erschweren also ungemein die Lieferung von Lokomotiven nach Rußland, machen sie aber nicht in allen Fällen unmöglich, wie dies seitens der russischen Regierungskreise wohl dargestellt wird.

Dagegen wird die Einführung deutscher Lokomotiven nach Rußland durch einen anderen Umstand tatsächlich unmöglich gemacht, dadurch nämlich, daß ohne ministerielle Genehmigung keine russische Bahn Lokomotiven aus Deutschland — vielleicht überhaupt nicht aus dem Auslande — beziehen darf, und diese ministerielle Genehmigung wird in allen Fällen versagt, auch dann, wenn eine Bahngesellschaft gern in Deutschland bestellen möchte.

Es scheint uns nun, daß diese Verwaltungsmaßnahme dem Artikel 5 des bestehenden Handelsvertrages zwischen Deutschland und Rußland widerspricht, in welchem ausdrücklich bestimmt ist, daß beide Teile sich verpflichten, den gegenseitigen Verkehr zwischen den beiden Ländern durch keinerlei Einfuhr- und Ausfuhrverbote zu hemmen. Wir haben den Eindruck, daß jene Maßregel eine Umgehung dieses Artikels bedeutet.

Wenn auch zuzugeben ist, daß die Staatsbahnen aller Länder den Grundsatz verfolgen, ihre Bestellungen, soweit wie möglich, im Lande unterzubringen, so handelt es sich doch in Rußland zum großen Teil um Privatgesellschaften, von denen viele keine Zuschüsse aus Staatsmitteln beziehen.

Vielleicht gibt es eine Möglichkeit, die russische Regierung zu veranlassen, den bezeichneten Standpunkt aufzugeben.

Durch den Schutzzoll einerseits und die Stellungnahme der Regierung, welche einem Einfuhrverbot gleichkommt, andererseits ist die russische Lokomotivindustrie so gekräftigt worden, daß sie bei ihrer augenblicklich ungenügenden Beschäftigung imstande ist, der deutschen Lokomotivindustrie erhebliche Konkurrenz auf ausländischen Märkten, wie z. B. bei der letzten Lokomotivausschreibung in Rumänien zu bereiten.

Die amerikanische Lokomotivindustrie, welche uns ebenfalls, auch auf europäischen Märkten, Konkurrenz macht, ist zwar ebenso durch ähnlich hohe Einfuhrzölle geschützt, aber es besteht dort kein Einfuhrverbot oder kein Vorbehalt regierungsseitiger Genehmigung für die Einfuhr von Lokomotiven.

Solange die russische Lokomotivindustrie minder gut beschäftigt ist, wird wohl bei der russischen Regierung eine starke Neigung bestehen, vorkommende Aufträge im Inland zu behalten. Voraussichtlich wird aber in nicht zu ferner Zeit ein sehr starker Lokomotivbedarf in Rußland auftreten, den die russische Lokomotivindustrie in der erforderlich kurzen Zeit nicht wird bewältigen können. Ähnliche Zustände haben uns in den letzten Jahren erhebliche Aufträge aus Italien und Frankreich verschafft. Es wäre daher in hohem Grade wünschenswert, wenn schon jetzt Schritte geschehen könnten, die russische Regierung in dem vorerwähnten Sinne zu beeinflussen.

*ZStAP, AA 6302, Bl. 146f.*

1 Vgl. zu dieser Problematik: Walther Kirchner, Russian Tariffs and Foreign Industries before 1914: The German Entrepreneur's Perspective, in: The Journal of Economic History, Vol. XLI, 1981, S. 361ff.

## 103 Schreiben Nr. II a 2780 des preußischen Ministers für Handel und Gewerbe Delbrück an den preußischen Minister der auswärtigen Angelegenheiten Fürsten von Bülow. Eilt!

*Ausfertigung*

Berlin, 23. Juni 1908

Auf das Schreiben vom 3. d.M. II.0. 2084/40782.[1]

Die in meinem Schreiben vom 13. März d.J. — II a 1093 —[2] dargelegten Umstände, die damals mir ein Einschreiben gegen die Moskauer Internationale Handelsbank nicht als angezeigt erscheinen ließen, sind jetzt beseitigt. Nach den Mitteilungen in dem Bericht des Kaiserlichen Konsuls in Moskau vom 26. v.M. scheint es nicht mehr angängig, der Bank den Betrieb des Depositengeschäfts fernerhin in Preußen zu gestatten, wenn sie nicht eine Sicherheit bestellt. Ich beehre mich daher Eure Durchlaucht zu ersuchen, geneigtest die Kaiserliche Vertretung in Moskau oder in St. Petersburg zu beauftragen, dieserhalb in Verhandlungen mit der Bank einzutreten. Ich bemerke, daß die Depositen am 1. Januar d.J. sich beliefen bei der Danziger Filiale auf 588010 M, bei der Königsberger Filiale auf 162971 M. Im ganzen handelt es sich also um rund 750000 M, für die die Bank Sicherheit zu bestellen hätte. Von Verhandlungen mit dem nach Maßgabe der Konzessionsurkunde in Danzig bestellten Generalbevollmächtigten der Bank vermag ich mir nach dessen Persönlichkeit keinen Erfolg zu versprechen. Einer gefälligen Mitteilung über das Veranlaßte darf ich ergebenst entgegensehen.

*ZStAP, AA 703, Bl. 56.*

1 Mit dem Schreiben wurde Kohlhaas' Bericht vom 26. 5. 1908 übersandt. Der Konsul schilderte darin die finanziellen Schwierigkeiten der Moskauer Internationalen Handelsbank und stellte abschließend fest, „daß die Ausübung des Depositengeschäfts durch die Filialen der Moskauer Internationalen Handelsbank in Danzig und Königsberg in der bisherigen Weise, d. h. ohne Sicherheitsleistung, zu ernsten Bedenken Anlaß geben muß". (ZStAP, AA 2071.)

2 Vgl. Dok. Nr. 93.

## 104 Schreiben Nr. IV 6307 des Vortragenden Rats im Reichsamt des Innern Wolffram an den Staatssekretär des Auswärtigen Amtes von Schoen

*Ausfertigung*

Berlin, 26. Juni 1908

Die Firma Henschel und Sohn in Kassel weist in der anliegenden Eingabe darauf hin, daß die Ausfuhr deutscher Lokomotiven nach Rußland unmöglich sei, weil den russischen Privatbahnen die Genehmigung zur Benutzung deutscher und vielleicht ausländischer Lokomotiven überhaupt versagt werde.[1]

Nach den von Euer Exzellenz mir übermittelten Berichten des deutschen General-Konsulats in St. Petersburg vom 12. November 1906 (Schreiben vom 7. Januar 1907 — II 3109), vom 1. Mai 1907 (Schreiben vom 10. Mai 1907 — II 1769) und vom 22. März 1907 (Schreiben vom 4. April 1907 — II 1100) benutzt die russische Staatsbahn nur russische Lokomotiven; es ist mir aber nicht bekannt, inwiefern auch die Privatbahnen durch die russische Regierung an dem Bezuge ausländischer und insbesondere deutscher Lokomotiven verhindert werden.

Die deutsche Handelsstatistik, welche bis zum Jahre 1901 einschließlich die Lokomotiven mit den Lokomobilen unter einer Nummer aufgeführt hatte, ergibt, daß seit diesem Jahre eine wenn auch nicht sehr bedeutende Ausfuhr deutscher Lokomotiven in das europäische Rußland stattgefunden hat. Die Zahlen für diese Ausfuhr sind folgende:

| | dz | Wert in 1000 M |
|---|---|---|
| 1902 | 3985 | 438 |
| 1903 | 2596 | 200 |
| 1904 | 3077 | 308 |
| 1905 | 3406 | 341 |
| 1906 | 1193 | 143 |
| 1907 | 1861 | 238 |
| (März bis Dezember) | | |

Im Jahre 1907 bestand die Ausfuhr lediglich in Tenderlokomotiven auf Schienen laufend im Gewichte bis 100 dz; die schwereren Lokomotiven und diejenigen ohne Tender fehlten gänzlich. Im Jahre 1906 befanden sich dagegen in der Ausfuhrzahl 639 dz Tenderlokomotiven im Gewichte bis 100 dz und 554 dz Tenderlokomotiven über 100 dz bzw. Lokomotiven ohne Tender. Für die Zeit vor dem 1. März 1906 läßt sich diese Feststellung nicht treffen. Es gewinnt nach dem Ergebnisse der Jahre 1906 und 1907 in der Tat den Anschein, als ob große Eisenbahnlokomotiven überhaupt nicht oder nur ganz vereinzelt nach Rußland ausgeführt würden und als ob lediglich Feldbahn- und Bergwerkslokomotiven an der Ausfuhr beteiligt wären.

Wenn die russische Regierung auf den Staatsbahnen nur Lokomotiven russischen Ursprungs verwendet, so lassen sich hiergegen vom Rechtsstandpunkte aus Einwendungen nicht erheben. Ebensowenig würden von diesem Standpunkt aus Einwendungen möglich sein, wenn die Subventionierung von Privatbahnen oder die Übernahme von Zinsgarantien für deren Anleihen von der ausschließlichen Benutzung russischer Lokomotiven abhängig gemacht wird. Ferner muß es der russischen Regierung unbenommen bleiben, vermöge ihres sicherheits- und verkehrspolizeilichen Aufsichtsrechts über die dem öffentlichen Verkehr dienenden Privatbahnen bestimmte Anforderungen an die Sicherheit und Leistungsfähigkeit der Lokomotiven der Privatbahnen zu stellen und auch die Übereinstimmung einzelner Einrichtungen derselben, wie der Signalapparate, mit denen der auf den Staatsbahnen benutzten Lokomotiven zu verlangen. Demgemäß muß es ihr freistehen, die Genehmigung zur Benutzung von ausländischen Lokomotiven zu versagen, wenn sie diesen Anforderungen nicht entsprechen.

Dagegen wäre es eine Verletzung des Artikels 5 des deutsch-russischen Handels- und Schiffahrts-Vertags in der Fassung des Zusatzvertrags vom 28./15. Juli 1904, wenn die russische Regierung aus anderen, etwa wirtschaftspolitischen Gründen die Genehmigung zur Benutzung der deutschen Lokomotiven versagte. Denn die Verhinderung der Benutzung deutscher Lokomotiven steht einem Einfuhrverbote gleich und ist unzulässig, weil für Lokomotiven kein Staatsmonopol besteht und weil sich ein solches Verbot nicht mit Rücksichten auf die Gesundheit, die Veterinärpolizei, die öffentliche Sicherheit oder aus anderen schwerwiegenden Gründen rechtfertigen läßt. Die russische Regierung kann sich auch nicht darauf berufen, daß nach Lage der russischen Gesetzgebung die Verwendung von Lokomotiven allgemein einer Genehmigung bedürfe und daß es in ihrem Belieben liege, diese nur für russische Lokomotiven zu erteilen. Denn sonst hätte es jeder Staat in der Hand, durch die innere Gesetzgebung die Benutzung ausländischer Waren zu bestimmten Zwecken (z.B. von Gerste zur Malzbereitung) von einer Genehmigung abhängig zu machen und durch Versagen dieser Genehmigung eine handelsvertragliche Vereinbarung über die Unzulässigkeit von Einfuhrverboten illusorisch zu machen.

Hiernach erscheint mir zunächst die Feststellung von Wichtigkeit, ob die russische Regierung nur bestimmte Anforderungen an die von den Privatbahnen zu benutzenden Lokomotiven stellt und gegebenenfalls welche, oder ob sie etwa regelmäßig aus wirtschaftlichen Gründen die Benutzung deutscher Lokomotiven auf solchen Privatbahnen versagt, die keine staatliche Subvention oder Zinsgarantie beziehen. Im letzteren Falle wird im Interesse des deutschen Maschinenbaues auf eine Beseitigung dieser Praxis mit aller Energie hinzuwirken sein.

Euer Exzellenz stelle ich ergebenst anheim, das Erforderliche zu veranlassen und ersuche um gefällige Nachricht von den Ergebnissen.

*ZStAP, AA 6302, Bl. 144f.*

1 Vgl. Dok. Nr. 102.

**105** **Bericht Nr. II 486 des Generalkonsuls in St. Petersburg Biermann an den Reichskanzler Fürsten von Bülow**

*Ausfertigung*

St. Petersburg, 29. Juni 1908

Das Projekt der Gründung eines internationalen Handelsmuseums in St. Petersburg kann einstweilen als gescheitert betrachtet werden, wenngleich der Vater dieses Plans, Herr Veltner, es natürlich nicht zugeben will.[1] Er ist aber zur Zeit nur noch die einzige Stütze des Unternehmens, und nach seinen bisherigen Leistungen zu urteilen, eine recht schwache Stütze. Von den übrigen Mitgliedern der Kommission, die seinerzeit hier zusammengetreten war, haben der amerikanische und der englische Konsul inzwischen Rußland verlassen und der spanische Konsul ist kürzlich gestorben ...

*ZStAP, AA 2526, Bl. 55.*

1 Vgl. Dok. Nr. 67.

**106** **Bericht Nr. II 549 des Generalkonsuls in St. Petersburg Biermann an den Reichskanzler Fürsten von Bülow**

*Ausfertigung*

St. Petersburg, 28. Juli 1908

Mit Bezug auf den Erlaß vom 11. d.M. II 0 3525 1 Anlage[1].

Den Rechtsausführungen des Reichsamts des Innern über die Bedeutung des Art. 5 des deutsch-russischen Handelsvertrages trete ich bei.

Die Behauptung der Firma Henschel & Sohn, daß die Einfuhr von Lokomotiven für die dem öffentlichen Verkehr dienenden Eisenbahnen nur mit besonderer ministerieller Erlaubnis zulässig sei, ist zutreffend.

Abgesehen von der Elektrischen Bahn Lodz—Pabianitze ist nur der im Jahre 1889 konzessionierten Irinowka Bahn (bei St. Petersburg), die eine Spurweite von 750 mm und eine Länge von 58 Werst hat, der Bezug der Baumaterialien und der Betriebsmittel aus dem Auslande gestattet worden.

Die Konzessionen aller übrigen Privatbahnen enthalten einen Paragraphen, der sie zur Verwendung russischen Materials verpflichtet.

Der Wortlaut des betreffenden Paragraphen 15, aus den Statuten der Gesellschaft der Livländischen Zufuhrbahnen vom 16. Juni 1898 ist in der Anlage wiedergegeben.

Derselbe findet sich fast wörtlich in den Konzessionen aller übrigen Privatbahnen.

Das gesamte russische Bahnnetz hat jetzt rund 65000 Werst Länge, hiervon sind etwa $\frac{2}{3}$ Staats- und $\frac{1}{3}$ Privatbahnen.

Die Privatbahnen genießen fast sämtlich für ihre Obligationen eine Staatsgarantie oder haben von der Regierung einen Vorschuß erhalten, so daß sie die ihnen dafür auferlegten Verpflichtungen erfüllen müssen.

Nur von folgenden Bahnen ist es nicht bekannt, ob sie Vorschüsse oder anderweite finanzielle Unterstützung von der Regierung erhalten haben:

| | | |
|---|---|---|
| Belgorod Sumy | 147 Werst | 1524 mm Spurweite |
| Warschauer Schmalspurbahn | 28 Werst | 800 mm Spurweite |
| Grajewski Zufuhrbahn | 42 Werst | 1000 mm Spurweite |
| Libau Hasenpoth Zufuhrbahn | 46 Werst | 1000 mm Spurweite |
| Livländ. Zufuhrbahn | 197 Werst | 750 mm Spurweite |
| Moskauer Zufuhrbahn | 301 Werst | 750 mm Spurweite |
| Nowosibkow Zufuhrbahn | 122 Werst | 1524 mm Spurweite |

Es ist aber möglich, daß auch auf Obligationen dieser Bahnen von Seiten der Reichsbahn Vorschüsse gegeben sind.

Die Warschau—Wienerbahn hat für die Strecke Warschau-Kalisch teilweise garantierte Obligationen, teilweise hat sie darauf einen Vorschuß erhalten.

Die Milikesszufuhrbahn, der die Verlängerung bis Bugulna konzessioniert ist, und die Herby-Czenstochaubahn, die sich in die Linie Herby—Kielze umwandelt, erhalten ebenfalls die bisher noch nicht besessene Regierungsgarantie für ihre Obligationen.

Der Bedarf an Lokomotiven für die wenigen und meist schmalspurigen Bahnen, die noch finanziell unabhängig sind, dürfte nur noch ein sehr geringer sein und sich leicht in Rußland befriedigen lassen.

Ob es sich unter diesen Umständen aus prinzipiellen Gründen empfiehlt, die von der Firma Henschel gewünschte Intervention eintreten zu lassen, darf ich höherer Entscheidung überlassen.[2] Die ministerielle Genehmigung für die Einfuhr von Lokomotiven ist, soweit ich habe ermitteln können, nur selten erteilt und wird jetzt, wo die russischen Lokomotivfabriken sehr wenig beschäftigt sind, nur schwer zu erlangen sein.

Während des russisch-japanischen Krieges sollen die Staatsbahnen von den Amerikanern, die eine kurze Lieferfrist verlangten, einige Lokomotiven bezogen haben. Privatunternehmungen, die für ihre industriellen Betriebe Kleinbahnen anlegen, sind in der Wahl ihrer Bezugsquellen nicht gehindert. So sollen noch in den letzten Jahren besonders für sibirische Goldbergwerke auch aus Deutschland Lokomotiven eingeführt worden sein.

*ZStAP, AA 6302, Bl. 150f.*

1 Mit dem Erlaß wurde Biermann das Schreiben Wolframs an Schoen vom 26. 6. 1908 übersandt; vgl. Dok. Nr. 104.

2 Mit Erlaß vom 12. 9. 1908 wurde Pourtalès angewiesen, „die Angelegenheit bei der dortigen Regierung zur Sprache zu bringen und nachdrücklich auf die Beseitigung der bestehenden Einfuhrbeschränkungen hinwirken zu wollen". (ZStAP, AA 6302.)

## 107 Bericht Nr. 3387 des Geschäftsträgers in London von Stumm an den Reichskanzler Fürsten von Bülow

*Ausfertigung*

London, 27. August 1908

Gestern hat hier eine Sitzung der Londoner Handelskammer stattgefunden, in der die Bildung einer russischen Abteilung zur Förderung der russisch-englischen Handelsbeziehungen beschlossen wurde.

Den Bericht der „Times“ über die Verhandlung beehre ich mich hier beizufügen. Wenn die Förderung der russisch-englischen Handelsbeziehungen lediglich der vorwiegend der äußeren Repräsentation gewidmeten Londoner Handelskammer anvertraut ist, so können wir darüber unbesorgt sein, daß dem deutschen Handel in Rußland von englischer Seite keine Gefahr droht.

*ZStAP, AA 16661, Bl. 136.*

**108 Bericht Nr. 269 des Handelssachverständigen beim Generalkonsulat in St. Petersburg Dr. Müller an den Reichskanzler Fürsten von Bülow**

*Ausfertigung*

St. Petersburg, 18. September 1908

[. . .] Nach m. g. E. verdient dieser Tätigkeitsdrang der russischen Aktienbanken [Gründung zahlreicher Filialen] unsere allergrößte Aufmerksamkeit. Denn einesteils ist er zweifellos geeignet, der von der Regierung mit allen Mitteln angestrebten und begünstigten Ausdehnung der russischen Industrie eine weitere und zugleich solidere Unterlage zu geben und auch dem russischen Handel eine kräftigere Stütze zu bieten, dadurch also der Konkurrenz des Auslandes, d.i. vornehmlich Deutschlands, mit der Zeit Abbruch zu tun. Andererseits schafft er immer mächtigere Institute und daher immer ungünstigeren Boden für die Konkurrenz einer etwaigen deutschen oder doch vom deutschen Bankkapital abhängigen Bank in Rußland.

Die Frage einer solchen ist in den letzten beiden Jahren mehrfach in der amtlichen Berichterstattung angeschnitten worden. Ich teile durchaus den Standpunkt, daß das Bankgewerbe in Rußland im Vordergrunde deutscher Aufmerksamkeit stehen sollte. Die Tätigkeit einer gut und zielbewußt geleiteten deutschen Großbank im Auslande ist m.E. gerade das Mittel, die Industrie des fremden Landes in möglichst hohem Maße zur Besserung der eigenen Handels- und Zahlungsbilanz heranzuziehen, wenn auch auf Kosten einmaliger Kapitalauswanderung. Denn hinter den deutschen Großbanken steht im wesentlichen die deutsche Großindustrie; an die immer enger gewordenen Beziehungen zwischen Großbanken und Großindustrie in Deutschland, die häufig kaum noch erkennen lassen, welcher Teil den größeren Einfluß auf den anderen ausübt, braucht aber kaum erinnert zu werden. Den Zweck der deutschen Bank in Rußland erblicke ich allerdings nicht darin — wenngleich das bei der Errichtung von Bankfilialen im Auslande wohl häufig der Hauptantrieb war —, an dem Anleihegeschäft des Landes möglichst großen Anteil zu gewinnen. Dazu würde auf längere Zeit hinaus auch keine Wirksamkeit an Ort und Stelle notwendig sein. Wohl aber könnte sie auf Handel und Industrie um so mehr und um so leichter Einfluß gewinnen, als die Organisation des industriellen Kredits in Rußland doch noch keineswegs die Ausbildung wie in Deutschland gewonnen hat und anscheinend mannigfache Mängel aufweist. Durch diesen Einfluß, der sich häufig zur tatsächlichen Leitung steigern wird, kann und wird sie die Interessen der hinter ihr stehenden und teilweise mit ihr sogar gewissermaßen identischen deutschen Großindustrie in weitgehendem Maße wahrnehmen, ihre Geldnehmer in mehr oder weniger zwingender Weise auf den Bezug deutscher Fabrikate hinweisen und den letzteren so gute Absatzgebiete sichern können.

Das wird auf diese Weise insbesondere in viel größerem Umfange der Fall sein können, als wenn deutsche Banken sich nur mit mäßigen Beträgen an russischen Banken bezw. ihren Aktienemissionen beteiligen. Das bringt unseren Banken einmalige Emissionsgewinne und allenfalls den Aktionären etwas höhere Zinsen als im Inlande. Aber weiter ist auch nicht viel gedient; eine tatsächliche Einwirkung auf die Verwaltung ist damit nicht erreicht. Ich bin vielmehr der Meinung, daß gerade so unser Geld der russischen Volkswirtschaft zugute kommt und ihre Konkurrenzfähigkeit steigert, ohne uns dauernden Nutzen und insbesondere denjenigen Einfluß auf das russische Wirtschaftsleben zu bringen, den es erzielen könnte. Mit dem stellvertretenden Direktor Herrn Schlieper von der Discontogesellschaft habe ich mich letzthin über die durch die Deutsche Bank bewirkten Kapitalserhöhungen der Russischen Bank für auswärtigen Handel und der Sibirischen Handelsbank unterhalten und dabei von ihm die Ansicht gehört, daß die Bank kein Stück der neuen Aktien in ihrem Portefeuille behalten hätte. Zu einer Vertretung im Verwaltungsrat ist es auch bisher nicht gekommen und anscheinend überhaupt zu keiner weiterreichenden Einflußnahme auf die Geschäfte der Banken, geschweige denn der von diesen mehr oder minder abhängigen Kreditnehmer. Wird auch ein Teil jener Aktien sich in den bei der Bank liegenden Depots befinden und ihr so indirekt eine angemessene Vertretung in der Generalversammlung gestatten, so bringt eine solche Art der Beteiligung doch kaum den Nutzen, der an sich möglich wäre.

Damit soll nicht gesagt sein, daß eine solche Beteiligung an Emissionen ohne weiteres schädlich wäre. Käme neben ihr nur ein Fernbleiben in Frage, so wäre sie immer noch vorzuziehen, denn sie schafft doch immerhin freundschaftliche geschäftliche Beziehungen zwischen den beiderseitigen Banken. Gäben *wir* das Geld nicht, würden es voraussichtlich eben andere geben. Das scheint mir auch Beachtung zu verdienen, wenn auf die bösen Folgen hingewiesen wird, die eine lebhafte aktive Beteiligung an der russischen Industrie in der Stärkung der russischen und Schwächung unserer Konkurrenzfähigkeit für uns haben soll.

Wir dürfen nicht annehmen, daß auf die Dauer und besonders mit dem Erstarken der einheimischen Banken das nicht geschehen und geschaffen werde, was wir nicht machen. In vielen Fällen wird es sich weniger darum handeln, *ob* ein Unternehmen ins Leben tritt oder fortgeführt wird, als darum, wer die Hand darauf legt und den Gewinn herauszieht. Bei dem Zusammenarbeiten von Großbanken und Großindustrie, die sich sehr wohl ihrer gemeinsamen Interessen bewußt sein werden, wird zudem die Gefahr, dem eignen Lande eine Konkurrenz großzuziehen, weniger groß sein als beim Vorgehen einzeln stehender Kapitalien und wird also die Herbeiführung der geeignetsten Arbeitsteilung bzw. geringsten Fabrikationszersplitterung im deutschen Interesse weit mehr gewährleistet sein.

Schon jetzt gibt es eine Reihe von Fabrikationszweigen, in denen das Ausland hier nicht mehr gegen Rußland konkurrieren kann. Auf andern wird die Konkurrenzfähigkeit des Auslandes ebenfalls mit der Zeit mehr und mehr schwinden. Da soll das deutsche Kapital einsetzen und sich über die Grenze begeben, um das bisherige Terrain nicht zu verlieren, sondern möglichst noch zu vergrößern. Und gerade dabei wird die deutsche Auslandsbank einen überaus großen Nutzen stiften können. Denn im eigenen Interesse gezwungen, das Wohl und Wehe der einzelnen Wirtschaftszweige wie insbesondere der einzelnen Unternehmungen ständig aufmerksam zu verfolgen, bildet sie sich zu derjenigen Instanz aus, die am ersten und besten in der Lage ist, dem deutschen Kapital und der deutschen Industrie wertvolle Fingerzeige zu geben, hinzuweisen auf günstige Gelegenheit zum Erwerb solcher Unternehmungen, die durch schlechte Leitung oder auch durch besondere Ungunst der Zeitverhältnisse notleidend geworden sind, aber für die Zukunft bei geeigneter Leitung und Unterstützung guten Erfolg erwarten lassen usw. Kurz, sie wird eine dauernde sachverständige Prüfstation für alle Einzelfragen abgeben können, die die Beteiligung deutschen Kapitals an bestehenden oder neu zu schaffenden Unternehmungen in Rußland betreffen.

Die Erfahrung, daß eine sehr gute Kenntnis von Land und Leuten eines der ersten Erfordernisse im hiesigen Erwerbsleben ist, hat schon mancher mit schweren Verlusten bebezahlen müssen.

Noch in anderer Hinsicht dürfte die deutsche Bank in Rußland für dasjenige Kapital, das Beteiligung an der russischen Industrie sucht, von hohem Nutzen sein. Gewiß wird auch ohne eine im Lande ansässige deutsche Bank deutsches Kapital, wie schon bisher so auch weiterhin, hier lohnende Anlage suchen. Aber wie der unorganisierte Arbeiter in der Wahrung seiner Sonderinteressen dem organisierten bei weitem unterlegen ist, so wird auch dasjenige Kapital, das sich in vielen kleinen Teilbeträgen ohne einheitlichen Mittelpunkt und ohne Berührung unter ihnen im Lande verliert, niemals den gleichen Einfluß erlangen, wie das einheitlich geleitete. Die Bank ist die gegebene Stelle zur planmäßigen Zusammenfassung und geschlossenen Verwendung eines großen Teiles des sich hier niederlassenden deutschen Erwerbskapitals; sie organisiert es und macht es dadurch widerstandsfähiger gegen äußere Einflüsse, sichert oft genug von vornherein mit kleineren Mitteln größeren Erfolg.

Auch in andrer Hinsicht wird es dem Heimatlande eher erhalten bleiben. Für dasjenige Kapital, das ganz unabhängig *mit* seinem Eigentümer über die Grenze kommt, ist die Gefahr viel größer, daß es niemals, sei es auch nur für seine Erträge, den Rückweg findet; dann aber geht die Entfremdung oft sehr rasch vor sich. (Aus der hiesigen deutschen Kolonie dürften sich leicht Beispiele, bei denen recht erhebliche Industriekapitalien in Frage kommen, dafür nennen lassen) [. . .]

Sollte bei unsern Großbanken Neigung bestehen, die früher m.W. mehrfach gemachten Versuche zur Fußfassung in Rußland gelegentlich zu wiederholen, so dürfte übrigens die nächste Zeit leicht günstige Gelegenheit dazu bieten. Denn gesellt sich zu den Bankexpansionen auch noch ein wirtschaftlicher Aufschwung, so werden die Banken bald vor die Notwendigkeit neuer Geldaufnahme gestellt sein, die leichter als andere Mittel die Annäherung russischer an unsere Banken ermöglichen dürfte. Und daraus würde sich bei der ungleichen Machtverteilung zwischen beiden Kontrahenten leicht die größere Einflußgewinnung auf russische Banken entwickeln können.

[. . . Geht ausführlich auf die Möglichkeit ein, die Kommerzbank in Riga zu erwerben, die Kapitalbedarf hat.] Die Bank würde das Geld aber wohl gern überall da nehmen, wo sie es zu angemessenen Bedingungen erhalten würde. Es sollen auch sowohl gegen englische wie deutsche Banken Fühler ausgestreckt worden sein.

Nach Angabe des Herrn Drishaus . . . sollen sich bereits englische Finanzkreise — genannt wird das Bankhaus Lazard Brothers — für das Unternehmen interessieren. Es klingt das nicht unwahrscheinlich, wenn man berücksichtigt, daß gerade in den Ostseeprovinzen sich in der neuen Zeit große englische Firmen niedergelassen haben. So hat sich vor ungefähr zwei Jahren in Riga die große Firma Thomas Firth & Sons in Sheffield zunächst eine kleine Feilenfabrik, dann ein großes Gußstahlwerk und schließlich das bedeutendste, auf großem Fuße eingerichtete Stahlwerk (Salamandra), letzteres zu überaus billigem Preise erworben; sie soll beabsichtigen, noch einige Millionen in den weiteren Ausbau des Unternehmens hineinzustecken. Die von ihr hergestellten Geschosse, ihre Spezialfabrikation in Riga, sollen bei der Regierung guten Anklang gefunden haben. Etwas früher hat die Firma Saville & Co, ebenfalls aus Sheffield in Libau eine große Fabrik (Werkzeuge, Stahl) eingerichtet. Gerade in den Ostseeprovinzen ist somit ein weitgehendes Interesse englischer

Kreise nicht zu verkennen, obgleich eben dieses Gebiet eher als jedes andere der wirtschaftlichen Eroberung durch Deutschland bestimmt sein sollte.

*ZStAP, AA 2071, Bl. 93ff.*

## 109 Schreiben Nr. 2524 des russischen Botschafters in Berlin Graf Osten-Sacken an den Unterstaatssekretär im Auswärtigen Amt Stemrich

*Ausfertigung*

Berlin, 8./21. September 1908

D'après des renseignements qui parviennent à mon Gouvernement, le Reichstag aurait été saisi de la recherche d'une mesure qui permettrait de distinguer l'orge importée de Russie en Allemagne destinée à la fabrication du malt de celle destinée à tout autre usage.

Il s'agirait de n'admettre l'entrée en Allemagne au tarif réduit de toute espèce d'orge considérée „autre que l'orge de malterie" qu'à condition de sa dénaturalisation préalable, ce qui équivaudrait à l'admission au tarif réduit de l'orge pouvant servir seulement pour le fourage (Futtergerste) et tout autre emploi de l'orge serait rendu par là impossible.

Toutefois, à l'exception de l'orge employée à la fabrication du malt, payant taux de 4 Marcs par 100 kilogrammes, l'export de l'orge servant non seulement au fourage, mais employée aussi dans des buts techniques, par exemple comme orge perlée (gruau) etc., est de la plus haute importance pour le commerce Russe. En vue de ces considérations le Gouvernement Allemand a consenti lors de la conclusion du traité de commerce de 1904, à ce que l'orge „autre que l'orge de malterie" jouisse d'un tarif réduit à condition que les marques qui distinguent l'orge impropre à être employée à la fabrication du malt de l'orge de malterie, soumise à un taux plus élevé, soient indiquées dans le tarif B. annexé à la Convention additionelle du traité de commerce entre la Russie et l'Allemagne du 29 Janvier/10 Février 1894 du 15/28 Juillet 1904.

Par suite, l'article 3 du dit tarif porte qu'il sera considéré comme orge autre que „l'orge de malterie" — „l'orge dont l'hectolitre à l'état pur non mélangé et ébarbé pèse moins de 65 kilogrammes", de même que „l'orge pour laquelle on fournit la preuve qu'elle est impropre à être employée à la fabrication du malt". Or, il découle de ces stipulations que toute espèce d'orge qui n'est pas destinée à la fabrication du malt jouira du tarif réduit.

En même temps il a été convenu point 2 de l'article 3 du tarif B. qu'en cas „qu'il ait par suite des qualités spéciales de l'envoi présenté au dédouanement d'autres raisons de doute par rapport à l'emploi de l'orge, le bureau de douane n'est obligé à admettre la marchandise au tarif réduit qu'après l'avoir rendue impropre à être employée à la fabrication du malt" [. . .]

Il en résulte donc de l'article précité que la dénaturalisation de l'orge n'a été admise par la dite convention qu'à titre de rares exceptions et non règle générale.

En conséquence, je suis chargé de signaler au Gouvernement Impérial Allemand que l'établissement de mesures de dénaturalisation de l'orge comme règle générale serait considéré par mon Gouvernement comme portant une atteinte directe aux stipulations du traité de commerce qui n'admettent ce procédé que dans des cas exceptionnelles où il pourrait surgir des doutes sérieux par rapport à l'emploi de l'orge.

En attendant une réponse que Vous voudrez bien me donner au sujet de ma présente note [. . .][1]

*ZStAP, AA 3419, Bl. 162.*

1 In einem Schreiben an den russischen Geschäftsträger Bulacel' vom 15. 10. 1908 erklärte Koerner, die Regierung habe in dieser Frage noch keinen Entschluß gefaßt (ZStAP, AA 3419); vgl. Friedrich Beckmann, Die Futtermittelzölle. Eine wirtschaftspolitische Untersuchung, München und Leipzig 1913.

## 110 Bericht Nr. II 699 des Generalkonsuls in St. Petersburg Biermann an den Reichskanzler Fürsten von Bülow

*Ausfertigung*

St. Petersburg, 25. September 1908

Euerer Durchlaucht beehre ich mich hierbei zwei Berichte des Handelssachverständigen Dr. Müller, betreffend die Investierung deutschen und englischen Kapitals im russischen Bankgeschäft, gehorsamst zu übersenden.[1] Daß dem deutschen Handel und der deutschen Industrie durch eine deutsche oder von deutschen Finanziers abhängige angesehene Bank in Rußland viel genützt werden könnte, halte ich nach wie vor für zweifellos und ebenso glaube ich, daß gewisse englische Kreise den jetzigen Augenblick, der seltenen und am Ende nicht allzu dauerhaften englisch-russischen Entente gern benutzen wollen, um auf dem russischen Wirtschaftsgebiet festeren Fuß zu fassen.

Wenn sie jetzt mit einer Bankgründung zustande kommen und wir ihnen nicht bald nachfolgen, so mag das wohl ihre Konkurrenz auf manchen Gebieten für uns recht empfindlich machen.

Daß die englische Bankgründung aber wirklich schon so imminent ist, wie es nach den Dr. Müller gewordenen Mitteilungen den Anschein hat, will mir noch nicht so recht in den Kopf.

Unfraglich hat englisches Kapital oder besser gesagt englische Spekulation in den letzten Jahren sich wieder mehr auf russisches Gebiet gewagt, den Hinweis darauf kann man in den nationalistischen russischen Blättern alle Tage lesen. Aber wenn man der Sache dann näher tritt und Genaueres über die neuentstandenen englischen Interessen erfahren will, dann schrumpfen diese doch recht zusammen und z.B. der Warnungsruf, daß der Mineralreichtum Sibiriens schon fast ganz in englischen Händen sei und der Ural demnächst denselben Weg gehen werde, erweist sich als recht übertrieben.

Es ist ja nicht zu leugnen, daß auf englischer und russischer Seite zur Zeit Kräfte an der Arbeit sind, ihre gegenseitigen wirtschaftlichen Beziehungen zu vermehren. Die Gründung der russischen Sektion an der Londoner Handelskammer und die angeblich bevorstehende Einrichtung einer Anglo-russischen Handelskammer in St. Petersburg geben davon Zeugnis, aber der praktische Nutzen dieser Institutionen ist vorläufig noch nicht mit Sicherheit vorauszusehen.

Auch von österreichischer und schwedischer Seite werden ersichtlich Anstrengungen gemacht, Deutschland das russische Wirtschaftsgebiet streitig zu machen. Nicht ohne Grund haben diese beiden Regierungen mit ihrer Autorität und mit nicht unerheblichen

Geldmitteln für eine reichhaltige und repräsentative Beteiligung einiger ihrer Industrien auf der jetzigen hiesigen kunstgewerblichen Ausstellung Sorge getragen.

In dem in Übersetzung beigefügten Artikel der Nowoje Wremja wird auch von der Errichtung einer österreichischen Bankfiliale in Warschau gesprochen, ein weiteres Zeichen, daß man auch in anderen Ländern sich der Bedeutung einer Anteilnahme an dem russischen Bankgeschäft immer mehr bewußt wird.

Was nun die Beteiligung deutschen Bankkapitals an der Rigaer Kommerzbank betrifft, so bin ich zu wenig sachverständig und in die Verhältnisse der Bank eingeweiht, um zu beurteilen, ob eine solche Maßregel praktisch und rentabel wäre.

Daß eine Rigaer Bank, wenn sie die erforderlichen Mittel erhält, ihren Wirkungskreis sachlich und vor allem örtlich auch in das eigentliche Rußland hinein ausdehnen könnte, möchte ich annehmen.

Eine Frage aber in der Beziehung möchte ich doch aufwerfen, nämlich ob es politisch richtig ist, wenn Deutschland über die baltischen Provinzen in Rußland einzudringen sucht. Ganz unbedenklich erscheint mir dieser Weg nicht.

Wenn deutsche Banken, z.B. in Moskau oder St. Petersburg eine neue Bank gründeten oder auf eine hiesige Bank einen maßgebenden Einfluß erhielten, so würde das in den slawophilen Blättern sicher einen Sturm der Entrüstung hervorrufen, aber noch ärger würde das Geschrei sein und auch andere gemäßigtere Kreise, selbst die Regierung, würden vielleicht die Verbindung deutschen und baltischen Kapitals und das Eindringen größerer deutscher Interessen in die baltischen Provinzen und das Entstehen einer engeren Interessengemeinschaft nur sehr ungern und mit Argwohn sehen, und ein solches Ereignis könnte vielleicht auf die Haltung der Regierung zu den Balten einen diesen am wenigsten angenehmen Einfluß ausüben.

Meines Erachtens wäre es in jedem Fall vorzuziehen, wenn sich der Einfluß der deutschen Großbanken mit Umgehung der Ostseeprovinzen in Rußland mehr als bisher geltend machen könnte.

x Randbemerkung Stemrichs: Die Orientbank hat den Plan, sich in Rußland zu etablieren. Ich habe darüber aus Teheran berichtet.[2]

*ZStAP, AA 2071, Bl. 89f.*

1 Vgl. Dok. Nr. 108.

2 Stemrich telegraphierte am 11. 6. 1907 aus Teheran, wo er Gesandter war, daß die Deutsche Orientbank die Absicht habe, in ganz Rußland oder zumindest in den am Schwarzen und Kaspischen Meer gelegenen Provinzen Zweigniederlassungen zu errichten. (ZStAP, AA 2071.)

## 111 Schreiben des Sprechers des Vorstandes der Deutschen Bank Arthur von Gwinner an den Unterstaatssekretär im Auswärtigen Amt Stemrich

*Ausfertigung*

Berlin, 28. September 1908

Ihrem Wunsche entsprechend rekapituliere ich die Gründe, welche gegen eine deutsche Beteiligung an der kommenden russischen Anleihe sprechen.

1. Der deutsche Kapitalmarkt hat eine schwere Erschütterung durchgemacht, von der er sich gerade eben erholt hat. Die Bedürfnisse der heimischen Industrie sind aber noch

sehr große und die Bedürfnisse des Reichs und Preußens nicht minder bedeutend. Der Kurs der deutschen Staatsanleihen und aller übrigen Anlagewerte weist deutlich darauf hin, daß der Markt überlastet worden ist und daß man ihm Zeit gewähren muß, sich zu erholen. Erst nachdem dies gelungen sein wird, darf Deutschland dem Auslande wieder in großem Maßstabe heimisches Kapital zur Verfügung stellen.

2. Eine Beteiligung von weniger als einer Viertel Milliarde würde bei dem russischen Geschäft kaum in Frage kommen; aber auch selbst eine Beteiligung mit einem für die deutschen Verhältnisse so enormen Betrage würde uns politisch von den Russen kaum angerechnet werden. Die Anleihe wird mindestens $1\frac{1}{2}$ Milliarden Franken betragen: Deutschland würde immer nur als der schwache Trabant erscheinen, der einen Brocken von dem großen Batzen hingeworfen bekommt. Wenn das Reich und Preußen nicht wiederum mit ganz ungeheuerlichen Forderungen an den deutschen Kapitalmarkt appellieren, so wird derselbe imstande sein, im nächsten Jahre selbständig eine russische Anleihe zu absorbieren; dies würde aber Rußland gegenüber in politischer Beziehung ungleich bedeutender und wertvoller sein und von Rußland höher geschätzt und anerkannt werden müssen, als wenn wir jetzt mit einer kleineren Quote in das große französische Geschäft hineingehen. Ein Interesse, daß das letztere geschieht, hat eigentlich nur Mendelssohn und die Banken, welche an der Anleihe Geld verdienen würden.

3. Gewiß kann und darf Deutschland nicht ganz als Geldgeber dem Auslande gegenüber ausscheiden; es ist schlimm genug, daß solches seit einigen Jahren geschehen mußte, und schlimm genug, daß zwei oder drei große russische Anleihen während des letzten Jahrzehnts den deutschen Kapitalmarkt um 1200 bis 1500 Millionen Mark geschröpft und blutleer gemacht haben. Wenn der Markt jetzt wieder zu Kräften kommt, so muß die erste Fürsorge sein, daß wir einer Reihe kleinerer Staaten Geld in mäßigen Beträgen leihen, um das zum Teil schon an die Franzosen verlorene Terrain für die deutsche Industrie zu erkämpfen. Ich erinnere an das Ausfallen der deutschen Waffenindustrie in Bulgarien, in Serbien und in Griechenland. Wenn wir diesen Staaten, oder der Türkei, oder Argentinien oder Chile, oder Mexiko mit kleineren Summen von 25 bis 50 Millionen helfen, so wird Deutschland davon nicht nur für seine Industrie, sondern auch für sein Ansehen in der ganzen Welt außerordentlich größeren Gewinn haben, als wenn wir ein paar hundert Millionen als Beteiligung bei einem wesentlich französischen Geschäft an Rußland verplempern. Selbst Rußland würde uns dafür kaum mehr als ein paar höfliche Phrasen gewähren, den eigentlichen Geldgeber aber nach wie vor in Frankreich sehen.

4. Wir haben etwaigen russischen Wünschen gegenüber die allerbeste, weil wahre Antwort, daß Deutschland nämlich sein überschüssiges Kapital vorläufig noch für seine eigenen Bedürfnisse braucht. Damit würden wir den Russen und der ganzen Welt gar nichts Neues sagen. Dagegen wird der Hinweis, daß der deutsche Kapitalmarkt im laufenden Jahre bereits für über $2\frac{1}{2}$ Milliarden fest verzinsliche deutsche Papiere absorbiert hat — etwas über die Hälfte entfällt auf Staatsanleihen, der Rest auf Pfandbriefe, Städteanleihen und Industrieobligationen — den Russen verheißungsvoll in die Ohren klingen; weder Paris noch London haben bis jetzt eine gleiche Aufnahmefähigkeit gezeigt; durch die große russische Anleihe allerdings würde der Pariser Markt hinsichtlich seiner Aufnahmefähigkeit den deutschen wieder einmal um ein Erhebliches überholen.

Ich rekapituliere: Für Deutschland ist die Schröpfung durch eine große russische Anleihe in höchstem Maße unerwünscht, auch wenn das Geld zunächst in Berlin stehen bleibt, und auch wenn der deutschen Industrie einige Bestellungen von Eisenbahn- und Kriegsmaterial in Aussicht gestellt werden. Es ist daran zu erinnern, daß die russischen Eisenwerke zur Zeit bedeutend billiger verkaufen als die deutschen, englischen und amerikanischen; haben doch russische Schienen in größtem Umfange Eingang oder Absatz bis nach Indien gefunden; also zu verdienen ist an den russischen Bestellungen kaum etwas. In politischer Beziehung aber würde uns die Beteiligung an der auf den französischen Markt zugeschnittenen Anleihe kaum etwas nützen; vielmehr unser geladenes Gewehr zweifellos wertvoller sein, als ein nutzlos abgeschossenes.

*PA Bonn, Rußland 71 Geheim, Bd. 2.*

## 112 Gehorsamste Anzeige des Unterstaatssekretärs im Auswärtigen Amt Stemrich

Berlin, 29. September 1908

Der Direktor der Deutschen Bank Herr Gwinner suchte mich gestern auf und setzte mir in längerem Gespräch auseinander, daß es seiner Ansicht nach äußerst schädlich sei, wenn sich Deutschland an der demnächst zu erwartenden großen, in Frankreich aufzulegenden Anleihe beteiligen würde. Auf meine Bitte hat nun Herr Gwinner die Gründe, welche gegen eine solche Beteiligung sprechen, aufgezeichnet.[1]

Indem ich den bezüglichen Brief beifüge und bemerke, daß Herr Gwinner mich um strengste Geheimhaltung dieses Briefes gebeten hat, darf ich Eurer Durchlaucht sehr geneigtem Ermessen gehorsamst anheimstellen, ob es sich empfehlen würde, den königlichen Preußischen Finanzminister, den Staatssekretär des Reichsschatzamtes sowie vor allem den Präsidenten der Reichsbank schon jetzt zu einem Gutachten über die Frage aufzufordern.

x Randbemerkung Bülows: Ja, aber unter scharfer Betonung des absolut geheimen Charakters der Anfrage wie der Materie.[2]
Wenn wir die Gutachten haben, muß auch die politische Seite der Angelegenheit erwogen werden.

*PA Bonn, Rußland 71 Geheim, Bd. 2.*

1 Vgl. Dok. Nr. 111.

2 Stemrich ersuchte am 4. 10. 1908 Sydow, Rheinhaben und Havenstein, denen er das Schreiben Gwinners übersandte, ohne diesen als Verfasser zu nennen, um Stellungnahme. (PA Bonn, Rußland 71 Geheim, Bd. 2.)

## 113 Schreiben Nr. I 9507 des Staatssekretärs des Reichsschatzamtes von Sydow an den Unterstaatssekretär im Auswärtigen Amt Stemrich

*Konzept*

Berlin, 8. Oktober 1908

Auf das Schreiben v. 4. 10. 1908 A 15939/11095 Ganz geheim![1]

An sich könnte ich es nur als erwünscht bezeichnen, wenn Deutschland in die Lage käme, Gläubiger fremder Staaten zu werden, zumal daraus, abgesehen von der günstigen Rückwirkung in politischer Hinsicht, auch wirtschaftliche Vorteile zu erwarten sind. Ob es allerdings, sobald die Lage des deutschen Geldmarktes unter Berücksichtigung der heimischen Bedürfnisse seine Beteiligung an fremdländischen Anleihen grundsätzlich gestatten, gerade empfehlenswert wäre, daß das deutsche sparende Publikum seine Gelder in Anleihen kleinerer, wirtschaftlich minder kräftiger und einfach auch innenpolitisch noch nicht konsolidierter Staaten anlegte, mag zur Zeit dahingestellt bleiben. Das deutsche Kapital hat an derartigen Anläufen schon recht beträchtliche Einbußen erlitten.

Gegenwärtig halte ich es vom Standpunkte meines Geschäftsbereichs jedenfalls nicht für vertretbar, daß Deutschland sich an fremden Anleihen und speziell an der demnächst in Frankreich aufzulegenden russischen Anleihe offiziell beteiligt. In der übersandten Aufzeichnung ist zutreffend hervorgehoben, daß dem deutschen Kapitalmarkte, welcher seit dem 1. 1. 1908 durch die Anleihen des Reichs und der Bundesstaaten, durch Provinzial- und Stadtanleihen sowie durch Pfandbriefe der Hypothekenbanken und durch Industrieobligationen mit annähernd 2½ Milliarden M belastet worden ist, Ruhe zur Erholung gelassen werden muß. Wenn auch in allerletzter Zeit eine Besserung in der Geldflüssigkeit sich bemerkbar gemacht hat, so sind doch noch keineswegs als normal zu bezeichnende Verhältnisse eingetreten und es ist vor allem keine Gewähr dafür gegeben, daß nicht erneut eine ungesunde Versteifung einsetzt, wenn erhebliche Ansprüche an den Geldmarkt herantreten. Solche sind aber, wie auch die Aufzeichnung annimmt, in größerem Umfang schon von seiten der einheimischen Industrie zu erwarten. Dazu kämen, abgesehen von den Städten, auch wenn die Finanzreform gelingt, noch für eine Reihe von Jahren die Geldbedürfnisse des Reichs, das voraussichtlich nicht umhin können wird, schon zum Beginn des Rechnungsjahres 1909 abermals rund 300 Millionen M aufzunehmen. Ferner die einzelnen Bundesstaaten, namentlich Preußen, das aller Voraussicht nach zum Frühjahr ebenfalls mit einer größeren Anleihe hervortreten wird.

Bei dieser Sachlage wird mit allen Mitteln angestrebt werden müssen, den heimischen Geldmarkt für die benötigten inländischen Kapitalbedürfnisse aufnahmefähig zu machen und zu erhalten. Dem würde aber die Beteiligung an der in Frankreich aufzulegenden Russenanleihe, bei der überdies wie auch mir scheint, größere Sondervorteile wirtschaftlicher Natur für Deutschland nicht zu erwarten sind, unmittelbar entgegenwirken.

*ZStAP, Reichsschatzamt 2507, Bl. 165f.*
1 Vgl. Dok. Nr. 112, Anmerkung 2.

**114 Schreiben Nr. 1642 des preußischen Finanzministers von Rheinbaben an den preußischen Minister der auswärtigen Angelegenheiten Fürsten von Bülow. Ganz geheim!**

Berlin, 8. Oktober 1908

Auf das gefällige Schreiben vom 4. d.M. (A. 15939)[1].

Vom Standpunkt meines Ressorts kann ich mich nur gegen eine Beteiligung Deutschlands an einer in Frankreich aufzunehmenden großen Russischen Anleihe aussprechen. Mir scheint es der politischen Würde und der wirtschaftlichen Bedeutung Deutschlands nicht zu entsprechen, wenn dieses gewissermaßen als Unterkommissionär von Frankreich einen verhältnismäßig kleinen Teil der in der Hauptsache in diesem Lande zu begebenden Anleihe übernehmen wollte. Aber auch im Interesse der einheimischen Anleihen würde die Belastung unseres Geldmarktes mit einer etwa auf eine viertel Million zu beziffernden Russenanleihe dringend zu widerraten sein. Der Kursstand unserer Reichs- und Staatsanleihen ist im Verhältnis zu ihrer Bonität und im Vergleich zu den Anleihen anderer Staaten zur Zeit noch ein abnorm niedriger. Die in den letzten Monaten eingetretene größere Geldflüssigkeit ist dem Kurse unserer Anleihen bisher nicht in genügendem Maße zu Gute gekommen, weil der Markt durch die im laufenden Jahre stattgehabte Begebung von mehr als einer Milliarde Reichs- und Preußischer Staatsanleihe noch vollständig mit diesen Werten gesättigt ist, die erst allmählich neuerdings feste Abnehmer gefunden haben. In Folge des enormen Anleihbedarfs Preußens und des Reichs, sowie der starken Anforderungen der Industrie an den Geldmarkt, sind die Finanzverwaltungen genötigt gewesen, in verhältnismäßig kurzer Zeit vom 3prozentigen Anleihetyp zum $3^1/_2$prozentigen und schließlich zum 4prozentigen überzugehen, und der Kurs der letzteren Papiere hat erst in der neuesten Zeit den Paristand mäßig überschritten. Während die französische 3prozentige Rente in den letzten Tagen 95.75 bis 95.05 % notierte und die englischen $2^1/_2$prozentigen Konsols 85.62 bis 85.12 % ist der Kurs der 3prozentigen Preußischen Konsols und Reichsanleihe gegenwärtig (am 7. 10. 08) 83.90 %; die italienische $3^3/_4$prozentige Rente steht erheblich über Pari, — am 5. d.M. wurde sie an der Berliner Börse zu 104.10 % gehandelt, — während unsere $3^1/_2$prozentigen Konsols und Reichsanleihen etwa 92.50 % stehen. Ich kann aber auch nicht umhin, vertraulich mitzuteilen, daß das Anleihebedürfnis Preußens wie des Reichs im kommenden Jahre ein beträchtliches sein wird. Die Beträge, die Preußen zur Deckung des Defizits im Staatshaushalt für 1908 und 1909, zur Bestreitung der Ausgaben für die fortdauernd großen Investitionen bei den Eisenbahnen, für die im Gange befindlichen Kanalbauten und die Zwecke des Ansiedlungsfonds für Westpreußen und Posen benötigt, werden kaum hinter einer halben Milliarde zurückbleiben; hierzu kommt der Bedarf des Reiches, der voraussichtlich einige hundert Millionen ausmachen wird. Ich kann daher auch nicht dem Plane zustimmen, der in der mitgeteilten Aufzeichnung dahin angedeutet wird, daß es sich empfehle, im nächsten Jahre selbständig eine Russische Anleihe auf dem Deutschen Kapitalmarkt unterzubringen; vielmehr möchte ich dazu raten, nach dieser Richtung jedes Engagement zu vermeiden und der Befriedigung der notwendigen einheimischen Geldbedürfnisse nicht vorzugreifen.

Daß durch eine Russische wie jede andere ausländische Anleihe unsere Zahlungsbilanz verschlechtert und die so notwendige Hütung des Goldschatzes der Reichsbank erschwert würde, dürfte von dem Herrn Präsidenten des Reichsbankdirektoriums näher dargelegt werden.

*PA Bonn, Rußland 71 Geheim, Bd. 2.*

1 Vgl. Dok. Nr. 112, Anmerkung 2.

**115 Schreiben Nr. 179 S. I des Präsidenten des Reichsbankdirektoriums Havenstein an den Unterstaatssekretär im Auswärtigen Amt Stemrich. Geheim!**

*Ausfertigung*

Berlin, den 9. Oktober 1908

Euer Hochwohlgeboren beehre ich mich, in Erwiderung auf das gefällige Schreiben vom 4. d.M. A 15939/I.N. 11095[1] die von dem Herrn Reichskanzler gewünschte Äußerung über die Fragen einer Beteiligung Deutschlands an der demnächst zu erwartenden großen in Frankreich aufzunehmenden russischen Anleihe sehr ergebenst zu überreichen.

Ich würde auch meinerseits in einer solchen Beteiligung Deutschlands unter den gegenwärtigen Verhältnissen eine schwere Beeinträchtigung sowohl unserer wirtschaftlichen Verhältnisse wie des deutschen Geld- und Anleihemarktes und daneben auch ein die Entwicklung der Reichsbank selbst schädigendes Moment sehen und sie deshalb dringend widerraten.

Das letzte Jahrzehnt und insbesondere die Jahre 1904/1907 haben eine so gewaltige und fast stürmische Aufwärtsbewegung der deutschen wirtschaftlichen Verhältnisse gebracht, wie sie weder in Deutschland noch vielleicht in irgend einem anderen Lande der Welt sich jemals abgespielt hat. Diese Entwicklung hat Kapitalien verbraucht, die weit über die durch die Sparkraft des deutschen Volkes jährlich neuproduzierten Mittel hinausgingen, und hat dazu geführt, daß die deutsche Volkswirtschaft das Brot, das erst die kommenden Jahre liefern konnten, vorweg aufzehrte und der Ausdehnungsdrang aller Erwerbskreise sich über Gebühr und zum Teil selbst über die Grenze des Gesunden hinaus auf Kredit aufbaute. Ich möchte hier nur darauf hinweisen, daß man den jährlichen Zuwachs des deutschen Volksvermögens wohl auf etwa 3—4 Milliarden einschätzen darf, daß aber in den Jahren 1904/07 allein die in neuen Anleihen (durchschnittlich weit über 2,7 Milliarden) und in Bauten (durchschnittlich weit über 2 Milliarden) investierten Kapitalien — und sie umfassen doch nur einen Teil des gesamten Kapitalbedarfs; daneben stehen noch ungezählte Summen an nicht durch Anleihewerte gedeckten und nicht für Bauten verwendeten Kapitalien, für neue Privat-Hypotheken, Boden-Meliorationen, gewerbliche Investierungen pp. — diese Jahresersparnisse erheblich übersteigen. Der über den jährlichen Kapitalzuwachs weit hinausgehende Kapitalbedarf mußte seine Befriedigung suchen in einer sehr starken Ausnutzung des Kredits, in einem vorläufigen Rückgriff auf das Betriebskapital des deutschen Volkes (Depositen, bare Umlaufmittel pp.), und er hat, und von Jahr zu Jahr steigend in der Form des Wechselkredits an den Geldmarkt (im Gegensatz zum Kapitalmarkt) appelliert, ihn eingeengt und die Geldteuerung, den hohen Zinsfuß der letzten Jahre verursacht. Der Betrag der in Deutschland in Umlauf gesetzten Wechsel ist in den Jahren 1904/07 um die jede Entwicklung der Vergangenheit weit hinter sich lassende Summe von $8^1/_2$ Milliarden M (von 22,3 auf 30,8 Milliarden) gestiegen. Nur allmählich ebbt diese Erschütterung und übergroße Anspannung unseres Geldmarktes ab; sie kann nur wieder in normale Bahnen gelangen durch allgemeine Zurückhaltung neuer Kapitalanforderungen; aber wir werden Jahre nötig haben, um die durch jene stürmische Entwicklung hervorgerufene Überspannung des Kredits wieder abzubürden und die durch jenen übergroßen Kapitalbedarf in das Betriebskapital gerissenen Lücken durch die jährlichen Vermögenszuwüchse und Ersparnisse allmählich wieder auszugleichen und für einen neuen Aufstieg Kraft zu sammeln. Wir brauchen aber jetzt wie voraussichtlich noch einige Jahre die gesamten Rücklagen des Volkes zur Ausfüllung dieser Lücken und sind ohne neue Gefährdung unserer wirtschaftlichen Entwicklung und unseres Geldmarktes nach meiner Überzeugung nicht in der Lage, zur Zeit auch noch dauernde Kapitalausleihungen an das Ausland zu machen.

Dasselbe gilt für den einheimischen Anleihemarkt, und das hängt zum Teil eng mit dem vorher Gesagten zusammen. Der deutsche Anleihemarkt wird durch die heimischen Anleihebedürfnisse in diesem Jahre noch weit stärker in Anspruch genommen als selbst in den hinter uns liegenden Zeiten der Hochkonjunktur. Während an den deutschen Börsen an deutschen Papieren neu aufgelegt wurden im Jahre 1905 1809 Millionen M (nom), 1906 2158 Millionen M, 1907 1876 Mill. belaufen sich die deutschen Emissionen bereits in den ersten ¾ Jahren 1908 auf fast 2½ Milliarde (davon 1¼ Milliarde Staatsanleihen). Die starken Emissionen haben, wenigstens bei den industriellen, aber auch bei den kommunalen Anleihen zum Teil ihren Grund darin, daß die in den Zeiten der angespannten wirtschaftlichen Entwicklung und der Geldteuerung entweder zurückgestellten oder in der Form von Wechsel- und Bankkredit vorläufig befriedigten Bedürfnisse jetzt allmählich endgültig aus dem Kapitalmarkt gedeckt und in dauernde Anleihen umgewandelt werden. Diese Rückbildung aber hat erst begonnen, und auch hier wird das laufende Jahr bei weitem nicht ausreichen, um wieder normale Verhältnisse auf dem Geldmarkt zu schaffen. Die in einem höchst unglücklichen Maße steigenden Anleihebedürfnisse des Reichs und der einzelnen Staaten aber lassen ebenfalls eine entscheidende Abnahme noch nicht absehen. Das laufende Jahr hat bereits mit 1¼ Milliarde neu emittierter deutscher Staatsanleihen die Vorjahre (1905 428 Millionen, 1906 637 Millionen, 1907 551 Millionen) um das 2—3fache überflügelt, und auch für das nächste Jahr sind außerordentlich große Reichs- und Staatsanleihen zu erwarten, die ebenfalls jene Vorjahre weit zurücklassen werden. Derartige Anleihesummen vermag der deutsche Anleihemarkt trotz der starken Vermehrung des deutschen Volksvermögens und trotz der zur Zeit geminderten neuen Kapitalbedürfnisse der Industrie pp. auf die Dauer nicht zu ertragen, und trotz aller Bemühungen und Hilfen vermögen, und zwar lediglich infolge dieses Überangebots neuer Anleihen, unsere heimischen Staatswerte ihren der deutschen Volkswirtschaft wie dem Ansehen des Reichs schädigenden und verderblichen Tiefstand nicht wesentlich zu heben. Das charakteristischste Zeichen für diese Überlastung des Anleihemarktes ist die wohl noch nicht dagewesene Erscheinung, daß unsere deutschen Staatspapiere heute, wo wir seit Monaten normale Zinsverhältnisse und einen mäßigen Bankdiskont von 4% haben, und wo wir in einem Niedergang der Konjunktur stehen — 2 Momente, die ganz regelmäßig auf eine wesentliche Hebung des Kursstandes der Staatspapiere hingewirkt haben und hinwirken müssen —, erheblich niedriger stehen als in den Jahren der Hochkonjunktur und des teuren Geldes 1905/07, ja sogar nicht höher und zum Teil selbst tiefer als Ende 1907 bei einem Banksatz von 7½%!

Damals notierten die 3½% Reichsanleihen 93,60, die 3% 82,75%, heute 92,30 und 83,30. Diese übermäßige Inanspruchnahme unseres Geldmarktes durch die heimischen — staatlichen, kommunalen, industriellen pp. — Anleihebedürfnisse zwingt, und darin trete ich dem mir von Euer Hochwohlgeboren mitgeteilten Gutachten durchaus bei, gebieterisch zur Fernhaltung noch weiterer großer Ansprüche des Auslandes.

Ich weiche aber darin von diesem Gutachten ab, daß ich der Meinung bin, die starken heimischen Anleihebedürfnisse sowohl die staatlichen wie aus den oben entwickelten Gründen die der Kommunen, Banken, Aktiengesellschaften pp., werden auch noch im nächsten Jahre und vielleicht noch länger die Kräfte und Mittel unseres Anleihemarktes in annähernd gleich großem Maße und deshalb vollauf in Anspruch nehmen, so daß er auch im nächsten Jahre ohne schwere Beeinträchtigung unserer heimischen Verhältnisse voraussichtlich nicht wird in die Lage gebracht werden dürfen, eine russische Anleihe selbständig aufzunehmen, und das noch weniger, wenn dann gleichzeitig ein wieder einsetzender Aufstieg unseres Wirtschaftslebens auch hierfür neue Kapitalinvestierungen erfordern wird.

Unser Geld- und Anleihemarkt bedarf dringend noch längere Zeit ernstester Schonung und Erholung, und wenn man auch nicht wird fordern dürfen, daß alle ausländischen Anleihen ausnahmslos von unserem Markte fern gehalten werden — das verbietet schon die Rücksicht auf die Aufrechterhaltung wirtschaftlich notwendiger und erwünschter Beziehungen —, so wird doch hoher Wert darauf gelegt werden müssen, daß sich unser Geldmarkt nur in sehr maßvollen Grenzen und nur zu unserer Volkswirtschaft vorteilhaften und gewinnbringenden Bedingungen dem ausländischen Geldbedarf öffnet, daß also nur solche ausländischen Anleihen hier zugelassen werden, die eben unerläßlich sind, und bei denen wir in der Lage sind, zum Vorteil unserer heimischen Wirtschaft die Bedingungen vorzuschreiben. Insofern stimme ich auch darin dem gedachten Gutachten bei, daß die Stellung als Trabant, die wir bei der jetzigen in Aussicht stehenden Russenanleihe einnehmen würden, weder unserer Stellung entspricht, noch uns einen angemessenen politischen oder wirtschaftlichen Gegenwert bringen würde.

Die vorher dargelegten Verhältnisse unseres Kapital- und Geldmarktes lassen auch für die Reichsbank die Beteiligung an einer russischen Anleihe für jetzt und die zunächst absehbare Zukunft höchst unerwünscht erscheinen.

Die Zeiten der wirtschaftlichen An- und Überspannung haben auch an die Reichsbank außerordentlich große Ansprüche gestellt und sie und namentlich ihren Goldschatz stark geschwächt. Die letzten Jahre der starken wirtschaftlichen Aufwärtsbewegung haben — zum Teil durch die unverhältnismäßige Steigerung unserer Einfuhr (von 1903—1907 ist die Mehreinfuhr von 988 auf 1728 Millionen Mark gestiegen), zum Teil aus anderen Gründen — unsere früher stark aktive Zahlungsbilanz heruntergedrückt und für das Jahr 1907 wahrscheinlich bereits in eine passive verwandelt. Auch hieran sind die starken Emissionen ausländischer Anleihen nicht unwesentlich beteiligt. Sie haben in den Jahren 1904—1907 durchschnittlich 4—500 Millionen M betragen und wenn sie auch für die Zukunft unsere Zahlungsbilanz günstig beeinflussen mögen, haben sie doch gerade in der Zeit, wo wir die gesamte deutsche Kapitalproduktion dringend für unsere heimischen Bedürfnisse nötig hatten, in unerwünscht umfangreicher Weise deutsches Kapital und deutsches Gold ins Ausland geführt und die Zahlungsbilanz verschlechtert. Seit langen Jahren hat zum ersten Mal im Jahre 1907 die Goldausfuhr aus Deutschland die Goldeinfuhr erreicht, und dies Ergebnis wird noch dadurch wesentlich verschlechtert, daß unsere heimische Goldindustrie sehr stark und anscheinend jährlich 75—100 Millionen Mark unserer heimischen Goldbestände einschmilzt. Die Reichsbank war demgegenüber und bei den hohen Devisenkursen nicht in der Lage, ihren geschwächten Goldschatz in dem erwünschten Umfang wieder zu ergänzen, und sie ist im vorigen Jahre bis hart an die Dritteldeckung ihrer Noten geraten. Für die Erfüllung der Aufgaben der Reichsbank wie für unser gesamtes wirtschaftliches Leben muß der höchste Wert darauf gelegt werden, den Metallschatz der Bank ganz wesentlich zu heben und dauernd auf ein höheres Niveau zu bringen. Das aber ist nur möglich unter konsequenter und umsichtiger Benutzung der Verhältnisse. Die Reichsbank muß darauf sehen, gerade die Zeiten stark aktiver Zahlungsbilanz zur Goldheranziehung zu benutzen — denn nur diese mit ihren günstigen Devisenkursen bietet hierzu eine ausgiebige Möglichkeit —, um wenn irgend möglich die Wiederkehr so gefährlicher Inanspruchnahmen, wie sie die beiden letzten Jahre gebracht haben, zu verhüten. Diese Perioden aber sind bei der lebhaften wirtschaftlichen Entwicklung Deutschlands erfahrungsgemäß nicht allzu häufig und allzu lange anhaltend. Das Jahr 1908 bietet diese Gelegenheit, und die Reichsbank ist mit Erfolg bemüht, diese Gunst der Umstände zu nützen. Die Auflegung einer größeren russischen Anleihe in Deutschland würde aber, da sie deutsches Kapital und insbesondere Gold ins Ausland führen würde, diese Aktivität unserer Zahlungsbilanz schmälern und das Plus unserer Goldeinfuhr, das bisher ca. $\frac{1}{4}$ Milliarde betragen hat und voll dem Goldschatz der Reichsbank hat einverleibt werden können, sehr stark mindern und auf die Goldbestände der Reichsbank in sehr unerwünschter Weise zurückwirken, sei es alsbald, sei es mit der allmählichen Abhebung der etwa hier verbleibenden russischen Guthaben.

Wir brauchen, um das Vorhergesagte zusammenzufassen, einstweilen noch jeden Pfennig unserer heimischen Ersparnisse dringend für die heimischen Bedürfnisse. Wir brauchen eine längere Pause der Erholung für unser Wirtschaftsleben und der Schonung für unsern Geld- und Anleihemarkt zur Ausfüllung der in den Vorjahren entstandenen Lücken und zur Sammlung von Kräften zu neuem Aufstieg, und wir brauchen aktive Zahlungsbilanz und starke Goldeinfuhr zur Erhaltung normaler Zinsverhältnisse und zur Erstarkung der Reichsbank. Wir brauchen die Erstarkung auf allen diesen Gebieten aber auch, um im Auslande den — namentlich im vorigen Jahre durch gehässige Angriffe der englischen und französischen Presse stark erschütterten — Respekt vor der finanziellen und wirtschaftlichen Kraft und Gesundheit der deutschen Volkswirtschaft zurückzugewinnen und dem Auslande wieder die volle Überzeugung beizubringen, daß die wirtschaftliche und finanzielle Kraft des deutschen Volkes auch für ernste Zeiten stark, bereit und aufnahmefähig ist.

Ich halte es aber endlich auch abgesehen von alledem für wenig erwünscht, daß der ohnehin schon recht bedeutende Besitz des deutschen Kapitalisten-Publikums an russischen Werten, der wohl immer noch annähernd 3 Milliarden M betragen mag, noch durch weitere große Beträge vermehrt wird, bevor die russischen Verhältnisse politisch, wirtschaftlich und finanziell für absehbare Zeiten gesichert erscheinen.

*PA Bonn, Rußland 71 Geheim, Bd. 2.*

1 Vgl. Dok. Nr. 112, Anmerkung 2.

## 116 Bericht Nr. 290 des Handelssachverständigen beim Generalkonsulat in St. Petersburg Goebel an den Reichskanzler Fürsten von Bülow

*Ausfertigung*

St. Petersburg, 30. Oktober 1908

Aus einigen mündlichen und schriftlichen Anfragen, die an mich gelangt sind, geht hervor, daß russische Spekulanten an der Arbeit sind, in Deutschland Kapital für sibirische Goldunternehmen zu werben.

Sie berufen sich dabei auf die angeblichen Erfolge der Engländer.

Ich kann die Frage offen lassen, ob nach vielen Jahren des Lehrgeldzahlens das englische Kapital einmal einen greifbaren Erfolg seiner Arbeit in sibirischen Goldminen sehen wird, und ob einer deutschen Großbank unbedingt abzuraten sein würde, darin zu arbeiten, sicher ist, daß der kleinere Kapitalist, der in die Hände der russischen Spekulanten fällt, sein Geld rettungslos verliert.

Ich stelle deshelb gehorsamst anheim, ob es nicht angebracht ist, vor den russischen Spekulanten öffentlich zu warnen und zu erwähnen, daß die Goldunternehmungen der Engländer in Sibirien, soweit festzustellen ist, bisher nur Mißerfolge erlitten haben.[1]

*ZStAP, AA 6234, Bl. 24.*

1 Eine entsprechende von Nadolny verfaßte Notiz erschien am 11. 11. 1908 in der Frankfurter Zeitung („Goldminen in Sibirien").

## 117 Bericht Nr. 860 des Generalkonsuls in St. Petersburg Biermann an den Reichskanzler Fürsten von Bülow

*Ausfertigung*

St. Petersburg, 18. November 1908

Im Anschluß an den Bericht vom 1. April d.J. — II 245 —.

Vor einigen Tagen ist hier durch die Berliner Diskonto-Gesellschaft ein Unternehmen ins Leben gerufen worden, das sich mit der Gewinnung von Manganerzen in Tschiatury und mit ihrer Beförderung zur Transkaukasischen Bahn befassen soll. Die Konzession zu diesem Unternehmen ist bereits im November 1906 dem russischen Staatsangehörigen P. K. Naryschkin erteilt worden. — Bericht vom 14. Dezember 1906 Nr. II 448 unter Nr. 14 — jedoch war dem Gründer die Finanzierung bisher nicht gelungen.

Für den Betrieb sind mehrere Berggerechtsame bei Tschiatury, die sehr günstig gelegen sein sollen, erworben worden. Um unnötige Frachtkosten zu sparen, hat man den Bau einer Anlage in Aussicht genommen, in der das erzhaltige Gestein abgesondert werden soll. Für die Beförderung des Erzes ist der Bau einer etwa 20 km langen Hängeseilbahn von dem Werke bis zur Station Kwirili der Transkaukasischen Bahn geplant. Diese Bahn soll so eingerichtet werden, daß sie jährlich bis zu 20 Millionen Pud Erz befördern kann. Die Konzession dieser Hängeseilbahn ist jedoch nur unter der Bedingung erteilt worden, daß die Gesellschaft lediglich eigenes Erz, d.h. aus den eigenen Gruben gefördertes, angekauftes, bevorschußtes oder in Konsignation genommenes auf dieser befördert und außerdem daß sie ein Drittel dieses Erzes auf der Eisenbahn von Tschiatury nach Scharopan befördert. Wenn auch letztere Bedingung für die Gesellschaft drückend ist, so werden doch erhebliche Ersparnisse an Frachtkosten für die freien zwei Drittel gemacht werden. Die Frachtkosten für das Pud von den Gruben bis nach Poti sind mit 7,18 Kop. berechnet worden. Jetzt kostet allein die Fracht von Tschiatury nach Scharopan 7 Kop. für das Pud. Weiter ist die neue Gesellschaft dadurch im Vorteil, daß sie nur sortiertes Erz verfrachtet und daß die nicht unerheblichen Kosten für die Beförderung des Erzes von den Gruben bis zur Station Tschiatury bei ihr in der Hauptsache in Wegfall kommen.

Das Gesellschaftskapital beträgt vorläufig 3000000 Rbl. Es wird jedoch schon jetzt mit einer späteren Erhöhung gerechnet, besonders wenn dem Plane, besondere Hafenanlagen in Poti zu errichten, näher getreten werden sollte. Die Zeitungsnachrichten, wonach bei der Gründung außer der Diskonto-Gesellschaft noch die Asow-Don Bank und die russische Aktiengesellschaft Arthur Koppel beteiligt seien, ist nur insoweit zutreffend, als die Asow-Don Bank lediglich vorgeschoben und mit einem nicht nennenswerten Kapital beteiligt ist und als der Firma Arthur Koppel der Bau der Hängeseilbahn übertragen worden ist. Die Diskonto-Gesellschaft will die Aktien des neuen Unternehmens zunächst im Portofeuille behalten und später, um sie an die deutsche Börse bringen zu können, eine besondere deutsche Gesellschaft gründen.

Außer Zusammenhang mit dieser Neugründung haben die kaukasischen Manganindustriellen dem Finanzminister eine Denkschrift eingereicht, in der sie um eine Herabsetzung des Eisenbahntarifs auf der Tschiatury-Zweigbahn der transkaukasischen Bahn petitionieren. Sie begründen das Gesuch mit der ungünstigen Lage der kaukasischen Manganindustrie. Der Anteil Rußlands an der Versorgung des Weltmarkts mit Manganerz gehe immer weiter zurück und betrage nur noch 36,5% gegen früher 49,53%. Besonders gefährliche Konkurrenten seien Ost-Indien und Brasilien, wo die Erzeugungs- und Transportkosten geringer sind als in Rußland. Infolgedessen gehen die Manganerzpreise auf dem Weltmarkt immer mehr zurück und die Lage der kaukasischen Grubenbesitzer werde nachgerade kritisch. Sie verlangen daher eine Ermäßigung des bestehenden Tarifs von 7 Kop. Pud auf das Niveau des allgemeinen russischen Frachttarifs, was einen Satz von ca. 0,67 Kop. ergeben soll [. . .]

*ZStAP, AA 2088, Bl. 43f.*

## 118 Schreiben des Geschäftsinhabers von Mendelssohn & Co., Robert von Mendelssohn, an den Reichskanzler Fürsten von Bülow

*Ausfertigung*

Berlin, 7. Dezember 1908

In Ergänzung meiner Mitteilung bezüglich der Ziffer der neuen Russischen Anleihe möchte ich mir erlauben nochmals festzustellen, daß es sich bei derselben um 800 Millionen Francs effektiv für den Umtausch der Fonds handelt, die in Frankreich umlaufen und um 400 Millionen Francs effektives neues Geld.

Dieser letztere Betrag ist nach den bisherigen pourparlers zwischen den Ländern: Frankreich, England und Holland verteilt.

Käme Deutschland dazu, so könnte es sich also dabei keineswegs um mehr als 100 bis 120 Millionen Mark drehen.

Natürlich würden auch bei diesem Betrage im Interesse des deutschen Marktes die üblichen Bestimmungen wegen längeren Liegenbleibens des Geldes zu treffen sein.

Mit der Bitte um gütige Vergebung wegen der abermaligen Störung bin ich

*PA Bonn, Rußland 71 Geheim, Bd. 2.*

**119 Gehorsamste Anzeige des in das Auswärtige Amt einberufenen Gesandten in Bukarest von Kiderlen-Waechter**

[Berlin], 8. Dezember 1908

Euerer Durchlaucht beehre ich mich, beifolgend den Brief des Herrn von Mendelssohn gehorsamst zurückzureichen.[1]

Aus ihm geht hervor, daß Herr von Mendelssohn nicht abgeneigt scheint, Deutschland an dem englisch-französisch-holländischen Anleihegeschäft mit etwa 100 Millionen Mark zu beteiligen.

Meines unmaßgeblichen Erachtens müßte dies den allerschwersten Bedenken begegnen.

Eine relativ geringe Beteiligung Deutschlands an dem Geschäft würde *uns* politisch bei Rußland *nichts* nützen. Wir würden in den Augen Rußlands nicht als Helfer in der Finanznot erscheinen, sondern lediglich als die Trabanten der stärkeren Engländer und Franzosen, auf einer Stufe mit dem kleinen Holland.

Das müßte auch in unserer öffentlichen Meinung sehr ungünstig wirken.

Wir müssen eine derartige Nebenbeteiligung meines unmaßgeblichen Erachtens unbedingt ablehnen, dagegen den Russen zu verstehen geben, daß dies nicht aus Mißtrauen in die russischen Finanzen geschähe, daß wir im Gegenteil bereit seien, wenn sich später Rußland direkt an uns wende, ein ernstes Geschäft mit ihm einzugehen.

*PA Bonn, Rußland 71 Geheim, Bd. 2.*

1 Vgl. Dok. Nr. 118.

**120 Schreiben Nr. 2045 des preußischen Finanzministers von Rheinbaben an den Reichskanzler Fürsten von Bülow. Ganz Geheim!**

*Ausfertigung, eigenhändig.*

Berlin, 9. Dezember 1908

Ew. Durchlaucht beehre ich mich die mir durch Herrn Unterstaatssekretär von Löbell übermittelten Schriftstücke, betreffend die Beteiligung Deutschlands an einer englisch-französisch-holländischen Russenanleihe, beifolgend ergebenst zurückzusenden.

Ich kann mich der von Herrn von Kiderlen in der Anzeige vom 8. d.M.[1] ausgesprochenen Ansicht nur anschließen, daß einer solchen Beteiligung, da es sich dabei nur um den Betrag von etwa 100 Millionen Mark handeln könnte, schon deshalb entschieden zu widerraten ist, weil dies der Würde und der wirtschaftlichen Bedeutung Deutschlands nicht entsprechen würde.

Was die Schlußbemerkung des Herrn von Kiderlen betrifft, in der er von einer etwas später in Deutschland selbständig unterzubringenden russischen Anleihe spricht, so glaube ich vom Standpunkt meines Ressorts dringend widerraten zu sollen, Rußland gegenüber in dieser Beziehung irgendwelche Zusagen zu machen. Ich erlaube mir auf mein Schreiben vom 8. Oktober d.J. (S.J. Nr. 1642)[2] ergebenst Bezug zu nehmen, in dem ausführlich die Bedenken dargelegt sind, die einer Belastung des heimischen Geldmarktes mit einer größeren Russenanleihe für die nächste Zeit entgegenstehen. Die Ausführungen dieses Schreibens treffen auch heute noch zu. Die in neuerer Zeit wahrnehmbare Besserung der Verhältnisse auf dem heimischen Geldmarkte würde durch eine Inanspruchnahme desselben für eine größere Russenanleihe höchstwahrscheinlich wieder in Frage gestellt werden, der Nutzen dieser Besserung in Folge der günstigeren Bedingungen der Russenanleihe für die vorteilhafte Begebung der heimischen Anleihen jedenfalls verloren gehen. Eine solche Entwicklung, die auch der Präsident der Reichsbank — mit dem ich gestern nochmals Rücksprache gehalten — befürchtet, wäre um so unerwünschter, als das im nächsten Frühjahr zu befriedigende Anleihebedürfnis Preußens sowohl wie des Reichs besonders groß ist und zusammen hinter einer Milliarde Mark wohl in keinem Falle zurückbleiben wird.[x] Und da auch die Placierung einer Anleihe von solchem Umfange geraume Zeit in Anspruch nimmt, so dürfte es im dringenden finanziellen Interesse Preußens sowohl wie des Reiches liegen, den heimischen Geldmarkt für eine selbständige größere Russenanleihe mindestens bis zum Herbst nächsten Jahres verschlossen zu halten.[xx]

Den Herrn Staatssekretär des Reichsschatzamtes, Staatsminister Sydow habe ich vertraulich verständigt.

Randbemerkungen Bülows:

x Es handelt sich gar nicht um das nächste Frühjahr, sondern um einen langfristigen Wechsel.

xx Auch um den nächsten Herbst handelt es sich nicht, sondern um eine fernere Zukunft.

*PA Bonn, Rußland 71 Geheim, Bd. 2.*

1 Vgl. Dok. Nr. 119.

2 Vgl. Dok. Nr. 114.

## 121 Schreiben Nr. 10783 des Unterstaatssekretärs im Reichsamt des Innern Wermuth an den Staatssekretär des Auswärtigen Amtes von Schoen

*Ausfertigung*

Berlin, 14. Dezember 1908

Wegen der Vorschläge der großbritannischen Botschaft in St. Petersburg zur Beseitigung der Mißstände im russischen Getreide- und Holzhandel[1] ist der Königlich Preußische Herr Minister für Handel und Gewerbe mit dem Kaufmanne Siegmund Vasen, der vor einigen Monaten im Auftrage des Vereins Berliner Getreide- und Produktenhändler in Rußland war, in Verbindung getreten. Vasen hat die in Abschrift ergebenst beigefügten drei Eingaben des genannten Vereins an das russische Ministerium für Handel und Industrie, den russischen Finanzminister und den russischen Justizminister[2] überreicht und zudem sich dahin geäußert, daß die von englischer Seite angestrebte Vollstreckbarkeit der Schiedssprüche sowie die Anheftung einer Bescheinigung der russischen Börsenkomitees an die Getreidekonossemente im Interesse unserer Getreidehändler liegen würde. Im übrigen bittet er, daß der russischen Regierung gegenüber die Bekanntgabe der drei Eingaben geheim gehalten werden möchte.

Die befragten preußischen Ressorts sind der Ansicht, und ich schließe mich ihr an, daß es sich empfehlen möchte, die englischen Forderungen, im besonderen die unter Ziffer 2 und 3 des Berichts der Kaiserlichen Botschaft in St. Petersburg vom 5. Mai d.J. aufgeführten unsererseits zu unterstützen. Das erfolgreichste Mittel, Unzuträglichkeiten aus dem Wege zu gehen wird für unseren Getreideeinfuhrhandel allerdings immer darin bestehen, Vorsicht in der Auswahl der russischen Lieferanten obwalten zu lassen; an dieser Vorsicht scheint es bisher auf deutscher Seite vielfach gefehlt zu haben, indem mehr Wert auf niedrige Einkaufspreise, als auf Solidität des Verkaufshauses gelegt wurde.

Eine Mitteilung über den Verlauf der Angelegenheit würde ich seiner Zeit mit Dank erkennen.

*ZStAP, AA 6367, Bl. 54f.*
1 Vgl. Dok. Nr. 100.
2 Vgl. Dok. Nr. 86, 87 u. 88.

## 122 Schreiben des Geschäftsinhabers der Berliner Handels-Gesellschaft, Carl Fürstenberg, an den Geschäftsinhaber von Mendelssohn & Co., Robert von Mendelssohn

*Durchschlag*

[Berlin], 20. Dezember 1908

Ich habe mir gestattet, die Berechtigung unserer Ansprüche auf Revision der Konsortialquoten[1] s.Z. und auch neuerdings damit zu begründen, daß für die in den letzten Jahren von den Interessen der von Ihnen geführten Gruppe getätigten Finanzgeschäfte der Konsortialschlüssel nicht zur Anwendung gelangt sei. Die in den letzten Jahren gemachten Abschlüsse werden von Ihnen als Kontokorrentgeschäfte, für welche der Konsortialschlüssel keine Anwendung fände, bezeichnet. Ich möchte allerdings glauben, daß das gegenwärtig in der Behandlung stehende Vorschußgeschäft keinen anderen Charakter als die vorangegangenen Transaktionen hat. Es ist für mich kein fühlbarer Unterschied vorhanden, ob das Darlehn auf Wunsch der Regierung an 5 russische Banken gegeben wird und die hinterlegten Schatzwechsel jederzeit bei der Russischen Staatsbank rediskontiert werden können oder ob einigen Eisenbahngesellschaften Geld auf ein Jahr dargeliehen wird und der Herr Finanzminister sich zur eventuellen Rückzahlung verpflichtet. Jedenfalls war meine Bank bei den sogenannten Kontokorrentgeschäften mit einer sehr viel höheren Quote wie bei den Syndikatsgeschäften, die eine Emission im Gefolge hatten, beteiligt und es bestand eine erheblich veränderte Relation unseren Mitkonsorten gegenüber. Wir wollen indessen das Vergangene ruhen lassen und werden tatsächlich mit der Belassung unserer Quote zufriedengestellt sein, wenn bei allen zukünftigen russischen Geschäften, welche meine Bank von Ihrer sehr verehrten Firma angeboten erhält, und zwar gleichviel ob es sich um Emissionen oder um interne Finanzgeschäfte handelt, unsere Syndikatsquote und die Relation zu den übrigen Beteiligten unverändert bleibt.

Bei diesem Anlaß möchte ich bemerken, daß Herr Geheimrat Schoeller[2] mich wiederholt ersuchte, Entschließungen über russische Geschäfte Ihnen gegenüber nicht früher auszusprechen, als er zu einem Gedankenaustausch mit mir Gelegenheit habe, ein Wunsch, den ich unerfüllt ließ, wenngleich ich eine gewisse Berechtigung ihm zugestehen mußte. Wir beabsichtigen, diesen Standpunkt auch fernerhin beizubehalten, nur werden wir nach Lage der Dinge uns dazu verstehen müssen, als letztes Mitglied der Finanzgruppe auch an letzter Stelle zu votieren. Wir wollen und dürfen die größere Interessen vertretenden und vor uns rangierenden Firmen nicht präjudizieren.

Ich bitte mir freundlichst glauben zu wollen, daß ich mich ehrlich bemüht habe, den Frieden nicht zu stören, und ich gebe mich der Hoffnung hin, daß unser heutiger Entschluß, den ich Ihnen mitzuteilen die Ehre habe, einen sprechenden Beweis hierfür liefern wird.

*ZStAP, Berliner Handels-Gesellschaft 14080, Bl. 1f.*

1 Innerhalb des Russenkonsortiums.

2 Geschäftsinhaber der Direction der Disconto-Gesellschaft.

**123 Bericht Nr. 5700 des Konsuls in Moskau Kohlhaas an den Reichskanzler Fürsten von Bülow**

*Ausfertigung*

Moskau, 21. Dezember 1908

Die „Nowoje Wremja“ und die hiesige Zeitung „Russkoje Slowo“ bringen jeden Tag Notizen über die Tätigkeit der angeblich hier bestehenden, etwa 100 Mitglieder umfassenden und aus Tschechen, Serben, Montenegrinern und Russen zusammengesetzten Boykott-Liga, die mit gleichen Komités in St. Petersburg, Lemberg, Prag und Warschau in Verbindung stehen soll. Sie soll sogar beabsichtigen, im Januar eine Zeitschrift herauszugeben, die die Idee des Boykotts propagandieren soll. Über den Umfang des Boykotts gehen die Zeitungsnachrichten auseinander; bald soll er sich nur gegen österreichische Waren, bald aber gegen alles Deutsche richten, wobei natürlich bei der weit überwiegenden Bedeutung des reichsdeutschen Handels am hiesigen Platze in erster Linie die reichsdeutsche Ausfuhr getroffen würde. Was an diesen Zeitungsnachrichten Wahres ist, läßt sich umso schwerer ergründen, als die Tschechen, von denen offenbar die ganze Sache ausgeht, ganz kleine Leute ohne Einfluß sind. Anzunehmen ist, daß der hiesige serbische Handelsagent Jokimowitsch die Hände im Spiel hat, der zur Zeit der einzige amtliche Vertreter Serbiens in Moskau ist. Von gewisser Seite ist auch der kurze Aufenthalt, den der Gehilfe des Ministers der Auswärtigen Angelegenheiten Tscharykow vor etwa drei Wochen hier genommen hat, mit der Sache in Verbindung gebracht worden, was mir aber wenig wahrscheinlich dünkt. Vielfache Umfragen in hiesigen Geschäftskreisen — nicht nur bei deutschen, sondern auch bei russischen Firmen — haben ergeben, daß bis jetzt von einer Propaganda der Boykottliga nichts bekannt geworden ist. Die hiesigen deutschen Kaufleute stehen den Zeitungsnachrichten ungläubig gegenüber. Auch ich glaube nicht, daß hier Boden für einen solchen Boykott vorhanden ist; gleichwohl wird man die weitere Entwicklung mit Aufmerksamkeit verfolgen müssen, da Überraschungen doch nicht ausgeschlossen sind. Im Laufe dieser Woche wird hier der bekannte Tschechenführer Klofatsch erwartet, der die slawische Bewegung beleben will. Er hat in einem Interview einem Korrespondenten des „Russkoe Slowo“ gegenüber geäußert, die Tschechen erwarten von Rußland in ihrem Kampf gegen das Deutschtum die gleiche moralische Unterstützung, wie sie Deutschland den böhmischen Deutschen aus Anlaß der letzten Ereignisse in Prag gewährt habe. Da diese moralische Unterstützung meines Wissens in einem partiellen Boykott des Pilsener Biers bestand, so ist die Annahme nicht von der Hand zu weisen, daß auch Klofatsch an die Inszenierung eines Boykotts deutscher Waren denkt.

Der früher erwähnte Artikel von L] N. Tolstoj zur bosnisch-herzegowinischen Frage[1], der den Panslawisten zweifellos wenig gelegen kommt, ist hier nur vom „Golos Moskwy“ und von den „Russkija Wjedomosti“ abgedruckt worden und auch von diesen nur mit starken Kürzungen, die zum Teil durch allzu scharfe Kritik russischer Zustände begründet sein dürften.

Abschrift dieses Berichts geht der Kaiserlichen Botschaft in St. Petersburg zu.

*PA Bonn, Rußland 80, Bd. 9.*

1 O prisoedinenii Bosnii i Gercegoviny k Avstrii, in: L. N. Tolstoj, Polnoe scbranie sočinenij, Bd. 37, Moskau 1956, S. 222ff.

## 124 Aufzeichnung des Geschäftsinhabers der Berliner Handels-Gesellschaft, Carl Fürstenberg

Berlin, 22. Dezember 1908

Russische Finanzgeschäfte.

Herr Robert von Mendelssohn nahm gestern Veranlassung, mit mir wegen meines an ihn gerichteten Briefes[1] zu sprechen, und verhehlte nicht, daß er überaus empfindlich von dem Inhalt berührt worden sei. Ich gab die Versicherung, daß es sich für mich, also für die Berliner Handels-Gesellschaft, lediglich um eine präzise Regelung unseres Syndikatsverhältnisses gehandelt habe, und erbot mich gern, zur Vermeidung irgendwelcher Differenzen den Brief zurückzunehmen, sofern der materielle Inhalt seinerseits Billigung fände. Ich habe unter dieser Voraussetzung auch den Brief zurückgenommen.

Im Anschluß hieran fand heute eine weitere Besprechung hierüber mit Herrn Fischel statt, in welcher festgestellt wurde, daß für die Folge für die uns von der Syndikatsleitung zu machenden Angebote zur Teilnahme an russischen Finanzgeschäften, gleichviel, ob es sich um Emissionen, um Kreditgewährungen oder sonstige Transaktionen handle, die Quote, welche die Disconto-Gesellschaft akzeptiert hat, in der entsprechenden Reduktion auf unsere Syndikatsquote gelten würde. Wenn es nebenher den Herren Mendelssohn & Co. möglich wäre, die bisher von uns innegehabte Quote von $10\frac{3}{4}$ % zu erhöhen, so würden wir hierfür dankbar sein. Herr Fischel nahm hiervon genehmigend Kenntnis und bemerkte, daß wegen der Quote eine gleiche Behandlung, wie wir sie eventuell erfahren würden, auch dem Bankhaus S. Bleichröder zugute käme.[x]

x [Handschriftlicher Zusatz Fürstenbergs]: Telephonische Mitteilung des Herrn Fischel, wonach folgende Relation vereinbart wurde: Russ. Consorten 28 % Holland 7 % Deutschland 65 % und zwar Mendelssohn 26 % Disc. Ges. 14 % Berliner Handels-Gesellschaft und S. Bleichröder je 12 %. Etwaiger kleiner Mehrbedarf für Holland wird von deutschen Quoten gemeinsam aufgebracht.

*ZStAP, Berliner Handels-Gesellschaft 14080, Bl. 3.*

1 Vgl. Dok. Nr. 122.

**125** **Schreiben Nr. A 21301 des Staatssekretärs des Auswärtigen Amts von Schoen an den Staatssekretär des Reichsschatzamtes von Sydow. Vertraulich!**

*Ausfertigung*

Berlin, 23. Dezember 1908

Einer Meldung des Kaiserlichen Botschafters in St. Petersburg zufolge sucht der russische Finanzminister Herr Kokowzow, angesichts der Unlust der französischen Banken, vor definitiver Ordnung der Orientangelegenheiten die geplante 350 Millionen Rubelanleihe zu finanzieren, durch subalterne Organe in St. Petersburg und Berlin auf dem deutschen Markt Stimmung zu machen. Die Anleihe ist als eine $4\frac{1}{2}\%$ gedacht und soll zu einem Emissionskurs von 92 bis 94 begeben werden.

Rechtsanwalt und Notar Dr. Paul Tiktin von hier hat sich bei mir nach der Möglichkeit der Unterbringung einer solchen Anleihe bei uns erkundigt. Ich habe ihm gesagt, die Kaiserliche Regierung habe im Prinzip gegen die Auflegung einer russischen Anleihe in Deutschland nichts einzuwenden, doch sei der Zeitpunkt dafür jetzt ungünstig. Zunächst müsse unser Markt für die bevorstehenden deutschen Anleihen offen gehalten werden, auch müsse der politische Horizont etwas klarer werden.

Gleiche Mitteilung ergeht an den Herrn Finanzminister.

*ZStAP, Reichsschatzamt 2507, Bl. 192.*

**126** **Bericht Nr. 411 des Botschafters in Wien von Tschirschky und Bögendorff an den Reichskanzler Fürsten von Bülow**

*Abschrift*

Wien, 23. Dezember 1908

Im Auftrage des Freiherrn von Aehrenthal suchte mich heute der Gouverneur der Bodenkreditanstalt Herr von Taussig auf und machte mir folgende Mitteilung: die hiesige Regierung habe Bericht aus St. Petersburg erhalten, demzufolge der russische Finanzminister durch eine Mittelsperson an die dortige österreichisch-ungarische und gleichzeitig an die deutsche Botschaft herangetreten sei, um die Mitwirkung deutscher und österreichischer Finanzleute bei der zu emittierenden neuen russischen Anleihe zu erlangen. In Deutschland solle das Haus Mendelssohn und Co., hier Herr von Taussig gewonnen werden. Der Minister lasse mich fragen, ob mir etwas von dieser russischen Sondierung bekannt sei. Ich erklärte Herrn von Taussig, daß mir keinerlei bezügliche Nachricht zugekommen sei. Auch dieser hat bisher keine Mitteilung erhalten und er bezweifelte mir gegenüber die Richtigkeit oder wenigstens die Ernsthaftigkeit der ganzen Nachricht. Vielleicht habe irgendeiner von den vielen obskuren russischen Finanzagenten sich als „Mittelsperson" des Finanzministers aufgespielt und auf eigene Faust den Versuch gemacht, für Herrn Kokowzow den Berliner und den Wiener Markt zu öffnen und sich damit einen guten Vermittlerlohn zu verdienen. Übrigens war Herr von Taussig schon von sich der Ansicht, daß sowohl aus rein finanziell-technischen wie aus politischen Gründen eine Beteiligung Österreichs völlig ausgeschlossen sei. Ich habe dann noch eingehend mit dem sehr einflußreichen Finanzmann im Sinne der mir erteilten Instruktionen betreffend die von Österreich und Deutschland Rußland gegenüber zu befolgende Politik gesprochen, und Herr von Taussig stimmte meinen Ausführungen durchaus zu. Rußland meinte er, müßten wir fest entgegentreten, jede russische Anleihe ausschließlich Frankreich überlassen, damit letzteres immer gesteigertes Interèsse daran erhalte, Rußland zur Ruhe zu verweisen. Rußland sei finanziell so schwach, daß es, falls es die Anleihe in Frankreich nicht erhält, im nächsten Frühjahr seinen Verbindlichkeiten nicht werde nachkommen können.

Über Herrn von Taussig's Idee betreffend die Verhandlungen mit der Türkei habe ich an anderer Stelle berichtet.

Ich möchte bei der sehr einflußreichen Stellung des Gouverneurs der Boden-Credit-Anstalt, der auch in Kreisen, die dem Thronfolger nahestehen, persona gratissima ist, nicht unerwähnt lassen, daß er in seinen ganz vertraulichen Ausführungen mir gegenüber die Politik des Freiherrn von Aehrenthal sehr scharf kritisierte. Freiherr von Aehrenthal habe gesagt, die Annexion sei eine ausschließlich österreichisch-türkische Frage; die Annexion müsse in die Wege geleitet werden, um Schwierigkeiten und kostspieligen militärischen Aktionen vorzubeugen. Jetzt ständen 60000 Mann an der Grenze und die Annexion beschäftige schon seit Wochen ganz Europa und habe, außer Deutschland, alle europäischen Staaten gegen Österreich auf den Plan gebracht. Freiherr von Aehrenthal habe weiter gesagt, die Annexionspolitik werde das Prestige der Monarchie als Großmacht heben. Österreich müsse aber vor den türkischen Unverschämtheiten die Augen schließen und habe Rußland gegenüber in der Frage der Diskussion auf der Konferenz nachgegeben. Wenn er offen mit mir sprechen dürfe, so trage auch das Gefühl, daß Österreich lediglich der Unterstützung Deutschlands es verdanke, wenn es, wie zu hoffen, mit einem blauen Auge aus der Sackgasse herauskomme, nicht gerade dazu bei, das Selbstgefühl hier zu heben. Dankbarkeit im Privatleben sei eine schöne Sache, im Verhältnis der Völker zueinander löse aber die Dankbarkeit leider nur zu oft auch andere weniger edle Gefühle aus. Freiherr von Aehrenthal habe endlich gesagt, seine Politik habe den Zweck, der Monarchie über die inneren Streitigkeiten hinwegzuhelfen, auch hierin habe sich der Minister getäuscht, denn gerade seit der Annexion seien die inneren Wirren mit doppelter Gewalt losgebrochen. Augenblicklich sei natürlich nichts anderes zu tun, als durchzuhalten und an einen Wechsel in der Person des Ministers des Äußern sei, wie die Dinge lägen, nicht zu denken.

Ich habe die Ausführungen des Herrn von Taussig hier kurz wiedergegeben, weil sie der in fast allen hiesigen Kreisen herrschenden Stimmung Ausdruck verleihen. Herrn von Taussig wie auch den anderen Persönlichkeiten gegenüber, die mir in ähnlichem Sinne gesprochen haben, habe ich stets darauf hingewiesen, daß es leicht sei, hinterher zu kritisieren und daß es unbillig und sachlich ungerechtfertigt sei zu verlangen, daß derartige politische Aktionen innerhalb weniger Wochen „fertig" sein müßten. Es komme jetzt vor allem darauf an, ruhig Blut zu bewahren und mit Entschlossenheit und Festigkeit durchzuhalten. Ich habe, wo ich konnte, den Leuten den Rücken gestärkt.

*PA Bonn, Rußland 71 Geheim, Bd. 2.*

## 127 Bericht Nr. 8 des Botschafters in St. Petersburg Graf von Pourtalès an den Reichskanzler Fürsten von Bülow

*Ausfertigung*

St. Petersburg, 10. Januar 1909

Ich höre, daß der Abschluß der kleineren kürzlich von der Duma genehmigten russischen Anleihe (als deren Bedingungen werden genannt: Typ 4½, Emissionskurs 92 bei 3% Bankprovision) bereits erfolgt sei oder unmittelbar bevorstehe. Es machen sich in diesem Zusammenhang hier zwei in der Tendenz entgegengesetzte Einwirkungen geltend. Die eine sucht, der bekannten Taktik der Kreditkanzlei entsprechend, in Berlin rege Beteiligung, womöglich direkte Offerten hervorzurufen, um die Stimmung in Paris zu beeinflussen und die Kurstendenz anzuregen. Die andere hält die Gelegenheit für günstig, um den deutschen Besitzern russischer Rente die Abstoßung dieser Werte im jetzigen Zeitpunkt anzuraten. Dieselben müßten dann jetzt von dem Konsortium französischer und englischer Banken zu relativ hohem Kurs, den aufrechtzuerhalten ihre Aufgabe sei, übernommen werden, so daß die deutschen Kapitalisten sich dieser Werte unter günstigen Bedingungen entledigen könnten, während der ernste Wink an die russische Politik, der aus dieser Haltung herauszulesen wäre, eines nachhaltigen Eindrucks sicher sei.

Ich selbst glaube, daß unsere große Bankwelt einer amtlichen Beeinflussung nach irgend einer Richtung nicht bedarf. Wenn angesichts der Tendenz der einheimischen Zinssätze die Neigung des großen deutschen Publikums, in den Besitz russischer Rententitel zu gelangen, sich akzentuieren sollte, so würde ich dies bedauern angesichts des Kursrisikos, welches die unsichere Leitung des russischen Staates in seinen auswärtigen Beziehungen mit sich führt.

*PA Bonn, Rußland 71, Bd. 54.*

## 128 Gehorsamste Anzeige des in das Auswärtige Amt einberufenen Gesandten in Bukarest von Kiderlen-Waechter

*Ausfertigung*

[Berlin], 13. Januar 1909[1]

Aus Bankkreisen ist mir mitgeteilt worden, daß in nächster Zeit sich die hiesige Finanz an einer Reihe größerer und kleinerer russischer „Eisenbahnanleihen" beteiligen wolle. Da diese doch auch immer, wenigstens indirekt, in die russische Staatskasse fließen, wäre es vielleicht gut, davor zu warnen.

Bemerkung des Staatssekretärs des Auswärtigen Amts von Schoen
13. Januar:

Herr von Taussig[2] hat mir ebenfalls die Nachricht gebracht. Da er mit hiesigen Finanzkreisen Verbindung unterhält, habe ich nicht verhehlt, ihm zu sagen, daß wir diesen Anleihewünschen nicht sympathisch gegenübertreten können.

Bemerkung des Unterstaatssekretärs im Auswärtigen Amt Stemrich
18. Januar:

Der Herr Reichskanzler hat Herrn von Mendelssohn sein Einverständnis mit der Auflegung einer russischen Eisenbahnanleihe von 35 Millionen Rubel ausgesprochen.[3]

*PA Bonn, Rußland 71, Bd. 54.*
1 Korrigiert für 1908.
2 Direktor der Österreichischen Boden-Creditanstalt.
3 Der Staatskommissar bei der Berliner Börse, Dr. Göppert, teilte dem Minister für Handel und Gewerbe Delbrück am 15. 3. 1909 mit, daß Mendelssohn & Co. und andere Banken den Antrag gestellt haben, Anleihen dreier russischer privater Eisenbahngesellschaften im Gesamtbetrag von 61,4 Millionen Mark zum Handel an der Berliner Börse zuzulassen. (ZStAP, AA 3163.)

## 129 Schreiben Nr. II 0 3762 des Unterstaatssekretärs im Auswärtigen Amt Stemrich an den britischen Botschafter in Berlin, Sir W. W. Goschen

*Konzept*

Berlin, 30. Januar 1909

Der Unterzeichnete beehrt sich S.E. dem — tit. et nom. — im Anschluß an das diesseitige Schreiben vom 13. Juni vor. Js — II 0 2167 — mitzuteilen,[1] daß auch den inneren Ressorts ein Bericht des Kaufmanns Vasen über seine wegen der Mißstände im russischen Getreidehandel eingeleiteten Schritte, die er, wie dort bekannt, s.Z. lediglich im privaten Auftrag unternommen hat, nicht eingereicht worden ist. Wie der Ksl. Botschafter in St. Petersburg in der vorliegenden Angelegenheit berichtet hat,[2] ist die Großbritannische Botschaft dortselbst beauftragt worden, mit den gleicherweise interessierten Botschaften Schritte bei der russischen Regierung zu unternehmen, um auf eine Sanierung im russischen Getreide- und Holzhandel hinzuwirken. Insbesondere soll die Vollstreckbarkeit ausländischer Schiedssprüche in Rußland sowie die Anheftung einer Bescheinigung der russischen Börsenkomitees an die Getreidekonossemente angestrebt werden.

Da die Kaiserl. Regierung der Ansicht ist, daß die Erfüllung dieser Forderungen tatsächlich zu einer solideren Geschäftsgebarung im russischen Exporthandel in der Getreide- und Holzbranche beitragen könnte, hat der Ksl. Botschafter in St. Petersburg Weisung erhalten, sich den in dieser Hinsicht von der Großbritannischen Botschaft bei der Russischen Regierung unternommenen oder zu unternehmenden Schritten anzuschließen und sie nach Möglichkeit zu unterstützen.[3]

*ZStAP, AA 6367, Bl. 69*f.
1 Vgl. Dok. Nr. 121.
2 Vgl. Dok. Nr. 100.
3 Mit Erlaß vom 30. 1. 1909 wurde Pourtalès anheimgestellt, „sich den von der dortigen Großbritannischen Botschaft in der vorliegenden Angelegenheit etwa unternommen oder zu unternehmenden Schritten anzuschließen“. (ZStAP, AA 6367.)

**130 Bericht Nr. 54 des Botschafters in St. Petersburg Graf von Pourtalès an den Reichskanzler Fürsten von Bülow**

*Abschrift*

St. Petersburg, 6. Februar 1909

Die Ersetzung des bisherigen Handelsministers Schipow durch den in Berlin hinreichend bekannten Herrn Timiriasew wird hier allgemein darauf zurückgeführt, daß Herr Stolypin sich in der Leistungsfähigkeit des bisherigen Leiters des Handelsressorts getäuscht hatte und eine zuverlässige Arbeitskraft an seiner Stelle zu sehen wünsche. In dieser Beziehung ist jedenfalls die Wahl des Herrn Timiriasew als eine sehr glückliche zu bezeichnen.

Der neue Handelsminister hat dasselbe Ressort bereits kurze Zeit in dem Ministerium des Grafen Witte verwaltet. Er galt damals für sehr vorgeschritten liberal. Graf Witte sagte mir selbst, Herr Timiriasew habe damals an das Ende der Monarchie in Rußland geglaubt und seinen politischen Kurs dementsprechend orientiert. Inzwischen habe er jedoch sehr viel Wasser in seinen liberalen Wein gegossen. Er sei vor allem ein großer Opportunist, der sich ganz dem augenblicklichen Winde anpasse. Graf Witte, der im übrigen Herrn Timiriasew sehr lobte, bezeichnet ihn als besonders tüchtigen Departementschef; er sei aber nicht der Mann, die politische Richtung des Ministeriums, dem er gerade angehöre, zu beeinflussen. Herr Stolypin könne sicher sein, daß, falls er liberal regieren wolle, er ebenso auf die Unterstützung des Herrn Timiriasew rechnen könne, als wenn er etwa das Steuerruder weiter nach rechts stellen wolle.

Auch das Hervortreten des Herrn Timiriasew bei der Errichtung der englischen Handelskammer[1] dürfte, wie ich von verschiedenen Seiten höre und Graf Witte mir bestätigte, hauptsächlich auf den Wunsch des Genannten, sich in Erinnerung zu bringen und der jetzt herrschenden Richtung Rechnung zu tragen, zurückzuführen sein. Als ich Herrn Timiriasew vor einigen Tagen sah, hatte er offenbar das Bedürfnis, sich in dieser Beziehung mir gegenüber zu rechtfertigen. Er versicherte mich, aus eigener Initiative, sein Interesse für die Belebung der russisch-englischen Handelsbeziehungen bedeute keineswegs, daß er etwa die kommerziellen Beziehungen mit Deutschland vernachlässigt zu sehen wünsche. Im Gegenteil: es sei selbstverständlich, daß für Rußland der Handel mit Deutschland immer die erste Stelle einnehmen müsse.

Ich glaube, in diesen Äußerungen mehr als eine bloße Phrase erblicken zu sollen. Auch in hiesigen reichsdeutschen Kreisen, in denen Herr Timiriasew gut bekannt ist, wird mir bestätigt, daß wir im allgemeinen bei dem neuen Handelsminister bis zu einem gewissen Grade mit deutschfreundlichen Gesinnungen rechnen können. Hinsichtlich der englischen Konkurrenz zeigen sich die hiesigen Kaufleute sehr wenig besorgt, insbesondere glauben sie an keine Erfolge der neu begründeten englischen Handelskammer.

Außer dem Handelsministerium soll auch das Verkehrsministerium in der allernächsten Zeit neu besetzt werden. Es ist so gut wie sicher, daß der General Schaufuß in dem bisherigen Direktor der Südwestbahn, Nemetschajew, einen Nachfolger erhält. Auch dieser gehörte dem Ministerium Witte an und ist liberal, aber auch er wird mir hauptsächlich als Fachmann geschildert, dessen Ernennung ohne große politische Bedeutung ist.

Endlich wird neuerdings viel von dem angeblich bevorstehenden Rücktritt des Finanzministers Kokowtzew gesprochen, der verstimmt und amtsmüde sein soll. Als eventueller Nachfolger wird Herr Timiriasew oder der Chef der Kreditkanzlei, Herr Dawydoff, genannt. Ich habe bis jetzt jedoch keinen Anhaltspunkt dafür, daß dieser Nachricht mehr Wert beizulegen ist, als den auf dem Gebiete der Personalveränderungen fortwährend hier zirkulierenden Gerüchten. Der Rücktritt des Herrn Kokowtzew würde für uns ein Verlust sein, denn, so viel mir bekannt, war er immer ein Vertreter der Idee eines guten Verhältnisses Rußlands mit Deutschland und Österreich-Ungarn auf der Basis der monarchistischen Interessen.

*PA Bonn, Rußland 82, Nr. 2, Bd. 37.*

1 Vgl. Dok. Nr. 110.

## 131 Schreiben des Direktors der Deutschen Bank Mankiewitz an den Vortragenden Rat im preußischen Ministerium für Handel und Gewerbe Dr. Göppert

*Abschrift*

Berlin, 20. Februar 1909

Beifolgend beehre ich mich mit der Bitte um freundliche Rückgabe die soeben von unsern Freunden in Moskau, den Herren J. W. Junker u. Co.[1], erhaltene Auskunft über die Unionsbank zu überreichen.[2]

Falls Ihnen diese Mitteilungen nicht genügen sollten, stehe ich natürlich sehr gern zur Verfügung, um mich noch weiter zu informieren.

Mein persönliches Vertrauen zu den Leuten war und ist auch heute noch ein sehr geringes, ehe nicht ganz neue Leute in die Verwaltung hineinkommen, und auch dann wird man erst mal zusehen müssen. Ich kann meines Erachtens keine Berechtigung dafür sehen, daß diese Bank hier in Deutschland Depositen zu nehmen sucht.

*ZStAP, AA 703, Bl. 82.*

1 Angesehene Moskauer Privatbank.

2 Am 15. 1. 1909 fusionierten die Moskauer Internationale Handelsbank und zwei andere Banken zur Unionsbank; vgl. Dok. Nr. 103.

## 132 Bericht Nr. II 124 des Generalkonsuls in St. Petersburg Biermann an den Reichskanzler Fürsten von Bülow

*Ausfertigung*

St. Petersburg, 2. März 1909

Euerer Durchlaucht beehre ich mich in der Anlage die Übersetzung der Statuten der hiesigen Russisch-englischen Handelskammer sowie das Aufforderungsschreibens zum Beitritt gehorsamst zu überreichen.

Soweit ich das Unternehmen und seine bisherige Entwicklung zu beurteilen vermag, ist es von der hiesigen Geschäftswelt nicht mit der gleichen Begeisterung begrüßt worden, mit der es die Gründer ins Leben gerufen haben. Besonders zeigt sich dies darin, daß sich bisher nur eine verschwindend kleine Zahl von Personen und Firmen um die Mitgliedschaft beworben haben soll, so daß, wie auch einige der Begründer nicht leugnen, die Mitglieder des Vorstandes und des Komitees fast den ausschließlichen Personalstand bilden. Die Gründe für die Zurückhaltung der Geschäftswelt sind verschiedener Art. Zunächst wird der Hauptinitiator King, über den ich mich bereits in dem Bericht vom 20. November v.J. — 8090 — geäußert hatte, nicht völlig ernst genommen. Andere sprechen dem Unternehmen überhaupt einen Wert für die Entwicklung des Handels ab. Wieder andere sind zwar geneigt, beizutreten, betrachten die Sache aber nur als Reklame für ihre Firma und nehmen deshalb daran Anstoß, daß sie für die Nennung ihrer Firma in den Listen 100 Rubel Beitrag anstatt des Beitrags von 25 Rubel für eine Einzelperson zahlen sollen. Anderseits bildet der Name und die amtliche Stellung des Vorsitzenden der Kammer einen gewissen Anziehungspunkt für manche Geschäftsleute, da sie der Ansicht sind, daß Herr Timiriaseff jetzt als Handelsminister dem Unternehmen seine Unterstützung in noch höherem Maße als bisher zuteil werden lassen wird, und daß es nützlich sei, durch den Beitritt zur Kammer alte Beziehungen zu dem Minister zu befestigen und neue anzuknüpfen. Ich bin überall auf eine Unentschlossenheit und abwartende Haltung gegenüber den sich oft wiederholenden Beitrittsaufforderungen gestoßen, und glaube meine Ansicht dahin zusammenfassen zu sollen, daß das ganze Unternehmen mit der Person des Herrn Timiriaseff steht und fällt. Dieser Überzeugung dürfte auch Herr Timiriaseff selbst sein, da er sich bei der Übernahme seines neuen Amtes ausdrücklich ausbedungen haben soll, die Stellung als Vorsitzender der Kammer beibehalten zu dürfen. Aber auch in eingeweihten englischen Kreisen ist man nicht sicher, ob er jetzt als Minister die Sache etwas anders ansieht und noch lange dieses Amts walten wird. Es wird ihm wesentlich darum zu tun sein, das Unternehmen zunächst auf eigene Füße zu stellen. Ob dies gelingen wird, ist zunächst eine Geldfrage; denn obgleich die Regierung ihr lebhaftes Interesse für die von Herrn Timiriaseff vornehmlich mit dem Unternehmen verfolgten Zwecke dadurch bekundet hat, daß sie die Zahlung einer jährlichen Unterstützung von 2500 Rbl. durch den Kaiser veranlaßt hat, sind weit größere Mittel für die Ausführung des statutenmäßigen Programms erforderlich.

So hat denn auch meines Wissens die Kammer bisher eine umfangreiche wirtschaftliche Tätigkeit nicht entfaltet und mit ihren zwei Angestellten auch nicht entfalten können. Die Zeit der letzteren dürfte hauptsächlich durch die Werbung von Mitgliedern ausgefüllt werden. Neuerdings hat man sich darauf geworfen, nichtenglische, besonders deutsche Firmen zum Beitritt zu gewinnen, und zwar führt man ihnen gegenüber als Begründung an, daß die Kammer eine Bevorzugung des russisch-englischen Handels nicht bezwecke, daß vielmehr auch deutsche Firmen in gleicher Weise wie russische und englische Vorteile aus ihr ziehen könnten.

Ich hoffe, daß die Deutschen auf diesen Bauernfang, ihr Geld zur Förderung englischer Interessen herzugeben, nicht hereinfallen werden.[1]

Trotz der geringen Mittel, die zur Verfügung stehen, tritt die Kammer nach außen hin als ein wohlfundiertes Unternehmen in Erscheinung, da sie von Herrn Timiriaseff noch zur Zeit seines Amts als Vorsitzender des Verwaltungsrats der Russischen Bank für auswärtigen Handel in zwei Paraderäumen der Bank — meines Wissens kostenlos — untergebracht worden ist. Es berührt befremdend, daß gerade eine Bank, die in der Hauptsache mit deutschem Kapital arbeitet, einem Unternehmen Unterschlupf gewährt hat, das in letzter Linie dem deutschen Handel Abbruch tun muß. Allerdings wird hierin kaum ein Wandel zu schaffen sein, da die Deutsche Bank darin ebensowenig Einfluß haben dürfte, wie es ihr trotz der Geldbeschaffung anscheinend nicht gelungen ist, sich einen Einfluß im Verwaltungsrat und auf die Geschäftsführung der Bank gegenüber dem Publikum zu sichern. Es sind nicht nur Konsulatsbeamte, die wegen des mangelnden Entgegenkommens der Bank geschäftliche Beziehungen zu ihr abgebrochen oder von einem Versuche mit ihr Abstand genommen haben. Auf der anderen Seite ist zwar nicht zu verkennen, daß der Bank durch die Aufnahme der Kammer Vorteile aus den erweiterten Handelsbeziehungen mit England erwachsen können, dies kommt aber im vorliegenden Falle einer Untergrabung des deutschen Handels durch deutsches Kapital nahe.

Daß das Interesse der Engländer für Rußland und seinen Markt im letzten Jahre stark angewachsen ist, ist unverkennbar. Beim hiesigen englischen Konsulat sind die Geschäftsnummern im Jahre 1908 um 105% gegenüber 1907 und um 155% gegenüber 1904 angewachsen. Der Import englischer Güter ist in den ersten zehn Monaten der beiden letzten Jahre von 90.000.000 Rbl. auf 100.012.000 Rbl. dem Wert nach gestiegen, während sich der Wert des deutschen Imports während dieser Zeit nur von 251.840 Rbl. auf 260.100.000 Rbl. gehoben hat. Allerdings handelt es sich bei der Zunahme des englischen Imports weniger um Mehreinfuhr von Fabrikaten als von Talg, Kohle, Baumwolle und Wolle. Besonderes Interesse zeigen die Engländer für Sibirien, das von zahlreichen Engländern besucht und bereist werden soll.

Die Druckanlagen des Erlasses vom 7. Dezember v.J. sind gehorsamst wieder beigefügt.

Je ein Abdruck dieses Berichts ist der Kaiserlichen Botschaft sowie den Konsularbehörden in London und Moskau übermittelt worden.

*ZStAP, AA 16661, Bl. 176ff.*

1 Am 2. 4. 1909 berichtete Biermann — Nr. II 216 —: „Von Firmen, die sich in deutschen Händen befinden, haben bisher drei die Mitgliedschaft erworben, die hiesigen russischen Aktiengesellschaften Siemens & Halske und Gerhard & Hey sowie die Firma Frischen in Nikolajew. Ich habe bei gelegentlichen Gesprächen in deutschen Kreisen kein Hehl daraus gemacht, daß der Beitritt deutscher Firmen — auch wenn sie dem Namen nach russische Unternehmungen sind, zu einer ausgesprochenen russisch-englischen Einrichtung ein gewisses Maß von Nationalitätsbewußtsein vermissen läßt."

## 133 Schreiben Nr. 3833/09 der Handelskammer zu Berlin an die Handelspolitische Abteilung des Auswärtigen Amts

*Ausfertigung*

Berlin, 8. März 1909

Wie uns berichtet wird, besteht bei der russischen Regierung die Absicht, nach der etwa am 1. Mai d. J. bevorstehenden Schließung des zollfreien Gebietes von Wladiwostok[1] die für die Mandschurei bestimmten Waren nach dem Eingang in Wladiwostok zunächst der Verzollung auf Grund des russischen Tarifs zu unterwerfen und erst nach erfolgter Wiederausfuhr nach der Mandschurei den Zoll auf Antrag zurückzuerstatten, und zwar soll die Erledigung derartiger Anträge in St. Petersburg stattfinden.

Ein solches Verfahren würde überaus weitläufig sein, und es würde die Rückerstattung der Zollbeträge immer erst lange Zeit nach dem Übergange der Ware über die mandschurische Grenze erfolgen. Der Handel würde sich dieser Schwierigkeit zum Teil dadurch zu entziehen suchen, daß er seine Sendungen über andere Häfen, wie Dalny und Niutschwang nach der Mandschurei leitet; er würde aber gegenüber den bisher üblichen Transporten über Wladiwostok immerhin Nachteile erleiden, ebenso wie auch der russische Eisenbahn-Fiskus, dem die Transporte zum großen Teil entgehen würden.

Es dürfte demnach im Interesse beider Teile liegen, wenn mit der russischen Regierung ein Einverständnis dahin erzielt würde, daß die Durchgangswaren für die Mandschurei unter geeigneten Kontrollen ohne Zollentrichtung von Wladiwostok bis an die mandschurische Grenze geführt werden können. Für die nach dem eigentlichen China durch russisches Gebiet durchzuführenden Waren scheint eine solche Reglung bereits vorgesehen zu sein, da es in Ziffer IV des russischen Gesetzes über die Aufhebung des zollfreien Gebietes im fernen Osten, nach der in den „Nachrichten für Handel und Industrie" vom 5. Februar 1909 bekanntgegebenen Fassung, heißt:

„Alle nach China ausgeführten russischen und ausländischen Waren werden zollfrei eingelassen, wobei die Waren, die nach China ausgeführt werden, keinerlei Zollförmlichkeiten unterliegen."

Das Auswärtige Amt bitten wir, die nötigen Schritte für den Erlaß einer derartigen Bestimmung in Bezug auf die Durchfuhr nach der Mandschurei bei der russischen Regierung veranlassen zu wollen. Herz.

*ZStAP, AA 6234, Bl. 108f.*

1 Die Schließung erfolgte bereits am 14. März.

**134 Schreiben Nr. II b 2832 des Unterstaatssekretärs im preußischen Ministerium für Handel und Gewerbe Richter an den preußischen Minister der auswärtigen Angelegenheiten Fürsten von Bülow. Sofort!**

*Ausfertigung*

Berlin, 18. März 1909

Abschrift[1] nebst 3 Prospektentwürfen beehre ich mich mit dem Bemerken zu übersenden, daß die Zulassungsstelle bei der hiesigen Börse in ihrer Sitzung vom 17. d.M. beschlossen hat, die Anleihen zum Börsenhandel zuzulassen. Jedoch hat sie an die Emissionshäuser das Verlangen gestellt, im Prospekte zum Ausdruck zu bringen, daß zu der Übernahme der Garantie durch die Kaiserliche Russische Regierung die Zustimmung der Duma nicht erforderlich war. Vermutlich werden die Emissionshäuser zur Aufnahme einer solchen Bemerkung nicht geneigt sein und, wenn die Zulassungsstelle auf ihrem Verlangen beharren sollte, von der Einführung der Anleihen an der hiesigen Börse absehen.

Sollte eine Hinausschiebung der endgültigen Entscheidung erwünscht sein, so darf ich um sofortige Benachrichtigung bitten.[x]

x Randbemerkung Goebel, Berlin 20. März 1909: Von Seiten der Abteilung II wird ein besonderer Wert auf Zulassung der fraglichen Papiere an der Berliner Börse nicht gelegt; es könnte sich aber fragen, ob die Zulassung aus politischen Gründen erwünscht sein möchte. Daher zunächst bei Abteilung A mit der Bitte um eine tunlichst beschleunigte Äußerung erg. vorgelegt.
Sichtvermerk Koerner.
Randbemerkung 21. 3. Abteilung A: Politisch besteht kein Interesse an der Zulassung der Anleihen.

*ZStAP, AA 3163, Bl. 17.*

1 Schreiben des Staatskommissars bei der Berliner Börse, Dr. Göppert, an den Minister für Handel und Gewerbe, Delbrück, vom 15. 3. 1909; vgl. Dok. Nr. 128, Anmerkung 3.

**135 Schreiben Nr. II 0 1299 des Direktors der Handelspolitischen Abteilung des Auswärtigen Amtes von Koerner an den preußischen Minister für Handel und Gewerbe Delbrück. Sofort!**

*Konzept*

Berlin, den 23. März 1909

Auf das Schreiben vom 18. d.M. — II b 2832 —[1].

An der Zulassung der fraglichen Eisenbahn-Prioritäts-Anleihe an der hiesigen Börse besteht hier weder ein wirtschaftliches, noch ein politisches Interesse. Die weitere Veranlassung wird daher dem Ermessen Ew. Exzellenz überlassen.

*ZStAP, AA 3163, Bl. 25.*
1 Vgl. Dok. Nr. 134.

**136 Verbalnote Nr. 825 der russischen Botschaft in Berlin**

*Ausfertigung*

Berlin, [3.] April 1909

En se référant à la note de Son Excellence Monsieur le Comte d'Osten-Sacken en date du 8/21 Septembre 1908 Nr. 2524[1] l'Ambassade Impériale a l'honneur de porter ce qui suit à la connaissance du Département Impérial des Affaires Etrangères.

Le 22 Septembre 1908 le vapeur „Nortril" est arrivé à Stettin avec une cargaison d'orge russe. Quoique cette orge d'après les résultats d'un examen auquel elle a été soumise, ne répondait point aux marques indiquées dans le tarif B. annexé à la Convention additionnelle au Traité de Commerce entre la Russie et l'Allemagne caractérisant l'orge de malterie et devait, par conséquent, être admite au taux de 1 M 30 Pf. pour 100 kilogrammes, les autorités douanières de Stettin ont éxigé le payemant d'un droit élevé de 4 M. pour la cargaison.

Un cas semblable s'est produit avec la cargaison du vapeur „Ernest", arrivé à Stettin le 29 Octobre 1908.

Pour expliquer leur manière d'agir les autorités douanières de Stettin alléguaient une ordonnance du Ministère Royal des Finances en date du 26. Septembre 1907 selon laquelle en cas de doute, la nature de l'orge peut être définie d'après le poids de 1000 grains choisis, si le poids de ces grains dépasse 35 grammes, l'orge devait être considérée comme orge de malterie.

Il faut convenir que l'apllication de cette méthode d'expertise dépend beaucoup de l'arbitraire des douaniers; en outre la prescription ci-devant mentionnée ne se trouve pas dans la Gerstenzollordnung et n'était connue ni du Gouvernement Impérial de Russie ni même des personnes directement interessées au commerce des grains, comme par exemple des doyens des marchands de Stettin, qui n'ont appris l'existence d'une telle prescription que pendant l'examen de l'affaire concernant la cargaison de ces deux vapeurs mentionnés plus haut.

Quoique dans les deux cas précités il a été finalement démontré que l'orge doit être reconnue comme orge de fourrage, de manière que les deux incidents se sont terminés à l'avantage des importateurs, néanmoins le retard occasionné par ce malentendu a causé aux marchands des dommages considérables.

Les journaux locaux signalent en outre que l'orge importée de Russie à Hambourg est arrêtée par les autorités douanières de cette ville qui ne consentent à la laisser passer en tarif réduit qu'à condition de la soumettre à une dénaturalisation préalable.

Grâce à un tel procédé les embarcations sont obligées parfois de prolonger leur séjour dans ce port pendant tout un mois, ce qui produit une influence si défavorable sur le commerce de grains que les membres de la Bourse des grains de Hambourg ainsi que la chambre de commerce de cette ville ont l'intention, toujours au dire de ces journaux, de présenter à ce sujet une pétition à la Direction Générale des douanes.

En conséquence, l'Ambassade Impériale se voit obligée d'attirer l'attention du Gouvernement Impérial d'Allemagne que conformément aux stipulations du tarif B annexé à la Convention additionnelle au Traité de Commerce entre la Russie et l'Allemagne toute orge possédant les indices établis par l'article 3 du tarif, ainsi que l'orge pour laquelle on fournit la preuve qu'elle est impropre à être employée à la fabrication du malt ou qu'elle ne sera pas employée à la dite fabrication sera considerée comme orge „autre que l'orge de malterie" et admise au tarif réduit de 1 M 30 Pf. pour 100 kilogrammes.

Quant à la dénaturalisation la Convention n'admet ce procédé que dans des cas spécialement mentionnés.

La Gouvernement Impérial de Russie considère donc que l'application de la dénaturalisation comme mesure générale ainsi que l'introduction de toute autre méthode d'éxamen et d'autres indices pour distinguer la nature de l'orge que ceux prévus par le tarif ci dessus mentionné impliquent une infraction aux stipulations du Traité de Commerce entre les deux pays.[x]

x Randbemerkung Koerners: Vom russischen Finanzattaché von Miller überreicht. 3.4.

*ZStAP, AA 3171, Bl. 93f.*
1 Vgl. Dok. Nr. 109.

## 137 Bericht Nr. II 174 des Vizekonsuls am Generalkonsulat St. Petersburg Frey an den Reichskanzler Fürsten von Bülow

*Ausfertigung*

St. Petersburg, 8. April 1909

Auf den Erlaß vom 13. d.M. II 0 1161[1].

Durch eine am Transitverkehr über Wladiwostok interessierte Mittelsperson ist zunächst im Ministerium festgestellt worden, daß die ausländischen Waren, die über Wladiwostok nach China gehen, zur Zeit unter Zollverschluß ohne weitere Zollförmlichkeiten in das chinesische Gebiet durchgelassen werden. Bei den Erkundigungen der erwähnten Mittelsperson hat sich gezeigt, daß bereits mehrere strittige Fragen, die mit der Aufhebung des Portofranko in Zusammenhang stehen, von den Zollbehörden im fernen Osten den hiesigen Zentralstellen zur Entscheidung vorgelegt worden sind, daß es jedoch den Anschein hat, als ob letztere sowohl über diese Fragen als auch über die Frage des Transitverkehrs noch nicht völlig klar sehen. In der nächsten Zeit soll eine Konferenz zusammentreten, um über die Streitfragen zu beraten. Es ist nicht ausgeschlossen, daß auf dieser Konferenz auch die Frage des Transits aufgeworfen werden wird.

Für den Fall, daß weitere Verhandlungen meinerseits im Ministerium nötig werden, wäre es mir erwünscht, noch eine Auskunft über den Inhalt der Eingabe der Handelskammer und zwar darüber zu erhalten, weshalb sie einen Unterschied zwischen der Mandschurei und dem eigentlichen China macht und worauf diese Unterscheidung im allgemeinen und im besonderen für den vorliegenden Fall zurückgeführt wird.[2]

*ZStAP, AA 6234, Bl. 133.*

1 Mit dem Erlaß wurde die Eingabe der Handelskammer Berlin an das AA vom 8. 3. 1909 dem Generalkonsulat übermittelt; vgl. Dok. Nr. 133.

2 Mit Erlaß vom 21. 4. 1909 wurde Biermann angewiesen, darauf hinzuwirken, „daß der Transit über den fernen Osten nach China auch ferner frei bleibt und nicht unter die allgemeine Regel des Art. 138 des russischen Zollreglements fällt oder gar ganz verboten wird." Der von der Handelskammer zwischen China und der Mandschurei gemachte Unterschied scheint auf einem Mißverständnis zu beruhen, (ZStAP, AA 6234.)

## 138 Bericht Nr. 537 des Geschäftsträgers in St. Petersburg Graf von Mirbach-Harff an den Reichskanzler Fürsten von Bülow

*Ausfertigung*

St. Petersburg, 9. April 1909

Auf den Erlaß vom 30. Januar d.Js. — II 0 5152 —[1].

Die hiesige großbritannische Botschaft beabsichtigt zunächst nicht, amtliche Schritte zur Beseitigung der Mißstände im russischen Holz- und Getreidehandel zu unternehmen.

Ich darf mir daher weiteren Bericht zur Sache vorbehalten.

*ZStAP, AA 6367, Bl. 83.*

1 Vgl. Dok. Nr. 129, Anmerkung 3.

## 139 Bericht Nr. 153 des Geschäftsträgers in St. Petersburg Graf von Mirbach-Harff an den Reichskanzler Fürsten von Bülow

*Abschrift*

St. Petersburg, 10. April 1909

Der außerordentliche Erfolg der Berliner Subskription auf die russischen Eisenbahnobligationen[1] wird seitens hiesiger Blätter als ein wohlerwogenes „politisches Manöver" besprochen.

Nach Ansicht des „Slowo" will sich Deutschland für die russische Nachgiebigkeit in der Balkanfrage erkenntlich zeigen und zugleich darauf hinweisen, daß ein mit Deutschland politisch zusammengehendes Rußland nicht erst nötig habe, sich um Geld an England und Frankreich zu wenden. Diese Lehre werde auch die Engländer aufrütteln, um so mehr als sie eben erst in China, gleichfalls auf dem Gebiete der Eisenbahnpolitik, von Deutschland eine andere Lehre erhalten hätten. Das deutsche Manöver werde übrigens in Rußland nicht den gewünschten Erfolg haben, wenn man auch das angebotene Geld nehme.

In ähnlichem Sinne spricht sich auch die „Nowaja Russj" über den „favor Germaniae" aus, mit welchem sehr reale Absichten verknüpft seien. Unter der Spitzmarke „Politischer Wucher" äußert sich die „Nowoje Wremja" über den Erfolg der Berliner Subskription, der schon aus dem Grunde nicht wundernehmen könne, weil es sich um ein sehr vorteilhaftes Geschäft handele. Daß der deutsche Geldmarkt tatsächlich nicht über so große Kapitalien verfüge, wie es nach dem Fazit der Zeichnung erscheinen müßte, sei aus der Bagdadfrage mit Deutlichkeit zu Tage getreten. Jedenfalls könne man nur tief bedauern, daß die deutschen „Politikaster" außer dem rein geschäftlichen Gewinn auch noch einen unberechtigten politischen Gewinn einheimsen wollten. „Sie werden ihn aber doch nicht erhalten."

*ZStAP, Reichsschatzamt 2508, Bl. 5.*
1 Vgl. Dok. Nr. 134.

**140 Erlaß Nr. II 0 2106 des Direktors der Handelspolitischen Abteilung des Auswärtigen Amts von Koerner an den Botschafter in St. Petersburg Graf von Pourtalès**

*Konzept*

Berlin, 10. Mai 1909

Mit Bezug auf den Erlaß vom 12. September vor.Js. — II 0 3170 —[1].

Ew. pp. bitte ich um eine gefl. Mitteilung über den Stand der Angelegenheit, betr. Beseitigung der Einfuhrbeschränkung im Bezuge von ausländischen Lokomotiven für russische Eisenbahnen. Nötigenfalls bitte ich auf beschleunigte Erledigung unserer Beschwerde hinzuwirken.

*ZStAP, AA 2933, Bl. 27.*
1 Vgl. Dok. Nr. 106, Anmerkung 2.

**141 Schreiben Nr. II 5587 des Direktors im Reichsschatzamt Kühn an den Staatssekretär des Auswärtigen Amts von Schoen**

*Ausfertigung*

Berlin, 8. Juni 1909

Auf das Schreiben vom 13. April 1909 — II W 2791 —[1].

Die in der mitgeteilten Verbalnote der russischen Botschaft zum Ausdruck gelangte Annahme, daß das Verfahren der Zollbehörden in Stettin und Hamburg bei der Abfertigung von Gerste mit den im deutsch-russischen Handelsvertrage getroffenen Vereinbarungen nicht im Einklang stehe, vermag ich nicht als begründet anzuerkennen. Richtig ist, daß im Herbst 1908 zwei mit den Dampfern „Northville“ und „Ernst“ in Stettin eingegangene Sendungen Gerste, obwohl Gesamt- und Sonderhektolitergewicht die entscheidenden Grenzen nicht erreichten, von den Abfertigungsbeamten zunächst als Malzgerste angesehen wurden, weil ihre besondere Beschaffenheit zu Zweifeln Anlaß gab und namentlich ihr hohes Tausendkörnergewicht die Verwendbarkeit zur Malzbereitung als gegeben erscheinen ließ. In beiden Fällen fand die Ablassung der Ware zum niedrigeren Satze unter Verzicht auf die Unbrauchbarmachung erst statt, nachdem zugezogene Sachverständige sie für andere als Malzgerste erklärt hatten. Unter ähnlicher Begründung, wie sie sich jetzt in der russischen Note findet, waren die beiden Fälle bereits vor längerer Zeit zum Gegenstand einer Beschwerde der Vorsteher der Kaufmannschaft zu Stettin bei dem Königlichen Preußischen Herrn Finanzminister gemacht worden. Auf die Beschwerde ist indessen im Einvernehmen mit mir ablehnende Bescheidung erfolgt. Zu einer abweichenden Beurteilung habe ich auch nach wiederholter Erwägung nicht gelangen können.

Die Verfügung des genannten Herrn Ministers vom 26. September 1907 entspricht einer Anregung, die ich in dem in auszugsweiser Abschrift beifolgenden Rundschreiben vom 13. September 1907 II. 8022 gegeben hatte. Die Frage, ob die Verwendung des Tausendkörnergewichts als Hilfsmittel für die Zollbeamten in Zweifelsfällen zur Unterscheidung von Malzgerste und anderer Gerste mit den unsererseits in den Handelsverträgen übernommenen Verpflichtungen zu vereinen sei, ist in dem Rundschreiben eingehend geprüft und, wie ich annehmen möchte, einwandfrei in bejahendem Sinne beantwortet worden. In dieser Beziehung sind auch in der Besprechung, die am 18. Dezember 1907 unter Vertretern der beteiligten Stellen des Reichs und Preußens im Reichsschatzamt stattfand (diesseitiges Schreiben vom 16. Januar 1908 II. 466), von keiner Seite Bedenken geltend gemacht worden. Mehrere Kommissare haben übrigens damals die auch schon in dem Rundschreiben hervorgehobene Notwendigkeit betont, das Auszählen der Körner ohne jede Auswahl vorzunehmen. Ich lege Wert darauf, dies besonders festzustellen, da der Ausdruck „le poids de 1000 grains choisis“ und der im nächsten Absatz folgende Hinweis auf das den Zollbeamten mit Zulassung des Unterscheidungsmittels angeblich eingeräumte Ermessen darauf hinzudeuten scheinen, daß auf russischer Seite über die Art der Körnerzählung unrichtige Auffassungen verbreitet sind. Wenn die Note endlich bemängelt, daß das neue Verfahren nicht öffentlich bekannt gemacht worden sei, so ist dazu zu bemerken, daß es zunächst galt, in der Abfertigungspraxis Erfahrungen zu sammeln. Da die Erfahrungen günstig ausfielen, hätte an sich kein Bedenken dagegen bestanden, die Gerstenzollordnung alsbald entsprechend zu ergänzen. Da aber eine Änderung der Gerstenzollordnung in Erwartung des Zustandekommens des Gesetzes über die zollwidrige Verwendung von Gerste bisher hinaus geschoben wurde, stand ebensowenig etwas im Wege, die getroffene Verwaltungsmaßregel auf Grund der Vereinbarung unter den Bundesregierungen auch ohne Bundesratsbeschluß weiter in Wirksamkeit zu belassen.

In ihrem zweiten Teil geht die Verbalnote offenbar von der Annahme aus, daß in Hamburg die Ablassung von Gerste zum niedrigeren Zollsatze neuerdings allgemein von deren Denaturierung abhängig gemacht werde. Diese auf Zeitungsnachrichten gestützte Auffassung ist irrig. Allerdings hat die Zahl der Unbrauchbarmachungen in Hamburg seit Beginn des laufenden Jahres zugenommen. Es hat sich sogar, da die vorhandene Unbrauchbarmachungsanlage zur Bewältigung der Arbeit nicht ausreichte, als notwendig erwiesen, die Benutzung privater Kühlenanlagen für die Denaturierung durch besondere Verträge zu sichern. Die Zunahme ist namentlich auf die gute Beschaffenheit der 1908 geernteten russischen Gerste und darauf zurückzuführen, daß infolge der in neuerer Zeit zwischen den russischen Verkäufern und den deutschen Abnehmern getroffenen Vereinbarungen von ersteren mehr als früher darauf Bedacht genommen wird, die Ware frei von fremden Beimischungen zu liefern. Zu der Annahme, daß bei der Anordnung der Denaturierungen die durch den Handelsvertrag gezogenen Grenzen nicht innegehalten würden, liegt kein Grund vor. Ungeachtet der Zunahme der Fälle, in denen eine Denaturierung stattfand, sind auch die Mengen, die nur nach Unbrauchbarmachung zum niedrigeren Satze abgelassen wurden, noch immer sehr gering gegenüber den ohne diese Bedingung und ohne Überwachung der Versendung zu 1,30 M für 1 dz verzollten. In Hamburg wurden im laufenden Jahre zum ermäßigten Satze abgelassen:

| | ohne Unbrauchbarmachung | nach Unbrauchbarmachung |
|---|---|---|
| Januar | 302691 dz | 4653 dz |
| Februar | 265765 dz | 8996 dz |
| März | 549596 dz | 48886 dz |
| April | 563041 dz | 9712 dz |

*ZStAP, AA 3171, Bl. 139f.*

1 Mit dem Schreiben wurde die russische Verbalnote Nr. 825 vom 3. 4. 1909 übersandt, vgl. Dok. Nr. 136.

## 142 Bericht Nr. 107 des Handelssachverständigen beim Generalkonsulat in St. Petersburg Dr. Müller an den Reichskanzler Fürsten von Bülow

*Abschrift*

St. Petersburg, 10. Juni 1909

Die schon mehrfach von der hiesigen Privathandelsbank gemachten, aber resultatlos gebliebenen Versuche, sich aus ihrer immer prekärer gewordenen Lage durch die Heranziehung ausländischen Kapitals zu retten, sind jetzt unter Mitwirkung der Regierung wieder aufgenommen worden.

Vor ungefähr vier Wochen teilte der leitende Direktor der Bank Dawidoff dem in Finanzkreisen sehr bekannten Direktor Grube von der Naphtaproduktionsgesellschaft Gebr. Nobel mit, daß er an die Direktion der Disconto Gesellschaft in Berlin mit der Aufforderung herangetreten sei, seiner Bank auf Grundlage eines Kurses der Aktien von 25% (50 Rubel für die Aktie von 200 Rbl.) zu übernehmen. Er knüpfte daran die Bitte, daß die Gesellschaft Nobel das Projekt bei der ihr befreundeten Discontogesellschaft[1] — insbesondere unterhalte Herr Nobel und Herr Schöller auch persönliche freundschaftliche Beziehungen — befürworten möge.

Gleichzeitig wandte sich mit der gleichen Bitte der Direktor der Kreditkanzlei, Exzellenz Dawydoff, an Herrn Grube. Er sagte, daß die Regierung unter allen Umständen die Bank aufrechtzuerhalten wünsche und deutete an, daß daher die Discontogesellschaft, wenn sie die Bank übernähme, sich auch „etwas wünschen dürfe"; Finanzministerium und Kreditkanzlei würden die Bank nach Möglichkeit begünstigen. Er, Dawydoff, habe dies auch in einem chiffrierten Telegramm der Disconto-Gesellschaft in Aussicht gestellt.

Durch einen ihm geschäftlich nahestehenden Mittelsmann unterbreitete Herr Grube darauf vertraulich der Discontogesellschaft die Anregung von Bank und Kreditkanzlei mit den nötigen Unterlagen.

Die Discontogesellschaft hat danach die Berliner Handels-Gesellschaft und Mendelssohn & Co befragt, ob sie sich an dem Geschäfte beteiligen würden. Beide Banken haben abgelehnt mit der Begründung, daß ihnen das Geschäft eine Beteiligung nicht wert genug erscheinen ließe. Insbesondere sei es auch ausgeschlossen, den Aktionären noch 50 Rubel für ihre Aktien zu vergüten. Die Bank sei völlig kaputt; infolgedessen müßten auch bei einer Sanierung die alten Aktien völlig ausscheiden. Die neue Bank müßte ja das Risiko einer sofortigen Übernahme der fragwürdigen Aktiven und der Passiven der Bank eingehen; eine vorherige Liquidierung der laufenden Geschäfte der Bank, die Jahre in Anspruch nehmen würde, sei nach Lage der Sache ausgeschlossen.

Daraufhin hat dann vor ungefähr einer Woche auch die Discontogesellschaft trotz der zugesagten Begünstigungen durch die Regierung abgelehnt mit der Begründung, daß die Übernahme der Bank mit ihren anderweitigen russischen Geschäften kollidieren würde.

Wie ich erfahre, ist man jetzt von hier aus an die Nationalbank[2] wegen der Sanierung, d.h. Übernahme der Bank, herangetreten. Bekanntlich schwebten schon früher derartige Verhandlungen zwischen beiden Banken.

In den nächsten Tagen dürften der Direktor der russischen Kreditkanzlei und der Direktor Wittenberg von der Nationalbank in Wiesbaden über die von der Regierung zu leistenden Privilegien usw. konferieren. Da die Nationalbank große Anstrengungen macht, in das russische Anleihegeschäft hineinzukommen, würde sie, wenn ihr letzteres zugesagt würde, voraussichtlich dem Projekt gern näher treten.

Ich werde über den Fortgang der Angelegenheit wie auch insbesondere über die derzeitige Verfassung der Petersburger Privathandelsbank mehr zu erfahren suchen und eventuell weiter berichten.

Der bis gestern hier anwesende Geschäftsinhaber Urbig von der Discontogesellschaft sprach sich sehr abfällig über das Geschäft aus.[3]

*ZStAP, AA 2071, Bl. 135.*

1 Über die Beziehungen Nobel — Disconto-Gesellschaft vgl. Lemke, Finanztransaktionen, S. 155ff.

2 Nationalbank für Deutschland.

3 Die Privathandelsbank wurde mit Hilfe französischer Kapitalien saniert; René Girault, Emprunts russes et investissements français en Russie 1887—1914, Paris 1973, S. 503ff.

## 143 Schreiben Nr. C. 1659 III des Zentralverbandes deutscher Industrieller an das Reichsamt des Innern

*Abschrift*

Berlin, 15. Juni 1909

Aus dem Kreise unserer Mitglieder wird uns mitgeteilt, daß in Rußland von einer Gruppe russischer Waggonfabriken der Antrag an die russische Regierung gestellt worden ist, den Zoll auf Trambahnwagen ohne Motoren von Rubel 510,— für ein Stück auf Rubel 697,50 für eine Achse, d.h., auf den Zollsatz für Eisenbahnwagen I. Klasse zu erhöhen.

Durch eine solche Maßnahme würde jede Ausfuhr von solchen Wagen aus Deutschland nach Rußland unmöglich gemacht werden.

Wir gestatten uns daher, an Euere Exzellenz die gehorsamste Bitte zu richten, geeignete Schritte unternehmen zu wollen, um einer solchen Zollerhöhung entgegenzuwirken.

Ein Widerspruch gegen den Antrag der russischen Waggonfabriken läßt sich auch vom russischen Standpunkte aus sehr wohl begründen, wie aus den folgenden Darlegungen hervorgeht.

Die Einfuhr von Straßenbahnwagen nach Rußland besaß noch vor wenigen Jahren großen Umfang, weil solche Wagen in Rußland nicht gebaut wurden. Es stellte deshalb nur eine Belastung der russischen Käufer dar, denn diese waren gezwungen, die Wagen im Ausland zu kaufen und mußten den Zoll tragen. Neuerdings haben sich nun einige russische Fabriken auf den Bau von Straßenbahnwagen eingerichtet, und diese sind schon bei den bestehenden Zöllen sehr wohl in der Lage, mit unseren Werken zu konkurrieren, so daß deutsche Werke Aufträge nur noch erhalten, wenn die russischen Fabriken ihre Forderungen allzusehr überspannen.

Der beste Beweis für die Leistungsfähigkeit der russischen Waggonfabriken ist, daß sie unsere Werke im internationalen Wettbewerb, z.B. in Italien, unterboten und die Aufträge erhalten haben. Es handelte sich dabei allerdings um Vollbahnwagen, aber trotzdem kann aus diesen Vorgängen geschlossen werden, daß die Selbstkosten der russischen Fabriken von den unsrigen nicht allzusehr verschieden sein können.

Unter diesen Umständen ist es klar, was die russischen Wagenbauanstalten mit ihrem Antrag bezwecken; sie wollen, geschützt durch ganz unverhältnismäßig hohe Zölle, die Preise für Straßenbahnwagen in die Höhe treiben und die Käufer zwingen, ihnen diese ungerechtfertigt hohen Preise zu bezahlen. Da die Zahl der Fabriken, welche Straßenbahnwagen bauen, in Rußland noch eine beschränkte ist, so würde eine Vereinbarung unter diesen leicht zu erzielen sein, und dann müßten die russischen Käufer von Straßenbahnwagen — das sind in der Regel Stadtverwaltungen — zahlen, was die vereinigten Fabriken für gut befinden.

Bisher war es den Stadtverwaltungen bei allzu überspannten Forderungen der Fabriken immer noch möglich, die Wagen im Ausland zu kaufen, und deshalb bekamen deutsche Werke auch noch hier und da kleinere Aufträge, wodurch die Käufer den russischen Fabriken dartaten, daß sie nicht völlig schutzlos deren übertriebenen Forderungen preisgegeben waren. Diesen Ausweg wollen nun die Fabriken durch die beantragte unsinnige Zollerhöhung versperren.

Außer diesem angeführten Falle, allzustarker Überforderungen der russischen Fabriken, kommt es auch noch vor, daß russische Aufträge an unsere Werke gelangen, wenn es sich um Sonderkonstruktionen handelt, welche den russischen Firmen nicht bekannt sind. Auch in diesem Falle wäre der russische Käufer der Leidtragende, da er die betreffenden Waren nicht im Inland bekommt, sie also im Ausland bestellen und den Zoll tragen muß. Auch hier würde die Erhöhung zum eigenen Nachteil der russischen Volkswirtschaft wirken.

Das Direktorium. Das geschäftsführende Mitglied i. V. gez. Dr. Bartels

*ZStAP, AA 6288, Bl. 57f.*

## 144 Telegramm Nr. 48 Wilhelms II. an den Reichskanzler Fürsten von Bülow

Hamburg, 20. Juni 1909

Berliner und Hamburger Bankkreise halten nach dem so warmen Toast des Kaisers von Rußland[1] den Augenblick für günstig, den Russen eine Anleihe bis zur Höhe einer halben Milliarde zu gewähren. Das Geld ist reichlich vorhanden, und schlägt Herr Fürstenberg vor, die Anleihe von 5 zu 5 Jahren für das deutsche Bankkonsortium kündbar zu machen, so daß die Kündigungsmöglichkeit wie eine Art Damoklesschwert zu benutzen ist. Die Franzosen haben, wie Dawidow[2], der russische Finanzkanzler jüngst in Berlin mitgeteilt hat, so wucherische Bedingungen gestellt, daß die französische Hilfe zurückgewiesen wurde. Dementsprechend muß Wert darauf gelegt werden, daß unsere Banken ihre Forderungen in mäßigen Grenzen halten, damit es gebührend zutage tritt, daß die ganze Transaktion ein Ausdruck der Freundschaft der deutschen Regierung ist.

*PA Bonn, Rußland 71 Geheim, Bd. 2.*

1 Bei der Zusammenkunft mit Wilhelm II. in den finnischen Schären.

2 L. F. Davydov, Direktor der Besonderen Kanzlei für Kreditangelegenheiten des russischen Finanzministeriums.

## 145 Schreiben Nr. 7552 des Leiters des II. Departements des russischen Außenministeriums Argyropoulos an den Botschafter in St. Petersburg Graf von Pourtalès

*Abschrift*

St. Petersburg, 21. Juni 1909

Par note en date du 15/28 Septembre 1908 sub Nr. 3910 l'Ambassade Impériale d'Allemagne a bien voulu informer le Ministère Impérial des Affaires Etrangères que le Gouvernement Allemand trouve la prescription de l'Administration russe imposant aux compagnies de chemin de fer de l'Empire l'obligation de n'employer que du matériel fabriqué dans les usines russes comme étant contraire aux stipulations de l'art 5 du traité de commerce russo-allemand du 29 Janvier/10 Février 1894, autant que cette prescription concerne les compagnies privées.[1]

J'ai l'honneur d'informer aujourd'hui Votre Excellence que le Gouvernement Impérial est de l'avis que l'art. 5 du traité de 1894 ne saurait se référer à la mesure dont il s'agit dans la note de l'Ambassade sub Nr. 3910. Suivant l'article en question, les Parties contractantes s'engagent à n'empêcher le commerce réciproque entre les deux pays paraucune prohibition d'importation ou d'exportation. Cet article ne prévoit donc que l'éventualité d'une interdiction directe d'importation ou d'exportation de marchandises des deux parts. Aucune mesure de ce genre n'a été prise cependant par les autorités Impériales.

La recommendation concernant les commandes du matériel par les compagnies privées de chemin de fer russes est une mesure d'ordre général et n'est pas dirigée contre l'importation des produits de l'industrie de l'Allemagne. Cette mesure ne peut par conséquent se trouver en aucune contradiction avec les stipulations de l'art. 5 ainsi que des autres articles du traité de commerce russo-allemand.

*ZStAP, AA 2933, Bl. 32f.*
1 Vgl. Dok. Nr. 140.

## 146 Telegramm Nr. 49 Wilhelms II. an den Reichskanzler Fürsten von Bülow

Hamburg, 21. Juni 1909

Im Anschluß an mein gestriges Telegramm[1] betreffend Russenanleihe bemerke ich noch, daß die Angelegenheit aus naheliegenden Gründen besser erst nach Erledigung der Finanzreform in die Wège geleitet wird.[2]

*PA Bonn, Rußland 71 Geheim, Bd. 2.*
1 Vgl. Dok. Nr. 144.
2 Vgl. GP, Bd. 26/2, Nr. 9554 u. 9555.

## 147 Telegramm Nr. 78 des Reichskanzlers Fürsten von Bülow an Wilhelm II.

Berlin, 21. Juni 1909

E.M. gnädiges Telegramm[1] habe ich mit ehrfurchtsvollem und herzlichem Dank erhalten.

Der Gedanke, den Russen, wenn sie uns gegenüber eine verständigere politische Haltung einnehmen, unseren Anleihemarkt wieder zu eröffnen, ist an und für sich sehr erwägenswert. E.M. haben aber gewiß recht mit dem Befehl, diesem Gedanken erst nach Erledigung der Reichsfinanzreform praktisch näher zu treten. Es kommt hinzu, daß es sich auch empfehlen dürfte, den Verlauf der russischen Besuche von Cowes und Brest[2] abzuwarten. Vielleicht erscheint es doch ratsam, den Russen erst dann zu Hilfe zu kommen, wenn das französische Geld von ihnen völlig abgegrast ist, was heute bestimmt noch nicht der Fall.

*PA Bonn, Rußland 71 Geheim, Bd. 2.*
1 Vgl. Dok. Nr. 144 u. 146.
2 Bevorstehender Besuch des Zaren in Cherbourg (31. Juli) und Cowes (2. August).

## 148 Telegramm Nr. 53 Wilhelms II. an den Reichskanzler Fürsten von Bülow

22. Juni 1909

Euerer Durchlaucht Vorschlag, bis nach Cowes und Brest zu warten, dürfte kaum praktische Bedeutung haben. Bis die Russen Frankreich „abgegrast“ haben, ist ein vager Begriff, der Jahrzehnte oder -hunderte umfaßt. Augenblicklich haben sie von Frankreich so harte und verletzende Bedingungen auferlegt erhalten, daß Davidov Frankreichs Hilfe abgelehnt hat. Habe gestern Fürstenberg[1] gesprochen, auch Schinkel[2] verhören lassen. Alle sind ohne Ausnahme der Ansicht, daß man einen guten Moment für eine Operation vor sich habe. Die Herren haben auch darauf hingewiesèn, daß es die Ansicht der deutschen Finanzwelt sei, welche schließlich einer offiziellen Erlaubnis zu einer solchen Transaktion nicht bedürfe, sondern nur aus Loyalität für meine Regierung sich an mich gewandt habe. Sie könne, wenn sie wolle, die Sache auch ungefragt allein machen. Natürlich darf nicht das Geringste von dieser Absicht verlautbart oder gar mit Pressevertretern besprochen werden, sondern absolut sekret bleiben.[x]

x Randbemerkung Schoens 22. 6.: Daß unsere Bankmänner eine russische Anleihe zu übernehmen wünschen, ist verständlich wegen des enormen Verdienstes, den sie dabei machen. Die Anleihe von 1902 hat Rußland zum Bau strategischer Bahnen gegen uns benutzt. Vermutlich würde die halbe Milliarde auch keinen anderen Weg gehen. Fünfjährige Kündigungsfrist würde das kaum verhindern.
Je mehr Frankreich sich mit russischen Werten vollsaugt, desto größer die Friedensbürgschaft. Je wucherischer die französischen Bedingungen, desto besser für uns. In England bekommt Rußland trotz aller Entente kein Geld. Wir sollten ihm solches nur gegen positive politische Gegenleistungen geben, nicht für ein paar freundliche Worte [. . .].

*PA Bonn, Rußland 71 Geheim, Bd. 2.*

1 Carl Fürstenberg, Geschäftsinhaber der Berliner-Handelsgesellschaft; vgl. zu dessen Haltung: ders., Die Lebensgeschichte eines deutschen Bankiers, Berlin 1931, S. 481f.

2 Max Schinckel, Hamburger Bankier.

## 149 Bericht Nr. 2524 des Botschafters in St. Petersburg Graf von Pourtalès an den Reichskanzler Fürsten von Bülow

*Ausfertigung*

St. Petersburg, 22. Juni 1909

Auf die Erlasse vom 31. v.M. Nr. II.0.2478[1] und vom 6. d.M. Nr. II 0 2567.

Die nach Empfang des Erlasses No II 2478 vom 31. v.M. bei den hier in Betracht kommenden Botschaften und Gesandtschaften eingezogenen Erkundigungen haben ergeben, daß einzig und allein der amerikanischen Botschaft Gesuche um Erwirkung zollfreier Zulassung von kurz nach Schließung des Freihafens von Wladiwostok eingetroffenen Waren zugegangen sind. Der damalige amerikanische Geschäftsträger hat denn auch in dieser Angelegenheit mündlich bei der russischen Regierung Vorstellung erhoben, mußte aber davon absehen, dieselben schriftlich fixiert zu erneuern, da seine Regierung den Standpunkt vertrat, daß die Schließung des Freihafens vollkommen zu Recht erfolgt und die Gesuche, weil unbegründet, von der Botschaft nicht unterstützt werden sollten.

Meines gehorsamsten Dafürhaltens dürfte, nachdem anscheinend kein anderer Staat eine gleichartige Bitte gestellt hat, die Erneuerung des bereits einmal abschlägig beschiedenen Gesuchs für zollfreie Einfuhr der Adler'schen Warensendung keine Aussicht auf Erfolg haben. Ich glaube einer Erneuerung des Gesuches um so weniger das Wort reden zu sollen, als mir im hiesigen Ministerium der auswärtigen Angelegenheiten versichert wurde, daß seitens des Finanzministeriums der Termin für Schließung des Freihafens *absichtlich* so früh angesetzt worden ist, um das rechtzeitige Eintreffen von etwa 40 Dampfern, die nach Wladiwostok unterwegs waren, zu verhindern und auf diese Weise einer Anstapelung fremder unverzollter Waren in Wladiwostok vorzubeugen.

*ZStAP, AA 6235, Bl. 23.*

1 In dem Erlaß wurde Pourtalès aufgefordert festzustellen, ob andere Staaten gegen die Ablehnung der zollfreien Zulassung von kurz nach Schließung des Freihafens Vladivostok eingetroffen Waren Vorstellungen erhoben haben. In diesem Falle sollte er sich diesen Vorstellungen im Interesse der Firma Adler anschließen. (ZStAP, AA 6234.)

## 150 Telegramm des Reichskanzlers Fürsten von Bülow an Wilhelm II.

*Konzept*

Berlin, 23. Juni 1909

Euere Majestät bitte ich meinen ehrfurchtsvollen Dank für die Telegramme entgegenzunehmen, die Euere Majestät über die Frage einer russischen Anleihe mir zugehen zu lassen die Gnade hatten. Gewiß haben Euere Majestät Recht, daß mein Vorschlag eine zunächst dilatorische Behandlung der Angelegenheit bedeute. Ich möchte indessen glauben, daß dieses Verfahren nach Lage der Dinge in unserem Interesse geboten ist.

Rußland hat die letzte im Jahre 1902 in Deutschland aufgenommene Anleihe dazu benutzt, um strategische Bahnen in Polen gegen uns zu bauen. Es erscheint mir ungeachtet der freundlichen Gesinnungen des Zaren durchaus nicht ausgeschlossen, daß die jetzt in Rede stehende halbe Milliarde eine ähnliche Verwendung findet. Dies würde auch durch die vorgeschlagene Kündigungsfrist schwerlich verhindert werden.

In der Geldbeschaffung für Rußland sollten wir meines alleruntertänigsten Erachtens so lange als irgend angängig Frankreich den Vortritt lassen. Es liegt darin eine Friedensbürgschaft. Je mehr sich Frankreich mit russischen Werten vollsaugt, um so abgeneigter wird es sein, den Weltfrieden zu stören, und je schwerere Bedingungen es bei den Anleihen stellt, um so eher wird Aussicht sein, daß Rußland von seinem Aliierten abrückt und anderswo Anlehnung sucht. Wir haben keinen Grund, diesen Entwicklungsgang zu stören. Auch England ist trotz Entente nicht geneigt, Rußland finanziell zu helfen. Ich möchte meinen, daß wir uns nur dann zu Anleihegeschäften bereit erklären sollten, wenn Rußland darum bittet und uns dagegen positive politische Gegenleistungen zusichert.

[Im Konzept gestrichener Schlußabsatz:] Unsere Bankmänner haben bei der Anleihe von 1902 einen Nutzen von mehr als 12 Millionen Mark erzielt. Es ist daher verständlich, daß sie Anleihegeschäften mit Rußland geneigt sind. Im Hinblick auf die vorher angeführten Gründe glaube ich, Ew. K.U.K.M. bitten zu dürfen, diesen Wünschen und Ausführungen kein entscheidendes Gewicht beilegen zu wollen.

*PA Bonn, Rußland 71 Geheim, Bd. 2.*

## 151 Aufzeichnungen des Vortragenden Rats in der Politischen Abteilung des Auswärtigen Amts von Stumm

[Berlin, um 27. August 1909]

Gesichtspunkte für die Beurteilung der Frage der Beteiligung deutschen Kapitals an russischen Eisenbahnanleihen:

1. Die angeblichen Anleihen für russische Privatbahnen sind tatsächlich versteckte russische Staatsanleihen, denn ihre Verzinsung wird vom russischen Staat garantiert.

2. Der Erlös wird u.a. zum Bau gegen uns gerichteter strategischer Bahnen Verwendung finden, denn um solche Bahnen handelt es sich tatsächlich nach einer Notiz der „Freien Presse“ vom 26. d.M.

3. Auch wenn dies nicht der Fall sein sollte, haben wir kein Interesse daran, einem Staat über seine finanziellen Schwierigkeiten fortzuhelfen, der eine so unfreundliche Stellung einnimmt wie Rußland.

4. Es liegt im politischen Interesse, daß die russischen Anleihen möglichst nach Frankreich gehen und dort das Friedensbedürfnis möglichst verstärken.

5. Unerwünscht wäre die Plazierung russischer Anleihen in England. Bis jetzt war dort dazu keine Neigung vorhanden. Es ist aber anzunehmen, daß von russischer, wie englischer Seite daran gearbeitet wird, die Entente durch Schaffung finanzieller Beziehungen in weiteren Kreisen populär zu machen. Die Versuche, die englisch-russischen Handelsbeziehungen zu heben, haben bisher geringen Erfolg gehabt. Ebensowenig hat sich englisches Kapital zur Beteiligung an russischen Banken bereit finden lassen. Es ist daher sehr fraglich, ob dies bezüglich der russischen Eisenbahnanleihen der Fall sein würde, immerhin ist es aber denkbar.

6. Es dürfte sich empfehlen, Herrn Fischel zu sagen, daß nachdem erst im Winter 100 Millionen in russische Eisenbahnanleihen gewandert sind, es durchaus unerwünscht sei, daß dasselbe sich jetzt schon wiederhole. Es sei besser, daß das deutsche Kapital sich für eine große russische Staatsanleihe reserviere, wenn einmal die Gewährung einer solchen an Rußland politisch sich fruktifizieren lasse. Es würde vielleicht politisch von Nutzen sein, wenn Herr Fischel seinen Freunden in Petersburg sagte, daß deutsches Kapital nicht mehr für Rußland zu haben sei, solange die feindliche Stimmung gegen uns, besonders in der Presse, andauere. Wir hätten kein Interesse daran, ein Land finanziell zu unterstützen, das anscheinend im Begriffe stehe, sich dauernd einer gegen uns gerichteten Mächtegruppierung anzuschließen. Es könnte Herrn Fischel angedeutet werden, daß der diesseitige Standpunkt nur dann würde verlassen werden können, wenn der Nachweis erbracht würde, daß anderenfalls englisches Kapital in Rußland Eingang finden würde. — Ebenso wäre er darauf hinzuweisen, daß nach den hier vorliegenden Nachrichten der russische Finanzminister nicht daran denke, ausländische Anleihen aufzunehmen, daß ihn aber die ausländischen Banken ihr Geld geradezu aufdrängten.

*PA Bonn, Rußland 71. Bd. 54.*

## 152 Erlaß Nr. 1653 des Unterstaatssekretärs im Auswärtigen Amt Stemrich an die Botschaft in London

*Konzept*

Berlin, 28. August 1909

Der K. Botschafter in St. Petersburg berichtet[1]:

Von einer dem Chef der Kredit-Kanzlei des hiesigen Finanzministeriums[2] nahestehenden Seite höre ich, daß infolge der auf allen europäischen Märkten gegenwärtig herrschenden Geldflüssigkeit mehrere hervorragende französische, englische und deutsche Bankhäuser im Laufe der letzten Monate und besonders in der letzten Zeit mit Anerbietungen wegen größeren Anleihen an die hiesige Regierung herangetreten sind. Es wurde dabei geltend gemacht, daß die augenblickliche Lage des Geldmarktes die Gewährung besonders günstiger Bedingungen ermögliche.

Herr Kokowzow verhält sich meinem Gewährsmann zufolge allen diesen Anerbietungen gegenüber durchaus ablehnend. Er erklärt auf das Bestimmteste, daß Rußland auf keinen Fall in diesem Jahre eine größere Auslandsanleihe aufnehmen werde.

Dem Finanzminister schwebt als Ziel vor, während der nächsten fünf Jahre tunlichst nur durch größte Sparsamkeit auf allen Gebieten den russischen Finanzen aufzuhelfen. Pourtalès.

Nach hier vorliegenden anderweitigen Nachrichten wird russischerseits die Aufnahme von Anleihen für russische Privatbahnen mit staatlicher Zinsgarantie im Auslande geplant.

Ich bitte, über alle Anzeichen umgehend zu berichten, die darauf hindeuten, daß die Beteiligung der englischen Finanz an russischen Staats-, Eisenbahnen- oder Kommunalanleihen oder auch an Bankunternehmungen bevorsteht.

*PA Bonn, Rußland 71, Bd. 54.*

1 Bericht Nr. 305 vom 28. 3. 1909.

2 L. F. Davydov.

## 153 Telegramm Nr. 143 des Unterstaatssekretärs im Auswärtigen Amt Stemrich an die Botschaft in London

*Konzept*

Berlin, 30. August 1909

Unter Bezugnahme auf Erlaß Nr. 1653 v. 28. d.M.[1]

Bitte über die hiesigen Finanzkreisen zufolge neuerdings hervorgetretene Tendenz der englischen Finanz und des englischen Publikums, die bisherige Reserve russischen Anleihewerten gegenüber aufzugeben, Erkundigungen einzuziehen und telegraphisch zu berichten. Englische Banken sollen sich um die Anleihen für russische Privatbanken bewerben, das Haus Rothschild der Beteiligung an russischen Finanzoperationen nicht mehr grundsätzlich ablehnend gegenüberstehen.

*PA Bonn, Rußland 71, Bd. 54.*

1 Vgl. Dok. Nr. 152.

**154** **Telegramm Nr. 131 des Unterstaatssekretärs im Auswärtigen Amt Stemrich an die Botschaft in St. Petersburg**

*Konzept*

Berlin, 30. August 1909

Auf Bericht Nr. 305 v. 23. d.M.[1]

Erstreckt sich angebliches Widerstreben Finanzministers gegen Auslandsanleihen auch auf Anleihen für russische Privatbahnen? Hiesige Finanzkreise behaupten, daß solche beabsichtigt sind und daß sich englische Banken stark darum bewerben. Bitte hierüber sowie über sonstige Anzeichen, daß die englische Finanz im Begriff steht, ihre bisherige Reserve gegenüber russischen Anleiheoperationen aufzugeben, Erkundigungen einzuziehen und telegraphisch zu berichten.

*PA Bonn, Rußland 71, Bd. 54.*

1 Vgl. Dok. Nr. 152.

**155** **Telegramm Nr. 232 des Botschafters in St. Petersburg Graf von Pourtalès an das Auswärtige Amt**

St. Petersburg, 1. September 1909

Antwort auf Telegramm 131[1].

Es haben allerdings Verhandlungen nicht nur mit englischen, sondern auch Pariser und Berliner Banken wegen Anleihen für *neue* russische Privat-Eisenbahngesellschaften stattgefunden, ohne daß vorläufig Abschlüsse erfolgt sind. Die alten Gesellschaften sind hinreichend mit liquiden Mitteln versorgt und beabsichtigen keine Ausgabe von neuen Obligationen.

Hiesige Regierung wird es den Privat-Eisenbahngesellschaften gegebenenfalls vermutlich überlassen, wo sie am billigsten Geld finden, welches wie schon berichtet, in London, Paris und Berlin jetzt leicht zu haben ist.

Auf das bestimmteste wird mir auch aus Bankkreisen wiederholt, daß Rußland jetzt große Auslandsanleihe selbst unter günstigen Bedingungen keinesfalls aufnehmen wird.

*PA Bonn, Rußland 71, Bd. 54.*

1 Vgl. Dok. Nr. 154.

**156 Telegramm Nr. 4 des Unterstaatssekretärs im Auswärtigen Amt Stemrich an den Reichskanzler von Bethmann Hollweg**

Berlin, 3. September 1909

Generalkonsulat St. Petersburg telegraphiert:

„Zeitungsnachrichten betreffend Übernahme der Nordbahn durch englisches Kapital in unterrichteten Kreisen durchweg stark bezweifelt. Man glaubt auch, daß Kokowzow dem Projekt in jetziger Gestalt Genehmigung niemals geben würde.

Für Finanzierung südsibirischen Bahnprojekts sollen englische Anerbietungen vorliegen, doch ist russische Regierung aus politischen Gründen abgeneigt, dafür englisches Geld zuzulassen. Wie ich vertraulich höre, bewirbt sich hiesige Internationale Bank ebenfalls um das Projekt."

Angesichts dieser Nachrichten, muß ich befürchten, daß die Nichtbeteiligung unserer Finanz an den russischen Eisenbahnanleihen im gegenwärtigen Augenblick die Entschließungen der russischen Regierung doch im Sinne einer größeren finanziellen Anlehnung an England beeinflussen könnte.

Ich möchte daher vorschlagen, Herrn Fischel zu sagen, daß wir im Hinblick auf die seinerseits bereits erfolgte Fühlungnahme mit St. Petersburg gegen die Emittierung einer Anleihe bis zum Höchstbetrag von 25 Millionen Rubel, eine von ihm selbst als zulässig bezeichnete Beschränkung der eigentlich beabsichtigten 50 Millionen Anleihe, keine Einwendungen erheben wollten, dabei aber die ausdrückliche Bedingung stellten, daß die Firma Mendelssohn in Zukunft sich unseres Einverständnisses versichere, *bevor* sie sich auf irgendwelche Pourparlers wegen russischer Anleihen einlasse.[x]

x Randbemerkung Bethmann Hollwegs: Einverstanden.

*PA, Bonn Rußland 71, Bd. 54.*

**157 Aufzeichnung des Unterstaatssekretärs im Auswärtigen Amt Stemrich**

*Ausfertigung, eigenhändig*

[Berlin], 4. September 1909

Ich habe Herrn Fischel heute eröffnet:

Der Gedanke, Rußland weitere Anleihen zu gewähren, sei uns höchst antipathisch und wir würden es mit Freude begrüßen, wenn von dem jetzt beabsichtigten Anleihegeschäft gänzlich Abstand genommen würde.

Immerhin wollten wir aber den von ihm geltend gemachten Gründen — namentlich mit Rücksicht darauf, daß wir den Eindruck hätten, das Haus Mendelssohn sei in der Sache schon mehr oder weniger engagiert — soweit Rechnung tragen, daß wir uns mit einer Anleihe bis zu 25 Millionen Rubel einverstanden erklärten — das geschähe aber nur unter der ausdrücklichen Bedingung, daß Herr Fischel uns namens seines Hauses verspreche, künftighin *vor dem* Eintritt in irgend welche Verhandlungen die Genehmigung des AA zu dem betr. Anleiheprojekt einzuholen.

Herr Fischel erklärte, sein Haus sei im vorliegenden Fall noch nicht engagiert, es sei Prinzip von Mendelssohn auf dem Russischen Markt nichts ohne Zustimmung des Ausw. Amtes zu tun, er gebe daher gern die Zusicherung, daß künftighin — ebenso wie es bisher geschehen sei — dem vom AA gestellten Verlangen genau entsprochen werden werde.[1]

*PA Bonn, Rußland 71, Bd. 54.*

1 Mendelssohn & Co. und die anderen beteiligten Banken stellten den Antrag auf Zulassung der Anleihe der Moskau-Kiev-Voronež Eisenbahngesellschaft in Höhe von 60 Millionen Mark = 27780000 Rubel zum Handel an der Berliner Börse vor dem 20. 9. 1909. (Schreiben Dr. Göpperts vom 20. 9. 1909, ZStAP, AA 3163.) In einer Schoen am 21. 9. 1909 übermittelten Notiz suchte die Handelspolitische Abteilung des AA vergeblich, die Zulassung der Anleihe von einem Entgegenkommen Rußlands bei der Einfuhr von Eisenbahnmaterial aus Deutschland abhängig zu machen. In der Notiz hieß es abschließend: „Es dürfe sich vielleicht empfehlen, aus Anlaß der z. Zt. bestehenden Verhandlungen wegen Gewährung einer Eisenbahnanleihe an Rußland im Interesse unserer Industrie auf Beseitigung der genannten Einfuhrbeschränkungen hinzuwirken, die unseren Absatz von Eisenbahnmaterial nach Rußland fast ganz unterbindet.“ (ebenda, AA 2933.)

## 158 Bericht Nr. 1638 des preußischen Gesandten in Mecklenburg und bei den Hansestädten Graf von Götzen an den preußischen Minister der auswärtigen Angelegenheiten von Bethmann Hollweg

*Abschrift*

Hamburg, 11. September 1909

Wie mir von der Hamburg-Amerika Linie unter der Hand streng vertraulich mitgeteilt wird, trägt sie sich in der Tat mit dem Plan, in einem ihr günstig erscheinenden Moment eine russische Schiffahrtsgesellschaft unter russischer Flagge zu gründen, die vor allem dem russischen Auswanderungsgeschäft dienen und dieses zwischen den russischen Häfen und Hamburg vermitteln solle. Für den Augenblick liegt für die geplante Gründung noch kein genügender Anlaß vor, da die Zahl der russischen Auswanderer noch zu gering ist. Da aber die vorbereitenden Schritte in Rußland mit ziemlich großen Schwierigkeiten verknüpft sind und längere Zeit erfordern, so hat die Hamburg-Amerika Linie es für ratsam gehalten, diese schon im voraus einzuleiten, damit sie dann bei günstiger Entwicklung der russischen Auswanderung sofort Nutzen daraus ziehen kann.

*ZStAP, AA 29878, Bl. 112.*

**159 Bericht Nr. II 668 des Vizekonsuls am Generalkonsulat in St. Petersburg Trautmann an den Reichskanzler von Bethmann Hollweg**

*Ausfertigung*

St. Petersburg, 2. Oktober 1909

Die von Fischel seinerzeit hier abgeschlossene Anleihe der Moskau-Kiew-Woronesh Eisenbahngesellschaft im Betrage von 60 Millionen Rubel ist von Mendelssohn bereits überwiesen. Die Valuta ist von der Kreditkanzlei übernommen und der Gegenwert in russischen Rubeln auf die hiesigen Großbanken verteilt worden. Auf diese Weise ist dafür gesorgt worden, daß die 60 Millionen Markvaluta nicht auf den offenen Markt gekommen sind, wodurch die ausländischen Devisenkurse noch mehr heruntergedrückt worden wären [. . .]

*ZStAP, AA 2072, Bl. 50.*

**160 Schreiben Nr. V. 1958 der Ältesten der Kaufmannschaft von Berlin an das Auswärtige Amt**

*Ausfertigung*

Berlin, 26. Oktober 1909

Dem Vernehmen nach ist in Rußland eine Konferenz für die Revision des russischen Zolltarifs beabsichtigt, an der außer den Vertretern des Ministeriums für Handel und Industrie, des Finanzministeriums und der Hauptverwaltung für Ackerbau auch Sachverständige und Vertreter der interessierten Industriezweige teilnehmen sollen. Wie wir weiter hören, ist unter anderem auch die Revision derjenigen Artikel des Zolltarifs in Aussicht genommen, welche eine fiskalische Bedeutung zwecks eventueller Erhöhung von Zolleinnahmen haben. Wenn hier auch nur die durch den Handelsvertrag mit Rußland nicht gebundenen Zolltarifpositionen in Frage kommen können, so haben Handel und Industrie doch ein lebhaftes Interesse daran, daß die bezüglichen Waren, wie dies am 1. März 1906 beim Inkrafttreten des neuen russischen Zolltarifs fast durchweg der Fall war, nicht schon wieder Zollerhöhungen unterworfen werden.

Unsere Bitte geht deshalb dahin, etwa beabsichtigten russischen Zollerhöhungen nach Möglichkeit vorzubeugen, damit die oft unter schweren Opfern errungenen Absatzgebiete nicht immer weiter geschmälert werden.
Kaempf [Unterschrift].

*ZStAP, AA 6288, Bl. 179f.*

## 161 Schreiben Nr. 1776 der Handelskammer zu Duisburg an das Generalkonsulat in Odessa

*Ausfertigung*

Duisburg, 9. November 1909

Die an der Einfuhr russischen Getreides beteiligten deutschen Getreidehändler haben sich bereits vor Jahren genötigt gesehen, in dem sogenannten Deutsch-Niederländischen Vertrag allgemein gültige Bedingungen festzulegen, um vor der Willkür der russischen Exporteure gesichert zu sein. Als vorteilhaft erwiesen sich besonders die in den Verträgen aufgenommenen Besatzklauseln, welche die zulässige Menge der Beimischung anderen Getreides beziehungsweise Unkrauts und Schmutzes festsetzen. Leider ist es nicht gelungen, eine Besatzklausel für Teilladungen von Weizen zu schaffen. In den über diese Bestrebungen geführten Verhandlungen, die im Juni d.J. in Berlin zwischen russischen und rumänischen Vertretern einerseits und deutschen, niederländischen, dänischen und schwedischen Beteiligten anderseits stattfanden, konnte ein diesbezüglicher Antrag westdeutscher und niederländischer Beteiligter nicht durchdringen.

Die damals für den Fall der Nichteinführung einer Besatzklausel für Weizen geäußerten Befürchtungen sind in vollem Maße eingetroffen. Der früher bereits oft zu Beschwerden Anlaß gebende Besatz des vom Schwarzen Meer her eingeführten Weizens hat sich erheblich verschlimmert. Die betrügerische Beimischung von minderwertigem Getreide und wertlosem Unkraut und Schmutz hat stark zugenommen. All die Mühlenabfälle und Schmutz, welche bisher im Roggen und Gerste Unterschlupf fanden, wandern seit Einführung einer Besatzklausel für diese beiden Getreidearten in Weizen. Es sollen Sendungen angekommen sein, die bis zu 20% Besatz enthielten. Teilladungen mit starkem Besatz bringen vornehmlich die Häfen am Schwarzen Meer zur Versendung, unter diesen in erster Linie der Hafen von Cherson, dann Odessa und Nikolajew. Ob die Vermischung in den Häfen Cherson oder auf dem Wasserwege nach Cherson vorgenommen wird, könnte durch die russische Regierung leicht festgestellt werden. Die Azow-Häfen und die nordrussischen Häfen bringen das Getreide in besserem Zustand zur Verladung.

Der Schaden, den der Besatz bedeutet, trifft fast regelmäßig die deutschen Importeure. Der Weizen wird zwar auf Muster gekauft, aber mangels einer genauen Analyse des Musters gewährleistet die Anrufung des Schiedsgerichts nicht immer den vollen Ersatz des Schadens.

Zur Abstellung der Mißstände gibt es verschiedene Wege: Zuerst die Schaffung einer Besatzklausel in einem Deutsch-Niederländischen Vertrag: die Ausschließung derjenigen Häfen vom Getreidebezug, die Getreide mit starkem Besatz zur Verladung bringen und die diplomatische Verhandlung. Es ist zu erwarten, daß die internationalen Verhandlungen wegen Schaffung einer Weizenbesatzklausel wieder aufgenommen werden. Allein der Erfolg der Verhandlungen ist auch in Zukunft fraglich. Weiterhin dürfte eine geraume Zeit vergehen, bis ähnliche Verhandlungen wieder aufgenommen werden. Bis zur Schaffung einer Weizenbesatzklausel könnten sich die westdeutschen und holländischen Getreidehändler vor weiterem Schaden nur durch Ausschließung der fraglichen Häfen vom Getreidebezug schützen. Allein die Beteiligten wollen von einer derartigen Maßregel einstweilen absehen, um nicht die späteren Verhandlungen zu erschweren.

Schließlich wäre zu erwägen, ob die russische Verwaltung imstande wäre, in den in erster Linie in Betracht kommenden Häfen, die Beimischung von Schmutz in die Getreideverschiffungen zu verhindern. Wir gestatten uns sehr ergebenst anzufragen, ob nach Lage der Dinge ein erfolgreiches Eingreifen der russischen Verwaltung überhaupt erwartet werden kann. [Unterschriften].

*ZStAP, AA 6367, Bl. 138f.*

**162 Bericht Nr. 415 des Botschafters in St. Petersburg Graf von Pourtalès an den Reichskanzler von Bethmann Hollweg**

*Abschrift*

St. Petersburg, 25. November 1909

Die Entscheidung bezüglich des Nachfolgers Herrn Timirjaseffs ist nun endlich gefallen und das frei gewordene Handelsportefeuille dem Dirigierenden der Staatsbank, Geheimrat Timascheff übertragen worden.

Der neue Handelsminister ist der weiteren Öffentlichkeit nur wenig bekannt: er gilt als tüchtiger kenntnisreicher Beamter und erfreut sich in Fachkreisen allgemeiner Hochachtung und Anerkennung.

Politisch dürfte er den gemäßigten Rechten zuzuzählen sein.

Vielfach hört man Herrn Timascheff als den „Mann Herrn Kokowzows" bezeichnen. Dies dürfte einerseits darauf hindeuten, daß der neue Minister weniger selbständige Bahnen als sein Vorgänger einschlagen und mehr an die Zeiten anknüpfen wird, da das Handelsministerium noch vom Finanzministerium ressortierte. Andererseits hört man, ohne Herrn Timascheff ein bestimmtes politisches Horoskop stellen zu wollen, häufig die Erwartung aussprechen, er werde mehr den gesamten Rußland interessierenden wirtschaftlichen Fragekomplex im Auge behalten und nicht, wie Herr Timirjaseff, sein Amt nahezu ausschließlich unterm russisch-englischen Gesichtswinkel auffassen.

*ZStAP, AA 6222, Bl. 123.*

**163 Bericht Nr. II 855 des Generalkonsuls in St. Petersburg Biermann an den Reichskanzler von Bethmann Hollweg**

*Ausfertigung*

St. Petersburg, 7. Dezember 1909

Nachdem im vorigen Jahre hier die russisch-englische Handelskammer und in London die russische Abteilung der Londoner Handelskammer gegründet waren, haben sich auch Bestrebungen zur Errichtung einer russisch-belgischen, -italienischen und slawischen Handelskammer gezeigt und ganz kürzlich ist auch von russisch-chinesischen und japanischen Handelskammern die Rede gewesen.

Die zu Gunsten der russisch-englischen und englisch-russischen Handelskammer gemachte Reklame in den russischen und englischen Blättern, in der allerdings mehr von den zukünftigen, als den schon geschehenen Leistungen die Rede war, hat denn auch Anlaß gegeben, die Frage der Gründung deutsch-russischer Handelskammern in Berlin und St. Petersburg zur Diskussion zu stellen.

Zuerst war es der „Russische Courier"[1] in Berlin, der sich als Vorkämpfer dieses Gedankens aufspielte, ihm folgten andere Blätter, letzthin besonders die „Internationale Exportrevue". Die Idee wurde in diesen Blättern mit großer Lebhaftigkeit vertreten und der Nutzen, ja die Notwendigkeit der Handelskammern als so selbstverständlich hingestellt, daß z.B. auch der deutsch-russische Verein, der, wenn auch in kleinerem Umfange, ähnliche Ziele verfolgt und die gleiche Tätitgkeit ausübt, wie eine Handelskammer, sich veranlaßt gefühlt hat, einen seiner Mitarbeiter, den Rechtsanwalt Landsberg, hierher zu senden, um an Ort und Stelle Erkundigungen über die einschlägigen Verhältnisse und die Stimmung in hiesigen Interessenkreisen für diese Art Gründungen zu sondieren.

Rechtsanwalt Landsberg hat mich zweimal besucht und er hat mir jedesmal gesagt, daß er hier wenig Neigung für die Sache gefunden habe.

Ich habe mich für den Gedanken deutscher Handelskammern im Auslande nicht erwärmen können und kann vor allem, auch wenn ihr Nutzen für gewisse Verhältnisse und für gewisse Länder nachgewiesen würde, mich jedenfalls nicht von der Notwendigkeit und Nützlichkeit deutscher Handelskammern in Rußland überzeugen.

Auf frühere gelegentliche Anfragen an Herren aus der Handels- und Industriewelt, erhielt ich ausnahmslos ablehnende Antworten.

Nur der Herr Veltner[2], der seinerzeit für die Gründung eines internationalen Handelsmuseums in Petersburg agitierte und jetzt in Moskau ein ähnliches Unternehen ins Leben rufen will, hat mich für die Gründung einer deutsch-russischen Handelskammer zu interessieren versucht. Es unterliegt aber für mich keinem Zweifel, daß er ebenso wie der Herausgeber des Russischen Couriers in Berlin bei diesen Bestrebungen von persönlichen Motiven geleitet wird.

Um mich noch genauer über die Ansichten der hiesigen größeren deutschen Firmen, auf deren selbstlose und eifrige Mitarbeit eine Handelskammer in St. Petersburg in erster Linie angewiesen sein würde, zu informieren, hatte ich schon vor einigen Wochen an eine größere Zahl von Vertretern der verschiedenen Branchen, an Importeure, Exporteure und Fabrikanten eine schriftliche Anfrage gerichtet, in der ich um ihre Ansicht über die Bedeutung der englisch-russischen Handelskammer und ihre Schädlichkeit für uns und über die Nützlichkeit entsprechender deutsch-russischer Gründungen bat.

Unter den eingegangenen Antworten ist nicht eine einzige, die sich für eine deutsch-russische Handelskammer ausspricht.

Daß in ernsten russischen Handelskreisen andere Ansichten herrschen, ist mir bisher nicht bekannt geworden, bis auf eine Ausnahme, auf die ich später zurückkommen werde.

Der Zweck der Handelskammern im Auslande ist, wie z.B. in den Statuten der russisch-englischen ausgeführt ist, die Förderung der wirtschaftlichen Annäherung auf der Grundlage der Handels- und der gewerblichen Interessen, d. h. in concreto die Entwicklung der gegenseitigen Ein- und Ausfuhr und die Teilnahme an der wirtschaftlichen Entwicklung des anderen Landes durch Kapitalinvestierungen. Zur Erreichung dieser Ziele soll es die Aufgabe der Handelskammern sein, über die Lage von Handel und Gewerbe Informationen unter ihren Mitgliedern zu verbreiten, Ratschläge und Winke über die Anknüpfung von Handelsbeziehungen, Informationen über Preise, Marktlage zu erteilen, durch Ausstellungen und literarische Arbeiten die Kenntnisse der Bedürfnisse und Leistungsmöglichkeiten zu vermitteln und auf Gelegenheiten zu Kapitalinvestierungen aufmerksam zu machen und hierzu anzuregen.

In den hiesigen deutschen Kreisen ist man nun der Meinung, daß allenfalls für die unentwickelten russisch-englischen, russisch-italienischen etc. Beziehungen eine Handelskammer zur Ausübung der oben geschilderten Tätigkeit von einem gewissen Nutzen sein könnte, daß aber für die deutsch-russischen Beziehungen solche Neugründungen überflüssig seien und nicht mehr leisten könnten, als die schon jetzt existierenden Institutionen für die Entwicklung der deutsch-russischen Beziehungen leisten und geleistet haben.

Die zahlreichen, fast über das ganze russische Reich verbreiteten Importhäuser, sowohl reichsdeutsche und russische oder baltisch-deutsche, die vielleicht noch größere Zahl zuverlässiger deutscher Agenten, die eignen Vertretungen deutscher Großindustrieller und Finanzinstitutionen in Rußland, die engen geschäftlichen Beziehungen zwischen deutschen und russischen Banken, dazu in Deutschland die sachverständigen Vereine, wie der deutsch-russische Verein und der Handelsvertragsverein, und endlich, die besser wie irgend welche anderen organisierten Konsularbehörden ersetzen eine Handelskammer und leisten alles, was eine nur immer leisten könnte.

Die großen deutschen Exportfirmen, die nach Rußland exportieren, haben hier ihre guten Verbindungen, die schon im eignen Interesse den russischen Markt genau beobachten und über alle Absatzmöglichkeiten ihre Mandanten schneller und besser informieren, als es eine einzelne Handelskammer je tun könnte. Liegt es einem deutschen Exporteur daran, auch von unparteiischer Seite ein Urteil zu erhalten, so wendet er sich an eines der Konsulate. Bei diesen, bei den Vereinen in Berlin und durch seinen Bankier wird er immer zuverlässige Auskunft über Rechts- und Wirtschaftsverhältnisse erhalten können.

Auch Firmen, die erst Verbindungen in Rußland anknüpfen, haben jetzt genügend Mittel und Wege, sich zu informieren. Das Gleiche gilt für die deutschen Importeure russischer Provenienzen, wie z.B. Getreide- und Holzhändler. Die großen Firmen dieser Branche haben in Deutschland und Rußland ihre festen Vertretungen, zum Teil weit verzweigte Organisationen zur Wahrung ihrer Interessèn und auch wer erst mit dem Einkauf russischer Exportartikel beginnen will, kann auch heute schon leicht so viel Verkäufer oder Vertreter finden, als er wünscht.

Die allgemeine ablehnende Haltung der hiesigen Deutschen gegen eine Handelskammer mag zum Teil auf die Besorgnis zurückzuführen sein, daß die Zahl der in Rußland Absatz suchenden deutschen Exporteure sich vermehren und für sie, die schon im Geschäft stehen, eine stärkere Konkurrenz erwachsen würde. Ich teile diese Befürchtung nicht, aber wenn sie wirklich besteht, so würde sie die Folge haben, daß die so Denkenden sich entweder von einer Teilnahme an einer Handelskammer ganz zurückhalten oder in ihr weniger auf Vermehrung des deutschen oder russischen Exports, als auf Abwehr neuer Konkurrenten hinwirken, d.h. dem einen Hauptziel der Kammer entgegenarbeiten. Einer Handelskammer oder als Mitglied einer Handelskammer würde ein Kaufmann weniger offen Auskünfte erteilen, wie z.B. aus Gefälligkeit seinem Konsul, mit dem er auf gutem Fuße steht.

Weiter soll die Handelskammer dazu helfen, das Kapital ins Land zu ziehen.

Deutschland bedarf einer solchen Hilfe m.E. nicht.

Wenn es den deutschen Interessen auch nicht zuwiderläuft, für überflüssiges Kapital vorteilhaft sichere Anlage in Rußland zu suchen, und wenn es daher auch zu weit gehen würde, trotz der doch noch immer nicht gesicherten und unklaren Lage derartige Kapitalanlagen zu erschweren oder zu hindern, so erscheint es mir doch ebensowenig angebracht, in Deutschland durch ein Institut, das sich mit einem gewissen Nimbus der Offiziellität umgeben würde, für Heranziehung von Kapital zu russischen Gründungen geradezu Propaganda zu machen, wie es jetzt in England und von hier aus geschieht.

Aber selbst in England scheinen diese Bestrebungen nicht allzu viel Erfolg zu haben, wie sich bei den Subskriptionen für den Anglo Russian Trust und der Saratower Stadtanleihe gezeigt hat. Die Gelegenheiten zu guten Unternehmungen in Rußland werden in deutschen Interessentenkreisen auch ohne Handelskammer bekannt, die deutschen Banken und andere kapitalkräftige Personen und Personengruppen haben Quellen genug, aus denen sie die besten Nachrichten erhalten und die besten Informationen über sie interessierende Vorgänge in Rußland schöpfen können.

Es ist nicht zu bestreiten, daß in gewissen englischen Kreisen ein vermehrtes Interesse für russische Gründungen und finanzielle Beteiligungen in Rußland entstanden ist, aber es ist auch kein Zweifel, daß dieses Interesse nur im geringsten Maße, wenn überhaupt auf die Existenz und Tätigkeit der Handelskammern zurückzuführen ist. Dieses Interesse, das sich zuerst für Gold- und Kupferwerke im Ural und Sibirien zeigte, datiert schon länger zurück. Es begann, als nach dem Friedensschluß in Südafrika das englische und kontinentale Publikum wider Erwarten sich dem Kaffernmarkt gegenüber weiter ablehnend verhielt. Damals begannen die englischen Goldspekulanten sich ein neues Gebiet, nämlich Sibirien, für ihre Gründungstätigkeit zu suchen.

Mit der englisch-russischen Entente stieg dann die Neigung, sich in Rußland finanziell zu betätigen, seit Gründung der Handelskammern ist aber eine weitere Zunahme dieser Tendenz nicht bemerkbar geworden, im Gegenteil es macht sogar den Eindruck, als gelinge es den Entrepreneuren heute schon nur mit Mühe, das größere Publikum für Rußland zu erwärmen.

Die Tatsache, daß in den letzten Jahren mehr englisches Kapital nach Rußland gekommen ist als in Perioden der politischen Spannung zwischen den beiden Ländern, läßt sich aber nicht leugnen und man wird auch vorerst mit einem Fortgang dieses Prozesses rechnen müssen.

Wenn auch momentan an den englisch-sibirischen Goldaktien viel Geld verdient wird, möchte ich doch nicht dem deutschen Kapital zu einer Beteiligung raten. Auf ein gutes Unternehmen wird immer eine große Zahl fauler kommen, so daß die Verlustchancen auch auf diesem Spekulationsfelde größer sind als die Gewinnaussichten. Die Zunahme des englischen Einflusses in der Industrie Rußlands wird auch der englischen Exportindustrie und dem Handel Nutzen bringen, zum Teil auch zum Schaden der deutschen Industrie. Industrielle Unternehmungen, die von England gegründet sind, oder in deren Verwaltung Engländer einen maßgebenden Einfluß ausüben, werden, soweit sie können, ihre Bestellungen in England machen und auch beim Abschluß kommunaler und Eisenbahnanleihen werden die englischen Geldgeber dafür eintreten, daß die Interessen des englischen Exports nach Möglichkeit berücksichtigt werden. So ist z. B. von einem meiner Vertrauensleute die Befürchtung ausgesprochen, daß der Übergang sibirischer Goldfelder in englische Hände auf die deutsche Zyankaliausfuhr von nachteiligem Einfluß sein könnte.

Das sind Folgen, die sich aus der Natur der Sache ergeben, sie zu fördern, wird die russisch-englische Handelskammer ebensowenig Gelegenheit haben, wie sie zu hindern, eine russisch-deutsche oder deutsch-russische im Stande wäre.

Die englische Aktion könnte nur durch eine deutsche Gegenaktion paralysiert werden, d.h. dadurch, daß deutsches Kapital sich mit gleicher Bereitwilligkeit und in erheblich größerem Umfange als bisher an der Entwicklung Rußlands durch Kapitalinvestierungen beteiligt.

Was nun die Tätigkeit der russisch-englischen Handelskammer in der Richtung der Hebung des gegenseitigen Im- und Exports betrifft, so ist hier nach übereinstimmendem Urteil ihr Einfluß bisher nicht bemerkbar geworden.

Wie sich die Ausfuhr von Rußland nach England stellt, ist für uns eine Frage von zweiter Bedeutung, wenn von der russischen Zuckerausfuhr abgesehen wird. Am meisten liegt uns am Herzen, ob die englische Ausfuhr nach Rußland zugenommen hat, und zwar zugenommen hat auf Gebieten, die wir seit Jahren beherrscht haben, und bejahendenfalls, ob diese Zunahme auf das Walten der Handelskammer zurückzuführen ist. Davon ist nach dem übereinstimmenden Ausspruch der von mir befragten Herren nichts zu spüren gewesen, auch die Statistik widerspricht dieser Annahme durchaus. Nach der russischen Statistik betrug der Wert der deutschen und englischen Einfuhr nach Rußland in den ersten acht Monaten

| | Deutschland | England |
|---|---|---|
| 1908 | 198000000 | 80092000 |
| 1909 | 233813000 | 83969000 |

d.h. einem Anwachsen der deutschen Einfuhr um ca. 36 Mill. Rbl. steht nur eine Vermehrung der englischen um ca. 4 Mill. gegenüber.

Liest man die gelegentlichen Preßnachrichten über die Tätigkeit der neuen Handelskammern, so scheint es, als ob sie wirklich schon recht Erhebliches geleistet hätten. Sieht man aber näher zu, so zerfließen die Ergebnisse fast in Nichts.

Ich habe Mitglieder der russisch-englischen Handelskammer um Mitteilung von Material über die Leistungen gebeten, sie haben mir nichts besorgen können.

Es ist in den Zeitungen öfters von größeren Studien und Arbeiten der Kammer die Rede gewesen. Auf dem Bureau wurde erklärt, es gäbe derartiges noch nicht. Ein Mitglied, das um Angabe von englischen Importeuren für Erze und Metallprodukte anfragte, erhielt, nachdem es seine Anfrage nach einiger Zeit wiederholt hatte, ein Verzeichnis von englischen Exporteuren.

Das scheint das einzige zu sein, was bisher geleistet ist. Die Kammer hat Listen mit Namen englischer Exporteure aus England erhalten und hat diese mit Preiskuranten etc. an hiesige Firmen verschickt. Es wird aber von deutschen Kaufleuten, die mitten im Geschäft stehen, bestritten, daß der deutsche Export hierdurch Schaden gelitten hat.

Ein einziges Mitglied der Handelskammer hat sich über die Tätigkeit etwas günstiger geäußert, indem es meint, daß sie im Wege der gegenseitigen Information über vorhandene Austauschmöglichkeiten von Rohprodukten und Fabrikaten bereits ganz hübsche Resultate erzielt habe, aber zugleich hat es auch erklärt, daß sich die Kammer auf diese gegenseitige Information beschränke, daß es ihr um Propaganda zu machen und für eine Entwicklung der wirtschaftlichen Beziehungen zwischen beiden Ländern aktiv einzutreten, vorläufig an allem und hauptsächlich an Mitteln fehle. Denn die Kammer, welche nur von den Mitgliederbeiträgen und geringen Subsidien ihre Existenz bestreite, krankt schon heute an einer materiellen Unterbilanz.

Das Geschäftslokal ist jetzt aus der Russischen Bank[3] in das Haus einer Versicherungsgesellschaft verlegt worden. Es sollen dort nicht nur Leseräume, sondern sogar Wohnräume für die auswärtigen Mitglieder und die Londoner Freunde eingerichtet werden.

Daß man zu solchen ungewöhnlichen Hilfsmitteln seine Zuflucht nimmt, zeigt zur Genüge, daß der Zustand heute kein normaler ist.

Es gibt hier wohl einige Leute, die sich sehr lebhaft für das Weiterbestehen interessieren, aber es steht auch fest, daß mehrere von diesen hiermit in erster Linie Privatinteressen verfolgen und schon mit Erfolg verfolgt haben. Über den im Schoß der Handelskammer aufgetauchten Plan, eine russische Ausstellung in London zu veranstalten, habe ich schon berichtet (cf. 17. XI. 09, No II 813). Auch dieses Projekt, dessen erfolgreiche Ausführung den Ruf der Kammer etwas verbessern könnte, hat bis jetzt recht schlechte Aussichten.

Aus alledem erhellt, daß diese Kammer bis heute den deutsch-russischen Beziehungen nicht gefährlich und daß zu Gegenmaßregeln vorläufig kein Anlaß ist.

Wie sich die Entwicklung in der Zukunft gestalten wird, bleibt abzuwarten, für rosig halte ich ihre Aussichten zunächst nicht.

Es ist bekannt, daß sie bisher einen sehr energischen und einflußreichen Vorkämpfer in der Person des Handelsministers Timirjasew gehabt hat. Es ist auch notorisch, daß ein großer Teil der Mitglieder ohne Interesse zur Sache zu haben, lediglich beigetreten ist, um dem Handelsminister gefällig zu sein. Sein Abgang kann nicht ganz ohne Einfluß auf die weitere Entwicklung bleiben.

Daß der neue Handelsminister[4] nicht diesen prononziert England freundlichen Standpunkt einnimmt, geht schon aus seinen bisherigen Äußerungen hervor.

Ist man in Deutschland der Meinung, daß die bis jetzt bestehenden Organe, die sich die Förderung der deutsch-russischen Beziehungen zur Aufgabe gestellt haben, nicht genügen, so würde das Beste sein, wenn der deutsch-russische Verein sich auf eine größere Basis stellte und von dem deutschen Handel und Industrie mehr als bisher benutzt und unterstützt würde. Er würde alles das leisten können, was nur von einer Handelskammer zu erwarten ist.

Nach den Zeitungen soll sich der frühere russische Finanzagent in Berlin von Miller noch vor seiner Abreise aus Deutschland für die Notwendigkeit der Verbesserung der deutsch-russischen Handelsbeziehungen und die Zweckmäßigkeit deutsch-russischer Handelskammern ausgesprochen haben.

Hier hat man sich darüber etwas gewundert, da Herr von Miller keineswegs als deutschfreundlich gilt. Bei einer Unterredung, die ich mit Herrn von Miller hatte, hat er mir die ihm in den Mund gelegten Äußerungen bestätigt. Er erklärte sich für einen prinzipiellen Freund ausländischer Handelskammern und meinte speziell, daß die russisch-englische Handelskammer hier eine große Bedeutung hätte und erfolgreich wirkte. Als Beweis dieser erfolgreichen Tätigkeit erwähnte er aber nur die geplante Gründung einer Filiale in Odessa. Ich hatte nicht den Eindruck, daß er sich mit der Frage schon intensiv beschäftigt hätte und sein Urteil über die russisch-englische Handelskammer auf genauer Kenntnis der wirklichen Verhältnisse beruhte.

Auf meine Bemerkung, daß man in hiesigen deutschen Kreisen, mit denen ich Fühlung hätte, über den Wert einer deutsch-russischen Handelskammer verschiedener Ansicht sei, besonders auch deshalb, weil uns ganz andere Informationsquellen wie den Engländern zur Verfügung ständen, meinte er: „dann kann man es ja auch lassen, erfolgt aber eine solche Gründung, so muß sie genau nach dem Schema der russisch-englischen erfolgen".

Diese Unterhaltung hat meine bisherige Ansicht in dieser Frage in keiner Weise erschüttert.

Ich werde die weitere Tätigkeit der russisch-englischen und falls noch andere Handelskammern errichtet werden sollten deren Entwicklung weiter verfolgen und nicht verfehlen, über wichtigere Vorkommnisse zu berichten.[x]

x Randbemerkung Koerners: H. v. Goebel. Es dürfte sich empfehlen, die Sache mit dem Deutsch-russischen Vereine vertraulich zu besprechen.

*ZStAP, AA 2579, Bl. 12ff.*

1 Herausgeber war Salomon Zuckermann.

2 Vgl. Dok. Nr. 60.

3 Russische Bank für auswärtigen Handel.

4 S. I. Timašev.

## 164 Erlaß Nr. II 0 5423 des Direktors der Handelspolitischen Abteilung des Auswärtigen Amts von Koerner an den Botschafter in St. Petersburg Graf von Pourtalès

*Konzept*

Berlin, 8. Dezember 1909

Ew. Exz. beehre ich mich anbei Abschrift einer vom hiesigen hanseatischen Gesandten übergebenen Notiz, betr. die von der russischen Regierung beabsichtigte Einverleibung des finnischen Gouvernements Wiborg in das russische Zollgebiet zu übersenden.[1]

Daß die in der Anlage angeführte Vereinbarung im deutsch-russischen Handelsvertrag nicht nur bei Einverleibung des gesamten finnländischen Zollgebiets, sondern in gleicher Weise bei der Einbeziehung auch nur eines Teils dieses Gebiets in den Geltungsbereich des russischen Zolltarifs Anwendung zu finden hat, steht diesseits außer Zweifel. Wir können auch nicht annehmen, daß die russische Regierung in dieser Beziehung einen anderen Standpunkt vertritt.

Immerhin darf ich Ew. pp. bitten, sich über die dortige Auffassung in dieser Frage an maßgebender Stelle vergewissern, nötigenfalls auch unseren Standpunkt mit Entschiedenheit vertreten zu wollen.

Einer Mitteilung über die Ihnen zuteil gewordene Antwort werde ich mit Interesse entgegensehen. Im Übrigen bitte ich zugleich die Frage der Einverleibung finnländischen Gebiets in den russischen Zollbereich im allgemeinen mit Aufmerksamkeit verfolgen und mich über etwaige bezügliche Vorgänge auf dem Laufenden erhalten zu wollen.

*ZStAP, AA 6263, Bl. 168f.*

1 Die Notiz wurde Koerner am 29. 11. 1909 übergeben; darin wurde ausgeführt, daß Rußland sich im Zusatzvertrag zum deutsch-russischen Handelsvertrag von 1904 verpflichtet habe, von der Einverleibung Finnlands Deutschland mindestens zwei Jahre vorher zu verständigen.

## 165 Schreiben des Geschäftsinhabers der Berliner Handels-Gesellschaft Carl Fürstenberg an den Vortragenden Rat der Handelspolitischen Abteilung des Auswärtigen Amts Goetsch

*Ausfertigung*

Berlin, 12. Dezember 1909

Ich wiederhole meinen ergebensten Dank für die mir gegebene freundliche Anregung, dem rubr. Geschäft[1] näher zu treten; ich glaube indessen nicht, daß die Mitwirkung an der Finanzierung in Deutschland möglich sein wird. Nach Ihren freundlichen Mitteilungen hat sich ein Unternehmersyndikat unter Führung des Ingenieurs Szablowski gebildet, und es ist hiernach anzunehmen, daß der Bau der geplanten Strecke in Rußland vergeben werden wird. Es wäre auch kaum angängig, daß eine deutsche Firma die Ausführung übernähme. Ich will die Frage, ob die russische Règierung zu einer deutschen Bauunternehmung die Zustimmung geben würde, ich möchte es kaum glauben, nicht weiter berühren. Aber selbst wenn dies erreichbar wäre, könnte ich es nicht empfehlen und würde keineswegs damit einverstanden sein, daß die mir nahestehnde Firma Lenz & Co. der Sache näher träte.

Es verbleibt somit für deutsche Interessen nur noch der Raum, an der Übernahme der $10\frac{1}{2}$ Millionen Rubel $4\frac{1}{2}$ Obligationen, vom Staate garantiert, teilzunehmen. Die russische Regierung hat seit sehr langer Zeit keine Emission von Staatspapieren oder staatsgarantierten Papieren außerhalb des bestehenden Syndikats für diese Geschäfte, welches sich aus den Firmen Mendelssohn & Co., Berliner Handels-Gesellschaft, Disconto-Gesellschaft und S. Bleichröder zusammensetzt, zugelassen. Erst jüngsthin hat die Bank für Handel und Industrie aus einer Transaktion, welche mit der Übernahme des Bankhauses Robert Warschauer & Co. zusammenhängt, staatsgarantierte Obligationen für den Ausbau von Herby-Czenstochau übernommen, indessen nicht die Erlaubnis erhalten, in Berlin die Emission zu machen. Die russische Regierung hat mit der Genehmigung des Geschäfts die Bestimmung verbunden, daß die Bank für Handel und Industrie jenen Erwerb an $4\frac{1}{2}\%$ staatsgarantierten Obligationen einem Syndikat russischer Banken zu einem vom russischen Finanzminister festgesetzten Preis behufs Unterbringung in Rußland abtreten müsse. Es ist begreiflich, daß die russische Regierung den Berliner Markt für größere Transaktionen sich zu reservieren für richtig erachtet, hierneben aber auch Wert darauf legt, daß unserem seit Jahrzehnten bestehenden Syndikat die Ausschließlichkeit gewahrt bleibt.

Es wäre immerhin möglich, wenn auch nicht sehr wahrscheinlich, daß gegenwärtig der Herr Finanzminister dazu bereit sein könnte, die Emission in Berlin zu genehmigen, indessen würde er in solchem Falle wohl darauf halten, daß sie durch sein Stammsyndikat bewirkt würde. In letzterem Falle müßten die Verhandlungen hierüber mit der Syndikatsleitung, die das Bankhaus Mendelssohn & Co. hat, geführt werden. Nach den mir durch Sie freundlichst gemachten Mitteilungen ist die Finanzierung, das heißt die Übernahme der Obligationen, von einem Warschauer Bankinstitut bereits zugesagt, so daß es sich nur im günstigsten Falle um dessen Unterstützung handeln könnte. Hierfür würde das Berliner Syndikat kaum zu haben sein, und das an erster Stelle hierbei zu befragende Bankhaus Mendelssohn & Co. zweifellos eine ablehnende Haltung einnehmen.

Ich kann nach Lage der Verhältnisse nur mit meinem wiederholten Dank für Ihre freundliche Bemühung einen Verzicht, diese Angelegenheit weiter zu verfolgen, aussprechen.

*ZStAP, AA 14939, Bl. 61f.*

1 Eisenbahnlinie Czenstochau — Zduńska Wola,

## 166 Bericht Nr. 5335 des Botschafters in St. Petersburg Graf von Pourtalès an den Reichskanzler von Bethmann Hollweg

*Ausfertigung*

St. Petersburg, 15. Dezember 1909

Auf den Erlaß Nr. II 0 5423 vom 8. d.M.[1]

Die Frage der Einverleibung des finnischen Gouvernements Wiborg und die sich hieraus ergebenden zollpolitischen Schwierigkeiten sind naturgemäß Gegenstand der besonderen fortlaufenden Aufmerksamkeit der Kaiserlichen Botschaft und beehre ich mich, Euere

Exzellenz auf den nebenbezeichneten Erlaß auf die diesseitigen Berichte vom 23. und 31. Oktober d.J. (No 510 und 521) gehorsamst hinzuweisen.[x]

Der Widerstand des Finanzministers gegen die Einverleibung besteht nach wie vor. Mit Rücksicht auf die noch gänzlich ungeklärte Lage und den Umstand, daß es sich in der vom hanseatischen Herrn Gesandten übergebenen Notiz um Zeitungsmeldungen handelt, möchte ich vorläufig Bedenken tragen, die Angelegenheit bei der hiesigen Regierung zur Sprache zu bringen.

Wie ich vertraulich höre, soll der englische Botschafter hier allerdings Wünsche seiner Regierung, oder wenigstens der englischen Interessenten, der hiesigen Regierung übermittelt haben, ohne daß Herr Iswolsky aber irgendwie darauf eingegangen sein soll.

Es dürfte sich jedenfalls empfehlen, England den Vortritt bei einer etwaigen Vorstellung zu überlassen.[2]

x Randbemerkung Goebels: Das kommt davon, wenn II von solchen Eingängen keine Kenntnis erhält.

*ZStAP, AA 6263, Bl. 172.*

1 Vgl. Dok. Nr. 164.

2 Koerner stimmte daraufhin zu (Erlaß vom 31. 12. 1909), „daß von Vorstellungen bei der russischen Regierung zunächst abgesehen wird". (ZStAP, AA 6263.)

## 167 Bericht Nr. 181 des Generalkonsuls in Odessa Ohnesseit an den Reichskanzler von Bethmann Hollweg

*Ausfertigung*

Odessa, 16. Dezember 1909

Die Handelskammern in Duisburg-Ruhrort und in Düsseldorf haben sich mit den gehorsamst beigefügten Schreiben vom 9. und 15. v.M.[1] an mich mit der Anfrage gewandt, ob es richtig ist, daß auch in diesem Jahr im Getreidehandel mit Rußland die Vermischung des aus Südrußland ausgeführten Weizens mit Schmutz und fremden Bestandteilen in hohem Maße beobachtet worden ist und zwar besonders bei Verladung von Weizen in Cherson, Nikolajew und Odessa. Sie regen an, auf irgend eine Weise dem Übel abzuhelfen, sei es durch Einfügung einer Besatzklausel für Weizen in den deutsch-niederländischen Vertrag, sei es durch Ausschließung derjenigen Häfen vom Getreidebezug, in denen Getreideverfälschung besonders betrieben wird, sei es endlich dadurch, daß die russische Regierung auf diplomatischem Wege veranlaßt wird, von sich aus einzugreifen und durch Verwaltungsmaßregeln der Verschmutzung des aus Rußland ausgeführten Getreides vorzubeugen.

Die beiden Schreiben habe ich dem Kaiserlichen Vizekonsul Frischen in Nikolajew, einer seit vielen Jahren anerkannten Autorität auf dem Gebiete des Getreidehandels in Südrußland, mit der Bitte um gutachtliche Äußerung übersandt. Den mir darauf zugegangenen Bericht füge ich gleichfalls gehorsamst bei.

Herr Frischen bestätigt die Auffassung der Handelskammern, daß die künstliche Verunreinigung von Getreide bei der Ausfuhr aus den südwestlichen russischen Schwarzmeerhäfen jetzt noch sehr groß ist und gibt als Erklärung für diese Erscheinung folgende Gründe an:

Zunächst behauptet er, daß die ausländischen Einfuhrhäuser wahllos durch Vermittlung hiesiger kleiner Agenten einkaufen, ohne jede Rücksicht auf die Bonität der hiesigen Verkäufer, von denen die meisten ohne Kapital arbeiten und nur mit Hilfe von Agenten und von Vorschuß erteilenden Banken ihr unlauteres Geschäft aufrecht erhalten können. Die großen soliden hiesigen Getreidehäuser haben sich allmählich ganz vom Geschäft zurückgezogen und den unsoliden Elementen das Feld räumen müssen.

Ferner bewerten die ausländischen Käufer das reine unverfälschte Getreide nicht *verhältnismäßig* höher als das verfälschte. So wird z. B. Getreide mit 2% Beimischung nicht um 3% im Preise höher bezahlt als dasjenige mit 5% Beimischung, sondern nur um etwa 1%. Infolgedessen werden die Exporteure geradezu angestachelt, lieber unreines Getreide zu liefern, da sie dabei mehr verdienen. Die Gutsbesitzer und Bauern folgen diesem Beispiel und reinigen ihr Getreide fast gar nicht mehr.

Als weiteren Übelstand führt Herr Frischen an, daß die russischen Exporteure bei den Auslieferungen in den ausländischen Bestimmungshäfen, besonders in Hamburg und Rotterdam, vielfach übervorteilt werden sollen, da hier fast immer Abweichungen von dem Ergebnis der z. B. in Nikolajew durch die Börsenkomitees sorgfältig ausgeführten Analysen konstatiert werden, während in Marseille das in Nikolajew festgestellte Gewicht sowie die dortigen Analysen meistens Anerkennung fänden.

Als Abwehrmaßregel empfiehlt Herr Frischen nicht eine Anregung bei der russischen Regierung, von der man nicht viel erwarten könne. Er rät vielmehr, daß die ausländischen Börsen (Handelskammern) eine Vereinbarung darüber treffen sollen, nur von soliden und als zahlungsfähig bekannten Verkäufern zu beziehen und dadurch die unsoliden Elemente allmählich aus dem Getreidehandel auszuscheiden. Für jede Getreidesorte soll eine geringe Norm für erlaubte Beimischungen festgesetzt werden. Der Verkäufer soll eine entsprechende Vergütung von dem Käufer erhalten, falls das Getreide reiner ausfällt als die Norm festsetzt, wie umgekehrt der Verkäufer für eine die Norm übersteigende Unreinheit sich einen Abzug gefallen lassen muß. Die Normen sollen derart festgesetzt werden, daß es für die Lieferanten im Gegensatz zu den jetzt bestehenden Zuständen vorteilhaft erscheinen muß, möglichst reines Getreide zu liefern.

Am Schluße seiner Äußerung teilt Herr Frischen noch den Inhalt eines Schreibens mit, welches das Nikolajewer Börsenkomitee in betreff der jetzigen anormalen Zustände im Getreidehandel an das Handelsministerium in Petersburg gesandt hat. In diesem Schreiben sind statistische Angaben über die durchschnittlichen Verunreinigungen der Hauptgetreidesorten vor und nach der Einführung der neuen Getreidekontrakte enthalten. Danach hat die Verunreinigung nach der Einführung etwas abgenommen.

Die in dem an das Handelsministerium gerichteten Schreiben angeführten Gründe der Mängel der Getreideausfuhr stimmen im großen und ganzen mit denen, welche Herr Frischen hervorhebt, überein. Besonders hingewiesen wird auf Mißstände, welche bei Anfertigung von Analysen und Nachanalysen in Hamburg und Rotterdam herrschen sollen.

Die Tendenz des Schreibens liegt darin, daß bisher alle Vorteile einer verbesserten Getreidekultur dem ausländischen Käufer zugute gekommen sind, und daß man danach streben muß, zu erreichen, daß auch der russische Verkäufer Vorteile hat, wenn er eine verbesserte Qualität auf den Markt bringt. Das Börsenkomitee bittet die Regierung Maßregeln zu ergreifen, um in ausländischen Häfen ein besseres System für die Probeentnahme und die Ausführung der Analysen einzuführen, sowie um eine Abänderung der Bedingungen des deutsch-niederländischen Vertrages über die Nachanalyse durchzusetzen.

Das Odessaer Börsenkomitee, welches sich auf Veranlassung des russischen Handelsministeriums in der Angelegenheit gleichfalls geäußert hat, erachtet die Beschwerde der Rheinisch-Westfälischen Getreideimporteure für ungerechtfertigt, indem es folgendes ausführt:

Die ausländischen Importeure kaufen Weizen nach der Qualität einer versiegelten Probe. Nachdem sie die Ware mit einer erheblichen Beimischung fremder Bestandteile erhalten haben, wenden sie sich an die Arbitrage und erhalten durch deren Vermittlung eine große Vergütung. Nach den Aufzeichnungen der Analysenabteilung bei dem Odessaer Börsenkomitee ist eine Verschmutzung des aus Odessa ausgeführten Weizens in erheblichem Maße bisher nicht beobachtet worden. Wenn aus anderen Häfen des Schwarzen Meeres verschmutzter Weizen verschifft worden ist, so ist das wohl eine Folge davon, daß die ausländischen Importeure den Unterschied des Wertes von reinem und verschmutztem Getreide nicht richtig abschätzen können. Jedenfalls hält es das Börsenkomitee, um auf eine Beseitigung der beobachteten Übelstände hinzuwirken, für erforderlich, in Zukunft Weizen unter der Bedingung von 100% Reinheit oder unter der bestimmten Garantie eines gewissen Prozentsatzes von Fremdkörpern zu verkaufen und zwar, indem zugunsten beider Kontrahenten Vergütungen festgesetzt werden, je nachdem der Weizen einen geringeren oder größeren Prozentsatz von Verschmutzung aufweist.

Gegen die von den russischen Exporteuren vorgeschlagenen obigen Bedingungen haben die ausländischen Getreidekäufer sich bisher stets ablehnend verhalten.

Die sachkundigen Ausführungen des Herrn Frischen, der allerdings in der Angelegenheit interessiert ist, verdienen nach meinem gehorsamsten Dafürhalten im wesentlichen große Beachtung. Eine Anregung bei der russischen Regierung dürfte geringe Aussicht auf eine Verbesserung des Getreidehandels bieten. Die deutschen Getreidehändler können selbst durch vorsichtige Auswahl der russischen Getreidelieferanten und durch festen Zusammenschluß gegen die als unsolide bekannten Agenten und Händler sehr viel zur Hebung der Mißstände beitragen.

Bei der allgemeinen Bedeutung und der großen Wichtigkeit des Gegenstandes für den gesamten deutschen Getreidehandel habe ich davon abgesehen, lediglich den anfragenden Handelskammern zu antworten, habe vielmehr geglaubt, Euerer Exzellenz den Sachverhalt unterbreiten und die weitere Veranlassung anheimstellen zu sollen.

*ZStAP, AA 6367, Bl. 134ff.*

1 Das Schreiben der Handelskammer zu Duisburg vgl. Dok. Nr. 161.

## 168 Schreiben der Hamburg—Amerika Linie an den Reichskanzler von Bethmann Hollweg

*Ausfertigung*

Hamburg, 16. Dezember 1909

Von dem uns freundlichst bekanntgegebenen Bericht des Kaiserlich Deutschen Konsulats in Libau haben wir mit verbindlichstem Dank Kenntnis genommen. Die darin angeführten Bestrebungen gewisser russischer Kreise, die Aufhebung des Paßzwanges zu erlangen, um russische Auswanderer lediglich über russische Häfen zu leiten, halten wir außerordentlich gefährlich für die Interessen der deutschen Schiffahrt und der deutschen Eisenbahnen. Die russische Auswanderung hat in den letzten Jahren etwa 40% der Gesamtauswanderung über deutsche Häfen ausgemacht; bewerten wir diese 40% bei der diesjährigen Auswanderung auf etwa 100,000 Personen, so ergibt sich, daß die deutschen Dampfschiffsgesellschaften etwa M 15,000,000, — an Einnahmen einbüßen würden, wenn die Pläne Poduschkins und Genossen verwirklicht würden. Dividenden, das heißt, gewinnbringende Jahre, würden für die beiden großen deutschen Dampfschiffsgesellschaften überhaupt ausgeschlossen sein. Die deutschen Eisenbahnen würden mindestens M 2.000.000.— an Fahrgeldern jährlich verlieren.

Bei dem großen Ernst, der den Bestrebungen innewohnt, können wir nur bitten, auf diplomatischem Wege dahin zu wirken, daß, wenn der Paßzwang aufgehoben wird, die Aufhebung sich auch erstreckt auf solche Auswanderer, die die Grenze überschreiten, um ihren Weg über deutsche Häfen zu nehmen. Am besten wäre es, die Verhältnisse blieben, wie sie sind. [Unterschrift].

*ZStAP, AA 29879, Bl. 2f.*

## 169 Bericht Nr. 2315 des preußischen Gesandten in Mecklenburg und bei den Hansestädten Graf von Götzen an den preußischen Minister der auswärtigen Angelegenheiten von Bethmann Hollweg

*Ausfertigung*

Hamburg, 30. Dezember 1909

Einer der Direktion der Hamburg—Amerika—Linie zugegangenen Nachricht zufolge, beabsichtigt die russische Regierung, in Kürze der Duma einen Gesetzentwurf vorzulegen, der darauf hinausgeht, eine große Differenz in den Paßgebühren zu Gunsten derjenigen Auswanderer zu schaffen, die von russischen Häfen mit Dampfern unter russischer Flagge abgehen.[1] Derartige Auswanderer sollen nur eine unbedeutende Paßgebühr, nämlich 2.50 bis 3.50 Rubel bezahlen, wohingegen Auswanderer, die Schiffe unter fremder Flagge benutzen, die gewöhnliche Paßgebühr von 15 bis 20 Rubel zu erlegen haben. Eine derartige Differenzierung bedeutet selbstverständlich eine enorme Begünstigung der russischen Flagge und sie wird voraussichtlich die Auswanderung in starkem Maße über Libau leiten und sie dem gewöhnlichen Wege über die Landesgrenze entziehen. Daraus würde sich eine starke Gefährdung des Auswandererverkehrs des Norddeutschen Lloyd und der Hamburg—Amerika—Linie ergeben. Dem Vernehmen nach haben die dänischen Interessenten, die sich gleichfalls dadurch bedroht fühlen, bereits veranlaßt, daß der Königlich Dänische Gesandte in St. Petersburg bei den russischen Behörden vorstellig wird.

Die Direktion der Hamburg—Amerika—Linie bittet, eine Prüfung der Frage anzuregen, ob derartige Maßnahmen mit dem Wortlaut und dem Geist der Handelsverträge vereinbar sind und ob nicht auch deutscherseits auf diplomatischem Wege Protest gegen die beabsichtigten Maßnahmen eingeleitet werden kann. Nach Ansicht der Hapag ist eine derartige Begünstigung der russischen Flagge mit den Grundsätzen der Gleichberechtigung der nationalen und der fremden Flagge, auf dem die Handels- und Schiffahrtsverträge aufgebaut sind, nicht in Einklang zu bringen.

Euerer Exzellenz darf ich hiernach die hochgeneigte weitere Veranlassung anheimstellen.

*ZStAP, AA 29879, Bl. 16.*

1 Vgl. Dok. Nr. 168; die jahrelangen Bemühungen deutscher Reedereien, eine für sie ungünstige Lösung zu verhindern, behandelt L. Thomas, Rivalitäten deutscher und russischer Schiffartsgesellschaften im Transatlantikgeschäft. Politische und ökonomische Hintergründe, in: Jahrbuch für Geschichte, Bd. 29, 1984, S. 39ff.

## 170 Erlaß Nr. II 0 5621 des Direktors der Handelspolitischen Abteilung des Auswärtigen Amts von Koerner an den Generalkonsul in St. Petersburg Biermann

*Konzept*

Berlin, den 31. Dezember 1909

Auf den Bericht vom 7. d.M. — II 855 —[1].

Die von Euer Hochwohlgeboren in der Frage der etwaigen Gründung einer deutsch-russischen Handelskammer vertretene Auffassung wird hier geteilt. Auch ist dem Gedanken, daß es genügend, andererseits aber auch zwedkmäßig wäre, wenn der Deutsch-Russische Verein die Gelegenheit benutzen würde, um seine Tätigkeit auf eine breitere Basis zu stellen, hier bereits näher getreten worden. Der Verein hat, wie durch vertrauliche Rücksprache mit seinem Vertreter, Generalsekretär Busemann, festgestellt werden konnte, in dieser Beziehung schon verschiedene Maßnahmen ins Auge gefaßt.[x] Dabei wird u.a. die Frage erwogen, ob es vielleicht zweckmäßig ist, an wichtigen Handelsplätzen Rußlands statt der bisher nur bestehenden Vertrauensmänner des Vereins Zweigvereine zu organisieren. Dieser Frage, nicht der der Gründung einer deutsch-russischen Handelskammer, sollten wohl auch die Erkundigungen des Rechtsanwalts Landsberg dienen. Inwieweit solche Gründung von Zweigvereinen in Rußland überhaupt zu empfehlen oder vielleicht für einzelne Plätze zweckentsprechend ist, vermag ich nicht ohne weiteres zu übersehen, jedenfalls aber dürfte die von Ihrem Herrn Amtsvorgänger[2] im Jahre 1900, als die Gründung einer russischen Abteilung im Verein in St. Petersburg oder in Moskau in Frage kam, ausgesprochene Befürchtung, der Verein würde dadurch den russischen Interessen zu sehr dienstbar gemacht werden (Bericht vom 3. März 1900 — II 55), im Hinblick auf das bisherige Verhalten des Vereins wesentlich an Bedeutung verloren haben. Euer Hochwohlgeboren stelle ich anheim, diese Frage näher zu prüfen, da es nicht ausgeschlossen ist, daß der Verein dieserhalb amtliche Unterstützung erbittet.

Im übrigen ist diesseits dem Verein mit Rücksicht auf sein bisheriges Wirken auf dem Gebiet der Förderung unserer Handelsbeziehungen nach Rußland möglichste Unterstützung bei seinen neuerlichen Bestrebungen auf Erweiterung seines Tätigkeitsgebietes zugesagt worden. Euer Hochwohlgeboren ersuche ich daher ergebenst, ihm, falls er sich an Sie wendet, in gleicher Weise Ihr Interesse und Ihren Beistand angedeihen zu lassen.

x Randbemerkung Goebels: Heranziehung deutscher Kreise, insbesondere der Banken, Bearbeitung der russischen Presse. Herausgabe eines ausführlichen Warenverzeichnisses zum russischen Zolltarif. Veranstaltung von Vorträgen über Rußland (z. B. Ende Januar oder Anfang Februar d. J. des Sachverständigen Göbel über Sibirien), Fixierung der Herausgabe einer deutschen Bearbeitung des russischen Zivilgesetzbuches (bei Abt. III bekannt).

*ZStAP, AA 2569, Bl. 18ff.*
1 Vgl. Dok. Nr. 163.
2 Generalkonsul Maron.

## 171 Bericht Nr. II 8 des Generalkonsuls in St. Petersburg Biermann an den Reichskanzler von Bethmann Hollweg

*Ausfertigung*

St. Petersburg, 11. Januar 1910

Auf den Erlaß vom 31. v.M. II 0 5621[1].

Eine Erweiterung des Tätigkeitsgebiets des deutsch-russischen Vereins erscheint auch mir, wie ich bereits in meinem Bericht vom 7. v.M. — II 855 —[2] zu bemerken die Ehre hatte, ein durchaus ausreichendes und auch zweckentsprechendes Mittel, um die deutsch-russischen Handelsbeziehungen zu fördern, — falls man in Deutschland der Ansicht ist, daß zur Zeit die bestehende Organisation nicht ausreicht.

Die Gründung von Zweigvereinen in den wichtigsten Handelsplätzen Rußlands könnte unter Umständen auch ganz zweckmäßig sein. Ich teile dabei die Befürchtung meines Amtsvorgängers nicht, daß der Verein selbst zu sehr die russischen Interessen wahrnehmen könnte. Ob aber in den Zweigvereinen sich derartige Tendenzen zeigen werden, wird von ihrer Zusammensetzung abhängen.

Es ist mir jedoch sehr zweifelhaft, ob zur Zeit die Gründung solcher Zweigvereine angebracht ist. Meines Erachtens ist die politische Stimmung Deutschland gegenüber zur Zeit nicht günstig genug, um eine Förderung der Idee auch von amtlicher russischer Seite erwarten zu können. Es ist ferner, wenn man jetzt die Gründung der Filialvereine vornimmt, nicht zu erhoffen, daß auch russische Firmen dem Vereine in größerem Umfange beitreten. Der Verein wäre also auf die deutschen Firmen angewiesen, die, soweit sie ein Interesse an den Bestrebungen des Vereins bekunden, wohl schon dessen Mitglieder sind.

Man würde in diesen Zweigvereinen wohl auch Nachahmung der von anderen Nationen errichteten Handelskammern sehen und die größeren und ernsteren Firmen würden sich von ihnen ebenso zurückhalten wie von den Handelskammern.

Um ein genaues sachgemäßes Urteil in der Frage abgeben zu können, müßte man erst Näheres über die Form und das Programm der Zweigvereine wissen.

Über die russisch-englische Handelskammer wurde mir von einem Komiteemitgliede erzählt, daß ihre finanzielle Lage sich von Tag zu Tag verschlechterte, daß an die seit dem Abgang von Herrn Timirjaseff zurückgegangene Mitgliederzahl sehr bedeutende pekuniäre Anforderungen gestellt würden und daß die Folge ein gesteigerter Austritt sein würde. Es zeige sich auch, daß die divergierenden Interessen mancher Mitglieder ein harmonisches Arbeiten erschweren.

So habe der bekannte Herr King, der Importeur englischer Kohle sei, verlangt, daß man eine Herabsetzung des Zolles, Ermäßigung der Frachten und andere Vorteile für den

Kohleimport von der Regierung verlangen solle, wogegen Herr Awdakow, der Präsident des Konseils für Handel und Industrie, an der russischen Kohlengrube interessiert ist, im Gegenteil eine Erschwerung des Kohlenimports, dagegen Erleichterung für den Export forderte.

Der betreffende Herr meinte, daß die Handelskammer heute eigentlich nichts weiter sei, als ein Auskunftsbureau, nur daß ihre Auskünfte meist teurer und weniger zuverlässig seien, als die von den gewöhnlichen Auskunfteien.

*ZStAP, AA 2569, Bl. 22.*

1 Vgl. Dok. Nr. 170.

2 Vgl. Dok. Nr. 163.

**172 Erlaß Nr. II E 133 des Direktors der Handelspolitischen Abteilung des Auswärtigen Amts von Koerner an den Botschafter in St. Petersburg Graf von Pourtalès. Vertraulich!**

*Konzept*

Berlin, 17. Januar 1910

Die Hamburg-Amerika-Linie und der Norddeutsche Lloyd haben in den abschriftlich beigefügten Eingaben vom 16. v.M. und 2. und 7. d.M.[1] zur Sprache gebracht, daß die Russische Regierung eine Neureglung der russischen Auswanderungs- und Paßgesetzgebung beabsichtige und insbesondere eine unterschiedliche Behandlung der über deutsche und russische Häfen gehenden Auswanderung und zwar zu Gunsten der englischen Schiffahrtslinien in Aussicht genommen habe. In Anbetracht der großen Interessen, die für die an dem russischen Auswanderungsgeschäfte beteiligten deutschen Reedereien auf dem Spiele stehen, haben die beiden Gesellschaften gebeten, bei der Russischen Regierung Schritte zu tun, um das Zustandekommen des neuen Gesetzes zu verhindern.

Indem ich zwei die gleiche Angelegenheit betreffende Berichte des Kais. Konsulats in Libau vom 18. und des Kgl. Pr. Gesandten in Hamburg vom 30. v.M. und J. nebst Anlage in Abschrift und Auszug aus einem dem Norddeutschen Lloyd zugegangenen Schreiben vom 15. v.M. zur gef. vertraulichen Kenntnis anschließe, bitte ich Eure pp., Sich zunächst tunlichst bald gutachtlich zur Sache, namentlich über die Zweckmäßigkeit amtlicher Schritte, zu äußern und auch dem dortigen Kaiserl. Gen. Konsul Gelegenheit zur Prüfung der Angelegenheit zu geben. Über die Stellungnahme Ihrer dortigen, an der Sache interessierten Kollegen (vgl. Eingabe von Lloyd) bitte ich vertrauliche Erkundigungen einzuziehen und über das Ergebnis zu berichten. Auch bitte ich dem weiteren Verlauf der geplanten gesetzgeberischen Maßnahmen Ihre besondere Aufmerksamkeit zu schenken und Bemerkenswertes zu berichten. Durch Beschleunigung der Berichterstattung werden Ew. Exz. mich zu Dank verpflichten.

*ZStAP, AA 29879, Bl. 36f.*

1 In dem Schreiben des Norddeutschen Lloyd vom 2. 1. 1910 wurde hervorgehoben, daß die russische Regierung beabsichtige, „durch eine Reihe direkt gegen die kontinentalen Linien gerichteter Maßnahmen

diese gewaltsam aus dem russischen Auswanderungsgeschäft zu verdrängen, um dasselbe in Zukunft den russischen Linien, und soweit diese den Verkehr nicht zu bewältigen vermögen, den *englischen* Linien zuzuführen [. . .] Soweit dabei die Beförderung mit direkten Dampfern ab russische Häfen nicht zu ermöglichen ist — und diese Möglichkeit erscheint auf Jahre hinaus völlig ausgeschlossen — soll die Auswanderung lediglich für *England* unter Benutzung russischer Schiffe bis zum englischen Hafen gefördert werden, während die Auswanderung unter Benutzung des Landweges, sowie auch unter Benutzung des Seeweges über kontinentale Häfen möglichst erschwert werden soll [. . .] Die Tragweite eines solchen Ereignisses würde für unsere Gesellschaft eine ganz außerordentliche sein und bei der enormen Bedeutung des russischen Auswanderungsgeschäftes für die beiden großen Reedereien dürften die Folgen für die Entwicklung der deutschen Schiffahrt überhaupt sich als ganz unberechenbar erweisen. Allein durch den Norddeutschen Lloyd wurden an russischen Auswanderern nach Nordamerika befördert

| Im Jahre | 1904 | 1905 | 1906 | 1907 | 1908 | 1909 |
|---|---|---|---|---|---|---|
| Personen | 35347 | 28876 | 45947 | 52684 | 20134 | ca. 36000 |

entsprechend einer jährlichen Einnahme an Passagiergeldern von 5 bis 6 Millionen Mark! Für die Hamburg-Amerika-Linie dürften sich die Ziffern voraussichtlich noch höher stellen [. . .] Wie wir vernehmen, beabsichtigen die Regierungen Frankreichs, Dänemarks, Hollands und Belgiens durch ihre diplomatischen Vertreter in St. Petersburg gegen die geplante Schädigung der Interessen ihrer Schiffahrtsunternehmungen unverzüglich energisch Protest einzulegen. Wir dürfen wohl hoffen, daß das Auswärtige Amt, angesichts der in Frage stehenden außerordentlichen Interessen, sich diesem Vorgehen ohne Verzug anschließen und mit allem Nachdruck und allen zu Gebote stehenden Mitteln dafür eintreten wird, daß den deutschen Gesellschaften, die für ihre gedeihliche Weiterentwicklung unbedingt erforderliche paritätische Behandlung in Rußland zuteil werde." — Das Schreiben der Hamburg-Amerika Linie an Bethmann Hollweg vom 7. 1. 1910 schloß: „Die Frage der Erhaltung des bisherigen Verkehrs ist für die deutschen Eisenbahnen und die deutschen Schiffsgesellschaften von so eminenter Bedeutung, daß wir Euere Exzellenz nicht dringend genug bitten können, fortan keinen Handelsvertrag zu schließen, zu erneuern oder abzuändern, in dem die diesbezüglichen Interessen nicht ausdrücklich und zweifellos sicher gestellt sich." (ZStAP, AA 28879.)

## 173 Erlaß Nr. II E 404 des Direktors der Handelspolitischen Abteilung des Auswärtigen Amts von Koerner an den Botschafter in St. Petersburg Graf von Pourtalès

*Konzept*

Berlin, 21. Januar 1910

Herr M. A. Klausner wird morgen nach St. Petersburg abreisen, um im Auftrage des Norddeutschen Lloyd für diesen und die Hamburg—Amerika-Paketfahrt A. G. zur Abwendung der aus dem geplanten russischen Gesetze zur Regelung der Auswanderung drohenden Schädigungen dort tätig zu sein.

Ew. Exzel. bitte ich, dem Genannten zur Erreichung seines Reiseziels tunlichst behilflich zu sein und ihn auf Wunsch auch mit weiteren Empfehlungen zu versehen.

*ZStAP, AA 29879, Bl. 50f.*

**174 Bericht Nr. 248 des Botschafters in St. Petersburg Graf von Pourtalès an den Reichskanzler von Bethmann Hollweg**

*Ausfertigung*

St. Petersburg, 26. Januar 1910

Erlaß II E 133 vom 17. und 404 vom 21. d.M.[1]

Herr Klausner teilt mir soeben folgendes mit: „Die Emigrantengesetz-Kommission hat eine Subkommission beauftragt, bis zum Montag ihre Wünsche und Vorschläge zu formulieren. Während der Kommissionsverhandlungen hat der Vertreter der Polizei gesagt, es wäre hohe Zeit, das Paßwesen überhaupt abzuschaffen, da es keinen Nutzen stifte, unendliche Kosten verursache und zu Mißbräuchen führe. Der Verteter des Auswärtigen Ministeriums sprach sich für Erlaß der Paßgebühren an alle Emigranten aus, diese mögen über russische Häfen oder über die trockene Grenze das Land verlassen.

Herr v. Miller, Präsident der Kommission, sagte mir heute nach der Sitzung:

Das Gesetz wird binnen Jahresfrist zustande gekommen sein. Im Frühjahr 1910 werden hinreichend Schiffe der Freiwilligen Flotte gebaut sein, um die ganze Auswanderung zu befördern. Paßgebührenerlaß wird nur den Auswanderern auf russischen Schiffen gewährt. Von einer Begünstigung des englischen Transitverkehrs sei nicht die Rede.

Ich habe den Eindruck, als ob Herr v. Miller die Sicherheit seiner Prophezeihungen aus aufrichtiger Selbstüberschätzung herleitet. Diese Selbstüberschätzung trübt sein Urteil."

Dazu möchte ich bemerken, daß ich an eine allgemeine Änderung des Paßwesens in absehbarer Zeit nicht glaube. Was die Begünstigung der russischen Linien betrifft, so wird hiergegen wohl kaum mit Erfolg vorgegangen werden können, wie dies die Hamburg—Amerika-Linie zu glauben scheint, da die beabsichtigte Maßnahme, soweit mir bekannt, nicht durch den Handelsvertrag ausgeschlossen wird.

Nach dem Bericht des Königlich Preußischen Gesandten in Hamburg hätten die dänischen Interessenten bereits veranlaßt, daß der hiesige Königliche Dänische Gesandte bei den „russischen Behörden" vorstellig wird.

Diese Nachricht ist unrichtig. Ein derartiger Schritt der interessierten Mächte (Frankreich, Dänemark, Belgien und Niederlande) hat bisher nirgends stattgefunden.

Erst wenn — was aber unwahrscheinlich ist — eine Bevorzugung Englands in der Weise stattfände, daß die russischen Auswanderer nach Amerika auf russischen Schiffen bloß bis England bzw. Dänemark befördert und von dort mit englischen dann weiter geschafft würden, könnte eine Vorstellung bei der hiesigen Regierung erfolgen.

*ZStAP, AA 29879, Bl. 61f.*

1 Vgl. Dok. Nr. 172 u. 173.

## 175 Schreiben des Vertreters der Hapag und des Norddeutschen Lloyd, Klausner, an den Botschafter in St. Petersburg Graf von Pourtalès

*Abschrift.*

St. Petersburg, 30. Januar 1910

Euere Exzellenz wollen mir gütigst einen Nachtrag gestatten:

In der Kommission[1] haben selbstverständlich die Interessenten Oberwasser. Sie würden aber in ihren Forderungen nicht so weit gehen, wie sie tun, wenn sie nicht durch die Haltung des Herrn von Miller bestärkt würden, der libauischer ist als die Libauer und russischer als irgend ein . . .owitz zu sein sich verpflichtet glaubt. Herr v. Miller hat in den Kommissionsmitgliedern die Meinung hervorgerufen, daß sie nur zu verlangen brauchten, um zu erlangen, und daß der Ministerrat dem werdenden Gesetzentwurf im Prinzip schon beigestimmt hätte.

Ich glaube, daß diese prinzipielle Bestimmung — die sich meines Erachtens nur auf die Zulassung eines von Emigranten handelnden Gesetzes bezieht — tausend praktische Einwendungen und Bedenken nicht ausschließt, deren Beseitigung unter allen Umständen sehr zeitraubend sein kann.

Immerhin ist es denkbar, daß eine starke öffentliche Meinung zugunsten des geplanten Auswanderungsgesetzes geschaffen wird, und die aufs Unsinnige gerichtete öffentliche Meinung hat auch in Rußland die Erlaubnis, bis zur Unwiderstehlichkeit anzuwachsen. Herr v. M. muß seinen deutschen Namen sich verzeihen lassen und scheint überdies für Berliner Erfahrungen unerfreulicher Art sich revanchieren zu wollen. Herr v. St. aber ist kaum der Mann, irgend eine Frage zweiten Ranges zum Anlaß für eine Kraftprobe zu nehmen. Er ist zu begeisterter Kraftsammler und wird dereinst als Pensionär kaum wissen, was er mit aller gesparten Kraft anfangen soll. Daß Herr v. M. Politik auf eigene Faust treibt, schließe ich daraus, daß er mit bemerkenswerter Vorsicht die Absicht auf Begünstigung des englischen Transitverkehrs — die zu Einreden Deutschlands, Belgiens, Hollands, Frankreichs hätte führen können — ausgeschaltet hat. Er hat die Interessenten der Freiwilligen Flotte und Genossen angestachelt zu behaupten, was sie selbst früher nicht zu sagen wagten: daß sie die ganze russische Auswanderung mit russischen Schiffen zu bewältigen vermöchten. Freilich ist eine gewaltige Staatssubvention hierfür die Voraussetzung. Doch zur Entgegennahme der größten fühlen die Männer der Freiwilligen Flotte sich jetzt schon stark genug. Herr v. M. ist es ferner gewesen, der den Interessenten vorgerechnet hat: sie brauchten einen etwaigen Tarifkrieg der deutschen und anderen Schiffahrtsgesellschaften nicht zu fürchten, da der Erlaß der Paßgebühr (Rbl. 17,25) und die Beseitigung der sonstigen Kosten für die Paßerlangung (Rbl. 12,75) mit der Verbilligung der Beförderung auf den russischen Eisenbahnen (für Personen und Fracht im Durchschnitt Rbl. 10,—) ihnen einen Vorsprung von 40 Rubel pro Auswanderer gebe. Die fremden Gesellschaften müßten ihren Zwischendeckpreis um mehr als die Hälfte herabsetzen — was sie auch nur vorübergehend kaum können — ehe sie die russischen Emigrantenschiffe zu unterbieten anfangen.

Ebenso ist es Herr v. M., der von einer Rückfracht an Baumwolle, von einer Warenverfrachtung (auf dem Rückweg) nach England gesprochen hat.

Nach alledem wäre es vielleicht empfehlenswert — ich bitte sehr um Entschuldigung, daß ich mir eine Empfehlung erlaube — bei bald herbeizuführender Gelegenheit der zuständigen russischen Stelle anzudeuten:

a) daß es nicht gut sei, die werdende und jedenfalls noch zarte und schonungsbedürftige deutsch-russische Entente einer vorzeitigen Belastungsprobe auszusetzen;

b) daß eine über die Wahrung legitimer russischer Interessen hinausgehende unfreundliche Behandlung unserer Schiffahrtsgesellschaften bei der kommenden Erneuerung des deutsch-russischen Handelsvertrags eine gewiß nicht förderliche Nachwirkung haben würde.

Ich *weiß*, soweit man dergleichen wissen kann, daß die leitenden Herren jetzt mehr denn je auf Erhaltung und Förderung guter Beziehungen zu Deutschland gestimmt sind. Sie haben Ordre nach dieser Richtung.[2]

*ZStAP, AA 29879, Bl. 81f.*

1 Zur Regelung der Emigrantenfrage wurde im russischen Ministerium für Handel und Gewerbe eine Kommission einberufen, die unter Vorsitz von Miller tagte, vgl. Bericht Biermanns vom 27. 1. 1910 (ZStAP, AA 29879.)

2 Klausner bat am 30. 1. 1910 Izvol'skij um eine Audienz. „Es ist mein Wunsch, von einer Angelegenheit zu sprechen, die, wie der Herr Finanzminister Kokowzow mir gesagt hat, Eurer Hohen Exzellenz Interesse hat." (AVPR, Kancel. 1910, op. 470, d. 97.)

## 176 Bericht Nr. II 84 des Generalkonsuls in St. Petersburg Biermann an den Reichskanzler von Bethmann Hollweg

*Ausfertigung*

St. Petersburg, 31. Januar 1910

Im Anschluß an den Bericht vom 17. d.M. No. II 78 beehre ich mich gehorsamst weiter zu berichten, daß vor einigen Tagen der Gehilfe des Handelsministers, Herr Miller, dem dänischen Handelsattaché gegenüber geäußert hat, daß er die Absicht habe, das Ergebnis der Kommissionsberatungen über die Auswanderungsgesetzgebung möglichst schnell vor die Duma zu bringen. Er sei sicher, daß ein Gesetzentwurf, der die beabsichtigten Begünstigungen der russischen Flotte enthalte, von der Duma ohne weiteres werde akzeptiert werden.

Wenn also etwas gegen die russischen Pläne unternommen werden soll, so muß dies bald geschehen. Englischerseits zweifelt man, ob die bestehenden Verträge zum Protest die nötige Begründung geben. England sowohl wie Dänemark sind gleich uns an der Erhaltung des bestehenden Zustandes interessiert, und würden sich etwaigen Schritten unsererseits wohl anschließen.

Abschrift dieses Berichtes ist der Kaiserlichen Botschaft hierselbst übermittelt worden.

*ZStAP, AA 29879, Bl. 64.*

**177** **Schreiben des Rheinisch-Westfälischen Kohlen-Syndikats an den Staatssekretär des Auswärtigen Amts von Schoen**

*Ausfertigung*

Essen-Ruhr, 7. Februar 1910

Die Kaiserlich Russische Marine hat einen ziemlich bedeutenden Kohlenbedarf, den sie bisher ausschließlich in England zu decken gewohnt gewesen ist, und zwar aus dem Grunde, weil andere kohlenerzeugende Länder außer England nicht in der Lage waren, diesem Geschäft ein wesentliches Interesse entgegenzubringen. Infolgedessen sind die Lieferungsbedingungen der Marine lediglich auf englische Kohlen zugeschnitten.

In den letzten Jahren hat aber der Ruhrkohlenbergbau sich dem Export von Kohlen mehr widmen können, da der heimische Verbrauch nicht so stark war, um die von den Zechen zur Verfügung gestellten Mengen ganz aufzunehmen. Somit gewann das Geschäft mit der Kaiserlichen Russischen Marine Interesse für uns, und wir sind infolgedessen durch unsere Vertreter in St. Petersburg vorstellig geworden, um zu versuchen, bei den Submissionen der Marine als Lieferant zugelassen zu werden. Die Marine beruft sich aber darauf, daß die Lieferungsbedingungen sich lediglich auf englische Kohlen beziehen und deshalb ein Angebot in unseren Kohlen nicht in Berücksichtigung gezogen werden könne. Die Möglichkeit dazu bestände nur dann, wenn die Lieferungsbedingungen durch Kaiserlichen Erlaß abgeändert würden.

Unsere Vertreter teilen uns mit, daß in dieser Beziehung durch sie selbst an Ort und Stelle nichts erreicht werden könne. Sie stellen es aber als durchaus aussichtsvoll hin, daß unserem Ersuchen Folge gegeben würde, wenn sich Euer Exzellenz durch die Botschaft in St. Petersburg bei der Kaiserlich Russischen Marine vermittelnd für uns verwendete.

Wir erlauben uns daher die ganz ergebene Bitte an Euer Exzellenz zu richten, im Interesse der heimischen Ausfuhr in St. Petersburg darauf hinwirken zu wollen, daß wir bei den Submissionen der Marine unter entsprechender Abänderung ihrer Lieferungsbedingungen als Lieferant für Kohlen rheinisch-westfälischen Ursprungs zugelassen werden.

Da in allernächster Zeit die Ausschreibung der Marine auf ihren diesjährigen Bedarf zu erwarten steht, würden wir Euer Exzellenz zu ganz besonderem Dank verpflichtet sein, wenn das Erforderliche in St. Petersburg unter tunlichster Beschleunigung in die Wege geleitet würde.[1] Vollrath [Unterschrift].

*ZStAP, AA 2933, Bl. 97f.*

1 Pourtalès wurde mit Erlaß vom 2. 3. 1910 angewiesen, dem Gesuch, „falls keine Bedenken bestehen, nach Möglichkeit entsprechen zu wollen". Der Staatssekretär des Reichsmarineamts und der Minister für Handel und Gewerbe haben den Antrag des Syndikats befürwortet. (ZStAP, AA 2933.)

## 178 Bericht Nr. 51 des Botschafters in St. Petersburg Graf von Pourtalès an den Reichskanzler von Bethmann Hollweg

*Ausfertigung*

St. Petersburg, 10. Februar 1910

Mein englischer Kollege hat im Auftrage seiner Regierung unter Berufung auf englisch-russischen Handelsvertrag gegen die in Aussicht genommenen Bestimmungen zur Begünstigung der Auswanderung aus Rußland auf russischen Dampferlinien bei der hiesigen Regierung protestiert. Sir A. Nicolson trug selbst Bedenken, diesen Schritt zu tun, hat aber auf nochmalige Rückfrage bei seiner Regierung Weisung erhalten, Protestnote sofort zu übergeben.

*ZStAP, AA 29879, Bl. 70.*

## 179 Schreiben des Handelsvertragsvereins an das Generalkonsulat in St. Petersburg

*Abschrift*

Berlin, 12. Februar 1910

Die im Gang befindliche russische Tarifrevision erregt in deutschen Exportkreisen zunehmende Beunruhigung, umsomehr als über die Verhandlungen kaum etwas in die Öffentlichkeit dringt und über die im einzelnen vorgeschlagenen Tariferhöhungen völlige Ungewißheit besteht. Es würde für uns von außerordentlichem Wert sein, wenn irgend möglich über die in Aussicht genommenen Erhöhungen von Zeit zu Zeit Näheres zu erfahren. Sollte das verehrliche Generalkonsulat hierzu in der Lage sein, so wären wir ihm zu lebhaftem Dank verbunden. Wir erlauben uns auch darauf hinzuweisen, daß wir als zentrale Vertretung mit 150 angeschlossenen Handelskammern und Vereinen und ca. 7000 Einzelmitgliedern imstande sind, weite Kreise der deutschen Geschäftswelt über die drohenden Zollerhöhungen zu unterrichten und dadurch auch ihren Auskunftsdienst wesentlich zu entlasten.

Wir wären Ihnen sehr verbunden, wenn Sie uns einen Wink darüber geben könnten, in welcher Weise eine private Aktion gegen die drohenden Zollerhöhungen am besten zu organisieren wäre. In erster Linie käme wohl in Frage, in geeigneten russischen Zeitschriften aufklärende Artikel zu veröffentlichen, in denen auch nachdrücklich auf die Möglichkeit deutscher Repressalien gegen die russische Einfuhr hingewiesen würde. Es dürfte Ihnen wohl bekannt sein, welche Presseorgane hauptsächlich hierfür in Frage kommen würden. Die Einsendung von derartigen Artikeln hätte wohl zweckmäßigerweise, wenn irgend möglich, durch geeignete russische Persönlichkeiten zu erfolgen.

Weiter würde es gewiß sehr zu begrüßen sein, wenn es gelänge, durch Vermittlung von angesehenen Importhäusern oder Importeurverbänden direkte Beziehungen zu Mitgliedern der Zollkommission oder des Handelsministeriums anzuknüpfen. Es ist uns leider nicht bekannt, an wen wir uns in dieser Beziehung mit Aussicht auf Erfolg wenden könnten.

Bisher haben wir die beteiligten Kreise, die sich an uns in dieser Frage wandten, veranlaßt, sich mit russischen Importeuren behufs Einleitung einer entsprechenden Agitation in Verbindung zu setzen. Leider haben sich diese Kreise bisher sehr wenig gerührt, zum Teil wohl auch, weil es Ihnen an jeder Information fehlt. In der Praxis zeigt sich, daß dieser Weg infolge der Indolenz eines großen Teils der Importeure allein keinen durchgreifenden Erfolg verspricht. So wird uns z. B. von einer bedeutenden Exportfirma in Fischernetzen geschrieben, daß alle bisherigen Versuche, die russischen Netzhändler und durch diese die Fischer zu einem Vorgehen zu veranlassen, an der Gleichgültigkeit der Leute gescheitert seien. Die Händler erklären übereinstimmend, daß es für sie von wenig Belang sein würde, ob sie die Netze wie bisher aus dem Auslande oder nach Eintreten eines höheren Zollsatzes von inländischen Fabriken beziehen müssen. Zum Teil wird sogar die Ansicht verteten, daß letzteres für die Händler günstiger sei, da sie dann nicht gezwungen wären, ein großes Lager in Netzen zu halten wie bisher. Da für Fischernetze der prohibitive Zollsatz von 12,50 Rbl. per Pfund in Aussicht genommen sein soll, so werden wir von den betreffenden Exportfirmen immer wieder auf das dringendste ersucht, etwas in ihrem Interesse zu tun. Vielleicht ist das geehrte Generalkonsulat in der Lage, uns einen Wink zu geben, was sich vielleicht noch für diese bedrohten Exportinteressen tun läßt. Ob der angegebene Zollsatz von 12,50 Rbl. tatsächlich vorgesehen ist und Aussicht hat angenommen zu werden, entzieht sich natürlich unserer Kenntnis.

Wir brauchen kaum zu versichern, daß wir die Quelle der Ratschläge und Winke, die Sie die Liebenswürdigkeit haben würden, uns zugehen zu lassen, streng vertraulich behandeln werden. Dr. Nitzsche.

*ZStAP, AA 6289, Bl. 176f.*

## 180 Schreiben des Vertreters der Hapag und des Norddeutschen Lloyd, Klausner, an den Vortragenden Rat in der Handelspolitischen Abteilung des Auswärtigen Amts Goetsch

*Ausfertigung*

Berlin, 15. Februar 1910

Ihrem Wunsch gemäß schreibe ich in folgendem für Sie den Eindruck nieder, den ich in Petersburg von den Aussichten der Auswanderungsangelegenheiten erhalten habe.

Es ist zu unterscheiden zwischen den Bestrebungen der Kommissionsmitglieder und den Absichten der Minister.

Die Vertreter der Minister kennen die Absichten ihrer Chefs nicht. Eben deshalb entwickeln sie einen ungezügelten Eifer. Wüßten sie, was im Werke ist, so würden sie wahrscheinlich auf die Interessenten mildernd einzuwirken versucht haben. Es ist möglich, daß der Übereifer den Intentionen der Minister insofern entspricht, als diese nach außen — das ist nach dem Auslande und insbesondere nach Deutschland zu — möglichst lebhafte Besorgnisse erwecken wollen.

Die russischen Minister sind gegenwärtig durchaus geneigt, sich Deutschland freundwillig zu erweisen. Durch extreme Beschlüsse der Auswanderungsgesetzkommission können sie den Anschein erwecken, nach der deutschen Seite einen wertvollen Dienst zu leisten, indem sie einfach alles beim alten lassen.

Bei alledem ist nicht unwahrscheinlich, halte ich sogar für gewiß, daß die russischen Minister sich ganz gern in den Bestimmungen des Auswanderungsgesetzes ein Kompensationsobjekt für die kommenden Handelsvertragsverhandlungen schaffen möchten.

Ich beehre mich, in den Anlagen zu überreichen:

a) Kopie eines Schreibens, das ich am 30. v.M. in Petersburg an den Herrn Botschafter Grafen von Pourtalés gerichtet habe.[1] Ich nehme mir die Freiheit, auf das Datum aufmerksam zu machen und darauf, daß ich erst drei Tage nach Abgang dieses Schreibens Herrn Iswolski gesprochen und bei diesem bestätigt gefunden habe, was am Schlusse meines Schreibens an den Herrn Botschafter gesagt ist.

Ich halte noch heute den Vorschlag, den ich dem Herrn Botschafter zu unterbreiten mir erlaubt habe, für empfehlenswert.

Ganz gewiß ist es durchaus korrekt, Einwendungen erst zu erheben, wenn definitive Beschlüsse vorliegen. Es muß aber auch angehen und ist unter Umständen — zu denen die jetzigen gehören — ungleich wirksamer, auf die noch zu formulierenden Entschließungen einzuwirken, als bereits endgültig gefaßte Beschlüsse zum Gegenstand von Verhandlungen zu machen.

Ferner beehre ich mich, Ihnen in der zweiten Anlage b Kopie einer Denkschrift zu überreichen, die ich dem russischen Eisenbahnminister Herrn Ruchlow übergeben habe, und auf Grund derer Herr Ruchlow seinen Gehilfen beauftragt hat, mit mir bei meinem demnächstigen Aufenthalt in Petersburg in vorbereitende Verhandlungen zu treten.

*ZStAP, AA 29879, Bl. 80.*

1 Vgl. Dok. Nr. 175.

## 181 Schreiben Nr. 297 des russischen Botschafters Graf Osten-Sacken an den Staatssekretär des Auswärtigen Amts von Schoen

*Ausfertigung*

Berlin, den 16. Februar 1910

En réponse à ma note du 8/21 Septembre 1908 sub Nr. 2524[1], concernant la question de la dénaturalisation de l'orge importée en Allemagne et non destinée à la fabrication du malt Votre Excellence a bien voulu me faire communiquer par la note du 15 Octobre 1908 sub Nr II 0 3714/75329 qu'en cas de mesure de ce genre prise par le Gouvernement Impérial Allemand, il ne manquerait pas bien entendu d'en avertir le Gouvernement Impérial Russe.

Entre temps un loi ayant trait á ce sujet a été adopté par le Reichstag autorisant le Conseil Fédéral de publier un nouveau règlement sur l'inspection douanière de l'orge importée en Allemagne (Gerstenzollordnung). Ce règlement entré en vigeur déjà depuis le 1 Septembre dernier confère aux autorités douanières en cas de doute sur la nature de l'orge le droit d'appliquer à toute orge importée au taux de 1 M. 30 Pf. outre les mesures prévues par les stipulations du traité de Commerce entre la Russie et l'Allemagne des mesures spéciales de discernement, consistant dans la teinture de l'orge par un colorat dit Eosine.

D'après les renseignements parvenus à mon Gouvernement les autorités douanières allemandes exigeraient l'application de cette mesure non pas à titre d'exception mais comme condition indispensable sans laquelle l'orge ne jouirait pas du tarif réduit.

Vu que les procédés de dénaturalisation qui toutefois ne peuvent être appliqués qu'en cas de doute sérieux sur la nature de l'orge et non comme mesure générale tout strictement établie par la convention additionelle au Traité de Commerce entre la Russie et l'Allemagne, le Gouvernement Impérial de Russie considère que l'introduction d'un procédé nouveaux ainsi que son application arbitraire constituent une infraction aux stipulations du Traité susmentionné.

Je suis par conséquent chargé par mon Gouvernement de protester contre cette mesure qui porte une atteinte sérieuse aux intérêts commerciaux de mon pays.

En portant ce qui précède à la connaissance de Votre Excellence j'ai l'honneur de m'adresser à Son obligeance toute particulière avec la prière de vouloir bien m'informer le plus tôt que faire se pourra du résultat de ma présente démarche.

*ZStAP, AA 13312, Bl. 78.*

1 Vgl. Dok. Nr. 109.

## 182 Schreiben Nr. III A 917 des Staatssekretärs des Innern Delbrück an den Staatssekretär des Auswärtigen Amts von Schoen

*Ausfertigung*

Berlin, 23. Februar 1910

Ich teile die Auffassung des Kaiserlichen Botschafters in St. Petersburg, daß der Handels- und Schiffahrtsvertrag zwischen Deutschland und Rußland vom 10. Februar 1894 keine Handhabe bietet, gegen die von der russischen Regierung bei Neuregelung des Auswanderungswesens beabsichtigte Begünstigung russischer Schiffslinien begründeten Einspruch zu erheben.[1] Insbesondere würden gegen eine Bevorzugung russischer Auswandererschiffe durch Paßerleichterungen im Hinblick auf Artikel 13 Abs. 3b des Vertrags meines Erachtens Einwendungen nicht geltend gemacht werden können.

Andererseits will es mir aber doch fraglich erscheinen, ob eine völlige Zurückhaltung der deutschen Regierung gegenüber den in Rußland beabsichtigten Maßnahmen am Platze ist, da diese Maßnahmen nicht allein die Interessen der an dem russischen Auswanderungsgeschäft stark beteiligten deutschen Schiffahrtsgesellschaften, sondern auch die der preußischen Eisenbahnverwaltung in erheblichem Maße berühren. Ich möchte daher zur Erwägung anheimgeben, diese Frage einer kommissarischen Erörterung mit den beteiligten preußischen Ressorts — vielleicht auch unter Einladung der Senate in Hamburg und Bremen — zu unterstellen. Dabei könnte dann gegebenenfalls erwogen werden, welche Mittel sich etwa bieten, um einen geeigneten Druck auf die russische Regierung auszuüben.

Einer gefälligen Mitteilung über die in der Angelegenheit weiterhin gefaßten Entschließungen darf ich ergebenst entgegensehen.[2]

*ZStAP, AA 29879, Bl. 104.*

1 Vgl. Dok. Nr. 174.

2 Das Auswärtige Amt befürwortete (Schreiben vom 28. 2. 1910), in der Angelegenheit eine abwartende Haltung einzunehmen, womit sich das Reichsamt des Innern (Schreiben vom 1. 4. 1910) einverstanden erklärte. (ZStAP, AA 29879.)

## 183 Schreiben des Generalkonsuls in St. Petersburg Biermann an den Handelsvertragsverein

*Abschrift*

St. Petersburg, 23. Februar 1910

Die im hiesigen Handelsministerium geführten Verhandlungen über die Reform des Zolltarifs scheinen zur Zeit etwas ins Stocken geraten zu sein.[1] Dies erklärt zum Teil die Tatsache, daß über die Verhandlungen so wenig in die Öffentlichkeit kommt. Im übrigen wird von hier aus alles, was die russische Presse über die Tarifrevision bringt, und was sonst darüber zu erfahren ist, fortlaufend an das Auswärtige Amt eingesandt. Sie werden also dort jeweilig die neuesten Informationen erhalten können, die das Auswärtige Amt Ihnen mitzuteilen für gut befindet.

Was nun Ihre Wünsche und Vorschläge über eine Einwirkung auf den Gang der Revisionsarbeiten selbst anlangt, so sehe ich, wenn sich die Kreise der Importeure selbst nicht rühren und eine Agitation nicht unternehmen, keinen anderen Weg, um die von ihnen angestrebten Ziele zu erreichen.

Eine direkte Einwirkung meinerseits auf die Mitglieder der Kommission, halte ich für inopportun.

Eine Einwirkung durch die russische Presse halte ich für ziemlich ausgeschlossen. Man wird sofort erkennen, daß es eigentlich die deutschen Interessen sind, denen man dienstbar gemacht werden soll und infolgedessen ablehnen. Der gangbarste Weg wird noch der sein, wenn Sie in der deutschen Presse, die man ja auch hier verfolgt, die einzelnen Fragen in objektiver Weise beleuchten, doch möchte ich Ihnen empfehlen, von einer Möglichkeit deutscher Repressalien gegen die russische Einfuhr vorläufig lieber nicht zu sprechen, da ein derartiger Hinweis vielleicht eher das Gegenteil von dem bewirken könnte, was Sie erreichen wollen.

Von dem weiteren Fortgang der Angelegenheit wegen Erhöhung des Zolles auf Fischernetze ist mir nichts bekannt. *Vertraulich* bemerke ich, daß Gesuche auf Erhöhung des Zolles von der Netzfabrik von I. M. Leesmann in Reval und vom Konseil des Altrussischen Vereins der Flachsindustriellen ausgegangen sind.[x]

x Vermerk Nadolny: Dem erschienenen Dr. Nitzsche ist der Bescheid des Generalkonsulats in Petersburg mit dem Ersuchen übergeben worden, ihn nicht zu veröffentlichen, was er auch versprach.

*ZStAP, AA 6289, Bl. 178f.*
1 Vgl. Dok. Nr. 179.

## 184 Schreiben des Vereins der Fabrikanten landwirtschaftlicher Maschinen und Geräte an das Auswärtige Amt

*Ausfertigung*

Berlin, 6. März 1910

Unter Bezugnahme auf unsere Eingabe an das K. Reichsamt des Innern vom 1. v.M. Nr. 476/10 beehren wir uns nachstehend ehrerbietigst zu berichten, was wir in Rußland zur Verhütung übermäßiger Zollerhöhungen für landwirtschaftliche Maschinen und Geräte unternommen, und was wir über die Sachlage inzwischen erfahren haben.

Die an der betreffenden Ausfuhr am meisten beteiligten deutschen Firmen haben in Gemeinschaft mit den ersten englischen Fabriken von Dampfdreschmaschinen eine Organisation geschaffen, um die öffentliche Meinung durch die russische Presse über die noch unzulängliche Leistungsfähigkeit der russischen Industrie im Bau komplizierter landwirtschaftlicher Maschinen und der zugehörigen Lokomobilen aufzuklären und durch Vorträge die einflußreichsten landwirtschaftlichen Gesellschaften und Abgeordneten der Duma davon zu überzeugen, daß die russische Landwirtschaft ausländische Fabrikate der gedachten Art noch auf Jahre hinaus nicht ohne Nachteil entbehren kann.

Durch die Bemühungen unserer Vertreter ist festgestellt worden, daß ein Gesetzentwurf der russischen Regierung für die Duma vorbereitet ist, welcher vom 1. Januar 1911 ab für die in T.Nr. 167,6 des russischen Zolltarifs genannten Maschinen und Geräte einen Zoll von 1,50 R per Pud und für alle Lokomobilen den Zollsatz von 3,20 R in Vorschlag bringt.

Der letztgenannten Steigerung liegt ein Gutachten von 11 russischen Lokomobil- und Lokomotivfabriken zu Grunde, welche das Finanzministerium eingefordert hat. Dasselbe sucht durch eine Kalkulation nachzuweisen, daß die bisherige Fabrikation von Lokomobilen einen Durchschnittsverlust von 2,13 R per Pud gebracht hat, und daß daher ein Zoll von 3,20 R unbedingt erforderlich ist.

Die größeren englischen Fabriken von Lokomobilen und Dreschmaschinen haben Ende v.M. an das Foreign Office in London den Antrag gerichtet, daß der englische Botschafter in St. Petersburg veranlaßt werde, in Gemeinschaft mit dem deutschen Botschafter daselbst gegen die Ausführung des vorbezeichneten Gesetzentwurfes bei der russischen Regierung vorstellig zu werden.

Wir gestatten uns daher die Bitte, unserem Botschafter in Petersburg von dieser Tatsache Kenntnis geben und ihn zu allen Schritten im Einverständnis mit demjenigen Großbritanniens ermächtigen zu wollen, welche zu einer günstigen Einwirkung auf die russische Regierung und die Duma noch möglich erscheinen.

Vielleicht dürfte der Herr Botschafter auch in der Lage sein, unseren Bevollmächtigten, Herrn Direktor Lippmann der Akt. Ges. H. F. Eckert in Moskau, in seinen persönlichen Bestrebungen zu unterstützen; der genannte Herr wird sich gegebenenfalls gestatten, eine Audienz bei dem Herrn Botschafter zu erbitten.[1] Krüger, Generalleutnant z. D.

*ZStAP, AA 6290, Bl. 23f.*

1 Krüger suchte Koerner am 3. 3. 1910 auf, „um Intervention des Botschafters in Petersburg zugunsten der Aufrechterhaltung des jetzigen Zolltarifs oder doch wenigstens der Verhinderung des Zolles über 0,75 zu erbitten". (Randbemerkung Koerners zum Bericht Biermanns v. 3. 3. 1910, ZStAP, AA 6290.)

## 185 Bericht Nr. II 177 des Generalkonsuls in St. Petersburg Biermann an den Reichskanzler von Bethmann Hollweg

*Ausfertigung*

St. Petersburg, 7. März 1910

Endlich nach einer Reihe schlechter Jahre hat Rußland eine gute Ernte gehabt, die zusammenfiel mit weniger guten Ernten im übrigen Europa. Da außerdem die Weltgetreidetreidevorräte aus dem Vorjahr ziemlich aufgebraucht waren, so hielten sich auch die Preise hoch und infolgedessen ist seit dem Herbst v.J. eine Fülle von Geld ins Land gekommen.

Alle Gebiete des wirtschaftlichen Lebens haben, wie das in einem Ackerbaulande wie Rußland nicht anders sein konnte, mehr oder weniger davon profitiert, nicht zum wenigsten die Staatsfinanzen.

Wenn die wirtschaftliche Entwicklung trotzdem noch vieles zu wünschen übrig läßt, so zeigt dies, bis zu welchem Grade durch Krieg, innere Unruhen und schlechte Ernten die normale Lage gestört war und wie schwer Vertrauen und Zuversicht auf eine dauernde fortschreitende Entwicklung zurückkehrt.

Dazu mag auch die politische Lage, die vielen immer noch unsicher erscheint, beitragen.

Zwar hat noch in der letzten Zeit die öffentliche Meinung, wie sie in der Presse zum Ausdruck kommt, sich ziemlich einstimmig dagegen ausgesprochen, sich in die möglichen deutsch-englischen Zwistigkeiten hineinziehen zu lassen, aber man kann sich hier doch von dem Gedanken nicht frei machen, daß im nahen und fernen Osten Konflikte entstehen können, in denen Rußland eine Haupt- oder doch sehr aktive Nebenrolle spielen müßte.

Ist Rußland einerseits der Gefahr ausgesetzt, durch die Nationalisten und Neoslawisten wie in früheren Zeiten zu einer Einmischung in die Wirren des nahen Orients gedrängt zu werden, so wollen die Gerüchte nicht aufhören, daß im fernen Osten ein neuer Angriff auf die russischen Gebiete bevorstehe und zwar noch ehe die geplante bessere Verbindung nach dem fernen Osten vollendet ist.

Alle Verständigen sind sich darüber klar, daß Rußland für einen Krieg bis jetzt noch nicht wieder gerüstet ist und daß die jetzt im Gange befindlichen Bestrebungen einer Reformation und Reorganisation der Verwaltung und der Wirtschaft, wenn überhaupt, nur bei dauerndem Frieden Erfolg haben können.

Wenn auch von der revolutionären Propaganda jetzt weniger zu bemerken ist und wenn auch besonders die durch die reiche Ernte günstig veränderte Lage der Bauern sich als ein wichtiges Moment für die Erhaltung der inneren Ruhe erwiesen hat, so unterliegt es doch keinem Zweifel, daß die politische Umsturzbewegung nicht erloschen ist und bei erster günstiger Gelegenheit wieder auflodern wird.

Wie die günstigeren Verhältnisse auf dem Lande beruhigend wirken, so würde auch eine Blüte der Industrie die Fabrikarbeiterbevölkerung weniger geneigt machen, sich von politischen Agitatoren zu neuen Unruhen aufstacheln zu lassen.

Aber gerade in der Industrie liegen die Verhältnisse noch sehr im argen. [. . .]

Das im Lande reichlich vorhandene Kapital sucht lieber andere Anlagen als in der Industrie. Die Kurse der Industriepapiere haben, von Ausnahmen abgesehen, die Aufwärtsbewegung der Staatsfonds, der Bank- und Versicherungspapiere nicht mitgemacht. Das Konseil der Vereinigung von Handel und Industrie hat berechnet, daß die in der russischen Industrie investierten Kapitalien sich kaum mit 4,4%, also weniger als die neueren Staatsanleihen, verzinsen. Abgesehen von der nicht sehr bedeutenden chemischen Industrie, die gut situiert ist, kann die Textilindustrie noch allenfalls zufrieden sein, da hier gute und schlechte Konjunkturen wenigstens abwechseln. Nach wie vor notleidend ist aber noch die metallurgische Industrie und das wird auch so bleiben, solange die reichen Regierungsbestellungen ausbleiben.

[. . .] Den Bakuer Industriellen ist es endlich auch gelungen, für ihre Wünsche, betreffs Ermäßigung der Petroleumtarife Baku-Batum, bei der Regierung Gehör zu finden. Es ist daher auf eine Steigerung der Petroleumausfuhr zu rechnen. [. . .]

Die Industriellen selbst haben nun auch in den letzten Jahren von dem Mittel der Syndikatsbildung reichlichen Gebrauch gemacht und in der Eisenindustrie hat dies dazu beigetragen, sogar den Export möglich zu machen. Russisches Eisen, besonders in Form von Schienen und Trägern, fängt an im europäischen Orient sich zu zeigen.

Bei den hohen Produktionskosten in Rußland ist ja beim Export noch so gut wie nichts verdient, aber er hat doch hier und da genügt, um die Generalunkosten zu ermäßigen. [. . .]

Durch Gründungen von ausländischen Handelskammern und ähnlichen Instituten, durch stehende und schwimmende Ausstellungen sollte der Exporthandel gefördert werden.

Abgesehen von der russisch-englischen ist aber noch keine Handelskammer ins Leben getreten, und die erstere führt eine kümmerliche Existenz, besonders seitdem ihr Präsident Timirjasew von dem Ministerstuhl herabgestiegen ist. So will eine der wenigen deutschen Firmen, die ihr beigetreten war, auch ausscheiden, weil der Vorstand von den wenigen Mitgliedern einen hohen Extrabeitrag fordert, um den Sekretär salarieren zu können.

Die plötzlich in Rußland so lebhaft gewordene Idee, in ausländischen Handelskammern Allheilmittel zu finden, wird recht bald wieder einschlafen, wenn man sieht, daß selbst die von der englisch-russischen Entente getragene russisch-englische ihrem Ende entgegen zu gehen scheint. [. . .]

Die Fondsbörse kann im allgemeinen auf ein gutes Geschäftsjahr zurückblicken. [. . .] Kurse vor der Revolution und dem Kriege wieder erreicht. [. . .] Das gilt zuerst von den staatlichen Fonds. [. . .]

Nur die Aktien der Industrie, vor allem der metallurgischen, haben dem allgemeinen Fortschritt nicht folgen können.[. . .] Im Lande herrscht ein Überfluß an Geld, der Rubelkurs hat seit dem Herbst eine so ungewohnte Höhe erreicht, daß sich der Goldimport gelohnt hat. Allein aus Deutschland sind für ca. 90 Millionen Mark Gold nach Rußland geflossen. Die Reichsbank kann sich eines Goldbestandes von beinahe 1½ Milliarden Rbl. rühmen.

Abgesehen von der günstigen Handelsbilanz haben die Anleihen für Eisenbahnbauten und der Rückfluß eines großen Teils der während der Revolution ins Ausland in Sicherheit gebrachten Kapitalien den Geldüberfluß verursacht.

So erfreulich der Zustand einerseits auch ist, so deutet die Geldflüssigkeit doch andererseits darauf hin, daß Handel und Industrie geringe Ansprüche an den Kapitalmarkt gemacht haben, auch ein Beweis, daß hier noch immer eine gewisse Stagnation und ein Mangel an Vertrauen herrschen. Und das ist vorläufig auch berechtigt.

So wertvoll die gute Ernte des Jahres 1909 für Rußland war, wenn sie nicht ebensogute Nachfolger hat, wird ihr Einfluß nur ein ephemerer sein.

[. . .] Wie es nicht anders zu erwarten war, vollzieht sich der Übergang von der Gemeinde- zur Einzelwirtschaft nur sehr langsam. Aber ein Fortschritt ist unverkennbar, und wenn erst die Bedeutung des Privateigentums durch seine Erfolge sich den bis jetzt am Gemeindebesitz Hängenden deutlicher sichtbar macht, wird sich dieser Übergang wohl schneller vollziehen [. . .]

Es läge eigentlich nahe, bei dem günstigen Stande der hochverzinslichen Anleihen, die das Reichsbudget so sehr belasten, eine Konversion ins Auge zu fassen. Den Gedanken hat aber der Finanzminister kategorisch von sich gewiesen. Was kann man daraus schließen? Doch nur, daß er die russischen Finanzen und das Vertrauen auf den russischen Kredit nicht für genug fest hält, um diese für sein mit dem Zinsendienst (über 400 Mill. Rbl.) schwer belastetes Budget so wohltätige Operation zu wagen. Diese Haltung wird aber noch verständlicher, wenn die Regierung wirklich eine neue große Anleihe im Auge hat. Soll diese zu besseren Bedingungen wie ihre Vorgänger zu Stande kommen, so muß auch die leiseste Erschütterung des glücklich wieder erlangten Vertrauens und des guten Kursstandes der Staatspapiere vermieden werden.

Noch einen wichtigen Punkt, der auf die Gestaltung des Budgets einen erheblichen Einfluß ausübt und der gerade im letzten Jahr, lebhafter als gewöhnlich, kommentiert worden ist, kann ich nicht unerwähnt lassen. Es ist die in dem Tschin herrschende Korruption. Was bei uns glücklicherweise eine seltene Ausnahme ist, ist hier die Regel. Von den höchsten bis zu den untersten Beamten, beim Militär und beim Zivil, sucht jeder auf verbotene Weise zum Schaden des Fiskus sich zu bereichern. Diebstähle, Unterschlagungen, Bestechungen sind an der Tagesordnung. Es muß anerkannt werden, daß die Regierung jetzt mit fester Hand in dieses Nest von Unredlichkeit hineingegriffen und eine ganze Anzahl von hohen, wenn auch nicht höchsten, und niederen Dieben zur Verantwortung gezogen hat, aber geholfen hat es, wie man von jedem hören kann, der mit der Regierung Geschäfte macht, so gut wie nichts. Man kann sagen: „den Bösen sind sie los, die Bösen sind geblieben". Der einzige Unterschied gegen früher ist, daß man etwas vorsichtiger geworden ist. — Auf die Bemerkung zu Leuten, die es wissen müssen, daß doch gewiß einige der höheren Beamten ehrlich seien, erhält man die Antwort, das sei nicht der Fall, der Unterschied sei lediglich der, daß die meisten sich von vielen bezahlen ließen, die wenigen aber nur von einem, von dem aber so, daß sie auf ihre Kosten kommen.

[Biermann führt die Korruption auf die schlechte Bezahlung der russischen Beamten zurück . . .]

Erst eine Reihe guter Ernten, mit denen eine Hebung des ökonomischen und kulturellen Niveaus des Volkes Hand in Hand geht, kann einen wirklich zufriedenstellenden Zustand herbeiführen [. . .]

*ZStAP, AA 2007, Bl. 110ff.*

**186 Bericht Nr. 514 des Botschafters in St. Petersburg Graf von Pourtalès an den Reichskanzler von Bethmann Hollweg**

*Ausfertigung*

St. Petersburg, 8. März 1910

Wie Euere Exzellenz aus der weiteren Berichterstattung des Kaiserlichen Generalkonsulats hierselbst — Bericht No II 124 vom 11. und II 142 vom 16. v. M. — ersehen haben werden, nehmen die Arbeiten der russischen Emigrationskommission einen nur sehr allmählichen Fortgang, und ist insbesondere die Frage der Ausschließung unserer Dampferlinien zur Zeit nicht mehr als aktuell zu betrachten.

Infolge dieser durchaus veränderten Sachlage kommen naturgemäß auch die Vorschläge in Fortfall, welche der Kaiserliche Generalkonsul noch in seinem Bericht II 84 vom 31. Januar[1] machen zu sollen glaubte, und wir haben, meines gehorsamsten Dafürhaltens, vorläufig keinen Anlaß, aus unserer abwartenden Haltung herauszutreten.

Da die hiesige englische Botschaft, wie ich Euerer Exzellenz unter anderem unterm 12. v.M. melden durfte, seinerzeit gegen die Benachteiligung englischer Linien protestiert hat, so hat die hiesige Regierung für den Fall, daß der Gedanke einer differentiellen Behandlung nichtrussischer Linien jemals wieder auftauchen sollte, immerhin eine Mahnung erhalten, die einen gewissen Eindruck wohl nicht verfehlt hat und aus welcher auch alle dritten Interessenten Nutzen ziehen werden. Und daß diese Mahnung gerade von englischer und nicht von deutscher Seite ausgegangen ist, kann, meines Erachtens, aus Erwägungen allgemeinpolitischer Art nur als ein Vorteil für uns bezeichnet werden.

Der hiesige Vertreter des Norddeutschen Lloyd ist dahin instruiert, sich bis auf weiteres lediglich beobachtend zu verhalten.

*ZStAP, AA 29879, Bl. 109.*

1 Vgl. Dok. Nr. 176.

## 187 Erlaß Nr. II 0 1039 des Direktors der Handelspolitischen Abteilung des Auswärtigen Amts von Koerner an den Botschafter in St. Petersburg Graf von Pourtalès

*Konzept*

Berlin, 12. März 1910

Dem tit — Grafen von Pourtalès Exz. Petersburg z. gefl. Ktn. mit Anheimstellen ergeb. übersandt,[1] in der Angelegenheit, falls keine Bedenken bestehen, mit der dortigen englischen Botschaft Fühlung zu nehmen und über die von dort unternommenen Schritte sowie deren etwaigen Erfolg eine Mitteilung hierher gelangen zu lassen.[2]

Wenn der in der Anlage erwähnte Direktor Lippmann dort vorstellig werden sollte, so bitte ich, ihn zu empfangen und, soweit angängig, zu unterstützen.

*ZStAP, AA 6290, Bl. 26.*

1 Eingabe des Vereins der Fabrikanten landwirtschaftlicher Maschinen und Geräte an das AA vom 6. 3. 1910, vgl. Dok. Nr. 184.

2 Pourtalès teilte daraufhin mit (Bericht Nr. 944 vom 23. 3. 1910), „daß, nach Mitteilung der hiesigen englischen Botschaft, dieselbe im Oktober v. J. in der Angelegenheit der Zollerhöhungen auf landwirtschaftliche Maschinen Vorstellungen allgemeinen Inhalts bei der hiesigen Regierung erhoben hat, ohne jedoch bisher eine Antwort darauf erhalten zu haben. Die englische Botschaft verspricht sich von weiteren Schritten keinen Erfolg, erhofft diesen vielmehr einzig von der agrarischen Partei, welche die vom Handel- und Finanzministerium vorgeschlagenen Zollerhöhungen lebhaft bekämpft und auf Minderung der vorgeschlagenen Zollsätze dringt." (ZStAP, AA 6290).

## 188 Bericht Nr. 813 des Botschafters in St. Petersburg Graf von Pourtalès an den Reichskanzler von Bethmann Hollweg

*Ausfertigung*

St. Petersburg, 25. März 1910

Erlaß vom 2. d. M. II.0 876[1].

Euerer Exzellenz beehre ich mich in der Anlage abschriftlich einen Bericht des hiesigen Marineattachés, betreffend das Gesuch des Rheinisch-Westfälischen-Kohlensyndikats, mit dem Bemerken gehorsamst vorzulegen, daß ich mich der darin geäußerten Ansicht des Freiherrn von Keyserlingk vollkommen anschließe.

*Anlage*

St. Petersburg, 23. März 1910

Nach Rücksprache mit dem hier vorübergehend sich aufhaltenden Vertreter des Syndikats Holst — sowie mit dem die Kohlenlieferungen vermittelnden hiesigen Kohlengeschäft P. Boekel, legte ich dem stellvertretenden Marineminister Grigorowitsch die Sachlage dar. Der Admiral sagte mir, daß die diesjährigen Kohlenaufträge für die Flotte schon nach England vergeben seien, daß er aber nach Rücksprache mit dem Marineminister die Erprobung der deutschen Kohle durch die noch nicht mit Kohlen versehene Baltische Werft (im Abhängigkeitsverhältnis vom Ministerium) vornehmen lassen werde. Die Angelegenheit ist nun soweit gediehen, daß an das Syndikat Aufträge für Kohlenlieferungen ergehen werden.

Es wird nunmehr von dem kaufmännischen Geschick des Syndikats abhängen, ob es die geschaffene Sachlage — besonders begünstigt durch den in diesen Tagen ausgebrochenen Streik der Grubenarbeiter in England — bleibend auszunutzen versteht.[2]

*ZStAP, AA 2933, Bl. 117f.*

1 Vgl. Dok. Nr. 177, Anmerkung.

2 Das Rheinisch-Westfälische Kohlen-Syndikat erklärte in einem Dankschreiben an Schoen vom 6. 4. 1910, es hoffe, „größere Aufträge" hereinzubekommen. (ZStAP, AA 2933.)

## 189 Bericht Nr. 1083 des Botschafters in St. Petersburg Graf von Pourtalès an den Reichskanzler von Bethmann Hollweg. Vertraulich!

*Ausfertigung*

St. Petersburg, 2. April 1910

Erlaß II E 1616 vom 22. v.M.[1].

Streng vertraulich höre ich, daß die hiesige Regierung der Großbritannischen Botschaft und der Dänischen Gesandtschaft auf ihre Vorstellungen hin, daß die geplante Begünstigung der russischen Schiffahrtslinien den betreffenden handelsvertraglichen Vereinbarungen nicht entsprechen würde, kurz erwidert hat, daß sie diese Ansicht nicht teilen könne. Die Verträge enthielten *keinerlei* Bestimmungen, welche eine Begünstigung der heimischen Schiffahrt seitens Rußlands in Zukunft ausschlösse.

Im besonderen könne man keinesfalls anerkennen, daß der von der Großbritannischen Botschaft zitierte Artikel über die „Güter- und Warenbeförderung" in gleicher Weise auf den Transport der Auswanderer Anwendung finden könnte.

Wie mir Herr Klausner vertraulich mitteilt, würde er dem Norddeutschen Lloyd jetzt vorschlagen, eine Denkschrift über die Wünsche der deutschen Interessenten auszuarbeiten, welche dann dem hiesigen Handelsministerium eingereicht werden solle. Die Beschlüsse der Vorkommission, welche unter Herrn von Millers unfähiger Leitung bis jetzt getagt hat, seien eigentlich ohne jede Bedeutung.

Herr Klausner beabsichtigt, sich im Auswärtigen Amt vorzustellen, und wird in etwa 4 Wochen hier wieder eintreffen.[2]

*ZStAP, AA 29879, Bl. 115.*

1 Pourtalès wurde darin aufgefordert zu berichten, welche Antwort der britischen Botschaft auf ihren Protest gegen die geplanten neuen Auswanderungsbestimmungen zuteil wurde, vgl. Dok. Nr. 186.

2 Das Auswärtige Amt stimmte zu (Erlaß an Pourtalès vom 22. 4. 1910), daß in der Angelegenheit eine abwartende Haltung eingenommen werden solle. (ZStAP, AA 29879.)

## 190 Schreiben des Deutschen Handelstags an den Staatssekretär des Auswärtigen Amts von Schoen

*Ausfertigung*

Berlin, 9. Mai 1910

Die Pläne der russischen Regierung gegenüber Finnland erfüllen uns mit Sorge. Sollten sie dazu führen, daß Finnland in den Bereich des russischen Zolltarifs einbezogen wird, so würde unsere bedeutende Ausfuhr nach Finnland empfindlich dadurch getroffen werden. Aber auch abgesehen hiervon besteht die Gefahr, daß das Vorgehen Rußlands gegen Finnland nicht nur dessen politische, sondern mittelbar auch dessen wirtschaftliche Verhältnisse schädigt und hierdurch auch Deutschland in Mitleidenschaft zieht. Im Anschluß an die Unterredung, die Euere Exzellenz am 3. d.M. dem ergebenst Unterzeichneten und unserem Generalsekretär[1] gewährten, bitten wir auf die Abwendung solcher Schädigungen gütigst bedacht zu sein. Euere Exzellenz stellten in Aussicht, zunächst die Kaiserlichen Generalkonsuln in St. Petersburg und Helsingfors über die Angelegenheit und insbesondere auch darüber zu hören, ob und gegebenenfalls wann es angezeigt erscheine, sich öffentlich gegen die Pläne der russischen Regierung auszusprechen.[2] Da es uns nicht ausgeschlossen erscheint, daß schon in nächster Zeit in St. Petersburg Entscheidungen, wenn auch zunächst nur in einer Kommission, getroffen werden, so bitten wir eine Klärung der Angelegenheit möglichst zu berücksichtigen, damit nicht der günstigste Zeitpunkt für eine öffentliche Kundgebung versäumt wird. Der Präsident Kaempf

*ZStAP, AA 6264, Bl. 12.*

1 Dr. Soetbeer.

2 Schoen teilte Koerner nach der Unterredung mit Kaempf und Soetbeer am 3. 5. 1910 mit: „Von einer öffentlichen, von den Handelskammern zu tragenden Bewegung gegen die Russifizierung Finnlands habe ich für jetzt abgeraten. Ein solches Eintreten könnte bei der Abneigung russischer leitender Kreise gegen alles, was einer Einmischung ähnelt, eher die gegenteilige von der erwünschten Wirkung haben. Es lohne sich zunächst, die Wirkung der von englischen Handelskammern ausgehenden Bewegung zu beobachten.“ (ZStAP, AA 6264.)

**191 Schreiben Nr. II 6054 des Staatssekretärs des Reichsschatzamtes Wermuth an den Staatssekretär des Auswärtigen Amts von Schoen**

*Ausfertigung*

Berlin, 31. Mai 1910

Ich vermag die Beschwerde der russischen Botschaft über die Zollbehandlung, welche die Gerste gegenwärtig bei uns erfährt, nicht als begründet anzuerkennen.

Die Beschwerde beruht in ihrem ersten Teile, wie aus dem dritten Absatze des Schreibens vom 3./16. Februar 1910 hervorgeht[1], auf der Annahme, daß die Färbung allgemein die Voraussetzung der Ablassung von Gerste zum niedrigeren Zollsatze bilde. Diese Annahme ist irrig. Daß die verbündeten Regierungen eine derartige Anordnung nicht wohl treffen konnten, wird die russische Botschaft ohne Zweifel aus der Entschiedenheit entnehmen, mit der regierungsseitig bei der Beratung des Gerstenstrafgesetzes im Reichstage gegen den von der 39. Kommission zu § 1 Abs. 2 des Entwurfs gefaßten, auf Einführung der allgemeinen Zwangsfärbung abzielenden Beschluß Stellung genommen wurde. (Verhandlungen des Reichstags 1907/09 Seite 9116.) Tatsächlich enthält die wenige Wochen nach Verabschiedung des Gesetzes vom Bundesrate beschlossene Gerstenzollordnung keine Bestimmung, auf die jene irrige Annahme der russischen Note gestützt werden könnte. Nach wie vor wird, dem Handelsvertrage entsprechend, die bedingungslose Ablassung von Gerste, deren Hektolitergewicht hinter den vorgeschriebenen Grenzen zurückbleibt, zum niedrigeren Satze nur dann versagt, wenn sich infolge der besonderen Beschaffenheit der zur Zollabfertigung gestellten Sendung Zweifelsgründe hinsichtlich ihrer Verwendung ergeben. Daß im laufenden Erntejahre solche Zweifelsgründe sich besonders häufig ergeben und auch in besonders vielen Fällen ein über jene Grenzen hinausgehendes Hektolitergewicht ermittelt wird, beruht im wesentlichen auf der Beschaffenheit der russischen Gerste von 1909, die nach dem einstimmigen Urteil aller Sachverständigen eine seit langen Jahren nicht erreichte Schwere aufweist.

In ihrem zweiten Teile bemängelt die Note, daß in den erwähnten Fällen die Unbrauchbarmachung der Gerste zur Malzbereitung durch ein neues, im Handelsvertrage nicht genanntes Verfahren bewirkt wird. Hierbei ist übersehen, daß zwar einige Arten der Unbrauchbarmachung besonders genannt, andere, nicht genannte aber durch die Worte „oder ein ähnliches Verfahren“ ausdrücklich zugelassen sind. Die Beschwerde, daß das Färben kein dem „Brechen“ usw. „ähnliches“ Verfahren sei, würde Rußland nur dann zu erheben berechtigt sein, wenn die Färbung gegenüber jenen anderen Arten eine Erschwerung der Einfuhr bedeutete. Tatsächlich ist das nicht der Fall. Im Gegenteil muß die Färbung, da sie viel schneller auszuführen ist, als die Behandlung der Gerste in den früher gebrauchten Maschinen, und daher den Verkehr in viel geringerem Maße hemmt, als eine mildere Form der Unbrauchbarmachung angesehen werden. Einen Beweis dafür, wie wenig die Färbung und die seit dem vorigen Sommer über die Zollbehandlung von Gerste getroffenen Bestimmungen überhaupt die Einfuhr russischer Gerste nach Deutschland nachteilig beeinflußt haben, liefert die Statistik. An niedrig verzollter Gerste wurden allein aus dem europäischen Rußland eingeführt 1908: 15721266 dz, 1909: 22645488 dz, in den Monaten Januar/April 1909: 4493313 dz, im gleichen Zeitraum des laufenden Jahres: 5372253 dz. Unter der Herrschaft der neuen Gerstenzollordnung hat mithin die Gerstenausfuhr aus Rußland nach Deutschland, da diejenige von 1908 die der vorhergehenden Jahre schon überstieg, einen bisher noch nie vorgekommenen Umfang erreicht.

Eine Verpflichtung, der russischen Regierung von einer Änderung der Bestimmungen über die Zollbehandlung von Gerste Mitteilung zu machen, besteht, wie ich mit Bezug auf den Schluß des ersten Absatzes des Schreibens vom 3./16. Februar 1910 hervorheben möchte, für uns nach Lage des Handelsvertrages meines Dafürhaltens nicht.

*ZStAP, AA, 12313, Bl. 17f.*
1 Vgl. Dok. Nr. 181.

**192 Schreiben Nr. II 7071.2 des Staatssekretärs des Reichsschatzamts Wermuth an den Staatssekretär des Auswärtigen Amts von Schoen**

*Ausfertigung*

Berlin, 31. Mai 1910

Euer Exzellenz beehre ich mich beifolgend Abdrucke der Aufzeichnung über die am 23. Mai 1910 im Reichsschatzamt stattgehabte Besprechung, betreffend die Stellung der Müllerei zur Gerstenfärbung, zu übersenden. Ich ersuche ergebenst um eine tunlichst baldige Mitteilung der dortigen Stellungnahme zu den bei der Besprechung vorzugsweise erörterten Fragen, ob es sich empfiehlt,

1. vom 1. September 1910 ab die im Dezember 1909 zugestandene, an die Bedingung der Übernahme der Mehrkosten geknüpfte Wahl zwischen Unbrauchbarmachung und Färbung in Wegfall zu bringen und nur die Färbung noch zuzulassen,

2. den Verwendungsnachweis für zu Futterzwecken bestimmte Gerste dergestalt zu beseitigen, daß Gerste weder an Müller zur Herstellung von Futterschrot (§ 21 Ziff. 1 der Gerstenzollordnung) noch an Viehbesitzer zu Futterzwecken (§ 21 Ziff. 5. a.a.O.) unter Vorbehalt des Verwendungsnachweises zum niedrigeren Zollsatze abgelassen werden darf.

Ich meinerseits kann, wie bei der Besprechung, so auch jetzt beide Maßnahmen nur befürworten. Insbesondere bin ich der Meinung, daß die unter 2 vorgesehene gänzliche Beseitigung des Verwendungsnachweises für zur Fütterung bestimmte Gerste noch in höherem Maße, als die in meinem Schreiben vom 18. Januar — II.741 — ins Auge gefaßte Beschränkung dieses Nachweises auf die Betriebe, in denen die Verfütterung stattfindet, geeignet ist, zu einer gleichmäßigen Behandlung aller Beteiligten beizutragen.

Auch nach wiederholter Erwägung bin ich der Meinung, daß russischerseits begründete, zu Gegenmaßregeln berechtigende Bedenken aus dem Handelsvertrage gegen die zu 2 ins Auge gefaßte Regelung nicht hergeleitet werden können. Der Vertrag bindet nicht unsere Entschließung über die Frage, ob der Nachweis, daß eingegangene Gerste nicht zur Bereitung von Malz verwendet wird, als geführt anzusehen ist oder nicht. Infolgedessen sind wir meines Erachtens in der Lage, nicht nur im einzelnen Falle die Frage, ob der Nachweis geführt ist, zu verneinen, sondern auch die allgemeine Regelung des Gegenstandes nach den Bedürfnissen des heimischen Wirtschaftslebens vorzunehmen. Der Nachweis der Verwendung von Gerste zu Fütterungszwecken ist ohne Zweifel bei manchen Betrieben nicht mit Sicherheit zu führen. Würde aus diesen Gründen solchen — überwiegend zu den kleinen gehörigen — Betrieben die Vergünstigung vorenthalten, so wären sie gegenüber anderen, größeren schwer benachteiligt. Die Verpflichtung, eine so ungleiche Behandlung heimischer Erwerbsgruppen eintreten zu lassen, kann aus dem Vertrage nicht wohl hergeleitet werden, es bleibt vielmehr zur Erzielung befriedigender Verhältnisse nur übrig, die Vergünstigung allen Beteiligten zu versagen.

Nicht zu übersehen ist auch, daß vor Inkrafttreten der neuen Gerstenzollordnung, ohne daß russischerseits Beschwerde darüber erhoben wäre, der Verwendungsnachweis sich in ganz engen Grenzen bewegt hat und daß er erst durch die neuen Bestimmungen auf die Herstellung von Brennmalz und Malzwaren ausgedehnt ist. In dem Haupteingangsplatze Hamburg ist Gerste in den Monaten Januar und Februar 1909 bei einer Gesamteinfuhr von 377000 und 349000 dz überhaupt nicht, in den Monaten März und April 1909 bei einer Gesamteinfuhr von 752000 und 724000 dz nur in Mengen von 1270 und 1740 dz mit Vorbehalt des Verwendungsnachweises abgefertigt. Seit Inkraftsetzung der neuen Gerstenzollordnung hat aber diese Art der Abfertigung an Umfang stetig zugenommen und ist beispielsweise in den letzten zwei Wochen vor dem 4. Februar 1910 bei annähernd 25 v.H. der Gesamteinfuhr zur Anwendung gelangt.

Bei Durchführung der geplanten Maßnahme würden allerdings möglicherweise größere Mengen Gerste gefärbt werden als bisher. Schon in der Zeit vom 1. Januar bis zum 31. März 1910 sind aber beispielsweise in Hamburg 319000 dz gefärbt worden, während in der Zeit vom 1. Januar bis zum 30. April 1909 daselbst nur 72000 dz unbrauchbar gemacht wurden. Wie wenig ungünstig diese Verschiebung der Verhältnisse die russische Gersteneinfuhr beeinflußt hat, bitte ich den im vorletzten Absatze meines Schreibens von heute — II.6054 —[1] mitgeteilten Zahlen entnehmen zu wollen. Ich kann nach diesen Erfahrungen nicht annehmen, daß es für russische Interessen nachteilig sein würde, wenn künftig Einbringer, Verarbeiter und Verbraucher zu Futterzwecken bestimmter russischer Gerste nicht mehr mit den mehr oder weniger lästigen, für den Verwendungsnachweis vorgeschriebenen Aufsichtsmaßnahmen zu rechnen hätten, sondern die Ware, nachdem sie mittels eines leicht und rasch zu handhabenden Verfahrens gefärbt wurde, zur freien Verfügung erhielten.

*ZStAP, AA 13312, Bl. 105ff.*
1 Vgl. Dok. Nr. 191.

## 193 Bericht Nr. II 403 des Generalkonsuls in St. Petersburg Biermann an den Reichskanzler von Bethmann Hollweg

*Ausfertigung*

St. Petersburg, 3. Juni 1910

Mit Bezug auf den Erlaß vom 17. v.M. II 0 2141[1].

Es ist noch nicht zu übersehen, in welcher Gestalt die Finnlandvorlage zum Gesetz wird, und wie durch die neue politische Stellung des Großfürstentums seine wirtschaftlichen Verhältnisse alteriert werden.[2]

Die Idee, aus Rußland und Finnland ein einheitliches Wirtschaftsgebiet zu machen, den russischen Zolltarif in Finnland einzuführen und die russisch-finnische Zollgrenze aufzuheben, hat vor allem in der russischen Industrie einen heftigen Gegner. Daß in maßgebenden Kreisen eine solche Absicht besteht, habe ich bis jetzt noch gar nicht gehört.

Wenn der Finne auch kein idealer Arbeiter ist und dem westeuropäischen erheblich nachsteht, so übertrifft er doch den russischen, und die Aufhebung der Zollgrenze würde den Russen eine recht gefährliche Konkurrenz erwecken. Ich glaube daher noch gar nicht, daß die wirtschaftliche Trennung der beiden Länder aufgehoben wird. Jedenfalls, selbst wenn eine Änderung geplant sein sollte, würde, wie dies neuerdings von der offiziösen Rossia ausgesprochen ist, selbstverständlich die im deutsch-russischen Handelsvertrag festgesetzte zweijährige Frist innegehalten werden.

Die Unklarheit der Verhältnisse hat Anlaß zu einer Interpellation an den Finanzminister gegeben, in der derselbe um Auskunft über die voraussichtlichen wirtschaftlichen und finanziellen Folgen der Finnlandvorlage ersucht wird.

Ich werde über das Ergebnis dieser Interpellation seinerzeit berichten.

Eine öffentliche Kundgebung der deutschen Handelskreise gegen die russischerseits geplante Finnland betreffende Gesetzgebung, halte ich nicht nur für nutzlos, sondern sogar für schädlich.

Die im Gange befindliche Politik basiert auf dem zur Zeit wieder in voller Blüte stehenden national-russischen Chauvinismus. Jede als eine Einmischung des Auslandes, zumal Deutschlands, konstruierbare Meinungsäußerung zu dieser als ein Internum angesehenen Frage würde Wasser auf die Mühle der extremen Nationalisten sein und die Zahl der Gegner der finnischen Selbständigkeit vermehren. In welcher Richtung die deutschen Handelskreise etwa sonst tätig sein könnten, um einer etwa beabsichtigten Einbeziehung Finnlands in das russische Wirtschaftsgebiet erfolgreich entgegen zu wirken, weiß ich nicht.

Vielleicht könnten allenfalls in der hier gelesenen deutschen und russischen Presse die Nachteile, die Rußland selbst von einer solchen Vereinigung hätte, geschildert und nachgewiesen werden; es könnte darauf hingedeutet werden, daß fremdes Kapital sich die günstigen Arbeitsbedingungen und die erst wenig ausgenutzten natürlichen Kräfte Finnlands nutzbar machen, und die finnische Industrie weiter im Hinblick auf den offenen russischen Markt ausdehnen würde.

Wenn eine solche Pressekampagne mit der nötigen Vorsicht und Feinheit geführt würde, dürfte vielleicht die Opposition und Agitation der russischen Industrie verstärkt und so indirekt der gewollte Zweck gefördert werden, dessen Erreichung eine direkte Einmischung nur erschweren oder vereiteln würde.

So dumm sind die Russen doch auch nicht, daß sie glauben, derartige öffentliche Kundgebungen auswärtiger Handelskreise etc. geschähen, um der blauen Augen der Finnländer; daß das eigene Interesse der Protestierenden ihr Motiv ist, weiß jeder, und niemand wird in Rußland daran denken, etwas zu tun oder zu unterlassen, weil es dem fremden Handel gefällt und nutzt oder nicht.

*ZStAP, AA 6264, Bl. 24f.*

1 In dem Erlaß wurden Pourtalès, Biermann und der Konsul in Helsingfors Winckel aufgefordert, sich zu äußern, „ob eine öffentliche Kundgebung der deutschen Handelskreise in der vom Handelstag angeregten Art für zweckmäßig zu erachten wäre bzw. in welcher Richtung die deutschen Handelskreise etwa sonst tätig sein könnten, um der Einbeziehung Finnlands in das russische Wirtschaftsgebiet entgegenzuwirken." (ZStAP, AA 6264.)

2 Vgl. dazu I. M. Bobovič, Russko-finljandskie ėkonomičeskie otnošenija nakanune Velikoj Oktjabr'skoj Socialističeskoj Revoljucii (Epocha imperializma), Leningrad 1968.

**194** **Bericht Nr. 163 des Botschafters in St. Petersburg Graf von Pourtalès an den Reichskanzler von Bethmann Hollweg**

*Ausfertigung*

St. Petersburg, 3. Juni 1910

Erlaß II 0 2141 vom 17. v.M.[1].

Euerer Exzellenz beehre ich mich in der Anlage einen Bericht des hiesigen Kaiserlichen Generalkonsuls über die Finnland-Frage gehorsamst zu überreichen.

Ich schließe mich den Ausführungen des Kaiserlichen Generalkonsuls vollkommen an und möchte ebenso dringend wie ehrerbietig bitten, die deutschen Handelskreise vor jeder öffentlichen Kundgebung zu Gunsten Finnlands *nachdrücklich* zu warnen.

Die Frage der Schaffung eines einheitlichen Wirtschaftsgebiets mit allen Konsequenzen ist, wie Generalkonsul Biermann sehr richtig bemerkt, noch so wenig geklärt, andererseits haben die bisherigen Einmischungsversuche Deutschlands, Frankreichs und Englands, wie nicht anders zu erwarten war, einen so ungünstigen Erfolg gehabt, daß nicht dringend genug vor weiteren Kundgebungen gewarnt werden kann.

Nur auf dem Wege einer sehr vorsichtigen Belehrung durch die Presse können allmählich die *russischen* Interessentenkreise für unsere Auffassung gewonnen werden.

Der Verlauf der Angelegenheit wird, wie ich mich wiederholt zu berichten beehrte, von der Kaiserlichen Botschaft mit der größten Aufmerksamkeit verfolgt und darf ich mir weitere Berichterstattung vorbehalten.

*ZStAP, AA 6264, Bl. 23.*

1 Vgl. Dok. Nr. 193, Anmerkung.

**195** **Notiz[1] des Unterstaatssekretärs im Auswärtigen Amt Stemrich**

*Abschrift*

[Berlin], 12. Juni 1910

Wegen der Moskau-Kiew-Woronesh-Anleihe haben sich die Herren Mendelssohn bereits an den Herrn Reichskanzler gewandt und das Plazet für dieselbe erhalten. Gründe:

Es handelt sich um einen verhältnismäßig geringen Betrag,[2] der unseren Geldmarkt nicht zu sehr belastet. Die Anleihe stellt sich als Fortsetzung eines früheren Geschäftes dar. Solange die Hellfeldt-Angelegenheit schwebt,[3] ist es nicht opportun, in finanzielle Auseinandersetzungen mit Rußland einzutreten. Es ist das Bedürfnis vorhanden, den Mendelssohns, die sich in der Marokko-Sache sehr nützlich erwiesen haben,[4] im gegenwärtigen Augenblick gefällig zu sein.

Der Herr Reichskanzler ist aber der Ansicht, daß fortan auch kleinen russischen Anleihen, speziell auch Eisenbahnanleihen, die Zustimmung zu versagen sei. Dadurch, daß wir den Russen solche gewähren, verschaffen wir ihnen eine große Entlastung. Sie würden der Unannehmlichkeit überhoben, die Franzosen oft und mit Kleinigkeiten belästigen zu müssen, und es werde ihnen infolgedessen sehr erleichtert, für ihre großen Geldbedürfnisse in Frankreich Befriedigung zu finden. Der Herr Reichskanzler hat nichts dagegen, daß dieser, sein Standpunkt den Mendelssohn offen dargelegt und ihnen die Ermächtigung gegeben wird, Herrn Kokowzew zu sagen, solange die russische Politik in der bisherigen Deutschfeindlichkeit beharre, sei bei uns für Rußland kein Geld zu finden. Ändere sich die russische Politik, so seien wir auch zur Hergabe größerer Beträge bereit.

Mit offizieller Mitteilung des Vorstehenden an die Herren Mendelssohn wird passender Weise bis zur Beendigung der Hellfeldt Angelegenheit gewartet werden. Unter der Hand habe ich den Herrn Mendelssohn, der an der Spitze der Berliner Handelskammer steht,[5] bereits darauf aufmerksam gemacht, daß eine derartige Eröffnung demnächst kommen wird.

*ZStAP, AA 3163, Bl. 66.*

1 Stemrichs Notiz wurde durch ein in der Handelspolitischen Abteilung konzipiertes Schreiben an den preußischen Handelsminister v. Sydow veranlaßt, in dem es u. a. hieß: „Mit Rücksicht hierauf dürfte es sich vielleicht empfehlen, die etwaige Übernahme der eingangs erwähnten Eisenbahnanleihe wegen ihrer Zulassung zum Börsenhandel davon abhängig zu machen, daß die russische Regierung ihre ablehnende Haltung gegenüber unseren Ansprüchen auf Beseitigung der genannten Einfuhrbeschränkungen auf Eisenbahmaterial aufgibt.“ Das Schreiben blieb Konzept. (ZStAP, AA 3163.)

2 72751000 M.

3 Die Beschlagnahmung russischer Staatsguthaben bei Mendelssohn & Co. durch eine Verfügung des Amtsgerichts Berlin-Mitte führte zu energischen Protesten der russischen Regierung und zu einer deutsch-russischen Pressepolemik. Das AA vertrat, wie eine Reihe namhafter deutscher Rechtsgelehrter, die Ansicht, daß sich die Beschlagnahme mit dem Völkerrecht nicht vereinbaren lasse. Vgl. über die Hellfeldtangelegenheit Brigitte Löhr, Die „Zukunft Rußlands“, Stuttgart 1985, S. 112.

4 Vgl. über das Marokkoengagement der Mendelssohngruppe Heinz Lemke, Finanztransaktionen und Außenpolitik, Berlin 1985, S. 41 ff.

5 Franz Mendelssohn.

## 196 Bericht Nr. 2354 des Botschafters in St. Petersburg Graf von Pourtalès an den Reichskanzler von Bethmann Hollweg

*Ausfertigung*

St. Petersburg, 13. Juli 1910

In der Auswandererfrage, über welche in der Kommission noch keine Einigung erzielt werden konnte, ist Neues nicht zu berichten und dürfte die Vorlage frühestens im Herbst dieses Jahres dem Ministerrat zur Beschlußfassung zugehen.

In der Eingabe der Hamburg—Amerika-Linie und des Norddeutschen Lloyd[1] wird zu Unrecht angenommen, daß bisher bei der hiesigen Regierung keine Einwendungen der interessierten Staaten gegen die Begünstigungen der russischen Linien erhoben worden seien. England hat, wie ich Euerer Exzellenz am 12. Februar d.J. (No 508) zu berichten mich beehrte, formell gegen die beabsichtigte Änderung Protest erhoben, ohne allerdings damit irgendwie durchzudringen. Die Kaiserliche Botschaft, welche sich von einem derartigen Schritt einen Erfolg nicht zu versprechen vermochte, hat der hiesigen Regierung wiederholt indirekt ihr lebhaftes Interesse an der Frage zu erkennen gegeben, und ich habe neuerdings zur Beruhigung der Interessenten, nach Rücksprache mit dem hiesigen

Vertreter des Norddeutschen Lloyd, Herrn Iswolsky unter Hinterlassung einer schriftlichen Notiz auf die Angelegenheit angeredet und betont, ein wie lebhaftes Interesse die Kaiserliche Regierung an der Beibehaltung des gegenwärtigen Zustandes habe, und daß eine Änderung den beiderseitigen guten Handelsbeziehungen nicht förderlich sein könnte. Von einer Berufung auf den japanisch-russischen Handelsvertrag habe ich deshalb Abstand genommen, weil ein vorzeitiger Hinweis hierauf nur dazu führen könnte, eine Abänderung dieses Vertrages zu bewirken, noch bevor die Kommissionsbeschlüsse Gesetz werden.

Vermutlich wird man sich hier darauf beschränken, den kleineren russischen Schifffahrtslinien, an deren Spitze bekanntlich Herr Freiberg steht, die Auswanderer zur Beförderung bis in unsere und in die englischen, holländischen, dänischen und belgischen Häfen zuzuweisen, wo sie dann auf die Schiffe des Pool übernommen und mit denselben weiter befördert werden dürften.

Hiergegen aber wird man nichts einwenden können und wird es Sache geschickter Verhandlungen der deutschen Schiffslinien sein, den Verkehr der Auswanderer, auch unter veränderten Bedingungen, nach Deutschland zu ziehen.

*ZStAP, AA 29879, Bl. 146f.*

1 An den Reichskanzler vom 15. 6. 1910. Darin hieß es u. a.: „Nach dem russisch-japanischen Handelsvertrag müssen alle Begünstigungen, die Rußland seiner eigenen Flotte zuteil werden läßt, auch der japanischen Flotte zugute kommen. Auf Grund des Meistbegünstigungsrechts kann nun aber Deutschland das Gleiche verlangen, was Japan zugestanden wird"; das Referat Übersee der Handelspolitischen Abteilung empfahl in seiner Stellungnahme vom 20. 7. 1910 zu dem Schreiben der Reedereien „die russische Regierung darauf aufmerksam zu machen, daß wir unter Berufung auf Art. 12 des russisch-japanischen Vertrages die geplanten Vergünstigungen für die russische Schiffahrt auch für uns in Anspruch nehmen würden. Es ist nicht zu erwarten, daß Japan einer etwa daraufhin von Rußland anzustrebenden Vertragsänderung ohne weiteres zustimmen wird; denn wenn Japan *zur Zeit* auch aus der ihm günstigen Fassung noch keinen praktischen Nutzen ziehen kann, wird es bei seiner Überhebung und dem Expansionsbedürfnis auch auf dem Gebiet der Schiffahrt kaum wohl erworbene Rechte aufgeben wollen. Vielleicht kann die Botschaft in Tokio zuvor vorsichtig sondieren." (ZStAP, AA 28879.)

## 197 Aufzeichnung des Ständigen Hilfsarbeiters in der Handelspolitischen Abteilung des Auswärtigen Amts Nadolny

Berlin, 5. August 1910

Über die wirtschaftliche Bedeutung Wladiwostoks unter Hervorhebung der deutschen Interessen[1]:

Wladiwostok ist der Haupthafen und Hauptstapelplatz des ostbaikalischen Sibiriens, das Zentrum der wirtschaftlichen Interessen im Fernen Osten. Die Länge des Schienenweges durch Rußland nach jenen Gegenden sowie die Verschiedenheit der dort im Vergleich zum übrigen Rußland geltenden Einfuhrbestimmungen, bringen es mit sich, daß der Handel des Auslandes mit Transbaikalien und darüber hinaus mit den östlichen Teilen von Westsibirien sowie mit der nördlichen Mandschurei und Mongolei nach wie vor auf den Seeweg angewiesen ist und sich in Wladiwostok, als dem Haupthafen an der sibirischen Küste des Stillen Ozeans, konzentriert.

In Wladiwostok vereinigen sich alle Dampferlinien, die jenes Gebiet mit Japan und China, mit Europa und Amerika verbinden; von dort nimmt die nähere und weitere Küstenschiffahrt zur Ostküste des Ussurigebiets, nach Sachalin und nach den Häfen des Ochotskischen Meeres ihren Ausgang. Im Jahre 1908 verkehrten im Hafen von Wladiwostok 573 Schiffe mit insgesamt 761188 Netto-Reg-Tonnen. Deutschland nimmt im Schiffsverkehr mit durchschnittlich etwa 130 Schiffen einen hervorragenden Platz ein, es wird nur von Japan übertroffen. An der Küstenschiffahrt beteiligen sich zwei deutsche Linien, nämlich die Hamburg—Amerika-Linie und die Reederei von Diederichsen, Jebsen & Co.

Den Verkehr nach dem Binnenlande vermittelt die Ussuri-Bahn, die mit der Linie Wladiwostok—Chabarowsk das nördliche Transbaikalien an den Weltverkehr anschließt und nach Westen hin durch den Anschluß an die Chinesische Ostbahn den Ausgangspunkt des großen transsibirischen Trajekts bildet. Auf diesen Linien gehen die Waren von Wladiwostok nach der nördlichen Mandschurei und Mongolei sowie zum Amur, der großen natürlichen Handelsstraße für Transbaikalien und Nordchina auf der sich ein äußerst reger Waren- und Personenverkehr vollzieht (1909 verkehrten auf dem Strom außer den Kanonenbooten und den Dienstdampfern der Stromverwaltung 205 Dampfer, 12 Motorboote und 280 Barken). In umgekehrter Richtung gelangen die Erzeugnisse jener Gegenden: Agrarprodukte, Häute, Holz, Fische usw. auf der Bahn nach dem Wladiwostoker Seehafen. Die Expreßzüge wöchentlich durch Sibirien dienen dem Passagierverkehr nach Europa. Ein weiterer Schienenstrang quer durch Transbaikalien nach Wladiwostok, die Amur-Bahn, ist im Bau begriffen.

Der Warenumschlag über Wladiwostok erreicht daher eine bedeutende Höhe. Im Jahre 1908 wurden durch das Wladiwostoker Zollamt auf dem Seewege 13,4 Millionen Pud Waren im Werte von rund 130 Millionen M eingeführt. An erster Stelle stand China mit 4,3 Millionen Pud, ihm folgte Deutschland mit 3 Millionen. Die Ausfuhr erreichte im Jahre 1908 8,4 Millionen Pud, so daß man den Gesamtumsatz auf durchschnittlich 200 bis 250 Millionen M beziffern kann. Diese Eigenschaft als Hauptumschlagplatz des transbaikalischen Warenhandels bringt es mit sich, daß Wladiwostok zugleich der Sitz der dem Handel dienenden Einrichtungen und der Haupthandelshäuser im Fernen Osten ist. Es befindet sich dort ein Hauptzollamt, eine Börse, eine Staatsbankenabteilung, Abteilungen der russisch-chinesischen und der Sibirischen Bank und mehrere andere Banken. Ferner die Hauptgeschäfte vieler großer Firmen, darunter Häuser, wie Kunst & Albers oder Tschurin & Co, die östlich des Baikalsees Jahresumsätze von je 25 bis 35 Millionen M erzielen. Siemens & Halske, die Allgem. Elektrizitäts-Ges., Arhur Koppel haben dort Niederlassungen, die Firma Nobel ihre Hauptpetroleumniederlage, dazu kommen Speditionshäuser, Dampferagenturen u.s.w. Die International Harvest Cie. hat ihr Hauptbureau für den Vertrieb ihrer Erntemaschinen östlich des Baikalsees dorthin gelegt, ebenso besitzt die Singer-Nähmaschinen-Cie. dort ein größeres Haus. Von industriellen Unternehmungen sind u.a. eine Eisengießerei und Reparaturwerkstatt mit 50—100 Arbeitern und ca 200000 M Umsatz, eine Reparaturanstalt für Seeschiffe mit 200000 M Umsatz und drei andere Eisenwerkstätten mit je 100000 bis 200000 M Umsatz zu nennen. Von den Ausländern spielen die Deutschen im geschäftlichen Leben die erste Rolle. Es sind 130 deutsche Reichsangehörige am Ort, 16 deutsche Firmen, darunter mehrere große Häuser (wie z.B. Kunst & Albers), die das ganze Hinterland mit einem Netz von Filialen überzogen haben und auf diese Weise eine intensive Pflege der Handelsbeziehungen mit Deutschland sicherstellen, andererseits aber auch mit der wirtschaftlichen Entwicklung jenes Gebietes eng verwachsen sind.

Das Hinterland umfaßt, wie bereits oben gesagt, Ostbaikalien und den östlichen Teil von Westbaikalien, die Nordmandschurei und den Nordrand der Mongolei. Also ein

Gebiet von schon jetzt über 2 Millionen Einwohnern. Es ist ein Gebiet mit vorwiegend agrarischem Charakter, dessen Erschließung durch die planmäßige Ansiedlungstätigkeit der russischen Regierung sowie das Vordringen des chinesischen und japanischen Elements im Süden stetig fortschreitet und bereits jetzt einen bedeutenden Warenumsatz von und nach dem Auslande zeitigt. Die Hauptwerte liegen außer in der Landwirtschaft im Bergbau und in der Holzindustrie, in der Jagd und Fischerei. Neben mehreren Goldgruben und -wäschereien finden sich zahlreiche Betriebe und Abbaugelegenheiten für Metalle und Minerale aller Art, wie Eisen, Zinn, Zink, Schwefel, Salz u.s.w. Ferner haben nennenswerte Bedeutung die Kohlenfunde des Ussurigebiets, die von der Regierungs- und von privater Seite ausgebaut werden. Von privaten Betrieben standen 1908 6 Gruben in Arbeit, in denen insgesamt 1150 Arbeiter beschäftigt wurden. Auf der Insel Sachalin sind neuerdings reiche Naphtalager entdeckt worden, deren Ausbeute die Handelsbewegung Wladiwostoks wesentlich beeinflussen kann. Der Entdecker ist ein deutscher Bergingenieur Kleye, der bereits zur Ausbeutung dieser eine Russisch-Chinesische Kompagnie gegründet hat. Der Holzhandel, die Schneidemühlindustrie und die weitere Holzbearbeitung haben in letzter Zeit einen starken Aufschwung genommen. Weiter sind industrielle Unternehmungen aller Art über das Land verstreut, in denen zum großen Teil deutsche Kapitalien investiert sind. Die Jagd, besonders in den nördlichen Gegenden (Kamtschatka), liefert Pelzwerk für die Ausfuhr, die Fischerei auf dem Amur sowie in den Küstengewässern des Seegebiets ist teilweise in großen Unternehmungen konzentriert und setzt ihre Ausbeute bis nach Europa hin ab (1908 sind aus Wladiwostok 166000 Pud Fisch ausgeführt worden).

Die wirtschaftliche Entwicklung Ostbaikaliens erfordert besonders seit Abschluß des russisch-japanischen Krieges ein erhöhtes Interesse. Das seitdem eingetretene Vordringen der Chinesen und Japaner hat eine größere Rührigkeit unter den Russen gezeitigt. Alle drei Elemente bemühen sich, nun ihre Bevölkerung zu vermehren und festen Fuß fassen zu lassen. Die wirtschaftlichen Bedürfnisse und die wirtschaftliche Betätigung gewinnen auf diese Weise schnell an Ausdehnung. Dazu kommt, daß sich in Rußland Bestrebungen geltend machen, das ostbaikalische Sibirien, das bisher Zollfreigebiet war, in den Bereich der russischen Zollschranken einzubeziehen und zu einer Absatzdomäne für russische Erzeugnisse zu gestalten. So ist ein Teil der Zollfreiheiten im vergangenen Jahr aufgehoben worden; aber man ist sich augenscheinlich über die weiter zu befolgende Zollpolitik noch nicht in allen Punkten klar. Die Verhältnisse erfordern daher bei dem Umfang der dort bestehenden deutschen Interessen, die in der Einfuhr aus dem Auslande ihr Hauptgewicht haben, gerade in nächster Zeit eine dauernde intensive Beobachtung. Diese läßt sich, wie aus dem Vorhergehenden leicht zu ersehen ist, von Wladiwostok, dem Hauptein- und Ausfuhrplatz, am besten bewerkstelligen.

*ZStAP, AA 6235, Bl. 162ff.*

1 Die Aufzeichnung diente der wirtschaftlichen Begründung der geplanten Errichtung eines deutschen Konsulats in Vladivostok.

**198 Bericht Nr. II 596 des Generalkonsuls in St. Petersburg Biermann an den Reichskanzler von Bethmann Hollweg**

*Ausfertigung*

St. Petersburg, 9. August 1910

Die Interpellation in der Duma über die wirtschaftlichen Folgen einer etwaigen Vereinigung des russischen und finnischen Zollgebiets ist bei der Eile und Art, in der die politische Finnlandvorlage beraten und verabschiedet wurde, gar nicht mehr zur Beratung gelangt.

Eine Aufklärung über die Folgen dieser Maßregel von Regierungsseite ist daher nicht erfolgt.

Auf gelegentliche Anfrage hat der Direktor des Zolldepartements sich dahin geäußert, daß jetzt die Frage der Aufhebung der Zollgrenze von der Regierung noch gar nicht ventiliert worden sei und daß er auch an einer Änderung der bisherigen Verhältnisse in absehbarer Zeit nicht glaube.

Wie weit dieser Glaube des Zolldirektors Berechtigung hat, ist schwer zu sagen.

Wenn auch mit der Annahme der Finnlandvorlage den nationalistischen Wünschen ein großes Stück entgegengekommen ist und man davon spricht, auch der Ministerpräsident hat sich ungefähr in diesem Sinne geäußert — daß die praktische Benutzung der zur Änderung der finnischen Verhältnisse geschaffenen Handhabe vorerst nicht beabsichtigt sei, so ist es doch nicht ausgeschlossen, daß die extremen Wünsche zu einem Weitergehen auf der einmal eingeschlagenen Bahn treiben.

Und die Vergangenheit hat gezeigt, daß auch auf Seite der Finnländer ein Verhalten nicht ausgeschlossen ist, das ihren Widersachern und Verfechtern der völligen Beseitigung finnischer Sonderrechte geradezu in die Hände arbeitet. Der Gedanke, aus Rußland und Finnland ein Zollgebiet zu machen, ist ja nicht neu. Ende des vorigen Jahrhunderts war sogar schon einmal ein dahingehender Beschluß gefaßt worden, der dann aber nicht zur Ausführung gekommen ist, wie das ja öfter in Rußland vorkommt.

Auch damals ist man sich klar geworden, daß die Ausführung des Beschlusses außerordentlich schwierig ist, und daß sich die Folgen für Rußland kaum übersehen lassen. Die Opposition und Proteste einiger Industrien, die die finnische Konkurrenz auf dem russischen Markte fürchteten, ist damals durchgedrungen.

Es ist in der Tat schwer, sich ein Bild von den Folgen der Aufhebung der Zollgrenze zwischen Rußland und Finnland, bezw. der Verlegung der russischen Zollinie an die finnischen Grenzen gegen die See und Schweden zu machen.

Die Bewachung dieser Land- und noch mehr Seegrenze wäre selbst bei Aufwendung erheblicher Kosten nur sehr schwer durchzuführen. Bereits in früheren Zeiten, als höhere Zölle in Finnland bestanden als jetzt, hat sich das gezeigt.

Der jetzige von Rußland gegen Finnland angewendete Zolltarif, der ja unabhängig von dem finnischen Landtag entstanden und daher durchaus im russischen Interesse geformt ist, weist darauf hin, auf welchen Gebieten man die finnische Konkurrenz fürchtet.

Es käme hier vor allem die Holz- und Papier-, dann aber auch Textil-, Glas-, Leder- und einige Metallindustrien, besonders die Maschinenindustrie in Frage.

Allerdings würde die finnische Konkurrenz durch verteuerten Bezug der im Lande nicht vorhandenen Rohprodukte eingedämmt werden, aber die günstigeren und noch lange nicht bis zur letzten Möglichkeit ausgenutzten Arbeits- und Betriebsbedingungen würden teilweise auch diese Schwierigkeit überwinden.

Auch ist zu bedenken, daß ja jetzt an der russischen Grenze Zölle erhoben werden, bezw.

die finnische Einfuhr kontingentiert ist, beides Maßregeln, die den Vorteil des billigen Bezugs der Rohmaterialien in Finnland wettmachen sollen.

Nicht ohne Einfluß auf die Stellung der russischen Industrie ist auch die Aussicht, daß mit der Aufhebung der Zollgrenze auch die Zulassung der finnischen Industrie zu Kronslieferungen wieder eintreten müßte, die doch erst vor wenigen Jahren auf Drängen der Russen beseitigt ist.

Allerdings fragt es sich, ob Rußland bei Aufhebung der Zollgrenze, sei es durch direkte Erschwerungen, sei es indirekt durch Eisenbahntarife, die finnische Ausfuhr nach Rußland zu hemmen versucht. Solcher Eingriffe in das Wirtschaftsleben der „Fremdstämmigen“ hat sich aber Rußland bisher im allgemeinen enthalten. Teile seines Gebiets, die nicht die Sonderstellung Finnlands einnehmen, durch solche Maßregeln in ihrer wirtschaftlichen Entwicklung zu hindern, hat Rußland bisher doch vermieden. Man denke z.B. an die außerordentliche Ausdehnung der Textilindustrie in Polen und die scharfe Konkurrenz, die diese den zentralrussischen Spinnereien und Webereien macht.

Der Aufschwung der finnischen Industrie und der Export nach Rußland hat zeitlich und jedenfalls auch ursächlich mit der Herabsetzung der Zölle an der russischen Grenze um 1869/70 begonnen.

Es ist verständlich, daß die an der Ausdehnung finnischer Industrie interessierten russischen Industriezweige einer weiteren Erleichterung des finnischen Exports heute ebenso entgegen sind, wie sie es früher waren und es ist zu hoffen, daß ihre Wünsche und Interessen heute ebenso Berücksichtigung finden werden, wie es bei früheren gleichartigen Gelegenheiten der Fall war.

Zu hoffen ist dies im deutschen Interesse, denn darüber kann kein Zweifel bestehen, daß die jetzigen uns günstigen Handelsbeziehungen zu Finnland durch eine Änderung der Zollverhältnisse eine schwere Störung erleiden würden, jedenfalls für längere Zeit. Schon der Umstand, daß die Kosten der Lebensführung in Finnland bei Einführung der hohen russischen Zölle erheblich gesteigert und damit der Verbrauch gerade der nicht absolut nötigen Gebrauchsartikel, die wieder vielfach aus dem Auslande, vor allem aus Deutschland importiert werden, verringert würde, müßte die Einfuhr auf längere Zeit hin unerfreulich beeinflussen. Daneben würden aber manche, und — je mehr sich die russische Produktion und Industrie unter dem hohen Schutzzoll entwickelt — desto mehr ausländische Artikel durch russische vom finnischen Markt verdrängt werden.

Verbleiben würde dem deutschen Handel voraussichtlich der Export derjenigen Waren, die er heute auch nach Rußland exportiert, wie feinere und speziellere Maschinen, Chemikalien und Farben, Galanterie — etc. Waren und Wein, auch der wichtige Kommissionshandel in überseeischen Produkten, wie Kaffee und Rohbaumwolle, würde wohl weiter gehen, aber verloren gehen würde den Deutschen der Handel mit Mehl und anderen Fabrikaten der Lebensmittelbranche. Auch Textilwaren, Zement, gröbere Metallprodukte und Maschinen, die übrigens auch jetzt schon immer mehr durch die russische Konkurrenz und die finnische Industrie selbst bedrängt und zum Teil verdrängt werden, müßten leiden.

Die Klagen und Beschwerden des Deutschen Handelstages sind daher nicht unberechtigt, und es ist nur zu wünschen, daß weder das Drängen der nationalistischen und chauvinistischen Unitarier in Rußland, noch die extremen Parteien in Finnland der Regierung eine mehr konservative Politik Finnland gegenüber unmöglich machen.

Je eine Abschrift dieses Berichtes ist der Kaiserlichen Botschaft hierselbst und dem Kaiserlichen Konsulat in Helsingfors übermittelt worden.

Obigen Bericht des Herrn Generalkonsuls Biermann beehre ich mich gehorsamst einzureichen, Trautmann.

*ZStAP, AA 6264, Bl. 47ff.*

**199** **Auszug aus einem Privatschreiben des zweiten Sekretärs der Botschaft in St. Petersburg von Lucius an den Vortragenden Rat in der Handelspolitischen Abteilung des Auswärtigen Amts von Seeliger**

*Abschrift*

St. Petersburg, 25. August 1910

pp. In der interessanten Emigrationsfrage ist vorläufig neues nicht zu berichten. Ich habe aber meinem Freund Ballin dringend empfohlen, keine zu großen Erwartungen an unsere Intervention zu knüpfen. Das Maximum, was die deutschen Linien hier erreichen können, wird sein, daß die Vergünstigungen (die niedrige Paßgebühr) auch *den* Auswanderern gewährt werden, welche auf den kleinen russischen Linien bis Hamburg usw. fahren und dort auf die Schiffe des Pool gebracht werden, um nach Amerika zu fahren. Daß unsere Eisenbahnen dadurch bedeutend geschädigt werden, daß die Auswanderung hauptsächlich zu Schiff und nicht mehr auf der grünen Grenze erfolgt, glaube ich deswegen nicht, weil die Auswanderung nach wie vor per Land und ohne Paß weiter betrieben werden wird. Herr Klausner wird demnächst hier wieder erwartet. Er ist übrigens hauptsächlich Vertrauensmann des Lloyd und nicht der Hapag. Klausner hat sicherlich gute Beziehungen hier, ist aber — namentlich nach der ersten Flasche Kognak — so optimistisch, daß er die Dinge in einem falschen Lichte sieht. Unsere Herren *müssen* sich mit dem allmächtigen Freiberg verständigen und hierher gewandte Unterhändler schicken. Das habe ich auch jetzt wieder mit allem Nachdruck Ballin's Generalsekretär, Herrn Huldermann, empfohlen. pp

*ZStAP, AA 29879, Bl. 152.*

**200** **Bericht Nr. 2992 des Geschäftsträgers in St. Petersburg Graf von Mirbach-Harff an den Reichskanzler von Bethmann Hollweg**

*Ausfertigung*

St. Petersburg, 30. August 1910

Auf den Erlaß vom 13. Juni d.J., II 0 2755, beehre ich mich unter Rückreichung der 11 Anlagen desselben zu berichten, daß die hiesige Regierung seinerzeit ersucht worden war, den der Westfälisch-Anhaltischen Sprengstoff-Aktien-Gesellschaft auf dem Wege der Submission zugefallenen Auftrag durch den Russischen Kriegsminister auch schon aus Billigkeitsgründen bestätigen zu lassen, da die Fabrik sich entsprechend eingerichtet hat und sonst bedeutende Verluste erleiden würde.

Durch die abschriftlich gehorsamst angeschlossene Note vom 20./7. d.M. hat die Russische Regierung ohne jede Motivierung ihrer Entscheidung erwidert, daß der Ministerrat es für unmöglich erachtet hat, die Ochtaer Fabrik zur Bestellung von Sprengstoff bei der genannten Sprengstoff-Gesellschaft zu ermächtigen und daß der Vertreter der Gesellschaft von dieser Entscheidung bereits am 14./27. Juni verständigt worden sei.

Euerer Exzellenz hohem Ermessen darf ich hierbei anheimstellen, ob es nicht angezeigt erscheint, die sich um Lieferungen an staatliche russische Anstalten bewerbenden Interessenten vertraulich durch die Handelskammern darauf hinzuweisen, daß es sich *dringend* empfiehlt, nur dann Aufträge anzunehmen und sich darauf einzurichten, wenn deren Zuteilung völlig einwandfrei durch den *Chef* der betreffenden Behörde schriftlich erfolgt ist und sich nicht mit einem Auftrag der Unterorgane (vergl. den Fall Lautenschlaeger) zu begnügen, der vom Ministerrat jederzeit als nicht zu Recht bestehend wieder rückgängig gemacht werden kann. Im Zweifelsfall dürfte sich eine vorherige Anfrage bei den Kaiserlichen Konsulaten bezw. der Botschaft empfehlen.

*ZStAP, AA 2934, Bl. 14.*

**201 Bericht Nr. 4023 des Vizekonsuls am Konsulat in Moskau Stobbe an den Reichskanzler von Bethmann Hollweg**

*Ausfertigung*

Moskau, 1. September 1910

Nach den bisher gemachten Beobachtungen muß den Ausführungen des britischen Generalkonsuls in Odessa vollkommen beigepflichtet werden. Wie mir zufällig bekannt ist, hat er im Jahre 1909 den englischen Interessenten, welche sich eventuell an der Odessa'er Ausstellung 1910 beteiligen wollten, davon abgeraten und er hat es auch der russischen Ausstellungsleitung gegenüber abgelehnt, für die Ausstellung und insbesondere für eine englische Beteiligung daran dienlich tätig zu werden. Der in der Anlage des nebenbezeichneten hohen Erlasses abgedruckte Teil seines Jahresberichts soll jedenfalls diesen von ihm eingenommenen Standpunkt, dessen Richtigkeit der Verlauf der Odessa'er Ausstellung voll bewiesen hat, rechtfertigen.

Inwieweit die russisch-englische Handelskammer in St. Petersburg den gegenteiligen Standpunkt eingenommen hat, vermag hier nicht beurteilt zu werden. Die Bemerkungen des britischen Generalkonsuls über die Nachteile einer Beteiligung an russischen Ausstellungen sind meiner Ansicht nach richtig und bedürfen kaum einer weiteren Begründung, da sie durch die Tatsachen bewiesen werden. Russische Ausstellungen dauern, wie wohl die meisten größeren Ausstellungen längere Zeit, die Platzmiete ist unverhältnismäßig hoch, die Unkosten sind groß, die Unterkunft in den meisten russischen Städten ist schlecht und die Besucherzahl kann sich mit derjenigen in anderen Ländern nicht messen. Auch darüber läßt sich kaum streiten, daß ein Fabrikant, welcher seine Maschinen in Rußland absetzen will, sich nicht darauf beschränken darf, seine Produkte auf eine Ausstellung zu schicken, sondern er muß selbst den Absatzmarkt besuchen und sich persönlich einen tüchtigen Vertreter auswählen. Wenn ein erfahrener und erfolgreicher englischer Fabrikant dem britischen Generalkonsul erzählt hat, er, der Fabrikant, habe seine russischen Käufer nicht durch Ausstellungen, sondern auf Grund eines langjährigen zuverlässigen Rufes seiner guten Maschinen, sowie mit Hilfe von guten Handelsreisenden, durch persönliche Freundschaft und durch für die betreffenden Käufer verständliche Kataloge gefunden, so ist dies nur natürlich und durch die Verhältnisse erklärlich, und es wird wohl kaum einen intelligenten deutschen Exporteur geben, der diese Ansicht nicht teilt. Etwas Neues ist mit diesen Hinweisen jedenfalls nicht gesagt. Ebensowenig dürfte sich darüber streiten lassen, daß, wie in dem 5. Abschnitt des englischen Textes betont wird, es nutzlos sein würde, auszustellen, ohne sich vorher über die Bedürfnisse des Marktes unterrichtet zu haben oder ohne die bereits vorhandene Konkurrenz am Ausstellungsplatz und den dort bereits bestehenden Handel in importierten Waren zu kennen. Das alles ist ziemlich selbstverständlich, wie auch die Bemerkungen im letzten Absatz über die Wertlosigkeit von Prämien und Medaillen auf russischen Ausstellungen.

Inwieweit die Ausführungen des britischen Generalkonsuls im dritten und letzten Absatz seiner Bemerkungen richtig sind, nämlich ob bei Ausstellung von Maschinen und insbesondere von Probemaschinen die Gefahr einer Nachahmung durch russische Fabrikanten sehr groß ist, dürfte schwer zu beurteilen sein [. . .]

Ein Urteil darüber abzugeben, ob es sich im allgemeinen für deutsche Interessenten empfiehlt, russische Ausstellungen zu beschicken oder nicht, dürfte kaum möglich sein, da man über die nach Art und Bedeutung sowie nach dem Ausstellungsort ganz verschiedenartigen Ausstellungen keine einheitlichen, für alle gleichermaßen zutreffenden Normen aufstellen kann. Die Vorzüge bezw. Nachteile jeder Ausstellung hängen ganz von dem Charakter derjenigen Stadt ab, in welcher sie sich befinden sowie besonders davon, in welchem Grade die Ausstellungsgegenstände ihrer Branche nach nahe Beziehungen zu der örtlichen Bevölkerung und deren Handel und Industrie bieten. Immerhin dürften mehr Gründe gegen als für eine Beteiligung sprechen. Die Organisationen russischer Ausstellungen entbehren zunächst meist der nötigen Ordnung und Zuverlässigkeit. Der Mangel an Ordnung macht sich meist dadurch fühlbar, daß die Interessenten nur schwer erfahren können, wer die verantwortlichen Organisatoren sind. Anfragen und Auskünfte werden unpünktlich oder gar nicht beantwortet. Über die Preise der Plätze herrscht Unklarheit, die Prospekte erscheinen stark verspätet, zunächst meist nur in russischer Sprache, so daß erst um Übersetzungen ersucht werden muß. Der Mangel an Zuverlässigkeit macht sich erstens darin fühlbar, daß der Eröffnungstermin nicht eingehalten wird, daß Verschiebungen um ein oder zwei Jahre, wie in Omsk oder Odessa, nicht selten sind, sowie ferner, wie auch der britische Generalkonsul hervorhebt, bei der Verteilung von Preisen. Hierbei mögen häufiger Durchstechereien und unlautere Bevorzugungen vorkommen als in anderen Ländern, und es kommt noch hinzu, daß für den Wettbewerb auf dem Weltmarkt russische Auszeichnungen von geringerer Bedeutung sind als diejenigen anderer Nationen.

Was aber noch mehr als die soeben aufgezählten Gesichtspunkte den Wert der Beteiligung an einer russischen Ausstellung herabsetzen dürfte, ist die Erwägung, daß durch eine solche Beteiligung die Absatzmöglichkeit in Rußland kaum vermehrt wird. Der Grund hierfür liegt wohl mit darin, daß der Prozentsatz der Ausstellungsbesucher, welche intelligent genug sind, um die vorteilhaften Neuerungen eines Ausstellungsgegenstandes erkennen zu können, in Rußland verhältnismäßig gering ist und daß die hierunter fallenden Kaufleute, Fabrikanten und Landwirte, welche das Streben nach Verbesserung ihrer Betriebe haben, sicherlich auch ohne Ausstellungsbesuch sich um eine Verbesserung der sie interessierenden Waren oder Maschinen bemühen und sich mit den Vertretern der betreffenden ausländischen Firmen in Verbindung setzen. Die große Masse der russischen Ausstellungsbesucher aber ist noch indolent, ohne Initiative und besucht Ausstellungen nur des Vergnügens halber und aus Neugierde.

Aus diesen Gründen wird, wie auch der englische Fabrikant dem britischen Generalkonsul bestätigt hat, durch die Beschickung einer russischen Ausstellung nur in seltenen Fällen neue Kundschaft gewonnen werden. Der Russe will, bevor er kauft, persönlich bearbeitet sein, möglichst unter Zuhilfenahme von Alkohol. Hierzu gehört ein gewandter Vertreter, welcher mit den Marktverhältnissen gut vertraut ist, die russische Sprache gut beherrscht und über eine gewisse Menschenkenntnis verfügt. Er darf sich auch gelegentlich nicht scheuen, sich bei geeigneter Gelegenheit, einflußreiche Personen durch Gewährung materieller Vorteile geneigt zu machen.

Am schwierigsten zu behandeln ist der russische Bauer, welcher eigensinnig an dem Althergebrachten festhält und sich gegen jede Neuerung hartnäckig sträubt. Jeder in landwirtschaftlichen Maschinen tätige Agent wird bestätigen können, wieviel Arbeit es kostet, um einen russischen Bauer dazu zu bewegen, den seit 200 Jahren in Rußland gebräuchlichen Pflug, welcher die Erde nur ganz leicht aufritzt, aufzugeben und gegen einen die Arbeit bedeutend erleichternden modernen Pflug Sackschen Systems zu vertauschen.

In der Presse ist bereits mehrfach mit Recht darauf hingewiesen worden, daß die russische Kundschaft viel intensiver bearbeitet werden muß als diejenige anderer Länder. Es kann nicht genug betont werden, daß die Ausfuhr deutscher Erzeugnisse nicht dadurch allein erreicht werden kann, daß man den in Betracht kommenden in Rußland befindlichen Firmen Kataloge und Preislisten übersendet. Dieser Fehler wird fortgesetzt von deutschen Firmen, welche mit russischen Abnehmern ins Geschäft kommen wollen, begangen [. . .] Für Rußland ist es, um Erfolg zu haben, unbedingt erforderlich, daß der Geschäftsinhaber oder eine seiner Vertrauenspersonen selbst nach Rußland kommt, hier versucht, das Absatzgebiet aus eigener Anschauung kennen zu lernen und dann auf Grund persönlicher Rücksprache und Bekanntschaft einen tüchtigen Vertreter engagiert. Solange die deutschen Häuser, welche nach Rußland ausführen wollen, sich nicht zu einem solchen Verfahren entschließen, werden auch die fast täglich einlaufenden Klagen über unzuverlässige Vertreter, über Unterschlagungen von Agenten und über die gegen solche nutzlos verausgabten Prozeßkosten nicht verstummen.

*ZStA Ü, AA 2067, Bl. 121.*

**202 Bericht Nr. II 820 des Vizekonsuls am Generalkonsulat in St. Petersburg Trautmann an den Reichskanzler von Bethmann Hollweg**

*Ausfertigung*

St. Petersburg, 28. September 1910

Die Ausführungen des britischen Generalkonsuls in Odessa[1] decken sich im allgemeinen vollständig mit den hiesigen Ansichten über russische Ausstellungen und dürften auch für die deutsche Industrie maßgebend sein.

Die letzten Ausstellungen haben das wenig günstige Urteil über die russischen Ausstellungen bestätigt.

Richtig ist, daß die russischen Spezialausstellungen, wenn sie nicht überhaupt nur dazu arrangiert sind, den Unternehmern einträglichen Gewinn zu bringen, sehr oft den Nebenzweck haben, den Russen zum Lernen zu dienen. Dies ist besonders bei den Ausstellungen der Fall, an die sich Prüfungen irgend einer Art anschließen.

An die vom Landwirtschaftsministerium veranstalteten Konkurrenzen zur Prüfung von Maschinen ist man zuerst mit einem gewissen Optimismus herangetreten, weil man glaubte, daß eine unparteiische Prüfung vielleicht eine gute Reklame für die beteiligten Firmen abgeben könnte. Es hat sich, wie ich ganz vertraulich bemerke, gezeigt, daß bei den Prüfungen einerseits die sogenannte russische Wirtschaft herrscht, d.h. Liederlichkeit im höchsten Grade, Nichtbezahlung der mit der Prüfung betrauten Beamten, die infolgedessen gar kein Interesse an der Sache hatten, andererseits daß für eine Unparteilichkeit in keiner Weise gesorgt war. Es waren sogar offen Beamte der *russischen* Konkurrenzfirmen zu den Prüfungen zugelassen. Es dürfte deshalb ratsam sein, daß sich deutsche Firmen in Zukunft nicht mehr an ähnlichen Veranstaltungen beteiligen, sondern auf andere Weise versuchen, ihr Geschäft zu machen.

Natürlich ist es auch sonst nicht zu verlangen, daß bei russischen Ausstellungen Unparteilichkeit in der Beurteilung der ausländischen Exponate herrscht. In einem Staate, wo die höchsten Würdenträger stehlen oder Schmiergelder nehmen, kann man von geschäftlichen Konkurrenten natürlich noch weniger eine einwandfreie Moral erwarten. Bei der Internationalen Motorenausstellung, zu deren Beteiligung seinerseits von hier aus nicht geraten worden ist, ist den fremden Ausstellern sogar zugemutet worden, in die Jury russische Fabrikanten, d.h. die eigenen Konkurrenten zu wählen. Es wäre interessant, einmal über die Erfahrungen der wenigen deutschen Aussteller zu hören, die sich beteiligt haben. Ich glaube kaum, daß sie sehr viel gutes zu berichten haben werden. Auf einer Internationalen Ausstellung in Rußland sollte man daher dem Ausstellungskomitee möglichst wenig Vertrauen entgegen bringen, und wenn es geht, durchzusetzen versuchen, daß auch ausländische Repräsentanten in die Jury gewählt werden.

Der Rat des britischen Konsuls, vorzugsweise durch Agenten und Vertreter zu wirken, ist von der deutschen Industrie längst befolgt. Diese Vertreter, wenn sie richtig gewählt sind, werden dann auch am besten in Einzelfällen darüber urteilen können, ob die Beschikkung einer Ausstellung für ihr Haus Erfolge verspricht oder nicht. Denn, wenn auch das Urteil über russische Ausstellungen im allgemeinen ein pessimistisches sein muß, so gibt es doch Ausstellungen, deren Beschickung, sei es wegen des Ausstellungsorts oder wegen der Spezialobjekte, die zur Ausstellung gelangen, in Frage kommen kann. Hier muß von Fall zu Fall von den Firmen selbst entschieden werden.

Oft kann von den Konsularbehörden in Rußland den Anfragenden ein kleiner Wink über die an Ort und Stelle herrschende Auffassung gegeben werden. Rußland ist aber ein Land, wo nichts schwieriger ist, als irgend welche Möglichkeiten vorherzuberechnen oder die Aussichten wirtschaftlicher Unternehmungen vorherzubestimmen. Es wird deshalb schließlich auch in Ausstellungsangelegenheiten immer das beste sein, wenn die Firmen auf ihre mannigfachen Verbindungen in Rußland und den Rat ihrer Vertreter gestützt, auf eigne Hand im Einzelfalle die notwendigen Entscheidungen treffen.

*ZStAP, AA 2067, Bl. 153f.*
1 Vgl. Dok. Nr. 201.

**203 Bericht Nr. 189[1] des Generalkonsuls in Odessa Ohnesseit an den Reichskanzler von Bethmann Hollweg**

*Ausfertigung*

Odessa, 29. September 1910

Ich teile vollkommen den Standpunkt der „Ständigen Ausstellungskommission für die deutsche Industrie" und meines hiesigen englischen Kollegen, daß entscheidender Wert auf die sorgfältige Bearbeitung des russischen Marktes durch geeignete Reisende und Agenten zu legen ist, wenn man den Markt erobern und behaupten will. Handlungsreisende und Agenten müssen sich gegenseitig ergänzen. Den ersten Vorstoß macht der deutsche Handelsreisende, der zunächst seine eigene Fabrik genau kennen muß. Er muß ferner branchenkundig, rührig, gewandt, für Rußland insbesondere auch nüchtern sein und eine gewisse Überredungskunst besitzen. Er führt eine reiche Auswahl von Mustern und Katalogen bei sich und stellt eine „fliegende Ausstellung" dar. Die russische Kundschaft ist sehr bequem und indolent, ermangelt der eigenen Initiative und hängt am Alten. Gerade die russischen Kunden müssen aufgesucht und in geschickter Weise bearbeitet werden, wenn sie sich zu einer Neuerung entschließen sollen.

Die Tätigkeit des Reisenden muß durch einen Platzagenten ergänzt werden. Dieser kennt die Zollsätze, die Konkurrenz, Geschmack und Kreditfähigkeit der Kundschaft und weiß, welche Waren gangbar sind und eine Absatzmöglichkeit besitzen. Hierüber muß er den Reisenden orientieren, bevor dieser sich zur Kundschaft begibt. Nach der Abreise des Reisenden hat der Platzagent die Kontrolle der Kundschaft und nimmt nötigenfalls auch neue Bestellungen auf. Da der Reisende eine Vertrauensperson des ausländischen Fabrikanten ist, liegt ihm zugleich die Kontrolle des Platzagenten ob, der meistens einer solchen sehr bedarf.

Eine einzige große deutsche Maschinenfabrik in Schlesien verfolgt ein anderes System. Sie unterhält hier eigne Beamte und ein großes ständiges Musterlager. Diese Vertreter vereinigen in sich die Funktionen der Reisenden und Agenten und sind durch Tantiemen ausreichend interessiert. Sie beschränken sich selbstverständlich darauf, die Waren ihrer Fabrik einzuführen. Nicht selten kommen auch die Chefs oder leitende Persönlichkeiten großer deutscher Firmen hierher, um sich durch Anschauung ein Bild von den hiesigen Persönlichkeiten und Verhältnissen zu machen. Ein solches Vorgehen ist sehr lohnend und kann nur zur Nachahmung empfohlen werden.

Die Tüchtigkeit der deutschen Reisenden wird allgemein anerkannt. In häufigen Fällen benutzen auch englische und amerikanische Firmen deutsche Reisende.

Ein Fachmann sagte mir: „Wenn ich zwei Pflüge in einem Ort abgesetzt habe, so haben diese für mich denselben Wert und dieselbe Wirkung wie eine Ausstellung."

In hiesigen Fachkreisen hält man ganz allgemein eine Ausstellung zur Förderung der ausländischen Einfuhr, die sich auf Handlungsreisende und Agenten stützt und durch Lieferung guter Waren befestigt wird, für entbehrlich [. . .]

[Über die Odessaer Ausstellung] Ein Teil des Ausstellungskomitees verfolgte außerdem noch den Gedanken, dem Absatz nach dem Nahen Osten Bahn zu brechen, ebenso wie dies die schwimmende Ausstellung versucht hatte, ein Gedanke, der direkt gegen den deutschen und österreichischen Ausfuhrhandel gerichtet ist. Aus diesen Beweggründen heraus, zum Nutzen der Stadt Odessa, suchte sich das Ausstellungskomitee die Hilfe der ausländischen Industrie zu gewinnen, da die eigene Industrie wenig leistungsfähig ist [. . .] Es fanden längere Erhebungen und Beratungen unter den Vertretern der fremden Industrien statt, deren Ergebnis auf eine einstimmige Ablehnung der eifrigen Werbungen der

Ausstellungskommission hinauskam. Auch die hiesigen Vertreter der deutschen Industrie, die ich befragte, erklärten übereinstimmend, die deutschen Waren würden durch rührige Reisende und Agenten in so weitem Umfange bekannt gemacht und abgesetzt, daß kein Anlaß und kein Bedürfnis für eine Beteiligung an der Ausstellung vorhanden sei. Jedenfalls würden die Kosten größer sein als der zu erwartende Nutzen. Trotzdem ist die Ausstellung nachträglich in beschränktem Maße von Industriellen aus Deutschland, Großbritannien, Amerika und Österreich-Ungarn beschickt worden [. . .]

Von deutschen Ausstellern nenne ich:

Lanz, Rudolf Sack, Eckert, Borsig, Benz, Wolff-Buckau-Magdeburg, Dieselmotore.

*ZStAP, AA 2068, Bl. 144ff.*
1 Vgl. Dok. Nr. 201, 202.

## 204 Bericht Nr. 829 des Vizekonsuls am Generalkonsulat in St. Petersburg Trautmann an den Reichskanzler von Bethmann Hollweg

*Ausfertigung*

St. Petersburg, 5. Oktober 1910

Die Ermittlungen in der Frage, ob und von wem ein Antrag, unvollständige Maschinen als Maschinenteile zu verzollen, bei den zuständigen Behörden ergangen war, haben sich infolge längerer Abwesenheit einer mit den Verhältnissen besonders vertrauten Persönlichkeit in die Länge gezogen.

Nach Angaben dieses Gewährsmannes ist eine derartige Anregung tatsächlich ergangen, und zwar von der Firma Nobel im Verein mit mehreren Industriellen, — unter denen übrigens, was hier nicht unerwähnt bleiben mag, sich nicht eine einzige russische Firma, sondern durchweg ausländische, darunter auch deutsche, in Rußland domizilierte Firmen befunden haben sollen. Nur ist man mit der Angelegenheit nicht an das Handelsministerium, sondern an das für Zollfragen zuständige Finanzministerium, d.h. das Zolldepartement, herangetreten.

Diese Angaben sind durch einen höheren Beamten, der von der durch die Kaiserliche Botschaft an die Russische Regierung gerichteten Anfrage nicht unterrichtet zu sein schien, gesprächsweise unbefangen bestätigt worden. Zugleich fügte der betreffende Herr hinzu, der Vorschlag sei jedoch in russischen Kreisen selbst auf derartige Opposition gestoßen, daß man auf ihn gar nicht weiter eingegangen sei [. . .]

Soweit ich die Sachlage von hier aus zu beurteilen vermag, wird es sich empfehlen, die Angelegenheit auf sich beruhen zu lassen. Darüber, daß die fragliche Anregung ergangen ist, wird die Russische Regierung zur Genüge unterrichtet sein und sie wird sich somit nicht verhehlen, daß unser Vorgehen durchaus nicht der Berechtigung entbehrte und daß ihre Antwort lediglich einen Ausweg bildete, einer unbequemen Stellungnahme zu der Frage zu entgehen.

*ZStAP, AA 6291, Bl. 54.*

**205** **Bericht Nr. 118 des Konsuls in Kiew Haering an den Reichskanzler von Bethmann Hollweg**

*Ausfertigung*

Kiew, 27. November 1910

Euerer Exzellenz beehre ich mich anbei unter fliegendem Siegel einen an die Firma William Prym in Stollberg/Rheinland gerichteten Bescheid vom heutigen Tage mit der gehorsamen Bitte einzureichen, die Anlage, falls keine Bedenken entgegenstehen, geneigtest ihrer Bestimmung zuführen zu wollen.

Von der Erwägung ausgehend, daß die Errichtung von Zweigfabriken im Auslande, wenn dieselben auch immerhin einen Unternehmergewinn abwerfen mögen, der im Stammlande verzehrt wird, im allgemeinen deshalb nicht wünschenswert erscheinen dürfte, weil sie die Industrie des fremden Staates zu stärken und deren Leistungsfähigkeit im Wettbewerb mit der heimischen zu erhöhen geneigt ist, habe ich von einer unmittelbaren Bescheidung des Antragstellers, welcher den Bau einer Fabrik zur Herstellung von Annähdruckknöpfen, Stecknadeln, Haken und Augen sowie Sicherheitsnadeln plant, absehen zu sollen geglaubt.

*ZStAP, AA 2096, Bl. 59.*

**206** **Aktennotiz des Sprechers des Vorstandes der Deutschen Bank Arthur von Gwinner**

*Ausfertigung*

[Berlin], 30. November 1910

Heute besuchte uns Herr von Timiriaseff, Präsident der Russischen Bank für auswärtigen Handel, und teilte mit:

Schon im Jahre 1883 sei in Moskau der Gedanke entstanden, das russische Eisenbahnnetz durch Persien nach Indien vorzutreiben, um die geographisch kürzeste Landverbindung zwischen Westeuropa, Rußland und Indien herzustellen.

Für diesen Gedanken habe sich neuerdings eine Gruppe russischer Herren interessiert, nämlich Herr von Bark, der maßgebende Mann in der Wolga-Kama Bank; Timiriaseff; zwei Dumamitglieder und drei oder vier Eisenbahninteressenten, darunter der Direktor der Wladikawkas-Eisenbahn.

Diese Gruppe verfolge die Ausführung des genannten Gedankens; die Pläne der Herren seien aber vorläufig ganz unbestimmte; es fehlt nämlich alles: Konzession, Garantien und das Geld.

Die Bahn soll von Baku aus nach dem südlichsten russischen Hafen am Kaspisee, Astara, laufen, von da über Rescht nach Teheran; dann südlich über Isphahan und zwischen den Ketten des Iranischen Gebirges ost-südöstlich weiter durch Belutschistan nach Nushki am Ende des iranischen Hochlandes, bis zu welchem Punkte der Eisenbahnstrang von Indien aus von den Engländern vorgetrieben sei oder nächstens werden solle.

Timiriaseff zeigte sich außerordentlich wenig informiert: er glaubte z.B., daß Barings an der Bagdadgesellschaft beteiligt seien!

Er entwickelte den Gedanken, zunächst einmal eine Kleine Studiengesellschaft zu gruppieren und dachte sich Quoten von je 25% für das russische, englische, französische und eventuell deutsche Interesse. Er hatte eine Summe von 2 Millionen Francs in Aussicht.

Ich machte ihn aufmerksam, daß diese Summe für provisorische Studien und generelle Festsetzung einer Trace zu hoch, dagegen für die Herstellung von Bauplänen und Profilen nicht ausreichend sein dürfte und empfahl, da das ganze Projekt doch noch sehr in der Luft schwebe, zunächst nur einmal eine Summe von 500000 Francs als Aufwendung des Studiensyndikats in Aussicht zu nehmen. Ich frug dann nach den Garantien, worauf mir Timiriaseff erwiderte: für die russische Strecke würde wohl die russische Staatsgarantie zu erlangen sein; für den drei bis viermal so langen und kostspieligen persischen Teil dagegen würde es wohl kaum möglich sein, eine russische Staatsgarantie zu extrahieren. Der Finanzminister hätte als diskutabel bezeichnet, etwa eine Subvention in der Höhe zu gewähren, welche den übrigen staatsgarantierten russischen Bahnen durch den Transitverkehr zuwachsen werde. Dies ist natürlich kein greifbares Pfand und für die Zwecke einer Emission unbrauchbar. Timiriaseff streifte dann in fragender Form die Möglichkeit einer internationalen Staatsgarantie. Ich zuckte die Achseln.

Timiriaseff will von hier nach London, wo er mit Lord Revelstoke sprechen zu wollen scheint; in Paris soll nach den Zeitungsberichten mit Noetzlin (Banque de Paris) und natürlich auch mit Bardac, Vitali und Konsorten gesprochen worden sein. Herr Kapp von Gülstein hat vor zwei Jahren schon einmal in der Presse für eine anglo-russisch-indische Bahn agitiert, welche die Bagdadbahn ersetzen solle. Vielleicht stecken diese Leute überhaupt hinter der Wiederauffrischung des ganzen Projekts.

Über die kürzlich in Potsdam gepflogenen Erörterungen wollte T. nicht orientiert sein; er gab an, diese Besprechungen dahin zu verstehen, daß Rußland uns keine Hindernisse bei der Durchführung der Bagdadbahn in den Weg lege und dafür eine wohlwollende Unterstützung Deutschlands bei seinen persischen Bahnprojekten erwarte.

T. betonte, daß natürlich sein Projekt nur denkbar sei, wenn Rußland keine Transitzölle erheben wolle; er unterschied aber die jedenfalls nötige Aufhebung solcher Zölle für Warentransporte nach Indien und die eventuelle Aufhebung der Transitzölle in Rußland für Warentransporte nach Persien. Er bemerkte in diesem Zusammenhang, daß eine Versammlung der Moskauer Kaufleute und Fabrikanten sich sehr bestimmt gegen die Bahnverbindung Baku-Indien ausgesprochen habe, eben weil die russischen Exporteure das tatsächliche Handelsmonopol in Nordpersien nicht verlieren wollten.

T. frug, ob eine Verbindung seiner projektierten Bahn und der Bagdadbahn möglich sei. Ich bejahte, gab ihm die Karte der Bagdadbahn und letzten Geschäftsbericht und zeigte ihm, daß uns die Verbindungslinie von der Hauptbahn von Bagdad nach Chanikin an der türkisch-persischen Grenze konzessioniert sei und daß eine Verbindung von dort über Kirmanscha nach Isphahan ausführbar und nicht allzu kostspielig sein würde.

Um zu demonstrieren, daß wir dem russischen Projekt nicht feindselig seien, und namentlich zu dem Zweck, weiter über den Verlauf der Sache orientiert zu bleiben, erklärte ich unsere Bereitwilligkeit, mit 25% an einer Summe von 500000 Francs teilzunehmen. Das Geld wird natürlich verplembert sein, denn für absehbare Zeit erscheint das russische Projekt undurchführbar.[x]

x Randbemerkung: Das Auswärtige Amt hat Abdruck erhalten.

*ZStAP, Deutsche Bank 10169, Bl. 207ff.*

## 207 Schreiben Nr. IV B 9971 des Unterstaatssekretärs im Reichsamt des Innern Richter an den Staatssekretär des Auswärtigen Amts von Kiderlen-Waechter

*Ausfertigung*

Berlin, 24. Dezember 1910

Mit Bezug auf die gefälligen Schreiben vom 8. Juli 1909, 18. April 1910 und 20. Dezember 1910 — II 0 3019, 1624 und 5399[1].

Der Auffassung der Russischen Regierung, daß Art. 5 des deutsch-russischen Handelsvertrags auf die seitens der russischen Verwaltung den russischen Eisenbahnen auferlegte Verpflichtung, nur im Inland hergestelltes Eisenbahnmaterial zu verwenden, nicht angewendet werden könne, vermag ich nicht beizutreten. Insbesondere kann ich die Begründung, daß Art. 5 nur direkte Einfuhrverbote ausschlösse, während die Anordnung eine allgemeine Maßregel sei, die sich nicht gegen die Einfuhr der deutschen Industrieerzeugnisse im besonderen richte, als stichhaltig nicht anerkennen. Denn auch ein allgemeines, gegen die Erzeugnisse aller Staaten gerichtetes, Einfuhrverbot würde unsere Vertragsrechte aus Art. 5 verletzen. Ein solches Verbot würde geeignet sein, große und wichtige deutsche Ausfuhrgüter von der Einfuhr nach Rußland tatsächlich auszuschließen. Der Wortlaut des Art. 5 spricht übrigens keineswegs von direkten oder allgemeinen Einfuhrverboten, sondern er verpflichtet beide Teile, „den gegenseitigen Verkehr zwischen beiden Ländern durch *keinerlei* Einfuhrverbote zu *hemmen*“. Die russische Anordnung hat aber in ihrer Wirkung tatsächlich eine Hemmung des Verkehrs mit deutschen Lokomotiven nach Rußland zur Folge.

Ich möchte daher empfehlen, die Angelegenheit nochmals in St. Petersburg zur Sprache zu bringen und dabei der Russischen Regierung gegenüber unsere abweichende Stellung aufrecht zu erhalten und zu versuchen, von ihr die Zulassung unserer Lokomotivenindustrie zur Deckung des Bedarfs der russischen Privatbahnen zu erlangen.

Sollte trotzdem die Russische Regierung auf ihrer ablehnenden Haltung beharren, so werden wir uns bis auf weiteres damit begnügen müssen, unsere prinzipiell abweichende Auffassung zur Geltung gebracht zu haben, da Gegenmaßregeln unsererseits kaum ernstlich in Frage kommen können.

*ZStAP, AA 2934, Bl. 33.*

1 Am 8. 7. 1909 übermittelte das AA dem RdI die Note der russischen Regierung vom 21. 6. 1909 — vgl. Dok Nr. 145 — und bat um Stellungnahme; mit den Schreiben vom 18. April und 20. Dezember 1910 mahnte das AA eine Antwort auf das Schreiben vom 8. Juli 1909 an.

## 208 Schreiben Nr. II 0 5811 des Staatssekretärs des Auswärtigen Amts von Kiderlen-Waechter an den preußischen Minister der Öffentlichen Arbeiten von Breitenbach. Vertraulich!

*Konzept*

Berlin, 23. Januar 1911

Infolge eines Antrags der Firma Henschel Sohn in Kassel, der vom Herrn Staatssekretär des Innern befürwortet war, sind von der Kaiserlichen Botschaft in St. Petersburg nach

Maßgabe des abschriftlich anliegenden Erlasses vom 12. September 1908 bei der Russischen Regierung Vorstellungen erhoben worden, weil in Rußland nicht nur den staatlichen Eisenbahnen, sondern auch den Privatbahnen regierungsseitig die Verpflichtung auferlegt worden ist, nur Eisenbahnmaterial zu erwerben, das in russischen Fabriken aus russischen Erzeugnissen hergestellt worden ist. Ausländisches rollendes Material dürfen auch die Privatbahnen nur mit besonderer Genehmigung der Minister des Verkehrs und der Finanzen einführen, und zwar nur insoweit, als die russischen Fabriken das Material nicht zu gleich niedrigen Preisen wie das Ausland liefern können. Die Verpflichtung ist den Privatbahnen statuarisch auferlegt worden und zwar, wie aus dem Wortlaut des in Übersetzung anliegenden § 15 des Statuts der livländischen Zufuhrbahnen, der sich fast wörtlich in den Konzessionen aller übrigen Privatbahnen findet, ersichtlich ist, nicht etwa aus Sicherheits- oder verkehrspolizeilichen, sondern aus wirtschaftspolitischen Gründen, nämlich um die hiesige Industrie zu fördern. Diese Maßnahme verstößt nach diesseitigen Auffassungen gegen Art. 5 des deutsch-russischen Handelsvertrags, da sie einem Einfuhrverbot gleichkommt, welches mit der genannten Vertragsbestimmung im Widerspruch steht. Die Russische Regierung hat jedoch unseren Antrag auf Beseitigung der Einfuhrbeschränkung abgelehnt, und zwar mit der Begründung, daß die fragliche Verpflichtung ein *direktes* Verbot der Einfuhr nicht enthalte. Eine Abschrift der diesbezüglichen russischen Note vom 8. Juni 1909[1] liegt unter den Anlagen bei. In den darin enthaltenen Ausführungen läßt sich meinem Dafürhalten nach eine stichhaltige Begründung der russischerseits verhängten Maßnahme oder eine Widerlegung unseres Standpunktes nicht erblicken. Der Herr Staatssekretär des Innern, zu dessen Kenntnis ich die russische Antwort gebracht habe, ist nach seiner abschriftlich anliegenden Äußerung vom 24. v.M.[2] derselben Ansicht. Er rät daher, die Angelegenheit nochmals in St. Petersburg zur Sprache bringen zu lassen, meint jedoch, daß wir uns, falls die russische Regierung bei ihrer Ablehnung bleibe, dabei werden beruhigen müssen, da Gegenmaßregeln unsererseits kaum ernstlich in Frage kommen können. [Im Konzept gestrichen: „Diesem Vorschlage, der auf eine widerstandslose Duldung der russischen, in vertragswidriger Weise unsere Industrie vom russischen Markte ausschließende Maßnahme hinauskommt, möchte ich mich nicht ohne weiteres anschließen".]

Gegen die nochmalige Erhebung von Vorstellungen in St. Petersburg habe ich zwar an sich keine Bedenken, doch glaube ich, daß dieses Vorgehen bei der heutigen in Rußland herrschenden national-protektionistischen Tendenz keinen Erfolg haben wird.

Andererseits möchte ich nicht ohne weiteres annehmen, daß uns gegenüber einem solchen Verfahren der russischen Regierung nicht auch entsprechende Gegenmaßnahmen zu Gebote stehen. In dieser Beziehung ist hier zunächst ins Auge gefaßt worden, in Zukunft russische Eisenbahnanleihen, die unseren Markt in Anspruch nehmen wollen, insoweit nicht ganz besondere Umstände eine Ausnahme rechtfertigen, nicht mehr zum Börsenhandel zuzulassen, damit nicht auch noch deutsche Geldmittel zur Beschaffung des Eisenbahnmaterials bei der russischen Industrie herangezogen werden. Diese Maßregel allein wird aber, da es bei dem jetzigen verhältnismäßig günstigen Stand der russischen Finanzen nicht schwer fallen kann, die russischen Eisenbahnanleihen anderseits unterzubringen, kaum den Zweck, auch praktisch als Druckmittel empfunden zu werden, erfüllen können. Es wird daher zu prüfen sein, ob nicht andere Maßregeln für diesen Zweck geeigneter sind. Dabei wird in erster Linie an Maßnahmen zu denken sein, die den russischen nach Möglichkeit entsprechen, vor allem also auch an solche auf dem Gebiet des Eisenbahnwesens, da eine Ausdehnung der Kontroverse auf andere Gebiete aus naheliegenden Gründen möglichst zu vermeiden sein dürfte.

Euere Exzellenz darf ich daher bitten, die Angelegenheit vom Standpunkte Ihres Ressorts nach der angegebenen Richtung prüfen zu wollen. Vielleicht lassen sich beim Bezug russischer hölzerner Eisenbahnschwellen, von denen wir, soweit ich sehe, erhebliche Mengen einführen, 1909 für rund 11 Millionen Mark, oder auf andere Weise Maßnahmen treffen, die auf russischer Seite als ein wirtschaftlicher Nachteil empfunden werden, ohne uns selbst große Opfer aufzuerlegen.

Für eine Äußerung über das Ergebnis der Prüfung wäre ich dankbar.

*ZStAP, AA 2934, Bl. 34ff.*
1 Vgl. Dok. Nr. 145.
2 Vgl. Dok. Nr. 207.

**209 Schreiben Nr. II W 384 des Direktors der Handelspolitischen Abteilung des Auswärtigen Amts von Koerner an den Staatssekretär des Reichsschatzamts Wermuth**

*Konzept*

Berlin, 25. Januar 1911

Auf das Schreiben vom 30. Oktober d.J. II 13 320.

Ich verstehe den Vorschlag des Herrn Staatssekretärs des Innern dahin, daß durch die Zulassung der Eosinfärbung als Kontrollmittel auch für die zu Fütterungszwecken usw. bestimmte Gerste der anderweite Nachweis der Verwendung nicht ausgeschlossen werden soll. Unter der Voraussetzung, daß diese Auffassung zutrifft und daß die Vorschriften eine entsprechende Fassung erhalten, würde ich mich mit dem gedachten Vorschlage einverstanden erklären können.

Ich darf einer gefälligen Rückäußerung entgegensehen.

*ZStAP, AA 13313, Bl. 95.*

**210 Schreiben Nr. 144 des russischen Botschafters in Berlin Graf Osten-Sacken an den Staatssekretär des Auswärtigen Amts von Kiderlen-Waechter**

*Ausfertigung*

Berlin, 26. Januar 1911

Votre Excellence a bien voulu m'informer à la date du 9 décembre dr. de ce que les autorités douanières allemandes avaient reçu l'instruction d'appliquer à l'importation du son en Allemagne le procédé précédemment en vigeur jusqu'à ce que cette question soit définitivement réglée.

Je suis actuellement chargé par mon Gouvernement d'attirer l'attention du Cabinet de Berlin sur l'importance qu'attache au règlement définitif de cette question le Gouvernement Impérial, ainsi que sur les grands préjudices que les mesures nouvellement proposées par le Ministère des Finances de Prusse concernant l'importation en Allemagne pourraient occasionner au commerce russe.

La question de l'importation du son en Allemagne et son admission en franchise de douane était réglée jusqu'à présent par accord conclu avec la Russie en 1897, d'après lequel une tarification de faveur était établie en retour pour l'importation de certains produits allemands en Russie.[1] En vertu du § 2 de cet accord la qualité du son devait être déterminé par l'analyse chimique des cendres qu'il contenait. Ce moyen avait été reconnu par les autorités compétentes des deux Pays comme le meilleur et unique procédé à suivre pour distinguer le son d'autres produits de moulinage.

Les prescriptions du nouveau règlement d'après lequel le son contenant plus de 5% de farine serait considéré comme produit de moulinage et comme tel soumis à des droits d'entrée et en vertu duquel l'analyse chimique devrait être remplacée par le passage au tamis, auraient pour résultat de pouvoir considérer la presque totalité du son importé en Allemagne comme produit de moulinage et de le soumettre par conséquent à des taxes considérables. Le son étant une marchandise de bas prix le commerce de ce produit serait rendu par cela même impossible ce qui porterait une grave atteinte au intérêts du commerce russe et de l'industrie meunière en Russie.

Le Gouvernement Impérial ayant dernièrement soumis cette questions a une étude approfondie est derechef arrivé à la conclusion que le moyen adopté jusqu'ici pour déterminer la qualité du son (l'analyse chimique) devait être considérée comme le plus parfait et présentait le plus de garantie pour les deux côtés. Il trouve par conséquent fort désirable de s'en tenir au système établi par l'accord de 1897. Pour les cas où le Gouvernement Impérial Allemand trouverait indispensable de modifier l'ordre de choses existant dans cette question le Gouvernement Impérial serait désireux que le nouveau règlement douanier concernant l'importation du son en Allemagne, ne soit appliqué aux produits venant du Russie qu'après une entente préalable à ce sujet avec le Gouvernement Russe.

En portant ce qui précède à la connaissance de Votre Excellence je m'adresse à Son obligeance toute particulière avec la prière de bien vouloir m'informer en son temps du résultat de ma présente démarche.

*ZStAP, AA 18799, Bl. 24.*

1 Vgl. Dietmar Wulff, Der „kleine" Zollkrieg. Zu den Hintergründen um dem Verlauf der deutsch-russischen Zollkonferenz (November 1896 bis Februar 1897), in: Jahrbuch für Geschichte. Bd. 29, 1984, S. 86ff.

## 211 Schreiben Nr. II 0340 des Staatssekretärs des Auswärtigen Amts von Kiderlen-Waechter an den Staatssekretär des Reichsschatzamts Wermuth. Streng vertraulich!

*Abschrift.*

Berlin, 2. Februar 1911

Die hiesige russische Botschaft hat im Auftrage ihrer Regierung die abschriftlich anliegende Note vom 26. v.M.[1] hierher gerichtet, worin sie gegen die Einführung des neuen Verfahrens zur Untersuchung von Kleie Stellung nimmt und beantragt, daß es bei dem bisherigen Verfahren sein Bewenden behalten oder ein neues nur nach vorherigem Benehmen mit der Russischen Regierung eingeführt werden möchte. Wenn es nun auch nicht richtig ist, daß die Vereinbarung vom Jahre 1897 auch jetzt noch gilt, da seit dem Zusatzvertrage von 1904 nur die in diesem aufgenommenen Vereinbarungen von 1897 noch anwendbar sind, und wenn auch die Russische Regierung bezüglich der Gestaltung der neuen Bestimmungen anscheinend wenigstens teilweise im Irrtum sich befindet, so erscheint es doch mit Rücksicht auf anderweite Verhandlungen, die gegenwärtig mit der Russischen Regierung gepflogen werden,[2] notwendig, daß die Einführung der den russischen Wünschen entgegenstehenden neuen Untersuchungsmethode einstweilen noch ausgesetzt wird.

Ich bitte Euere Exzellenz daher, gefälligst veranlassen zu wollen, daß von der Beratung der Sache in den Bundesratsausschüssen, die auf den 4. d.M. angesetzt ist, bis auf weiteres abgesehen wird.

Ferner bitte ich, mich wissen zu lassen, ob dortseits gegen die Mitteilung des Entwurfs der neuen Bestimmungen an die Russische Regierung Bedenken bestehen.

*ZStAP, Reichskanzlei 327, Bl. 83f.*

1 Vgl. Dok. Nr. 210.

2 Es handelt sich um die nach der Zusammenkunft des Zaren mit Wilhelm II. in Potsdam einsetzenden deutsch-russischen Verhandlungen, die zu dem Abkommen über Persien und die Bagdadbahn führten.

## 212 Schreiben Nr. II 1607 des Staatssekretärs des Reichsschatzamts Wermuth an den Staatssekretär des Auswärtigen Amts von Kiderlen-Waechter. Streng vertraulich!

*Abschrift.*

Berlin, 3. Februar 1911

Auf das Schreiben vom 2. Februar 1911 — II 0 340 —[1].

Der den Bundesratsausschüssen vorliegende Entwurf einer Anleitung für die Zollabfertigung von Roggen- und Weizenkleie bezweckt, die in dieser Beziehung bisher geltenden Bestimmungen teilweise abzuändern, nachdem sich herausgestellt hat, daß die Vorschriften des Zolltarifs und des amtlichen Warenverzeichnisses jahrelang systematisch umgangen und zum schweren Schaden der Reichskasse und der inländischen Produktion zollpflichtige Mehle und Kleie eingeführt worden sind. Die Vorlage betrifft mithin eine Maßnahme des inneren Zolldienstes. Über eine solche Maßnahme vor der Beschlußfassung der zuständigen Stelle in Verhandlungen mit einer fremden Macht einzutreten, halte ich grundsätzlich für unstatthaft. Daß aber vertragliche Abmachungen, auf welche die russische Regierung ihren Anspruch stützen könnte, in Ansehung der Kleie nicht bestehen, heben Euere Exzellenz selbst hervor.

Die gewichtigen Zollinteressen, die hierbei auf dem Spiele stehen, gebieten eine baldige Einführung der geplanten Maßnahme. Davon abgesehen, haben aber auch weite gewerbliche Kreise, und zwar nicht nur die, welche eine Änderung der bestehenden Bestimmungen im Sinne der Vorlage wünschen, sondern auch die, welche an sich einer solchen Änderung abgeneigt sind, ein berechtigtes Interesse an der baldigen einheitlichen Regelung der schon seit geraumer Zeit in der Schwebe befindlichen Angelegenheit. Zu der hiernach erwünschten Beschleunigung nötigt nicht minder die erforderliche Rücksicht auf die Bundesregierungen und ihre Vertreter in den beteiligten Ausschüssen. Es würde das größte Aufsehen erregen, wenn jetzt, nachdem monatelang mit allen Erwerbsgruppen — auch denjenigen, welche am Import aus Rußland beteiligt sind — verhandelt und billigen Wünschen Rechnung getragen worden ist, plötzlich auf Andrängen der russischen Regierung ein nochmaliges Hinausziehen einträte. Der legitime Handel wird sich mit den jetzt geplanten Vorschriften unschwer abfinden. Dem Drucke weniger Grenzinteressenten aber, die das gegenwärtige illegale Verfahren mit allen Mitteln aufrecht zu erhalten bestrebt sind, wird man nicht weichen dürfen.

Aus diesen Gründen muß ich es mir zu meinem Bedauern versagen, eine Vertagung der Ausschußberatung herbeizuführen. Ich vermag auch nicht mein Einverständnis damit zu erklären, daß der jetzt vorliegende Entwurf der russischen Regierung mitgeteilt wird. Dagegen würde ich nichts einzuwenden haben, daß die Vorlage, wie sie bei der Ausschußberatung beschlossen wird, ihrem wesentlichen Inhalt nach mitgeteilt wird, sofern anzunehmen ist, daß sie in dieser Fassung die Zustimmung des Bundesrats erfährt.

Unbeschadet meiner grundsätzlichen Stellungnahme möchte ich nicht unerwähnt lassen, daß dem Vorgehen der russischen Regierung offenbar eine falsche Voraussetzung zu Grunde liegt. Sie betont, daß es wünschenswert sei, die Feststellung des Aschengehalts auch fernerhin für die Zollbehandlung der Ware entscheidend sein zu lassen, nimmt aber an, daß die Vorlage diesen Zustand zu ändern beabsichtige. Diese Annahme ist irrig. [. . .]

Ich kann mich hiernach des Eindrucks nicht erwehren, daß das Vorgehen der russischen Regierung in der Hauptsache gegenstandslos ist. Dabei gestatte ich mir darauf hinzuweisen, daß bei der Besprechung am 21. Dezember 1910 im Reichsschatzamte der Kommissar Euerer Exzellenz grundsätzliche Bedenken nicht erhoben, sondern nur betont hat, das Auswärtige Amt lege Wert auf das Zugeständnis einer Übergangszeit für die Einführung des neuen Verfahrens. In der seither vergangenen Zeit ist den beteiligten Kreisen kein Zweifel darüber gelassen, daß die baldige Einführung veränderter Bestimmungen nach wie vor beabsichtigt sei. Sie waren also, ebenso wie die russischen Verkäufer, in der Lage, sich vorzubereiten. Nichtsdestoweniger bin ich bereit, der Hinausschiebung des Inkrafttretens der neuen Vorschriften bis zum 1. März und ferner einer Verlängerung der in der Vorlage bis zum 30. April 1911 erstreckten Übergangszeit, in der im Hinblick auf laufende Lieferungsverträge Milderungen zulässig sein sollen, um einen bis zwei Monate zuzustimmen.[2]

*ZStAP, Reichskanzlei 327, Bl. 77f.*

1 Vgl. Dok. Nr. 211.

2 In einem weiteren Schreiben an Kiderlen vom 5. 2. 1911 führte Wermuth aus: „Was den dortigen Wunsch betrifft, den Inhalt der neuen Anleitung zur Kenntnis der russischen Regierung zu bringen, so würde ich an sich dagegen nichts zu erinnern finden. Nur müßte es in einer Form geschehen, welche auch nicht den Schein aufkommen läßt, als könnten wir einer fremden Regierung irgendwelche Einwirkung auf die Regelung unseres Zolldienstes zugestehen, und welche auch einer künftigen autonomen Änderung der jetzt getroffenen Maßnahme in keiner Weise vorgreift." (ZStAP, Reichskanzlei, 327.)

**213** **Schreiben Nr. II 0 411 des Staatssekretärs des Auswärtigen Amts von Kiderlen-Waechter an den Staatssekretär des Reichsschatzamts Wermuth**

*Abschrift,*

Berlin, 5. Februar 1911

Auf das Schreiben vom 3. d.M. — II.1607 —[1].

Nachdem Euere Exzellenz darauf bestanden haben, daß die Vorlage wegen der Abfertigung von Kleie am gestrigen Tage in den Bundesratsausschüssen zur Verhandlung gelangen solle, damit aber sich einverstanden erklärt haben, daß die Plenarberatung bis auf weiteres ausgesetzt bleibt, bitte ich Euere Exzellenz, dafür Sorge tragen zu wollen, daß die Sache nicht eher auf die Tagesordnung des Bundesratsplenums gesetzt wird, als bis ich mein Einverständnis damit habe erklären können.

Dem Herrn Staatssekretär des Innern habe ich hiervon Mitteilung gemacht.

Inzwischen bitte ich um baldgefällige Mitteilung der Ausschußbeschlüsse, damit ich deren wesentlichen Inhalt der Russischen Regierung mitteilen kann.

*ZStAP, Reichskanzlei 327, Bl. 94.*

1 Vgl. Dok. Nr. 212.

**214** **Schreiben Nr. II 1895 des Staatssekretärs des Reichsschatzamts Wermuth an den Staatssekretär des Auswärtigen Amts von Kiderlen-Waechter**

*Abschrift.*

Berlin, 9. Februar 1911

Auf das gefällige Schreiben vom 5. Februar 1911 — II.O.411[1] —, betreffend die Zollabfertigung von Kleie, das sich mit dem meinigen vom gleichen Tage — II.1389[2] — gekreuzt hat, beehre ich mich zu erwidern, daß ich nach wie vor es für dringend notwendig halte, die Sache auf die Tagesordnung der am 16. d.M. stattfindenden Bundesratssitzung zu bringen.

Es ist jetzt soweit gekommen, daß deutsche Mühlen an der russischen Grenze beschlossen haben, ihren Betrieb auf die russische Seite zu verlegen oder dort Filialen zu errichten, falls nicht in nächster Zeit gegen den unlauteren Wettbewerb, dem sie nicht mehr standhalten können, Abhilfe geschaffen wird.

Sollten Euere Exzellenz Ihr Einverständnis nicht in einigen Tagen zu erklären in der Lage sein, so würde ich unter Mitwirkung Euerer Exzellenz die Entscheidung des Herrn Reichskanzlers herbeizuführen mir gestatten.

*ZStAP, Reichskanzlei 327, Bl. 104.*

1 Vgl. Dok. Nr. 213.

2 Vgl. Dok. Nr. 212, Anmerkung 2.

**215** **Schreiben Nr. S.V.O. 33 des preußischen Ministers der Öffentlichen Arbeiten von Breitenbach an den preußischen Minister der auswärtigen Angelegenheiten von Bethmann Hollweg. Vertraulich!**

*Ausfertigung*

Berlin, 11. Februar 1911

Auf das gefällige Schreiben vom 23. Januar d.J. II 0 5811[1].

Die von Euerer Exzellenz angeregte Frage, ob gegen die russischen Anordnungen, die die Ausfuhr von Eisenbahnmaterial nach Rußland behindern, auf dem Gebiete des Eisenbahnwesens entsprechende Gegenmaßnahmen in Vorschlag zu bringen sind, habe ich einer eingehenden Prüfung unterzogen. Liegt auch der Gedanke nahe, solche Maßnahmen beim Bezuge russischer hölzener Eisenbahnschwellen, von denen über eine Million Stück jährlich für die preußisch-hessischen Staatsbahnen geliefert werden, in Aussicht zu nehmen, so ist darauf hinzuweisen, daß das Inland das ausländische Schwellenmaterial nicht entbehren kann, weil aus den inländischen Forsten der Jahresbedarf zu entsprechenden Preisen auch nicht annähernd Deckung finden würde. Der Teil des Jahresbedarfs, der aus Rußland bezogen werden muß, kann auch nicht aus anderen ausländischen Produktionsgebieten gedeckt werden. Dazu kommt, daß die Lieferungen russischer Holzschwellen fast ausschließlich in den Händen deutscher Firmen liegt, die durch Behinderung des Absatzes nach Deutschland an die preußischen Staatsbahnen schwere wirtschaftliche Nachteile erleiden würden. Der Ausschluß russischer Schwellen von der Lieferung an die preußischen Staatsbahnen würde hiernach zu einer beträchtlichen Schädigung der Staatseisenbahnen führen.

Bei Prüfung, ob in anderer Weise gegen die russischen Anordnungen einschränkende Maßnahmen getroffen werden könnten, kam noch der Verzicht auf den Bezug russischer Mineralöle in Frage. Auch hier kommen aber fast nur deutsche Lieferer, die das Rohprodukt aus Rußland beziehen und in deutschen Raffinerien bearbeiten, in Betracht, so daß durch Hemmung des Bezuges russischer Öle am schwersten deutsche Interessen getroffen würden. Auch bei der Beschaffung des Mineralölbedarfs liegen die Wettbewerbsverhältnisse derartig, daß zur Zeit die Menge russischer Produktion nicht entbehrlich erscheint, weil nur durch sie die Preise auf ein angemessenes Maß reguliert werden. Überdies wäre die Menge, die aus dem Bezug heraus zu nehmen sein würde, im Geldwerte so gering, daß kaum angenommen werden könnte, daß die Hemmung der Einfuhr nach Deutschland russischerseits als wirtschaftlicher Nachteil empfunden würde.

Ich bedaure hiernach, vom Standpunkte meines Ressorts Gegenmaßregeln gegen die russischen Anordnungen nicht empfehlen zu können.

*ZStAP, AA 2934, Bl. 50f.*

1 Vgl. Dok. Nr. 208.

**216** **Bericht des Konsuls in Moskau Kohlhaas an den Botschafter in St. Petersburg Graf von Pourtalès**

*Abschrift.*

Moskau, 11. Februar 1911

Dieser Tage äußerte der hiesige Oberbürgermeister (Stadthaupt) Herr Nikolai Iwanowitsch Gutschkow, der Bruder des Präsidenten der Reichsduma,[1] in einem gelegentlichen Gespräch mir gegenüber, daß er noch nicht die Ehre habe, Euere Exzellenz zu kennen, und daß er sich bei einem seiner häufigen Aufenthalte in St. Petersburg gern erlauben würde, Euerer Exzellenz seine Aufwartung zu machen, falls er annehmen dürfe, daß Euerer Exzellenz dies genehm sei.

Ich habe ihm erwidert, daß ich nicht zweifle, daß Euere Exzellenz sich freuen werden, seine Bekanntschaft zu machen.

Vielleicht wäre es aber gut, wenn Euere Exzellenz mich ermächtigen wollten, Herrn Gutschkow das nochmals ausdrücklich in Ihrem Auftrag mitzuteilen.

Herr Gutschkow hat eine teilweise deutsche Erziehung genossen und ist deutschfreundlich gesinnt, was er schon hin und wieder betätigt hat. Ich nehme aber an, daß sein Wunsch, Euere Exzellenz aufzusuchen, auch damit zusammenhängt, daß die Stadt Moskau, wie unlängst berichtet, neue große Anleihen für die nächsten Jahre plant, für die sie, nachdem die letzten dieser großen Anleihen auf dem englischen, französischen und russischen Markt untergebracht worden sind, eventuell auch wohl wieder den deutschen Markt ins Auge faßt, der seiner Zeit die ersten Moskauer Stadtanleihen aufgenommen hat.

*PA Bonn, Rußland 71, Bd. 58.*
1 A. I. Gučkov.

**217** **Schreiben Nr. I 0440 des Staatssekretärs des Auswärtigen Amts von Kiderlen-Waechter an den russischen Botschafter in Berlin Graf Osten-Sacken. Strictement cinfidentielle!**

*Abschrift.*

Berlin, 14. Februar 1911

En réponse á la note du 26 janvier dr. (No. 144)[1], j'ai l'honneur d'informer Votre Excellence que les dispositions en question sur l'examen du son n'ont aucunement pour but de restreindre l'importation du son, quel que soit son pays d'origine. Il s'agit seulement d'empêcher, dans la mesure du possible, les abus constatés à propos de l'importation de cet article.

En ce qui concerne la demande de l'Ambassade Impériale de s'en tenir au système observé jusqu'à présent pour déterminer la qualité du son et de n'introduire un nouveau procédé qu'après une entente préalable avec le Gouvernement Russe, laquelle demande, de l'avis de l'Ambassade, trouverait sa justification dans l'arrangement y relatif, conclu entre les deux Etats en 1897, je me permets d'attirer l'attention de Votre Excellence sur le fait que l'Acte secret de 1897 a été annulé sous ce rapport par l'arrangement contenu au No 2 du Protocole secret du 28 juillet 1904, les stipulations de l'acte de 1897 concernant le traitement douanier du son n'étant pas insérées dans la Convention additionelle au Traité de Commerce et de Navigation entre l'Allemagne et la Russie, du 10 février 1894. Depuis lors, le Gouvernement Impérial est donc libre de modifier le procédé employé, à son gré et sans se mettre préalablement en rapport avec le Gouvernement Russe. Néanmoins et en raison des relations amicales entre les deux Pays, le Gouvernement Impérial n'a pas d'objections à faire connaître au Gouvernement Russe la nature des mesures proposées en l'espèce qui s'éloignent sensiblement du projet proposé par le Ministère des Finances de Prusse au mois d'octobre dernier.

D'après le mémoire ci-joint il ne s'agit que de fixer plus nettement qu'à présent les conditions, dans lesquelles les fonctionnaires de la douane sont en état de faire entrer la marchandise déclarée comme son en franchise sans ou après une dénaturation préalable. L'analyse chimique des cendres est maintenue comme dans le règlement actuellement en vigueur pour tous les cas, où les intéressés ne croient pas pouvoir accepter la décision du bureau de douane lorsque celui-ci ne trouve pas suffisant le résultat de ses procédures pour décider de la qualité de la marchandise.

Le règlement actuel reste en vigueur en tant qu'il n'est pas modifié par les dispositions nouvelles.

De ce qui précède il résulte, d'après l'avis du Gouvernement Impérial, que les craintes du Gouvernement Russe exprimées dans la note précitée ne sont pas fondées et que les dispositions projetées ne portent aucune atteinte à l'importation du son russe.

*ZStAP, Reichskanzlei 327, Bl. 81f.*
1 Vgl. Dok. Nr. 210.

**218 Schreiben Nr. II 0503 des Staatssekretärs des Auswärtigen Amts von Kiderlen-Waechter an den Staatssekretär des Reichsschatzamts Wermuth. Streng geheim!**

*Abschrift.*

Berlin, 14. Februar 1911

Auf das gefällige Schreiben vom 5. und 9. d.M. II 1399 und II 1895[1].

Euere Exzellenz gehen von der Annahme aus, daß ich russische Abänderungswünsche zu den geplanten Bestimmungen über die Zollabfertigung von Kleie durch die Mitteilung dieser Bestimmungen zu fördern beabsichtige. Dies ist nicht der Fall, wie aus der in Abschrift anliegenden Antwortnote an die hiesige Russische Botschaft hervorgeht.[2] Ich erachte es lediglich als ein Gebot der internationalen Courtoisie, daß der Russischen Regierung, welche zweifellos an diesen Bestimmungen stark interessiert ist und welche um Mitteilung derselben gebeten hat, *bevor* sie in Kraft treten, dieser Wunsch erfüllt wird. Ich erachte die Erfüllung dieses Wunsches um so mehr für notwendig, als dadurch spätere Reklamationen Rußlands verhütet werden können, und es mit Rücksicht auf schwebende anderweitige Verhandlungen politischer Natur nicht zweckmäßig sein würde, die Russische Regierung durch Ablehnung ihres Wunsches oder durch die Veröffentlichung der

Bestimmungen, ehe sie von ihnen Kenntnis genommen und Gelegenheit gehabt hat, ihre Wünsche zu äußern, zu brüskieren und damit den Gang der obenerwähnten Verhandlungen ungünstig zu beeinflussen.

Da meine Antwortnote nicht vor dem 20. d.M. in den Händen der Russischen Regierung sein kann, so bitte ich, davon abzusehen, den Bundesrat schon in seiner Plenarsitzung am 16. d.M. mit der Sache zu befassen. Ich bitte vielmehr, hiervon Abstand zu nehmen, bis ich mein Einverständnis habe erklären können. Voraussichtlich wird dies bald geschehen können.

Gegenüber den in Frage stehenden Interessen kann ein derartiger kurzer Aufschub nicht ins Gewicht fallen. Insbesondere wird kaum in den nächsten 14 Tagen oder 4 Wochen ein deutscher Müller wegen der Bestimmungen über die Kleieeinfuhr seinen Betrieb nach Rußland verlegen, obwohl er weiß, daß eine Änderung dieser Bestimmungen im Werk ist.

Eventuell bin ich mit gemeinschaftlicher Berichterstattung an den Herrn Reichskanzler einverstanden und bitte um Mitteilung eines Entwurfs.

Dem Herrn Staatssekretär des Innern gebe ich von diesem Schreiben Kenntnis.

*ZStAP, Reichskanzlei 327, Bl. 77f.*

1 Vgl. Dok. Nr. 212, Anmerkung 2 u. Dok. Nr. 214.

2 Vgl. Dok. Nr. 217.

**219 Schreiben Nr. II Geh. 2276 des Staatssekretärs des Reichsschatzamts Wermuth an den Reichskanzler von Bethmann Hollweg**

*Ausfertigung.*

Berlin, 16. Februar 1911

Seit einer Reihe von Jahren wird darüber Klage geführt, daß in zahlreichen Fällen aus den verschiedensten Gegenden unter der Bezeichnung „Kleie“ Waren zollfrei eingeführt werden, die als Mehl hätten verzollt werden müssen. Die Klagen sind in neuster Zeit mit besonderer Heftigkeit aufgetreten und die angestellten Ermittlungen haben im wesentlichen die Richtigkeit der Behauptung ergeben. Es ist dringend geboten, der Wiederholung solcher Vorkommnisse mit allen Mitteln entgegenzuwirken. Sie bedeuten, wie nicht ausgeführt zu werden braucht, eine schwere Schädigung der Zollkasse. Sie schädigen erheblich die deutsche Müllerei, die bei dem Absatz ihrer mehlarmen Kleie mit Mühe gegen den Wettbewerb der zollfrei eingehenden mehlreichen Futtermittel ankämpft. Sie bedeutet endlich eine ernste Gefahr für die heimische Landwirtschaft, weil die Befürchtung nicht von der Hand zu weisen ist, daß in steigendem Maße statt des durch den Zoll geschützten deutschen Getreides zollfrei eingelassene mehlreiche Erzeugnisse zur Mehlgewinnung verwendet werden.

Die vorgekommenen Mißgriffe sind im wesentlichen darauf zurückzuführen, daß nach den bisher geltenden Bestimmungen die Zollbeamten nach freiem Ermessen zu entscheiden hatten, ob eine als Kleie angemeldete Ware zollfrei zu lassen oder zu verzollen war. Damit war ihnen eine Aufgabe gestellt, der gerecht zu werden sie in vielen Fällen nicht in der Lage waren. Es galt daher, dem Ermessen gewisse Grenzen zu ziehen. Diesem Zwecke zu dienen, ist eine „Anleitung für die Zollabfertigung von Roggen- und Weizenkleie" bestimmt, über die seit längerem mit den beteiligten Reichsstellen und mit den Bundesregierungen verhandelt worden ist. In einer am 21. Dezember 1910 im Reichsschatzamt abgehandelten Besprechung der beteiligten Stellen wurde allseitiges Einverständnis dahingehend erzielt, alsbald einen Bundesratsbeschluß herbeizuführen, durch den das neue Verfahren, unter Zulassung von Erleichterungen für eine Übergangszeit, in Kraft gesetzt werden sollte.

Bei der Besprechung hat auch ein Vertreter des Auswärtigen Amts mitgewirkt und im Interesse der Aufrechterhaltung guter handelspolitischer Beziehungen zu Rußland nur gebeten, die Einführung der Maßnahme nur für eine kurze Zeit auszusetzen, die Bemessung dieses Zeitraumes aber anheimgestellt. Als jedoch eine entsprechende Vorlage auf die Tagesordnung der Sitzung der zuständigen Bundesrats-Ausschüsse vom 4. d.M. gesetzt war, erhielt ich ein Schreiben des Herrn Staatssekretärs des Auswärtigen Amts vom 2. d. M., indem unter abschriftlicher Mitteilung einer Note der russischen Regierung vom 26. v.M. angeregt wurde, die Ausschußberatung bis auf weiteres nicht stattfinden zu lassen. Wegen des Inhalts der Schriftstücke und des sich anschließenden Schriftwechsels darf ich auf das angeschlossene Heft Bezug nehmen. Mein Schreiben vom 5. d.M. — II. 1389 —, in dem ich mich unter gewissen Bedingungen mit der Mitteilung der Anleitung in der von den Ausschüssen beschlossenen Fassung einverstanden erklärte, ist am 6. d.M. zur Absendung gelangt. Am 15. d.M. erhielt ich die vom 14. datierte Antwort II 0 503, in der mitgeteilt wurde, daß die das gleiche Datum tragende Antwortnote II 0 440 nicht vor dem 20. d.M. in den Händen der russischen Regierung sein könnte.[1]

Infolge des Schriftwechsels hat die Beschlußfassung des Bundesrats weder am 9. d. M. noch heute stattfinden können. Eine Hinausschiebung der Beschlußfassung über den 23. d.M. hinaus halte ich für sachlich und innerpolitisch höchst bedenklich. Die Königlich Preußischen Herren Minister der Finanzen und für Landwirtschaft, Domänen und Forsten haben den Beteiligten die Zusage erteilt, daß die Beschlußfassung *noch im Februar* erfolgen werde. Sie haben mir schriftlich mitgeteilt, daß sie großen Wert auf baldige Erledigung legen. Der Herr Staatssekretär des Innern ist dieser Auffassung beigetreten. Nach einer Mitteilung des Herrn Landwirtschaftsministers hat sich die Konferenz der preußischen Landwirtschaftskammern vor einigen Tagen einstimmig, bei einer Stimmenthaltung, im gleichen Sinne ausgesprochen. Die zunehmende Erregtheit der den Gegenstand betreffenden Äußerungen in den der Landwirtschaft und der Müllerei nahestehenden Organen läßt darauf schließen, daß eine noch weitere Verzögerung das größte Aufsehen erregen würde. Ich darf in dieser Beziehung besonders auf den in der anliegenden heutigen Morgennummer der Deutschen Tageszeitung enthaltenen Artikel hinweisen, worin dem Bundesrat die Schuld an der Verzögerung beigemessen wird.

Euere Exzellenz beehre ich mich hiernach zu bitten, nunmehr dahin Anordnung treffen zu wollen, daß die Sache auf die Tagesordnung der Bundesratssitzung vom 23. d.M. gebracht werden darf.

Ich habe geglaubt, diesen Weg beschreiten zu sollen, um meinerseits nichts unversucht zu lassen, was die nach meiner Überzeugung unbedingt erforderliche Erledigung der Sache fördern kann, und weil ich es nicht für ausgeschlossen halte, daß die beteiligten Herren Minister die Frage im Königlichen Staatsministerium zur Sprache bringen.

Daß die russische Regierung kein Einspruchsrecht besitzt, darüber sind alle Stellen einig. Ihr aber autonom die Mitwirkung da zu gestatten, wo es sich um die Abstellung offenbarer Zollhinterziehungen handelt, würde ein Schritt von großer und präjudizieller Bedeutung sein, der gewiß nicht ohne Anfechtung bleiben wird. Der Courtoisie dürfte Genüge geschehen sein, nachdem seit dem Beginn der öffentlichen Erörterung der neuen Vorschriften mehr als vier Monate verstrichen sind und jetzt wieder zwischen die Ausschuß- und die Plenarberatung des Bundesrats der ungewöhnliche Zeitraum von fast 3 Wochen gelegt ist. Andererseits bestürmen die Interessenten nicht nur das Reichsschatzamt, sondern auch die preußische Regierung täglich in Eingaben, in Resolutionen und in der Presse um endliche Entschließungen.

Dem Herrn Staatssekretär des Auswärtigen Amts habe ich Abschrift dieses Berichtes mitgeteilt.

*ZStAP, Reichskanzlei 327, Bl. 72ff.*
1 Vgl. Dok. Nr. 210, 211, 212, Anmerkung 2 u. Dok. Nr. 218.

**220 Schreiben Nr. II 0593 des Staatssekretärs des Auswärtigen Amts von Kiderlen-Waechter an den Reichskanzler von Bethmann Hollweg**

*Ausfertigung.*

Berlin, 20. Februar 1911

Zu den Ausführungen des Herrn Staatssekretärs des Reichsschatzamts in seiner die Zollbehandlung von Kleie betreffenden Vorlage vom 16. d.M. — II 2276[1] — darf ich folgendes bemerken:

Darüber, daß ein Rechtsanspruch der Russischen Regierung auf Mitwirkung bei der Regelung der Frage nicht besteht, wir vielmehr in dieser Beziehung autonom sind, herrscht kein Zweifel. Andrerseits ist zweifellos, daß die Zollbehandlung der Kleie sehr wesentliche russische Interessen berührt und daß die einzuführenden Maßnahmen sich in concreto speziell gegen die russische Einfuhr richten sollen. Die Russische Regierung hat denn auch unter nachdrücklichster Betonung ihres Interesses Vorstellungen beim Auswärtigen Amt erhoben, welche im wesentlichen darauf hinausgehen, daß ihr vor Erlaß der neuen Bestimmungen Gelegenheit zur Äußerung ihrer Wünsche gegeben wird. Eine Abschrift der betreffenden Note des hiesigen Botschafters vom 26. v.M.[2] liegt bei.

Mit Rücksicht hierauf habe ich es in Anbetracht der sehr umfangreichen Beziehungen zwischen den beiden Ländern und zu möglichster Vermeidung späterer Reklamationen für zweckmäßig gehalten, der Russischen Regierung — selbstverständlich unter Betonung unserer vollständigen Entschließungsfreiheit in der Sache — von der neuen Maßnahme vor ihrer Einführung Mitteilung zu machen. Dies ist mit der nebst Anlage weiter abschriftlich anliegenden diesseitigen Note vom 14. d.M. — II 0 440[3] — geschehen, welche am 15. von der hiesigen Russischen Botschaft nach Petersburg abgesandt worden ist und dort am 17. oder 18. eingetroffen sein wird.

Es erscheint mir um so mehr notwendig, eine solche Courtoisie zu üben, als gegenwärtig, wie Euerer Exzellenz bekannt, anderweite politische Verhandlungen mit der Russischen Regierung schweben, deren Verlauf durch ein rücksichtsloses Verhalten auf unserer Seite bei einer für Rußland so wichtigen wirtschaftlichen Angelegenheit leicht in ungünstiger Weise beeinflußt werden könnte.

Unter diesen Umständen erachte ich es nicht für angängig, daß der Bundesrat schon am 23. über die Vorlage Beschluß faßt, also zu einer Zeit, wo etwaige Wünsche der Russischen Regierung uns noch gar nicht zugegangen sein können. Vielmehr wird damit mindestens bis zur übernächsten Bundesratssitzung (2. März) gewartet werden müssen. Ein so geringer Aufschub dürfte auch durch die von dem Herrn Staatssekretär des Reichsschatzamts angeführten Umstände nicht ausgeschlossen werden, nachdem die bisherige Behandlung der Sache seinen eigenen Angaben zufolge mehr als vier Monate in Anspruch genommen hat. Da es aber nach Lage der Sache mißlich ist, schon jetzt und vor Eingang der etwaigen russischen Antwort den Zeitpunkt für die Beschlußfassung des Bundesrats festzulegen, so dürfte es sich empfehlen, die Bestimmungen dieses Zeitpunkts der Verständigung des Herrn Staatssekretärs des Reichsschatzamts mit mir vorzubehalten.

Dem Herrn Staatssekretär des Reichsschatzamts geht Abschrift dieses Berichts zu.

*ZStAP, Reichskanzlei 327, Bl. 99f.*
1 Vgl. Dok. Nr. 219.
2 Vgl. Dok. Nr. 210.
3 Vgl. Dok. Nr. 217.

## 221 Schreiben Nr. II 2522 des Staatssekretärs des Reichsschatzamts Wermuth an den Reichskanzler von Bethmann Hollweg

*Ausfertigung.*

Berlin, 21. Februar 1911

Der Herr Staatssekretär des Auswärtigen Amtes hat mir Abschrift seiner an Euere Exzellenz gerichteten Vorlage vom 20. d. M.[1], betreffend die Zollbehandlung von Kleie, zugehen lassen. Mit Bezug darauf darf ich die Bitte wiederholen, daß Euere Exzellenz Ihrerseits den Zeitpunkt für die Beschlußfassung des Bundesrats bestimmen wollen. Wie eine Verständigung zwischen dem Herrn Staatssekretär des Auswärtigen Amtes und mir über den Termin erzielt werden soll, vermag ich nicht zu erkennen. Die von der Reichsfinanzverwaltung zu vertretenden Interessen drängen unabweislich dahin, daß die endgültige Entscheidung alsbald und jedenfalls noch im Februar erfolgt, während der Vorschlag des Herrn Staatssekretärs des Auswärtigen Amtes die Angelegenheit ins Unbestimmte vertagen und vollkommen von dem Befinden der russischen Regierung abhängig machen würde. Welcher Art die politischen Verhandlungen mit Rußland sind, auf die der Herr Staatssekretär d. Auswärtigen Amtes Rücksicht nehmen möchte, ist mir nicht bekannt. Ich kann aber nur auf das Dringendste davon abraten, allgemeine Erwägungen der auswärtigen Politik, die mit dem Gegenstande in keinem sachlichen Zusammenhang stehen, für die Lösung rein wirtschaftlicher und zolltechnischer Fragen mitbestimmend sein zu lassen. Die Erfahrungen, welche in früheren handelspolitischen Perioden mit einer derartigen Vermischung gemacht worden sind, müssen meines unvorgreiflichen Dafürhaltens davon dauernd abschrecken.[x]

x Randbemerkung des Unterstaatssekretärs in der Reichskanzlei Wahnschaffe: Bereits vor Eingang dieses Schr. hat sich Exz. Kiderlen damit einverstanden erklärt, daß das Reglement betr. Zollbehandlung von Kleie am *2.3.* auf die Tagesordnung des Bundesrats gesetzt werde. Letzteres ist H. UStS Kühn telephonisch mitgeteilt, womit die Angelegenheit erledigt ist. B. den 21.2.

*ZStAP, Reichskanzlei 327, Bl. 104.*
1 Vgl. Dok. Nr. 220.

## 222 Schreiben des Vortragenden Rats im Reichsamt des Innern Müller an den Direktor der Handelspolitischen Abteilung des Auswärtigen Amts von Koerner

*Ausfertigung.*

[Berlin], 27. Februar 1911

Das RSA hat zum 2. März die Kleieverzollung für die Plenarsitzung des Bundesrats angemeldet.

Darf ich annehmen, daß seitens des Ausw. Amts dagegen keine Bedenken mehr bestehen?

x Randbemerkung Koerners: Sr. Exzellenz dem Herrn Staatssekretär zur geneigten Entscheidung vorgelegt. Bis jetzt ist noch keine Äußerung der Russen gekommen, sie wird voraussichtlich auch bis zum 2. nicht eintreffen. Da unsere Note an die hiesige Botschaft am 17. in Petersburg angekommen sein soll, so haben die Russen nicht ganz 14 Tage zur Beantwortung gehabt.

Randbemerkung Kiderlens: Ich habe den Russen schon mündlich zur Eile angespornt und ihm gesagt, daß wir unsere Entscheidung nicht über den 2. März hinausschieben können. Vielleicht könnte H. Schebeko nochmals hierauf aufmerksam gemacht werden. 27.

Randbemerkung Nadolnys: Nach telephonischer Mitteilung von der russischen Botschaft ist eine Antwort von St. Petersburg noch nicht eingegangen, auch bisher nicht angekündigt worden. Leg. Sekretär Jonoff — Herr Schebeko war nicht anwesend — erklärte, er wisse, daß die Sache am 2. März im Bundesrat vorgelegt werde; sobald eine Nachricht aus St. Petersburg eingehe, werde sie unverzüglich an das AA weitergegeben werden. Ob sie vor dem 2. März eintreffen werde, könne er nicht beurteilen.

Randbemerkung Koerners 27. 2.: Sr. Exzellenz dem Herrn Staatssekretär mit dem Bermerken vorzulegen, daß hiernach der Aufnahme der Kleievorlage in die Tagesordnung des Bundestages vom 2. März wohl zuzustimmen sein dürfte.

Koerner p. n. 27. 2.: Der Herr Staatssekretär hat GORR Müller heute mündlich erklärt, die Sache könne am 2. März auf die Tagesordnung gesetzt werden.

*ZStAP, AA 18799, Bl. 108.*

## 223 Schreiben Nr. 522 des russischen Botschafters in Berlin Graf Osten-Sacken an den Staatssekretär des Auswärtigen Amts von Kiderlen-Waechter

*Ausfertigung.*

Berlin, 1. März 1911

Mon Gouvernement ayant étudié le projet de dispositions concernant l'examen du son que Votre Excellence a bien voulu me communiquer par Sa note strictement confidentielle du 14 Février[1], je suis chargé de porter à Votre connaissance que tout en reconnaissant que le projet en question soit moins onéreux pour l'importation du son russe que les mesures proposées dernièrement par le Ministère des Finances de Prusse, le Gouvernement Impérial trouverait néanmoins fort désirable que quelques modifications y soient introduites.

Premièrement le pour-cent de particules blanches (Article 5) pouvant passer par le tamis sans que le son soit considéré comme produit de moulinage, soumis à des droits d'entrée, devrait être fixé, selon le désir exprimé par mon Gouvernement à 10%.

Deuxièmement il serait désirable que le numéro et la qualité du tamis à employer par les douanes soient strictement déterminés dans le règlement douanier pour éviter tout espèce de malentendu.

Troisièmement il importerait de laisser à l'exportateur russe le droit d'exiger l'application de l'analyse par incinération dans le cas où le passage au tamis n'aurait pas donné des résultats satisfaisants.

En espérant que Votre Excellence voudra bien tenir compte de ces considérations, je crois de mon devoir d'observer que mon Gouvernement attacherait également une grande importance à ce que l'écoulement des quantités de son vendues avant la publication du nouveau règlement jouisse du même traitement comme par le passé.

*ZStAP, AA 18799, Bl. 109.*
1 Vgl. Dok. Nr. 217.

**224 Schreiben Nr. II 0557 des Direktors der Handelspolitischen Abteilung des Auswärtigen Amts von Koerner an den preußischen Minister der Öffentlichen Arbeiten von Breitenbach. Vertraulich!**

*Konzept.*

Berlin, 9. März 1911

Aus Euer Exzellenz gef. Schreiben vom 11. v.M. — S.V.D. 33[1] — entnehme ich, daß einschränkende Maßnahmen beim Bezuge russischer Holzschwellen hauptsächlich aus dem Grunde nicht in Aussicht genommen werden können, weil das aus den inländischen Forsten stammende Material zur Deckung des Bedarfs nicht ausreicht und wir somit in dieser Beziehung auf das Ausland angewiesen sind. Daß Beschränkungen beim Bezuge des ausländischen Rohmaterials eintreten könnten, ist auch diesseits bei Anregung der Frage nicht angenommen worden. Soweit ich aber aus der Handelsstatistik ersehe, führen wir aus Rußland neben dem Rohmaterial auch bereits fertige Schwellen ein. Es fragt sich, ob nicht etwa nur hinsichtlich des letzteren Artikels eine grundsätzliche Bevorzugung der inländischen Industrie, ohne Rücksicht auf die Herkunft des Rohmaterials, in die Wege geleitet werden könnte. Eine Schädigung der deutschen Holzhändler wäre damit wohl nicht verbunden.

Eine gef. Prüfung der Angelegenheit auch nach dieser Richtung, soweit dies nicht etwa schon bei meiner ersten Anfrage geschehen sein sollte, und die Übermittlung einer bezüglichen Äußerung würde ich mit verbindlichstem Dank erkennen.

*ZStAP, AA 2934, Bl. 52.*
1 Vgl. Dok. Nr. 215.

**225 Bericht Nr. II 198 des Generalkonsuls in St. Petersburg Biermann an den Reichskanzler von Bethmann Hollweg**

*Ausfertigung.*

St. Petersburg, 14. März 1911

Mit Beziehung auf den Bericht des Kaiserlichen Generalkonsulats Warschau vom 3. März d.J. Nr. 2741 gestatte ich mir ergänzend zu melden, daß die Verhandlungen betreffend die Zollsätze auf Leder zwar stattgefunden haben, daß eine Entscheidung aber nicht gefällt worden ist. Bei den Anträgen der Industriellen wurde, wie ich erfahre, weniger Gewicht auf Beseitigung der Zölle auf Häute gelegt (die Kalbfelle zur Herstellung des Boxcalf werden größtenteils aus Rußland selbst bezogen), sondern hauptsächlich auf Erhöhung des Zolls für Chromleder.

Ich hatte, wie ich *ganz vertraulich* bemerke, seinerzeit den Direktor der hiesigen Mechanischen Schuhwarenfabrik veranlaßt, eine Eingabe an das Handelsministerium zu machen, worin er im Interesse der *russischen* Schuhwarenfabrikation darum nachsuchte, die bestehenden Zölle auf bearbeitetes Leder nicht zu erhöhen. Diese Eingabe ist abgesandt worden und es ist in ihr besonders der Ton darauf gelegt, daß durch die Erhöhung der Lederzölle eine Erhöhung der Preise für Schuhwaren in Rußland unbedingt folgen müßte und daß dann wieder die Gefahr der Überschwemmung des russischen Marktes mit ausländischen Schuhwaren bestehe. Diese Argumente scheinen gewirkt zu haben und Langowoi hat die Beratung über die Frage vertagt, um dem Vertreter der Mechanischen Schuhwarenfabrik in einer der nächsten Sitzungen Gelegenheit zu geben, sich mündlich über die Sache zu äußern. Die Warschauer Industriellen haben allerdings ausgeführt, daß die Argumente der Eingabe der Mechanischen Schuhwarenfabrik nicht zutrafen. Es ist ihnen aufgegeben worden, weitere Nachrichten in dieser Beziehung beizubringen.

Der beste Gegenzug wäre der, wenn durch den Warschauer Vertreter der Firma Carl Freudenberg — Weinheim, Herrn Z. Alberg, Marschalkowskaja 53, oder auf andere Weise die Warschauer Schuhfabriken veranlaßt werden könnten, eine Eingabe an die zur Revision der Tarife im Handelsministerium eingesetzte Kommission zu machen, worin sie sich ebenfalls für Beibehaltung der gegenwärtigen Zollsätze aussprechen. Unter den Direktoren der Warschauer Fabriken sollen sich einige Deutsche und Österreicher befinden.

Ich bitte jedoch gehorsamst, falls irgend welche Schritte in dieser Richtung getan werden, *die ganze Aktion der hiesigen Mechanischen Schuhwarenfabrik unerwähnt zu lassen.*

Abschrift dieses Berichts ist dem Kaiserlichen Generalkonsulat in Warschau übermittelt worden.

*ZStAP, AA 19120, Bl. 121.*

## 226 Schreiben Nr. II 0190 des Direktors der Handelspolitischen Abteilung des Auswärtigen Amts von Koerner an den Staatssekretär des Innern Delbrück

*Konzept.*

Berlin, 21. März 1911

Wie Euere Exzellenz aus einigen auch beim Reichsamt des Innern zur Sprache gebrachten Fällen ersehen haben werden, sind uns seit einiger Zeit bei der amtlichen Verfolgung von Zollbeschwerden in Rußland Schwierigkeiten erwachsen.

Bekanntlich kann im russischen Zollverfahren bei unrichtiger Tarifierung einer Ware durch ein Zollamt Beschwerde beim Zolldepartement in St. Petersburg und weiter beim Finanzminister erhoben werden. Gegen dessen Entscheidung ist noch die Apellation an den Senat, die höchste russische gerichtliche und verwaltungsgerichtliche Instanz, zulässig.

Was die amtliche Vertretung deutscher Zollbeschwerden in Rußland anbetrifft, so pflegen wir Interessenten, die amtlichen Beistand gegenüber einer ungünstigen Entscheidung der russischen Zollämter anrufen, im allgemeinen zunächst auf die Inanspruchnahme des Zolldepartements und des Finanzministers zu verweisen und dabei zugleich das Generalkonsulat in St. Petersburg mit der Unterstützung der Reklamation bei diesen Instanzen zu betrauen. Zur Vertretung von Beschwerden beim Zolldepartement ist das Kaiserliche Generalkonsulat auf Grund von § 18, Teil IV des Schlußprotokolls zum deutsch-russischen Handelsvertrag ermächtigt. In der Ministerialinstanz läßt sich die Vertretung gleichfalls durchführen, weil in dieser Instanz in Wirklichkeit auch das Zolldepartement — nämlich eine dafür besonders bestehende Tarifkommission — entscheidet, und der Minister nur die Entscheidung bestätigt. Das Generalkonsulat pflegt sich in solchen Fällen an das Departement zu wenden und es zu bitten, die Sache aus den und den Gründen beim Finanzminister bzw. bei der „Besonderen Kommission" zu befürworten. Das ist russischerseits bisher nicht beanstandet worden. Sachen, die in der Ministerialinstanz abgewiesen worden sind, pflegten wir bisher, wenn nach dem Ergebnis der durch das Reichsamt des Innern erfolgten Prüfung eine weitere Verfolgung angezeigt erschien, durch die Botschaft in St. Petersburg bei der Russischen Regierung anhängig zu machen und zwar im allgemeinen ohne Rücksicht darauf, ob von den Interessenten gegen die Ministerialentscheidung die weitere Beschwerde beim Senat erhoben worden ist oder nicht. Eine Verwertung des Ergebnisses der durch das Reichsamt des Innern veranstalteten Prüfung bereits im Instanzenzug beim Zolldepartement oder beim Finanzminister hat sich im allgemeinen nicht ermöglichen lassen, da die Interessenten den amtlichen Beistand erst spät anrufen und die Entscheidungen in den beiden Instanzen ziemlich schnell zu ergehen pflegen.

Die Russische Regierung will nun neuerdings eine diplomatische Intervention aus Anlaß von Zollreklamationen, abgesehen von der amtlichen Unterstützung einer Zollbeschwerde während des Instanzenzuges, nur zulassen, wenn der Interessent alle durch das russische Gesetz vorgesehenen Rechtsmittel, also insbesondere auch die Appellation an den Senat, erschöpft hat.

Dieser Standpunkt widerspricht nach diesseitiger Ansicht erstens den internationalen Gepflogenheiten. Denn Interventionen fremder Regierungen auf diplomatischem Wege pflegen in der begründeten Voraussetzung, daß die intervenierende Regierung an der Angelegenheit ein besonderes Interesse nimmt, allgemein und ohne Rücksicht auf irgend welche Fristen oder zu Gebote stehende Rechtsmittel zugelassen zu werden. Er ist aber auch in der Praxis schwerlich anwendbar. Denn während in der Instanz des Zolldepartements sowie in der des Finanzministers die Entscheidung der Sache, wie bereits bemerkt, in verhältnismäßig kurzer Zeit zu erfolgen pflegt, so daß, wenn man es vor Ergreifung diplomatischer Schritte auf die Entscheidung dieser Instanzen ankommen läßt, eine wesentliche Verzögerung nicht entsteht, dauert die verwaltungsgerichtliche Austragung eines Zollstreites bei dem russischen Senat in der Regel 2—3 Jahre. Es ist unmöglich, eine Tariffrage, zumal wenn sie ein erhöhtes allgemeines Interesse bietet, so lange in der Schwebe zu lassen; denn dadurch kann unter Umständen die Einfuhr des betreffenden Artikels für die ganze Zeit unterbunden werden. Zudem entscheidet der Senat in der Regel nur über die Gesetzesanwendung auf Grund des in den Vorinstanzen festgestellten Warenbefundes, eine Nachprüfung der Ware, um deren Eigenschaften der Streit sich gewöhnlich dreht, findet nicht mehr statt. Diese Instanz ist also gerade für die Hauptfrage meistens unerheblich. Als wesentlichstes Moment kommt aber noch hinzu, daß gegenüber den endgültigen Entscheidungen des Senats als des höchsten russischen Gerichtshofs eine anderweitige Stellungnahme der Regierung schwer zu erreichen ist. Eine diplomatische Intervention nach erfolgter Senatsentscheidung kann daher kaum zu einem günstigen Ergebnis führen.

Die Russische Regierung hat, obgleich ihr diese Gründe wiederholt in eindringlichster Weise dargestellt worden sind, bisher an ihrem Standpunkt festgehalten und zwar lediglich mit der Begründung, daß die drei Rechtsmittel im russischen Gesetz vorgeschrieben seien und daß Ausländer nicht besser gestellt werden könnten als Russen. Daß diese Begründung den Charakter der Rechtsmittel, die Stellung der Ausländer im allgemeinen und besonders den internationalen, sowohl den Inländer wie den Ausländer berührenden Charakter der Zollreklamationen vollständig außer acht läßt, braucht nicht weiter ausgeführt zu werden.

Dieses neuerliche Verhalten der russischen Regierung bedeutet für uns eine namhafte Erschwerung in der Wahrung unserer Interessen. Bei dem Umfang und der Mannigfaltigkeit unserer Ausfuhr nach Rußland und der auf russischer Seite herrschenden Tendenz, die fremde Einfuhr nach Möglichkeit zurückzudrängen, sind restriktive Anwendungen des Zolltarifs seitens der russischen Zollbehörden und deutsche Reklamationen dagegen nicht selten, und es erscheint, wie auch Euere Exzellenz aus dem dort vorliegenden Material werden feststellen können, ziemlich häufig angezeigt, derartige Reklamationen bei den russischen höheren Zollinstanzen oder bei der Russischen Regierung amtlich zu vertreten. Dieses wird in Zukunft mit Schwierigkeiten verknüpft sein, da eine Verwertung des Ergebnisses der durch das Reichsamt des Innern vorgenommenen amtlichen Prüfung der Ware beim Zolldepartement oder in der Ministerialinstanz, wie oben ausgeführt, schwer möglich ist, eine solche Verwendung beim Senat wenig Zweck hat, und die Hinausschiebung einer Erörterung der Angelegenheit auf Grund des deutschen amtlichen Standpunktes bis nach erfolgter Senatsentscheidung die Sache zu sehr in die Länge zieht.

Wir werden daher nach wie vor versuchen müssen, auf die Russische Regierung dahin einzuwirken, daß sie entweder wie früher diplomatische Interventionen zuläßt, auch ohne daß eine Senatsentscheidung vorliegt, oder daß sie wenigstens für eine Abkürzung des Verfahrens vor dem Senat sorgt. Ob der gewünschte Erfolg eintreten wird, erscheint mir allerdings zweifelhaft, da uns entsprechende Druckmittel nicht zur Verfügung stehen.

Inzwischen werden wir aber nicht umhin können, unser Verfahren bei der amtlichen Vertretung von Zollreklamationen den eingetretenen Zuständen anzupassen. Es wird sich also empfehlen, fortan in allen Fällen, in denen wir nach Lage der Sache Wert darauf legen, unseren amtlichen Standpunkt zur Unterstützung einer Zollbeschwerde geltend zu machen, diesen nach Möglichkeit bereits spätestens in der Ministerialinstanz zum Ausdruck zu bringen. Falls dies nicht gelingt, wird nichts übrig bleiben, als die Interessenten dazu anzuhalten, daß sie ordnungsgemäß die Beschwerde beim Senat erheben, und dann das Ergebnis der amtlichen Prüfung entweder auf diplomatischem Wege dem Senat übermitteln lassen oder, falls dieser es bei seiner Entscheidung nicht berücksichtigt, die Sache nach Erledigung der Senatsinstanz zum Gegenstande diplomatischer Erörterungen zu machen. Sollte sich der Fall zu einer allgemeinen von dem Einzelfall unabhängigen Vorstellung bei der Russischen Regierung eignen, so könnte solche nach erledigter Ministerialinstanz erfolgen, ohne daß auf den Senat Rücksicht genommen wird. Auf eine nachträgliche Revision des Einzelfalles wäre dann allerdings nicht zu rechnen.

Um die Interessenten auf diese neuerliche Art der Handhabung des Zollbeschwerdeverfahrens hinzuweisen, möchte ich ein Merkblatt ausarbeiten lassen, das in den „Nachrichten für Handel und Industrie" veröffentlicht werden und auch den vorstellig werdenden Interessenten übermittelt werden könnte. Zunächst bitte ich jedoch Euere Exzellenz ergebenst, die Angelegenheit auch Ihrerseits einer gefälligen Prüfung unterziehen zu wollen. Einer bezüglichen Äußerung darf ich entgegensehen.

Abschrift dieses Schreibens geht dem Herrn Staatssekretär des Reichsschatzamts sowie den Königlich Preußischen Herren Ministern der Finanzen und für Handel und Gewerbe zur Kenntnisnahme zu.

*ZStAP, AA 19138, Bl. 20ff.*

## 227 Bericht Nr. 9 des Militärbevollmächtigten am Zarenhofe Generalmajor von Lauenstein an Wilhelm II.

*Abschrift.*

St. Petersburg, 23. März 1911

Der hiesige Vertreter von Krupp hatte kürzlich eine Audienz bei dem Generalinspekteur der Artillerie, Großfürsten Ssergi Michailowitsch, in Sachen einer seit Jahresfrist beschlossenen, aber noch immer nicht ausgeführten Bestellung von 1500 Geschossen zu einem Versuchsschießen mit einer Ballonabwehrkanone. Der Großfürst erklärte die Verzögerung mit dem Mangel an verfügbaren Mitteln, versprach aber Abhilfe. Im Laufe des Gesprächs erwähnte der Kruppsche Vertreter, daß man in Essen ernstlich erwäge, das direkte Lieferungsgeschäft für die russische Heeresverwaltung überhaupt aufzugeben, da es eigentlich jede Bedeutung verloren habe. Seine Kaiserliche Hoheit meinten darauf, gegen den direkten Absatz Kruppscher Erzeugnisse nach Rußland wirkten z.Z. allerdings viele Faktoren zusammen: die Duma, die alle Bedürfnisse der Armee und Marine nur durch russische Arbeitskräfte befriedigen wolle; der Minister für Handel und Industrie, der die Staatsaufträge russischen Unternehmen zuzuwenden wünsche; der Finanzminister, der auf die französischen Banken Rücksicht nehmen müsse; der Kriegsminister, der sich weit mehr um die Maßnahmen des Artillerieressorts kümmere, als das früher der Fall gewesen sei; der Minister des Äußern, der aus politischen Erwägungen eine auch nur scheinbare Bevorzugung deutscher Firmen vermieden sehen möchte. Immerhin würde er es aufrichtig bedauern, wenn Krupp sich ganz aus dem russischen Geschäft zurückziehen sollte; auch sei es ja nicht ausgeschlossen, daß im Laufe der Zeit ein politischer Umschwung die Verhältnisse für den Bezug deutscher Produkte wieder günstiger gestalten könne.

Gegen den Großfürsten Sergej Michailowitsch besteht bekanntlich begründeter Verdacht, daß er sich durch die von Schneider-Creuzot bestochene Tänzerin Kschesinskaja zugunsten der französischen Firma hat beeinflussen lassen. Die in dieser Angelegenheit geführte Untersuchung hat vor der erlauchten Person des Großfürsten haltgemacht. Im übrigen wird die Revision des gesamten Lieferungsbetriebes für die Artillerie noch weitergeführt. Als Ergebnis der bisherigen Ermittlungen ist ein Erlaß des Kriegsministers anzusehen, in dem der Chef der Hauptartillerieverwaltung auf die zutage getretenen Mißstände „hingewiesen" und dem Leiter der technischen Artillerieanstalten ein „Verweis" erteilt wird. Daß man diesen scharfen Erlaß im „Russischen Invaliden" veröffentlicht hat, entspringt wohl dem Bedürfnis des Kriegsministeriums, der Duma und aller Welt zu zeigen, daß es ihm ernstlich um die Ausrottung der getadelten Übelstände zu tun ist. Verwunderlich bleibt dabei allerdings, daß hochgestellte Offiziere, die zu solchen Rügen Anlaß geben, im Amte bleiben. Dafür sollen, wie ich höre, eine Reihe untergeordneter Persönlichkeiten beseitigt werden.

*PA Bonn, Rußland 72, Bd. 91.*

**228 Schreiben Nr. S.V.D. 98 des preußischen Ministers der Öffentlichen Arbeiten von Breitenbach an den preußischen Minister der auswärtigen Angelegenheiten von Bethmann Hollweg**

*Ausfertigung.*

Berlin, 25. März 1911

Auf das gefällige Schreiben vom 9. d.M. — II 0 557[1] —.

Die russischen hölzernen Bahnschwellen werden fast ausschließlich im fertig bearbeiteten Zustande eingeführt. Nur vereinzelt befinden sich unter ihnen auch Stämme mit größerem Querschnitt, aus denen zwei oder mehrere Schwellen hergestellt werden können. Diese Stämme werden in Rußland auf die vorgeschriebene Länge zugeschnitten und an der Außenseite derartig bebeilt, daß sie durch Längsschnitte in fertige Schwellen verwandelt werden können: Dieses Aufschneiden der Stämme erfolgt in Deutschland an den Einbruchsstellen.

Die deutschen Holzhändler lassen das Holz in Rußland verarbeiten, weil dort die Löhne erheblich billiger sind, als in Deutschland und weil das Transportieren aus dem Walde nach dem Flusse, sowie das Flößen für die fertig bearbeitete Schwelle sich verhältnismäßig viel billiger stellt, als für Rohholz.

Es würde deshalb eine wesentliche Verteuerung der Schwellen und auch eine Schädigung der deutschen Holzhändler eintreten, wenn die Schwellen nicht in Rußland, sondern in Deutschland aus dem eingeführten Rohmaterial hergestellt würden.

Ich bedaure daher vom Standpunkte meines Ressorts auch nach dieser Hinsicht Gegenmaßregeln gegen die russischen Anordnungen nicht empfehlen zu können.[x]

x Randbemerkung Koerners 3. 4. 1911: Bezüglich der Nichtzulassung russischer Eisenbahnanleihen in Deutschland ist Herr v. Mendelssohn informiert worden (II 0 3417). Sonstige Gegenmaßregeln gegen die russischen Einfuhrbeschränkungen dürften nicht in Frage kommen. Auch von weiteren Vorstellungen bei der russischen Regierung dürfte sich ein Erfolg nicht erwarten lassen. Die Angelegenheit wird jedoch gelegentlich einer generellen Beschwerde über vertragswidriges Verhalten der russischen Regierung, die aus anderem Anlaß (Erschwerung des Grenzverkehrs) zu erheben ist, verwendet werden.

*ZStAP, AA 2934, Bl. 55.*
1 Vgl. Dok. Nr. 224.

## 229 Auszug aus Bericht Nr 11 des Militärbevollmächtigten am Zarenhofe Generalmajor von Lauenstein an Wilhelm II.

*Abschrift.*

St. Petersburg, 31. März 1911

Generalleutnant Oranowski, Kommandeur der 14. Kavalleriedivision, und Oberst von Bünting, den Euerer Kaiserlichen und Königlichen Majestät ich kürzlich als künftigen Kommandeur des L.G. Grodno-Husaren-Regiments nennen konnte, sind hierher berufen, um an der Umarbeitung des Exerzierreglements für die Kavallerie teilzunehmen. Wie Bünting behauptet, handelt es sich im wesentlichen darum, die leitenden Gedanken unseres neuen Kavalleriereglements in die russische Vorschrift hineinzuarbeiten. Er selbst bezeichnet sich als entschiedenen Anhänger der vorwiegend gefechtsmäßigen Ausbildung der höheren Kavallerieverbände. Andere, wie z.B. der Kommandeur der 2. Garde-Kavallerie-Division Besobrasow, wollen allerdings nach wie vor den Schwerpunkt auf das formale Exerzieren der Kavalleriedivision legen. Das neue Reglement soll bereits im Mai in die Hände der Truppe kommen.

Ein Vertreter der Rheinischen Metallwaren- und Maschinenfabrik ist hier eingetroffen, um mit dem Artilleriressort über ein Einheitsgeschoß für die Feldkanone und über eine 10,6 Kanone sowie einen 28 cm Mörser für die schwere Artillerie des Feldheeres zu verhandeln. Im allgemeinen haben, soweit ich unterrichtet bin, deutsche Waffenfabriken wenig Aussicht, direkte Bestellungen zu erhalten; den meisten Erfolg verspricht noch das Zusammenarbeiten mit einem russischen Werk, wie es bekanntlich Krupp mit Putilow tut.

Herr Krupp von Bohlen u. Halbach wollte dieser Tage nach Riga kommen, um das dortige Drahtindustrieetablissement zu besichtigen. Es ist dies eine Gründung der Drahtwerke in Hamm, das die Krupp'sche Gesellschaft kürzlich ihren Unternehmungen angegliedert hat, und die Reise nach Riga soll Klarheit darüber schaffen, ob es zweckmäßig ist, das russische Tochterwerk in den Kruppschen Interessenverband mitaufzunehmen.

*PA Bonn, Rußland 72, Bd. 91.*

**230 Bericht Nr. 1688 des Konsuls in Moskau Kohlhaas an den Reichskanzler von Bethmann Hollweg**

*Ausfertigung.*

Moskau, 8. April 1911

Der Präsident des Moskauer Börsenkomitees Herr G. A. Krestownikow hat unlängst eine Denkschrift ausgearbeitet, worin er auf den Rückgang der russischen Roggenausfuhr, die Steigerung der deutschen Roggenausfuhr und insbesondere auf das Anwachsen der deutschen Roggen-Einfuhr nach Rußland als auf Symptome einer der russischen Landwirtschaft drohenden Gefahr hinweist und energische Gegenmaßregeln empfiehlt. Als solche Maßregeln schlägt er vor:

1. Befreiung des russischen Roggen-Ausfuhrhandels von der Vermittlung ausländischer Handelsplätze durch Organisation einer direkten Ausfuhr nach den Verbrauchsländern.
2. Möglichste Einschränkung der Roggenausfuhr nach Deutschland.
3. Einführung eines Einfuhrzolls für aus Deutschland nach Rußland importierten Roggen.

Wie die beiden ersten Vorschläge zu verwirklichen sein sollen, wird in der Denkschrift nicht im einzelnen dargelegt. Es wäre daher meines Erachtens unnötig, dieser Denkschrift Beachtung zu schenken, wenn es nicht auffällig wäre, daß gerade der rechtsoktobristische Herr Krestownikow, der selbst Großindustrieller ist und als Präsident des Moskau'er Börsenkomitees sich stets — z.B. in der Frage der Zölle auf landwirtschaftliche Maschinen — die Vertretung der schutzzöllnerischen Interessen der russischen Industrie zur Aufgabe gemacht hat, plötzlich als Verfasser einer Denkschrift über die einem Zweige der russischen Landwirtschaft drohenden Gefahr auftritt. Die liberalen „Russkie Wjedomosti" glauben des Rätsels Lösung darin gefunden zu haben, daß die Denkschrift einen politischen Schachzug darstellt. Die russische Landwirtschaft sei, wie der Kampf um die Zölle auf landwirtschaftliche Maschinen gezeigt habe, nachgerade zu der Einsicht gekommen, daß der russische Protektionismus ihr im höchsten Grade schädlich sei. Da dieser Kampf binnen kurzem mit noch größerer Heftigkeit wieder entbrennen werde (der jetzige Zustand ist nur bis zum 1. Juli 1912 verlängert), so wolle die Industrie schon jetzt ihre Position stärken. Dafür habe sie sich einen protektionistischen Einfuhrzoll auf Roggen ausgedacht, um den Vertretern der Landwirtschaft beweisen zu können, daß der Protektionismus nicht nur der Industrie, sondern auch der Landwirtschaft notwendig sei und zugute komme.

Ich halte es für durchaus wahrscheinlich, daß die Krestownikow'sche Denkschrift über den Schutz des russischen Roggenbaus im Hinblick auf die immer stärker werdende handelspolitische Gegnerschaft zwischen Industrie und Landwirtschaft in Rußland geschrieben worden ist, um unter den Landwirten für den Protektionismus Stimmung zu machen. Uns kann dieser Zwiespalt nur recht sein, denn er wird es der russischen Industrie sehr erschweren, nach Ablauf der jetzigen Handelsverträge die weiteren Zollerhöhungen durchzusetzen, auf die man sich z.B. in der Maschinen-Industrie und chemischen Industrie hier jetzt schon freut.

*ZStAP, AA 6368, Bl. 134.*

**213 Schreiben Nr. II 01140 des Vortragenden Rats in der Handelspolitischen Abteilung des Auswärtigen Amts Lehmann an den Deutschen Handelstag. Vertraulich!**

*Konzept.*

Berlin, 22. April 1911

Auf die Zuschrift vom 19. d.M.

Nachdem inzwischen der Herr St. Sekretär in der Reichstagssitzung vom 31. v.M. eine Erklärung bezüglich der finnischen Zollfrage abgegeben hat,[1] darf ich auf seine Ausführungen, die auch für den gegenwärtigen Stand der Angelegenheit noch als maßgebend zu betrachten sind, ergeb. Bezug nehmen.

Was die von dem pp. s.Z. angeregte Frage anbetrifft, ob und gegebenenfalls wann es angezeigt erscheine, sich öffentlich gegen die Einbeziehung des finnischen Zollgebiets in das russische auszusprechen, so haben, wie ich vertraulich bemerken möchte, die in Betracht kommenden kaiserlichen Vertreter, die zum Bericht in der Angelegenheit aufgefordert worden sind und ihr seitdem ihr dauerndes Interesse widmen, dringend von jeder öffentlichen Kundgebung abgeraten.[2] Diesem Rat kann ich nur beitreten.

*ZStAP, AA 6264, Bl. 134.*

1 Stenographische Berichte über die Verhandlungen des deutschen Reichstages, Bd. 266, Berlin 1911, S. 6050.

2 Vgl. Dok. Nr. 193 u. 194.

**232 Bericht Nr. II 342 des Vizekonsuls am Generalkonsulat in St. Petersburg Trautmann an den Reichskanzler von Bethmann Hollweg. Vertraulich!**

*Ausfertigung.*

St. Petersburg, 22. April 1911

In der gestrigen Nowoje Wremja befand sich folgende Notiz:

„Die deutschen Firmen, sehr interessiert daran, daß die Aufträge für den Kriegsschiffbau ihnen nicht entgehen, sind im Begriff, außer den gewöhnlichen Machinationen, welche behufs Vergebung der Aufträge ins Ausland unternommen werden, untereinander eine Vereinbarung zu treffen, um sich durch die Okkupation hinfällig gewordener russischer Schiffsbaufirmen auf russischem Boden festzusetzen. Es steht der Übergang eines Unternehmens an der baltischen Küste in deutsche Hände bevor, das die Möglichkeit hat, seine Werft für den Bau der größten Panzerschiffe zu erweitern. Außerdem sind Verhandlungen mit einer privaten Werft in den südlichen Meeren angeknüpft worden."

Die Notiz vermischt augenscheinlich Wahres mit Falschem. Von einem Zusammengehen deutscher Firmen zur Übernahme russischer Werften ist hier nichts bekannt. Wohl aber bemühen sich einzelne deutsche Firmen, von den großen Aufträgen mit zu profitieren, die von dem neuen Marineminister zur Wiederherstellung der baltischen und Schwarzmeerflotte beabsichtigt sind. Man spricht bezüglich der Schwarzmeerflotte von außeretatmäßigen Krediten in Höhe von 129 Mill. Rbl., die sich auf längere Jahre verteilen sollen,

Hinsichtlich des Baltikums höre ich, daß vorläufig nur zur Deckung der alten Schulden für die hier im Bau befindlichen 4 Dreadnoughts 14,7 Mill. bewilligt sind und daß man plant, weitere Mittel für neue Bauten der Küstenschutzflotte (2 Divisionen à 8 Minenboote) bei den gesetzgebenden Korporationen außeretatsmäßig zu erbitten. Man rechnet hier darauf, daß die Vergebungen für die Schwarzmeerflotte schon im Herbst dieses Jahres stattfinden sollen.

Für die Vergebung im Schwarzmeer scheint von einem Übergang einer Werft in deutsche Hände nicht die Rede zu sein. Eine neu sich bildende Gruppe, bestehend aus Russo-Belge Metallurg. Ges., Vickers, Metallgesellschaft St. Petersburg, Mariupol-Nikopolwerke, Kolomna, Charkow-Lokomotivfabrik, sollen der russischen Regierung folgende Proposition gemacht haben. Die Gruppe erbittet Bestellung auf Dreadnoughts und legt zum Bau derselben im Kriegshafen von Nikolajew eine neue Werft an mit 3 Hellingen, die alle nach vollendetem Bau in den Besitz der Regierung übergehen. Die Gesellschaft Mariupol-Nikopol soll kürzlich mit Krupp-Essen eine Kontrakt zur Herstellung von Panzerplatten getroffen haben. Da die Aktien Mariupol-Nikopol sich fast ausschließlich in den Händen der Internationalen Bank hier befinden, so hat diese Bank bei den vorliegenden Arrangements eine ausschlaggebende Stellung. Es sollen in diesen Tagen in Berlin zwischen einem Vertreter der Société générale, Vertretern der hiesigen Internationalen Bank und der genannten russischen Werke Vorbesprechungen stattfinden zur eventuellen weiteren Heranziehung französischen Kapitals.

Bezüglich des Baltikums bestehen allerdings Projekte wegen Beteiligung deutschen Kapitals an russischen Werften. Wie mir der hiesige Vertreter von Blohm & Voss *vertraulich* mitteilt, steht seine Firma in Unterhandlungen zwecks Anbau und Modernisierung der hiesigen Putiloffwerft im großen Stile. Blohm & Voss würden sich finanziell beteiligen. Eine Ausführung des Projektes kommt wohl nur in Frage, wenn die hiesige Regierung die Zusage auf derartige große Bestellungen gibt, daß sich das hereingesteckte Kapital in kurzer Zeit amortisiert.

Ferner bestehen Vorverhandlungen wegen Übernahme der Werft von Lange & Sohn in Riga durch Krupp. Der hiesige Vertreter von Krupp erklärte mir, daß es dabei hauptsächlich auf den Bau von Unterwasserbooten ankomme.

Ziese (Schichau) scheint seine früheren Absichten auf die genannte Werft wohl aufgegeben zu haben. Daß auch er Pläne bezüglich der Anlage einer Werft am Baltikum gehabt hat, oder noch hat, zeigt die Tatsache, daß sein ältester Neffe vor kurzem russischer Untertan geworden ist.

Abschrift dieses Berichtes ist der Kaiserlichen Botschaft hierselbst übermittelt worden.

*PA Bonn, Rußland 72b, Bd. 28.*

## 233 Bericht Nr. II 369 des Generalkonsuls in St. Petersburg Biermann an den Reichskanzler von Bethmann Hollweg

*Ausfertigung.*

St. Petersburg, 1. Mai 1911

In der Deutschen Exportrevue und Allgemeinen Handelszeitung vom 21. April d.J. Nr. 16, S. 13 war folgende Notiz enthalten:

„Deutsche Fabrikanlagen in Südrußland. Zur Herstellung von Ackerbaugeräten und Maschinen, die namentlich in Südrußland ein großes Absatzgebiet haben, werden von einem deutschen Syndikat mehrere große Fabriken errichtet werden. Von russischer Seite sind die Asow-Don-Bank und die Sibirische Handelsbank an dem Unternehmen, das der ansehnlichen deutschen Ausfuhr in landwirtschaftlichen Maschinen nach Südrußland sicher empfindliche Konkurrenz machen wird, beteiligt."

Auf meine Anfrage bei der Asow-Don-Bank ist mir folgende Auskunft zuteil geworden.

„In Beantwortung Ihrer geehrten gestrigen Zuschrift teile ich Ihnen mit, daß die Nachricht der Deutschen Exportrevue und Allgemeinen Handelszeitung nicht der Wahrheit entspricht. Unsere Bank hat sich an keinem Unternehmen zur Fabrikation von landwirtschaftlichen Maschinen beteiligt und auch mit keinem deutschen Institute dieser Branche irgend welche Verhandlungen gepflogen. Diesem Projekte gegenüber würden wir uns aber durchaus sympathisch verhalten, denn auf dem Gebiete des landwirtschaftlichen Maschinenbaus sind noch gute Erfolge herauszuholen. Unsere Bank hat durch ihre Interessen an einem insolventen Stahlwerke des Südens die Möglichkeit, über das Fabriksterrain und einen geeigneten Gebäudekomplex zu verfügen, und wäre nicht abgeneigt, diese Objekte gegen Abfindung in Aktien an eine ernste Gruppe zu zedieren, welche eine Fabrik landwirtschaftlicher Maschinen auf solider Basis ins Leben rufen wollte. Das betreffende Fabriksgebäude liegt in Ekaterinoslaw am Dnepr im Zentrum der metallurgischen Industrie und außerdem sehr günstig sowohl für den Bezug von Holz als auch für den Absatz der landwirtschaftlichen Maschinen.

Ich mache Ihnen diese Mitteilung in der Voraussetzung, daß dieselben seitens des Kaiserlich-Deutschen Konsulats eventuell Interessentenkreisen in Deutschland zugängig gemacht werden können."

*ZStAP, AA 6281, Bl. 10.*

## 234 Erlaß Nr. II 0 1133 des Unterstaatssekretärs im Auswärtigen Amt Zimmermann an den Botschafter in St. Petersburg Graf von Pourtalès

*Abschrift*

Berlin, 18. Mai 1911

Mit Bezug auf die Erlasse vom 28. Mai und 7. Dezember 1909 — II 02086 — und — II0 5452 —.

Euerer Exzellenz beehre ich mich anbei Abschrift einer Beschwerde des Kaufmanns Ludwig *Frankowski* aus Gnesen vom 16. Oktober v.J. betreffend Schwierigkeiten beim Überschreiten der russischen Grenze mit Grenzlegitimationskarten, sowie zweier auf diese Beschwerde bezüglichen Berichte des Regierungspräsidenten in Posen vom 25. Januar und 3. März d.J. zur gefälligen Kenntnisnahme zu übersenden.

Wie daraus ersichtlich, ist die Übung der russischen Behörden, den mit der Eisenbahn die russische Grenze überschreitenden Grenzbewohnern die Rückkehr nach ihrem Ausgangsort auf der Landstraße zu verwehren und umgekehrt, nicht nur nicht beseitigt, sondern es sind sogar die in dieser Beziehung bei der Übergangsstelle Neu-Skalmierschütz seinerzeit gewährten Erleichterungen wieder eingeschränkt worden. Der Herr Minister des Innern hat mich aus diesem Anlaß gebeten, bei der Russischen Regierung energisch darauf zu dringen, daß die nunmehr schon im fünften Jahr schwebenden Verhandlungen wegen der generellen Handhabung der Bestimmungen über die Grenzlegitimationsscheine endlich zum Abschluß gebracht werden. Ich kann diesem Ersuchen durchaus beipflichten und bitte Euere Exzellenz, Ihre bezüglichen Vorstellungen bei der dortigen Regierung mit allem Nachdruck zu erneuern und nochmals zu beantragen, daß die Unzuträglichkeiten, die sich aus der streng formalen Anwendung des russischen Standpunktes in dieser Frage ergeben, baldigst abgestellt werden.

Ich bitte bei dieser Gelegenheit zugleich darauf hinzuweisen, daß die Kaiserliche Regierung bereits bei einer Reihe von Fragen, die den Handelsverkehr zwischen beiden Ländern betreffen, zu ihrem großen Bedauern eine Haltung der Russischen Regierung habe feststellen müssen, die mit dem sonst beobachteten Bestreben der beiden Regierungen, die wirtschaftlichen Beziehungen zwischen den beiden Ländern nach Möglichkeit zu fördern, nicht im Einklang, ja zum Teil sogar mit den ausdrücklichen Abmachungen des Handelsvertrags im Widerspruch stehe. In dieser Beziehung sei außer der vorliegenden Frage des Grenzverkehrs die uns neuerdings verursachte Erschwerung bei der amtlichen Vertretung von Zollbeschwerden,[1] ferner die dem Handelsvertrag widersprechende Beschränkung der Einfuhr von ausländischem Eisenbahnmaterial[2] (vergl. Bericht vom 26. Juni 1909 — Nr. 2745 —) sowie die Frage der Erhebung von Zollagergebühren in Wirballen (vergl. Bericht vom 1. Dezember v. J. — Nr. 4081 —) zu erwähnen. Die Kaiserliche Regierung würde es für äußerst bedauerlich und durchaus nicht im Interesse der freundschaftlichen Beziehungen der beiden Länder liegend erachten, wenn die Russische Regierung bei ihrem Verhalten beharren und die Deutsche Regierung dadurch veranlassen würde, sich bei der Behandlung der die wirtschaftlichen Beziehungen zwischen den beiden Ländern betreffenden Fragen von denselben Grundsätzen leiten zu lassen, während sie bisher im Gegenteil stets darauf Bedacht genommen hat, den russischen Wünschen, selbst da wo es sich nicht um vertragliche Ansprüche handelte, so erst neuerdings in der Frage der Zollbehandlung von Kleie[3] möglichst Rechnung zu tragen.

Die an die Russische Regierung hiernach zu richtende Note bitte ich mir im Entwurf gefälligst vorlegen zu wollen.[4]

*ZStAP, AA 6269, Bl. 139f.*

1 Vgl. Dok. Nr. 226.

2 Vgl. Dok. Nr. 228.

3 Vgl. Dok. Nr. 222 u. 223.

4 Pourtalès übersandte den Entwurf am 25. 5. 1911. Im Begleitschreiben hieß es: „Ich habe geglaubt, bei Anführung unserer verschiedenen Klagen auch die Angelegenheit wegen Verzollung landwirtschaftlicher Maschinen erwähnen zu dürfen." (ZStAP, AA 2934.) Der Sängerbrücke wurde die Note am 16. 6. 1911 übermittelt.

**235** **Note Nr. 6237 des russischen Ministeriums für auswärtige Angelegenheiten an die deutsche Botschaft in St. Petersburg**

*Abschrift.*

St. Petersburg, 29. Mai 1911

Le Ministère Impérial des Affaires Etrangères, conformément au désir exprimé par l'Ambassade Impériale d'Allemagne, a l'honneur de Lui transmettre sous ce pli les conditions de la soumission des commandes de charbon pour la Marine Impériale pour l'année 1911.[1]

Pour ce qui est de charbon appartenant au Syndicat des Charbons de la Westphalie Rhénane et portant la marque „Flammstückkohlen" et „Fettstückkohlen" les essais qui ont été faits à l'usine Baltique et à la station expérimentale du port de St. Pétersbourg ont démontré que l'usage de ce charbon n'est pas avantageux pour usines car comme qualité il est inférieur non seulement à celui de Cardiff, mais même à celui d'York.

Quant au charbon „Flammstückkohlen" on se propose du reste de procéder aux nouveaux essais afin d'établir définitivement, si les vaisseaux de la flotte Impériale pourraient s'en servir.[2]

*ZStAP, AA 2934, Bl. 87.*

1 Vgl. Dok. Nr. 188.

2 Das Rheinisch-Westfälische Kohlen-Syndikat teilte am 7. 7. 1911 dem AA mit: „Nachdem es durch die freundschaftliche Unterstützung der Kaiserlichen Botschaft in St. Petersburg gelungen ist, die russische Marine zu Probeversuchen zu veranlassen, werden wir nichts unterlassen, was dazu beitragen kann, die russische Marine als ständigen Abnehmer für unsere Kohlen zu gewinnen." (ZStAP, AA 2934.)

**236** **Bericht Nr. 2079 des Botschafters in St. Petersburg Graf von Pourtalès an den Reichskanzler von Bethmann Hollweg**

*Ausfertigung.*

St. Petersburg, 19. Juni 1911

Die „Nowoje Wremja" veröffentlicht heute den Inhalt einer Unterredung, in welcher der vormalige Handelsminister Timirjasew, einem Mitarbeiter des Blattes gegenüber seine Auffassung über die Erneuerung des deutsch-russischen Handelsvertrages entwickelt habe. Für Rußland komme es vor allem darauf an, günstige Bedingungen für den Export seiner Rohprodukte zu erzielen, wohingegen es Zugeständnisse bezüglich der Einfuhr von Erzeugnissen der Fabrikindustrie werde machen müssen. Gerade dieser wesentlichste Punkt des deutsch-russischen Handelsvertrages bereite jedoch große Schwierigkeiten, da Deutschland seine Landwirtschaft in jeder Weise zu schützen und zu begünstigen suche.

Zu den unbedingt notwendigen Vorbereitungen für die Handelsvertragsverhandlungen auf russischer Seite gehöre in erster Reihe die Sammlung statistischen Materials, besonders auch hinsichtlich der Epizootien.

Was den Zolltarif anlange, so müsse Rußland dem Beispiele Deutschlands folgen, daß die Zollsätze erhöht habe, um bei den Verhandlungen die Möglichkeit zu haben, Ermäßigungen eintreten zu lassen, ohne wesentliche Interessen preiszugeben.

Herr Timirjasew ist schließlich sehr energisch für eine frühzeitige und umfassende Vorbereitung sowohl seitens der Handels- und Industriekreise wie der Regierung selbst für die Revision der Handelsverträge eingetreten.

Auch das Moskauer Blatt „Russkoe Slowo" redet einer rechtzeitigen Vorbereitung das Wort und lenkt die Aufmerksamkeit besonders auf die Notwendigkeit, günstigere Bedingungen für die Einfuhr bearbeiteten Holzes nach Deutschland zu erwirken.

*ZStAP, AA 6270, Bl. 22.*

**237 Bericht Nr. 2815 des Konsuls in Moskau Kohlhaas an den Reichskanzler von Bethmann Hollweg**

*Ausfertigung.*

Moskau, 19. Juni 1911

Vorbereitungen zum deutsch-russischen Handelsvertrag

Nachdem dieser Tage eine Gruppe von Mitgliedern des Reichsrats und der Reichsduma mit dem Ministerpräsidenten, dem Finanzminister und dem Handelsminister über die Einleitung von Vorarbeiten für den künftigen Handelsvertrag konferiert hat, ist diese Frage das Tagesthema sämtlicher Moskauer Zeitungen. Viel Neues wird dabei vorläufig nicht zu Tage gefördert, der einzige erwähnenswerte Artikel im „Russkoe Slowo" stammt aus der Feder des in Rußland bekannten Nationalökonomen Professor Oserow, der es als besonders wichtig bezeichnet, daß in künftigen Handelsverträgen eine Änderung der deutschen Einfuhrzölle auf bearbeitetes Holz erzielt werde, damit der Verdienst an der Bearbeitung des nach Deutschland eingeführten russischen Holzes in Rußland bleibe.

Interessanter ist eine Äußerung des Herrn Timirjasew dem Korrespondenten des „Utro Rossii" gegenüber. Derselbe erklärte, die Konferenz bei Stolypin habe sich hauptsächlich um Angelegenheiten des Ministeriums des Innern, nämlich um die veterinärpolizeiliche Aufsicht gedreht. Der Mangel einer geordneten Veterinärpolizei und Veterinärstatistik in Rußland habe im Jahre 1903/04 Deutschland die Möglichkeit geboten, drückende Bedingungen hinsichtlich der Einfuhr von Vieh und Geflügel aufzuerlegen, die Rußland habe annehmen müssen, da die russischen Unterhändler genötigt gewesen seien, die Beschuldigungen, die von deutscher Seite gegen das russische Veterinärwesen gerichtet worden seien, als gerechtfertigt anzuerkennen. Deshalb sei in erster Linie eine strenge Anmeldepflicht für Erkrankungsfälle von Haustieren nötig, wie in Deutschland. Ein solches Gesetz müsse bis 1917 durchgeführt werden, damit man, wenn auch noch nicht auf Resultate, so doch auf die Existenz desselben hinweisen könne, durch die die veterinärpolizeiliche Fürsorge der Regierung dargetan und günstige Resultate für die Zukunft in Aussicht gestellt würden.

Das Handelsministerium müsse einen neuen Zolltarif ausarbeiten und die Initiative zur Schaffung eines besonderen Organs ergreifen, an dem alle Ressorts beteiligt seien und das das Material für die Verhandlungen vorbereiten solle. Die von ihm (Timirjasew) früher geschaffene und später in der Hauptsache eingegangene Organisation der Finanzagentur in Berlin müsse zum gleichen Zweck wieder hergestellt werden. Auch für das Landwirtschaftsministerium erwüchsen wichtige Fragen, so die der deutschen Getreide- und Viehzölle, sowie der Einfuhrzölle für landwirtschaftliche Maschinen in Rußland. In letzterer Hinsicht werde in Rußland fälschlich damit operiert, daß Schutzzölle mit Reaktion, Freihandelssystem mit Liberalismus zusammengestellt werden. Das Beispiel der Vereinigten Staaten, Frankreichs und neuerdings auch Englands beweise die Unrichtigkeit dieser Auffassung. Solche Schlagwörter seien ebenso schädlich, wie das Schlagwort, daß die Erhöhung der Zölle auf landwirtschaftliche Maschinen die russische Landwirtschaft schädigen werde. Er sei überzeugt, daß die russische Landwirtschaft bei richtigem Vorgehen imstande sei, den Zoll für ihre Maschinen auf den Verkäufer überzuwälzen.

Einigkeit zwischen den landwirtschaftlichen und industriellen Interessenvertretungen sei notwendig, um Deutschland gerüstet gegenüber treten zu können. Darauf werde insbesondere in der in den nächsten Tagen in Moskau abzuhaltenden Versammlung hinzuwirken sein.

Es ist ein charakteristisches Zeichen für die Änderung der ganzen Situation in Rußland gegenüber der Zeit vor den Handelsverträgen von 1894 und 1904, daß während damals die ganze Vorbereitung allein von der Regierung im Geheimen unter Zuziehung einiger weniger Interessenten erledigt wurde, jetzt alle Fragen von den verschiedenen Interessenverbänden in breitester Öffentlichkeit erörtert werden. Das wird unsere Stellung bei den künftigen Verhandlungen zweifellos nach verschiedenen Richtungen hin erleichtern, andererseits allerdings auch der russischen Regierung vielfach die Hände in Beziehung auf Gewährung von Kompensationen binden.

Abschrift dieses Berichts geht der Kaiserlichen Botschaft und dem Kaiserlichen Generalkonsulat in St. Petersburg zu.

*ZStAP, AA 6270, Bl. 24f.*

### 238 Schreiben Nr. IV B 4361 des Direktors der II. Abteilung im Reichsamt des Innern Casper an den Staatssekretär des Auswärtigen Amts von Kiderlen-Waechter

*Ausfertigung.*

Berlin, 22. Juni 1911

Nach Mitteilung des Vereins der Fabrikanten landwirtschaftlicher Maschinen und Geräte, dem ich den Bericht des Kaiserlichen Generalkonsulats in St. Petersburg vom 1. Mai d.J.[1] vertraulich mitgeteilt habe, ist nichts davon bekannt, daß sich ein Syndikat gebildet hätte, um deutsche Fabriken landwirtschaftlicher Maschinen und Geräte in Rußland zu errichten. Das Angebot der Asow-Don-Bank zur Kenntnis deutscher Interessenten zu bringen, erscheint mir nicht angezeigt, weil eine solche Mitteilung den Erfolg haben könnte, die Abwanderung der deutschen Industrie nach dem Auslande zu fördern.

An der zollfreien Einfuhr von in Rußland nicht hergestellten Maschinen zur Ausrüstung von russischen landwirtschaftlichen Maschinenfabriken haben wir kein Interesse, weil das, was unsere Werkzeugmaschinenfabriken dabei gewinnen, unsere Fabriken landwirtschaftlicher Maschinen verlieren würden und es jedenfalls für uns nicht von Interesse ist, die russische Industrie durch Erleichterung des Bezugs von Werkzeugmaschinen zu fördern. [...]

Zu der mit dem Ablauf des deutsch-russischen Handelsvertrags geplanten Revision der Zollbehandlung landwirtschaftlicher Maschinen wird erst Stellung genommen werden können, wenn sich übersehen läßt, in welcher Richtung sich diese Revision bewegen wird. Allerdings möchte es sich empfehlen, daß dieser Gegenstand von unseren Vertretungen in Rußland aufmerksam verfolgt wird, was ja aber offenbar schon jetzt geschieht.

*ZStAP, AA 6281*
1 Vgl. Nr. 233.

**239 Bericht Nr. 2923 des Konsuls in Moskau Kohlhaas an den Reichskanzler von Bethmann Hollweg**

*Ausfertigung.*

Moskau, 24. Juni 1911

Im Anschluß an den Bericht vom 19. d.M. — Nr. 2815 —.

Gestern hat hier unter dem Vorsitz des Präsidenten des Moskauer Börsenkomitees, Herrn Krestownikow, die bereits als bevorstehend gemeldete Beratung über die Organisation der Vorbereitungen für die neuen Handelsverträge stattgefunden. Aus St. Petersburg waren außer Timirjasew die Herren Awdakow, Tripolitow, Lerche, Glesmer und Schemschinzew herübergekommen; die Moskauer Industrie- und Handelskreise waren — der ungünstigen Jahreszeit halber — ziemlich schwach vertreten, immerhin waren Mitglieder der bekannten Großfirmen L. Knoop, Wogau & Cie., Gebrüder Rjabuschinski, Aktiengesellschaft der Prochorow'schen Manufaktur, Gesellschaft Kusnezow und verschiedene andere hervorragende Industrielle anwesend.

Herr Timirjasew berichtete über die Ergebnisse seiner Petersburger Besprechungen mit den Ministern. Er wies darauf hin, daß der deutsch-russische Vertrag das Rückgrat des ganzen russischen Handelsvertrags- und Zolltarifsystems sei und daß daher auf Deutschlands Vorbereitungen zu den künftigen Vertragsverhandlungen besonderes Augenmerk zu richten sei. Zum Glück sei die russische Industrie jetzt besser organisiert als bei der Vorbereitung des letzten Vertrages, und sie werde ihre Interessen dies Mal anders zu vertreten wissen. Ungünstiger sei die Lage der russischen Landwirtschaft, die noch ungenügend organisiert sei und doch am meisten der Vertretung bei den zukünftigen Vertragsverhandlungen bedürfe. Die Versammlung erkannte es auf Timirjasews Vorschlag als dringend notwendig an, sofort die Vorbereitungen zu beginnen und alle darauf gerichteten Maßnahmen der Regierung zu unterstützen.

Sodann berichtete das Reichsratsmitglied Awdakow, der Vertreter der südrussischen Montanindustrie, daß das ständige Komitee der Industrie und des Handels in St. Petersburg es als das Richtigste ansehe, wenn bei diesem Komitee eine besondere Kommission aus Vertretern der Industrie, des Handels und der übrigen Interessenten gebildet werde, um alle Fragen der Vorbereitung zum neuen Handelsvertrag mit Deutschland zu prüfen. Dies wurde von der Versammlung gebilligt; die Kommission soll eine Zentrale für sämtliche Interessenvertretungen von Industrie, Landwirtschaft, Forstwirtschaft und Handel bilden und von der Regierung mit Geldmitteln unterstützt werden.

Im Wesentlichen kam nur diese Organisationsfrage zur Erörterung. Den Inhalt des bestehenden Handelsvertrages betreffende Kritiken wurden nur vereinzelt und nebenbei geäußert. Dabei wurde insbesondere wieder an die Notwendigkeit der Änderung der deutschen Holzzölle hingewiesen und von anderer Seite bemerkt, daß die Aufhebung des Identitäts-Nachweises, die Rußland 1894 erreicht habe, tatsächlich für Rußland ungünstig gewesen sei, da sie erst Deutschland die Eroberung des finnischen Getreidemarktes gestattet habe.

[. . .]

*ZStAP, AA 6270, Bl. 39f.*

**240 Bericht Nr. 3069 des Konsuls in Moskau Kohlhaas an den Reichskanzler von Bethmann Hollweg**

*Ausfertigung.*

Moskau, 5. Juli 1911

Zu dem mir zur Information zugefertigten Ausschnitt aus Nr. 289 der „Täglichen Rundschau" vom 23. v.M., worin die Vorbereitung des künftigen deutsch-russischen Handelsvertrages erörtert wird, erlaube ich mir im Nachstehenden einige Bemerkungen zu machen.

Daß unser jetziger Handelsvertrag mit Rußland in diesem Lande stets ungünstig beurteilt worden ist, läßt sich nicht leugnen, ist aber auch nichts Neues. Die russische Landwirtschaft hat ihn stets als drückend empfunden, obgleich die russische Regierung sich wiederholt in eingehenden Darlegungen bemüht hat, ihr zu beweisen, daß die hohen deutschen Getreidezölle vom deutschen Verbraucher, nicht vom russischen Landwirt getragen werden. Verstimmend haben neben den Getreidezöllen vor allem die veterinärpolizeilichen Erschwerungen der russischen Einfuhr nach Deutschland gewirkt.

Die russische Industrie, insbesondere die metallurgische, Maschinen-, elektrotechnische und chemische Industrie, ist von vornherein unzufrieden gewesen, weil es ihr nicht gelungen war, die Prohibitivzölle im Vertrag aufrechtzuerhalten, die sie sich unter Begünstigung durch den damaligen Finanzminister Witte in dem russischen autonomen Zolltarif von 1903 gesichert zu haben glaubte.

Aus dieser Unzufriedenheit der beiden großen Interessentengruppen, die an sich ja durchaus begreiflich ist, haben dann die politischen Stimmungsmacher, Kadetten, Oktobristen, Nationalisten und Panslawisten, je nach Bedarf Kapital geschlagen und ihre in der Hauptsache lediglich aus innerpolitischen Gründen oder aus Rassen-Sentimentalität entspringenden Angriffe gegen Deutschland durch die von ihrer Presse verbreitete Behauptung unterstützt, Deutschland habe sich im Jahre 1904 die äußeren und inneren Verlegenheiten Rußlands ohne Skrupel zu Nutze gemacht, um den für Rußland unvorteilhaften, für Deutschland angeblich sehr günstigen Vertrag durchzusetzen.

Trotz alledem kann man aber meiner Ansicht nach, wenn man wirklich mit russischen Handels- und Industriekreisen Fühlung hat, doch nicht zugeben, daß, wie der erwähnte Artikel behauptet, in ihnen eine besondere Abneigung gegen Deutschland gerade in seiner

Eigenschaft als nach Rußland exportierendes Land vorhanden sei. Daß der russische Kaufmann und vor allem der russische Industrielle die Konkurrenz des Auslandes auf seinem eigensten Gebiete nicht gerne sieht, ist verständlich. Er ist aber, wo es seinen Geldbeutel angeht, ganz ebenso vernünftig wie die Kaufleute und Industriellen anderer Länder und läßt sich nicht durch politische Stimmungen oder Brudervolks-Sentimentalität in seinen geschäftlichen Maßnahmen beeinflussen. Er macht deshalb auch keinen Unterschied zwischen dem deutschen Import nach Rußland und dem anderer Länder und es fällt ihm nicht ein, englische Waren zu bevorzugen, weil die politischen Kreise Rußlands Freundschaft mit England predigen, oder etwa amerikanische, weil Mr. Hammond vom Kaiser von Rußland empfangen worden ist und der russischen Regierung ungezählte Millionen für die Hebung ihres Getreideexports und ihres Baumwollanbaus in Aussicht gestellt hat. Das Bestreben, den fremden Zwischenhandel auszuschalten und den fremden Import von Fabrikaten zurückzudrängen, besteht in den russischen Interessentenkreisen ganz natürlicher Weise, aber ein Bestreben dieser Art, das sich allein gegen den deutschen Handel und die deutsche Industrie richten würde, um diese zu Gunsten anderer fremder Länder zurückzudrängen, gibt es in Rußland nicht und es fände in den Interessentenkreisen keinen Boden. Solche Ideen leben nur in den Spalten einiger germanophober Blätter, wie „Nowoje Wremja“ und etwa „Russkoe Slowo“ und in den Köpfen einiger weniger, aber sehr lärmender Phantasten und Chauvinisten, die niemand in Handels- und Industrie-Kreisen ernst nimmt.

Auf welche Daten der Verfasser seine Behauptung stützt, daß England, Frankreich, Belgien und die Vereinigten Staaten ihre Einfuhr von Industrieerzeugnissen nach Rußland in den letzten Jahren weit mehr gesteigert haben als Deutschland, ist nicht ersichtlich. Die einzige Statistik, die für solche Vergleiche Anhaltspunkte bietet, ist trotz all ihrer bekannten Mängel die russische Zollstatistik.

Da sehen wir, daß die Einfuhr der genannten Länder von 1906 bis 1910 sich folgender Maßen gestaltet hat.

Wert in Mill. Rubel:

| | Gesamt-Einfuhr | Deutschland | England | Frankreich | Belgien | Amerika |
|---|---|---|---|---|---|---|
| 1906 | 800,6 | 298,4 | 105,7 | 28,7 | 7,2 | 47,4 |
| 1907 | 847,3 | 337,3 | 114,9 | 29,4 | 9 | 55,5 |
| 1908 | 912,6 | 348,4 | 120,2 | 36,2 | 8 | 79,2 |
| 1909 | 903,3 | 363,2 | 127,9 | 49,5 | 6,7 | 57,8 |
| 1910 | 953 | 441 | 153,5 | 59 | 7 | 73,9 |

Das ergibt als prozentuale Anteile der einzelnen Länder:

| | | | | | |
|---|---|---|---|---|---|
| 1906 | 37,5 | 13 | 3,5 | 1 | 6 |
| 1907 | 39,5 | 13,5 | 3,5 | 1 | 6,5 |
| 1908 | 38,5 | 13,4 | 4 | 1 | 9 |
| 1909 | 40 | 14 | 5,5 | 0,7 | 6,5 |
| 1910 | 46,5 | 16 | 6,3 | 0,7 | 7 |

Daraus ergibt sich, daß die deutsche Einfuhr nach Rußland nicht nur ihrer absoluten Höhe nach, sondern auch ihrem prozentualen Anteil an der russischen Gesamteinfuhr nach sich so stetig und kräftig entwickelt hat, wie das nach der Lage der Dinge überhaupt möglich war. Die englische Einfuhr hat sich nicht rascher und kräftiger entwickelt, die belgische zeigt eher Neigung zum Rückgang. Die französische Einfuhr hat sich relativ stärker entwickelt, aber sie ist doch im Verhältnis zur deutschen herzlich unbedeutend.

Die amerikanische Einfuhr endlich schwankt von Jahr zu Jahr, so daß von dauernden erheblichen Fortschritten vorläufig keine Rede sein kann. Nun gibt aber die Gesamteinfuhr der genannten Länder noch kein rechtes Bild davon, wie sich die Einfuhr von industriellen Fertigfabrikaten gestellt hat, wovon der Artikel der „Täglichen Rundschau" eigentlich allein spricht. In der Gesamteinfuhr Deutschlands sind natürlich riesige Mengen von Rohprodukten und Halbfabrikaten teils eigener Erzeugung, teils des Zwischenhandels mit einbegriffen. Ganz dasselbe gilt aber auch von der Einfuhr anderer Länder. Z.B. sind in der englischen Einfuhr nach Rußland 1910 für 17½ Millionen Rubel Steinkohlen einbegriffen, die also etwa 18% der englischen Einfuhr nach Rußland ausmachen. Die französische Einfuhr 1910 umfaßt allein für 22½ Millionen Rohwolle und für 2 Millionen Rubel Rohseide, daneben noch für über 3 Millionen Rubel Wein, so daß diese nicht industriellen Erzeugnisse fast 50% der französischen Einfuhr ausmachen. Die Steigerung der französischen Einfuhr nach Rußland ist sogar in der Hauptsache auf den stetig wachsenden Import von roher Wolle zurückzuführen. Auch die belgische Einfuhr nach Rußland 1910 umfaßt für 2½ Mill. Rubel rohe Wolle, die also ungefähr 35% der belgischen Einfuhr darstellt. Von der amerikanischen Einfuhr nach Rußland entfallen endlich regelmäßig mindestens zwei Drittel auf Rohbaumwolle und auf den von Jahr zu Jahr schwankenden Bedarf Rußlands an amerikanischer Baumwolle beruhen die oben erwähnten starken Schwankungen der amerikanischen Einfuhr.

Für den Anteil der einzelnen Länder an der Einfuhr von Fertigfabrikaten nach Rußland gibt die russische Statistik ebenfalls eine lehrreiche, wenn auch vielleicht nicht in allen Einzelheiten zutreffende Darstellung.

| | | Wert in Mill. Rubel | | | | |
|---|---|---|---|---|---|---|
| | Gesamteinfuhr von Fertigfabrikaten | Deutschland | England | Frankreich | Belgien | Amerika |
| 1907 | 237 | 138,5 | 31 | 7 | 1 | 9 |
| 1908 | 259 | 152 | 30,4 | 6,8 | 0,9 | 7,8 |
| 1909 | 273 | 162,8 | 34,8 | 8 | 0,7 | 12 |
| 1910 | ? | 179 | 30 | 8,5 | 0,8 | ? |
| also prozentualer Anteil: | | | | | | |
| 1907 | | 58 | 13 | 3 | 0,4 | 4 |
| 1908 | | 58 | 11,5 | 2,5 | 0,4 | 3 |
| 1909 | | 63 | 13 | 3 | 0,3 | 4,5 |

Für 1910 sind die Zahlen nicht vollständig vorhanden, das Bild dürfte aber im wesentlichen das Gleiche sein, d.h., die deutsche Einfuhr steht nicht nur an der Spitze, sondern sie verbessert ihren Anteil an der Gesamteinfuhr stetig, während die Einfuhr der anderen Staaten schwankt und keine erheblichen dauernden Fortschritte aufzuweisen hat.

Mit dieser statistischen Darlegung dürfte dieser Teil der Behauptungen des Artikels erledigt sein.

Im Zusammenhang mit seiner irrtümlichen Ansicht über die rasche Entwicklung der Einfuhr anderer Länder nach Rußland erwähnt der Verfasser die Tätigkeit der genugsam bekannten in den letzten Jahren in Rußland gegründeten Handelskammern. Daß die russische Regierung diese Gründungen unterstützt und begünstigt hat, ist bekannt. Sie hoffte darauf, durch diese Handelskammern den Strom des ausländischen Kapitals wieder nach Rußland lenken zu können, und in diesem Sinne wäre ihr zweifellos auch eine deutschrussische Handelskammer willkommen gewesen. Dieser Plan, die neuen Handelskammern russischen wirtschaftlichen Zwecken dienstbar zu machen, ist vielleicht nur bei der englisch-russischen Handelskammer und auch bei ihr nur in sehr beschränktem Maße geglückt. Aber sonst hat die englisch-russische Handelskammer so gut wie nichts geleistet, insbesondere nichts für die Hebung des englischen Imports nach Rußland. Sie besitzt bisher nicht einmal eine Filiale in Moskau, dem Haupthandelsplatz Rußlands, weil die Moskauer Kaufleute und Industriellen sich völlig ablehnend verhielten. Jetzt hat man das Statut, wonach zur Eröffnung einer Filiale 50 Mitglieder am Orte vorhanden sein müssen, geändert und die Zahl auf 10 herabgesetzt. Deshalb wird man vielleicht bald hören, daß sich in Moskau eine Filiale der russischen Handelskammer gebildet habe. Was davon zu halten sein wird, ist nach Obigem klar. Im allgemeinen haben sich beide Seiten getäuscht. Die Russen meinten, nun werde ihnen das englische Gold zuströmen und außerdem ihr Export nach England stark gefördert werden. Ersteres ist nur in ganz geringem Maße, letzteres gar nicht eingetreten. Die Engländer andererseits dachten, ihren Import nach Rußland zu steigern, was ebenfalls nicht eingetroffen ist. Jetzt ist man in Rußland bereits ganz ernüchtert und die kommerziell wichtigsten Moskauer Blätter haben es unlängst offen ausgesprochen, daß das ganze Handelskammer-Geschrei eigentlich nichts gewesen sei als ein Versuch, den englischen Import nach Rußland zu beleben.

Über die russisch-französische Handelskammer, die bis jetzt nur in Paris existierte, neuerdings aber auch in Rußland arbeitet, hat man in der russischen Presse bis jetzt nur Hohn und Spott gelesen. Leistungen dieses Instituts sind nicht bekannt geworden. Die russisch-italienische Handelskammer ist von dem früheren Landwirtschaftsminister Jermoloff begründet worden, um den Export russischer Landesprodukte zu fördern. Auf italienischer Seite hat man die Sache aus politischen Gründen (Balkanfrage) wohlwollend aufgenommen, die Einfuhr italienischer Industrieprodukte nach Rußland ist gleich Null. Die russisch-belgische Handelskammer ist über pomphafte Programme nicht hinausgekommen. Die in Rußland noch bestehenden belgischen Unternehmungen brauchen eine solche Handelskammer nicht, für neue Unternehmungen in Rußland ist in Belgien wenig Lust vorhanden. Daß der Verfasser noch die allslawische Handelskammer anführt, um dem deutschen Export recht bange zu machen, zeugt von Naivität. Denn dieses Institut ist die lebensunfähige Ausgeburt einiger tschechischer und serbischer Abenteurer, die sich mit einigen russischen Panslawisten, wie dem unrühmlich bekannten Tscherep-Spiridowitsch, zusammengetan haben. Es fehlte nur noch, daß der Verfasser die Projekte der russisch-japanischen, russisch-chinesischen, russisch-mongolischen und russisch-persischen Handelskammern angeführt hätte, in Bezug auf die, ebenso wie auf die gänzlich unnütze russisch-argentinische Handelskammer selbst die Handels- und Industrie-Zeitung vor einigen Monaten von einer Überproduktion von Handelskammern gesprochen hat.

Der deutsche Handel hat glückerlicher Weise all diese künstlichen Mittelchen nicht nötig. Mehr als alle Handelskammern mit ihren Flugschriften, Zeitungsartikeln, Versammlungen leistet der deutsche Händler, Agent, Geschäftsreisende, der Rußland genau kennt, den russischen Kunden bei sich aufsucht und mit ihm nach seiner Art und meist auch in seiner Sprache redet. Ihm steht als Pionier zur Seite der deutsche Ingenieur, Techniker und Monteur, die überall in Rußland in der Industrie eine große Rolle spielen. Die Anglo-Russian Gazette hat dies selbst eingesehen, wenn sie am 1. Oktober 1909 schrieb:

„Germany has required no Chamber of Commerce and no Government or national movement in order to monopolise the greater part of Russian trade."

Ich weiß nicht, mit welchen hervorragenden, am Handelsverkehr mit Deutschland beteiligten Personen der Verfasser gesprochen hat, die sich angeblich für die Schaffung einer deutsch-russischen Handelskammer interessieren, aber ich glaube auf Grund meiner Kenntnis Moskauer und Petersburger Verhältnisse sagen zu dürfen, daß diese Idee weder in den deutschen noch in den russischen maßgebenden Handelskreisen Rußlands irgendwelcher Sympathie begegnen würde, nicht aus Feindseligkeit gegen den deutschen Import, sondern aus der Überzeugung von der völligen Überflüssigkeit eines solchen Instituts. Man kann daher gespannt sein, welche Männer zu der Vorberatung im Herbst d.J. sich zusammenfinden werden.

Daß auch wieder eine dem deutsch-russischen Handelsverkehr gewidmete Fachzeitschrift geplant sein soll, läßt auf die Herkunft des Artikels schließen. Ich vermute unter den Buchstaben M.B. den auch dem Auswärtigen Amt von früher genügend bekannten Herrn Martin Bürgel, der schon früher solche wertlose Blättchen herausgegeben hat, die niemand liest und die im wesentlichen nur unkontrollierte Nachrichten aus russischen Blättern wiederzugeben pflegen.

Dem deutschen Handel drohen keine Gefahren von den fremden Handelskammern in Rußland und ebensowenig von der russischen politischen Abneigung gegen Deutschland. Die Gefahren liegen in der Entwicklung der russischen Industrie, die keine deutsch-russische Handelskammer aufhalten oder in ein uns bequemes Bett lenken könnte, und daneben in der oft beklagten Neigung zahlreicher kleinerer deutscher Industrieller, sich gegenseitig im Preis zu unterbieten und durch billige und schlechte Lieferung den Ruf des deutschen Fabrikates zu untergraben. Auch das kann und wird keine deutsch-russische Handelskammer bekämpfen und abstellen, das ist Sache der deutschen Handelskammern und Interessenverbände.

Abschriften gehen der Kaiserlichen Botschaft und dem Generalkonsulat in St. Petersburg zu.

*ZStAP, AA 6270, Bl. 53ff.*

**241 Bericht Nr. II 591 des Generalkonsuls in St. Petersburg Biermann an den Reichskanzler von Bethmann Hollweg**

*Abschrift.*

St. Petersburg, 10. Juli 1911

Euerer Exzellenz beehre ich mich gehorsamst zu berichten, daß Herr Fischel vom Bankhause Mendelssohn hier eingetroffen ist, um mit der hiesigen Regierung wegen Emission von 25 Millionen Rubel garantierter Obligationen der Moskau-Kasanbahn und von 19 Millionen Rubel der Podolischen Eisenbahn abzuschließen.[x]

x Randbemerkung Kiderlen 12. 7.: Ist nach Einholung unserer Zustimmung auch von Sydow genehmigt.

*ZStAP, AA 21576, Bl. 67.*

## 242 Bericht Nr. II 584 des Generalkonsuls in St. Petersburg Biermann an den Reichskanzler von Bethmann Hollweg

*Ausfertigung.*

St. Petersburg, 17. Juli 1911

Herr Konsul Kohlhaas hat mir eine Abschrift seines Berichtes vom 5. d.M. — 3069[1] — übersandt, der sich auf den Artikel „Was not tut" in der Täglichen Rundschau vom 23. v.M. bezieht.

Ich stimme mit den Ausführungen in dem Bericht durchaus überein und gestatte mir folgende Bemerkungen zur Sache.

Wenn man die russischen größeren Zeitungen der letzten Wochen durchsieht, stößt man überall auf Aufsätze und Notizen, die sich mit der Frage unserer zukünftigen Handelsvertrags-Verhältnisse beschäftigen, so daß man glauben möchte, es handele sich um eine brennende Frage, die in allernächster Zeit ihrer Entscheidung entgegensähe, es handle sich um eine Frage der nationalen Ehre, um einen Kampf des 1904 schmählich besiegten Rußlands gegen einen Feind, der durch hinterlistige Ausnutzung der damaligen, traurigen Lage sich der unerhörtesten Vorteile auf wirtschaftlichem Gebiet verschafft habe.

Wäre diese Stimmung hier wirklich allgemein und bliebe sie in gleicher Stärke die nächsten Jahre bestehen, so wären allerdings die Aussichten für die Beziehungen des deutschen Handels zu Rußland recht trübe und man müßte sich auf eine Kapitulation vor den russischen Forderungen oder auf einen Zollkrieg gefaßt machen.

So schlimm stehen meines Erachtens die Sachen aber nicht.

In Rußland gibt es oft Rauch ohne Feuer und Feuer aus leichten Stoffen, das hochaufschlägt, um ebenso schnell wieder zusammenzusinken.

Die Nachricht, daß die wirtschaftlichen Verbände in Deutschland schon an die künftigen Verhandlungen gedacht haben und daß systematische Vorarbeiten geplant werden, hat erklärlicherweise hier Aufmerksamkeit erregt und einige führende Persönlichkeiten, wie Timiriasew, Awdakow und andere veranlaßt, die schlafenden russischen Interessenten wachzurufen.

Die augenblickliche Erregung in Rußland ist nur das Echo der deutschen Vorgänge.

Ganz einschlafen wird die inszenierte Bewegung wohl nicht wieder, aber sie wird ihren jetzigen etwas erregten Charakter verlieren, in ruhigere Bahnen einlenken, und die Russen werden bei genauerer Betrachtung der Verhältnisse in ihren Behauptungen über die gegenseitige Lage vorsichtiger und in ihren Forderungen bescheidener werden.

Auch der Interessengegensatz der verschiedenen wirtschaftlichen Kreise wird sich mehr und mehr, hier so gut wie in Deutschland, geltend machen. Industrie, Handel und Landwirtschaft ziehen hier so wenig, wie woanders, an einem Strang und eine Wirtschafts- und Handelsvertragspolitik, die alle Gruppen gleichmäßig befriedigt, wird auch von der russischen Regierung nicht entdeckt werden.

Die Landwirtschaft verlangt, daß ihr der gute deutsche Absatzmarkt erhalten oder noch mehr geöffnet wird und daß ihr die zu ihrem Betriebe nötigen Rohprodukte und Fabrikate nicht verteuert werden, ebenso will sich die verarbeitende Industrie nicht mit Hals und Kopf der einheimischen Industrie der Rohstoffe und den Maschinenfabriken etc. ausliefern, während diese Branchen ihrerseits einen möglichst prohibitiven Schutzzoll erstreben. Diese Interessengegensätze haben schon in den ersten Verhandlungsstadien ihren Ausdruck gefunden. Die Großindustrie, welche ihre gut organisierte Vertretung in dem Konseil für Handel und Industrie besitzt, hat beschlossen, eine besondere Kommission als Zentrale zur Vorbereitung der künftigen Handelsverträge einzusetzen, an der auch die anderen Gruppen vertreten sein sollen, aber die neugegründete Exportkammer, die mehr die Fertigindustrie, den Handel und die auf den Export angewiesene Landwirtschaft vertritt, will sich auf eine solche unter der Aegide des Herrn Awdakow arbeitende Vertretung nicht einlassen und will ihrerseits eine Zentrale schaffen.

„Hier Konseil, hier Exportkammer“ heißt in Rußland der Schlachtruf, wie in Deutschland „Hie Centralverband, hie Handelsvertragsverein“.

Mit der Ausführung einheitlichen Arbeitens haperts hier so gut wie in Deutschland.

Eine von der Exportkammer einberufene Versammlung war so spärlich besucht, daß man zu einer formellen Verhandlung gar nicht schreiten konnte, auch ein Zeichen, daß die lebhafte Bewegung vorläufig künstlich ist und weite Kreise noch kaum ergriffen hat.

Auch der Konseil für Handel und Industrie ist über allgemeine Beschlüsse noch nicht herausgekommen.

Einig ist man vorläufig wieder nur darin, daß man auf die Hilfe der Regierung spekuliert und zwar zuerst auf finanzielle Unterstützung und dann auf die Arbeit oder, wie es schöner heißt, die Mitarbeit der Behörden.

Es wird am Ende wieder darauf hinauskommen, daß die Interessenten reden und die Regierung arbeitet. Höchstens von dem Bureau des Konseils kann man nach seinen bisherigen Leistungen Besseres erwarten.

Jedenfalls ist es vorläufig nicht nötig, sich in Deutschland über die Vorgänge aufzuregen und, wie es der Verfasser des Artikels der Täglichen Rundschau tut, in die Alarmtrompete zu blasen.

Sorgsame Vorbereitung auf die künftigen Verhandlungen, Sammlung übersichtlichen statistischen Materials, mit dem man russische Behauptungen widerlegen kann, ist für uns die Hauptsache, auch sind sachliche Besprechungen der Lage in der Presse am Platze, wobei die hier gepredigte Weisheit, daß Deutschland von Rußlands Getreide abhängig sei, als verkehrt nachzuweisen ist. Aber nicht angezeigt scheint es mir, jetzt gegen die Agitation der russischen Interessenten eine Gegenagitation in Rußland hervorzurufen, etwa durch Vermittlung einer deutsch-russischen Handelskammer.

Denn diejenigen russischen Kreise oder Personen, deren Name einer Handelskammer ein Ansehen und Einfluß auf die Gestaltung der gegenseitigen Beziehungen geben könnte, werden ihr schwerlich beitreten, jedenfalls nicht an ihr eine uns erwünschte Wirksamkeit ausüben, oder sie würden wieder austreten, wenn der Verein mehr die deutschen Anschauungen oder Interessen vertritt, als ihre russischen.

Mit einer Handelskammer aber, der maßgebende Kreise nicht angehören, können wir nichts anfangen, sie würde ein stilles, beschauliches Dasein führen, wie die übrigen fremden Handelskammern in Rußland, die russisch-englische an der Spitze, und damit ist uns nicht gedient.

Dann aber wäre jetzt eine agitatorische Tätigkeit der Kammer in Rußland — und das wäre doch ihr Hauptzweck — den russischen Protektionisten, Nationalisten und Chauvinisten nur Wasser auf ihre Mühle und gäbe ihnen immer wieder neuen Stoff für ihre Agitation, die ohne dem wahrscheinlich bald abflauen und in ein ruhigeres Fahrwasser übergehen wird.

Ich habe mit dem Verfasser des Artikels, dem hiesigen Korrespondenten der „Täglichen Rundschau“ M. Th. Behrmann, ausführlich gesprochen und bin danach mehr wie je im Zweifel, ob eine deutsch-russische Handelskammer jetzt hier in maßgebenden Kreisen Anklang finden wird. Behrmann sprach zwar von seinen Unterhaltungen mit Stolypin, Kokowzow und Timaschew, als ob diese den Moment des Inslebentretens der Handelskammer gar nicht erwarten könnten, aber ich hatte doch den Eindruck, daß diese Minister sich nur in ganz vagen, allgemeinen Redensarten ergangen hätten auf die Expektorationen

Behrmanns, der sich angeblich seit 15 Jahren für diese Gründung interessiert und daß er aus ihren Äußerungen herausgehört hat, nicht was darin lag, sondern was er hören wollte. Auch ist mir nicht recht klar geworden, wann diese Unterhaltungen stattgefunden haben.

Auf meine wiederholte Bitte, bestimmte Personen in St. Petersburg, Moskau oder sonst in Rußland aus den Kreisen des Handels und der Industrie zu nennen, die ein reges Interesse gezeigt und ihm loyale Mitwirkung in Aussicht gestellt hätten, habe ich keine präzise Antwort herauslocken können. Behrmann erwähnte wohl ein paar Namen, wie Knoop und Konschin in Moskau, Raffalowitsch, den Direktor der Russenbank hier, bezog sich auf seine alten Akten und Notizen, erwähnte auch als warme Anhänger in Deutschland die verstorbenen Herren Mendelssohn und Wirth, aber bequemte sich denn doch zu dem nachher öfter wiederholten Geständnis, der ganze Artikel sei nur ein ballon d'essai. Es kam darauf hinaus, daß Behrmann der Gründer oder wenigstens Mitgründer der Handelskammer sein möchte, daß „er" nach der Sommersaison eine Vorberatung veranlassen wolle, daß „er" einmal wieder eine dem deutsch-russischen Handelsverkehr gewidmete Fachzeitschrift, zunächst in deutscher Sprache herauszugeben gedenke (1906 plante Behrmann die Herausgabe der Zeitschrift „Der russische Ökonomist").

Ohne direkt darum zu bitten, deutete er immer wieder an, daß es ihm in erster Linie darum zu tun sei, die deutsche Regierung für seine Pläne zu interessieren und bei ihr, bezw. bei der hiesigen Botschaft und dem Generalkonsulat Förderung und wenigstens moralische Unterstützung für seinen Plan zu finden.

Ich meine, daß man vorläufig die Handelskammer-Idee sich selbst überlassen kann. Gelingt es einem der uneigennützigen Freunde Deutschlands, mag er Behrmann, Veltner oder sonstwie heißen, eine lebensfähige Organisation ins Leben zu rufen, dann ist es immer noch Zeit, dazu Stellung zu nehmen.

Für jetzt erscheint es wichtiger, dahin zu arbeiten, die Behauptung von der wirtschaftlichen Abhängigkeit Deutschlands von Rußland nicht zum Axiom werden zu lassen.

Ich gestatte mir in der Anlage Übersetzung eines Artikels aus „Handel und Industrie" beizufügen, in dem der Nachweis versucht ist, daß Deutschland ohne den russischen Hafer, Gerste und Weizen nicht existieren könne.[2] Es wird darauf hingewiesen, auf Grund von Zahlen, die ich nicht genauer kontrollieren kann, daß Deutschland aus den andern Getreideproduktionsländern, außer Rußland, keinen Ersatz für russisches Getreide finden könne.

Bei der rapiden Entwicklung des Körner- und besonders des Weizenbaus in Kanada, Argentinien u. Australien und bei dem riesigen Umfang des die Kultivierung erwartenden Areals in diesen Ländern ist diese Behauptung offenbar verfehlt und muß auch durch Zahlen zu widerlegen sein. Es wird heute schon unter günstigen Umständen mehr Getreide, besonders auch Weizen gebaut, als der Konsum verlangt. Auch der Verfasser des anliegenden Artikels muß wissen, daß Rußland heute noch sehr große Mengen seiner vorjährigen Ernte unverkauft liegen hat und daß trotzdem nirgends ein Mangel an Weizen besteht oder die Preise besonders hoch sind. Dieser Überschuß der Produktion ist so erheblich, daß man z.B. in russischen Bank- und Finanzkreisen den innigen Wunsch hat und äußert, die diesjährige Ernte möge um Gotteswillen nicht wieder so reich werden, wie in den zwei letzten Jahren. Die Folge müßte ein Preissturz, schwere Verluste für die Reichs- und Privatbanken in ihrem Getreidebeleihungsgeschäft und am Ende ein kleiner oder großer Bankkrach sein. Daß solche Katastrophen viel eher eintreten können, wenn der deutsche Markt Rußland verschlossen wird, wird man auch hier einsehen und deswegen sich bei den Verhandlungen nicht intransigent zeigen.

Was das zweitwichtigste russische Ausfuhrgetreide, die Gerste betrifft, so kann sich

Rußland wahrlich kaum bessere Abnehmer wie Deutschland wünschen. Es würde ihm schwer werden, seine Gerste anderweit unterzubringen.

Will Rußland sich wirklich, wie es die Heißsporne der Protektionisten wünschen, mit völligen Prohibitivzöllen umgeben, so schädigt es aber nicht nur Deutschland, sondern alle andern Industrieländer, auch das befreundete England und Frankreich. England kann mit Rußland keinen Tarifvertrag schließen, sondern höchstens einen Meistbegünstigungsvertrag, auf Grund dessen es an den Deutschland gewährten Zollsätzen partizipiert, also auch England, ebenso Frankreich, Amerika und andere Industriestaaten, haben ein Interesse daran, daß zwischen Deutschland und Rußland auch später ein der fremden Industrie nicht zu ungünstiger Vertrag zustande kommt. Vielleicht können wir auch seiner Zeit diese dritten Staaten, die wenn auch sonst unsere Konkurrenten auf dem russischen Markt, gleiche Interessen an dem Zustandekommen eines guten Handelsvertrags haben, für uns mobil machen. Daß dies auf anderer Seite eingesehen wird, ergibt sich z.B. aus den Äußerungen des Vertreters der bekannten Patentmedizinmittel Firma Parkis, Davis & Co., der mich im Zusammenhang mit dem für die chemische Industrie wichtigen Zirkular des Obermedizinalinspektors (cf. Bericht Nr II 579 vom 22. Juni 1911) kürzlich besuchte.

Er bat mich, dafür einzutreten, daß die Frage des Schutzes der fremden Erfindungen und Fabrikate von Heilmitteln und chemischen Präparaten bei den nächsten Handelsvertragsverhandlungen Deutschlands und Rußlands im Interesse aller fremden Staaten geregelt würde.

Je eine Abschrift dieses Berichts ist der Kaiserlichen Botschaft hier und dem Kaiserlichen Konsulat in Moskau übermittelt worden.

*ZStAP, AA 6270, Bl. 60ff.*
1 Vgl. Dok. Nr. 240.
2 Promyšlennost' i Torgovlja, Nr. 11 v. 1./14. 6. 1911.

**243 Bericht Nr. II 736 des Generalkonsuls in St. Petersburg Biermann an den Reichskanzler von Bethmann Hollweg**

*Abschrift.*

St. Petersburg, 26. August 1911

Wie Euerer Exzellenz bekannt, ist der Gehilfe des Handelsministers, der frühere Finanzagent in Berlin Miller, kürzlich gestorben. Sein Aufenthalt in Berlin hatte anscheinend nicht dazu beigetragen, seine von ihm selbst mir vor seiner Übersiedlung nach dort gerühmte Deutschfreundlichkeit zu erhöhen, im Gegenteil habe ich sowohl bei gelegentlichen mündlichen Besprechungen und aus dem, was ich sonst über ihn hörte, den Eindruck gehabt, daß er sich allem Deutschen gegenüber recht ablehnend verhielt.

Verhandlungen mit ihm gehörten nicht zu den angenehmsten Dingen.

Wie es heißt, soll der jetzige Direktor der Wolga Kama Bank Herr Bark sein Nachfolger werden. Dieser war, ehe er vor einigen Jahren die Stellung bei der Wolga Kama Bank annahm, Direktor in der Staatsbank. Von daher schreiben sich seine noch heute bestehenden Beziehungèn zum Handelsminister Timaschew.

Herr Bark gilt für einen hervorragend tüchtigen Mann, von weitem Blick, der nicht, wie Herr Miller in engen russisch-nationalistischen Anschauungen befangen ist.

Voraussichtlich wird sich in den nächsten Tagen die Frage seiner Ernennung entscheiden.

*ZStAP, AA 6224, Bl. 126.*

**244 Bericht Nr. 245 des Geschäftsträgers in St. Petersburg von Lucius an den Reichskanzler von Bethmann Hollweg. Vertraulich!**

*Ausfertigung.*

St. Petersburg, 20. September 1911

Der Chef der Kreditkanzlei Herr Dawidoff erkundigte sich bei mir nach unseren Marokkoverhandlungen und bemerkte dabei, daß die hiesigen Banken durch die Zurückziehung vieler deutscher Guthaben empfindlich getroffen würden. Im übrigen könne er mir versichern, daß Rußland sein Geld nicht aus den deutschen Banken zurückzuziehen beabsichtige. Die betreffenden Zeitungsmeldungen seien ja auch schon dementiert worden. Weder er noch Herr Kokowzew hätten je eine derartige Maßnahme beabsichtigt.

Herr Davidoff ist durch die heute Nachmittag angekündigte Ankunft des Herrn Kokowzew aus Kiew sehr überrascht worden, da er sicher annahm, daß der Minister an den auf Freitag festgesetzten Beisetzungsfeierlichkeiten in Kiew teilnehmen würde.[1]

Obgleich die Kandidatur des Herrn Kokowzew durch seine plötzliche Rückkehr hier immer mehr in den Vordergrund tritt, glaubt Herr Davidoff nicht daran. Kokowzew wolle keinesfalls das Innere übernehmen, da er mit der Polizei nichts zu tun haben wolle.

Herr Davidoff sieht der Weiterentwicklung der Dinge hier mit großer Sorge entgegen und deutete an, daß er eine stark reaktionäre Politik nicht mitmachen und den Staatsdienst eventuell verlassen würde.

*PA Bonn, Rußland 82, Nr. 2, Bd. 39.*

1 Für den ermordeten Ministerpräsidenten P. A. Stolypin.

**245 Schreiben der Gewerkschaft Deutscher Kaiser zu Hamborn und der Gelsenkirchner Bergwerks-Actien-Gesellschaft an das Auswärtige Amt**

*Ausfertigung.*

Bruckhausen (Rhein), 21. September 1911

Betrifft: Ausfuhrverbot für russische Eisenerze über Nicolajeff.[1]

Wie verlautet, geht die russische Regierung mit dem Plane um, die Ausfuhr südrussischer Eisenerze, die im Krivoi-Rog-Bezirk gewonnen werden, auf dem Seewege über die Häfen des Schwarzen Meeres zu verbieten, nachdem schon seit einigen Jahren die Ausfuhr auf dem Landwege über die westliche Landesgrenze, via Sosnowice und Granica, generell untersagt und nur auf Grund besonderer Lizenzen in beschränktem Maße gestattet wurde. —

Dieses Vorgehen der russischen Regierung würde für die rheinisch-westfälische Eisenindustrie, und in ganz besonderem Maße für die unterzeichneten Hüttenwerke, einen ganz ungeheuren Schaden verursachen, da dieselben durch das Verbot der Ausfuhr von Krivoiroger-Eisenerzen eines für die Erblasung von Qualitätseisen unentbehrlichen Rohstoffes beraubt würden. —

Die Krivoiroger-Eisenerze finden zur Hauptsache zur Erblasung von Hämatit-Roheisen Verwendung, zu dessen Herstellung absolut reine, phosphor- und manganarme Erze erforderlich sind. — Deutschland erzeugt derartige Erze überhaupt nicht; die deutsche Eisenindustrie ist daher auf den Bezug ausländischer Erze angewiesen, woraus sich wieder die weitere Folge ergibt, daß nur diejenigen Werke, die vermöge ihrer geographischen Lage für den Bezug ausländischer Erze per Wasser in Frage kommen, sich auf die Herstellung von Hämatite-Roheisen einrichten konnten. Die ganze weiter verarbeitende Eisenindustrie ist aber auf die Verwendung von Hämatit-Roheisen eingerichtet; Eisengießereien und Maschinenfabriken würden ihre Betriebe einschränken bezw. einstellen müssen, wenn ihnen der Bezug in dieser Roheisen-Sorte erschwert oder in Frage gestellt würde. —

Die hauptsächlichsten Bezugsquellen für diese Hämatite-Erze bildeten bisher Spanien (Bilbao) und Schweden, und in neuerer Zeit der Krivoi-Rog-Bezirk Rußlands. — Spanien bezw. Bilbao verliert aber von Tag zu Tag seine Bedeutung als Erzlieferant, seine Produktion ist beispielsweise von über 6 Millionen Tonnen im Jahre 1899 auf 2900000 Tonnen im Jahre 1910 zurückgegangen. — Der schwedische Staat hat gelegentlich seines Abkommens mit der Grängesberg-Gesellschaft die Ausfuhr phosphorarmer Erze wesentlich unterbunden bezw. ab 1918 vollständig untersagt; neue Verträge auf schwedische hocheisenhaltige Hämatite-Erze werden überhaupt nicht mehr getätigt. Die deutsche Eisenindustrie sah sich daher veranlaßt, sich nach anderen Bezugsquellen umzusehen. Einen vollkommenen Ersatz bilden die Gruben des Krivoi-Rog-Bezirkes in Südrußland, welche bisher nur als Lieferanten Schlesiens in nennenswertem Maße aufgetreten waren, für den überseeischen Export über Nicolaieff aber bisher weniger in Frage kamen, da dessen Hafeneinrichtungen einen größeren Umschlag nicht gestatteten; dieselben befanden sich außerdem im alleinigen Besitz des deutschen Konsuls Frischen, welcher vermöge seiner Verbindung mit der holländischen Erzhändlerfirma Wm. H. Müller & Co. in Rotterdam das ganze südrussische Exportgeschäft überdies vollständig monopolisierte.

Von den oben erwähnten Erwägungen ausgehend, sich den Bezug ihres wichtigsten Rohstoffes zu sichern, faßten die unterzeichneten Hüttenwerke den Entschluß, im Krivoi-Rog-Bezirk festen Fuß zu fassen; es war dies aber nur möglich, wenn auch gleichzeitig der Überschlag der Erze im Hafen Nicolaieff durch Schaffung besonderer Verladeeinrichtungen gesichert wurde. —

Die unterzeichnete Gewerkschaft Deutscher Kaiser trat daher im Einvernehmen mit der Gelsenkirchener Bergwerks-Aktien-Gesellschaft an die russische Regierung in St. Petersburg heran, mit dem Antrage,

1. ihr einen geeigneten Platz im Gelände des Hafens Nicolaieff behufs Lagerung von Krivoi-Rog-Erzen auf einen längeren Zeitraum zu verpachten, und

2. ihr die Genehmigung zum Bau einer modernen Krananlage zum Überschlag von Krivoi-Rog-Erzen zu erteilen. —

Der Ministerrat, welcher sich mit dieser Frage zu befassen hatte, stand diesem Antrage wohlwollend gegenüber, und stimmte demselben in allen Teilen bei, so daß er auch die

Kaiserliche Genehmigung in dem von S.M. dem Zaren unterm 4. November 1909 erlassenen „Ukas" fand.

Der Pachtvertrag wurde zwischen der Gewerkschaft Deutscher Kaiser und der russischen Regierung auf die Dauer von 8 Jahren, d.i. bis zum Jahre 1919, geschlossen, und unter gewissen Bedingungen eine Erneuerung desselben vorgesehen.

Auf Grund dieses von S.M. dem Zaren erlassenen Ukases gingen die Gewerkschaft Deutscher Kaiser und Gelsenkirchener Bergwerks-Aktien-Gesellschaft bedeutende Verpflichtungen ein, indem sie

1. die Verladeanlage im Werte von rd. 1 Million Mark erbauten;
2. langsichtige Erzverträge über insgesamt 5 Millionen Tonnen im Werte von 50 Millionen Mark, welche teilweise bis 1925 laufen, eingingen;
3. an eine russische Erzgrube, mit der sie einen zehnjährigen Erzlieferungsvertrag abschlossen, einen Vorschuß von ca. 1 Million Mark leisteten;
4. zehnjährige Dampfer-Charterverträge für den Transport dieser Erze abschlossen, und außerdem mit einer norwegischen Reederei ein Übereinkommen trafen, nach welchem diese zwei speziell für die Beförderung dieser Erze konstruierte Dampfer erbauen ließen.

Sollte daher das Verbot der Erzausfuhr über Nicolaieff zur Tatsache werden, so würde, abgesehen von dem großen indirekten Schaden, der der gesamten deutschen Eisenindustrie erwachsen würde, den unterzeichneten beiden Hüttenwerken, wie aus vorstehenden Ausführungen ersichtlich, ein ganz beträchtlicher direkter Schaden, der nach Millionen zählen dürfte, entstehen. —

Nachdem nach jahrelangen Bemühungen unter Aufwendung großer Opfer an Zeit, Arbeit und Kapital die im Einverständnis mit der russischen Regierung errichtete Verschiffungs-Organisation vor noch nicht Jahresfrist ihre Tätigkeit aufgenommen hat, würden wir entschieden dagegen protestieren, daß die gleiche russische Regierung, unter Nichtachtung der vorher gemachten Zugeständnisse, die Ausfuhr südrussischer Erze über Nicolaieff verbietet und dadurch die im Vertrauen auf dies Einverständnis der russischen Regierung investierten Kapitalien vollständig wertlos macht.

War es der russischen Regierung bei der derzeitigen [!] darniederliegenden Konjunktur des südrussischen Erzmarktes genehm, die Erlaubnis zur Durchführung der erwähnten, die Erzausfuhr betreffenden Projekte zu geben, um den südrussischen Gruben zu helfen, so kann sie doch heute bei veränderter Konjunktur gegebene Zugeständnisse nicht ohne weiteres zurückziehen.

Wir richten daher an das Auswärtige Amt die höfliche Bitte, alles aufzubieten, um ein Ausfuhrverbot der Krivoirogerze über Nicolaieff zu unterbinden.

Streng vertraulich können wir mitteilen, daß, wie uns aus zuverlässiger Quelle bekannt geworden ist, die Bestrebungen, die auf den Erlaß eines Ausfuhrverbotes abzielen, von den russischen Hüttenwerken ausgehen, die im Geheimen beabsichtigen, die russischen Erzgruben, soweit sie sich nicht schon in ihrem Besitz befinden, an sich zu bringen; man rechnet damit, daß die Erzgruben, die infolge des Ausfuhrverbotes eines Teiles ihres Absatzes und demnach ihrer Einnahmen beraubt würden, für die Folge bei der geringen Produktion wesentlich unrentabler arbeiten können wie bisher, und daher froh sein würden, sich ihres Besitzes zu entledigen; die russischen Hüttenwerke glauben infolgedessen die bisher noch freien Erzgruben alsdann zu einem wesentlich günstigeren Preise erwerben zu können. —

Derartige Bestrebungen, die Erzausfuhr zu unterbinden, haben sich bereits vor einigen Jahren geltend gemacht; auf Veranlassung der russischen Regierung fand dann eine eingehende geologische Untersuchung des ganzen Krivoi-Rog-Bezirkes statt; dieselbe stellte jedoch fest, daß die anstehenden Erzmengen die bisherigen Annahmen in einem solchen Maße übertrafen, daß weder an eine Erschöpfung der Erzlager in absehbarer Zeit gedacht werden konnte, noch die Ausfuhr der Erze in bisherigem Umfange einen nennenswerten Einfluß ausüben würde. — Man hat daher damals von dem Erlaß irgendwelcher Maßnahmen als vollständig inopportun gänzlich abgesehen.

Gefördert und in den Verbrauch überführt wurden:

| | |
|---|---|
| Im Jahre 1909 | 4.060.000 t |
| Hiervon wurden versandt: | |
| a) Nach Rußland selbst (davon Südrußland 3.200.000 t) | 3.500.000 t |
| b) auf dem Landwege über die westl. Grenze | 280.000 t |
| c) auf dem Seewege über Nicolaieff | 280.000 t |
| | 4.060.000 t |

| | |
|---|---|
| Im Jahre 1910: | 4.250.00 t |
| Hiervon wurden versandt: | |
| a) nach Rußland selbst (hiervon Südrußland 3.100.000 t) | 3.300.000 t |
| b) auf dem Landwege über die westl. Grenze | 378.000 t |
| c) auf dem Seewege über Nicolaieff | 573.000 t |
| | 4.250.000 t |

Von den auf dem Seewege im Jahre 1910 verschifften Erzen waren bestimmt:

| | |
|---|---|
| Für Deutschland | 379.500 t |
| England | 149.800 t |
| Amerika | 6.200 t |
| Diverse | 36.500 t |
| | 572.000 t |

Die über die westliche Landesgrenze exportierten Erze sind fast ausschließlich für deutsche Hüttenwerke bestimmt, so daß von den im Jahre 1910 zur Ausfuhr gelangten Erzen

| | | |
|---|---|---|
| in Gesamtmenge von | | 950.000 |
| Deutschland insgesamt | | |
| auf dem Landwege | 378.000 t | |
| auf dem Seewege | 379.000 t | 757.500 t = 80% |

erhalten hat.

Aus diesen Zahlen erhellt, daß die jährliche Erzproduktion sich in Grenzen hält, die eine Erschöpfung der Erzvorräte einstweilen nicht befürchten läßt, und daß insbesondere der Hauptanteil der jährlichen Förderung der russischen Industrie verbleibt.

Es ist zweifelsohne, daß die neuerdings wieder eingeleiteten Bestrebungen von den russischen Hüttenwerken ausgehen, und von der gleichen auf Seite 5 angedeuteten Absicht geleitet werden; es wird uns vertraulich berichtet, daß einflußreiche Mitglieder der Duma für diese Bestrebungen der Hüttenwerke gewonnen sein sollen.

Mit Rücksicht auf die große Wichtigkeit, welche die Frage eines Ausfuhrverbotes von Krivoi-Rog-Erzen für die gesamte deutsche Eisenindustrie, und insbesondere für die beiden unterzeichneten Hüttenwerke besitzt, rechnen wir bestimmt auf eine tatkräftige Unterstützung des Auswärtigen Amtes. — Zu einer mündlichen Rücksprache, eventl. zu einer direkten mündlichen Orientierung der Kaiserlichen Deutschen Botschaft in St. Petersburg sind wir auf Wunsch gerne bereit. — Auch sind wir mit Rücksicht auf unsere direkten Verhandlungen mit dem Herrn Handelsminister sowie dem Herrn Minister des Innern gelegentlich unserer Bemühungen um das Pacht- und Konzessionsgesuch für unsere Organisation in Nicolaieff im Einverständnis und mit Unterstützung des Auswärtigen Amtes und der Kaiserlichen Deutschen Botschaft in St. Petersburg gerne bereit, die Verhandlungen mit den in Frage kommenden russischen Instanzen direkt zu führen.

Einem geneigten Bescheide sehen wir entgegen und empfehlen uns.

Gewerkschaft Deutscher Kaiser. Aug. Thyssen. Gelsenkirchener Bergwerks-Actien-Gesellschaft. Kirdorf, [Unterschrift].

*ZStAP, AA 2091, Bl. 171ff.*

1 Vermerk des Unterstaatssekretärs des Auswärtigen Amtes Zimmermann vom 23. 9. 1911: Der Geschäftsinhaber der Disconto-Gesellschaft, Dr. Mosler, hat die vorliegende Eingabe heut persönlich mit dem Bemerken überreicht, daß seine Bank an der Angelegenheit interessiert sei und daher um wohlwollende Prüfung des Gesuchs bitte.

## 246 Bericht des Generalkonsuls in St. Petersburg Biermann an den Reichskanzler von Bethmann Hollweg

*Abschrift.*

St. Petersburg, 23. September 1911

Die Nowoje Wremja veröffentlichte heute in Übersetzung beigefügten Artikel über Maßnahmen des Finanzministeriums zur Festigung des russischen Kredits im Auslande. Es sind in der letzten Zeit sowohl von französischer und englischer wie von deutscher Seite den hiesigen Banken bedeutende Kredite entzogen worden. Um diesem Vorgehen, das die Lage des russischen Geldmarktes ungünstig beeinflußte, entgegenzuwirken, hat die Regierung durch die Reichsbank, bezw. die Kreditkanzlei zu folgenden Maßnahmen gegriffen.

Sie hat den Banken, eventuell bis zur Höhe der ihnen vom Auslande her entzogenen Mittel, Vorschüsse zu dem billigen Satz von 4% teils gegen, teils ohne Sicherheit gewährt, und zwar in der Valuta (Mark, Francs oder £), in der das Geld den Banken entzogen wurde, und hat dafür die entsprechenden Beträge von ihrem eigenen, im Auslande befindlichen Guthaben eingefordert. Auf diese Weise ist der ausländischen Finanz durch die Kündigung bezw. Einziehung ihrer bei den russischen Banken stehenden Kredite kein Nutzen entstanden, da sie ihrerseits entsprechende Beträge an die russische Regierung wieder abgeben mußte.

*ZStAP, Reichsschatzamt 1649.*

## 247 Bericht Nr. 252 des Geschäftsträgers in St. Petersburg von Lucius an den Reichskanzler von Bethmann Hollweg

*Abschrift.*

St. Petersburg, 29. September 1911

Als Herr Emanuel Nobel dem Ministerpräsidenten, mit dem er nah befreundet ist, gestern gratulierte, lehnte Herr Kokowtzoff jeden Glückwunsch mit der Bemerkung ab, daß er sich lediglich für kurze Zeit als „Platzhalter" ansehe, bis der richtige Mann gefunden sei. Es sei im gegenwärtigen Augenblick niemand anders dagewesen. Er habe also den Befehl des Kaisers folgen müssen. Herr Makaroff habe ihm von allen Kandidaten für den sehr exponierten Posten des Ministers des Innern am besten gefallen. Makaroff sei auf dem Wege nach Yalta zur Meldung beim Kaiser Nikolaus.

Über die innere Zukunft Rußlands habe sich der Ministerpräsident sehr pessimistisch geäußert, da die Kiewer Untersuchung unerhörte Dinge zu Tage fördere.

Als Herr Nobel den Ministerpräsidenten wegen einer beabsichtigten Erhöhung des Aktienkapitals der Naphta-Gesellschaft (Nobel) befragte, habe Herr Kokowtzoff ihm geraten, sich deswegen mit den Berliner — und *nicht* Pariser Banken zu verständigen, und habe sich bei dieser Gelegenheit sehr abfällig über die französischen Verhältnisse insbesondere über die „Unkulanz der französischen Banken bei Anleihen" geäußert. Er hätte sich natürlich bei den großen Geldbedürfnissen Rußlands weiter an Frankreich wenden müssen, weil man dort am billigsten Geld bekäme. Für kleinere Beträge sei aber der Berliner Markt viel vorteilhafter und angenehmer.

*ZStAP, Reichsschatzamt 2508, Bl. 217.*

**248 Bericht Nr. 257 des Geschäftsträgers in St. Petersburg von Lucius an den Reichskanzler von Bethmann Hollweg**

*Ausfertigung.*

St. Petersburg, 2. Oktober 1911

In einer langen Unterredung, die ich heute mit Herrn Kokowtzoff hatte, und über welche ich mich bereits beehrt habe, Euerer Exzellenz anderweitig zu berichten, hob der Ministerpräsident wiederholt hervor, daß die Unruhe — er wolle den Ausdruck Panik nicht gebrauchen — die an der Berliner Börse vor einiger Zeit geherrscht habe, sehr viel größer geworden wäre, wenn Rußland seine Fonds zurückgezogen hätte. Er hoffe, daß man das anerkennen würde.

Die Berliner Banken hätten nämlich gerade zur Hauptgeschäftszeit den russischen Banken die Kredite gekündigt und sie so in eine schwierigè Lage gebracht. Er, Kokowtzoff, an den sich nun die russischen Banken wegen Kredit gewandt hätten, habe sich nicht anders helfen können, als dieselben an das Haus Mendelssohn in Berlin zu verweisen. Herr Fischel habe das aber sehr übel genommen, da er gezwungen worden sei, an die Deutsche Bank, die Nationalbank etc. größere Beträge aus den russischen Guthaben abzuführen. Er habe aber soeben Herrn Fischel nachgewiesen, daß es sich hierbei lediglich um eine Schiebung handele; das russische Geld bliebe doch in Berlin und es sei ihm unmöglich gewesen, die starken Kreditgesuche der russischen Banken durch die hiesige Kreditkanzlei zu befriedigen. Er sei überzeugt, daß das Haus Mendelssohn jetzt auch anerkennen werde, daß man hier vollkommen korrekt, sogar sehr freundschaftlich in einem für die Berliner Banken schwierigen Momente gehandelt habe.

Herrn Fischel bezeichnete der Ministerpräsident als den universellsten und besten Finanzkopf Europas und sprach sich im übrigen mit größter Anerkennung über die deutsche

Bankwelt aus. Die Geldnot würde aber in Folge der fortwährenden politischen Unsicherheit noch bis Ende des Jahres andauern.

*PA Bonn, Rußland 71, Bd. 59.*

## 249 Gehorsamste Anzeige des Vortragenden Rats in der Politischen Abteilung des Auswärtigen Amts Graf von Mirbach-Harff

*Ausfertigung.*

[Berlin], 7. Oktober 1911

Herr Fischel, der heute bei mir vorsprach, ist durchaus bereit anzuerkennen, daß die Finanzoperation Herrn Kokowtzoff's, deren technische Details er im einzelnen sehr eingehend erläuterte, dem deutschen Markt eine gewisse Entlastung und Erleichterung gebracht hat. Namentlich deshalb, weil sie in den Tagen des Quartalswechsels erfolgte, wo bekanntlich die Anforderungen an flüssige Barmittel besonders groß sind. Das Haus Mendelssohn habe auch seine Manipulation *an sich* durchaus nicht übelgenommen.

Herr Kokowtzoff lasse indessen unerwähnt,[1] daß bei Inanspruchnahme der bei Mendelssohn ruhenden russischen Guthaben die verabredeten Kündigungsbedingungen außer Acht gelassen und die vertragsmäßigen limits zeitweise erheblich überschritten worden sind, und *diese* Unkorrektheit in der *Form* habe Mendelssohn allerdings, und wohl auch vollkommen zu Recht, in St. Petersburg zur Sprache gebracht.

Im übrigen trüge der Zwischenfall — wenn von einem solchen überhaupt die Rede sein könne — einen vorübergehenden Charakter.

Briefe von Herrn Kokowtzoff und Herrn Dawydoff, den Chef der Kreditkanzlei, die mir Herr Fischel im strengsten Vertrauen zeigte, lassen erkennen, daß keinerlei Empfindlichkeit zurückgeblieben ist. Beide Herren scheinen sich vielmehr vollkommen klar darüber zu sein, daß *sie* es sind, die im gewissen Sinne die Nachsicht des Herrn Mendelssohn in Anspruch zu nehmen haben.

Herr Fischel, welcher die beiden vorerwähnten Briefe noch nicht beantwortet hatte, war für die Mitteilung des Berichts aus Petersburg besonders dankbar, da er ihm für seine Rückäußerungen wertvolles Material an die Hand gegeben habe.

*PA Bonn, Rußland 71, Bd. 59.*

1 Vgl. Dok. Nr. 248.

**250** **Bericht Nr. 268 des Geschäftsträgers in St. Petersburg von Lucius an den Reichskanzler von Bethmann Hollweg. Vertraulich!**

*Ausfertigung.*

St. Petersburg, 13. Oktober 1911

Über die großen Zahlungen, welche die Berliner Banken, namentlich das Haus Mendelssohn, in letzter Zeit zu Gunsten der russischen Banken aus den verschiedenen Guthaben der russischen Regierung in Berlin zu leisten hatten, schreibt mir Herr Davydoff, der Chef der Kreditkanzlei, vertraulich folgendes:

„Toutes les banques russes jouissent auprès des maisons de banque à l'étranger de crédits permanents qui leur sont ouverts sous une forme ou une autre (soit en blanc, c'est á dire sans garantie, soit contre garantie des valeurs — effets ou titres — russes); vu la différence des taux pratiqués pour les opérations de banque en Russie et dans l'Europe occidentale, les banques étrangères trouvent en cette opération pour leurs fonds disponibles un placement avantageux tant au point de vue du taux qu'à celui de la facilité de réalisation et, de leur côté, les banques russes peuvent se procurer ainsi des capiteux relativement à bon marché. Ces crédits ont toujours certaine élasticité et il en fait usage dans des proportions plus ou moins grandes selon les conditions du marché et les besoins du moment.

Ces derniers temps, lorsque les complications d'ordre politique pouvaient faire craindre que des perturbations ne vinssent à se produire, les banques de l'étranger n'ont pas jugé possible de prolongier ou de renouveler, lors de leur échéance, les crédits sus — mentionnés et les banques russes se sont trouvées dans la nécessité de rembourser à la fois de très importants montants. A cet effet, elles devaient se procurer ici les devises étrangères (marks, francs, livres sterling) qui leur étaient nécessaires et acquérir sur le marché les traites respectives, mais immédiatement cela a eu pour effet de provoquer la hausse du change, car le matériel disponible n'était aucunement en rapport avec les besoins qui se chiffraient par une centaine de millions de roubles.

En présence de cet état de choses, afin d'éviter que des perturbations ne se produisent sur les marchés du change, le Ministère des Finances — qui possède de forts montants sur les différentes places — y a mis à la disposition des banques russes les sommes dont elles avaient besoin pour rembourser les avances qui ne leur étaient pas prolongées ou renouvelées.

Il est à noter que si le Ministère des Finances n'avait pas agi ainsi directement, il aurait quand même dû le faire indirectement, car en présence des fortes demandes de devises, son devoir aurait été de veiller à ce qu'il ne se produise pas une hausse inconsidérée du change et il aurait été obligé de faire lui-même la contrepartie des achats en vendant contre des roubles ici, les francs, marks et livres que le Gouvernement détient à l'étranger.

En agissant comme il l'a fait (en avançant directement sur les places respectives les fonds nécessaires aux banques russes contre dues garanties), le Ministère des Finances non seulement est venu en aide aux banques russes, mais grâce à cette mesure, *les intérêts des divers marchés se sont trouvés sauvegardés en ce sens qu'il n'y a pas eu de déplacements de fonds d'une place à une autre* (s'il y en a eu, ils ont été réduits au strict minimum) ce qui se serait inévitablement produit si les banques russes avaient dû à tout prix se procurer telles ou telles devises.

Enfin, pour qu'il ne puisse y avoir que le moins de perturbations possible, le Ministère s'est efforcé d'accorder des avances aux banques russes auprès des guichets mêmes de l'étranger qui ne jugeaient point possible de renouveler les crédits et ce afin d'empêcher les deplacements d'espèces non seulement d'une place à une autre, mais même d'un guichet à un autre.

*Cette mesure est d'un caractère exceptionnel et elle n'est bien entendu que provisoire.* Dès que les banques de l'étranger recommenceront à ouvrir des crédits aux banques russes, et déjà plusieurs l'ont fait, *le Ministére rentrera dans ses avances et ne les continuera point.* Son but n'est aucunement de venir faire concurrence aux banques sur les marchés de le étranger; le rôle qu'il a joué lui a été dicté par le souci de sauvegarder les intérêts des institutions de crédit russes et de conserver une bonne tenue aux marchés des devises. La situation était extraordinaire, il fallait des mesures extraordinaires.

A un moment, une fausse interprétation avait été donnée aux dispositions qui étaient prises; l'on insinuait que l'intervention du Ministère était provoquée par la mauvaise situation de l'une ou de l'autre des banques russes. Il est à peine besoin de dire que, jamais, rien de semblable ne s'était presenté."

Interessant scheint mir namentlich der Schlußsatz, wonach die Maßregel nur vorübergehend und durch die außergewöhnlichen Verhältnisse hervorgerufen worden sei, und daß, sobald die russischen Banken die Vorschüsse an die Reichsbank wieder abgeführt haben, diese ihre Berliner Fonds nicht weiter in Anspruch nehmen wird.

Die Ausführungen des Herrn Dawydoff sind absichtlich allgemein gehalten, beziehen sich aber in erster Linie auf Berlin, sind im übrigen ziemlich gefärbt und suchen namentlich den Eindruck zu erwecken, als hätten sich die russ. Banken urplötzlich geradezu einer „Überrumpelung" gegenüber befunden, während sie de facto mit der Situation, wie sie schließlich eingetreten ist, zum Quartalwechsel rechnen mußten!

Mündlich fügte Herr Dawydoff noch hinzu, daß das russische Guthaben bei den Berliner Banken sich auf etwa 300 Millionen Mark belaufe, von denen waren 100 Millionen (40 allein durch Mendelssohn) in wenigen Tagen zur Auszahlung gekommen, was eine großartige Leistung darstelle. Die Fonds würden aber allmählich wieder an die Banken zurückfließen, denn nichts habe Herrn Kokowtzow und ihm ferner gelegen, als den Berliner Banken Schwierigkeiten zu bereiten; „l'argent est resté sur place".

Die Bemerkungen des Herrn Dawydoff stimmen genau mit den mir kürzlich vom Ministerpräsidenten über denselben Gegenstand gemachten Ausführungen, über welche ich Euere Exzellenz bereits berichten durfte,[1] überein, aber gleich Herrn Kokowtzof verschweigt auch Dawydoff die formalen Inkorrektheiten, die vorgekommen und seitens des Hauses Mendelssohn zur Sprache gebracht worden sind.

*PA Bonn, Rußland 71, Bd. 59.*
1 Vgl. Dok. Nr. 248.

**251 Schreiben Nr. 2843 des russischen Botschafters in Berlin Graf Osten-Sacken an den Staatssekretär des Auswärtigen Amts von Kiderlen-Waechter**

*Ausfertigung.*

Berlin, 23. Oktober 1911

Conformément aux stipulations du traité de commerce conclu entre l'Allemagne et la Russie la quantité de porcs admise à être importée de Russie en Prusse aurait été fixée à 2500 pièces par semaine, ce qui représenterait un total de 130 mille pièces par an.

Certaines conditions défavorables du marché allemand que j'aurais l'honneur d'exposer ultérieurement à Votre Excellence font que ce chiffre ne put jusqu'à présent jamais être atteint.

1906 109.528
1907 77.886
1908 98.329
1909 121.387
1910 100.863

La liste sus-mentionnée prouverait que l'importation annuelle en Prusse de cochons venant de Russie ne dépasse jamais le chiffre de 122.000 pièces. Ce résultat peu satisfaisant s'explique de la manière suivante.

Le total des porcs admis à être importés hebdomadairement en Prusse s'élevant à 2500 serait réparti par les autorités Prussiennes entre les quelques villes de la haute Silésie ouvertes à l'importation de porcs. Cette répartition d'après l'avis des commerçants prussiens eux mêmes, ne correspondrait aucunement aux exigences des différentes villes, et les grands centres n'obtiendraient de cette façon qu'une minime partie du contingent de bêtes, dont ils auraient besoin. Le nombre de cochons assignés à chaque ville en particulier serait encore réparti par les autorités locales prussiennes entre les marchands de chaque ville de la façon la plus méticuleuse, une liste nominale étant dressée sur laquelle serait portée la quantité de bêtes que chacun d'eux aurait la permission d'acquérir au point frontière de Sosnowitz.

Pareille répartition, d'après l'avis même des marchands prussiens, laisserait le champ libre à l'arbitraire et les petits marchands de viande auraient souvent à l'achat une plus large part que les grands.

Il serait strictement défendu de céder sa part à un autre. Les parts non réclamées des uns ne sauraient être réparties entre les autres, en conséquent, même dans les conditions les plus favorables du marché au point frontière de Sosnovitz, l'importation de porcs en Allemagne n'atteindrait jamais le chiffre fixé par le traité de commerce. Le système existant de répartition du contingent hebdomadaire de cochons entre les différentes villes et surtout entre les marchands de chaque ville provoque continuellement des récrimanations de la part de ces derniers.

En portant ce que précède à la connaissance de Votre Excellence, j'ai l'honneur, d'ordre de mon Gouvernement, de m'adresser à Son obligeance toute particulière avec la prière de vouloir bien intercéder, si possible, auprès de qui de droit afin que le système de partage actuel soit remplacé par une autorisation générale à tous les marchands des différentes villes de la Silésie de pouvoir participer librement à l'achat des animaux en question.

Dans le cas où cette mesure serait reconnue, pour une raison quelconque, inapplicable, ne serait-il pas possible de lever l'interdiction à ceux qui en exprimeraient le désir de compléter leur part par le contingent non utilisé d'achat, ce qui rendrait possible d'arriver à atteindre le chiffre globale de 2500 porcs par semaine.

En priant Votre Excellence de vouloir bien m'informer en son temps du résultat de ma présente démarche.

*ZStAP, AA 21323, Bl. 92f.*

## 252 Gehorsamste Anzeige des Vortragenden Rats in der Politischen Abteilung des Auswärtigen Amts Graf von Mirbach-Harff

*Ausfertigung.*

Berlin, 25. Oktober 1911

Herr Arthur Fischel ist mündlich Kenntnis von dem Berichte aus Petersburg[1] gegeben worden. Herr Fischel bemerkte wiederholt, daß die Finanzoperation der russischen Regierung für Deutschland durchaus günstig gewesen sei. Von einer Überrumpelung der russischen Banken könne allerdings, was die Rückziehung von Berlin aus beträfe, nicht die Rede sein — er glaube aber, daß die Rückziehungen aus Paris und London sehr überraschend gekommen seien.

*PA Bonn, Rußland 71, Bd. 59.*
1 Vgl. Dok. Nr. 250.

## 253 Bericht Nr. 9 des Konsuls in Vladivostok Stobbe an den Reichskanzler von Bethmann Hollweg

*Ausfertigung.*

Wladiwostok, 30. Oktober 1911

Während der hiesigen Anwesenheit des Generalgouverneurs des Priamurgebiets, Stallmeister Gondatti, habe ich Gelegenheit genommen, mich ihm vorzustellen. Herr Gondatti empfing mich in liebenswürdigster Weise und verbreitete sich in längeren Auseinandersetzungen über die Aufgaben, welche sich einem deutschen Berufskonsul in Wladiwostok bieten können. Die Unterhaltung wurde in russischer Sprache geführt, ohne daß Herr Gondatti, wie das sonst üblich ist, zunächst auf französisch anfragte, ob ich russisch verstehe. Nachdem er mir versichert hatte, daß ich von seiner Seite stets auf das größte Entgegenkommen und auf eine energische Unterstützung rechnen könne, wies er darauf hin, daß die Hauptaufgabe des deutschen Konsuls in der nächsten Zeit darin bestehen müsse, deutsches Kapital in den Fernen Osten zu ziehen. Gegenwärtig sei deutsches Kapital so gut wie gar nicht vertreten. Dies sei sehr bedauerlich, da das Priamurgebiet in mannigfacher Beziehung reiche Gelegenheit zur gewinnbringenden Anlage von industriellen und kommerziellen Unternehmungen bieten könne.

Er betonte vor allem die Gewinnung von Bodenschätzen, Gold, Zink und Kohle, ferner die Exploitierung der großen sibirischen Wälder mit ihrem unermeßlichen Holzbestand sowie endlich die Ausfuhr von Fischen aus den Gewässern der Ostküste. Die Fische müßten auf besonders dazu eingerichteten großen Dampfern mit ausreichender Kühleinrichtung in möglichst schneller Fahrt von hier direkt nach Hamburg geführt werden.

Unbestreitbar herrsche im Fernen Osten ein starker Kapitalhunger und zu seinem Bedauern müsse er zugeben, daß von russischer Seite eine Abhilfe in dieser Richtung nicht zu erwarten ist. Vorläufig sei leider auch vom deutschen Kapital nichts zu bemerken. Die z.Zt. im Priamurgebiet ansässigen deutschen Kaufleute, besonders die Firma Kunst

& Albers, hätten kein Kapital zugeführt, sondern im Gegenteil Kapital herausgezogen. Der russische Staat verausgabe jährlich für das Priamurgebiet etwa 100 Millionen Rubel und fast die ganze Summe flösse in die Hände der Kaufleute, vor allem der deutschen Importeure, ohne daß der russische Wohlstand dadurch gefördert werde. So anerkennenswert die Tätigkeit der hiesigen deutschen Kaufleute auch sei, die viel dafür getan hätten, die Lebensverhältnisse angenehm und bequem zu machen, so sei es im Gegenteil dazu doch sehr wünschenswert, daß auch deutsches Kapital sich hier niederlasse, um durch großzügige industrielle und kommerzielle Betriebe dem Priamurgebiet Geld zuzuführen und der russischen Bevölkerung Arbeit und Verdienst zu geben. Ohne Zuziehung ausländischen Kapitals sei an eine Erschließung der Bodenschätze nicht zu denken. Er seinerseits werde allen Versuchen deutscher Kapitalisten, hier Unternehmungen zu gründen, die weitgehendste Unterstützung zuteil werden lassen.

Was die vor zwei Jahren erfolgte Aufhebung des Porto franko betreffe, so glaube er nicht, daß diese für die Handelsentwicklung schädlich gewesen sei. Allerdings sei zuzugeben, daß die deutsche Einfuhr etwas abgenommen habe, jedoch sei der Gesamtumsatz kaum zurückgegangen. Am meisten seien durch die Aufhebung des Porto franko die Japaner geschädigt worden, welche ihre Einfuhr seitdem fast ganz eingestellt hätten. Die in Wladiwostok ansässigen japanischen Kaufleute seien zur Zeit der Zollfreiheit in der Lage gewesen, mit kleinen Betriebsmitteln und sehr geringen Unkosten einen großen Umsatz zu machen. Nach Einführung des Zolles seien größere Kapitalien für ein Einfuhrhaus erforderlich, über welche die hiesigen Japaner nicht verfügten. Die Folge sei gewesen, daß sie aus dem Kaufmannsstand geschwunden seien. Zur Zeit beständen die hier ansässigen Japaner größtenteils aus Handwerkern, besonders Tischlern, Uhrmachern, Schustern und Waschmännern. Herr Gondatti wies auch darauf hin, daß die Engländer und Amerikaner seit längerer Zeit eifrig bemüht seien, die sich im Fernen Osten bietende Gelegenheit zur gewinnbringenden Anlage von Kapital zu benutzen, und daß erst vorgestern der Leiter einer englischen Goldminengesellschaft bei ihm gewesen sei, um Bergwerkskonzessionen zu erwerben.

Schließlich fragte Herr Gondatti nach den Grenzen meines Amtsbezirks und bemerkte, er wisse, daß die deutsche Regierung die offizielle Vergrößerung des Amtsbezirks des hiesigen Konsulats bis zum Baikalsee wünsche. Er stehe dieser Absicht sehr günstig gegenüber, da er sich davon eine weitere Ausbreitung deutschen Handels und deutschen Kapitals im Fernen Osten verspreche, und er werde alles tun, was der Erreichung dieses Zieles dienen könne.

Mein Aufenthalt in Wladiwostok ist noch zu kurz, als daß ich mir eine Kritik der Äußerung des Generalgouverneurs Gondatti und insbesondere seiner Behauptung, daß sich für deutsches Kapital hier ein aussichtsreiches Feld biete, erlauben könnte. Ich möchte nur bezüglich des *Fischexports* darauf hinweisen, daß in den beiden letzten Jahren 2 größere, mit Gefrieranlagen versehene Dampfer große Mengen gefrorenen Lachs von Nikolajefsk nach Hamburg und London gebracht haben. Der eine Dampfer war durch amerikanische, der andere durch englische Kapitalisten ausgerüstet. In diesem Monat wird von Sachalin ein Dampfer mit Fischen und Fischkonserven nach Deutschland abgehen. Mit diesem Unternehmen ist die Gründung einer Konservenfabrik auf der Insel Sachalin verbunden, in welcher an Ort und Stelle ein Teil der gefangenen Fische für den deutschen Markt konserviert werden soll und zwar hauptsächlich Lachs, Hausen (Beluga) und Stör. [. . .]

Was den Holzexport anbelangt, so sind bereits mehrfach erfolgreiche Versuche, ostsibirisches Holz in Deutschland einzuführen, allerdings vorläufig nur in kleinem Umfang, gemacht worden. Die Hamburger Holzfirma Karl Gärtner hat bereits seit längerer Zeit in Wladiwostok eine Filiale und, soweit ich feststellen konnte, soll sich sibirische Esche sowie der Kedrobaum, eine Art weiße Fichte, unter Umständen zur Einfuhr nach Deutschland eignen, unter der Voraussetzung, daß die gegenwärtigen Preise sich noch ermäßigen. Die sibirische Esche soll angeblich in England bereits zur Möbelanfertigung Verwendung finden. Vorläufig sind die Unkosten der Holzgewinnung und des Transports auf den schlechten sibirischen Wegen noch zu hoch, um eine gewinnbringende Ausfuhr zuzulassen. Große Kapitalien müssen in ein hier zu gründendes Unternehmen gesteckt werden, bevor ein nennenswerter Export nach Deutschland stattfinden könnte. Die Quantität an Holz würde jedenfalls genügen, da nach amtlichen Schätzungen die russischen Kronsforsten in Sibirien eine Fläche von etwa 700 Millionen Morgen bedecken. [. . .]

Was die vom General-Gouverneur Gondatti erwähnten 100 Millionen Rubel betrifft, welche die Russische Regierung für das Priamurgebiet angewiesen hat, so liegt die Sache so, daß die Summe innerhalb eines Zeitraums von 10 Jahren für Festungs- und andere militärische Bauten sowie für den Ausbau des Hafens von Wladiwostok verwendet werden soll. Da nach dem bekannten russischen Gesetz für Regierungslieferungen nur russisches Material gebraucht werden soll, so wird von dieser Summe den hiesigen deutschen Kaufleuten nur wenig zu Gute kommen, und zwar nur in Fällen, in denen das erforderliche Material nicht in Rußland hergestellt wird und daher aus dem Ausland, und eventuell auch aus Deutschland, bezogen werden muß. [. . .]

*ZStAP, AA 6237, Bl. 170ff.*

**254 Bericht Nr. II 975 des Generalkonsuls in St. Petersburg Biermann an den Reichskanzler von Bethmann Hollweg**

*Ausfertigung.*

St. Petersburg, 15. November 1911

Die Verhandlung in der russischen Exportkammer am 4. d.M., an der die Delegierten des deutschen Handelstages Herren Vasen und Friedberg teilnahmen, hat, wie ich in dem nebenstehenden Bericht bereits mitgeteilt habe, nicht den deutscherseits gewünschten Erfolg gezeitigt. Indes ist das Resultat, wie ich nachträglich erfahren habe, doch nicht so ganz nichtig gewesen, wie die ersten Nachrichten lauteten.

Nach einer Notiz der „Rossija" hat die Sektion der Russischen Exportkammer für Getreidehandel beschlossen, die Einsetzung einer Russisch-Deutschen Schiedsgerichtskommission zur Entscheidung der Ansprüche bei Nichterfüllung von Kontrakten in Betracht zu ziehen. Vorläufig hat man die Ausarbeitung eines Projekts für die Organisation dieser Kommission in Angriff genommen. Man beabsichtigt, den Beschlüssen der Kommission einen für beide Teile verpflichtenden Charakter zu geben. Das fertiggestellte Projekt wird alsdann der Deutschen Regierung zur Begutachtung übersandt werden.

Es scheint nicht ausgeschlossen, daß der Mißerfolg, den die deutschen Herren zweifellos hier gehabt haben, dem wenig geschickten Auftreten des Herrn Vasen zuzuschreiben ist.

Wie auch bereits in der Frankfurter Zeitung vom 8. d.M. mitgeteilt ist, haben die Herren nicht nur dadurch angestoßen, daß sie bei Verhandlung in der Exportkammer gegen Benutzung des Russischen als Verhandlungssprache Einwendungen erhoben, sondern sie haben in allen russischen Kreisen durch die taktlose Bemerkung des Herrn Vasen, die russische Sprache sei keine Kultursprache, Unwillen erregt. Diese Vorgänge haben nach allgemeiner Annahme auch dazu beigetragen, daß Herr Kokowzew, bei dem sie eine Audienz nachgesucht hatten, wie auch die Retsch berichtet, sie sehr kühl empfangen und ihnen im wesentlichen auch nur die Antwort gegeben hat, die deutschen Importeure sollen sich an solide Exporteure wenden und wenn sie mit Unbekannten Geschäfte machen wollen, sich erst über deren Verhältnisse erkundigen.

In dem anliegenden Artikel des Herold, der von den Herren Vasen und Friedberg inspiriert ist, verteidigen sie sich über ihr Verhalten und schieben den Mißerfolg zum Teil auf ihre Unkenntnis über die Natur und Bedeutung der Exportkammer.

Ich meine, es wäre für die beiden Herren ein leichtes gewesen, sich eventuell bei mir hierüber im voraus zu informieren, dann wäre vielleicht die Unannehmlichkeit erspart worden.

Ich habe bereits früher wiederholt über die Exportkammer berichtet. Es zeigt sich auch in diesem Fall, daß diese neue Gründung, die sich der Handels-Industrie Vereinigung gegenübergestellt hat und ihr Konkurrenz machen will, noch recht unfertig ist und vorläufig noch der Mittel zu einer sachgemäßen Tätigkeit ermangelt, Mängel die auch nicht durch eine künstliche Geschäftigkeit wett gemacht werden können.

Mag die Schuld liegen auf welcher Seite sie wolle, so unterliegt es keinem Zweifel, daß durch solche Zwischenfälle, wie sie der Besuch der Herren Vasen und Friedberg gezeitigt haben, die Interessen unseres Handels nicht gefördert werden.

Abschrift dieses Berichts ist der Kaiserlichen Botschaft hierselbst übermittelt worden.

*ZStAP, AA 6370, Bl. 29f,*

## 255 Notiz des Vortragenden Rats in der Politischen Abteilung des Auswärtigen Amts von Stumm

[Berlin], 25. November 1911

Politische Gründe sprechen dagegen, unsere Finanz zur Beteiligung an russischen Anleihegeschäften zu ermutigen, solange die Gefahr nicht besteht, daß England sich in erheblichem Maße an den russischen Anleihegeschäften beteiligt. Dies scheint bis jetzt noch nicht der Fall zu sein. Weniger bedenklich würde die Beteiligung an russischen Anleiheoperationen sein, wenn dieselbe mit der Erteilung von Aufträgen für die deutsche Industrie verknüpft wäre. Auf die in letzter Hinsicht sich bietenden Aussichten, interessierte Stellen aufmerksam zu machen, dürfte unbedenklich sein.

*PA Bonn, Rußland 71, Bd. 59.*

**256 Erlaß Nr. II 0 4375 des Staatssekretärs des Auswärtigen Amts von Kiderlen-Waechter an den Botschafter in St. Petersburg Graf von Pourtalès**

*Abschrift.*

Berlin, 28. November 1911

Mit Bezug auf die Erlasse vom 12. Juni d.J. und 6. v.M. — II 0 1976 und 3699 —.

Von den in der dortigen Note an die russische Regierung vom 16. Juni d.J. — Nr. 2022[1] zur Sprache gebrachten 5 Beschwerdepunkten ist russischerseits bisher nur der auf die Zollbehandlung von vorwiegend zum landwirtschaftlichen Gebrauch dienenden Maschinen bezügliche erledigt worden (Bericht vom 14. v.M. — Nr. 3438), und zwar trotz unseren Vorstellungen in ablehnendem Sinne.

Was diese Frage anbetrifft, so bin ich wegen einer Stellungnahme zu der russischen Antwort mit dem Herrn Staatssekretär des Innern in Verbindung getreten und behalte mir vor, auf die Angelegenheit zurückzukommen.

Im übrigen ist Euerer Exzellenz, soweit hier bekannt, weder eine generelle Antwort auf die erwähnte Note noch eine die anderen einzelnen Beschwerden behandelnde Mitteilung zugegangen.

Indem ich Euerer Exzellenz anheimstelle, das bezüglich der Maschinen Veranlaßte der dortigen Regierung mitzuteilen, bitte ich Sie ergebenst, wegen Erlangung einer Antwort bezüglich der übrigen Beschwerdepunkte nachdrücklich bei ihr vorstellig zu werden und dabei der Erwartung Ausdruck zu geben, daß sie im Interesse der gegenseitigen wirtschaftlichen Beziehungen den von uns vorgebrachten gerechten Beschwerden mit tunlichster Beschleunigung Rechnung tragen werde. Hinsichtlich der Zulassung von Eisenbahnmaterial können Euere Exzellenz noch darauf hinweisen, daß die russischen Privatbahnen, denen die Regierung im Widerspruch mit den Bestimmungen des Handelsvertrages den Bezug ausländischen Materials unmöglich gemacht habe, noch bis in die letzte Zeit zu ihrer Finanzierung den deutschen Geldmarkt in bedeutendem Maße in Anspruch genommen haben. Die Kaiserliche Regierung müsse Bedenken tragen, falls russischerseits die verhängte Prohibitivmaßnahme aufrecht erhalten werde, fernerhin für derartige der russischen Industrie zum Schaden der deutschen zufließenden Anleihen den deutschen Markt offen zu halten.

Über das Veranlaßte bitte ich mir unter Einreichung einer Abschrift der betreffenden Note eine gefällige Mitteilung zugehen zu lassen.

*ZStAP, AA 2934, Bl. 120.*

1 Vgl. Dok. Nr. 234, Anmerkung 4.

**257 Bericht Nr. 1026 des Generalkonsuls in St. Petersburg Biermann an den Reichskanzler von Bethmann Hollweg**

*Ausfertigung.*

St. Petersburg, 2. Dezember 1911

Mit Bezug auf den Bericht vom 17. Juli d.J. — II 584[1] —.

Vor einigen Tagen besuchte mich der Mitarbeiter der Nowoe Wremja für wirtschaftliche Angelegenheiten Herr S. S. Antonow, um mich im Hinblick auf eine Notiz im Berliner Börsen Courier über die Bestrebungen zur Gründung deutsch-russischer Handelskammern in Berlin und in St. Petersburg zu befragen.

Herr Antonow sagte, daß er sich für diese Frage sehr interessiere und daß ihm diese Bestrebungen um so berechtigter erscheinen, als hier schon fremde Handelskammern beständen, und zwar mit Ländern, deren Handelsbeziehungen weit hinter den deutsch-russischen zurückblieben. Er meinte, daß man auch in hiesigen maßgebenden Kreisen dieser Frage sympathisch gegenüberstehen müßte.

Positive Daten für diese Meinung konnte Herr Antonow nicht angeben, wie er überhaupt über die deutsch-russischen Handelsbeziehungen nur sehr schwach unterrichtet war, was er auch zugab und darauf zurückführte, daß hier so schwer deutsche Zeit- und Fachschriften zu erhalten wären.

Ich habe Herrn Antonow erwidert, daß man bisher weder aus Deutschland, noch aus hiesigen deutschen eventuell russischen Interessentenkreisen in dieser Frage an mich herangetreten sei.

Ich erwähnte dann, daß der hiesige Korrespondent der Täglichen Rundschau M. Behrmann vor längerer Zeit mit mir über diesen Gegenstand gesprochen habe.

Diese Frage ist jetzt wieder in verschiedenen deutschen Zeitungen behandelt worden, so auch in der Königsberger Hartungschen Zeitung durch einen Artikel ihres hiesigen Korrespondenten Horst-Sydow. Auch Professor Apt in Berlin soll in der deutschen Wirtschaftszeitung einen Aufsatz hierüber veröffentlicht haben.

Ich habe auch heute hier keine Anzeichen dafür entdecken können, daß die maßgebenden russischen Kreise, auf die es ankäme, wenn ein lebensfähiges Organ geschaffen werden sollte, sich für diese Gründung interessieren, ebensowenig habe ich in hiesigen deutschen Kreisen neuerdings ein lebhaftes Interesse dafür gefunden.

Und wenn das anders wäre und hier eine deutsch-russische Handelskammer von einflußreichen Leuten gegründet würde, so würden in ihr die Russen das Übergewicht haben, sie würde mehr in russischem als deutschem Fahrwasser schwimmen und bei den Handelsvertragsarbeiten und Verhandlungen mehr die russischen Ansprüche als die deutschen vertreten.

Wenn auch jetzt wieder auf die hier schon bestehenden auswärtigen Handelskammern und ihre erfolg- und segensreiche Tätigkeit hingewiesen wird, so sind das Übertreibungen, wenn nicht direkte Unwahrheiten.

Es hat sich im Zustande oder der Bedeutung der fremden Handelskammern nichts geändert. Sie, die englische an der Spitze, führen ein kümmerliches Dasein und ihr Verschwinden würde keine Lücke hinterlassen.

*ZStAP, AA 2569, Bl. 57.*

1 Vgl. Dok. Nr. 242.

**258 Erlaß Nr. II 0 4565 des Direktors der Handelspolitischen Abteilung des Auswärtigen Amts von Koerner an den Konsul in Helsingfors Flügel**

*Konzept.*

Berlin, 11. Dezember 1911

Bekanntlich befindet sich in Deutschland eine erhebliche Menge finnischer Anleihepapiere im Umlauf. So ist in einem Bericht Ihres Herrn Amtsvorgängers vom 18. November 1909 die Summe der damals in Deutschland geschuldeten Anleihen auf insgesamt 218 Millionen F. M. = 174,4 Millionen M beziffert worden, und zwar auf etwa 53 Millionen an F. M. Staatsanleihen, $47^1/_2$ Millionen an Anleihen der städtischen Gemeinden und 117,6 Millionen der Hypothekenbanken. Seitdem ist noch eine Reihe weiterer finnischer Papiere an deutschen Börsen zugelassen worden, und zwar sind es in den Jahren 1910 und bisher 1911 folgende Beträge gewesen:

1. F. M. 5000000 Gold = 4050000 M $4^1/_2$ %ge Pfandbrief-Anleihe von 1910 der Akt. Ges. Finnländische Stadt-Hypothekenkasse in Helsingfors.
2. 10000000 F. M. Gold = 8100000 M $4^1/_2$ %ge Pfandbrief-Anleihe von 1911 der Akt. Ges. Finnländische Stadt-Hypotheken-Kasse in Helsingfors.
3. $4^1/_2$ %ge Anleihe der Stadt Helsingfors 1911, F. M. 25150000 = 20400000 M.
4. $4^1/_2$ %ge Anleihe der Stadt Abo. v. 1911 F. M. 6999748 = 5677728 M.

Nun zeigt die Beobachtung des Kurses der finnischen Papiere, insbesondere der Staats- und Stadtanleihen, soweit solche hier erfolgen konnte, daß ihr Wert seit den neunziger Jahren stark gesunken ist. So betrug der Kurs der finnländischen $3^1/_2$ %gen Eisenbahnanleihe von 1889 im Jahre 1889: 96,75; 1897: 99; 1907: 76,40; 1909: 82,10. Eine $4^1/_2$ %ge Anleihe des Großfürstentums Finnland von 1909 ist in der Schweiz zum Kurse von 92,50 aufgelegt worden. Von den Anleihen der Stadt Helsingfors zeigt eine $3^1/_2$ %ge von 1898 im Jahr der Ausgabe einen Kurs von 95,30, dagegen 1900 einen solchen von 78; eine 4 %ge von 1900 ist s.Zt. zu 95 aufgelegt worden, 1908 betrug ihr Kurs 88,25, 1910: 90; eine 4 %ge von 1902 stand 1903 al pari, 1908 zu 88,25; 1910 zu 90. Besonders ins Auge fallend ist die Entwertung, wenn man vergleicht, daß im Jahre 1898 eine Anleihe der Stadt Helsingfors von $3^1/_2$ %gem Typ zu 95,30 kursierte, während die letzte Anleihe der Stadt von 1911 bei $4^1/_2$ %gem Typ nur zum Kurs von 97 aufgelegt worden ist.

Diese Entwertung dürfte, da in den allgemeinen wirtschaftlichen und finanziellen Kräften des Landes an sich ein Rückschritt nicht zu beobachten ist, auch die im Lande bestehenden nationalistischen und sozialistischen Bewegungen einen derartigen Einfluß auf die finanzielle Sicherheit nicht ausüben können, vor allem in der fortschreitenden Russifizierung zu suchen sein. Dabei mag besonders die Befürchtung eine Rolle spielen, daß durch die etwaige Einverleibung des Landes in das russische Wirtschaftsgebiet seine wirtschaftliche Leistungsfähigkeit stark beeinträchtigt werden würde. Bei den Anleihen der Stadt Helsingfors ist wohl außerdem noch der mit der Russifizierung drohende Verlust der Selbstverwaltung in die Waagschale zu werfen.

Da nun einstweilen nicht anzunehmen ist, daß Rußland auf dem beschrittenen Wege der allmählichen Einverleibung Finnlands ohne weiteres Halt machen wird, so besteht die Gefahr, daß die finnischen Anleihewerte noch weiter sinken und auf diese Weise namhafte Verluste für die deutschen in finnischen Werten angelegten Kapitalien eintreten. Wir werden daher nicht umhin können, diesem Gegenstand unsere ernste Aufmerksamkeit zuzuwenden. Und zwar wird dies einerseits von dem Gesichtspunkt aus zu geschehen haben, inwieweit etwa künftig bei der Zulassung neuer finnischer Anleihen zu deutschen Märkten größere Zurückhaltung als bisher zu beobachten sein möchte, andererseits aber auch von der Erwägung aus, inwieweit etwa die Tatsache der Entwertung der Papiere in irgend einer Weise als ein gegen die wirtschaftliche Einverleibung Finnlands sprechendes Moment der russischen Regierung gegenüber oder in der Öffentlichkeit verwertet werden könnte.

Ew. pp. ersuche ich ergeb., die Frage unter Berücksichtigung des Vorstehenden eingehend zu prüfen und mich mit einem gefl. Bericht darüber zu versehen.

*ZStAP, AA 3163, Bl. 120ff.*

**259 Aufzeichnung des Ständigen Hilfsarbeiters in der Handelspolitischen Abteilung des Auswärtigen Amts Nadolny**

*Ausfertigung.*

[Berlin], 22. Dezember 1911

Es erschien hier auf telephonische Einladung Herr Prof. Dr. Max Apt, Syndikus der Ältesten der Kaufmannschaft, der sich über die Gründe zu der in Nr. 22 seiner „Deutschen Wirtschafts-Zeitung“ vom 15. v.M. gegebenen Anregung wegen Gründung einer deutsch-russischen Handelskammer etwa folgendermaßen äußerte: Er sei vor einigen Monaten in Fragen des Handelshochschulwesens in St. Petersburg gewesen. Dort sei er auf die englisch-russische Handelskammer aufmerksam gemacht worden und habe sich näher über sie informiert. Da ihm diese Einrichtung als sehr zweckmäßig erschienen sei, habe er sich gedacht, daß ein entsprechendes deutsch-russisches Unternehmen wohl mindestens ebenso am Platze sei. Als wesentlichen Vorteil der Kammer stelle er sich vor, daß auf diese Weise eine Stelle geschaffen würde, an die sich jeder Private um Auskunft über wirtschaftliche Fragen wenden könnte, ohne gleich den behördlichen Apparat, die Gesandtschaft (wie sich Prof. Abt ausdrückte), in Anspruch nehmen zu müssen. Auch könnte die Kammer wohl bei den maßgebenden russischen Stellen in solchen Fragen Fühlung haben. Er habe dann den Gedanken in den Kreisen der hiesigen Kaufmannschaft angeregt und sei dabei auf reges Verständnis gestoßen. Auf seinen entsprechenden Hinweis in der „Deutschen Wirtschafts-Zeitung“ seien ihm viele zustimmende Erklärungen zugegangen, so u.a. von der russischen Zeitung „Retsch“, die darauf hingewiesen habe, daß sich auch in Rußland viele namhafte Leute, so z.B. der deutsche Bankdirektor Raupert von der Don-Asow-Kommerzbank, für die Frage interessieren. Herr Apt verbreitete sich weiter darüber, daß dann hier in Deutschland eine mit der Petersburger korrespondierende Stelle geschaffen werden müßte. Mit dieser Frage beschäftigte sich Herr Dr. Markow, der hiesige Vertreter der russischen Telegraphenagentur, schon lange Zeit; dieser gehe auch damit um, hier ein russisches Exportmusterlager zu gründen, was ihm, Herrn Apt, im Interesse der Pflege der deutsch-russischen Wirtschaftsbeziehungen ganz zweckmäßig erscheine.

Herrn Prof. Apt ist erklärt worden, daß die Frage der Gründung einer deutsch-russischen Handelskammer in Rußland von uns seit Jahren mit Aufmerksamkeit verfolgt werde, daß jedoch die maßgebendsten Vertreter unserer wirtschaftlichen Interessen in Rußland eine solche Gründung nicht für zweckmäßig halten. Es sind ihm dann unter Mitteilung des wesentlichen Inhalts der bezüglichen St. Petersburger und Moskauer Berichte und unter Hinweis auf die Unzulänglichkeit der russisch-englischen und der übrigen in Rußland gegründeten internationalen Handelskammern die bekannten Gründe, die gegen ein solches Unternehmen sprechen, auseinandergesetzt worden. Hinsichtlich der Auskunftsstelle in St. Petersburg ist er auf die Tätigkeit des Generalkonsulats, hinsichtlich einer dem deutsch-russischen Verkehr dienenden Einrichtung in Deutschland auf den hiesigen Deutsch-Russischen Verein hingewiesen worden. Bezüglich der Bestrebungen des Dr. Markow ist ihm bedeutet worden, daß die russischen Erzeugnisse, zumal es sich um eine beschränkte Anzahl handle, den deutschen Handelskreisen, in deren Händen doch bislang der Import aus Rußland ruhe, wohl hinreichend bekannt seien, und daß die Markowsche Einrichtung, soweit sie etwa darauf ausgehe, den Verkauf der russischen Produkte mehr als bisher in russische Hände zu legen, uns nicht sehr erwünscht sein könne.

Herr Dr. Apt schien den letztgenannten Hinweis für richtig zu halten, meinte aber im übrigen, die gegen die Kammergründung vorgebrachten Argumentationen, so interessant sie ihm auch seien, könnten ihn doch nicht ganz von seinem Standpunkte abbringen. Ob die Kammer etwas Ersprießliches leisten werde, hänge natürlich ganz von den darin tätigen Persönlichkeiten ab; er sei überzeugt, daß die Deutschen auch hier wie auf allen Gebieten Erfolge erzielen würden. Daß die Russen in der Kammer das Übergewicht gewinnen würden, glaube er nicht; sie hätten im Gegenteil Furcht vor einer zu großen Aktivität der Deutschen in der Kammer, und daher mache sich auch in manchen maßgebenden russischen Kreisen eine Abneigung gegen die Gründung geltend. Die russisch-englische Handelskammer habe nach seinen Informationen im letzten Jahre bei ca. 60 Mitgliedern einen Überschuß von 2000 Rbl. erzielt, pekuniär scheine sie also keineswegs schlecht zu stehen. Auch sei doch nicht zu leugnen, daß die Engländer in den letzten Jahren in der russischen Volkswirtschaft sehr tätig gewesen seien, z.B. auf dem Gebiete der Montan- und der Petroleumindustrie. Was das Generalkonsulat in St. Petersburg anbetreffe, so könnte eine private Auskunftsstelle daneben doch wohl noch segensreich wirken, es habe z. B. ihm gegenüber jemand darauf hingewiesen, daß er in Sachen des gewerblichen Rechtsschutzes keine genügende Auskunft beim Gen. Konsulat habe erlangen können. Über den Deutsch-Russischen Verein, hier, seien die Auffassungen geteilt, er scheine doch seinen Aufgaben nicht ganz gerecht zu werden.

Nach weiterer Unterhaltung erklärte Herr Dr. Apt, er wolle noch bei der bevorstehenden Anwesenheit des Handelssachverständigen Wossidlo Gelegenheit nehmen, mit diesem über die Angelegenheit zu sprechen. Alsdann werde er sich über etwaige weitere Schritte schlüssig machen.[1]

Der Erschienene ist ersucht worden, diese Rücksprache als durchaus persönlich und vertraulich zu betrachten, da ein amtliches Hervortreten in der Angelegenheit bis auf weiteres nicht angezeigt erscheinen könne. Er erwiderte, daß er dies als durchaus richtig halte, und sagte die gewünschte vertrauliche Behandlung zu.

*ZStAP, AA 2569, Bl. 58ff.*

1 Apt veröffentlichte in Nr. 2 der Deutschen Wirtschafts-Zeitung vom 15. Januar 1912 einen weiteren Artikel: „Zur Errichtung einer deutschen Auslands-Handelskammer in Rußland“, in dem er seine Ansicht im wesentlichen aufrechterhielt. Der Artikel wurde in der National-Zeitung am 26. 1. 1912 ganz und in der St. Petersburger Zeitung am 11. 2. 1912 zum großen Teil wiederabgedruckt.

## 260 Schreiben Nr. I A IIIe 13542 des preußischen Ministers für Landwirtschaft, Domänen und Forsten von Schorlemer an den Reichskanzler von Bethmann Hollweg

*Abschrift.*

Berlin, 29. Dezember 1911

Über die veterinärpolizeiliche Bedenklichkeit der Einfuhr von Schlacht*rindern* aus *Rußland* brauche ich kein Wort weiter zu verlieren, nachdem auch von fast allen der linken Seite angehörigen Rednern bei der Teuerungsdebatte im Reichstage die besondere Seuchengefährlichkeit dieses Landes anerkannt worden ist. Es geht nicht an, sich hiergegen auf die im allgemeinen verterinärpolizeilich nicht ungünstigen Erfahrungen zu berufen, die mit der kontingentierten Einfuhr russischer Schweine gemacht worden sind; denn zunächst sind in Zeiten, in denen die russischen Exportgebiete und namentlich das an Oberschlesien anstoßende russische Grenzland stärker verseucht waren — was sich mit ziemlicher Regelmäßigkeit nach Ablauf weniger Jahre wiederholt — Seucheneinschleppungen nach Oberschlesien festgestellt, die teils unmittelbar, teils mittelbar (durch den Personenverkehr) mit dem russischen Einfuhrhandel zusammenhingen. Sodann aber sind die allerdings anerkennenswerten Bemühungen der russischen Behörden um eine Verhütung der Seucheneinschleppung in größerem Umfange nur deshalb von Erfolg gewesen, weil es sich um ein kleines leicht zu übersehendes Exportgebiet und um eine *beschränkte* Einfuhr gehandelt hat, weil ferner auch der Bezirk, in dem die Schweine abgeschlachtet werden müssen, sehr eng begrenzt und der Grenze nahe gelegen ist.

Bei einer Erweiterung der Einfuhr auf Rinder würde die Anwendung der gleichen Sorgfalt den russischen Behörden voraussichtlich nicht möglich sein, es sei denn, daß man in ähnlicher Weise mit Kontingentierung und örtlicher Beschränkung vorginge. Alsdann würde aber der wirtschaftliche Erfolg voraussichtlich zu gering sein, als daß sich die damit verbundene weitere Durchbrechung des Viehseuchengrenzschutzes verlohnte. Überdies ist es auch keineswegs sicher, ob Rußland in der Lage sein würde, eine einigermaßen für die Entlastung des inländischen Marktes genügende Menge von Schlachtvieh zu liefern. Die Nachhaltigkeit der russischen Rindviehzucht in ihrem gegenwärtigen Zustande ist durchaus fragwürdig und es würde wahrscheinlich längere Zeit dauern, ehe man sich dort auf eine größere Viehausfuhr eingerichtet hätte. Ja, es ist sogar fraglich, ob man sich in Rußland überhaupt dazu verstehen würde, angesichts des Umstandes, daß zeitweise die Seuchen dort so stark um sich greifen, daß ein völliges Einfuhrverbot nicht zu umgehen wäre. Diese Unsicherheit würde ein kaum überwindliches Hindernis für eine den Exportansprüchen in Zeiten besserer Viehseuchenverhältnisse genügende Entwicklung der russischen Rindviehhaltung sein.

Über eine weitere Öffnung der Grenzen für die Vieheinfuhr aus Rußland scheint mir die Möglichkeit einer Diskussion gegenwärtig schon deswegen völlig ausgeschlossen, weil mit Beginn des Winters nach dem Beispiele Preußens alle Bundesstaaten dazu übergegangen sind, mit den strengsten Maßregeln im Inlande die Maul- und Klauenseuche zu bekämpfen. Um den dadurch erstrebten Erfolg einer Tilgung der Seuche während des Winters, wo dies mit Rücksicht auf die wirtschaftlichen Verhältnisse allein angängig ist, zu erreichen, bedarf es aber vor allem der willigen Mitwirkung der Landwirte selbst. Eine solche könnte nicht erwartet werden, wenn jetzt ernsthaft der Plan einer erweiterten und erleichterten Viehausfuhr aus Rußland, also aus demjenigen Lande erwogen würde, aus dem nachweislich die Seuche eingeschleppt ist, die seit $1\frac{1}{2}$ Jahren die blühende Viehzucht Deutschlands heimsucht und ihr unermeßlichen Schaden zugefügt hat.

*ZStAP, AA 21323, Bl. 142f.*

**261** **Schreiben des Vortragenden Rats in der Handelspolitischen Abteilung des Auswärtigen Amts Lehmann an die Direktion der Disconto-Gesellschaft. Streng Vertraulich!**

*Konzept.*

Berlin, 31. Dezember 1911

Der pp. lasse ich beifolgend Abschrift eines von dem Kaiserl. Generalkonsul in St. Petersburg zur Frage der Erzausfuhr aus Rußland erstatteten weiteren Berichts vom 20. d.M. zur *streng vertraulichen* Kenntnisnahme mit dem Anheimstellen ergebenst zugehen, ihn auch der Gewerkschaft Deutscher Kaiser und der Gelsenkirchener Bergwerks Akt. Ges. unter der Bedingung streng vertraulicher Behandlung mitzuteilen.[1] Es wird hier nunmehr geprüft werden, ob und welche Schritte in der Angelegenheit bei den maßgebenden russischen Stellen unternommen werden können. Eine weitere Mitteilung in dieser Angelegenheit bleibt vorbehalten. Inzwischen wird es sich vielleicht empfehlen, daß die genannten beiden Werke die ihnen Nahestehenden, von der russischerseits geplanten Maßregel gleichfalls bedrohten russischen Industriekreise für die Angelegenheit in vorsichtiger Weise interessieren und ihnen nahelegen, auch ihrerseits auf die Verhinderung einer Erschwerung des Erzexports hinzuarbeiten. Sollte der pp. eine mündliche Besprechung der Sache, insbesondere wegen der in Betracht kommenden handelsvertragsrechtlichen Gesichtspunkte, erwünscht sein, so würde hierfür der diesseitige Referent, Herr Geheimer Legationsrat von Goebel oder in dessen Verhinderung Herr Leg. Rat Nadolny werktags in der Zeit zwischen 5 und 6 zur Verfügung stehen.

*ZStAP, AA 2092, Bl. 50f.*
1 Vgl. Dok. Nr. 245.

**262** **Schreiben Nr. II 0 4744 des Direktors der Handelspolitischen Abteilung des Auswärtigen Amts von Koerner an den Staatssekretär des Innern Delbrück. Streng vertraulich!**

*Abschrift.*

Berlin, 8. Januar 1912

Auf das Schreiben vom 7. v.M.u.J. — IV B 7968 — und mit Bezug auf die diesseitige Mitteilung vom 23. Januar v.J. — II 0.5811 — 3 Anlagen.

Der Kaiserliche Botschafter in St. Petersburg ist beauftragt worden, die Angelegenheit der Zollbehandlung von landwirtschaftlichen Maschinen in Rußland unter Verwertung der in dem nebenbezeichneten Schreiben enthaltenen Ausführungen erneut bei der Russischen Regierung zur Sprache zu bringen.

Eine Mitteilung über das Ergebnis der unternommenen Schritte darf ich mir ergebenst vorbehalten.

Was unser weiteres Vorgehen gegenüber dem vertragswidrigen Verhalten der Russischen Regierung anbetrifft, so beehre ich mich Euerer Exzellenz anbei Abschrift zweier

Noten des Kaiserlichen Botschafters in St. Petersburg an das russische Ministerium der auswärtigen Angelegenheiten vom 16. Juni und 8. Dezember v.J.[1] zur gefälligen *streng vertraulichen* Kenntnisnahme zu übermitteln, worin er erhaltenem Auftrage zufolge auf das wenig entgegenkommende und teilweise mit dem Handelsvertrag im Widerspruch stehende Verhalten der Russischen Regierung in verschiedenen Fragen des Handels und Verkehrs — darunter auch in der vorliegenden Angelegenheit — nachdrücklichst hingewiesen und für den Fall des Beharrens auf diesem Standpunkt ein gleiches Verhalten von unserer Seite in Aussicht gestellt hat. Wie Euere Exzellenz der letztgezeichneten Note entnehmen wollen, hat der Kaiserliche Botschafter bezüglich der bestehenden Einfuhrbeschränkung für Eisenbahnmaterial in Rußland sogar bereits angedroht, daß eventuell der deutsche Markt für russische Eisenbahnanleihen gesperrt werden würde. Wegen etwaiger weiterer Veranlassung nach dieser Richtung bin ich auch mit dem Königlich Preussischen Minister für Handel und Gewerbe nach Maßgabe des in Abschrift weiter anliegenden Schreibens ins Benehmen getreten.[2]

Was die Ergreifung noch weiterer Vergeltungsmaßregeln gegen Rußland anlangt, so würde ich an sich keine Bedenken tragen, solche nötigenfalls anzuwenden. Es erscheint mir jedoch fraglich, ob uns geeignete Maßnahmen zur Verfügung stehen, zumal für ihre Auswahl doch in erster Linie der Gesichtspunkt maßgebend sein muß, ob sie nicht etwa rückwirkend auch für die deutsche Volkswirtschaft schädliche Folgen haben würden. Euere Exzellenz darf ich daher bitten, zunächst Ihrerseits, eventuell im Benehmen mit dem Herrn Staatssekretär des Reichsschatzamts zu prüfen, welche Maßregeln eventuell ergriffen werden könnten, und diese mir benennen zu wollen.

Eine Abschrift dieses Schreibens und seiner Anlagen geht dem Herrn Staatssekretär des Reichsschatzamts zu.

*ZStAP, AA 19122, Bl. 45ff.*

1 Vgl. Dok. Nr. 256.

2 Zimmermann teilte Sydow am 8. 1. 1912 mit, daß das AA den deutschen Markt für russische Eisenbahnanleihen zu sperren gedenke, falls Rußland die angefochtenen Einfuhrverbote aufrechterhalte.

## 263 Bericht Nr. II 1109 des Generalkonsuls in St. Petersburg Biermann an den Reichskanzler von Bethmann Hollweg

*Ausfertigung.*

St. Petersburg, 16. Januar 1912

Der Vorsitzende der russischen Exportkammer, Reichsratsmitglied Denisoff, hat das in Übersetzung beigefügte Schreiben über die Einrichtung einer russisch-deutschen Kommission bei der Exportkammer an mich gerichtet.[1]

Abgesehen davon, daß ohne Kenntnis eines detaillierten Projekts und Arbeitsprogramms sich über die Bedeutung und den Wert einer solchen Einrichtung im Allgemeinen und speziell für uns kein Urteil abgeben läßt, wollte ich mich auch mit der Exportkammer, deren Position noch keine ganz gefestigte ist und die bisher bei ihrer Tätigkeit sich zu den Interessen des deutschen Handels keineswegs freundlich gestellt hat, nicht weiter einlassen als nötig. Ich habe daher die ebenfalls abschriftlich beigefügte, ganz allgemein gehaltene Antwort gegeben.

*ZStAP, AA 6224, Bl. 181.*

1 Denisov bezeichnete in seinem Schreiben vom 25. 12. 1911 als Ziel der Kommission, die Ausfuhr russischer Produkte und Erzeugnisse nach Deutschland zu fördern.

**264 Bericht Nr. II 1119 des Generalkonsuls in St. Petersburg Biermann an den Reichskanzler von Bethmann Hollweg**

*Ausfertigung.*

St. Petersburg, 16. Januar 1912

Mit Bezug auf den Erlaß vom 26. v.M. — II 0 4585[1] —.

Bei einer Unterhaltung mit Herrn Raupert teilte er mir mit, daß er Professor Apt persönlich nicht kenne. Derselbe habe sich schriftlich an ihn gewandt und um seine Meinung über eine russisch-deutsche Handelskammer befragt. Er beabsichtigte zu antworten, daß er mit diesem Gedanken sympathisiere, daß man aber, ehe man hier eine solche Gründung versuche, sich genau über die Aussichten informieren müsse. Es herrsche in den russischen Kreisen, die in Frage kämen, zur Zeit eine ziemliche Animosität gegen alles Deutsche, dagegen eine Vorliebe für die Engländer, ein Mißerfolg wäre sehr gefährlich und auf jeden Fall zu vermeiden. Er würde es für richtig halten, wenn zunächst eine Handelskammer oder ähnliche Organisation in Berlin gegründet würde, die sich dann in Rußland Vertrauensmänner und Korrespondenten in den verschiedenen Zweigen von Handel und Industrie suchen müßte, um von ihnen Auskünfte über die Vorgänge und Neuerungen auf wirtschaftlichem Gebiet zu erhalten. Diese könnten dann vielleicht später zu einer deutsch-russischen Handelskammer zusammentreten.

Die Ansichten Herrn Rauperts über den eigentlichen Zweck und die Aufgaben der Handelskammer schienen ziemlich vage und unklar zu sein.

Vielleicht hat der Umstand, daß sein Kollege bei der Asow-Don Bank, Herr Kelmenka[2], im Vorstande der russisch-englischen Handelskammer sitzt, ihn auf die Idee einer russisch-deutschen Handelskammer gebracht.

Nach längerer Besprechung, bei der ich Herrn Raupert auf einige Bedenken allgemeiner u. lokaler Natur gegen den Nutzen einer solchen Kammer für Deutschland hingewiesen hatte, erklärte er, daß die englisch-russische Handelskammer auch praktisch nichts leistete und daß wir ja eigentlich einer Meinung waren.

Es sollte mich nicht wundern, wenn seine Antwort an Prof. Apt noch weniger zustimmend ausfiele, als sie erst geplant war.

*ZStAP, AA 2569, Bl. 71.*

1 Vgl. Dok. Nr. 259.

2 Offensichtlich B. A. Kamenka.

## 265 Schreiben Nr. Geh. II 580 des Staatssekretärs des Reichsschatzamtes Wermuth an den Staatssekretär des Innern Delbrück. Streng vertraulich!

*Abschrift.*

Berlin, 20. Januar 1912

Mit Bezug auf das dorthin gerichtete, mir abschriftlich mitgeteilte Schreiben des Herrn Staatssekretärs des Auswärtigen Amts vom 8. Januar 1912 — II.0.4744 —, betreffend Vergeltungsmaßregeln gegen Rußland.[1]

Vorbehaltlich etwaigen weiteren, Euer Exzellenz erwünscht erscheinenden Benehmens mit mir, insbesondere auch bezüglich der auf allgemein finanzpolitischem Gebiet liegenden Fragen, beehre ich mich ergebenst mitzuteilen, daß ich zu einer bestimmten Stellungnahme erst nach Kenntnisnahme von den, die Zollbehandlung landwirtschaftlicher Maschinen in Rußland betreffenden Vorgängen in der Lage sein würde, die zu dem im Eingange des Schreibens erwähnten Schritte den unmittelbaren Anlaß gegeben haben. Immerhin glaube ich schon im Hinblick auf die sich aus dem Schreiben und seinen Anlagen ergebenden Tatsachen zwei Gegenstände hervorheben zu sollen, bei deren Behandlung unserseits das wenig entgegenkommende Verhalten Rußlands meines Dafürhaltens nicht unberücksichtigt bleiben darf.

Einerseits wird die Haltung Rußlands kaum ohne Einfluß auf unsere Stellungnahme zu den auf eine Änderung des Brüsseler Zuckervertrages gerichteten Wünschen Rußlands bleiben können. Bei der mitgeteilten Sachlage dürfte diesen Wünschen keinesfalls weiter entgegenzukommen sein als es sich mit den Interessen der beteiligten heimischen Erwerbskreise ohne jedes Bedenken vereinen läßt; das Vorgehen Rußlands wird uns vielmehr nur darin bestärken können, an dem Vorschlag festzuhalten, der in meinem dort bekannten Entwurf eines Berichts an den Herrn Reichskanzler gemacht ist.[x]

Anderseits möchte ich annehmen, daß früher geltend gemachte Zweifel an der Zuverlässigkeit der von der Mehrheit der beteiligten Stellen für dringend erwünscht erachteten Änderung der Bestimmungen über den Nachweis der Verwendung von ungefärbter Gerste zu Fütterungszwecken nunmehr werden zurücktreten können. Ich behalte mir vor, auf diese Angelegenheit, nachdem inzwischen wegen ihrer weiteren Behandlung grundsätzliches Einverständnis mit dem Königlich Preußischen Herrn Finanzminister im Sinne meines Schreibens vom 8. März 1911 II 1236 erzielt ist, demnächst zurückzukommen.

Abschrift dieses Schreibens habe ich dem Herrn Staatssekretär des Auswärtigen Amts mitgeteilt.

x Randbemerkung Koerners: Bei der Brüsseler Konvention handelt es sich um Wahrnehmung unserer Interessen, nicht darum, Rußland einen Gefallen zu tun.

*ZStAP, AA 19122, Bl. 88f.*

1 Vgl. Dok. Nr. 262.

## 266 Stellungnahme des Referats II W der Handelspolitischen Abteilung des Auswärtigen Amts

Berlin, 24. Januar 1912

Eine Verquickung der Brüsseler Konvention mit den bei II0 schwebenden deutsch-russischen Differenzen erscheint durchaus unzweckmäßig.[1] Eine Ablehnung der russischen Wünsche in der Zuckerfrage würde voraussichtlich für uns viel größeren Schaden wie für Rußland bringen. II W ist daher der Ansicht, daß für die bei II 0 behandelte Angelegenheit die Zuckerfrage, die übrigens sowieso sich in den allernächsten Wochen entscheiden muß, völlig auszuschalten sein wird.

Hiermit bei II 0 ergebenst wieder vorgelegt.

*ZStAP, AA 19122, Bl. 90.*

1 Vgl. Dok. Nr. 265.

## 267 Schreiben Nr. S.IV B 8 des Staatssekretärs des Innern Delbrück an den Staatssekretär des Reichsschatzamts Wermuth

*Abschrift.*

Berlin, 1. Februar 1912

Auf das gefällige Schreiben vom 20. Januar d.J. — Geh. II 550[1] —.

Euerer Exzellenz beehre ich mich anliegend Abschrift meines Schriftwechsels mit dem Herrn Staatssekretär des Auswärtigen Amts über die Zollbehandlung landwirtschaftlicher Maschinen in Rußland ergebenst zu übersenden.

Da Vergeltungsmaßregeln mit der Absicht verhängt werden, sie wieder zurückzunehmen, sobald der betreffende ausländische Staat nachgegeben hat, so erscheint es mir zweifelhaft, ob die von Euer Exzellenz angedeuteten Maßregeln auf dem Gebiete des Brüsseler Zuckervertrags und der Gerstenzollordnung sich zu Vergeltungsmaßregeln eignen. Denn unsere Haltung in den Brüsseler Zuckerverhandlungen würde noch weiter erschwert werden, wenn andere Rücksichten, als die auf den Brüsseler Vertrag, in sie hineingetragen würden. Ferner aber dürfte die von Euer Exzellenz in Aussicht genommene Stellung zum Brüsseler Zuckervertrag und zur Gerstenzollordnung durch unser eigenes Interesse geboten und wir daher kaum in der Lage sein, sie wieder zu ändern, wenn Rußland sich zu einer entgegenkommenderen Haltung gegenüber unseren Zollbeschwerden bequemt haben sollte. Euer Exzellenz würde ich daher für einen gefälligen anderen Vorschlag dankbar sein.

Abschrift dieses Schreibens habe ich dem Staatssekretär des Auswärtigen Amts mitgeteilt.

*ZStAP, AA 19122, Bl. 91.*

1 Vgl. Dok. Nr. 265.

**268 Schreiben Nr. IV B 209 des Staatssekretärs des Innern Delbrück an den Staatssekretär des Auswärtigen Amts von Kiderlen-Waechter**

*Ausfertigung.*

Berlin, 1. Februar 1912

Nach dem der russischen Duma vorliegenden Gesetzentwurf soll künftig die Ausfuhr der besseren Eisen- und Manganeisenerze grundsätzlich verboten und nur für die nächsten 5 Jahre den Gruben gestattet werden, den Teil ihrer Erzeugung, der im Inlande nicht gebraucht wird, nach dem Auslande auszuführen. Die russische Eisenerzproduktion beträgt zur Zeit nach privaten Quellen rund 5 Mill. Tonnen, von denen etwa $4\frac{1}{2}$ Mill. Tonnen im Lande verbraucht und etwa $\frac{1}{2}$ Mill. Tonnen ausgeführt werden. Die russische Eisenindustrie braucht sich also im Verhältnis zum russischen Eisenerzbergbau nur um $\frac{1}{9}$ zu vergrößern, um die ganze russische Erzgewinnung aufzunehmen. Anscheinend rechnet die russische Regierung mit einer solchen Entwicklung, da sie durch den Gesetzentwurf nach Ablauf von 5 Jahren die Erzausfuhr überhaupt verbieten und bis dahin nur den Überschuß der Erzeugung über den Verbrauch ausführen lassen will. Zur Durchführung des Gesetzes müßte in den nächsten 5 Jahren in jedem einzelnen Falle, wo ein Quantum Erz auf einer Grube unverkauft liegen bleibt, bei strikter Ausführung des Gesetzes festgestellt werden, ob die Ursache hierfür schlechte Verkehrsbedingungen, Wagenmangel und dergl. oder wirklich mangelnder Bedarf der einheimischen Eisenindustrie gewesen ist. Ob das in einem Lande wie Rußland mit seinen gewaltigen Entfernungen, seinem wenig entwickelten Eisenbahnnetz und seinem chronischen Mangel an Eisenbahnwagen möglich sein wird, erscheint mir recht fraglich. Immerhin ist in den Erzverträgen des schwedischen Staates mit den drei größten Erzgrubengesellschaften und in der Kontingentierung der Erzausfuhrfrachten auf der Erzbahn bereits ein Vorbild für den Versuch vorhanden, von Staats wegen die Versorgung der inländischen Eisenindustrie mit inländischem Erz zu regeln und die Ausfuhr nur soweit zuzulassen, als die Erzerzeugung den inländischen Bedarf übersteigt. Diese Regelung der Erzausfuhr in Schweden ist von uns durch Nr. 2 b des Schlußprotokolls zu Artikel 10 des deutsch-schwedischen Handelsvertrags vom 2. Mai 1911 (Reichs-Gesetz-Blatt 1911, S. 275) anerkannt worden, und wir haben uns nur vertragsmäßig dagegen gesichert, daß durch eine Verschärfung der Erzverträge oder durch die Auferlegung von Ausfuhrzöllen die Erzausfuhr über den bestehenden Zustand hinaus erschwert wird. Wir konnten uns mit diesem Zustand abfinden, weil von den 4 Mill. Tonnen Erz, die in Schweden gewonnen werden, nur 1 Mill. im Lande selbst verbraucht werden und es daher sehr unwahrscheinlich ist, daß in absehbarer Zeit die schwedische Eisenindustrie imstande sein wird, die gesamte schwedische Erzerzeugung aufzunehmen, wogegen dies in Rußland durchaus im Bereiche der Möglichkeit liegt. Der russische Gesetzentwurf hat daher für uns eine sehr viel ernstere Bedeutung als die derzeitigen schwedischen Erzausfuhrerschwerungen. Am härtesten würde unsere, ohnehin mit Schwierigkeiten kämpfende oberschlesische Eisenindustrie von dem russischen Gesetzentwurf betroffen werden. Denn obgleich die südrussischen Eisenerze — nur um diese handelt es sich im wesentlichen und ihre Ausfuhr über die polnische Grenze erfordert überdies besondere kaiserliche Lizenzen — bis Oberschlesien rund 1300 km auf der Eisenbahn zurückzulegen haben und die Fracht von dem Gestehungspreis des Erzes von 26,50 M für die Tonne auf der Basis von 60% Fein nicht weniger als 17,50 M ausmacht, sind doch von den 1000000 Tonnen Erz, die in Oberschlesien verhüttet werden, nicht weniger als 260 bis 280000 t südrussischer Herkunft gewesen — ein Beweis, wie dringend man in Oberschlesien der südrussischen Erze bedarf.

Nun ist es allerdings unzweifelhaft, daß der russische Gesetzentwurf eine Verletzung des Artikels 5 des deutsch-russischen Handelsvertrags enthält, denn die Ziffer 5 des russischen Ausfuhrzolltarifs verbot nur eine bestimmte Verkehrsrichtung für die Ausfuhr, sie war also im Grunde nur eine Verkehrserschwerung; dagegen läßt der Gesetzentwurf in Zukunft die Ausfuhr über alle Grenzen vorübergehend nur bedingt zu, um sie später ganz zu verbieten; er enthält also nicht nur eine Verkehrserschwerung, sondern ein wirkliches Ausfuhrverbot, welches nur unwesentlich dadurch gemildert wird, daß die neue Ziffer 5 des Ausfuhrzolltarifs sich nur auf die hochprozentigen Erze bezieht, die geringen Erze und die Schlacken also frei läßt. Euer Exzellenz weisen aber mit Recht darauf hin, daß ein Widerspruch gegen den Entwurf auf Grund unseres Vertragsrechts uns wenig nützen dürfte, weil Rußland dasselbe, wie durch ein Ausfuhrverbot, durch eine Erhöhung der Eisenbahntarife oder durch Auferlegung eines prohibitiven Ausfuhrzolls erreichen kann, gegen die wir nicht geschützt sind. Unter diesen Umständen wird in der Tat wohl kaum mit Aussicht auf Erfolg etwas gegen den Entwurf unternommen werden können. Es wird vielmehr abzuwarten sein, ob die Bestrebungen der russischen Erzgrubenbesitzer, den Entwurf zu hintertreiben, Erfolg haben werden und ob es schlimmstenfalls in den nächsten 5 Jahren, wo die Ausfuhr nur geregelt, aber nicht unbedingt verboten sein wird, der russischen Regierung gelingen wird, die oben geschilderten Schwierigkeiten der Regelung der Ausfuhr zu überwinden. Mittlerweile würde der bestehende Handelsvertrag ablaufen und die Verhandlungen über den neuen Handelsvertrag würden uns Gelegenheit bieten, uns vertragsmäßig die Ausfuhrmöglichkeit für Eisenerz zu sichern — sofern überhaupt von der russischen Regierung ein Zugeständnis in dieser Beziehung zu erlangen sein wird.

Abschrift dieses Schreibens habe ich dem Herrn Minister für Handel und Gewerbe mitgeteilt.

*ZStAP, AA 2092, Bl. 79f.*

**269 Bericht Nr. II 53 des Generalkonsuls in St. Petersburg Biermann an den Reichskanzler von Bethmann Hollweg**

*Ausfertigung.*

St. Petersburg, 13. Februar 1912

Mit Bezug auf den Erlaß vom 11. Dezember v.J. — II 4565[1] —.

Die wirtschaftliche Lage Finnlands ist nicht ungünstig [. . .]

Wenn trotz dieser, eine gesunde stetige Entwicklung zeigenden Beträge, die Kurse des Fonds herabgehen, so müssen besondere Gründe dafür vorhanden sein.

Zu diesen mag auch die Befürchtung gehören, daß unter der Russifizierungspolitik die Prosperität des Landes leiden könnte.

Aber das scheint mir nicht der Hauptgrund zu sein. Ich sehe diesen vielmehr in der schon seit Jahren in vielen Ländern beobachteten Tatsache, daß sich das Kapital von den sicheren, aber niedrig verzinslichen Anlagewerten ab und den unsichereren, aber eine höhere Verzinsung in Aussicht stellenden Dividendenpapieren zuwendet. Die Folge ist Sinken der „Goldedged securities“ auf einen Stand, der einigermaßen die Zinserträge ausgleicht. Diese

Erscheinung tritt besonders in den in ihrer industriellen Entwicklung begriffenen Ländern auf und zu diesen gehört auch Finnland.

Die in dem Erlaß angeführten Beispiele scheinen nur das Gesagte zu bestätigen. Es fällt auf, daß die Bewegung dieser Papiere keineswegs mit den auf- und abgehenden Phasen der politischen Lage in Finnland harmoniert, was man doch annehmen müßte, wenn zwischen ihr und der Politik ein enger Zusammenhang bestände.

Die Eisenbahnanleihe von 1889 stand 1907 am niedrigsten (78) und doch war dies gerade die Zeit, als der politische Horizont über Finnland recht rosig aussah. Als dann vor etwa 2—3 Jahren wieder die antifinnische Politik in Rußland einsetzte, ist das Papier nicht weiter gefallen, sondern sogar wieder etwas gestiegen. Anfang dieses Monats stand es auf 82,5.

Die 4½% Anleihe von 1909, die zu dem allerdings niedrigen Kurs von 92,5 aufgelegt ist, notiert heute 98,25.

Die 3½% Anleihe der Stadt Helsingfors von 1898, die 1900 auf 78 gesunken war, steht zur Zeit auf 82,5, was einer Verzinsung von ca. 4½% entspricht.

Die 4% Anleihe von 1900, mit 95 emittiert, war 1908 auf 88,25 herabgegangen, steht heute auf 90. Denselben Stand hat die 4% Anleihe von 1902. Bei diesem Kurse verzinsen sie sich mit ca. 4,4%. Auch das letzte Beispiel, der Vergleich der 3½% und der 4% Anleihe von 1898 und 1911 läßt sich auf diese Weise erklären.

Ist nun im Publikum hie und da die Befürchtung geweckt, daß die Russifizierungspolitik die Bonität Finnlands schädigt und hat dieser Gedanke auch auf den Stand des finnischen Fonds eingewirkt, so scheint mir diese Befürchtung doch des reellen Hintergrunds zu entbehren.

Bisher hat die Politik die wirtschaftliche Entwicklung Finnlands so gut wie gar nicht beeinflußt, und ich halte es nicht für wahrscheinlich, daß in absehbarer Zeit darin eine wesentliche Änderung eintritt, aber unmöglich ist es natürlich nicht.

Wenn es im Hinblick auf diese Möglichkeit auch nicht angezeigt ist, die Anlage deutschen Kapitals in finnische Fonds besonders zu poussieren, so ist es doch auch nicht erwünscht, in bemerkbarer Weise das Kapital zurückzuhalten und die Zulassung finnischer Papiere auf dem deutschen Markt zu erschweren.

Solche Maßnahmen könnten jetzt, wo das Vertrauen auf die Sicherheit der finnischen Papiere tatsächlich — wenn auch grundlos — in manchen Kreisen schwankend geworden sein mag, das Mißtrauen erhöhen und die Folge würde ein weiteres Sinken der Kurse und weitere Verluste für die Besitzer der Papiere bedeuten.

Sollten indes, solange die Beziehungen zwischen Rußland und Finnland in der Schwebe sind und die, auch nur entfernte, Möglichkeit von politischen Komplikationen mit Rückwirkung auf das wirtschaftliche Gedeihen Finnlands bestehen, die Geldansprüche an den deutschen Markt ein der normalen Entwicklung zu sehr vorauseilendes Tempo annehmen, dann würde nichts übrig bleiben, als die Zulassung neuer finnischer Anleihen zu erschweren, selbst auf die Gefahr hin, die Kurse der alten dadurch herabzudrücken. Vorläufig scheint mir aber der Zeitpunkt nicht gekommen, vorläufig scheint es mir besser zu beruhigen, als zu erregen.

Daß durch ein Vorgehen gegen die finnischen Papiere auf die russische Politik ein Einfluß ausgeübt würde, glaube ich nicht.

Auf die enragierten Nationalisten und Antifinnländer, deren Unterstützung die Regierung zur Zeit nicht entbehren kann und will, würde eine eventuelle Schädigung Finnlands gar keinen Eindruck machen und selbst Herr Kokowzew, der vielleicht im innersten Herzen das Vorgehen gegen Finnland gar nicht billigt, würde sich über ein weiteres Sinken der finnischen Papiere und über finanzielle Schwierigkeiten in Finnland zu trösten wissen, in der stillen Hoffnung, daß daran die russische Rente Nutzen haben könnte.

Ich verspreche mir daher von einer Verwertung in der Öffentlichkeit der möglicherweise eintretenden Entwertung der finnischen Papiere infolge der Fortsetzung der Russifizierungspolitik keinen Erfolg.

Ob es angebracht ist, diesen Gesichtspunkt hiesigen maßgebenden Personen gegenüber zur Sprache zu bringen und in welcher Weise dies zu geschehen hätte, vermag ich mangels persönlicher Beziehungen nicht zu beurteilen.

Ich möchte zum Schluß nicht unterlassen, darauf hinzuweisen, daß seit meinem Aufenthalt in Finnland bald sechs Jahre verflossen sind,[2] und daß in dieser Zeit sich in den dortigen Verhältnissen und Anschauungen manches verändert hat, so daß ich mich nicht für völlig kompetent zur Abgabe eines abschließenden Urteils ansehe.

Der Kaiserlichen Botschaft und dem Kaiserlichen Konsulat in Helsingfors sind Abschriften dieses Berichts übersandt.

*ZStAP, AA 3163, Bl. 135ff.*

1 Vgl. Dok. Nr. 258.

2 Biermann war vor seiner Ernennung zum Generalkonsul in St. Petersburg in den Jahren 1904/05 Konsul in Helsingfors.

## 270 Verbalnote Nr. 324 der russischen Botschaft in Berlin an das Auswärtige Amt

*Ausfertigung*

Berlin, 17. Februar 1912

Il y a quelques mois la confédération des villes d'Allemagne adressa une pétition au Chancelier de l'Empire contenant des propositions de mesures pour combattre le renchérissement toujours croissant de la viande. Au nombre de ces mesures la confédération susmentionnée propose de faciliter l'importation du bétail des pays limitrophes sauf de la Russie et expose les conditions auxquelles cette importation pourrait être autorisée. Exprimant la désir de voir que l'importation du bétail des pays limitrophes se fasse sur une large échelle, la confédération exclut sans en expliquer la cause l'importation du bétail de la Russie et souligne seulement la manque de confiance dans les conditions vétérinaires en Russie.

Cependant un examen scrupuleux entrepris par le Ministère de l'Intérieur de Russie prouve qu'aux premiers cas de maladies épizootiques parmi les animaux doméstiques, les mesures nécessaires sont infailliblement prises sur place pour enrayer le mal et le localiser. Les mesures prohibitives que prenaient dans le temps des Gouvernements de quelques états européens contre les provenances russes étaient provoquées par les conditions sanitaires vétérinaires peu satisfaisantes alors en Russie qui à cette époque était même considérée comme le foyer de la peste bovine.

Or, dans le courant des derniers 25 ans la situation sous ce rapport a complétement changée, ce qui est confirmé par toutes les données minutieusement controlées sur la situation du marché de viande en Russie.

La lutte menée durant douze ans contre la peste bovine finit par débarrasser complètement la Russie d'Europe de ce fléau et cette partie de l'Empire est absolument exempte de la peste bovine depuis 17 ans. Le nord du Caucase et les Gouvernements situés à l'ouest du lac Baical en Sibirie n'offrent également aucun danger sur ce rapport depuis 1898. Enfin en automne 1909 on est parvenu éteindre complètement la peste épizootique dans les territoires d'Akmolinsk et de Semiretschensk.

Par conséquent la peste épizootique n'existe plus que dans les parties les plus éloignées de la Russie, notamment au Transcaucase et en Transbaicalie, qui se trouvent à une distance l'une de plus 2000 kilomètres et l'autre plus de 6500 kilomètres de la frontière allemande. Quant aux autres épizooties pouvant avoir une importance pour le marché allemand il y aurait encore la pneumonie épidémique qui, quoique existant dans le bassin de la rivière de Kama, ne se rencontre que très rarement dans les 4 gouvernements limitrophes de la Prusse.

Cependant ces gouvernements éprouvent eux-mêmes la nécessité d'importer des bêtes à cornes destinées à l'abbattage et ne pourraient pas servir par conséquent de lieu d'exportation.

Or dans toutes ces contrées la pneumonie épidémique n'existe pas et si des cas isolés on été constatés parfois dans des propriétés privées, ils étaient toujours produits par une infection du dehors et souvent par le bétail de race de provenance étrangère.

Dans tous les cas avec l'organisation vétérinaire actuelle il n'est pas difficile d'établir une surveillance du bétail à exportation et d'autant plus de la viande. Par conséquent ils ne présentent aucun danger, ni l'un ni l'autre, pour l'Allemagne sous le rapport d'importation d'épizootie.

Cette assertion est basée sur les données incontestables qui prouvent l'absence totale de cas de maladies contagieuses parmi les porcs exportés en Allemagne depuis 13 ans déjà c.à d. depuis que le Gouverment Russe s'est engagé à préserver l'Allemagne de l'importation de porcs contaminés, en vue de quoi une surveillance minutieuse a été établie.

L'efficacité de cette surveillance et l'état sanitaire entièrement satisfaisant des porcs exportés de la Russie ont été reconnus par le Verein des marchands de viande de l'Allemagne. — Le même resultat pourrait être obtenu sans aucun doute par rapport aux bêtes à cornes exportées en Allemagne.

En soumettant ce qui précède à l'appréciation du Gouvernement Impérial, l'Ambassade a l'honneur d'ordre de son Gouvernement d'exprimer l'espoir que la défiance qui aurait pu être suscitée dans le sphères Gouvernementales par la pétition précitée de la confédération des villes d'Allemagne concernant l'importation du bétail russe saura être atténuée et que le Gouvernement Impérialtrouvera possible de révoquer les mesures qui se prennent contre l'importation du bétail notamment de la Russie ce qui a été même l'objet d'une petition de la part du Verein des marchands d'Allemagne [. . .]

*ZStAP, AA 21323, Bl. 139f.*

**271 Bericht Nr. 860 des Konsuls in Moskau Kohlhaas an den Reichskanzler von Bethmann Hollweg**

*Ausfertigung.*

Moskau, 19. Februar 1912

Zu dem mir zugefertigten Artikel des Professors Dr. Max Apt in Berlin über die Einrichtung einer deutschen Auslandshandelskammer inRußland, der in der Nationalzeitung erschienen ist,[1] erlaube ich mir Folgendes zu bemerken:

Da diese Frage bei meiner jüngsten Anwesenheit in Berlin mündlich erörtert worden ist, habe ich nach meiner Rückkehr hierher in den verschiedensten Kreisen deutscher und deutsch-russischer Kaufleute unter der Hand Erkundigungen eingezogen.

Niemand wußte von diesem Plan mehr, als was er zufällig in deutschen Zeitungen gelesen hatte; insbesondere konnte niemand angeben, ob und mit wem Herr Apt, der ja auch mit Interessenten aus Moskau eine solche Handelskammer zu errichten plant, hier in Verbindung getreten sein könnte. Dabei fand ich überall die gleiche ablehnende Haltung, die unsere deutschen Kaufleute in Rußland einem solchen Plan gegenüber stets eingenommen haben. Die Gründe, die für eine solche Haltung ziemlich übereinstimmend angeführt werden, zu wiederholen, ist zwecklos, denn es sind die gleichen, die auch schon bei früherer Erörterung der Fragen vorgebracht worden sind und die sich meines Erachtens nicht widerlegen lassen.

Den Standpunkt, den der überwiegende und jedenfalls der maßgebende Teil der deutschen und deutsch-russischen Kaufmannschaft in Rußland einem solchen Plan gegenüber einnimmt, hat die St. Petersburger Zeitung in ihrer Nummer 29 vom 29. Januar 1912 zutreffend dargelegt. Zutreffend ist vor allem auch die Widerlegung der schon in meinem Berichte vom 5. Juli v.J. Nr. 3069[2] als vollständig haltlos bezeichneten Behauptung des Herrn Apt, daß die russischen Handels- und Industriekreise aus Abneigung gegen Deutschland lieber Geschäfte mit England machen möchten.

Man kann sich nur wundern und bedauern, daß ein Mann, der von russischen Verhältnissen offenbar herzlich wenig versteht, dem deutschen Publikum gegenüber sich als Autorität für die deutsch-russischen Handelsbeziehungen aufspielt. Woher Herr Apt seine Kenntnisse schöpft, ist mir unbekannt; er ist aber, soweit mir bekannt, nicht einmal in Moskau gewesen, wo er doch am ersten Gelegenheit gehabt hätte, die deutsch-russischen Handelsbeziehungen, insbesondere die Lage des deutschen und des englischen Imports von Industrieerzeugnissen zu studieren. Er hätte, wenn er Moskau besucht hätte, dann das Urteil der hiesigen Firmen über die von ihm so stark übertriebene Tätigkeit der englisch-russischen Handelskammer in St. Petersburg hören und sich überzeugen können, daß es ihr — trotz des angeblichen Wunsches der russischen Handels- und Industriekreise, mit England statt mit Deutschland zu arbeiten — in drei Jahren ihres Bestehens nicht einmal gelungen ist, in Moskau, dem ersten Handelsplatz des Reichs und dem ersten Importplatz nicht nur für deutsche, sondern auch für englische Waren, eine Filiale zu gründen, obgleich doch gerade der letzte Besuch der englischen Parlamentarier und Finanziers in Moskau noch eine besondere Anregung hätte bieten müssen. Wie schwache Vorstellungen Herr Apt vom russischen Handel hat, beweist seine Annahme, daß die englische Handelskammer in St. Petersburg einen fast täglichen Kontakt englischer Kaufleute und Industrieller mit russischen zu Wege gebracht habe, deren die deutschen Kaufleute und Industriellen nach seiner Ansicht bisher entbehren. Soviel mir bekannt ist, beschäftigt sich die englisch-russische Handelskammer lediglich mit schriftlichen Anfragen und dergleichen. ohne einen solchen Kontakt zu Stande zu bringen. Dagegen findet aber hier, wie überall in Rußland, seit vielen Jahrzehnten ein täglicher freundschaftlicher Kontakt zwischen russischen Kaufleuten und Industriellen einerseits und deutschen Importeuren, Agenten, Technikern, Geschäftsreisenden statt, so daß wir mindestens nicht, wie die Engländer nach Herrn Apts Ansicht, es nötig haben, solch einen Kontakt erst durch das künstliche Mittel einer Handelskammer zu schaffen.

Da Herr Apt es jetzt anscheinend nicht mehr wünscht, daß die Handelskammer in St. Petersburg und Moskau durch Initiative der Reichsregierung ins Leben gerufen werden solle, so wird es wohl das Beste sein, ihn mit seinen Verbindungen in Rußland in der Praxis zeigen zu lassen, was er kann. Ich zweifle nicht daran, daß etwas Wertvolles und Lebensfähiges nicht zu Stande kommen wird.

Abschrift dieses Berichtes geht der Kaiserlichen Botschaft und dem Kaiserlichen Generalkonsulat in St. Petersburg zu.

*ZStAP, AA 2569, Bl. 108f.*

1 Vgl. Dok. Nr. 259, Anmerkung.

2 Vgl. Dok. Nr. 240.

## 272 Bericht Nr. 986 des Konsuls in Moskau Kohlhaas an den Reichskanzler von Bethmann Hollweg

*Ausfertigung.*

Moskau, 21. Februar 1912

[. . .] Endlich wäre noch zu erwähnen, daß seit einiger Zeit hier Gerüchte über die Umwandlung des sehr angesehenen und kapitalkräftigen privaten Bankhauses J.W. Junker & Cie, das in St. Petersburg eine Filiale besitzt, in eine Aktiengesellschaft umlaufen. Wenn ich recht unterrichtet bin, dürften Erwägungen in dieser Richtung allerdings schweben, da das Geschäft dieser Firma sich in den letzten Jahren so ausgedehnt hat, daß die jetzige rechtliche Form nicht mehr ganz zeitgemäß erscheint. Ob aber zu dieser Umgestaltung fremdes Kapital überhaupt zugezogen werden würde, erscheint fraglich; es dürfte vielleicht die Form einer Familien-Aktiengesellschaft gewählt werden, bei der fremdes Kapital nur in geringem Maße beteiligt werden könnte. Jedenfalls aber wäre es, wenn es so weit kommt, dringend wünschenswert, daß diese Beteiligung dem deutschen Kapital zufiele, wofür meines Erachtens eine gewisse begründete Hoffnung besteht, da das Bankhaus J.W. Junker & Cie stets hauptsächlich mit deutschen Banken gearbeitet hat. Es ist in den letzten Jahren viel davon die Rede gewesen, daß wir in Rußland auch eine deutschen Interessen dienende Bank haben müßten, welchem Zweck die jetzt teilweise unter deutscher Kontrolle stehenden russischen Banken, wie russische Bank für Auswärtigen Handel und Sibirische Bank, doch nur in sehr beschränktem Maße dienen. Eine ganz neue Bank in Rußland zu organisieren, ist mit großen Schwierigkeiten aller Art verbunden, und der Erfolg bleibt bei der heutigen schweren Konkurrenz der zahlreichen Banken in Rußland fraglich. Ganz etwas anderes wäre es aber, wenn die Schaffung einer deutschen Interessen dienenden Bank sich in der Weise vollzöge, daß ein seit Jahren bestehendes, in ganz Rußland hochangesehenes, über eine umfangreiche und wertvolle Klientel verfügendes Bankgeschäft, wie das Haus J.W. Junker & Cie, als Grundlage und Kern gewählt würde. [...]

*ZStAP, AA 2074, Bl. 23f..*

**273 Schreiben Nr. III B 645 des Staatssekretärs des Innern Delbrück an den Staatssekretär des Auswärtigen Amts von Kiderlen-Waechter**

*Ausfertigung.*

Berlin, 24. Februar 1912

Zu den in dem wieder beigefügten Schreiben der Russischen Botschaft vom 10/23 Oktober v.J.[1] geäußerten Wünschen wegen Abänderung der Bestimmungen über die Einfuhr der russischen Kontingentschweine beehre ich mich nach Benehmen mit dem Königlich Preußischen Herrn Minister für Landwirtschaft, Domänen und Forsten folgendes zu bemerken.

Die in erster Linie angeregte „allgemeine Ermächtigung für alle Händler der verschiedenen Städte Schlesiens, an dem Einkauf der genannten Schweine unbeschränkt teilzunehmen", würde jede Kontrolle über die Innehaltung der Kontingentzahl unmöglich machen. Es ist unerfindlich, nach welchen Grundsätzen die Grenzbehörden die Auswahl treffen bezw. die Verteilung vornehmen sollten, wenn auf Grund einer solchen allgemeinen Ermächtigung gleichzeitig von verschiedenen Händlern eine die Kontingentziffer im ganzen überschreitende Menge von Schweinen zur Einfuhr gestellt werden würde. Dieser Fall würde aber bei völliger Freigabe der Einfuhr an alle schlesischen Händler und dem sich infolgedessen entwickelnden Wettbewerb mit Sicherheit eintreten.

Jene Anregung erscheint hiernach ganz unausführbar.

Die in zweiter Linie vorgeschlagene Übertragung des nicht ausgenutzten Teils des Wochenkontingents an andere Bewerber unterliegt gleichfalls nicht unerheblichen Bedenken im Interesse der Kontrolle. Denn es gibt den Anreiz, mit der Einfuhr über den oberschlesischen Bedarf, für den das Kontingent doch lediglich bestimmt ist, hinauszugehen und den Vertrieb des Schweinefleisches mißbräuchlich über die Grenzen des oberschlesischen Industriebezirks hinaus zu erstrecken. Ein solcher Vertrieb ist früher tatsächlich mehrfach und zum Teil in großem Umfange festgestellt worden.

Trotz dieser Bedenken aber ist auf Vorschlag des Regierungspräsidenten in Oppeln die in Rede stehende Übertragung nicht genutzter Kontingentsteile vom Herrn Minister für Landwirtschaft, Domänen und Forsten *versuchsweise* und *jederzeit widerruflich* schon vor längerer Zeit genehmigt worden, nämlich für die Städte Beuthen und Kattowitz bereits seit dem 2. Mai v.J. und für die übrigen Schlachthoforte seit Anfang Oktober v.J.

Hiernach dürfte den von der Russischen Botschaft im Interesse besserer Ausnutzung des im Handelsvertrage zugelassenen Schweinekontingents gegebenen Anregungen zur Zeit bereits soweit Rechnung getragen sein, wie es nach Lage der Verhältnisse angängig ist. Eine volle Ausnutzung des Kontingents haben allerdings auch diese erleichternden Bedingungen nicht ermöglicht. Der Grund hierfür ist nach Ansicht des Herrn Ministers für Landwirtschaft, Domänen und Forsten hauptsächlich in dem starken inländischen Wettbewerb infolge der niedrigen Schweinepreise der letzten Monate zu suchen.[2]

*ZStAP, AA 21323, Bl. 126f.*
1 Vgl. Dok. Nr. 251.
2 Kiderlen übernahm in dem Schreiben an den russischen Geschäftsträger Šebeko vom 22. 4. 1912 vollinhaltlich die Ausführungen Delbrücks.

**274 Erlaß Nr. II 0 745 des Direktors der Handelspolitischen Abteilung des Auswärtigen Amts von Koerner an den Generalkonsul in St. Petersburg Biermann**

*Konzept.*

Berlin, 10. März 1912

Euer Hochwohlgeboren lasse ich anbei eine Äußerung des Herrn Staatssekretär des Innern vom 1. v.M.[1] und eine solche des Königlich Preußischen Herrn Ministers für Handel und Gewerbe vom 19. v.M. zu dem von der russischen Regierung geplanten Ausfuhrverbot für Erz abschriftlich zur gefälligen Kenntnisnahme zugehen. Wie Euer Hochwohlgeboren daraus entnehmen wollen, würde ein solches Ausfuhrverbot nicht ohne schwere schädigende Wirkungen auf unsere Eisenproduktion bleiben. Da die beabsichtigte Maßnahme im Falle ihrer Durchführung eine Verletzung des Artikels 5 des deutsch-russischen Handelsvertrags bedeutet, sind wir an sich in der Lage, dagegen Widerspruch zu erheben.

Der Königlich Preußische Herr Minister für Handel und Gewerbe hält es aus grundsätzlichen Erwägungen für geboten, Einspruch gegen den Gesetzentwurf zu erheben, und ich bin nicht abgeneigt, entsprechende Schritte durch die dortige Kaiserliche Botschaft zu veranlassen, schon von der Erwägung aus, daß dadurch eine Verzögerung der Maßnahme herbeigeführt werden könnte.

Zuvor möchte ich jedoch möglichst Gewißheit darüber haben, ob Aussicht vorhanden ist, daß der Entwurf überhaupt Gesetz wird.

Euer Hochwohlgeboren ersuche ich daher ergebenst, der Angelegenheit ihre besondere Aufmerksamkeit zuzuwenden und mich darüber nach Möglichkeit zu unterrichten.

Dem Kaiserlichen Konsulat in Charkow, dem ich eine Abschrift Ihrer bezüglichen Berichte zu übermitteln bitte, geht ein gleiches Ersuchen zu.

*ZStAP, AA 2092, Bl. 92f.*
1 Vgl. Dok. Nr. 268.

**275 Bericht Nr. 1396 des Konsuls in Moskau Kohlhaas an den Reichskanzler von Bethmann Hollweg**

*Ausfertigung.*

Moskau, 13. März 1912

Dieser Tage sind hier die sogenannten „Wirtschaftlichen Besprechungen“ einer Gruppe Moskauer Großindustrieller und Finanziers, die im vorigen Jahre wegen der Stellungnahme ihrer Teilnehmer zu dem Potsdamer Abkommen und zu dem Transpersischen Bahnprojekt auch außerhalb Rußlands lebhaftes Interesse erweckt haben, wieder aufgenommen worden.

Das Thema der ersten Besprechung, die wiederum im Hause des Herrn P.P. Rjabuschinski, eines der Direktoren der neu gegründeten „Moskauer Bank" und des Gründers und Inspirators des „Utro Rossii", stattfand, war der künftige deutsch-russische Handelsvertrag.

Anwesend waren zahlreiche Vertreter von Großhandel, Großindustrie und Banken, ferner verschiedene Nationalökonomen von der Moskauer Universität, ferner einige aus St. Petersburg herübergekommene Parlamentarier, vor allem aber Herr Timirjasew, der in Bestätigung seiner vor etwa 2 Monaten in St. Petersburg geäußerten Ansicht, daß Rußland beim nächsten Vertrage auf dem Gebiete der Industriezölle Deutschland werde Konzessionen machen müssen, wenn es selbst für seinen Export bessere Bedingungen erlangen wolle, sehr bemerkenswerte Ausführungen machte, die ein näheres Eingehen auf den Verlauf des Abends rechtfertigen.

Das Hauptreferat über das Thema „Die wirtschaftlichen Interessen Rußlands und der künftige Handelsvertrag" hatte ein junger Nationalökonom übernommen, der seine Ausführungen völlig den Wünschen und Anschauungen der Moskauer Großindustriellen anzupassen verstand. Er führte etwa aus, die rasch fortschreitende Industrialisierung Rußlands erhöhe auch die Aufnahmefähigkeit des russischen Inlandmarktes für russische landwirtschaftliche Erzeugnisse. Rußland werde daher beim Abschluß des nächsten Handelsvertrages mit Deutschland nicht mehr so stark wie früher auf Erreichung günstiger Bedingungen für seine Ausfuhr landwirtschaftlicher Produkte angewiesen und deshalb von Deutschland unabhängiger sein als bisher. Da aber der Industrialismus immer mehr das Fundament der russischen Volkswirtschaft werde, müsse alles vermieden werden, was die Entwicklung der russischen Industrie und damit die Kräftigung des russischen Inlandmarktes schädigen könne. Eine Begünstigung der Ausfuhr landwirtschaftlicher Produkte auf Kosten der russischen Industrie, indem man bessere Einfuhrbedingungen für erstere nach Deutschland durch Ermäßigung der industriellen Schutzzölle zu Gunsten der deutschen Einfuhr von Fabrikaten nach Rußland erkaufe, werde deshalb in Zukunft einerseits nicht mehr so notwendig, andererseits aber schädlich und gefährlich sein.

Dieses Referat wurde von Herrn Timirjasew auf Grund seiner überlegenen Kenntnis der deutsch-russischen Handelsbeziehungen und der früheren Vertragsverhandlungen scharf und schonungslos zerpflückt. In erster Linie widerlegte Timirjasew die auch von dem Referenten wiederholte, in der Presse Rußlands immer wiederkehrende Behauptung, daß der jetzige deutsch-russische Handelsvertrag unter der Einwirkung des unglücklichen Krieges und der Revolution abgeschlossen worden sei. Rußland habe einfach die wirtschaftliche Evolution, die sich in Deutschland in den 90-er Jahren vollzogen habe, verschlafen gehabt. Deutschland habe sich damals seinen Zolltarif mit den Minimalsätzen für Getreide geschaffen und Rußland sei in der Notlage gewesen, sich diesen Minimalsätzen zu unterwerfen, nicht weil es im Kriege mit Japan stand, sondern weil es fürchten mußte, anderen Ländern gegenüber, mit denen Deutschland ebenfalls verhandelte, differenziert zu werden. Wenn Rußland damals eine Volksvertretung gehabt hätte, die die verschiedenen Anschauungen hätte ausgleichen können, und wenn die russische Regierung sich auf die Nation hätte stützen können, so hätte das wohl vielleicht einen gewissen Einfluß auf das Ergebnis gehabt. Aber allzuviel hätte auch dieser Umstand kaum ausmachen können.

Alle Berechnungen der Chancen beider Parteien für die Zukunft, die sich darauf stützen, daß Rußland beim neuen Vertragsabschluß in einer ganz anderen politischen und finanziellen Lage sein werde als im Jahre 1904, halte er, Timirjasew, für allzu optimistisch.

Der innere Markt Rußlands könne für die russische Landwirtschaft in absehbarer Zeit den Auslandsmarkt nicht ersetzen. Überdies sei die Ausfuhr von landwirtschaftlichen Produkten auch schon der Zahlungsbilanz halber absolut notwendig.

Die Deutsche Regierung habe 1904 nicht unter die Minimalsätze gehen können, sie werde es im Jahre 1917 ebensowenig können, weil sie dadurch die deutsche Landwirtschaft ruinieren würde, die unter der Herrschaft der jetzigen Schutzzölle erstarkt sei. Natürlich werde es möglich sein, bei neuen Vertragsverhandlungen auch auf dem Gebiete des landwirtschaftlichen Exports gewisse Konzessionen von Deutschland zu erlangen. Aber man müsse dabei im Auge haben, daß Deutschland für jede Konzession zu Gunsten Rußlands das Doppelte zu seinen Gunsten fordern werde. Was man wirklich mit Nutzen tun könne, werde sein, die zu machenden Konzessionen im voraus so zu überlegen, daß sie der Entwicklung der russischen Industrie keinen allzu großen Schaden tun. Im ganzen und großen werde nach seiner Überzeugung der künftige Handelsvertrag ungefähr eine Wiederholung des bisherigen mit geringfügigen Änderungen und Ergänzungen werden.

Diesen beachtenswerten Ausführungen des Mannes, den man auch heute noch immer als die erste und vielleicht einzige Autorität in Rußland auf dem Gebiete der Handelspolitik ansehen muß, und die, wie mir scheint, im wesentlichen mit der von dem Herrn Staatssekretär des Reichsamts des Innern unlängst im Reichstag entwickelten Anschauung der deutschen Regierung bezüglich der allgemeinen Gestaltung der künftigen Handelsverträge übereinstimmen, trat auffallender Weise der durchaus schutzzöllnerische Präsident des Moskauer Börsenkommitees, Herr G. Krestownikow, im allgemeinen bei. Auch er glaubt nicht, daß von Deutschland eine Änderung seiner Handelspolitik zu erwarten sei und ist überzeugt, daß Rußland nicht wirtschaftlich und politisch stark genug sei, um Deutschland ohne entsprechende Gegenleistung Konzessionen für Rußlands Ausfuhr nach Deutschland abzuringen. Im Gegenteil, die Stellung Rußlands bei Handelsvertragsverhandlungen sei durch die neuen innerpolitischen Verhältnisse Rußlands eher schwächer geworden als früher. Krestownikow fürchtet — offenbar unter dem Eindruck der schweren Niederlage, die die Regierung und mit ihr die Protektionisten mit der Vorlage zur Hebung des Baus landwirtschaftlicher Maschinen dieser Tage in der Reichsduma erlitten hat — daß die Volksvertretung und die öffentliche Meinung dem wirtschaftlichen Interesse Rußlands sogar gefährlicher werden könnten, als die deutschen Unterhändler, denn die öffentliche Meinung, die Presse, die Volksvertretung seien für solche Aufgaben nicht vorbereitet und urteilen nach vorgefaßten Meinungen. Das Einzige, was man bei dieser Sachlage tun könne, sei ernsthafte Vorbereitung durch gründliche Erörterung aller in Betracht kommenden Fragen und entsprechende Einwirkung auf die öffentliche Meinung.

Die daran anschließende weitere Debatte, die mehr auf die innere Politik überging, war ohne besonderes Interesse. Das ‚Utro Rossii‘ hebt in seiner Besprechung des Abends hervor, daß in der Diskussion beide großen wirtschaftlichen Gruppen, die Verfechter des industriellen Schutzzollsystems sowohl wie die Verfechter der Interessen der auf den Export angewiesenen Landwirtschaft, zu Wort gekommen seien, daß aber in den Reden beider Gruppen der Wunsch nach einer Aussöhnung und Ausgleichung der widerstrebenden Interessen in so erfreulicher Weise laut geworden sei, daß man hoffen dürfe, Industrie und Landwirtschaft werden bis zum Beginn der Vertragsverhandlungen den richtigen Mittelweg finden, der den berechtigten Interessen der Landwirtschaft gerecht werde, ohne ihnen die ebenso berechtigten Interessen der Industrie zum Opfer zu bringen.

Abschriften dieses Berichts gehen der Kaiserlichen Botschaft und dem Kaiserlichen General-Konsulat in St. Petersburg zu.

*ZStAP, AA 6271, Bl. 42ff.*

**276 Bericht Nr. 906 des Botschafters in St. Petersburg Graf von Pourtalès an den Reichskanzler von Bethmann Hollweg. Ganz vertraulich!**

*Abschrift.*

St. Petersburg, 14. März 1912

Der Chef der Kreditkanzlei des Finanzministeriums, Herr Dawydow, erzählte, daß die Absicht bestände, demnächst 250 Millionen Rubel (garantierte) 4% oder 4½% Eisenbahnobligationen (Wladikawkas, Kiew-Woronesh und andere) im Ausland zu begeben.

Herr Dawydow möchte, daß diese Anlage gleichzeitig auf den Märkten von Paris, Amsterdam und Berlin herauskommt, und bemerkte hierzu „ce serait un trait d'union entre les banques de la triplice et de l'entnente".

In diesem Falle würde Berlin ¼ der Anlage bekommen. Das Haus Mendelssohn (von dem hier nicht bekannt ist, ob es von der Angelegenheit schon etwas weiß) scheint nun, nach früheren Vorbesprechungen zu schließen, Wert darauf zu legen, selbständig und nicht in Kooperation mit den anderen Märkten das Geschäft teilweise oder ganz zu machen. Herr Kokowtzow hält aber aus politischen Gründen, ebenso wie Herr Dawydow, eine Kooperation der Banken verschiedener Länder für wünschenswert.

Über die Gründe befragt, weshalb man die letzte Emission der Bauernagrarbank ganz auf den Pariser Markt gebracht habe, erwiderte Herr Dawydow ausweichend und erwähnte dabei, daß Herr Kokowtzow die Emission der Bauernagrarbank noch habe aufschieben wollen, jetzt aber sehr froh sei, dies auf seinen, Dawydows, Rat nicht getan zu haben, denn im Hinblick auf den englischen Streik und die allgemeine Lage würde jetzt die schnelle Unterbringung der Emission in Paris Schwierigkeiten gemacht haben.

*ZStAP, AA 21576, Bl. 182.*

**277 Bericht Nr. 1051 des Botschafters in St. Petersburg Graf von Pourtalès an den Reichskanzler von Bethmann Hollweg**

*Abschrift.*

St. Petersburg, 25. März 1912

Der Direktor der Kreditkanzlei Herr Dawydoff besprach mit einem Mitglied der Kaiserlichen Botschaft die kürzlich erfolgte Heraufsetzung des Markkurses, die in hiesigen politischen und journalistischen Kreisen fälschlicher Weise als Zeichen einer Verschlimmerung der politischen Lage vielfach gedeutet wurde und Euerer Exzellenz aus der Berichterstattung des Kaiserlichen Generalkonsulats bereits bekannt sein dürfte; er äußerte sich dabei in nachstehendem Sinne.

Die in der deutschen Bankwelt in letzter Zeit stattgefundene finanzielle Mobilisierung und die damit in Zusammenhang stehende Zurückziehung beträchtlicher Guthaben von dem russischen Markte seitens der deutschen Banken, insbesondere auch der Deutschen Bank, hätten diese Abwehrmaßregel notwendig gemacht, um dem Goldabfluß vorzubeugen. Außerdem müsse auch der hohe 7% Berliner Zinsfluß für Ultimogeld gegenüber dem nur

5% Petersburger in Betracht gezogen werden, der gleichfalls zu der Zurückziehung der deutschen Guthaben beitrage. In Anbetracht dieser Umstände werde die Kreditkanzlei sich wohl gezwungen sehen, den Markkurs abermals heraufzusetzen, so daß er die Höhe von 46,40 Rbl erreichen würde, eine Maßnahme, die jedoch rein finanzieller Natur sei.

*ZStAP, AA 21756, Bl. 163.*

**278 Bericht Nr. 972 des Botschafters in St. Petersburg Graf von Pourtalès an den Reichskanzler von Bethmann Hollweg**

*Ausfertigung.*

St. Petersburg, 26. März 1912

Wie Euere Exzellenz aus dem in der Anlage in Abschrift gehorsamst beigefügten Schreiben nebst Anlage des Kaiserlichen Generalkonsulats in Warschau vom 16. d.M. hochgeneigtest entnehmen wollen, hat der Gouverneur von Petrikau das in dem nebenstehenden hohen Erlasse[1] erwähnte Zirkular, betreffend die Verpflichtung von ausländischen Juden, welche nach Rußland in Handelsangelegenheiten kommen, eine Gewerbesteuer in Höhe von 500 Rubeln zu entrichten, tatsächlich erlassen.

Ich bin daher in Ausführung des obenerwähnten hohen Erlasses bei der hiesigen Regierung vorstellig geworden und habe sie unter Berufung auf unser Vertragsrecht aufgefordert, auf eine mit den Bestimmungen des deutsch-russischen Handelsvertrags im Einklang stehende Änderung der Verfügung des Petrikauer Gouverneurs hinzuwirken.

Ich darf mir eine weitere gehorsamste Berichterstatttung in der Angelegenheit ebenso wie die Rückreichung der Anlagen des nebenstehenden hohen Erlasses vorbehalten.[2]

*ZStAP, AA 6261, Bl. 131.*

1 Erlaß vom 17. 8. 1911.

2 Da eine Antwort des russischen Außenministeriums ausblieb, wurde Pourtalès mit Erlaß vom 14. 12. 1912 aufgefordert, auf eine Beschleunigung der Angelegenheit hinzuwirken.

**279 Telegramm Nr. 63 des Botschafters in St. Petersburg Graf von Pourtalès an das Auswärtige Amt**

*Abschrift.*

St. Petersburg, 27. März 1912

Marineattaché meldet:

Infolge englischen Kohlenstreiks ist in den Marinehäfen großer Kohlenmangel. Marineministerium hat schon größere Bestellungen mit rheinisch-westfälischem Kohlensyndikat eingeleitet. Russische Gruben können Bedarf bei weitem nicht decken, außerdem für

Schiffe nicht gewünscht. Für rheinisch-westfälisches Kohlensyndikat jetzt Gelegenheit, den lange gewünschten Markt hier zu erobern, große Offerten erwünscht, kleine Angebote tun Vergebung Abbruch. Um erlangte Stellung künftig festzuhalten, ist Wert zu legen auf beste Lieferung und nicht durch die augenblickliche Gunst der Lage übertriebene Preise.

*ZStAP, AA 2934, Bl. 150.*

**280 Erlaß Nr. 337 des Staatssekretärs des Auswärtigen Amts von Kiderlen-Waechter an den Botschafter in St. Petersburg Graf von Pourtalès**

*Abschrift.*

Berlin, 30. März 1912

Mit Beziehung auf Bericht Nr. 906 v. 14. d.M.[1]

Herr Dawydoff ist inzwischen auch an Mendelssohn selbst mit dem Vorschlag herangetreten, das in Aussicht genommene Eisenbahnobligationsgeschäft in der von Ew. Exz. gemeldeten Form zu machen.

Dieser Anregung gegenüber steht das Haus Mendelssohn auf dem Standpunkt, daß seine bisherige unabhängige Stellung Rußland gegenüber erheblich beeinträchtigt würde, wenn es sich jetzt mit Paris und Amsterdam in das fragliche Geschäft teilen müßte. Auch stehe zu befürchten, daß sich im weiteren Verlauf der Angelegenheit wohl auch belgisches und Schweizer Kapital für die Anlage interessieren würden, so daß die finanzielle Selbständigkeit Mendelssohn's womöglich noch weiter geschwächt und das genannte Haus innerhalb des Konsortiums in eine verhältnismäßig bescheidene Position gedrängt werden würde.

Da die Übernahme des ganzen 250 Millionen-Geschäfts nach Lage der Dinge nicht in Frage kommen kann, beabsichtigt die Firma, der russischen Finanzverwaltung den Gegenvorschlag zu machen, aus dem ganzen Geschäftskomplex eine Eisenbahnlinie — und zwar Wladikawkas — auszusondern und diese ausschließlich dem deutschen Kapital zu überlassen. Bezüglich der übrig bleibenden Strecken bleibe es dann H. Kokowtzoff unbenommen, mit einem internationalen Konsortium ins Benehmen zu treten.

Auf die hier erfolgte Anfrage des Hauses Mendelssohn, ob den von ihm in Aussicht genommenen Richtlinien auch vom politischen Standpunkte beigetreten werden könne, ist erwidert worden, daß es auch politisch durchaus erwünscht schiene, wenn die deutsche Bankwelt ihre bisherige unabhängige Stellung, wenn auch nur durch Übernahme eines Teilgeschäfts, Rußland gegenüber wahre, anstatt sich an einem internationalen Konsortium als Partner zu beteiligen.

*ZStAP, AA 21576, Bl. 183f.*

1 Vgl. Dok. Nr. 276.

**281** **Bericht Nr. II 286 des Generalkonsuls in St. Petersburg Biermann an den Reichskanzler von Bethmann Hollweg**

*Ausfertigung.*

St. Petersburg, 30. März 1912

Auf den Erlaß vom 10. d.M. — II 0 745[1] —.

In dem Bericht vom 20. Dezember v.J. — II 1087 — hatte ich gemeldet, daß das von der Russischen Regierung geplante allgemeine Ausfuhrverbot für Erz vom Handelsministerium der Duma bereits in Form eines Gesetzentwurfs unterbreitet worden sei. Diese auf den Angaben eines sonst gut informierten Gewährsmanns beruhende Mitteilung ist insofern irrtümlich gewesen, als der Entwurf zwar ausgearbeitet und zur Übergabe an die Duma fertig war, aber ihr noch nicht vorgelegt worden ist. Der betreffende Vorschlag war von der mit der Revision des Zolltarifs betrauten Kommission ausgegangen und dem Handelsministerium im April v.J. als Gesetzentwurf vorgelegt worden. Dort liegt derselbe zur Zeit noch und dürfte auch, wie mir mitgeteilt wird, noch weit von seiner Verwirklichung sein. Jedenfalls wird damit zu rechnen sein, daß der Entwurf der jetzigen Duma, deren Session sich ihrem Ende zuneigt, nicht mehr vorgelegt wird. Dies würde aber mit einer Vertagung auf unbestimmte Zeit gleichbedeutend sein, sofern nicht etwa die Regierung angesichts der bei den Erzgrubeninteressenten bestehenden Opposition von ihrem Plane überhaupt Abstand nimmt.

Unter diesen Umständen möchte ich es für verfrüht halten, daß wir schon jetzt zu der Angelegenheit Stellung nehmen. Ich werde die Sache im Auge behalten und seiner Zeit weiteren Bericht erstatten.

Dem Kaiserlichen Konsulat in Charkow habe ich Abschrift meiner Berichte und der Kaiserlichen Botschaft Abschrift dieses Berichts übermittelt.

*ZStAP, AA 2092, Bl. 116.*

1 Vgl. Dok. Nr. 274.

**282** **Stellungnahme der Handelspolitischen Abteilung des Auswärtigen Amts**

*Abschrift.*

Berlin, 11. April 1912

Mit Erlaß vom 28. November v.J. — II 0 4375[1] — der von Abt. A mitgezeichnet und von Seiner Exzellenz dem Herrn Staatssekretär unterzeichnet worden ist, hat der Kaiserl. Botschafter in St. Petersburg in Anbetracht der abweichenden, zum Teil sogar vertragswidrigen Haltung, die die russische Regierung seit einiger Zeit uns gegenüber in verschiedenen wirtschaftlichen Fragen eingenommen hat, den Auftrag erhalten, der Regierung unter speziellem Hinweis auf die vertragswidrige Ausschließung unseres Eisenbahnmaterials vom russischen Markt mitzuteilen, daß wir in Zukunft Bedenken tragen müßten, den deutschen Geldmarkt wie bisher für russische Eisenbahnanleihen offen zu halten. Diese Anweisung, die der Kaiserl. Botschafter am 8. Dezember v.J. zur Ausführung gebracht hat, ist erfolgt, weil uns mit Rücksicht auf die Struktur der deutsch-russischen wirtschaftlichen Beziehungen andere keinen Erfolg versprachen, da Druckmittel gegenüber Rußland nicht zur Verfügung stehen, überdies auch die gegenwärtige Verfassung unseres Geldmarktes einer solchen Maßnahme nicht entgegensteht. Seitdem ist eine wesentliche Änderung in der Haltung der russischen Regierung speziell auch in der Frage der Zulassung unseres Eisenbahnmaterials, nicht eingetreten.

Abt. II hätte es daher begrüßt, wenn der nunmehr eingetretene Anlaß dazu hätte benutzt werden können, um unsere Drohung zu verwirklichen oder wenigstens die Befriedigung unserer Reklamationen mit der Übernahme der Anleihe in Verbindung zu bringen. Sollte letzteres noch möglich sein, so würde vom Standpunkte unserer wirtschaftlichen Interessen auf entsprechende Schritte auch im gegenwärtigen Stadium der Sache Wert zu legen sein, da anders — und insbesondere, wenn wir unsere Drohung selbst ignorieren — ein weiteres Angehen gegen die willkürliche Beeinträchtigung unserer Wirtschaftsinteressen von russischer Seite kaum noch besonderen Erfolg versprechen dürfte.

Hiermit bei A ergeb. wieder vorgelegt.[x]

x Randbemerkung Goebel 19/7: Die Vorlage bei A ist auf Wunsch des Herrn UStS u. S. Exz. des Herrn Direktors unterblieben.

*ZStAP, AA 6271, Bl. 79.*
1 Vgl. Dok. Nr. 256.

## 283 Schreiben Nr. I A IIIe 3091 des Unterstaatssekretärs im preußischen Ministerium für Landwirtschaft, Domänen und Forsten Küster an den Reichskanzler von Bethmann Hollweg

*Abschrift.*

Berlin, 11. April 1912

Zu den Anträgen des Deutschen Fleischerverbandes vom 16. November 1911 habe ich mich bereits in meinem Schreiben vom 29. Dezember 1911 — I A III e 13542 — geäußert. Auf die dort gemachten Ausführungen darf ich ergebenst Bezug nehmen.

Wenn die Russische Botschaft in der wieder beigefügten Note vom 4./17. Februar d.J. der Meinung Ausdruck gibt, daß die seinerzeit mit Rücksicht auf die Verbreitung der Rinderpest und Lungenseuche unter den russischen Viehbeständen in Preußen getroffenen viehseuchenpolizeilichen Schutzmaßregeln nach der erfolgreichen Bekämpfung dieser Seuchen ihre Berechtigung verloren hätten, so kann dem in keiner Weise zugestimmt werden. Die Unzulänglichkeit auch der heutigen veterinären Einrichtungen in Rußland ist zu bekannt, als daß es weiterer Ausführungen hierüber bedarf. Auch handelt es sich bei den Einfuhrbeschränkungen gegenüber Rußland jetzt neben der Abwehr der Rinderpest und Lungenseuche in besonderem Maße um die Verhütung von Einschleppung der Maul- und Klauenseuche.

Obwohl es schwer ist, zuverlässige Nachrichten über den jeweiligen Seuchenstand in Rußland zu erhalten, so sind doch hinlängliche Anhaltspunkte dafür gegeben, daß dieser auch zur Zeit recht bedrohlich ist. Nach den Ermittlungen der Regierungspräsidenten der an Rußland grenzenden Bezirke ist in den letzten Monaten sowohl die Lungenseuche als auch die Maul- und Klauenseuche in verschiedenen Teilen des russischen Grenzgebiets aufgetreten. Eine Minderung des Grenzschutzes kann daher nicht in Erwägung gezogen werden.

*ZStAP, AA 21323, Bl. 144.*

## 284 Bericht Nr. 118 des Geschäftsträgers in St. Petersburg von Lucius an den Reichskanzler von Bethmann Hollweg

*Abschrift.*

St. Petersburg, 13. April 1912

Herr Kokowtzew empfing mich gestern und brachte sehr bald selbst das Gespräch auf den demnächst zu erwartenden Besuch des Herrn Fischel in der Angelegenheit der Emission der Eisenbahnobligationen. Ich hatte also Gelegenheit, den Ministerpräsidenten darauf vorzubereiten, daß das Haus Mendelssohn in Anbetracht seiner besonderen Stellung an einer Kooperation mit Paris und Amsterdam wohl nicht gern teilnehmen würde, weil es hierdurch, gegenüber den französischen Banken, in die zweite Linie gedrängt würde. Warum man nicht die Wladikawkas-Emission ausschließlich dem deutschen Markt überließe und aus dem Rahmen der übrigen Geschäfte herausnehmen könnte? Der Ministerpräsident war vermutlich direkt durch Herrn Fischel über die Mendelssohn'schen Wünsche informiert und betonte, daß er persönlich schon geneigt sei, von der Internationalisierung des Geschäfts, die Herr Dawydow vorgeschlagen habe, abzusehen und die Wladikawkas-Obligationen — übrigens die besten — ganz dem deutschen Markt zu überlassen, „pourvu que M. Fischel soit raisonable et pas exigeant".

Zwischen Herrn Dawydow und Herrn Fischel besteht, wie ich mich wiederholt überzeugt habe, seit der bekannten Aktion der Kreditkanzlei — der starken Inanspruchnahme der russischen Guthaben bei Mendelssohn und anderen — eine gewisse Spannung. Ich glaube aber, daß Herr Kokowtzew, der wiederum sehr freundschaftlich über die deutschen Banken sprach, sich unseren Argumenten nicht mehr verschließt und daß das Geschäft zustande kommen wird.

*ZStAP, AA 21576, Bl. 185.*

## 285 Bericht Nr. 124 des Geschäftsträgers in St. Petersburg von Lucius an den Reichskanzler von Bethmann Hollweg

*Ausfertigung.*

St. Petersburg, 17. April 1912

Der Ministerpräsident hat in Moskau auf die nationalistisch gefärbte Rede des dortigen Präses des Börsenkomitees Krestownikow, welcher behauptete, daß die Handelsverträge den auswärtigen Staaten Vorteil verschafft hätten, Rußlands Aktionsfreiheit aber einschränkten, in maßvollster Form geantwortet.

Zur Frage der Erneuerung der Handelsverträge mit Deutschland und Österreich-Ungarn erklärte nämlich Herr Kokowtzoff, daß dies eine der „wichtigsten und kompliziertesten" Fragen sei, deren Entscheidung bevorstehe. Hoffentlich werde die 4. Duma diese Arbeit lösen und eine „Sprache finden, in der die beiden vertragschließenden Parteien sich werden verständigen können". Nur ein solches Abkommen verbürge Dauer und Festigkeit, das auf dem klaren Bewußtsein der *„gegenseitigen Vorteile"* beruhe. Von diesem Standpunkt aus liege sowohl auf der Regierung wie auf den gesetzgebenden Körperschaften eine große Verantwortung.

Herr Kokowtzoff hat sich ferner als überzeugter Anhänger des Schutzzollsystems bekannt, daß auch fernerhin der russischen Tarifpolitik die Richtung geben werde.

*ZStAP, AA 6271, Bl. 63.*

## 286 Schreiben Nr. III S. 2439 des Direktors der III. Abteilung im Reichsamt des Innern von Jonquiéres an den Staatssekretär des Auswärtigen Amts von Kiderlen-Waechter

*Ausfertigung*

Berlin, 25. April 1912

Urschriftlich [. . .][1] unter Beifügung einer Abschrift einer von mir herbeigeführten Äußerung des Herrn Ministers für Landwirtschaft [. . .] vom 11. d.M. und eines Auszuges aus dem darin erwähnten Schreiben des genannten Herrn Ministers vom 29. Dezember v.J. ergebenst zurückgesandt.

Ich kann mich der Auffassung des Herrn Landwirtschaftsministers nur anschließen, daß nach dem gegenwärtigen Seuchenstande in Rußland eine Abschwächung des Seuchenschutzes, insbesondere eine Aufhebung des Rindvieheinfuhrverbots, zur Zeit nicht in Frage kommen kann. Ich darf daran erinnern, daß die gegenwärtig noch nicht erloschene schwere Maul- und Klauenseuche-Epizootie bei uns wie auch, soviel bekannt, in Österreich-Ungarn von Rußland her eingeschleppt und daß im Hinblick darauf von vielen Seiten, auch im Reichstage, noch eine Verschärfung des Grenzschutzes gegen Rußland gefordert worden ist.[2]

Hinsichtlich der Schweineeinfuhr aus Rußland darf ich auf mein Schreiben vom 24. Februar d.J. III B 645 ergebenst Bezug nehmen.

*ZStAP, AA 21323, Bl. 140f.*

1 Verbalnote der russischen Botschaft in Berlin Nr. 324 vom 17. 2. 1912; vgl. Dok. Nr. 270.

2 Das AA übernahm in der abschlägigen Note an die russische Botschaft in Berlin vom 28. 5. 1912 die Argumente des Reichsamts des Innern und des preußischen Ministeriums für Landwirtschaft.

**287** **Bericht Nr. 1439 des Geschäftsträgers in St. Petersburg von Lucius an den Reichskanzler von Bethmann Hollweg. Vertraulich!**

*Abschrift*

St. Petersburg, 25. April 1912

Das bekannte Haus I.H. Schröder in London hat 36 Millionen Rubel 4½% Moskauer Stadtanleihe zum Kurs von 92,40 übernommen.

Herr Fischel findet hier große Schwierigkeiten bei Abschluß des Wladikawkas-Eisenbahnobligationen-Geschäfts, da die Engländer mit allen Mitteln dagegen arbeiten und ihn überbieten. Nachdem gestern die Verhandlungen ganz abgebrochen waren, werden dieselben heute auf einer neuen Basis wiederaufgenommen. Wahrscheinlich übernimmt Mendelssohn zunächst nur ¾ der Obligationen und bleibt ihm das Bezugsrecht auf das andere Viertel für später reserviert.

*ZStAP, AA 21576, Bl. 174.*

**288** **Schreiben des Vertreters der Fabrik landwirtschaftlicher Maschinen Eckert, Lippmann, an den Geschäftsträger in St. Petesburg von Lucius**

*Ausfertigung*

Moskau, 25. April 1912

Bezugnehmend auf unsere Unterredung am Montag den 9/22. April cr. beehre ich mich Ihnen ergebenst mitzuteilen, daß es nach eingeholten Erkundigungen tatsächlich zweckmäßig wäre, Ihre persönliche Intervention bei dem russischen Finanzminister in der Angelegenheit des Zolles auf landwirtschaftliche Maschinen um einige Tage hinauszuschieben. Ich werde mir gestatten, von Ihrer sehr liebenswürdigen Erlaubnis Gebrauch machend, Ihnen in Kürze den Moment anzugeben, wann diese Intervention im Interesse der deutschen Industrie wünschenswert erscheint.[1] Ein früheres Eintreten könnte eventuell die Russische Regierung veranlassen, anstatt das alte Gesetz zu prolongieren das Zustandekommen des neuen Gesetzes zu beschleunigen, *was uns der Möglichkeit berauben würde, das nötige Material für die Opposition in der Reichsduma fertigzustellen.* Ich habe nach Berlin entsprechend berichtet.

Ich erlaube mir noch die Mitteilung, daß Schritte unternommen worden sind, um den englischen Botschafter zu veranlassen, in dieser Angelegenheit Hand in Hand mit der Kaiserlichen Deutschen Botschaft zu operieren.

*ZStAP, AA 6282, Bl. 2.*

1 Pourtalès berichtete am 2. 7. 1912, daß Lippmann auf die Angelegenheit nicht zurückgekommen sei.

**289** **Telegramm Nr. 90 des Geschäftsträgers in St. Petersburg von Lucius an das Auswärtige Amt**

St. Petersburg, den 1. Mai 1912

Wladikawkas-Geschäft eben abgeschlossen. Deutsche Gruppe erhielt trotz höheren englischen Angebots infolge großen Entgegenkommens des Ministerpräsidenten Zuschlag und übernimmt zunächst zwei Drittel der Obligationen; erhält anderes Drittel später.

*ZStAP, AA 21576, Bl. 174.*

**290** **Schreiben der Handelskammer Zittau an das Sächsische Ministerium des Innern**

*Abschrift.*

Zittau, 13. Mai 1912

Aus Interessentenkreisen ist an uns das Ersuchen gerichtet worden, dafür einzutreten, daß in St. Petersburg eine deutsch-russische Handelskammer errichtet werde.

Obwohl von zahlreichen Vertretungen der Industrie und des Handels, insbesondere von Handelskammern und dem Deutschen Handelstage, die Errichtung von Handelskammern im Auslande als ein wertvolles Mittel zur Förderung des deutschen Außenhandels betrachtet worden ist, hat sich die Reichsregierung in den Jahren 1899 und 1901 gegenüber der amtlichen Förderung deutscher Handelskammern im Auslande eine sehr große Zurückhaltung auferlegt und dabei den Standpunkt vertreten, die Errichtung derartiger Kammern müsse den Interessenten überlassen werden. Trotz mancher Anregung aus den Kreisen der Kaufleute und Industriellen heraus ist es aber bis jetzt noch nicht zur Errichtung einer deutschen Handelskammer in Rußland gekommen. Die bisherigen Erfahrungen scheinen also leider zu bestätigen, daß die Interessenten allein nicht imstande sind, das erwünschte Ziel zu erreichen. Aus diesem Grunde dürfte es angezeigt sein, daß die Reichsregierung die Errichtung einer deutsch-russischen Handelskammer in St. Petersburg in die Wege leitet oder doch tatkräftig unterstützt. Die Mitwirkung der gesetzlichen Vertretungen der Industrie und des Handels, sowie der einzelnen Interessenten, insbesondere der nach Rußland exportierenden Firmen, dürfte außer allem Zweifel stehen. Es erscheint somit nur nötig, daß von maßgebender Stelle die Initiative zur Errichtung einer deutsch-russischen Handelskammer ergriffen wird.

Es ist eine oft beklagte Tatsache, daß die im Auslande angestellten Konsuln infolge ihrer Vorbildung und infolge ihrer übrigen ihnen obliegenden Aufgaben den Kaufleuten und Industriellen, die nach dem Auslande exportieren, nicht immer in der gewünschten Weise an die Hand gehen und Auskünfte erteilen können.

Eine Handelskammer wird häufig besser in der Lage sein, Auskünfte und Ratschläge zu erteilen. Auch ist sie der geeignete Schiedsrichter bei Handelsstreitigkeiten im Auslande. Die Unannehmlichkeit, Prozesse im Auslande zu führen, kann somit mit ihrer Hilfe oft vermieden werden. Sehr hoch möchten wir auch die Tätigkeit einer derartigen Kammer bei der Vorbereitung von Handelsverträgen anschlagen. Infolge ihrer Vertrautheit mit den kommerziellen Verhältnissen des Nachbarlandes und mit seiner Gesetzgebung ist sie in der Lage, der Reichsregierung mit wertvollen Auskünften zu dienen.

Im übrigen gestatten wir uns, zur Begründung des Bedürfnisses nach der Errichtung einer deutsch-russischen Handelskammer auf die ausführlichen Verhandlungen im Reichstag in den Jahren 1900 und 1902.

Stenographische Berichte über die Verhandlungen des Reichstages 1898/1900, V. Band S. 4180 ff. 1900/03, V. Band S. 4667 ff.

Bezug zu nehmen. Insbesondere möchten wir dabei auf die an der letzten Stelle aufgeführten, zahlreichen Interessenten aus dem Königreich Sachsen hinweisen.

Bedenkt man nun weiter, daß neuerdings eine russisch-französische, eine russisch-italienische und eine russisch-belgische Handelskammer in Rußland begründet worden ist, so erscheint die Errichtung einer deutsch-russischen Handelskammer besonders dringend und wichtig, damit die Interessen der deutschen Industrie und des deutschen Handels nicht von den Staaten, die in Rußland Handelskammern besitzen, zurückgedrängt werden.

Aus allen diesen Erwägungen heraus richten wir an das Königliche Ministerium des Innern die Bitte, bei der Reichsregierung dahin zu wirken, daß in St. Petersburg eine deutsch-russische Handelskammer errichtet werde.[1] Paul Waentig. Döring.

*ZStAP, AA 2569, Bl. 141.*

1 Die Eingabe der Handelskammer Zittau wurde von der Handelskammer Dresden am 28. 9. 1912 warm befürwortet, von der Handelskammer Chemnitz am 17. 7. und von der Handelskammer Leipzig am 10. 12. 1912 abgelehnt.

## 291 Aufzeichnung des Dirigenten der Handelspolitischen Abteilung des Auswärtigen Amts Lehmann

*Ausfertigung.*

[Berlin, 16. Mai 1912]

Herr von Müller erschien am 16. d.M. im A.A., um sich über den Stand der Petroleummonopolfrage zu erkundigen und die russische Erdölindustrie für die etwaigen Lieferungen in Erinnerung zu bringen. Es wurde ihm von Herrn stellv. Direktor mitgeteilt, daß die Frage über das Stadium der Erwägung als Folge der bekannten Reichstagsresolutionen noch nicht hinausgediehen sei. Herr von Müller stellte die Beibringung von Material über die Leistungsfähigkeit der russischen Industrie für den etwaigen Bedarfsfall in Aussicht und bat wiederholt um Berücksichtigung seiner Landsleute beim Abschluß von Erdöllieferungsverträgen. Es wurde ihm auf seine Anfrage erwidert, daß offizielle Demarchen gegenwärtig nicht am Platze seien, daß indessen, wenn er für die Informierung der beteiligten Stellen Material über die russische Petroleumindustrie pp. übermitteln wolle, dies in nicht offizieller Form durch Mitteilung an mich geschehen könne; ich wäre in diesem Falle gern bereit, das Material den betreffenden Stellen mitzuteilen.

*ZStAP, AA 21588, Bl. 242.*

**292 Bericht Nr. 3230 des Konsuls in Moskau Kohlhaas an den Reichskanzler von Bethmann Hollweg**

*Ausfertigung.*

Moskau, 17. Mai 1912

Dieser Tage hat hier auf Veranlassung der hiesigen „Zeitschrift für Manufakturindustrie“ der bekannte Professor der Nationalökonomie in St. Petersburg, Herr Tugan-Baranowski, einen Vortrag über die Stellung der russischen Textilindustrie zu der Frage des deutsch-russischen Handelsvertrages gehalten.

Dieser Vortrag hat insofern ein gewisses Aufsehen erregt, als der Vortragende der russischen Textilindustrie eine Stellungsnahme empfohlen hat, die in der Erörterung der Frage der Erneuerung des Handelsvertrages in Rußland zum ersten Male zur Sprache gekommen ist.

Während nämlich bisher der Kampf nur zwischen den beiden großen Heerlagern Industrie und Landwirtschaft tobte, und alle Anstrengungen darauf gerichtet schienen, einen Ausgleich der widerstrebenden Interessen beider wirtschaftlichen Gruppen zu finden, hat Herr Tugan-Baranowski der russischen Textilindustrie die Politik des gesunden Egoismus gepredigt, die darin besteht, daß die Textilindustrie mit der Landwirtschaft gemeinsame Sache mache und die metallurgische Industrie die Zeche bezahlen lassen solle.

Sein Gedankengang ist folgender: Die russische Landwirtschaft brauche eine Ermäßigung der deutschen Getreidezölle und daneben die Wiedereinführung des Identitätsnachweises in Deutschland, durch dessen Aufhebung die deutschen Getreidezölle den Charakter von Exportprämien erhalten hätten. Das könne nur erreicht werden, wenn Rußland der deutschen Industrie Konzessionen auf dem Gebiet der industriellen Einfuhrzölle mache. Es frage sich also nur, auf wessen Kosten diese Konzessionen gehen sollen. Die russische Textilindustrie sei bisher stets mit der metallurgischen Industrie geschlossen zusammen gegangen. Das sei ein Fehler, denn während sie mit der metallurgischen Industrie gar keine gemeinsamen Interessen habe, im Gegenteil sogar an der Ermäßigung der Zölle auf Maschinen für die Textilindustrie stark interessiert sei, weil keine Aussicht bestehe, diese Fabrikation in Rußland zu entwickeln, seien die Interessen der Textilindustrie mit denen der Landwirtschaft beinahe identisch. Die russische Textilindustrie habe in der landwirtschaftlichen Bevölkerung Rußlands ihr Hauptabsatzgebiet; je günstiger die Lage dieser Bevölkerung sich gestalte, desto vorteilhafter sei dies für die Textilindustrie. Also müsse die Textilindustrie in dieser Frage mit der Landwirtschaft gegen die metallurgische Industrie zusammengehen, die hochschutzzöllnerisch sei und jede Konzession zu Gunsten der Landwirtschaft hintertreiben wolle. Wenn Textilindustrie und Landwirtschaft zusammengehen, werde der Einfluß der metallurgischen Industrie gebrochen werden, so daß Deutschland Konzessionen auf dem Gebiete der Zölle auf Metallfabrikate und Maschinen — natürlich auch der Maschinen für die Textilindustrie — gemacht werden könnten. Damit sei der Landwirtschaft geholfen und die Textilindustrie habe doppelten Vorteil. Dies sei um so leichter durchzuführen, als an der Ermäßigung der russischen Zölle auf Textilwaren Deutschland nur wenig interessiert sei.

Mit dieser allerdings neuen Idee hatte der Vortragende aber weder bei den Zuhörern noch bei der Moskauer Presse viel Glück. Von mehreren Opponenten wurde mit Recht darauf hingewiesen, daß die russische Textilindustrie nur dank den Schutzzöllen den Inlandsmarkt so gut wie allein für sich besitze, und daß sie daher durch ihr eigenes Interesse an der Aufrechterhaltung der Schutzzölle auf Textilwaren wohl oder übel mit der schutzzöllnerischen metallurgischen Industrie zusammengeschmiedet sei und bleiben werde.

Außerdem sei die städtische und Industriebevölkerung ein mindestens ebenso wichtiger Abnehmer für die Produkte der Textilindustrie als die Bauern, die nur die billigsten Waren kaufen. Die Textilindustrie sei daher ebenso sehr an der Hebung des Wohlstandes [und] der Kaufkraft der städtischen und Fabrik-Bevölkerung interessiert, wie an der der Bauern.

Voraussichtlich wird aber die neue These von Tugan-Baranowski in der russischen Presse wie in Interessentenkreisen noch weiter erörtert werden.

Abschrift dieses Berichts geht dem Kaiserlichen General-Konsulat in St. Petersburg zu.

*ZStAP, AA 6271, Bl. 86f.*

**293 Bericht Nr. 43 des Konsuls in Tiflis Graf von der Schulenburg an den Reichskanzler von Bethmann Hollweg**

*Ausfertigung.*

Tiflis, 21. Mai 1912

Die Montan-Fachzeitschrift „Stahl und Eisen" hat vor kurzem mit Beziehung auf den seitwärts bezeichneten Bericht darauf hingewiesen, daß die Manganausfuhr über Batum im Jahre 1911 131245 t. gegen nur 43604 t. im Jahre 1910 und 31630 t. im Jahre 1910 [!] betragen hat. Das Blatt bemerkt, daß nach Angabe der „Iron and Coal Trades Review" der Aufschwung in Batum daher stammt, daß in Poti die Ladekosten höher sind, denn dort werde von der Erzausfuhr eine besondere Abgabe erhoben. Diese Tatsache ist richtig, in der Schlußfolgerung aber irrt die englische Zeitschrift.

Die Stadt Poti ist vertraglich gezwungen, einen dort erbauten Getreide-Elevator auszukaufen, der 400000 Rbl. gekostet haben soll, aber nicht arbeitet, weil die alte primitive Ladeweise durch Lastträger angeblich billiger ist. Um die Kosten des Auskaufs zu dekken, hat die Stadt die Erzausfuhr über ihren Hafen mit einer besonderen Gebühr belastet. Diese Abgabe entspricht aber fast bis auf den Pfennig dem Unterschiede in den Frachten Tschiaturi—Poti und Tschiaturi—Batum.

Das Steigen der Manganausfuhr über Batum ist darauf zurückzuführen, daß seit Erhebung der Abgabe in Poti eine Verfrachtung über Batum keinen wesentlichen Nachteil mehr bietet, daß in Batum die Lagerplätze für Massengüter bequemer liegen und daß dort der Schiffsverkehr ein lebhafter ist. Aus diesen Gründen leitet auch das neue deutsche Mangan-Unternehmen, der „Kaukasische Grubenverein G.m.b.H." (Bericht Nr. 37 vom 24. Mai v.J.) seinen gesamten Verkehr über Batum; auf die Rechnung dieser Gesellschaft kommt ein erheblicher Teil der Mehrausfuhr des Batumer Hafens im Jahre 1911. Da der Grubenverein mit der Levantelinie ein besonderes Abkommen getroffen hat, ist er in der Lage, trotz dem Steigen der Frachten seinen Lieferungsverträgen nachzukommen. Die Dardanellensperre hat aber auch ihm erhebliche Verluste gebracht.

Die Gesellschaft hat in Tschiaturi eine lebhafte Bautätigkeit entfaltet und setzt diese noch fort. Sie hat ein Werk zur Aufbereitung der Erze errichtet und einen kostspieligen Tunnel gebohrt. Eine Seilbahn in Tschiaturi und eine automatische Ladeeinrichtung in Batum sollen folgen. Im ganzen hat das Unternehmen bereits etwa 2 Millionen Mark in Tschiaturi verausgabt. 1 Million haben davon die Grundstückkäufe beansprucht; der Grubenverein will etwa ein Viertel des gesamten Manganvorkommens in Tschiaturi besitzen, mit einem schätzungsweisen Inhalt von 7—8 Millionen Tonnen Erz. Durch Verträge mit Krupp, dem „Phoenix" (Hoerde) und der „Gute Hoffnung-Hütte" hat der Grubenverein einen wesentlichen Teil seines Absatzes sichergestellt.

Trotz der äußerlich günstigen Entwicklung des Unternehmens stehen ihm hiesige Sachverständige noch immer skeptisch gegenüber. Man ist der Ansicht, daß die Anlagen für die hiesigen Verhältnisse viel zu luxuriös sind und daß die Gesellschaft jedenfalls noch auf Jahre hinaus keinen Gewinn abwerfen wird.

*ZStAP, AA 2092, Bl. 138f.*

**294 Bericht Nr. 492 des Generalkonsuls in St. Petersburg Biermann an den Reichskanzler Bethmann Hollweg**

*Ausfertigung.*

St. Petersburg, 22. Mai 1912

Das Gesetz, betreffend Maßnahmen zur Förderung des Baus von landwirtschaftlichen Maschinen, ist in der Gesetzsammlung vom 4/17. d.M. veröffentlicht.

Nachdem nunmehr der russische Text vorlag, habe ich die mit dem Bericht vom 10. d.M. eingereichte von dritter Seite angefertigte Übersetzung kontrollieren lassen und gestatte mir nun, die verbesserte Übersetzung beifolgend gehorsamst einzureichen.

Über die Folgen, die das Gesetz für die russische und deutsche Industrie haben wird, gehen die Ansichten sehr auseinander.

Der in Übersetzung beigefügte Artikel aus der Retsch sucht darzulegen, daß vorläufig wenigstens nicht die russischen Fabrikanten, sondern die Amerikaner allein den Nutzen von den Prämien haben werden.

Zeitungsberichten nach, deren Richtigkeit ich noch nicht feststellen konnte, soll auch ein deutsches reichbemitteltes Syndikat damit umgehen, in Polen, in der Gegend von Radom, eine große Fabrik für landwirtschaftliche Maschinen zu bauen.

Der Vertreter einer unserer ersten Fabriken für Landwirtschaftsmaschinen äußerte sich dahin, es erscheine ihm jetzt zweifelhaft, ob die Agitation gegen die Einführung bezw. die Erhöhung der bisherigen Zölle auf landwirtschaftliche Maschinen und Geräte zweckmäßig gewesen sei und ob nicht höhere Zölle für die deutsche Industrie erträglicher gewesen wären, als die Prämien.

*ZStAP, AA 6281, Bl. 174.*

**295 Bericht Nr. 97 des Generalkonsuls in Odessa Ohnesseit an den Reichskanzler von Bethmann Hollweg**

*Ausfertigung.*

Odessa, 23. Mai 1912

Im Herbst v.J. bei Beginn der Ausfuhr aus den Beständen der neuen Ernte erklärte eine größere Anzahl von Getreidehändlern in Südrußland, daß sie ihre Verkäufe, insbesondere von Futtergerste nach Deutschland, nicht erfüllen könnten und wurden kontraktbrüchig. Da die Zahl der Kontraktbrüchigen im Oktober sich mehrte und auf mehr als 20 südrussische Firmen stieg, so entsandte der Deutsche Handelstag eine Kommission von 3 Vertrauensmännern nach Rußland, um die Klagen des deutschen Einfuhrhandels bei den russischen Handelsorganisationen, insbesondere den Börsenkomitees, ferner bei den angesehenen Bank- und Getreidefirmen und schließlich bei der russischen Regierung zur Sprache zu bringen und auf Abhilfe zu dringen. Die Kommission besuchte St. Petersburg, Odessa und einige andere Städte Südrußlands und kehrte nach einem mehrwöchigen Aufenthalt, ohne irgend etwas Erhebliches erreicht zu haben, nach Deutschland zurück.

Die Klagen, die sie im Sinne ihrer Auftraggeber zu vertreten hatte, lassen sich kurz, wie folgt, zusammenfassen:

Die südrussischen Verlader verweigern die Erfüllung eingegangener Verträge, weil die Preise, namentlich für Gerste, stark gestiegen sind und sie daher bei ihrer Erfüllung mit bedeutenden Verlusten zu rechnen haben würden. Ganz besonders unreell sind die kleinen Verlader, in deren Händen der größte Teil der südrussischen Ausfuhr liegt.

Diese würden von den russischen Banken gestützt.

Eine gerichtliche Klage auf Erfüllung der Verträge oder auf Schadenersatz wegen Nichterfüllung müßte mit dem ungemein schleppenden und sehr kostspieligen Gang des russischen gerichtlichen Verfahrens und der Unzuverlässigkeit der meisten russischen Advokaten rechnen. Selbst wenn aber eine ausländische Firma den Prozeß gewinnt, so erweist es sich später, daß die Gegenpartei inzwischen ihr Vermögen beiseite gebracht oder mit Kellerwechseln operiert hat.

Nach meinen eigenen langjährigen Beobachtungen und den von mir bei Fachleuten eingezogenen Erkundigungen sind zwar die von den Delegierten des deutschen Handelstages vorgebrachten Klagen im großen und ganzen zutreffend; trotzdem trägt jedoch nach meinem Dafürhalten die Hauptschuld daran, daß die Verhältnisse im russischen Getreideausfuhrhandel sich in der letzten Periode derartig verschlechtert haben, die an der Getreideeinfuhr aus Rußland beteiligte deutsche Kaufmannschaft.

Vor etwa 13 Jahren, als ich nach Rußland kam, gab es in so bedeutenden russischen Ausfuhrplätzen wie Riga, Odessa und Nikolajew, deren Verhältnisse ich aus eigener Beobachtung näher kenne, große solide, meist in den Händen von Ausländern, insbesondere Deutschen, befindliche Getreideausfuhrhäuser, die den großen Getreideeinfuhrhäusern in Deutschland vollkommen ebenbürtig waren und jede Sicherheit boten. Um nur einzelne Namen zu nennen, erwähne ich die Firma A. Goldschmidt & Co. in Riga, deren Inhaber der deutsche Reichsangehörige Driskaus ist, die Firma Frischen in Nikolajew, deren Inhaber gleichfalls die deutsche Reichsangehörigkeit besitzt und deutscher Vizekonsul ist und die Firma Baron Mahs in Odessa. Die Angebote dieser Firmen beruhten auf sorgfältiger Berechnung, wobei die ziemlich hohen Kosten der weitverzweigten Einkaufsorganisation, aber besonders auch das Risiko bei etwaigem späteren Steigen der Preise veranschlagt werden mußten. Selbstverständlich hielten diese Großfirmen die Verträge selbst dann, wenn sie ihnen infolge späteren Steigens der Preise oder sonstiger ungünstiger

Umstände schließlich Verlust brachten; sie waren dies ihrem Ruf schuldig. Seit etwa 15 Jahren sind jedoch die deutschen Getreideeinfuhrhäuser allmählich in größerem Umfang davon abgegangen, bei den genannten und ähnlichen soliden, kapitalkräftigen Firmen in Rußland zu kaufen. Sie bevorzugen vielmehr die sich vordrängenden kleinen Ausfuhrhändler, die weder eigenes Vermögen besitzen, noch einen guten wohlerworbenen Ruf zu verteidigen haben. Diese kleinen Ausfuhrhändler verstehen nicht selbst zu kalkulieren, sondern lassen sich ihre Angebote von den sogenannten Cifagenten ausrechnen oder geben die Angebote spekulierend nach Gutdünken ab; ihr Angebot beruht also nicht auf Berechnung, sondern auf Meinung. Soweit sie bis zu einem gewissen Maße kalkulieren, brauchen sie Ausgaben für eine kostspielige Geschäftsorganisation nicht in Rechnung zu stellen, da sie eine solche nicht besitzen, ebensowenig Rücklagen für ein Risiko bei späterem Steigen der Preise, da sie entschlossen sind, in einem solchen Falle nicht zu liefern, sondern die Klage an sich herankommen zu lassen. Aus diesen Gründen können natürlich die kleinen Ausfuhrhändler die großen Ausfuhrfirmen um $\frac{1}{8}$ bis $\frac{1}{4}$ Mark unterbieten. Wenn es gut geht und die Preise im Ausland fallen, so verdient der kleine Spekulant Geld und steckt es in die Tasche; steigen dagegen die Preise, so ist von ihm nichts zu holen. Es ist in diesen Handelskreisen fast allgemein üblich geworden, daß die Firmeninhaber ihr Besitztum auf ihre Frauen oder andere Leute überschreiben lassen, um es den Zugriffen der Gläubiger zu entziehen. Dadurch, daß die deutschen Einfuhrhäuser eines kleinen Vorteils willen die Angebote der unsoliden Ausfuhrhändler vor denen der größten angesehenen Ausfuhrhäuser vorzogen, haben sie allmählich die bestehenden russischen Welthäuser zur Einstellung der Ausfuhrtätigkeit gezwungen und an ihrer Stelle eine Unzahl von Schwindelunternehmungen selbst großgezogen.

Ein Eingreifen zu Gunsten der deutschen Gläubiger auf dem Verwaltungswege haben die russischen Behörden stets und so auch jetzt zurückgewiesen. Es bleibt daher nur die Beschreitung des Rechtsweges. Dieser ist zunächst sehr kostspielig, sodann außerordentlich langwierig. Insbesondere müssen alle Urkunden ins Russische übersetzt und beglaubigt werden. Die Anwälte verlangen regelmäßig für die Einleitung und Durchführung der Klage einen hohen Kostenvorschuß, da meistens, selbst wenn sie den Prozeß gewinnen, der Kläger die Kosten seines Anwalts zu tragen hat, andererseits von dem Beklagten nichts beizutreiben ist. In den Plätzen Südrußlands, die mir bekannt sind, gibt es außerdem nur ganz wenige Anwälte, die deutsch korrespondieren. Noch geringer ist die Zahl derjenigen, die mit Sorgfalt und Gewissenhaftigkeit den Prozeß auch durchführen.

Die Klage, daß die russischen Banken durch leichte Kreditgewährung an schwache Firmen an den gegenwärtigen Schäden mitschuldig sind, ist gleichfalls berechtigt. Ohne Unterstützung der Banken hätten die finanziell schlecht stehenden Firmen sich mit Getreideausfuhr, die große Kapitalien erfordert, nicht befassen können. Indessen während das gut begründete Ausfuhrhaus nicht die Hilfe der Banken braucht oder sie nur zu billigst berechneten Sätzen in Anspruch nimmt, müssen schlecht fundierte Firmen, die nur durch die finanzielle Hilfe der Banken arbeiten können, diesen natürlich einen viel größeren Gewinn an Kommissionen, Zinsen, Provision und Kursgewinn geben. Das Streben nach höherem Gewinn bewegt daher die Banken, sich an dem unlauteren Vorgehen der Händler mitschuldig zu machen.

Dem deutschen Getreideausfuhrhandel dürften die vorstehend geschilderten Mißstände des russischen Getreideausfuhrhandels im großen und ganzen wohl früher nicht unbekannt geblieben sein. Aber die Begierde, die erwähnten $\frac{1}{8}$ bis $\frac{1}{4}$ Mark Gewinn bei Annahme des Angebots der unsoliden und unzuverlässigen Kleinhändler zu erzielen, veranlaßte die Käufer, ihre Augen vor den erheblichen Gefahren dieser unvorsichtigen Haltung in ungünstigen Zeiten zu schließen. Den einen Erfolg hat die Reise der Deputation des deutschen

Handelstages jedenfalls gehabt; denjenigen deutschen Handelskreisen, die solide sind und klar sehen wollen, sind die Augen geöffnet. Da sie sich überzeugt haben, daß der russische Staat nicht bereit ist, in ihrem Interesse die auf dem Gebiete der russischen Rechtspflege bestehenden Mißstände zu beseitigen oder ihnen administrative Hilfe zu gewähren, so werden sie nach der Richtung zur Selbstkritik und zur Selbsthilfe greifen müssen, daß sie in Zukunft sich gewöhnen, vor Annahme von Getreideofferten sorgfältig über Ruf und Zahlungsfähigkeit des russischen Abladers Erkundigungen einzuziehen und nur mit soliden Firmen zu arbeiten. Die großen russischen Getreideausfuhrhäuser, die nicht ohne Mitschuld der deutschen Einfuhrhäuser eingegangen sind, mit ihrer Tradition und ihrer Zuverlässigkeit, lassen sich zwar nicht wieder zum Leben erwecken. Aber es könnte eine kleinere Zahl weniger bedeutender solider Firmen, die sich wohl an jedem Platz finden, dadurch gestützt und ermutigt werden, daß man den nur auf spekulativer Grundlage arbeitenden kleinen Schwindelfirmen die Wurzeln abgräbt, indem man sich von Geschäftsabschlüssen mit ihnen grundsätzlich fernhält. Sollte tatsächlich die letzte Krise die Wirkung einer Reinigung des Marktes und einer Kräftigung der soliden Elemente des Getreidehandels gehabt haben, woran vorsichtige und erfahrene Beurteiler allerdings zweifeln, so würde ihre Wirkung trotz allem für die Zukunft eine wohltätige sein.

Ganz unberührt von den Mißständen ist das Berliner Großeinfuhrhaus Neufeld & Co geblieben, das, wie das bekannte französische Welthaus Dreyfuss, in Nikolajew und Cherson eigene Niederlassungen als Einkaufsstellen besitzt. Seinem Beispiel ist das Getreideeinfuhrhaus von Reinhold Pinner & Co. in Berlin und Hamburg gefolgt, das gleichfalls zu Beginn d.J. eine Einkaufsstelle in Odessa eingerichtet hat. Es heißt in kaufmännischen Kreisen, daß andere deutsche Großeinfuhrhäuser diesem Vorbild folgen werden. Dies wäre sehr zu wünschen.

Abschrift ist dem Kaiserlichen Generalkonsulat in St. Petersburg übersandt worden.

*ZStAP, AA 6370, Bl. 96ff.*

**296 Bericht Nr. 179 des Botschafters in St. Petersburg Graf von Pourtalès an den Reichskanzler von Bethmann Hollweg**

*Ausfertigung.*

St. Petersburg, 4. Juni 1912

Aus deutschen Interessentenkreisen höre ich, daß der Artikel des Grafen Pfeil (Nr 247 der Täglichen Rundschau) über die mangelnde Kriegsbereitschaft und die schlechte Bewaffnung der russischen Armee und Marine in den betreffenden Ministerien einen sehr ungünstigen Eindruck hervorgerufen habe. Dies sei um so bedauerlicher, als gerade in diesem Augenblick Verhandlungen mit einer großen deutschen Werft wegen Lieferungen schweben, die durch die gehässigen Angriffe des Grafen Pfeil gegen die russische Verwaltung und besonders wegen der persönlichen Ausfälle gegen den Kriegsminister Suchomlinow und seinen Gehilfen ungünstig beeinflußt würden.

*PA Bonn, Rußland 72, Bd. 92*

## 297 Erlaß Nr. 554 des Staatssekretärs des Auswärtigen Amts von Kiderlen-Waechter an den Botschafter in St. Petersburg Graf von Pourtalès

*Konzept.*

Berlin, 11. Juni 1912

Zu Ew. Information und vertraulichen Unterrichtung.

Der Artikel des Grafen Pfeil in Nr 247 der „Täglichen Rundschau" wird hier ebenso verurteilt wie, nach dem gefl. Bericht Nr 179 vom 4. d.M., in den dortigen Interessentenkreisen.[1] Wir haben schon seither dafür gesorgt, daß die Veröffentlichungen des Grafen Pfeil in der deutschen Presse möglichst unbeachtet bleiben. Künftig werden wir diesen Schreibereien gegebenen Falles auch öffentlich in offiziöser Form entgegentreten.

*PA Bonn, Rußland 72, Bd. 92.*

1 Vgl. Dok. Nr. 296.

## 298 Bericht Nr. 205 des Botschafters in St. Petersburg Graf von Pourtalès an den Reichskanzler von Bethmann Hollweg

*Ausfertigung.*

St. Petersburg, 25. Juni 1912

Von einem im Süden Rußlands lebenden, über die russischen wirtschaftlichen Verhältnisse meist gut unterrichteten Reichsdeutschen wurde mir erzählt, daß Franzosen und Engländer gegenwärtig die größten Anstrengungen machen, um die Deutschen auf wirtschaftlichem Gebiet in Rußland zu bekämpfen. Zwar sei es nicht leicht, die deutschen Kaufleute aus den festen Positionen, die sie von alters her hier innehaben, zu verdrängen, es geschehe aber von englischer und französischer Seite alles, um eine weitere Ausbreitung des deutschen Handels hier zu verhindern. Soweit kleinere Geschäfte in Betracht kämen, hätten diese Bemühungen keinen großen Erfolg, da die Russen der Nachbarschaft Deutschlands wegen und weil die deutschen Kaufleute bei der Gewährung von Kredit koulanter seien, als die Engländer und Franzosen lieber mit Deutschen Geschäfte machen. Anders stehe es aber bei der Erlangung von Konzessionen für größere Unternehmungen. Auf diesem Gebiet hätten die Engländer und Franzosen in den letzten Jahren auf Kosten der Deutschen zweifellos bedeutende Erfolge erzielt. Mein Gewährsmann schrieb diese Erfolge nicht allein den politischen Verhältnissen zu, wenn es auch unbestreitbar sei, daß bei der Vergebung von größeren Konzessionen in den letzten Jahren auch politische Gesichtspunkte mitgespielt hätten. Vielmehr seien die Engländer und Franzosen unstreitig geschickter und koulanter gewesen als die in Frage kommenden deutschen Firmen. Blohm & Voss zum Beispiel hätten viele Aussichten gehabt, die Aufträge für die Marine zu bekommen, die schließlich einer englischen Firma zugefallen wären, das deutsche Haus hätte aber die russischerseits gestellten Bedingungen nicht annehmen wollen, während sich die englische Firma denselben anstandslos unterworfen hätte. Das Bedauerlichste dabei sei, daß, da englische Ingenieure nunmehr die Pläne für die neuen Schiffsbauten zeichneten, die

Maschinen, die in Rußland nicht gemacht werden könnten, nun auch in England bestellt werden würden.

In diesem Frühjahr sei die Lieferung von Getreideelevatoren für das ganze russische Reich einer englischen Firma übergeben worden. Diese Bestellung hätte, wie mein Gewährsmann behauptet, auch in Deutschland erfolgen können, wenn man sich deutscherseits energischer darum bemüht hätte. Die russische Staatsbank wäre bereit gewesen, mit der Diskonto-Gesellschaft, hinter welcher angeblich eine Elevatorenfabrik in Braunschweig steht, über das Geschäft zu verhandeln, und es seien russische Herren zu diesem Zweck nach Berlin gereist. Die Vertreter der Diskonto-Gesellschaft hätten aber die Verhandlungen abgebrochen, als sie erfahren hätten, daß zu gleicher Zeit in Berlin auch mit englischen Interessenten verhandelt wurde. Dieser Abbruch der Verhandlungen sei, wie mein Gewährsmann behauptet, verfrüht gewesen, da die Aussichten für die Deutschen keineswegs ungünstig gewesen wären.

Bei einem Gespräch, welches ich kürzlich mit dem Ministerpräsidenten Kokowtzoff hatte, sprach ich diesem gegenüber die Hoffnung aus, daß die erfreulicherweise in der letzten Zeit so viel besser gewordenen deutsch-russischen Beziehungen auch in der Vergebung größerer Lieferungen und Konzessionen an deutsche Firmen Ausdruck finden mögen. Zu meinem Bedauern hätte ich gehört, daß in den letzten Jahren häufig englischen und französischen Bewerbern vor den deutschen der Vorzug gegeben worden sei. Herr Kokowtzoff wollte dies nicht zugeben und wies dabei auf das Geschäft hin, das er noch vor kurzem mit Herrn Fischel bezüglich der Wladikawkas-Eisenbahn gemacht habe. „Auf dem Gebiet der Handelsbeziehungen", bemerkte der Ministerpräsident dabei, „sind wir alte Freunde und ich bin der Ansicht, daß alte Freunde mehr wert sind als neue." Dieser Bemerkung des Ministerpräsidenten dürfte kam ein anderer Wert als der einer freundlichen Redensart beizumessen sein.[1]

*PA Bonn, Deutschland 131 Geheim, Bd. 17.*

1 In einem Privatschreiben an Zimmermann vom gleichen Tage warf Pourtalès die Frage auf, ob es nicht angezeigt wäre, Wilhelm II. im Hinblick auf dessen bevorstehenden Besuch in Rußland vorzuschlagen, „in einem Gespräch mit Kokowzoff die Hoffnung auszudrücken, daß die guten deutsch-russischen Beziehungen auch in der Vergebung von Lieferungen oder Erteilung von Konzessionen an Deutsche Ausdruck finden möchten".

## 299 Bericht Nr. 152 des Geranten des Generalkonsulats Odessa Konsul Weber an den Reichskanzler von Bethmann Hollweg

*Ausfertigung.*

Odessa, 12. August 1912

Was an sachlichen Nachrichten zur Prüfung des Einflusses der Dardanellensperre auf die Lieferungsverträge für südrussisches Getreide hier teils aus besonderen Anlässen bisher beschafft war, teils neuerdings in Interessentenkreisen erkundet werden konnte, habe ich in der gehorsamst angeschlossenen Sachdarlegung zusammenzustellen gesucht.

Wie aus dem Schlußabschnitt dieser Darlegung betreffend die Stellungnahme der südrussischen Börsenvertretungen ersichtlich sein dürfte, liegt die Regelung der durch die

Dardanellensperre hervorgerufenen Streitigkeiten zwischen den Exporteuren hier und den deutschen Importeuren noch in weitem Felde. Man scheint hier nicht geneigt, die gewöhnlichen Schiedsgerichte des deutsch-niederländischen Vertrages in diesen Streitigkeiten als zuständig anzuerkennen und strebt zur Austragung aller Streitfragen die Berufung einer internationalen Konferenz in Berlin an, worüber bereits mit dem Deutschen Handelstage ein Schriftverkehr eingeleitet worden ist.

Inwieweit eine etwa anzuerkennende Ladungsunmöglichkeit und die daraus folgende Aufhebung von Getreideabschlüssen zwischen Exporteuren und deutschen Importeuren, die letzteren auch zum Rücktritt von ihren gegenüber binnenländischen Abnehmern eingegangenen Lieferungspflichten berechtigt, läßt sich hier natürlich nicht beurteilen. Bisher sollen nach der persönlichen, allerdings nicht näher belegbaren und ganz unverbindlichen Schätzung eines sachkundigen deutschen Gewährsmanns höchstens 10% der in Frage kommenden Abschlüsse mit den südlichen Exporteuren als durch Feindseligkeiten wirklich verhindert anerkannt worden sein. Derselbe Gewährsmann glaubt daher diesen als aufgehoben anerkannten Abschlüssen nicht einen so allgemeinen Charakter beilegen zu können, daß sich deutsche Importeure durch den Hinweis auf die Wirkungen der Dardanellensperre in Bausch und Bogen von ihren Verpflichtungen im deutschen Inlande sollten befreien dürfen. Er hält es für leicht möglich, daß einer Anzahl derselben Importeure entweder Getreide nachträglich geliefert oder doch Schadenersatz wegen Nichterfüllung durch den Exporteur zugesprochen worden sei, und hält daher als allgemeines Zugeständnis an den Importeur gegenüber seinem deutschen Abnehmer höchstens eine Verlängerung der Lieferungsfrist um 37 Tage, d.h. um die Zeitdauer der schiffahrthemmenden Wirkungen der Sperre, gerechtfertigt.

Zugunsten der deutschen Importeure wird auf der anderen Seite allerdings nicht unerwogen bleiben dürfen, daß die ihnen etwa zustehenden Entschädigungen durch russische Exporteure trotz aller Gerichte, Schiedsgerichte und Konferenzen in vielen Fällen illusorisch und unbetreibbar bleiben werden.

Als besten Ausweg aus allen sich ergebenden Schwierigkeiten wird immer noch der gütliche Ausgleich gelten müssen, der allen Teilen namentlich mit Bezug auf die Streitigkeiten im deutschen Inlande nicht dringend genug empfohlen werden kann.

Sachdarlegung

Die Dardanellensperre hatte am 18. April d.J. begonnen. Für Odessa, wo der erste Dampfer nach Wiedereröffnung der Straße am 26. oder 27. Mai angekommen sein soll, werden die die Schiffahrt hemmenden Wirkungen der Sperre auf etwa 37 Tage angegeben.

Während dieser Zeit soll, wie eine hiesige Schiffsagentur als ihr bekannt gewordene Tatsache angibt, der Verkehr in russischem Getreide mit der Bahn nach Deutschland überaus rege gewesen sein. Doch dürfte es sich bei solchen Bahnlieferungen wohl meist um Sendungen aus dem Innern Rußlands, nicht um Sendungen von den Küsten des Schwarzen- und Asowschen Meeres gehandelt haben.

Ein fernerer Weg zur Versendung von russischem Getreide, der mangels Gangbarkeit der Dardanellen für einige süddeutsche Plätze in Betracht fallen könnte, ist der Weg donauaufwärts. Derselbe ist aber nach dem Urteil eines hiesigen Schiffsagenten nicht in Betracht zu ziehen, weil er für den Verkehr russischen Getreides nach Deutschland überhaupt noch nicht in Anwendung gekommen sei, es auch den russischen Exporteuren über die eingeschlagenen Fracht- und Schiffahrtsverhältnisse an jeder Orientierung fehle, und weil dieser Weg jedenfalls in dem deutsch-niederländischen Vertrage nicht vorgesehen sei.

Das deutsch-niederländische Vertragsschema von 1903, auf Grund dessen bisher alle Abschlüsse von Getreideverkäufen aus den Häfen des Schwarzen- und des Asowschen

Meeres nach Deutschland bewirkt worden sind, erwähnt den Fall einer Dardanellensperre nicht ausdrücklich, bestimmt aber, daß die Verträge und jeder noch unerfüllte Teil derselben als aufgehoben gelten sollen, wenn die *Verladung* durch Ausfuhrverbot, Blockade oder Feindseligkeiten verhindert werde.

Ein bei dem Generalkonsulate am 26. April eingelaufenes Telegramm des Vereins Berliner Getreide- und Produktenhändler teilt mit, daß russische Verkäufer sich geschlossen billiger Getreidekontrakte, Aprillieferung, zu entziehen versuchten unter dem Vorgeben, die Dardanellensperre mache Abladung unmöglich. Das Telegramm fügte hinzu, daß deutsche Importeure durch Nichtlieferung enorme Verluste erleiden würden. Eine spätere Mitteilung desselben Vereins enthält noch die Nachricht, daß russische Verkäufer Kontrakte *April*, altstilig (also 14. April — 13. Mai unserer Zeitrechnung) nicht erfüllt hätten.

Daß die Dardanellensperre eine große Anzahl Dampfer, die für die Ausführung von Getreidelieferungsverträgen aus der Zeit vor der Sperre noch hätten in Betracht fallen können, an der rechtzeitigen Ankunft in den südrussischen Häfen verhindert hat, ist sicher.

Möglicherweise würden daher die vom 18. April ab noch verfügbar gebliebenen Dampferräume zur Ausführung aller dieser Verträge allerdings nicht ausgereicht haben. Doch läßt sich hier nach keiner Richtung der Umfang der Lieferungen übersehen, um die es sich bei diesen Verträgen gehandelt haben mag. Ebensowenig ist hier etwas Näheres über den Umfang der Verpflichtungen bekannt, die deutsche Importeure ihren Abnehmern gegenüber in Bezug auf die Lieferung russischen Getreides vor Sperrung der Dardanellen übernommen hatten, noch Näheres darüber, inwieweit deutsche Importeure schon vor dem Beginn der Sperre Getreidekäufe in Südrußland behufs Erfüllung jener Verpflichtungen vorgenommen hatten oder inwieweit sie das nachträglich mit oder ohne Erfolg versuchten.

Immerhin war nach den hier angestellten Erkundigungen in den Häfen des Schwarzen und Asowschen Meeres bei Beginn der Sperre eine beträchtliche Anzahl Dampfer vorhanden; dieselben befanden sich zwar zum großen Teil schon unter Ladung; es war aber auf ihnen noch ziemlich viel Freiraum verfügbar. Teilweise dürfte daher in der Tat die Möglichkeit vorgelegen haben, Getreideabladungen nach Deutschland auch noch während der Sperre in solche verfügbar gebliebene Freiräume vorzunehmen.

[. . .]

Über eine Anzahl Streitigkeiten, die zwischen russischen Exporteuren und westeuropäischen Importeuren wegen Aufhebung oder Erfüllung von Getreideabschlüssen nach dem deutsch-niederländischen Vertragsschema entstanden waren, ist inzwischen durch örtliche vertragsgemäß zuständige Schiedsgerichte, so in Rotterdam, Hamburg, Berlin entschieden worden. Die Schiedssprüche würden in Deutschland voraussichtlich leicht einzusehen sein. Sie sollen je nach der Lage der Einzelfälle verschieden ausgefallen sein und teils (angeblich aber nur in sehr wenigen Fällen) wegen anzuerkennender absoluter Verladungsverhinderung die Aufhebung der Verträge für berechtigt erachtet, teils den Exporteuren die Verpflichtung zum Schadenersatz wegen Nichterfüllung aufgebürdet haben. Die Frage der Verlängerung der Vertragsfristen soll, da die Verträge stets auf bestimmte Termine laufen, niemals aufgeworfen worden sein, vielmehr immer nur die Frage der rechtmäßigen Aufhebung oder vertragswidrigen Nichterfüllung. Im allgemeinen soll das Bestreben der russischen Exporteure dahin gegangen sein, nach Möglichkeit die zu guten Preisen gemachten Abschlüsse zu erfüllen und die minderguten unausgeführt zu lassen. Auf Seiten der Importeure sollen ähnliche Erwägungen mitgesprochen haben.

Für die Aufhebung von Abschlüssen wegen höherer Gewalt machen die russischen Exporteure noch besonders geltend, daß das Getreidegeschäft sich nicht so abspiele, daß von den Exporteuren Ware verkauft werde, die sie schon besäßen und deshalb auch nachträglich abgeben könnten; vielmehr kaufe der Exporteur die Ware erst dann, wenn er bereits verkauft habe und laden könne. Da die Verladungsmöglichkeit im April wegfiel, habe der Exporteur die Ware überhaupt nicht gekauft. Die in Odessa liegenden Dampfer seien in den ersten Tagen nach Eintreffen der Nachricht von der Dardanellensperre schon voll geworden. Selbst wenn aber Verladungsmöglichkeit bestanden habe, hätten die Exporteure doch nicht kaufen und nicht laden können, weil keine der hiesigen Banken die Verschiffung habe finanzieren wollen, solange die Dardanellendurchfahrt nicht außer Gefahr war.

Übrigens seien mehrfach Kontrakte abgeschlossen worden, die die Exporteure sehr gern nach Eröffnung der Dardanellen ausgeführt hätten, sie hätten dies aber nicht gewagt, da sie hätten befürchten müssen, daß die Dokumente von den Importeuren, die Aprillieferung kontrahiert hatten, nicht ausgekauft werden würden, nachdem die Preise im Mai gefallen waren. In der Tat hätten viele Importeure, für die eine Nichtannahme des Getreides günstiger war, erklärt, daß sie nicht zum Vertragstermin verschiffte Ware nicht anzunehmen brauchten, während andere Importeure, die die Ware vielleicht ins Innere Deutschlands weiter verkauften, auf nachträglicher Lieferung beharrten.

*Stellung der russischen Börsenvertretungen* zu den Streitfragen zwischen Exporteuren und Importeuren:

Der Odessaer Börsenvorstand hat in dieser Beziehung anläßlich gehaltener Rückfrage auf die Veröffentlichungen der hiesigen russischen Wochenzeitschrift Handels- & Industrieübersicht verwiesen. Dieselbe finden sich in den Nummern dieser Zeitschrift 22 vom 4/17 Juni, 24 vom 18/1 Juli und 29 vom 23 Juli/5 August d.J. und behandeln:

I. Die anscheinend zunächst durch die Börsenvertretung von Rostoff angeregten Erörterungen und Beschlüsse des Kongreßrates der Vertreter des Börsenhandels und der Landwirtschaft zu St. Petersburg. Dieselben zielen darauf ab, daß die Zuständigkeit der in dem deutsch-niederländischen Vertragsschema vorgesehenen örtlichen westeuropäischen Schiedsgerichte in der Frage des Einflusses der Dardanellensperre auf die Vertragsverhältnisse zwischen den südrussischen Exporteuren und den nordischen Importeuren nicht anzuerkennen, vielmehr auf die Zusammenstellung besonderer verstärkter Schiedsgerichte in diesen wichtigen Fragen hinzuwirken sei.

II. Zustimmende Beschlüsse der Rostofer Börsenvertretung zu obigen Erörterungen, Antrag auf Berufung einer internationalen Konferenz, Vorberatung südrussischer Börsenvertretungen darüber in St. Petersburg, Benehmen des St. Petersburger Kongreßrates mit dem deutschen Handelstage über Einstellung der deutschen Arbitrage, Aufforderung an sämtliche südrussische Börsenvertretungen, sich diesem Vorgehen anzuschließen.

III. Annahme der St. Petersburger Beschlüsse wie des Vorschlages auf Berufung einer internationalen Konferenz durch zu entsprechender Beratung in St. Petersbrug zusammengekommene Vertreter sämtlicher südrussischer Börsenkomitees. Erklärung der Odessaer Vertreter, daß sie trotz ihrer bisherigen abweichenden Haltung auf einer internationalen Konferenz dem Standpunkt der Mehrheit der südrussischen Vertreter beitreten wollen.

IV. Mitteilung des deutschen Handelstages vom 7./20. Juli an den Kongreßrat in St. Petersburg, wonach die vorgeschlagene internationale Konferenz erst in einigen Monaten zusammentreten könne. Inzwischen habe der Handelstag um Einsendung näher begründeter Vorschläge der südrussischen Exporteure für die Besprechung sowie um Mitwirkung dahin gebeten, daß die inzwischen ergangenen Schiedssprüche von den südrussischen Exporteuren erfüllt würden. In letzterer Richtung sei dem Odessaer Börsenkomitee auch ein Ersuchen des Verbandes der Bremer Importeure zugegangen.

*ZStAP, AA 6370, Bl. 120ff.*

**300** **Bericht Nr. 275 des Geschäftsträgers in St. Petersburg von Lucius an den Reichskanzler von Bethmann Hollweg**

*Ausfertigung.*

St. Petersburg, 20. September 1912

Herr Kokowtzoff sagte mir heute, daß er demnächst Euerer Exzellenz ausführlich über die von Seiner Majestät dem Kaiser und König in Baltischport angeregte Petroleumfrage schreiben würde.

Der Ministerpräsident fügte hinzu, daß er die einschlägigen Verhältnisse in Deutschland zwar sehr wenig kenne, seine Ausführungen würden Euerer Exzellenz aber beweisen, daß er die Allerhöchste Anregung[x] ad notam genommen und die Frage sehr ernst geprüft habe.

x Randbemerkung: auf Bildung eines festländischen Konzerns gegen England und Amerika zum Zwecke der Ölbeschaffung.

*ZStAP, AA 3552, Bl. 147.*

**301** **Schreiben Nr. II M 6059 des Direktors der Handelspolitischen Abteilung im Auswärtigen Amt von Koerner an den Staatssekretär des Innern Delbrück**

*Konzept.*

Berlin, 21. September 1912

Nach dem Bericht des landwirtschaftlichen Sachverständigen Hollmann vom 17. d.M. und den unter Rückerbittung beigefügten Berichten aus Belgrad und Sofia ist eine größere Einfuhr an frischem Fleisch aus Rußland, Serbien und Bulgarien nicht zu erwarten. Die Aufhebung der gegen diese Länder bestehenden Verbote der Einfuhr frischen Fleisches aus diesen Ländern würde daher keine erhebliche Wirkung haben. Anderseits würden wir für künftige Handelsvertragsverhandlungen unsere Position zweifellos schwächen, wenn wir jetzt unter dem Drucke der Teuerung die bisher immer scharf hervorgehobenen veterinären und sanitären Bedenken zurückstellen und zur Grenzöffnung schreiten würden; diese Bedenken würden sich kaum noch ernstlich geltend machen lassen und die bei den künftigen Vertragsverhandlungen zu erwartenden Angriffe auf unsere Fleischzölle würden dann um so schwieriger abzuwehren sein.

*ZStAP, AA 529, Bl. 130.*

**302** **Schreiben des Stellvertreters des Reichskanzlers Delbrück an sämtliche Bundesregierungen und den Statthalter in Elsaß-Lothringen. Geheim!**

*Abschrift.*

Berlin, 26. September 1912

Zur Linderung der bestehenden Fleischteuerung hat die Königlich Preußische Regierung [. . .] im Einverständnis mit der Reichsleitung beschlossen, vorübergehend folgende Erleichterungen der Vieh- und Fleischeinfuhr aus dem Ausland zuzulassen:

1. Es soll die Einfuhr von frischem Rindfleisch aus dem europäischen Rußland im Wege besonderer Genehmigung unter nachstehenden Bedingungen zugelassen werden:

a. Die Genehmigung wird nur für große Städte erteilt, die als Märkte für die Bildung der Vieh- und Fleischpreise ganzer Landesteile maßgebend sind.

b. Es muß gewährleistet sein, daß das eingeführte Fleisch zu einem unter behördlicher Mitwirkung festgesetzten möglichst niedrigen Preise an die Verbraucher verkauft wird.

c. Die Beförderung des Fleisches bis zum Bestimmungsort muß in plombierten Wagen erfolgen.

2. Es soll die Einfuhr von frischem Schweinefleisch aus Rußland im Wege besonderer Genehmigung in einzelne größere Städte des Ostens, bei denen für eine derartige Versorgung ein besonderes Bedürfnis besteht, unter den zu 1 bei b und c aufgeführten Bedingungen gestattet werden [. . .][1]

Endlich hat die Preußische Regierung eine vorübergehende Erhöhung des für das oberschlesische Industriegebiet zugelassenen Kontingents russischer Schlachtschweine in Aussicht genommen [. . .][2]

*ZStAP, AA 529, Bl. 130.*

1 Unter den zu Punkt 1 aufgezählten Bedingungen soll die Einfuhr von frischem Schweinefleisch aus Serbien, Bulgarien und Rumänien zugelassen werden; ebenso die Einfuhr von Rindfleisch aus Belgien und von Schlachtrindern aus den Niederlanden.

2 Stellt den Bundesregierungen anheim, sich dem Vorgehen der preußischen Regierung anzuschließen.

**303** **Schreiben des russischen Ministerpräsidenten und Finanzministers Kokovcov an den Reichskanzler von Bethmann Hollweg[1]**

*Ausfertigung.*

[St. Petersburg,] 16./29. September 1912

Zur Zeit der vor kurzem stattgehabten Kaiser-Entrevue in Baltischport[2] hat Seine Majestät der Deutsche Kaiser mich einer Unterredung gewürdigt und dabei geruht, eine ganze Reihe maßgebender und tief durchdachter Erwägungen auszusprechen in Bezug auf die außerordentliche Bedeutung, die den flüssigen Naphtaheizstoffen heutzutage in der Technik des Schiffbauwesens sowohl für die Handelsschiffahrt, als namentlich auch für die Kriegsmarine beizumessen ist.

Unter Hinweis auf die Nachteile, die in dieser Hinsicht durch das Übergewicht Nordamerikas in der Versorgung eines großen Teils des europäischen Kontinents mit Naphtha und deren Derivaten veranlaßt erscheinen, hat Seine Kaiserliche Majestät, Ihr erhabener Monarch, mir nahegelegt, die Frage klarzustellen, in welcher Weise die Naphthaquellen besitzenden europäischen Staaten, darunter namentlich Rußland, mit vereinten Kräften eine besondere Organisation zustande bringen könnten, deren Aufgabe es wäre, die europäischen Länder mit flüssigen Heizstoffen und Verarbeitungsprodukten der Rohnaphtha zu versorgen, ohne die Mitwirkung der überseeischen Märkte in Anspruch zu nehmen.

Mit größter Bereitwilligkeit unterzog ich mich der ehrenvollen Aufgabe, diese Frage im Rahmen der mir zur Verfügung stehenden, auf die Naphthaindustrie meines Heimatlandes bezüglichen Ausweise und Tatsachen zu erforschen, und schritt sofort zur Zusammenstellung und Klarlegung des gesamten in Betracht kommenden Materials. Diese Arbeit ist jetzt nahezu erledigt und ich könnte die Ausarbeitung der Schlußfolgerungen in bezug auf die in Rede stehende Frage, der Seine Kaiserliche Majestät mit Recht eine so hervorragende staatliche Bedeutung beimißt, in Angriff nehmen. Leider jedoch wird die Vollendung der von mir soweit geförderten Arbeit dadurch verzögert, daß sich die Grundlagen, auf denen in Deutschland die Organisation der Versorgung des europäischen Kontinents und die Deckung des stetig anwachsenden Bedarfs an Naphthaprodukten ohne Inanspruchnahme der überseeischen Märkte beruhen soll, meiner Kenntnis entziehen. Ohne Einblick in diese Grundlagen, wenn auch nur in ihren Hauptumrissen, bin ich der Möglichkeit beraubt — bei aller Vertrautheit mit der gegenwärtigen Lage der Naphthaproduktion in Rußland und ihrer voraussichtlichen Zukunft — zur Berichterstattung an Seine Kaiserliche Majestät eine genügend motivierte Meinungsäußerung darüber vorzustellen, ob Rußland bei dem derzeitigen Stande seiner Naphthaindustrie in der Lage ist, an der projektierten Organisation teilzunehmen, in welchem Maße namentlich und unter welchen Bedingungen, sowie auch darüber, inwiefern diese Organisation auf eine ständige und sichere Beteiligung unserer Naphthaproduktion an dem ins Auge gefaßten Unternehmen rechnen kann.

Ich glaube annehmen zu dürfen, daß Ew. Exzellenz die Triftigkeit meiner Bedenken in dieser Hinsicht anerkennen und mir die Möglichkeit zur Erfüllung der mir durch die Wohlgeneigtheit Seiner Kaiserlichen Majestät zuteil gewordenen Aufgabe eröffnen werden, indem Sie mir, wenn auch nur in allgemeinen Grundzügen, die Propositionen zugänglich machen, die seitens der Reichsregierung bezw. einer besonderen, entsprechend den Intentionen und unter Leitung der Regierung tätigen Organisation ausgearbeitet oder auch nur geplant worden sind.

Ich sehe mich gezwungen, Ew. Exzellenz mit dieser Bitte zu behelligen, weil mir keine andere Informationsquelle offensteht und sich mir außerdem nur auf diesem Wege die Möglichkeit bietet, durch Ihre wohlwollende Vermittlung die von mir in Erfüllung der Weisungen Seiner Majestät getroffenen Kaiserlichen Maßnahmen zur Allerhöchsten Kenntnisnahme zu bringen.

Ich erlaube mir, Ew. Exzellenz an unsere erste Begegnung in Baltischport und St. Petersburg zu erinnern, die bei mir den erfreulichsten Eindruck hinterlassen hat, und bitte Sie, den Ausdruck meiner größten Hochachtung und aufrichtigen Ergebenheit zu genehmigen.

In aller Herzlichkeit, verbleibe ich hochachtungsvoll

*ZStAP, AA 3553, Bl. 52f.*

1 In russischer Übersetzung veröffentlicht in: Monopolističeskij kapital v neftjanoj promyšlennosti Rossii 1883—1914, Moskau—Leningrad 1961, Nr. 246.

2 Die Zusammenkunft fand vom 4. bis 6. Juni 1912 statt.

## 304 Bericht Nr. 296 des Botschafters in St. Petersburg Graf von Pourtalès an den Reichskanzler von Bethmann Hollweg

*Ausfertigung.*

St. Petersburg, 21. Oktober 1912

Bei einem Besuch, den ich vor einigen Tagen dem Marineminister abstattete, bemerkte ich, ich hätte mit großer Freude gehört, daß die russische Marineverwaltung im Begriffe stehe, eine größere Bestellung an die Werft von Schichau zu vergeben. Ich drückte dabei die Hoffnung aus, daß sich dem Zustandekommen dieses Geschäfts, welches ich im Interesse der deutschen Schiffbauindustrie nur lebhaft begrüßen könne, keine Hindernisse mehr in den Weg stellen würden. Der Marineminister erwiderte, das Geschäft sei bereits endgültig abgeschlossen, da die Werft von Schichau eine günstige Offerte gemacht habe.[1] Admiral Grigorowitsch fügte hinzu, es sei ihm eine besondere Freude gewesen, der genannten deutschen Schiffsbaugesellschaft, welche er sehr hoch schätze, eine Lieferung übertragen zu können. Er sei zwar wegen dieser Bestellung sehr angegriffen worden und sehe auch noch weiteren Angriffen entgegen, dies sei ihm aber gleichgültig. Der Minister sprach sich dann im allgemeinen in hohem Maße anerkennend über die deutschen Lieferanten aus, mit denen er sehr gern Geschäfte mache, weil man sicher sei, „daß dabei nicht so- und soviele Hunderttausend Rubel gestohlen würden".

Im weiteren Verlauf der Unterredung äußerte sich der Admiral in sehr deutschfreundlichem Sinne [. . .] Bei dieser Gelegenheit sprach sich der Admiral sehr dankbar dafür aus, daß Admiral von Tirpitz einer Kommission russischer Marineoffiziere, die kürzlich in Deutschland war, vieles Lehrreiche habe zeigen lassen [. . .]

*PA Bonn, Rußland 72b, Bd. 29.*

1 Die Elbinger Schichauwerft gründete, um an dem Flottenbauprogramm beteiligt zu werden, das den Bau von Kriegsschiffen nur auf russischen Werften gestattete, in Riga die russische Firma Ziese. Diese forderte für ein Torpedoboot 1950000 Rubel, vorausgesetzt, daß der Bau von zwei leichten Kreuzern der Schichauwerft übertragen würde. Russische Werften verlangten anfangs 2500000, später 2000000 Rubel je Torpedoboot, wobei jedoch die technische Ausrüstung der Boote nicht den Stand der von Ziese gebauten erreicht hätte. In der Sitzung des russischen Ministerrats am 17. 10. 1912 wurde der Bau von 9 Torpedobooten bei Ziese und von 2 leichten Kreuzern bei Schichau beschlossen (Protokoll der Ministerratssitzung CGIA Leningrad, f. 1276, op. 20, ed. 20); vgl. zur Gesamtproblematik K. F. Šacillo, Russkij imperializm i razvitie flota nakanune pervoj mirovoj vojny. 1906—1914 gg., Moskau 1968.

## 305 Bericht Nr. II 983 des Generalkonsuls in St. Petersburg Biermann an den Reichskanzler von Bethmann Hollweg

*Ausfertigung.*

St. Petersburg, 2. November 1912

Nach hartem Kampf zwischen Auftraggebern und Nehmern, der den letzteren manches Stück Geld gekostet haben möge, sind nun endlich, in Ausführung des Gesetzes vom 23. Juni d.J., die Aufträge für die neuen Bauten der Kriegsmarine endgültig vergeben worden.

In den Bau der 4 Dreadnoughts teilen sich die Baltische und die Admiralitätswerft, wobei der Preis eines jeden Schiffes einschließlich der gesamten Ausrüstung (auch Reserve-Ausrüstung) auf ca 45000000 Rbl. festgesetzt ist. Der Baltischen Werft, die für den Ausbau ihrer Anlagen noch 5719540 Rbl. erhält, ist ferner der Bau von 4 Unterseebooten übertragen worden. Für den Ausbau der Admiralitätswerft ist die Summe von 1760000 Rbl. ausgeworfen. Unterstützung für die Konstruktion der Dreadnoughts wird beiden Werften durch die englische Firma Vickers u. Ko geleistet, die eine Anzahl Ingenieure und Techniker bereits hier hat. Turbinen, Kessel etc. liefert beiden Werften die Franco-Russische Fabrik hier. Für die maschinelle Einrichtung hat die Baltische Werft der Franco-Russe 7800000 Rbl., die Admiralitätswerft 8200000 Rbl pro Schiff zu entrichten. Die Franco-Russe ihrerseits hat wiederum für den Bau der Turbinen mit der Firma Brown-Boveri u. Ko Lizenzverträge abgeschlossen.

Den Putilow-Werken ist der Bau von 2 leichten Kreuzern zu je 8300000 Rb. und 8 Torpedobooten zu je 2000000 Rbl. übertragen worden, während die Newski-Schiffswerft keinerlei Bestellung erhalten hat. Gegen einen Auftrag an diese früher staatliche, jetzt Putilow gehörige Werft, hat sich der Marineminister erklärt, da sie ihrer schlechten Einrichtung wegen leistungsunfähig sei. Überhaupt soll Putilow diese Werft nur auf Wunsch des Marineministers und gegen das Versprechen dem Staate abgekauft haben, daß den Putilow Werken der Bau einer Anzahl Schiffe übertragen werde. Putilow wird beim Bau der Kreuzer unterstützt durch Blohm u. Voss. Die Newski-Schiffswerft soll noch aus früheren Verträgen mit dem Stettiner Vulkan in Verbindung stehen. Da sie möglicherweise die mechanische Einrichtung der Schiffe für Putilow zu leisten hat, würde diese Verbindung von Bedeutung sein.

8 Torpedoboote sind ferner der Werft der Petersburger Metallfabrik in Ochta übertragen worden. Soweit bekannt wird dies, abgesehen von der später genannten Firma „Noblessner" die einzige Werft sein, die ohne ausländische Unterstützung ihren Auftrag auch hinsichtlich der Turbinen auszuführen gedenkt.

Die neu gegründete Firma Ziese in Riga, die in engster Fühlung mit den Schichau Werken in Danzig steht, erhielt Auftrag für den Bau von 9 Torpedeobooten. Im Gegensatz zum Preis für die übrigen Torpedoboote (2000000 Rbl.) erhält sie nur die geforderte Summe von 1950000 Rbl. pro Schiff. Sie genießt den Vorteil, die Turbinen für die ersten drei Boote aus Deutschland beziehen zu können.

Der Bau einer Werft in Riga wird von ihr in Angriff genommen. Verschiedene Werften werden zur Ausführung des kleinen Schiffsbauprogramms in Reval errichtet.

Es baut dort zunächst die Vereinigung der Werke Lange und Sohn in Riga und Libauer Eisenwerke vorm. Böker eine Werft. Wie die Spekulation bereits bei der Vorbereitung der Vergebung der Aufträge gearbeitet hat, zeigt die Errichtung dieser neuen Gesellschaft. Die hiesige Privathandelsbank, die an Böker stark interessiert ist, hatte sich in den Besitz der Aktien der Werft von Lange u. Sohn in Riga gesetzt und die Firma für 1050000 Rbl. angekauft. Um die von der Firma Normand Härre mit Lange u. Sohn abgeschlossenen Lizenzverträge zu erhalten, war Böker genötigt, die Lange'sche Werft mit zu übernehmen und zahlte der Privathandelsbank hierfür 2000000 Rbl. Das Kapital der Libauer Eisenwerke im Betrage von 5½ Millionen Rubel wurde für die Transaktion sowie für den Bau einer Werft in Reval um weitere 5½ Millionen Rubel erhöht. Dabei stand keineswegs fest, daß die neue Gesellschaft Aufträge für den Kriegsschiffsbau erhielt und erst dem persönlichen Eingreifen Poincarés im Interesse von Normand soll es zu verdanken sein, daß Böker nunmehr der Bau von 5 Torpedobooten übertragen wurde.

Ebenso wird bei der vorläufig als „Neue russische Schiffsbaugesellschaft" bezeichneten Firma eine große Werft in Reval errichtet. Dies Unternehmen, hervorgegangen aus der hiesigen Russischen Waffen- und Munitionsfabrik vormals „Parviainen", hat Auftrag für den Bau von 2 leichten Kreuzern (Preis je 8300000 Rbl.) und 6 Torpedobooten erhalten. Technischer Beirat der Gesellschaft „Parviainen" wie der Neuen Gesellschaft ist Schneider-Creusot. Auch die Finanzierung des Unternehmens liegt in französischen Händen und geschieht durch die Union Parisienne. Mit dem Stettiner Vulcan ist ein Lizenzvertrag für den Bau der Dampfturbinen abgeschlossen worden.

Ein weiteres neues Unternehmen ist von der hiesigen Maschinenfabrik Lessner und dem bekannten Petroleummagnaten Emanuel Nobel ins Leben gerufen. Die neue mit 3 Mill. Rubel Kapital errichtete Firma führt den Namen „Noblessner" und beabsichtigt gleichfalls eine Werft in Reval zu bauen, für die ihr bilslang aber noch Grund und Boden fehlt. Dem neuen Unternehmen ist der Bau von 8 Unterseebooten übertragen worden, deren Maschinen von Ludwig Nobel, die sonstige Ausrüstung von Lessner geliefert werden. Sämtliche Unterseeboote, auch die der Baltischen Werft in Auftrag gegebenen, werden nach dem russischen Bubnow-Typ gebaut.

Der Bau von 2 Kreuzern zu 4300 To à 3500000 Rbl. ist endlich ganz ins Ausland, der Schichauwerft in Danzig, vergeben worden.

Eigentümlicher Weise erwähnt die Veröffentlichung der Regierung über die Vergebung der Bauten nichts über die restlichen 2 der bewilligten 8 Kreuzer. Wie ich höre, sollen sie auf einer der Werften in Nikolajew gebaut werden.

Noch nicht vergeben ist der Bau der verschiedenen Hilfsschiffe: Tankdampfer, Trawler, Schwimmdocks, Schwimmkräne, Transportschiffe u.s.w. Es ist wahrscheinlich, daß die Newski-Schiffswerft einen Teil der Aufträge erhalten wird.

Ebenso ungeklärt ist auch die Frage der Bestückung. Für die Herstellung von Geschützen kommen in Betracht die Obuchow-Stahlgießerei, sowie die Permsche Kanonenfabrik. Für den Ausbau des ersten Werkes, das dem Marineministerium untersteht, ist eine Summe von Rbl. 3175000 bewilligt worden. Die schlecht eingerichtete Perm'sche Kanonenfabrik untersteht eigentümlicherweise dem Bergdepartement des Finanzministeriums.

Wie bereits der Generalkonsul in Moskau berichtet, hat Schneider-Creusot die Absicht gehabt, das Werk in Perm zu pachten und dort eine moderne Geschützfabrik zu errichten. Es waren nicht nur Verhandlungen mit der Regierung eingeleitet, sondern Schneider-Creusot hatte bereits den besonders hervorragenden Direktor der Obuchov-Werke für sein neues Unternehmen vertraglich verpflichtet, um so die Obuchow-Werke zu schwächen und diese Konkurrenz zu beseitigen. Die unter französischem Einfluß stehenden Banken: Internationale Handelsbank, Russisch-Asiatische Bank und Sibirische Handelsbank waren bereit, das Schneider'sche Unternehmen zu finanzieren. — Da sich die Verhandlungen mit der Regierung vielleicht zerschlagen werden, sollen Vickers u. Ko sich zum Bau einer Geschützfabrik erboten und die genannten Banken bereits auf ihre Seite herübergezogen haben.

Neuerdings soll Schneider-Creusot sich mit Eingaben an die Regierung besonders heftig gegen eine etwaige Beteiligung der Kruppschen Werke ausgelassen haben. Daraus ist zu schließen, daß auch Krupp an dem Wettbewerb interessiert ist. Wie mir aus guter Quelle versichert wird, wird in maßgebenden militärischen Kreisen die Lieferung wenigstens eines Teiles der Geschütze durch Krupp angestrebt, auch wenn sie im Auslande angefertigt werden müßten. Dies Verlangen soll rein praktischen Gründen entspringen, da die Qualität der Kruppschen Geschütze höher bewertet wird wie die aller anderen Werke. Da andererseits die Obuchow-Fabrik nicht in der Lage zu sein scheint, in der festgesetzten Frist die sämtlichen nötigen Geschütze zu liefern, muß eine Klärung der Bestückungsfrage in nächster Zeit herbeigeführt werden. Ein ballon d'essai über die Frage der Vergebung der Geschützbestellungen ins Ausland war bereits in der Retsch veröffentlicht worden. Es heißt dort, das Marineministerium habe beim Handelsminister angefragt, ob die russischen Fabriken innerhalb eines Zeitraums von 3 Jahren eine bestimmte Zahl Geschütze liefern können. Das Marineministerium sehe voraus, daß man genötigt sein werde, einen Teil der Geschütze im Ausland zu bestellen, da es zweifelhaft sei, ob die russischen Fabriken die gewünschten Lieferungen würden ausführen können.

Nunmehr hat die Retsch auch die Verhandlungen mit Schneider-Creusot wegen der Perm'schen Fabrik publiziert. Ein Zeitungskampf über die Vergebung der Geschützlieferungen wird voraussichtlich die Folge sein.

Die Chancen der Deutschen Industrie, auch hier Bestellungen zu erhalten, sind jedenfalls gefährdet, denn sie haben russische Kreise und die englisch-französischen Interessen gegen sich.

Für die nichtmilitärischen Kreise sind die praktischen Gründe nicht ausschlaggebend. Die Vergebung derartiger Lieferungen an das Ausland ist ihnen an sich ein Dorn im Auge, und der französisch-englische Einfluß, insbesondere auf die Presse, ist zu groß, um nicht besonderen Widerspruch gegen etwaige an deutsche Firmen beabsichtigte Aufträge hervorzurufen. Soweit die Lieferung Krupp'scher Kanonenrohre in Frage steht, läßt sich dies Verhalten durch die Preise leicht begründen, die allerdings im Vergleich zu denen der Konkurrenten hoch sein sollen. Auch bei Errichtung einer Kruppschen Geschützfabrik in Rußland würde der hohe Preis Grund zum Widerstand gegen Bestellungen bieten, und, seine Geschütze hier billiger herzustellen und zu liefern als in Deutschland, würde ihm dort mit Recht verargt werden.

Abgesehen hiervon ist für die Lage noch charakteristisch, daß, wie mir aus bester Quelle versichert wird, Krupp nur durch Vorschieben einer englischen Firma noch an der gegenwärtigen Geschützlieferung teilnehmen könne. Daß eine Beteiligung ins Auge gefaßt ist, scheint festzustehen, wie ich höre, sind bereits einige Herren der Firma Krupp zu diesem Zweck hier.

Je eine Abschrift dieses Berichts ist der Kaiserlichen Botschaft hierselbst und dem Kaiserlichen Generalkonsulat in Moskau übermittelt worden.

*PA Bonn, Rußland 72b, Bd. 29.*

**306 Bericht Nr. II 977 des Generalkonsuls in St. Petersburg Biermann an den Reichskanzler von Bethmann Hollweg**

*Ausfertigung.*

St. Petersburg, 6. November 1912

Das zweite Heft der von der russischen Exportkammer herausgegebenen Zeitschrift enthält eine interessante, mit zahlreichen Tabellen und Diagrammen illustrierte Abhandlung über die Getreideeinfuhr nach Deutschland.[1] Die statistischen Daten sind der deutschen Statistik entnommen.

In der Anlage beehre ich mich, eine Erklärung der Tabellen und Diagramme, sowie eine Inhaltsangabe der Abhandlung gehorsamst beizufügen.

Der Verfasser kommt zu dem Ergebnis:

1. daß die wichtigsten der nach dem 1. März 1906 eingetretenen Veränderungen im Getreideimport nach Deutschland nur eine Fortsetzung der schon vorher hervorgetretenen Tendenzen sind,

2. daß der Anteil der Produktionsländer an der Versorgung Deutschlands von der Gesamtausfuhr des betreffenden Landes abhängt.

Diese beiden Schlußfolgerungen seiner Untersuchungen leiten den Verfasser dann zu dem ihm sehr genehmen weiteren Schluß, daß die Änderung der deutschen Getreidezölle von 1906 auf den Import russischen Getreides keinen besonderen Einfluß gehabt habe und daß die Höhe der Zölle überhaupt von relativ geringer Bedeutung sei gegenüber dem Hauptfaktor beim Getreidehandel: der Getreideproduktion des Exportlandes.

Dieses Resultat, das geeignet scheint, uns unsere Waffe gegen die russische Hochschutzpolitik aus den Händen zu winden, ist ihm aber auch wieder unbequem, den Ansprüchen der russischen Industrie auf Erhöhung der Industriezölle gegenüber, und so kommt er denn mit einem Saltomortale zu dem Auswege, daß der Nebenfaktor wichtiger sei, als der Hauptfaktor und erklärt, es wäre vollständig verkehrt, den Schluß zu ziehen, daß eine Änderung der deutschen Getreidezölle für Rußland keine praktische Bedeutung habe und daß die Revision des Handelsvertrages mit Deutschland nicht die ernsteste Beachtung der an der Steigerung des russischen Exports interessierten Kreise verdiene. Es kommt vor, daß von zwei Faktoren, einem mächtigen und einem schwächeren, der erstere gar nicht oder schwerer in der erwähnten Richtung zu beeinflussen sei, in solchen Fällen trete in praktischer Hinsicht der zweite Faktor, wie gering auch seine absolute Bedeutung sein möge, an die erste Stelle.

Unter demselben Vorbehalt, den der Verfasser macht, daß die Tabellen kein lückenloses Bild der Verhältnisse ergäben und daß noch andre Faktoren mitsprächen, scheint mir, daß sich aus den Zusammenstellungen Folgerungen ziehen lassen, die wir bei etwaigen Vertragsverhandlungen verwenden könnten, nämlich:

1. daß die Höhe der deutschen Getreidezölle für den russischen Getreideexport von sehr großer Bedeutung sein kann und es sicher sein wird, wenn Rußland anderen Getreideexportländern gegenüber differenziert wird. Zugeben kann man dem Verfasser, daß der Vertragstarif von 1904 dem russischen Export so gut wie keinen Abbruch getan hat.

2. daß wir schon 1893/94, wenn auch mit Mühe, über das Ausbleiben russischen Getreides in Deutschland hinweg gekommen sind, daß aber in Zukunft ein Ersatz des russischen Getreides sich viel leichter, wie damals, teils infolge unserer eigenen erhöhten Produktion, teils durch die Zunahme der Getreideproduzenten in anderen Ländern, finden würde.

Einer Forderung der Herabsetzung unseres Vertragstarifs können wir entgegenhalten, daß dieser dem russischen Export keinen Abbruch getan hat, daß er sich vielmehr immer gemäß dem vorhandenen Exportquantum normal entwickelt hat, daß wir aber andererseits zum Schutz unserer Landwirtschaft dieses Zolles bedürfen. Dagegen hat die Differenzierung Rußlands im Jahre 1893 in sehr einschneidender Weise den russischen Export beeinflußt und dieser Schaden ist nur deshalb für die russische Wirtschaft nicht so fühlbar geworden, weil der Zollkrieg nur kurze Zeit gewährt hat und schon 1894 das russische Getreide wieder in schnell steigendem Maße seinen Weg nach Deutschland fand.

Die russische Landwirtschaft und der russische Getreidehandel werden gewiß ihr Äusserstes tun, um die Aufrechterhaltung des jetzigen oder den Abschluß eines neuen Handelsvertrages mit Deutschland unter Beibehaltung der Meistbegünstigung durchzusetzen, und wenn sie sehen, daß das Geschrei um Herabsetzung unserer Getreidezölle erfolglos bleibt, auch mit diesem wie bisher sich abfinden. Sie werden sich auch den Bestrebungen der russischen Indöstrie um weitere Erhöhung der Industrizölle entgegenstellen, wenn sie sehen, daß durch die zu hoch geschraubten Ansprüche der Industrie der Vertrag gefährdet wird.

Die Tabellen zeigen auch, daß bereits in den neunziger Jahren, als Kanada, Argentinien, Indien und andere Länder erst im Anfang ihrer Entwicklung als Getreideexportländer standen, diese Länder schon recht bedeutend zur Ausfüllung der durch das Fehlen russischen Getreides auf dem deutschen Markt [entstandenen Lücke] beitragen konnten.

Seitdem hat sich die Lage für uns immer günstiger gestaltet. Unsere eigene Produktion, wie die der genannten Länder hat von Jahr zu Jahr zugenommen. Von einem Aushungern Deutschlands kann in Friedenszeiten überhaupt nicht die Rede sein. Weizen können wir, wenn Rußland damit ausfällt, heute schon größtenteils von anderer Seite erhalten und Roggen exportieren wir schon bedeutend mehr als wir einführen.

Sollte der Weizen wirklich mal knapp werden, so wäre es auch zu ertragen, wenn der Verbrauch des Roggenbrots wieder auf Kosten des Weizenbrots zunähme.

Ein Ersatz der russischen Gerste in natura aus anderen Ländern wäre allerdings schwer zu beschaffen, aber da die russische Gerste hauptsächlich als Viehfutter in Betracht kommt und nicht als Braugerste, so würden sich im Notfall dafür auch Surrogate beschaffen lassen.

Abschrift dieses Berichts ist der Kaiserlichen Botschaft hierselbst übermittelt worden.

*ZStAP, AA 6272, Bl. 7f.*

1 A. M. Rykačev, Privoz chlebov v Germaniju iz raznych stran. K voprosu o konkurencii Rossii s drugimi stranami na germanskom chlebnom rynke, Petersburg 1912.

## 307 Notiz des Direktors der Handelspolitischen Abteilung des Auswärtigen Amts von Koerner

*Ausfertigung.*

Berlin, 21. November 1912

In den letzten Jahren sind auffallend große Beträge von russischen Bankaktien in Deutschland emittiert worden. Wie die anliegende Tabelle 1 ergibt, sind es im Jahre 1911 für 38000000 Rbl. und im laufenden Jahre bisher für 29000000 Rub. gewesen. Diese Summen stellen jedoch nur den Nominalbetrag dar, während sich der Kurs der betreffenden Aktien durchschnittlich mehr als 100% über pari bewegt. Es handelte sich also für das Jahr 1911 um rund 80 und für das laufende um rund 60 Millionen Rub., d.h. in den beiden letzten Jahren insgesamt um rund *300000000 M.* Es fragt sich, ob eine derartige starke Hingabe von Kapital an die russischen Banken in unserem Interesse liegt.

Hierfür kommt zunächst im allgemeinen in Betracht, daß der deutsche Geldmarkt mit Rücksicht auf den Kapitalbedarf des Inlandes zu starkem Geldabfluß nach dem Ausland nicht disponiert ist. Besonders dürften wir aber wenig Anlaß haben, Rußland gegenüber in dieser Beziehung freigebig zu sein. Es darf wohl als allgemeiner Grundsatz hingestellt werden, daß die Hergabe einer Anleihe an das Ausland heute nicht lediglich um des dabei zu erzielenden Bankgewinns willen, sondern nur dann erfolgt, wenn mit der Anleihe zugleich andere Vorteile, sei es für die Industrie, sei es sonst wirtschaftspolitischer oder politischer Art verbunden sind. In den beiden letzten Jahren sind gegen 600 Millionen Mark an Rußland hingegeben worden (vergl. dazu noch die Anlage 2). Irgendein Entgelt auf wirtschaftlichem Gebiet, sei es auch nur für unsere Industrie, ist uns dafür nicht zuteil geworden. Diese 600 Millionen sind vielmehr, soweit sich bei Abt. II übersehen läßt, nur der russischen Volkswirtschaft zugute gekommen, zum Teil sogar, wie z. B. bei den Eisenbahnanleihen, zum Schaden unserer Exportindustrie.

Bei der Hingabe von Mitteln an die russischen Banken ist aber noch weniger zu erhoffen, daß damit irgend ein bestimmter Vorteil erreicht werden kann, da diese Mittel nicht zu einem bestimmten Zweck, sondern zur allgemeinen Verstärkung der Tätigkeit der Banken dienen sollen. Hierzu kommt noch ein weiteres Moment: Es ist zu beobachten, daß in Rußland in den letzten Jahren die Unterbringung von Anleihen in immer größerem Maße im Inlande statt im Auslande stattgefunden hat. Nach den vorliegenden Zahlen hat sich in früheren Jahren die Unterbringung im Inland und im Ausland ungefähr auf derselben Höhe bewegt. Im Jahre 1910 dagegen sind auf dem russischen Markt ungefähr 700000000 Rubl., im Auslande nur noch 150000000 Rub. untergebracht worden. Diese Tatsache hat auch der russische Finanzminister in seinem Bericht zum Budget für 1912 ausdrücklich betont und darauf hingewiesen, daß die Aufnahmefähigkeit des russischen Marktes und damit die Unabhängigkeit vom ausländischen Kapitalmarkt erfreulicherweise große Fortschritte gemacht hat. Die Gewährung von Mitteln für die russischen Banken kann aber nur geeignet sein, dieser Tendenz Vorschub zu leisten und somit die wohl durchaus nicht erwünschte Erscheinung zu zeitigen, daß die dem russischen staatlichen oder sonstigen öffentlichen Bedarf zur Verfügung stehenden Mittel auf ausländische Kosten erhöht werden, die Deckung dieses Bedarfs dagegen sich unabhängig vom Ausland vollzieht.

Freilich ist andrerseits nicht außer Acht zu lassen, daß unsere deutschen Banken, die sich mit der Emission dieser Bankanleihen befassen, mit den russischen Banken in steter Verbindung stehen. Aber es scheint, daß sich diese Verbindung im wesentlichen lediglich auf den laufenden bankmäßigen Geschäftsverkehr erstreckt und nicht derartig ist, daß etwa auf diesem Wege merkbar im Sinne einer Erzielung der vorher angedeuteten Vorteile gewirkt werden könnte.

Jedenfalls dürfte nach Vorstehendem zu erwägen sein, ob wir nicht in Zukunft den Emissionen der russischen Banken gegenüber mehr Zurückhaltung zu beobachten und unsere Banken dahin zu verständigen haben werden, daß Zulassungsanträge von Aktien russischer Banken wenig erwünscht sind.

Es dürfte sich empfehlen, über diese Frage zunächst die Kaiserlichen Generalkonsuln in St. Petersburg und Moskau und dann eventuell das Reichsbankdirektorium und den Preußischen Minister für Handel und Gewerbe zu hören.

Hiermit zunächst bei A mit der Bitte um eine gefällige Äußerung ergebenst vorgelegt.

*ZStAP, AA 3164, Bl. 17ff.*

## 308 Privatschreiben des Botschafters in St. Petersburg Graf von Pourtalès an den Reichskanzler von Bethmann Hollweg

St. Petersburg, 2. Dezember 1912

Lieber Vetter!

Bei einer kurzen Unterredung, die ich mit dem Ministerpräsidenten Kokowzeff hatte, bemerkte derselbe, wie mir schien mit einer leisen nuance von Empfindlichkeit, daß er vor mehr als zwei Monaten einen Brief in der Naphtafrage an Dich gerichtet,[1] aber nie eine Antwort darauf erhalten habe. Ich sagte Kokowzeff, ich würde sofort für Aufklärung der Sache Sorge tragen, und beeile mich, dies zu Deiner Kenntnis zu bringen. Vielleicht bist Du so freundlich, mich wissen zu lassen, was es für ein Bewandtnis mit der noch ausstehenden Antwort hat.[x]

Ich fand den Ministerpräsidenten im übrigen äußerst ruhig und verständig. Er sagte mir, daß er in den nächsten Tagen in der Duma eine Erklärung auch über die auswärtige Politik abgeben werde. Ich zweifele nicht daran, daß diese Erklärung im Sinne der versöhnlichen und besonnenen Politik der Herrn Kokowtzeff und Sazonoff ausfallen wird.

Du wirst in diesen Tagen zweifellos sehr beschäftigt sein, ich will daher Deine kostbare Zeit nicht zu lange in Anspruch nehmen.

x Randbemerkung Bethmanns: Ich bitte für Beeilung der Sache Sorge zu tragen. 4.12.

*ZStAP, AA 3553, Bl. 66f.*
1 Vgl. Dok. Nr. 303.

## 309 Stellungnahme der Politischen Abteilung des Auswärtigen Amts

[Berlin], 2. Dezember 1912

Zur Notiz des Direktors der Handelspolitischen Abteilung des Auswärtigen Amts von Koerner vom 21. November 1912.[1]

Die Hingabe deutschen Kapitals in größeren Beträgen in jedweder Form an Rußland erscheint auch vom politischen Standpunkt unerwünscht und kann nur insofern gebilligt werden, als sie dazu dienen kann, die Beteiligung *englischen* Kapitals in Rußland zu verhindern. Einer weiteren Belastung des *französischen* Marktes entgegenzuwirken, haben wir keinen Anlaß. Je mehr russische Werte Frankreich annimmt, um so sicherer wird es gegebenen Falles im friedlichen Sinne auf Rußland einwirken. *Wir* werden dagegen Rußland gegenüber um so größere Bewegungsfreiheit haben, je weniger deutsches Geld in Rußland investiert ist.

Hiermit bei II erg. wieder angelegt.

*ZStAP, AA 3164, Bl. 21.*
1 Vgl. Dok. Nr. 307.

**310 Schreiben des Staatssekretärs des Auswärtigen Amts von Kiderlen-Waechter an den Reichskanzler von Bethmann Hollweg**

*Konzept.*

Berlin, 7. Dezember 1912

Euerer Exz. beehre ich mich unter Wiederanschluß des Briefes des Ks. Botschafters in St. Petersburg vom 2. d.M. sowie des am 4. v.M. hierher abgegebenen an Ew. Exz. gerichteten Briefes des Ministers Kokowzeff vom 16./29. September d.J. — dieser u.R. — folgendes gehorsamst zu berichten:

Der Bericht des russischen Ministers Kokowzeff ist s.Z. dem Herrn St.S. des RSchatzamtes mit der Bitte um Äußerung mitgeteilt worden, weil die von Minister Kokowzeff behandelte Frage nur im Zusammenhang mit dem Gesetzentwurf betr. die Schaffung eines Petroleummonopols in Deutschland erledigt werden kann. Zwar handelt es sich bei diesem Gesetzentwurf zunächst nur um die Verstaatlichung des Leuchtölhandels, allein im Gesetz selbst sollen schon der zu bildenden Betriebsgesellschaft das Recht und die Möglichkeit vorbehalten werden, ihre Geschäfte auch auf andere Gebiete des Erdölgeschäftes, also auch auf das Heizölgeschäft auszudehnen. Wird das Leuchtölmonopolgesetz vom Reichstag in der einen oder anderen Form angenommen, so wird dadurch in Deutschland der Kern geschaffen, an den und um den weitere Maßnahmen zur Sicherung des unabhängigen Heizölbezugs angeschlossen werden könnten. Von dem Schicksal des Petroleummonopolgesetzes wird aber auch in wesentlichen Punkten die Beantwortung der Frage abhängen, ob und wie durch gesetzliche und internationale Maßnahmen der Heizölbezug sichergestellt werden kann. Bei dieser Sachlage wird es daher nicht möglich sein, materielle Entscheidungen zu treffen, solange es sich nicht übersehen läßt, ob und in welcher Form das Leuchtölmonopol zustande kommt.

In Deutschland hat das Heiz- (und Treib-)öl bisher eine relativ noch beschränkte Verwendung gefunden. Einerseits scheinen dabei gewisse technische Schwierigkeiten in der Verwendung (bzw. das Abwarten technischer Verbesserungen) eine Rolle gespielt zu haben, andererseits stand einer umfangreicheren Verwendung des Treib- (Gas)öls, namentlich im Dieselmotorenbetrieb, die Höhe des deutschen Zolles im Wege. Um das letztere Hindernis zu beseitigen, hat im vergangenen Monat der Bundesrat von der ihm erteilten Ermächtigung der Ermäßigung des Zolls Gebrauch gemacht (der Zoll wurde von 3 M auf 1,50 M für den dz herabgesetzt) und dadurch die Möglichkeit einer stärkeren Verwendung des Treiböls geschaffen.

Im Übrigen darf ich gehorsamst Bezug nehmen auf den Ew. Exz. vom Herrn St.S. des RSchA's im Einvernehmen mit mir und dem Herrn St.S. des Innern und des Reichsmarineamts unter dem 9. September d.J. erstatteten eingesandten Bericht in der Angelegenheit. Im Einverständnis mit dem Herrn Staatssekretär des Reichsschatzamtes erlaube ich mir daher für die Beantwortung des Briefes des Ministers Kokowzeff etwa folgendes vorzuschlagen[1]:

Die Anregung S. Majestät des Kaisers, meines Allergnädigsten Herrn, hinsichtlich der Sicherung der europäischen Kontinentalstaaten bei der Versorgung mit Naphta und dessen Derivaten verfolgt den Zweck, eine engere gegenseitige Verbindung zwischen den wichtigsten europäischen Produktionsländern, insbesondere Rußland, Österreich-Ungarn und Rumänien einerseits und dem Deutschen Reiche als einem der wichtigsten Verbraucher derartiger Kraft- und Lichtstoffe andererseits herbeizuführen.

Die Maßnahmen, die zu diesem Zwecke getroffen werden können, sind teils solche, die die deutsche Gesetzgebung betreffen, teils wird es sich um Abmachungen zwischen den hauptsächlich in Betracht kommenden Privatgesellschaften oder zwischen den Staaten selbst handeln.

Hier ist zunächst durch Beschluß des Bundesrates vom 14. v.M. der Zoll auf Mineralöle mit einer Dichte von mehr als 0,830 bei 15 °C, die als Gas- und Treiböle verwendet werden, von 3 M für 1 dz auf 1,50 M ermäßigt worden und hierdurch die Möglichkeit geschaffen, in höherem Maß als bisher osteuropäisches Gas- und Treiböl nach Deutschland zu leiten. Durch die Beseitigung der oberen Dichtigkeitsgrenze ist gleichzeitig der Bezugskreis dieser Öle erweitert worden.

Ferner ist ein Gesetzentwurf über den Verkehr mit Leuchtöl (Petroleummonopol) den gesetzgebenden Körperschaften des Reichs vorgelegt worden, womit unter anderen Zwekken auch die Absicht verfolgt wird, dem osteuropäischen Leuchtöl den bisher durch die Monopolstellung der Tochtergesellschaften der Standard Oil Company verhinderten Zutritt auf den deutschen Markt zu erleichtern. Es sind zu diesem Zwecke bereits mit großen russischen Produzenten Lieferungsverträge geschlossen worden. Falls der Entwurf Gesetz wird, wird es möglich sein, einen derartigen Bezug noch weiter auszubauen und auf diese Weise zu erreichen, daß die russische Naphtaproduktion, insbesondere dann, wenn sie eine weitere Ausdehnung erfährt, einen sicheren Absatz auf dem deutschen Markt findet. Erleichtert werden könnte diese Zufuhr noch durch eine Herabsetzung der Transportkosten für Leuchtöl innerhalb Rußlands.

Sobald die bezeichneten beiden Maßnahmen sich Wirkung verschafft haben, wird die erwünschte Grundlage geschaffen sein, um eine weitere Verknüpfung der beiderseitigen Interessen in der von St. Maj. bezeichneten Richtung vorzunehmen.[2]

Vorläufig muß jedoch abgewartet werden, welches Schicksal das gesetzgeberische Vorgehen auf dem Gebiet des Leuchtölverkehrs im Reichstag hat, und es dürften daher weitere Vereinbarungen so lange zurückzustellen sein, bis in dieser Hinsicht Klarheit geschaffen ist. Es wird sich empfehlen, daß die Kaiserl. Russische Regierung schon jetzt den einzelnen Phasen des deutschen gesetzgeberischen Vorgehens ihr Interesse zuwendet, da sich im Laufe derselben bereits eine weitere Ausgestaltung der in Rede stehenden Anregung ergeben kann.

*ZStAP, AA 3553, Bl. 68ff.*

1 Die folgenden Ausführungen wörtlich übernommen in das Schreiben Bethmanns an Kokovcov vom 8. 12. 1912.

2 Bis hierher Übernahme in das Schreiben Bethmanns an Kokovcov vom 8. 12. 1912.

## 311 Schreiben des Reichskanzlers von Bethmann Hollweg an den russischen Ministerpräsidenten und Finanzminister Kokovzov[1]

*Konzept.*

Berlin, 8. Dezember 1912

Zunächst habe ich um Ew. Exz. Nachsicht dafür zu bitten, daß ich Ihr gütiges Schreiben vom 16./29. September erst heute beantworte. Eigene Abwesenheit auf Urlaub bei seinem Empfang verzögerte Beginn der Bearbeitung und danach habe ich, was ich leider bekennen muß, den Fortgang der Sache persönlich nicht ausreichend kontrolliert. So muß ich mich nach allen Seiten schuldig bekennen und darf nur auf ihre Nachsicht hoffen.

Zur Sache selbst erlaube ich mir folgendes zu bemerken: [... Es folgen die Ausführungen aus dem Schreiben Kiderlens an Bethmann v. 7. 12. 1912] Ich hoffe dringend, daß der Ausgang der gesetzgeberischen Arbeiten bei uns, mir die Möglichkeit geben wird, diesen Plan alsdann mit aller Energie zu verwirklichen.

Gestatten Sie, sehr verehrter Herr Ministerpräsident, daß ich den Gefühlen hoher Verehrung und freundschaftlicher Ergebenheit warmen Ausdruck gebe, die mich seit meiner Begegnung in Baltischport und St. Petersburg mit Ihnen verbinden und in denen ich auch zeichne als Ihr stets aufrichtig ergebener

*ZStAP, AA 3553, Bl. 72.*

1 In russischer Übersetzung veröffentlicht in: Monopolističeskij kapital v neftjanoj promyšlennosti Rossii 1883—1914, Moskau—Leningrad 1961, Nr. 255.

## 312 Bericht des Landwirtschaftlichen Sachverständigen beim Generalkonsulat in St. Petersburg Dr. Hollmann an den Reichskanzler von Bethmann Hollweg

*Ausfertigung.*

St. Petersburg, 9. Dezember 1912

[...][1] Der Bericht ist nicht nur im Hinblick auf die gegenwärtigen Verhältnisse der deutschen Fleischeinfuhr aus Rußland geschrieben, sondern vielmehr als Material für die kommenden Handelsvertragsverhandlungen gedacht, in denen Rußland zweifellos mit bestimmten Forderungen in dieser Richtung an uns herantreten wird.

Die durch die von der deutschen Regierung zugelassene Einfuhr frischen Fleisches auf dem russischen Vieh- und Fleischmarkt geschaffene Lage dürfte im allgemeinen dort durch Zeitungsnachrichten bereits bekannt geworden sein.

Die von den Fleischern arrangierten Protestkundgebungen in Warschau und Lodz, die Stellungnahme der Petersburger Fleischbörse gegen diesen Export, wie auch die scharfen Auseinandersetzungen im Komitee zur Vorbereitung von Handelsverträgen, wo sich die Mehrheit ebenfalls gegen diesen Export aussprach, wenn auch zuzugeben sei, daß ein *dauernder* Export für Rußland von Nutzen sein könne. Die Regierung konnte dem Drängen der Fleischerkreise und der öffentlichen Meinung nach einem Ausfuhrverbot nicht wohl stattgeben, da sie sich damit die Möglichkeit abgeschnitten hätte, später bei den Handelsvertragsverhandlungen ein solches Exportinteresse geltend zu machen. Auch ist ja der fiskalische Standpunkt der russischen Regierung in der Forcierung des Exports à tout prix hinlänglich bekannt.

Inzwischen haben sich diese Kundgebungen gegen den Export mehr oder weniger als blinder Lärm erwiesen, da der Export sich bisher auf das polnische Gebiet und auf verhältnismäßig unbedeutende Mengen beschränkt hat. In Warschau und Lodz sind allerdings die Preise vorübergehend gestiegen, doch ist der Petersburger, Moskauer, Odessaer Markt anscheinend von dem Export nicht wesentlich beeinflußt worden. In Petersburg und Moskau sind jetzt sogar die Preise etwas gefallen, was mit dem Beginn der Fasten zusammenhängt und eine regelmäßige Erscheinung ist.

Bei der Eröffnung der deutschen Einfuhr aus Warschau zeigte sich allerdings eine völlige Kopflosigkeit des Viehhandels. So wurden für einen Auftrieb ca. 6000 Haupt Rindvieh nach Warschau dirigiert, während in Petersburg und Moskau die Märkte leer blieben und die Preise emporschnellten. Da das Vieh dann in Warschau keine Abnahme fand, wurde es hinterher nach Petersburg zurückdirigiert. Anderseits sind in jüngster Zeit die Warschauer Agenten des Unternehmers der Berliner Stadtverwaltung, Herrn Aaron, auf den Märkten im Innern Rußlands erschienen. Sie haben dem Vernehmen nach in Petersburg 50 Ochsen und in Woronesh 300 Ochsen gekauft.

Alles das deutet darauf hin, daß keine wirklichen, sondern nur gelegentliche kleine Marktüberschüsse infolge falscher Distributionen des Handels vorhanden sind. Daß Mangel an Schweinen herrscht, geht hervor aus dem Rückgang des Schweineexports und der Stilllegung verschiedener englischer Exportschlachthäuser, u.a. desjenigen in Ljublin, das daher auch dem deutschen Unternehmer zum Schlachten überlassen wurde. Von Moskau aus wurden bis zur Ankunft des gefrorenen Fleisches sogar große Quantitäten Speck zu enormen Preisen (16 Rubel per Pud = 210,81 M pr. 100 kg) aus Warschau bezogen.

Gegenwärtig (Anfang Dezember) zeigen nun allerdings die Preise in Moskau eine fallende Tendenz, was, wie bereits bemerkt, mit dem Beginn der Fasten und mit dem Erscheinen des gefrorenen Fleisches auf dem Moskauer Markt zusammenhängt. Einzelne Moskauer Großhändler, insbesondere auch die Sibirische Handelsbank, würden es daher sehr gerne versuchen, die Überschüsse, etwa 100—300 Haupt von jedem Markt, für den Export abzuschieben, um dadurch die Preise zu halten. Indessen ist die von der Bank der Stadt Berlin gemachte Offerte und ebenso die von der Moskauer Großschlächterei Firma Fürle der Handelskammer zu Chemnitz gemachte Offerte wegen zu hoher Preisforderungen abgewiesen worden. Die Sibirische Handelsbank würde trotzdem gerne einen Versuch machen, um den Export, selbst mit vorläufigen Verlusten, in Gang zu bringen. Eiswagen sind zur Zeit zu haben von der Kasaner und der Windauer Privatbahn, da gegenwärtig der Butterexport stockt und daher Überschuß von Eiswagen vorhanden ist [. . .] In Odessa sind die Schlächtereifirmen, mit denen die Stadt Stuttgart Beziehungen angeknüpft hatte, nicht auf den Export eingegangen, weil nach ihrer Ansicht das Fleisch bei Aufrechterhaltung des § 12 den Transport nicht vertragen würde. Außerdem wären von Odessa keine Eiswagen zu haben.

Andererseits würde eine Abänderung des § 12 in sanitärer Hinsicht auf die größten Bedenken stoßen, da dann das unkontrollierte, natürlich gefrorene und frische Fleisch, das heute nach Petersburg und Moskau eingeführt wird, ohne Zweifel nach Deutschland abgeschoben werden würde. Über dieses Fleisch habe ich mich in dem anliegenden Bericht ausführlich geäußert (Vgl. S. 25 u. 31). Ich habe persönlich in Sibirien die Herrichtung dieses Fleisches und auf dem Felde vor dem Moskauer Viehmarkt den Verkauf der fertigen Ware gesehen und kann nur versichern, daß die von mir mit Absicht herangezogenen *russischen* Urteile über die Art dieser Fleischzufuhr nicht übertrieben sind. Es kann darunter ganz gute Ware sein, obwohl die ganze Art der Handhabung mit unseren Begriffen von Reinlichkeit nicht übereinstimmt. Anderseits habe ich in Moskau eine Reihe von Karren mit totgeborenen oder nüchtern geschlachteten Kälbern gesehen, deren Fleisch völlig schwarz war und in Verwesung übergegangen schien. Das Fleisch wurde trotzdem verkauft, wie ich feststellen konnte, an eine Wurstfabrik.

Daß die russische öffentliche Meinung über diese skandalösen Zustände keinen Alarm schlägt, ist nicht verwunderlich, denn die russische öffentliche Meinung und die russische Presse sitzen zwischen vier Wänden in irgend einem Dachstübchen und beschäftigen sich mit allen Dingen zwischen Himmel und Erde, nur vom praktischen Leben aus der nächsten Umgebung wissen sie nichts. Verwunderlich aber ist es, daß Hamburg und Bremen solche

Ware in der Form von Pökelfleisch für die Wurst- und Konservenfabrikation aus Sibirien einführen [. . .]

Nach meiner Beobachtung muß jegliche Fleischeinfuhr aus Rußland so gehandhabt werden, daß eine wirksame Nachkontrolle von deutscher Seite ermöglicht wird.

Euere Exzellenz bitte ich ganz gehorsamst, den Bericht in der vorliegenden Form nicht veröffentlichen zu wollen, da eine Veröffentlichung meine weitere Beobachtung auf diesem wie auch auf anderen Gebieten erschweren, wenn nicht gar unmöglich machen würde.

*ZStAP, AA 532, Bl. 127ff.*

1 Übersendet in der Anlage 58 Seiten langen Bericht über die Schlachtvieh- und Fleischversorgung Rußlands.

## 313 Schreiben Nr. 16482 des Leiters der II. Abteilung des russischen Ministeriums für auswärtige Angelegenheiten Argyropoulo an den Geschäftsträger in St. Petersburg von Lucius

*Abschrift.*

St. Petersburg, 30. Dezember 1912

Par une note en date du 13/26 mars a.c. No 972[1] l'Ambassade Impériale d'Allemagne a bien voulu attirer l'attention du Ministère Impérial des Affaires Etrangères sur une circulaire du Gouverneur de Piotrkow en date du 27 avril 1911, Nr. 8391, stipulant que les juifs étrangers qui se rendent en Russie pour les affaires de commerce doivent être munis de patentes spéciales dont la taxe est fixée à 500 r même dans les cas visés à l'alinéa I de l'art. 12 du traité de commerce conclu entre la Russie et l'Allemagne le 29 janvier/10 février 1894.

Cette prescription du Gouverneur de Piotrkow paraissant contraire à l'art. 2 partie I alinéa 8 de la convention additionelle au traité de commerce précité du 15/28 juillet 1904, cette Ambassade a bien voulu communiquer le désir du Gouvernement Allemand de voir modifiée la circulaire en question conformément aux clauses du dit traité.

Le Ministère Impérial des Affaires Etrangères s'étant mis au sujet de cette affaire en rapport avec le Ministère de l'Intérieur, ce dernier vient de communiquer, que la circulaire du Gouverneur de Piotrkow sus—mentionnée a été révoquée et que les autorités compétentes ont été invitées par une nouvelle circulaire en date du 24 juillet 1912, Nr. 15113, de se conformer dorénavant, en ce qui concerne le montant des taxes à percevoir sur les patentes dont doivent être munis les israélites étrangers venant en Russie pout des affaires de commerce, avec les dispositions y relatives du traité russo-allemand et de la convention additionelle susvisées.

*ZStAP, AA 6262, Bl. 4.*

1 Vgl. Dok. Nr. 278.

**314 Erlaß Nr. II 0 174 des Direktors der Handelspolitischen Abteilung des Auswärtigen Amts von Koerner an den Generalkonsul in St. Petersburg Biermann. Streng vertraulich!**

*Konzept.*

Berlin, 22. Januar 1913

In den letzten Jahren sind auffallend große Beträge von russischen Bankaktien bei den deutschen Börsen zugelassen worden. Wie die anliegende Tabelle I zeigt, belaufen sich diese Beträge, nach dem Nominalbetrag gerechnet, für die beiden Jahre 1911 und 1912 auf gegen 70 Millionen Rubel; da aber die Kurse der betreffenden Aktien sich durchschnittlich um mehr als 100% über Pari bewegen, handelt es sich um einen Gesamtbetrag von annähernd 140 Millionen Rubel oder rund 300000000 M. Dazu kommt, daß wir in diesen beiden Jahren, wie die anliegende Tabelle II veranschaulicht, noch gegen weitere 300000000 M an russischen Eisenbahn-, städtischen- und Industrie-Papieren zugelassen haben. Es fragt sich, ob eine derartige Bereitstellung des deutschen Marktes für russische Kapitalbedürfnisse in unserem Interesse liegt.

Bei der Beantwortung dieser Frage ist von der Tatsache auszugehen, daß der deutsche Geldmarkt mit Rücksicht auf den starken Kapitalbedarf des Inlandes zur Abgabe größerer Beträge nach dem Auslande an sich wenig disponiert ist. Unter diesen Umständen muß der heute wohl allgemein übliche Grundsatz, daß die Gewährung von Anleihen an das Ausland nicht lediglich unter dem Gesichtspunkt eines Bankgeschäfts zu erfolgen habe, sondern mit der Erreichung eines sonstigen Vorteils, sei es für die Industrie, sei es sonst wirtschaftspolitischer oder politischer Art verbunden sein müsse, für uns eine erhöhte Bedeutung haben. Daß diesem Grundsatz, soweit es sich um die Erreichung wirtschaftlicher Vorteile handelt, bei der Übernahme von russischen Eisenbahnanleihen schwerlich Rechnung getragen werden kann, dürfte im Hinblick auf die negative Haltung der russischen Regierung bei der Zulassung von ausländischem Eisenbahnmaterial außer Frage stehen. Wir beabsichtigen daher auch fortan bei der Zulassung derartiger Anleihen Zurückhaltung zu beobachten, es sei denn, daß die russische Regierung sich allgemein oder im einzelnen Falle dazu versteht, die Lieferungen für die betreffenden Eisenbahnen auch an Deutschland zu vergeben, oder daß Vorteile anderer Art mit der Zulassung der Anleihe verknüpft sind.

Bei Stadt- und Industrieanleihen wird die Frage des Nutzens nach den Umständen des einzelnen Falls beurteilt werden müssen.

Dagegen scheint eine allgemeine Prüfung der Frage angezeigt, inwieweit die Unterbringung russischer Bankaktien auf dem deutschen Markt mit wirtschaftlichen Vorteilen für uns verbunden ist. Dabei wird in Erwägung zu ziehen sein, daß ein bestimmter Vorteil, wie etwa eine Bestellung bei unserer Industrie, mit der Übernahme einer solchen Unterbringung nicht erreicht werden kann, da die betreffenden Mittel nicht zu einem bestimmten Zweck, sondern zur allgemeinen Erhöhung der Leistungsfähigkeit der Banken dienen sollen. Als weiteres Moment kommt in Betracht, daß die Gewährung von Mitteln an die russischen Banken vor allem dazu dient, den russischen Markt für russische Anleihen aufnahmefähiger und damit Rußland in der Deckung seines Anleihebedarfs vom Auslande unabhängiger zu machen. Daß dies in den letzten Jahren in immer größerem Maße der Fall gewesen ist, hat der russische Finanzminister in seinen Budgetberichten wiederholt betont. Es wird daher auf diese Weise die wenig erwünschte Erscheinung gezeitigt, daß die dem russischen staatlichen und sonstigen Bedarf zur Verfügung stehenden Mittel auf ausländische Kosten erhöht werden, die Deckung dieses Bedarfs dagegen sich unabhängig vom Ausland vollzieht.

Freilich ist andererseits nicht außer Acht zu lassen, daß unsere deutschen Banken, die sich mit der Emission der Bankanleihen befassen, mit den russischen Banken in steter Verbindung stehen. Aber es scheint, daß sich diese Verbindung im wesentlichen lediglich auf den laufenden bankmäßigen Geschäftsverkehr erstreckt und für die Erreichung irgendwelcher besonderen wirtschaftlichen Vorteile kaum auszunützen ist. Auch der Umstand, daß die Stärkung der russischen Bankmittel zugleich eine Kräftigung der russischen Volkswirtschaft im allgemeinen und damit eine größere Aufnahmefähigkeit für unseren Export zur Folge haben kann, dürfte hierbei kaum in Betracht zu ziehen sein.

Euer Hochwohlgeboren ersuche ich ergebenst, die im Vorstehenden behandelte Frage auch Ihrerseits einer eingehenden Prüfung zu unterziehen und sich darüber gefälligst zu äußern. Ihren Bericht wollen Sie durch die Kaiserliche Botschaft leiten. Dem Kaiserlichen Generalkonsulat in Moskau geht ein gleicher Erlaß zu.

*ZStAP, AA 3164, Bl. 25ff.*

## 315 Schreiben Nr. III 179/13 des Präsidenten des Kaiserlichen Gesundheitsamts Bumm an den Staatssekretär des Innern Delbrück

*Abschrift.*

Berlin, 29. Januar 1913

Der landwirtschaftliche Sachverständige beim Kaiserlichen Generalkonsulat in St. Petersburg Dr. A. Hollmann hat in dem Berichte vom 9. Dezember v.J. seine Verwunderung darüber ausgesprochen, daß über Hamburg und Bremen Pökelfleisch von sehr schlechter Beschaffenheit aus Rußland nach Deutschland zur Einfuhr gelangt.[1] Hierzu hat das Gesundheitsamt folgendes zu bemerken.

Bereits im Jahre 1911 hat Dr. Hollmann berichtet, daß das aus Rußland (Sibirien) nach Deutschland eingeführte Pökelfleisch von halbverhungerten Tieren stamme, einen nur geringen Nährwert haben könne und von sehr unappetitlicher Beschaffenheit sei (vergl. den Erlaß vom 10. Februar 1912 — III B 434). Diese Mitteilung hat dem Gesundheitsamt Anlaß geboten, zu empfehlen, die Auslandsfleischbeschaustellen auf die Notwendigkeit einer besonders sorgfältigen Untersuchung des aus Rußland eingehenden gepökelten Rindfleisches aufmerksam zu machen. (Bericht vom 5. März 1912, Geschäfts Nr III 487/12).

Nach der Schlachtvieh- und Fleischbeschaustatistik ist die Einfuhr von gepökeltem Rindfleisch aus Rußland in den Jahren 1910 und 1911 bedeutend gestiegen. Während die Einfuhr im Jahre 1909 195,74 dz betrug, stellte sie sich im folgenden Jahre auf 1 521,78 dz und im Jahre 1911 auf 3 539,09 dz.

Einen Maßstab für die allgemeine Beurteilung der Qualität dieses Fleisches bieten die Beanstandungsziffern der Beschaustellen. Von dem aus Rußland eingeführten zubereiteten Rindfleisch (einschließlich Kalbfleisch) wurden beanstandet
1909: 1,26 % der eingeführten Gewichtsmenge
1910: 2,31 % der eingeführten Gewichtsmenge
1911: 0,81 % der eingeführten Gewichtsmenge

Vergleicht man hiermit die Beanstandungsziffern für Herkünfte aus anderen Ländern, die eine wesentliche Ausfuhr von gepökeltem Rindfleisch nach Deutschland haben, so zeigt sich, daß die russischen Ziffern zwar nicht niedrig, aber auch nicht die höchsten sind.

Die betreffenden Beanstandungsziffern wurden z.B. für das Jahr 1910 berechnet, wie folgt:

| | |
|---|---|
| Großbritannien und Irland | 5,53% |
| Rußland | 2,31% |
| Dänemark | 1,53% |
| Vereinigte Staaten von Amerika | 0,48% |

Auffallend häufig waren bei russischem zubereiteten Fleische allerdings die Beanstandungen wegen Verdorbenseins. Dieser Mangel wurde im Jahre 1910 festgestellt bei Herkünften aus Rußland bei 0,57% der eingeführten Gewichtsmenge, bei solchen aus Großbritannien sowie aus Dänemark nur bei 0,2%. Offenbar stehen diese Befunde bei russischem Rinderpökelfleisch aber teilweise in einem ursächlichen Zusammenhang mit der schwachen Salzung dieser Ware. Denn Verstöße gegen die Vorschrift einer gründlichen Durchpökelung werden bei Herkünften aus Rußland besonders häufig beobachtet.

Trotzdem, daß das russische Rinderpökelfleisch im großen und ganzen nicht gerade von tadelloser Beschaffenheit sein mag, kann es vom gesundheitlichen Standpunkt aus doch nicht als wesentlich schlechter gelten als das Pökelfleisch aus anderen Ländern. In Stücken eingeführtes Fleisch ist in gesundheitlicher Hinsicht überhaupt keine vollkommen einwandfreie Ware, weil es nur unzureichend untersuchbar ist. Aus diesem Grunde wird dieses (wie alles andere aus dem Ausland) eingehende Fleisch in besonderer Weise gekennzeichnet, um den Erwerber des Fleisches über seine Herkunft aufzuklären.

Daß in Fäulnis übergegangenes, schmutziges, gefroren gewesenes und wieder aufgetautes oder überhaupt Rindfleisch schlechtester Qualität von Rußland nach Deutschland in gepökeltem Zustand eingeführt und hier in den Verkehr gegeben wird, ist höchst unwahrscheinlich. Fauliges Fleisch hält die Pökelung erfahrungsgemäß nicht aus, ebenso läßt sich gefroren gewesenes Fleisch durch Salzen nicht mehr konservieren. Im übrigen muß von den deutschen Auslandsfleischbeschaustellen angenommen werden, daß sie verdorbenes und sonstiges zum Genusse für Menschen nicht geeignetes Pökelfleisch den einschlägigen Vorschriften entsprechend beanstanden. Darum darf es als wahrscheinlich gelten, daß das von Dr. Hollmann erwähnte, aus den sibirischen Salganen stammende, nach Deutschland eingeführte Fleisch eine wesentlich bessere Behandlung erfährt, als die Ware, welche von den Salganen in die russischen Städte zum Versand gelangt, und es scheint mir vorläufig kein Grund vorzuliegen, die Einfuhr von Pökelfleisch aus Rußland anderen als den bestehenden Vorschriften zu unterwerfen.

Weiterhin hat Dr. Hollmann darauf hingewiesen, daß aus Moskau oder Petersburg nach Deutschland eingeführtes Rindfleisch zu einem großen Teile von Tieren stammen müßte, die aus dem asiatischen Rußland nach den genannten Städten gebracht worden seien. Es sei auch anzunehmen, daß Vieh aus dem asiatischen Rußland nach Warschau gekommen sei, wo die Stadt Berlin bekanntlich das russische Einfuhrfleisch aufkauft. Hierzu ist zu bemerken, daß mit der Gefahr einer Einfuhr von Fleisch, das von Rindern aus dem durch die Rinderpest verseuchten asiatischen Rußland stammt, von vornherein gerechnet worden ist, als man sich entschloß, die Einfuhr von frischem Fleisch aus Rußland vorübergehend zuzulassen. Aus diesem Grunde ist die Einfuhrerlaubnis an ganz bestimmte Bedingungen geknüpft worden, die zusammen mit der tierärztlichen Beschau des eingeführten Fleisches geeignet erscheinen, die Gefahr einer Rinderpesteinschleppung möglichst zu verringern. Was das von der Stadt Berlin aus Rußland bezogene Fleisch anbelangt, so stammt es von Tieren, die nach der Schlachtung von Berliner städtischen

Tierärzten untersucht worden sind. Es darf von der Umsicht dieser Sachverständigen erwartet werden, daß sie Fleisch von kranken, insbesondere von rinderpestkranken oder der Rinderpest verdächtigen Tieren von der Einfuhr zurückweisen und im übrigen bei der Feststellung der Rinderpest oder des Rinderpestverdachts in einem Ausfuhrschlachthaus oder in der Ausfuhrgegend die Abnahme von Fleisch zur Einfuhr nach Deutschland überhaupt einstellen.

Die Angaben Dr. Hollmanns über die veterinäre Kontrolle des Schlachtviehs in Rußland bieten kein zuverlässiges Bild der tatsächlichen Verhältnisse. Man darf dem Urteil eines einzelnen russischen Sachverständigen keinen großen Wert beimessen, weil man nicht sicher sein kann, ob seine Mitteilungen rein objektiv sind, und noch weniger verläßlich sind Notizen der Art, wie sie Dr. Hollmann aus der Petersburger Zeitung vorgelegt hat. Eine richtige Vorstellung von der veterinären Kontrolle des Schlachtviehs in Rußland kann nur durch Studien deutscher Veterinäre an Ort und Stelle gewonnen werden.

Das frische Fleisch, welches in den letzten Monaten aus Rußland nach Deutschland eingeführt worden ist, war nach den in die Tagespresse übergegangenen Mitteilungen der für die Beurteilung der Ware sachverständigen Kreise in der Hauptsache von mittlerer Qualität. Es hat im allgemeinen guten Absatz gefunden, und Klagen über Unregelmäßigkeiten bei der Lieferung sind bisher nur vereinzelt bekannt geworden. Zur Zeit soll die Menge Rind- und Schweinefleisch, die von der Stadt Berlin aus Rußland eingeführt wird, zwischen 4000 und 4500 Zentnern wöchentlich betragen. Nach den Mitteilungen des Dr. Hollmann erscheint es freilich zweifelhaft, ob sich die Einfuhr auch während der warmen Jahreszeit glatt vollziehen wird, und ob überhaupt an eine dauernde Versorgung des deutschen Fleischmarktes mit frischem Fleisch aus Rußland gedacht werden darf.

*ZStAP, AA 534, Bl. 11ff.*
1 Vgl. Dok. Nr. 312.

## 316 Bericht Nr. 41 des Generalkonsuls in Moskau Kohlhaas an den Reichskanzler von Bethmann Hollweg

*Ausfertigung.*

Moskau, 22. Februar 1913

Die Moskauer Stadtverwaltung hat eine internationale Konkurrenz für die Lieferung der Kühleinrichtung für das Kühlhaus des geplanten Zentral-Fleischmarktes bei dem städtischen Schlachthof ausgeschrieben. Es handelt sich um ein sehr großes Objekt, für dessen Ausführung nur ganz große, hervorragend leistungsfähige und sehr kapitalkräftige Firmen in Betracht kommen können, die zudem notwendig in Rußland bereits eine Organisation besitzen müssen. Der Termin für die Einreichung der Projekte ist der 25. April/8. Mai d.J.

Eine ganze Anzahl der größten deutschen Fabriken der Kühlanlagen-Branchen ist hier ständig vertreten. Von den mir bekannten hiesigen Vertretungen nenne ich folgende: Maschinenfabrik Augsburg-Nürnberg A.-G., C. G. Hauboldt jr. in Chemnitz,, Gesellschaft für Linde's Eismaschinen in Wiesbaden, Maschinenbau-Anstalt Humboldt in Cöln-Kalk, August Borsig in Tegel-Berlin, Maschinenfabrik Esslingen und Kuhn in Stuttgart-Berg, Quiri & Co G.m.b.H. in Schiltingheim, Maschinenfabrik Germania vormals J. C. Schwalbe & Sohn in Chemnitz. Alle diese hier vertretenen deutschen Fabriken sind natürlich über das Konkurrenzausschreiben unterrichtet und, wie mir bekannt, zum Teil auch mit der Ausarbeitung von Entwürfen dafür beschäftigt.

Unter diesen Umständen erscheint es mir zwecklos, die in russischer Sprache abgefaßten näheren Bedingungen des Ausschreibens sowie die dazu gehörigen Pläne auf dem üblichen Wege zur Kenntnis der deutschen Interessenten zu bringen, da andere als die genannten Firmen von deutscher Seite wohl kaum als Bewerber in Betracht kommen dürften.

Erfreulicherweise nimmt die deutsche Industrie auf diesem wichtigen Spezialgebiet, dem in Rußland bekanntlich in letzter Zeit besondere Aufmerksamkeit zugewendet wird und für das in diesem Lande wegen der klimatischen Verhältnisse und der sich entwickelnden Ausfuhr von leichtverderblichen Produkten, wie Butter, Eier, Fleisch, Geflügel, Fische, Kaviar, Früchte, noch gewaltige Ausdehnungsmöglichkeiten bestehen, eine völlig beherrschende Stellung ein.

Von russischen Fabriken kommt eigentlich nur die Aktiengesellschaft Fr. Crull in Reval, in Betracht, die aber, wie ich höre, stets einen Teil der Maschinen für von ihr ausgeführte Anlagen aus Deutschland bezieht. Daneben wäre noch die Maschinenfabrik L. Nobel in St. Petersburg zu nennen, die ebenfalls Kühlanlagen ausführt, aber alle Maschinen dafür, abgesehen von den Motoren, aus Deutschland nimmt. Die englischen Fabriken bilden nur eine schwache Konkurrenz. Die von ihnen ausgeführten Kühlanlagen in Astrachan und Koslow sollen nicht befriedigt haben; es hat sich dabei nur um Holzbauten gehandelt. Französische, amerikanische und dänische Fabriken haben ebenfalls Versuche gemacht, Lieferungen zu erhalten, bisher aber keine nennenswerten Erfolge gehabt.

Dagegen hat z. B. die Firma A. Borsig sowohl in Astrachan (für die Stadtverwaltung) als in Moskau (für die Stadt-Station der Kasaner Bahn) große Kühlhäuser in Eisen und Beton erbaut, die von russischer Seite allgemein als musterhaft anerkannt worden sind. Eine kleine Kühlanlage bei dem städtischen Schweine-Schlachthof in Moskau ist im Bau [. . .][1]

Da die russische Industrie diese Anlagen nicht ausführen kann, so eröffnet sich hier ein weites Feld für die deutschen Interessenten [. . .]

*ZStAP, AA 2109, Bl. 151f.*

1 Über weitere geplante Kühlhausanlagen.

## 317 Bericht Nr. 442 des Generalkonsuls in Moskau Kohlhaas an den Reichskanzler von Bethmann Hollweg

*Ausfertigung.*

Moskau, 3. März 1913

Auf Erlaß vom 22. Januar d. J. Nr. II 0 174.[1]

Es unterliegt keinem Zweifel, daß die Unterbringung russischer Bankaktien auf dem deutschen Markte mit keinerlei direkten wirtschaftlichen Vorteilen für den deutschen Handel und die deutsche Industrie verbunden ist. Weder können die an der Emission beteiligten deutschen Bankinstitute Bedingungen hinsichtlich der Zuweisung von Aufträgen an die deutsche Industrie stellen, da es sich ja nur um die Vermehrung der Mittel eines Bankinstituts handelt, noch gestatten erfahrungsgemäß die ständigen Beziehungen der deutschen Bankinstitute, die russische Bankaktien auf den deutschen Markt bringen, zu diesen russischen

Banken eine Beeinflussung der letzteren in dem Sinne, daß sie sozusagen als deutsche Bankinstitute in Rußland ausgesprochen im deutschen Sinne arbeiten würden. Gleichwohl scheint es mir aber nach den Beobachtungen, die ich gemacht habe, daß dennoch aus den ständigen Beziehungen deutscher zu russischen Banken, zumal wenn diese Beziehungen dadurch gefestigt sind, daß Aktien der russischen Banken in Deutschland untergebracht sind, so daß auch für einen etwaigen weiteren Geldbedarf oder eine finanzielle Stützung in erster Linie der deutsche Markt in Betracht käme, für den deutschen Handel, die deutsche Exportindustrie und die mit ihnen in Interessengemeinschaft stehenden deutschen Unternehmungen in Rußland gewisse indirekte Vorteile entspringen, die, wenn sie auch im einzelnen nur selten sichtbar zu Tage treten und schwer nachweisbar sind, dennoch nicht zu unterschätzen sein werden.

Nach meinen Beobachtungen sind die russischen Banken, die mit deutschen Banken in nahen Beziehungen stehen und deren Aktien an der Berliner Börse notiert werden, wie z. B. die Russische Bank für auswärtigen Handel, die St. Petersburger Internationale Handelsbank, die Asow-Don-Bank oder die Sibirische Handelsbank, in vielen Fällen der deutschen Industrie sehr nützlich. Diese Banken — die anderen russischen Banken übrigens mehr oder weniger auch — haben meist in ihren Zentralverwaltungen wie in ihren zahlreichen Filialen im ganzen Reich einen sehr großen Prozentsatz von Beamten deutscher Nationalität, zum Teil auch deutscher Reichsangehörigkeit, in leitenden Stellungen. Das macht sie an und für sich schon zu natürlichen Stützpunkten für den deutschen Handel, zumal die Filialdirektoren in der Provinz vielfach die Berater der örtlichen Kaufleute und Industriellen sind und dadurch auch auf ihre Geschäftsverbindungen, auf die Zuwendung von Bestellungen und dergleichen Einfluß üben, sehr häufig aber auch den deutschen Handel durch Auskunfterteilung, Vermittlung in Streitigkeiten usw. unterstützen. Diese deutschen Bankbeamten bevorzugen teils aus Sympathie, teil einfach, weil sie ihrer deutschen Nationalität halber mit der deutschen Industrie und dem deutschen Handel besser vertraut sind, deutsche Geschäftsverbindungen. Sodann aber vollzieht sich bekanntlich der ganze Geldverkehr der industriellen großen Unternehmungen durch die Banken und regelmäßig sind die Banken wegen ihrer ständigen Geschäftsverbindung mit der Industrie auch in den Verwaltungs- oder Aufsichtsräten der größeren Industrie-Unternehmungen ständig vertreten. Es leuchtet ein, daß eine Bank, die nur mit französischem Aktienkapital arbeitet und deren Direktion zum großen Teile aus Franzosen besteht, ihren Einfluß auch in den mit ihr arbeitenden Industrieunternehmungen dahin geltend machen wird, daß Bestellungen und dergleichen der französischen, oder doch womöglich nicht der deutschen Industrie zufallen. Ein klassisches Beispiel ist die unlängst von der mit französischem Kapital arbeitenden Moskauer Unionsbank rekonstruierte Moskauer Gummi-Manufaktur „Bogatyr", die nur französische Direktoren, französische Meister, französische Maschinen hat. Umgekehrt werden die unter deutschem Einfluß stehenden Banken auch die mit ihren arbeitenden Industrieunternehmungen dahin beeinflussen, daß sie deutsche Arbeitskräfte und deutsche Maschinen verwenden. Ein Beispiel dafür bietet die unlängst von der Asow-Don-Bank rekonstruierte „Gesellschaft der Bogoslowsker Hüttenwerke" im Ural, die dank ihrer Verbindung mit der Asow-Don-Bank zwei deutsche Direktoren erhalten hat, die ihrerseits wieder ihren Einfluß dahin geltend gemacht haben, daß Maschinenbestellungen für über 2 Millionen Rubel nach Deutschland gegangen sind.

Diese Beispiele könnten leicht vermehrt werden; aber es ist klar, daß, wie oben bemerkt, die unendlich vielseitige Wechselwirkung zwischen ausländischer Kapitalbeteiligung an russischen Banken und Bevorzugung des Handels und der Industrie eines bestimmten Landes nur verhältnismäßig in seltenen Fällen so klar zutage tritt, wie in den angeführten Fällen.

Wollte man den russischen Bankaktien den deutschen Markt verschließen und das bisher in Deutschland untergebrachte Material an solchen Aktien nach und nach abstoßen, so würde das — abgesehen von der daraus entstehenden politischen und wirtschaftspolitischen Verstimmung — nur eine Verstärkung des Einflusses des französischen Kapitals im russischen Bankwesen zur Folge haben, der bisher selbst in den hauptsächlich mit französischem Aktienkapital ausgestatteten Banken, wie Russisch-Asiatische Bank, Russische Handels- und Industrie-Bank, Moskauer Unionsbank auf dem kommerziellen Gebiete verhältnismäßig schwach ist, weil eben auch diese Banken vielfach mit deutschem Personal zu arbeiten gezwungen sind. Dieser verstärkte französische Einfluß würde aber zweifellos auf die geschilderte, dem deutschen Handel und der deutschen Industrie förderliche Tätigkeit der bisher mit Deutschland in Verbindung stehenden russischen Banken nachteilig zurückwirken.

Es ist kein Geheimnis, daß sowohl französisches als englisches Kapital sich auch gegenwärtig lebhaft für russische Bankaktien interessiert, und daß die in Deutschland abgelehnten Emissionen in Paris und London bereitwillig aufgenommen würden.

Stellt sich die mehr handelspolitische Seite der Frage so dar, so darf hinsichtlich der volkswirtschaftlichen Seite nicht außer Acht gelassen werden, daß die russischen Bankaktien im allgemeinen bei verhältnismäßiger Sicherheit eine günstige, durchschnittlich nicht unwesentlich höhere Verzinsung gewähren, als sie in Deutschland — abgesehen von einigen Industriepapieren — zu erzielen ist. Bekanntlich haben die russischen Banken fast durchweg auch in der Revolutionszeit gut gearbeitet und gute Dividenden bezahlt; die Kursverluste, die damals auch bei russischen Bankaktien eingetreten waren, sind längst vollauf eingeholt worden.

Endlich ist zu beachten, daß zum mindesten ein Teil der auf dem deutschen Markt untergebrachten russischen Bankaktien, z. B. die Aktien der Asow-Don-Bank, der St. Petersburger Internationalen und der Sibirischen Handelsbank insofern internationalen Charakter haben, als sie nicht nur an der russischen und an der Berliner Börse, sondern auch in Paris, teilweise auch in Brüssel (St. Petersburger Internationale) gehandelt werden. Das gibt die Möglichkeit einer raschen Realisierung im Falle politischer Verwicklungen und deshalb dürfte auch vom Gesichtspunkte der finanziellen Kriegsbereitschaft gegen die russischen Bankaktien, denen dieser internationale Charakter zukommt, nichts einzuwenden sein. Denn durch ihre Verkäuflichkeit in verschiedenen Ländern erhalten die in diesen Aktien interessierten deutschen Kapitalien den Charakter von Reserven für eine finanzielle Mobilmachung. Ich glaube daher, daß wenn auch, wie ich zugebe, manche Gründe gegen die Zulassung weiterer russischer Bankaktien auf dem deutschen Markt zu sprechen scheinen, zumal in Zeiten, wo der eigene Kapitalbedarf Deutschlands den Abfluß von Kapitalien ins Ausland wenig wünschenswert erscheinen läßt, doch ebensoviele und, wie mir scheint, ebenso gewichtige Erwägungen gegen den Ausschluß solcher Emissionen sprechen, dessen Wirksamkeit hinsichtlich der Stärkung des deutschen Kapitalmarktes bei der heutigen Entwicklung der internationalen Finanzbeziehungen doch recht problematisch erscheint, dessen ungünstige Rückwirkung auf Deutschlands Handel und Industrie aber jedenfalls ziemlich sicher wäre.

Im übrigen möchte ich bemerken, daß meines Wissens die Periode der stürmischen Entwicklung des Kapitalbedarfs der russischen Banken, die im Jahre 1908 begann, gegenwärtig im wesentlichen als vorläufig abgeschlossen betrachtet werden kann und daß in den nächsten Jahren die ausländischen Märkte voraussichtlich mehr mit Emissionen russischer Eisenbahnobligationen und Industriewerte als mit Emissionen russischer Bankaktien zu rechnen haben werden.

Die Moskauer Aktienbanken sind überhaupt an der Beanspruchung des deutschen Kapitalmarktes bisher nicht beteiligt gewesen und es ist kaum anzunehmen, daß sie jemals auf ihn reflektieren werden. Die Moskauer Kaufmannsbank, die Moskauer Diskontobank, die Moskauer Handelsbank, die Moskauer Bank (Rjabuschinski), die Kommerzbank I. W. Junker & Cie, sowie die Moskauer Volksbank arbeiten nur mit Moskauer Kapital; nur an der Moskauer Privat-Handelsbank und an der Unionbank ist französisches Aktienkapital beteiligt. Für den deutschen Markt kommen also im wesentlichen nur ein Teil der St. Petersburger Banken, einige Banken in Polen und eine Bank in Riga in Betracht, für welche letzteren, wie ich glaubte, der von mir zu Anfang betonte Gesichtspunkt, daß die Banken Stützpunkte des deutschen Handels seien, in ihren begrenzten Wirkungskreisen noch viel mehr zutreffen dürfte, als für die St. Petersburger Banken und ihre Filialen im eigentlichen Rußland.

Über die russischen Eisenbahnobligationen ist danach nur noch wenig zu sagen. Irgendwelche handelspolitischen Vorteile sind mit ihrer Emission auf dem deutschen Markte zweifellos nicht verbunden. Volkswirtschaftlich betrachtet bieten sie aber, da durchweg mit der Regierungsgarantie ausgestattet und eine verhältnismäßig gute Rente gebend, immerhin manche Vorteile. Da sie meistens auch den „internationalen Charakter“ in obigem Sinne besitzen und überdies meist Goldpapiere sind, so gilt auch für sie, daß die darin investierten deutschen Kapitalien verhältnismäßig leicht realisierbare Reserven — und zwar von Gold — für eine finanzielle Mobilmachung darstellen, die nicht ausgenützt werden könnten, wenn diese Kapitalien in deutschen Fonds angelegt wären. Voraussichtlich werden sowohl die Moskau-Kasaner, als auch die Moskau—Kiew—Woronesh—Bahn in nicht ferner Zeit mit neuem Kapitalbedarf an die europäischen Geldmärkte herantreten. Richtig dürfte es aber jedenfalls sein, bei neuen Emissionen die Zulassung davon abhängig zu machen, daß die Obligationen gleichzeitig auch an anderen europäischen Börsen außerhalb Deutschlands und Rußlands zugelassen werden.

Über die Zulassung von russischen Industrieaktien und Obligationen russischer Industrieunternehmungen zu sprechen, dürfte hier nicht der Ort sein, da die Entscheidung dieser Frage meines Erachtens von wesentlich anderen Gesichtspunkten abhängt als die Zulassung von Bankaktien und Eisenbahnobligationen. Da es sich dabei meistens — abgesehen z. B. von den Aktien und Obligationen des Nobel'schen Naphthaunternehmens — um deutsche Gründungen handeln wird, wie z. B. bei der jüngsten Zulassung von Obligationen der Aktiengesellschaft der russischen Röhrenwalzwerke in Jekaterinoslaw und Moskau, so spielt die Frage hinein, welche Stellung wir überhaupt zu der Abwanderung deutscher Industrien in fremde Zollgebiete einnehmen sollen. Diese schwierige Frage aber müßte Gegenstand eingehender Spezialstudien sein, für die es meines Wissens, wenigstens was Rußland anlangt, selbst an den Vorarbeiten fehlt.

Abschriften dieses Berichts gehen der Kaiserlichen Botschaft und dem Kaiserlichen Generalkonsulat in St. Petersburg zu.[x]

x Randbemerkung von Pourtalès: Gesehen

*ZStAP, AA 3164, Bl. 25ff.*
1 Vgl. Dok. Nr. 314.

**318 Bericht Nr. II 331 des Generalkonsuls in St. Petersburg Biermann an den Reichskanzler von BethmannHollweg**

*Ausfertigung.*

St. Petersburg, 10. April 1913

Hin und wieder finden sich in der hiesigen Presse Äußerungen in dem Sinne, daß die geplante Einführung eines Zolls auf Getreide und Mehl in Rußland und Finnland zu gleicher Zeit und in gleicher Höhe eine Verletzung der Nr. 3 des Schlußprotokolls zum deutsch-russischen Handelsvertrag sei:

Diese Auffassung hat manches für sich.

Eine gelegentliche Erhöhung einzelner Zollsätze in Finnland wird man als solche Verletzung nicht ansehen können, aber hier handelt es sich um den Zoll auf Güter, deren Import nach Finnland etwa ein Viertel des Gesamtimports ausmacht und gerade der Umstand, daß beabsichtigt ist, gleichzeitig ganz Rußland incl. Finnland gegen fremde Getreide- und Mehleinfuhr zu schützen, spricht dafür, daß es sich in Wahrheit um eine teilweise Einbeziehung Finnlands in das russische Zollnetz handelt, dies um so mehr, als der Im- und Export von Getreide und Mehl von und nach beiden Seiten zollfrei ist.

Damit, daß die russische Regierung in den Schlußworten der Nr. 3 des Schlußprotokolls die „schrittweise" Einverleibung erwähnt, hat sie zu erkennen gegeben, daß sie nicht nur an einmalige Gesetzgebung zur Lösung der ganzen Frage gedacht hat, sondern daß sie gerade solche Einzelmaßregeln im Auge gehabt hat, durch die allmählich das Ziel erreicht werden soll.

Die Erklärungen am Schluß von Nr 3 lassen aber nur die Interpretation zu, daß auch solche Einzelmaßregeln nur nach vorheriger zweijähriger Anzeige zulässig sind.

Würde die geplante Gesetzgebung jetzt, ohne daß wir dagegen protestieren, zugelassen werden, so kann es bald geschehen, daß auch die übrigen finnischen Zölle auf die Höhe der russischen gebracht werden, und das würde eine Situation herbeiführen, die für Finnland und für uns schlimmer wäre, als eine formelle bedingungslose Einverleibung Finnlands in den russischen Zollverband, mit Aufhebung der Zollgrenze zwischen ihnen. Denn abgesehen davon, daß wir in manchen Waren, besonders allerdings in Mehl und Getreide gegen Rußland fast konkurrenzunfähig würden, wäre auch eine außerordentliche wirtschaftliche Schwächung Finnlands zu besorgen.

Finnland wäre gezwungen, alles, selbst die notwendigsten Lebensmittel teuer zu kaufen, seine industriellen Produktionskosten würden höher und damit seine Konkurrenzfähigkeit im Auslande, soweit sie heute besteht, würde auf ein ganz niederes Niveau sinken, ohne daß es den russischen oder wenigstens nordrussischen Markt als Absatzgebiet erhielte. Diese Entwicklung müßte auch das bedeutende in Finnland investierte deutsche Kapital in Gefahr bringen.

Daß diese Gefahr nicht ganz außer aller Berechnung liegt, geht daraus hervor, daß die mit der Beratung der Zollvereinigungsangelegenheiten betraute Kommission unter anderem die Frage prüfen soll, ob „die Zollgrenze zwischen dem Großfürstentum und dem Kaiserreiche beseitigt werden oder unter Aufrechterhaltung der Zollgrenze lediglich eine Gleichstellung der beiden Zolltarife erfolgen soll" (Bericht des Kaiserlichen Konsuls in Helsingfors vom 4. April v. J. —531—).

Die Formulierung dieser Frage spricht dafür, daß man auf russischer Seite auch in einer Gleichstellung der Zollsätze ohne Aufhebung der russisch-finnischen Zollgrenze eine Einbeziehung Finnlands in das russische Zollgebiet sieht.

Abschrift dieses Berichts ist der Kaiserlichen Botschaft hierselbst und dem Kaiserlichen Konsulat in Helsingfors übermittelt worden.

*ZStAP, AA 6371, Bl. 67f.*

**319 Erlaß Nr. II 0 1121 des Direktors der Handelspolitischen Abteilung des Auswärtigen Amts von Koerner an den Botschafter in St. Petersburg Graf von Pourtalès**

*Konzept.*

Berlin, 18. April 1913

Nach einem Bericht des dortigen Kaiserlichen Generalkonsuls hat die russische Kommission, die über die Einführung von Getreide- und Mehlzöllen zu beraten hatte, kürzlich einen Getreidezoll von 30 Kopeken pro Pud für Rußland und Finnland sowie die Ausdehnung des russischen Mehlzolles von 45 Kopeken pro Pud auf Finnland in Vorschlag gebracht. Damit ist ein Beschluß gefaßt worden, der, sofern ihm weitere Folge gegeben werden sollte, insbesondere für unsere Mühlenindustrie schwerwiegende Nachteile zur Folge haben würde. Diese Befürchtungen haben auch bereits zu Vorstellungen seitens unserer Interessenten geführt, in denen diese besonders darauf hingewiesen haben, daß Rußland nach dem Handelsvertrage verpflichtet sei, derartige, auf Finnland bezügliche Zollmaßnahmen der Deutschen Regierung zwei Jahre zuvor anzukündigen.

Dieses Vorbringen wird von den Interessenten mit dem Hinweis auf Punkt 3 des Protokolls vom 28. Juli 1904, das dem Zusatzabkommen zum Handelsvertrage beigefügt ist — R.G.Bl. 1905, S. 244 — begründet. In diesem hat sich Rußland verpflichtet, bevor es zur Einverleibung (incorporation) des finnischen Zollgebiets in das des Russischen Kaiserreichs schreitet, die Deutsche Regierung mindestens zwei Jahre vorher von seiner Entschließung zu verständigen. Zugleich hat die Russische Regierung erklärt, daß *aller Wahrscheinlichkeit nach* diese Einverleibung nur schrittweise in hinreichend abgemessenen Zwischenräumen werde bewirkt werden. Hiermit war ein Ersatz für die frühere Vereinbarung geschaffen worden, die im Notenwechsel vom 10. Februar 1894 — R.G.Bl. 1894, S. 255 — niedergelegt worden war, und in der Rußland die nur schrittweise Gleichstellung (assimilation) der finnischen mit den russischen Zöllen zugestanden, sich in dieser Beziehung aber vom 1. Januar 1904 ab völlige Freiheit vorbehalten hatte.

Die Vereinbarung vom 28. Juli 1904 ist im letzten Stadium der Vertragsverhandlungen unmittelbar zwischen den leitenden Staatsmännern getroffen worden. Auch sind, soweit hier bekannt, keinerlei schriftliche Aufzeichnungen darüber vorhanden, wie sie zustande gekommen ist und welche Tragweite ihr beiwohnen sollte. Jedoch hatten bereits in den früheren Vertragsstadien die russischen Unterhändler nachdrücklich den Standpunkt vertreten, daß die Rechtsgrundlage für die deutsch-finnischen Handelsbeziehungen lediglich durch den Notenwechsel von 1894 gebildet werde, daß eine nur schrittweise Erhöhung der finnischen Zölle seit Anfang 1904 nicht mehr beansprucht werden könne, Rußland vielmehr volle Freiheit habe, diese Zölle nach seinem Belieben zu regeln.

Bei dieser Sachlage wird sich, wie ich zu Ihrer persönlichen Information bemerke, kaum bezweifeln lassen, daß der Ausdruck (incorporation) im Sinne einer vollständigen Verschmelzung des finnischen Zollgebietes mit dem russischen gemeint ist, daß wir sonach kein Recht haben, die vorherige Anzeige einer beabsichtigten Änderung einzelner finnischer Zollpositionen zu verlangen, ein solches Recht vielmehr nur gegenüber einer vollständigen Anschließung Finnlands an das russische Zollsystem geltend machen können.

Demgegenüber wird von unseren Interessenten der Standpunkt vertreten, daß die ausschlaggebende Bedeutung nicht dem Wortlaut, sondern dem Sinne jener Vereinbarung beizumessen sei. Bei dem Ausdruck „incorporation" könne es sich nicht nur um eine vollständige Einverleibung handeln, mit Einführung des gesamten russischen Zolltarifs in Finnland unter Beseitigung der russisch-finnischen Zollgrenze, sondern es müsse darunter jede Maßregel verstanden werden, welche in ihrer Wirkung auf unsere Einfuhrinteressen der Einverleibung mehr oder weniger gleichkomme, wie dies bei der Gleichstellung der russischen und finnischen Zölle bei so wichtigen deutschen Einfuhrartikeln der Fall sei. Jene Vereinbarung würde sonst jeder praktischen Bedeutung und jedes Wertes für uns ermangeln, da es Rußland freistehen würde, seinen Zolltarif durch eine autonome finnische Anordnung unvermittelt in Finnland einzuführen, wenn es dabei nur die Zollschranken zwischen beiden Ländern formell bestehen lasse. Schon deshalb dürfe vermutet werden, daß die Unterzeichner des Protokolls den Begriff „incorporation" nicht im eigentlichen Sinne aufgefaßt haben, sondern darunter jede zollpolitische Maßnahme verstanden wissen wollten, die sich als Anfang der wirtschaftlichen Vereinigung beider Zollgebiete darstelle. Um derartige Maßnahmen handele es sich aber bei der beabsichtigten Einführung eines gemeinschaftlichen Getreidezolls und der Ausdehnung des russischen Mehlzolles auf Finnland.

Eure Exzellenz ersuche ich im Hinblick auf die große Bedeutung der Frage für unseren Ausfuhrhandel, die Angelegenheit, sofern Ihnen keine besonderen Bedenken beigehen, unter Verwertung der von den deutschen Interessenten hervorgehobenen Gesichtspunkte an maßgebender Stelle in vorsichtiger und unverbindlicher Weise zur Sprache zu bringen. Einem gefälligen Bericht über das Ergebnis Ihrer Schritte werde ich mit Interesse entgegensehen.

*ZStAP, AA 6371*

**320 Bericht Nr. 1698 des Botschafters in St. Petersburg Graf von Pourtalès an den Reichskanzler von Bethmann Hollweg. Vertraulich!**

*Ausfertigung.*

St. Petersburg, 13. Mai 1913

Auf Erlaß II 0 1121 vom 18. v. M.[1]

Nach Ansicht des Herrn *Bentkowsky*, welche allerdings in Widerspruch mit dem Beschluß der Langowoy'schen Kommission steht, bestände kein Zweifel darüber, daß wir bei Einführung der erhöhten Getreide- und Mehlzölle für Finnland einen begründeten Anspruch auf Ankündigung zwei Jahre zuvor haben. Der Ministerialdirektor trat, ohne sich natürlich zu binden, unserer Auffassung bei und glaubte bei der Unstimmigkeit der in den Kommissionen herrschenden Ansichten vorläufig überhaupt nicht an eine Änderung der Zölle. —

Ich habe auf Grund der Erklärungen des Herrn Bentkowsky Gelegenheit genommen, die Angelegenheit hierauf mit dem Ministergehilfen *Barck* im Handelsministerium zu besprechen. Herr Barck vertrat die Ansicht der Kommission und hob hervor, daß eine etwaige

Änderung der einzelnen finnischen Zollpositionen auch ohne vorherige Anzeige erfolgen könne, da es sich hierbei nicht um eine *vollständige* Anschließung Finnlands an das russische Zollsystem handle. Ich erwiderte Herrn Barck, daß es sich aber gerade um eine Änderung der *wichtigsten* Zollpositionen handle, deren Bekanntwerden bei den Interessenten eine berechtigte große Erregung hervorgerufen habe und die, unserer Ansicht nach, — die übrigens auch vom Ministerium der Auswärtigen Angelegenheiten geteilt werde, — gegen den Geist der Abmachungen sei. Jedenfalls seien die Ansichten über die Interpretation des Ausdrucks ‚incorporation' selbst innerhalb der russischen Kommissionen, wie ich höre, verschieden. Der Ministergehilfe gab dies zu und erklärte, daß bei der in der Kommission herrschenden Uneinigkeit wohl noch Jahre vergehen würden, ehe es zu bestimmten Beschlüssen käme und das Ministerium der Auswärtigen Angelegenheiten hierbei ein entscheidendes Wort mitzusprechen habe. Bei dieser Sachlage könne von einer plötzlichen Änderung keine Rede sein, es läge also seiner Ansicht nach trotz des Beschlusses der Kommission vorläufig keinerlei Grund zur Beunruhigung unserer Interessenten vor.

Abschrift dieses Berichts geht dem Kaiserlichen Generalkonsul hier zu.

*ZStAP, AA 6371, Bl. 118f.*
1 Vgl. Dok. Nr. 319.

## 321 Bericht Nr. 3027 des Generalkonsuls in Moskau Kohlhaas an den Reichskanzler von Bethmann Hollweg

*Abschrift.*

Moskau, 14. Mai 1913

Im Anschluß an den Bericht vom 22. Februar d. J. Nr. 989.[1]

Die internationale Konkurrenz für die Lieferung der Kühleinrichtung für das geplante städtische Kühlhaus bei dem hiesigen städtischen Schlachthof, deren Termin am 8. d. M. abgelaufen ist, ist nur von drei Firmen beschickt worden, nämlich von den deutschen Firmen August Borsig in Berlin-Tegel, Gesellschaft für Linde's Eismaschinen in Wiesbaden und Maschinenbau-Anstalt Humboldt in Cöln-Kalk. Englische und amerikanische Bewerber, für welch letztere der hiesige amerikanische Generalkonsul sich lebhaft interessiert hatte, sind nicht aufgetreten. Die einzige russische Fabrik, die in Betracht kam, die Aktiengesellschaft Fr. Crull in Reval, hat sich an der Konkurrenz ebenfalls nicht beteiligt.

Bei dieser Sachlage berührt es seltsam, daß der hiesige Stadthauptmann der Stadtverwaltung einige Tage vor Ablauf des Konkurrenztermins mitgeteilt hat, er könne die Erteilung des Auftrags an eine ausländische Firma in Hinblick auf die bestehenden Bestimmungen nicht gestatten. Da das Kühlhaus aus Anleihmitteln gebaut werden solle und die Regierung seiner Zeit die städtischen Anleihen nur mit der Bedingung der Bevorzugung inländischer Lieferanten gestattet habe, so hätte die Stadtverwaltung vor Veranstaltung einer internationalen Konkurrenz die Genehmigung des Ministers des Inneren und des Ministers für Handel und Industrie einholen müssen.

Die Stadt wird also wahrscheinlich gezwungen sein, nachträglich noch diese Genehmigung einzuholen, obgleich schon heute feststeht, daß nur eine der konkurrierenden deutschen Firmen imstande sein wird, den Auftrag auszuführen.

Bei dieser Gelegenheit darf bemerkt werden, daß auch in anderen Fällen der Stadtverwaltung in letzter Zeit große Schwierigkeiten bei der Bestellung von Maschinen im Ausland gemacht worden sind. Z. B. hat die Stadt vor einigen Monaten der schweizerischen Maschinenfabrik Sulzer einen bedeutenden Auftrag auf Dieselmotoren für eine Pumpstation der städtischen Kanalisation erteilt. Mitbewerber war die Maschinenfabrik Kolonna, die aber eine Mehrforderung von 80000 Rubel stellte. Die Stadtverwaltung hielt sich in Anbetracht der kolossalen Preisdifferenz für berechtigt, die russische Firma zu übergehen und den Auftrag der schweizerischen Fabrik zu erteilen, zumal die qualitative Überlegenheit der Sulzer'schen Motoren für jeden Fachmann außer Zweifel steht. Die Regierung hat jedoch der Stadt eröffnen lassen, daß sie nur, um die Stadt vor einer schweren Konventionalstrafe zu schützen, nicht auf Rückgängigmachung des Auftrages an Sulzer bestehe; in Zukunft aber seien derartige Bestellungen ausschließlich russischen Fabriken zu erteilen [. . .]

*ZStAP, AA 2827, Bl. 88ff.*
1 Vgl. Dok. Nr. 316.

## 322 Bericht Nr. 162 des Geschäftsträgers in St. Petersburg von Lucius an den Reichskanzler von Bethmann Hollweg

*Abschrift.*

St. Petersburg, 19. Mai 1913

Herr von Mendelssohn sagte mir, daß sowohl der Ministerpräsident als Herr Dawydoff keine Schwierigkeiten wegen Abgabe der neuen Wladikawkas-Obligationen erheben und der Direktion lebhaft zuredeten, das Geschäft wie früher mit Mendelssohn und nicht mit den Engländern zu machen. Die Direktion wünsche aber die Obligationen etwa zu demselben Preis zu begeben wie früher. Darauf will Mendelssohn keinesfalls eingehen und hat auf den demnächstigen großen Geldbedarf Chinas, der Balkanstaaten usw. hingewiesen, wodurch der Geldmarkt noch für geraume Zeit ungünstig beeinflußt werden würde. Jedenfalls könne er nicht nachgeben und sei auch nicht unglücklich, wenn es jetzt nicht zum Abschluß käme. Er habe bei seinem Angebot von vornherein erklärt: C'est une chose à laisser ou à prendre.

Herr von Mendelssohn ist außerordentlich zufrieden über seine Aufnahme bei Herrn Kokowtzoff und anderen politischen Persönlichkeiten.

*ZStAP, AA 3164, Bl. 40.*

## 323 Bericht Nr. 2112 des Geschäftsträgers in St. Petersburg von Lucius an den Reichskanzler von Bethmann Hollweg

*Ausfertigung.*

St. Petersburg, 20. Mai 1913

Im Anschluß an den Bericht Nr. 1698 vom 13. d. M.[1]

Herr Kokowtzoff, mit dem ich gestern Gelegenheit hatte, über die bei unseren Interessenten bestehende Beunruhigung wegen Erhöhung der finnischen Getreide- und Mehlzölle zu sprechen, äußerte sich ungefähr in demselben Sinne wie Herr Bark und glaubte, daß eine endgültige Entscheidung für geraume Zeit noch nicht getroffen werden würde. Ein Grund zur Beunruhigung wegen einer plötzlichen Abänderung bestehe daher seiner Ansicht nach nicht.

*ZStAP, AA 6371, Bl. 120.*

1 Vgl. Dok. Nr. 320.

## 324 Bericht Nr. II 395 des Generalkonsuls in St. Petersburg Biermann an den Reichskanzler von Bethmann Hollweg

*Ausfertigung.*

St. Petersburg, 21. Mai 1913

Auf den Erlaß vom 22. Januar d. J. — II 0 174[1] — 3 Anlagen.

Euerer Exzellenz beehre ich mich nachstehend Bericht über die Fragen zu erstatten, ob eine Beschränkung in der Zulassung russischer Werte auf dem deutschen Markt wünschenswert erscheint. Die Sammlung einigen statistischen Materials, das nur mit Hilfe deutscher und russischer Banken, zum Teil unter Inanspruchnahme anderer Konsulate, beschafft werden konnte, hat die Verzögerung in der Erledigung des nebenbezeichneten Erlasses zur Folge gehabt.

Die Anlage deutschen Kapitals in russischen Wertpapieren, für die der deutsche Markt geöffnet ist, läßt sich in folgende Gruppen zusammenfassen:

1. Fonds und Eisenbahn-Anleihen
2. Stadt- und Industrie-Anleihen
3. Eisenbahn- und Industrie-Aktien
4. Bank-Aktien

Welche Beträge in russischen Fonds angelegt sind, läßt sich auch schätzungsweise nicht ermitteln, besonders, da in den letzten Jahren Rußland Staatsanleihen nicht mehr ausgegeben hat. Dagegen sollen von den in Deutschland placierten Eisenbahn-Anleihen der letzten Jahre schätzungsweise 2/3 des jeweilig aufgelegten Betrages auf Zeichnungen in Deutschland zugeteilt worden sein. Hierdurch käme man zu dem Resultat, daß in den letzten Jahren je 50—65 Millionen Mark russischer staatsgarantierter Eisenbahn-Prioritäten in Deutschland aufgenommen worden sind.

Von russischen Stadtanleihen werden meines Wissens nur die Moskauer Anleihen in

Deutschland gehandelt. Von der Moskauer Stadtanleihe von 1912 sollen etwa 3 1/2 Millionen Mark sich in deutschen Händen befinden; es sind also nur etwa 4,6% des Gesamtbetrages der Anleihe von M 77714208 in Deutschland aufgenommen worden.

Ebenso werden nur wenige russische Industrie-Obligationen und Eisenbahnaktien in Deutschland notiert. Über die Investierung deutschen Kapitals in diesen Papieren wie auch in Industrie-Aktien läßt sich ein Urteil nicht abgeben.

Von den in der Anlage des oben bezeichneten Erlasses genannten Rbl. 15000000 neuen Aktien der Naphtha Gesellschaft Gebr. Nobel sind in Deutschland für 5899000 Rbl. aufgenommen worden. Sie sind größtenteils wieder nach Rußland zurückgegangen und zwar mit sehr erheblichem Gewinn für das deutsche Kapital. Heute befinden sich in Deutschland nur noch Aktien im Nominalwerte von Rbl. 2171000, die einen Kursgewinn von ca. 140% in sich tragen.

Von Bankaktien sind zum Handel an deutschen Börsen zugelassen die Aktien von nachgenannten 9 Banken: Asow-Don Kommerzbank, St. Petersburger Internationale Handelsbank, Sibirische Handelsbank, St. Petersburger Diskontobank, Russische Bank für auswärtigen Handel, Warschauer Kommerzbank, Warschauer Diskontobank, Lodzer Handelsbank und Rigaer Kommerzbank. Das gesamte Aktien-Kapital dieser 9 Banken beträgt heute 228 Millionen Rubel nominal. Wie sich aus der anliegenden Aufstellung I ergibt, ist deutsches Kapital mit etwa 28669000 Rbl. nominal an dem Gesamt-Aktien-Besitz beteiligt. Läßt man die in Aktien der Russischen Bank für Auswärtigen Handel angelegten 20000000 Rubel außer Betracht, so befinden sich von den 178000000 Rbl. Aktien der übrigen 8 Banken nur 8669000 Rbl. in deutschen Händen.

Aus der Aufstellung I ergibt sich ferner, welche Beträge bei den Neu-Emissionen russischer Bank-Aktien in den Jahren 1910—1912 in Deutschland aufgenommen worden sind. Im Verhältnis zum Gesamtbetrag der Neu-Emission ist die Beteiligung nicht allzu erheblich zu nennen. Der besseren Übersicht wegen habe ich in der beigefügten Aufzeichnung II eine der Anlage des oben bezeichneten Erlasses entsprechende Tabelle angefertigt.

Es sind danach in den beiden Jahren 1911 und 1912 nur für etwa 7173500 Rbl. nominal neue Aktien der russischen Banken nach Deutschland gegangen, wofür etwa 11391127 Rbl. gezahlt wurden = etwa 23000000 Mark.

Ebenso ermäßigen sich die Zahlen der Tabelle II des Erlasses, wenn man nur die tatsächlich in Deutschland aufgenommenen Beträge der Anleihen und der Nobel-Aktien in Betracht zieht. In der Anlage III dieses Berichts findet sich eine entsprechende Zusammenstellung. Bei den Eisenbahn-Anleihen ist darin angenommen worden, daß 2/3 der Anleihen in deutsche Hände übergingen. Danach sind insgesamt etwa für Rbl. 62000000 Obligationen und Nobel-Aktien während der Jahre 1911 und 1912 in Deutschland untergebracht und etwa 147091330 M verausgabt worden. Bei der letzteren Summe ist in Betracht gezogen, daß die Nobel-Aktien etwa das Doppelte ihres Nominalwerts (genau 202%) kosteten. Die Eisenbahn-Anleihen und die Moskauer Stadt-Anleihe sind unter pari ausgegeben, so daß die Gesamtsumme sich niedriger stellen würde.

Es ist nun richtig, daß die Hingabe deutschen Kapitals an Rußland während der letzten Jahre nirgends an die Gewährung unmittelbar wirtschaftlicher Vorteile gebunden worden ist. Auch dürfte nicht damit zu rechnen sein, daß bei zukünftiger Deckung des Geldbedarfs in Deutschland in dieser Hinsicht mehr erreicht werden könnte. Im Gegenteil wird Rußland bei dem unverkennbaren Aufblühen seiner Industrie in Verbindung mit dem Wachsen nationalistischen Geistes darauf bedacht sein, seinen Bedarf an Material für produktive und unproduktive Zwecke, für die es ihm nur an Kapital gebricht, mehr und mehr im Inlande zu decken. Ein Land, wie das Russische Reich mit einer Bevölkerung von 165 Millionen Seelen und einem Budget von fast $3^1/_2$ Milliarden Rbl. braucht trotz seiner ungeheuren

Schuldenlast nicht zu fürchten, seinen Bedarf an Geld mit Gewährung von Konzessionen erkaufen zu müssen.[x] Deutschland steht in dieser Beziehung nicht ungünstiger da wie die übrigen Gläubiger Rußlands. Auch Frankreich, der Hauptgläubiger der russischen Staatsschuld, hat Vorteile wirtschaftlicher Art nicht ausbedungen. Die politische Annäherung hatte die wirtschaftliche Unterstützung Rußlands zur natürlichen Folge. Ebensowenig hat England, das an den letzten russischen Eisenbahnanleihen in erheblichem Maße beteiligt ist, hieraus besondere Vorteile ziehen können. Eine Änderung in diesem Zustande würde nur durch eine gemeinsame Weigerung der westeuropäischen Mächte, Geld ohne Konzessionen darzuleihen, zu erreichen sein und daran ist natürlich nicht zu denken.[xx]

Eine Einschränkung der Zulassung russischer Staats- und staatsgarantierter Anleihen in Deutschland würde daher nur zur Folge haben, daß diese Anleihen mit Leichtigkeit auf anderen Märkten untergebracht würden, ohne daß Rußland hierfür Konzessionen, die es uns versagte, zu machen brauchte. Ob eine derartige staatliche Maßnahme aus dem Grunde gerechtfertigt erscheint, daß die Aufnahme russischer Anleihen nicht auch unmittelbar unserer Industrie Vorteile bringt, erscheint mir zweifelhaft. Sollte nicht ein bedeutender Kapitalbedarf im Inlande das deutsche Geld in Anspruch nehmen,[xxx] so würde es gleich gut verzinslichen Anleihen anderer auswärtiger Staaten sich zuwenden, bei deren Begebung in Deutschland ebensowenig Vorteile wirtschaftlicher Art ausbedungen sind. Politisch dürfte eine Schließung des deutschen Marktes insbesondere für Eisenbahnanleihen, in denen Rußland noch auf lange Zeit hinaus ausländischen Kapitals bedarf, unangenehm berühren.[xxxx] Ob dies wünschenswert erscheint, ist hier nicht der Platz zu erörtern.

Von einem *anderen* Standpunkt aus könnte es indessen fraglich sein, ob der deutsche Gläubiger nicht besser tut, sein Kapital in anderen, als russischen, festverzinslichen und relativ sicheren Anlagen unterzubringen.

Der Besitz auswärtiger Wertpapiere, wenn auch eine Abwanderung des heimischen Geldes damit verbunden ist, ist für den Staat resp. den besitzenden Bürger in Zeiten politischer Beunruhigung ein Wertobjekt, das dem Goldbestande gleich zu achten ist. Fremde Effekten lassen sich im Falle eines Krieges, sobald die erste Panik überwunden ist, leicht realisieren und das Geld kann heimischen Zwecken zugewandt werden. Voraussetzung ist hierbei natürlich, daß es sich um Wertpapiere solcher Staaten handelt, die nicht selbst in den Krieg verwickelt sind. Da nun nach der heutigen politischen Lage Frankreich und Rußland die Staaten sind, von denen am ehesten eine Kriegsgefahr Deutschland bedrohen könnte, so könnte aus diesem Grunde es wohl ratsam sein, den Markt für russische Effekten nicht allzuweit zu öffnen. Das deutsche Geld ist zweifellos sicherer in Werten solcher Staaten, wie z. B. Nordamerikas, angelegt, von denen kriegerische Verwicklungen weniger zu befürchten sind.

Bei einer Beschränkung des deutschen Marktes für russische Werte würde diese Begründung natürlich nicht in Erscheinung treten dürfen, um keine Verstimmung hervorzurufen. Es würden Gründe anderer Art zu suchen sein, die auch der Schuldner anerkennt.

Was hier über Staats-, Stadt- und staatsgarantierte Anleihen ausgeführt ist, gilt in gleicher Weise von den Anleihen der Privat-Industrie.

Der Kapitalbesitzer, der sein Geld in festverzinslichen Papieren anzulegen wünscht, läßt sich bestimmen durch die Höhe des Zinsfußes, die Sicherheit und Dauer der Anlage. Ihm liegt daran für möglichst lange Zeit eine gute Verzinsung zu erhalten und an den Kursschwankungen nimmt er weniger Interesse.

Anders der Aktionär. Er hat das größte Interesse am Kursgewinn und sein Bestreben ist es in der Regel, durch Dividende und Kursgewinn sein Vermögen zu vergrößern. Ihm ist es daher auch gleich, ob er seine ausländischen Aktien in Deutschland kauft und verkauft und dort die Dividende in Empfang nehmen kann oder im Auslande. Gläubiger dagegen, die ihr Geld in feste Anlagen stecken, legen Wert auf Zahlung der Zinsen in Deutschland und in Markwährung sowie auf Notiz der Papiere an deutschen Börsen.

Geht man nun davon aus, daß eine aufblühende Industrie, wie die russische, stets fremdes Kapital anzieht, das am Gewinn teilzunehmen wünscht, so ist es klar, daß der deutsche Aktienkäufer sich wenig dadurch beeinflussen läßt, ob die Aktien des Nachbarlandes auch in Deutschland zum Handel zugelassen sind oder nicht. Wie oben erwähnt, sind nur wenig Eisenbahn- und Industrie-Aktien Rußlands an deutschen Börsen notiert und doch soll viel deutsches Kapital in diesen Werten angelegt worden sein, die in Paris und Petersburg gekauft wurden. Sie sind zum großen Teil nach Rußland zurückgewandert. Der Grund dafür ist in den guten Ernten der letzten Jahre und der günstigen Gestaltung der allgemeinen wirtschaftlichen Verhältnisse hier zu suchen. Zum Teil auch sind die Kurse so gestiegen, daß der Gewinn nicht mehr im Verhältnis zur Höhe des Kurses stand.

Eine Mittelstellung zwischen den festverzinslichen Anleihewerten und den Eisenbahn- und Industrie-Aktien nehmen die Bankaktien ein. Die in Deutschland notierten Aktien der 9 russischen Banken werden teils zu Spekulationszwecken, teils zur sicheren und gutverzinslichen Anlage gekauft. Die genannten Banken sind von verschiedener Güte, doch im allgemeinen als solide zu bezeichnen. Es ist daher verständlich, wenn große Summen zum dauernden Zinsgenuß in diesen Aktien angelegt werden, besonders da die Dividende von 6% und mehr die der deutschen Banken gleicher Güte um 1—1 1/2% übertrifft. Vorzüglich die Aktien der Russischen Bank für auswärtigen Handel werden in Deutschland als dauernde Anlagewerte gekauft. Der Vertrieb dieser Aktien durch die Deutsche Bank hat sie über ganz Deutschland verstreut und in die Hände auch kleinerer Kapitalisten gebracht. Während dank gleichmäßiger Dividende und ziemlich gleichbleibendem Kurse die Aktien der Russenbank überwiegend der festen Anlage dienen, sind die Aktien der übrigen acht Banken auch zu Spekulationszwecken gesucht.

Andere wirtschaftliche Vorteile als die hoher Verzinsung und eventuellen Kursgewinnes hat nun die Unterbringung russischer Bankaktien auf dem deutschen Markte nicht zur Folge. Weder unmittelbar noch mittelbar zieht die deutsche Volkswirtschaft einen Nutzen aus dem Umstande, daß die Aktien an deutschen Börsen zugelassen sind und daß ein Teil des Aktienbesitzes in deutschen Händen sich befindet. Ein Nutzen könnte nur dann erwachsen, wenn der deutsche Aktienbesitz so hoch ist, daß er einen Einfluß auf die Entschlüsse der Generalversammlung gestattet. Wie weit dies bei der Russenbank für die Deutsche Bank als shareholder ihrer Kunden der Fall ist, entzieht sich meiner Beurteilung.

Die übrigen Banken stehen, so weit ich unterrichtet bin, nur in loser Verbindung mit den deutschen Banken, die ihre Emissionen an den Markt brachten. Ihre geschäftlichen Beziehungen würden sich nicht ändern, die mit deutschen Banken gemeinsam unternommenen Operationen dieselben bleiben, auch wenn keine ihrer Aktien in Deutschland notiert oder in deutschen Händen wäre. Auch die Russenbank arbeitet übrigens trotz des großen deutschen Aktienbesitzes mit Deutschland nicht mehr, wie die übrigen russischen Banken. Dabei ist in der Verwaltung der Russenbank kein Reichsdeutscher tätig. In einigen der übrigen acht Banken sind allerdings Deutsche in leitenden Stellungen beschäftigt, und das mag mittelbar hier und da von Vorteil für uns sein, doch hängt es nicht in irgend einer Weise mit der Zulassung der Aktien in Deutschland zusammen.

Erheblich besser ist in dieser Hinsicht Frankreich gestellt. Nach den dort geltenden Bestimmungen werden keine Wertpapiere in Paris zum Handel im Parkett (dem bevorzugten Teil der Effektenbörse) zugelassen, ohne daß im Aufsichtsrat der betreffenden Unternehmung zwei französische Staatsangehörige tätig sind.

Eine Änderung unserer Börsenbestimmungen in dieser Richtung erscheint mir nicht ohne Nutzen vom volkswirtschaftlichen Standpunkt, während die Beschränkung des deutschen

Anlage 1

| Name der russischen Aktien | Gesamtbetrag der Neuemissionen in Rbl. | Von den Neuemissionen wurden in Deutschland aufgenommen | | | In Deutschland befinden sich im ganzen Anfang Mai | | | |
|---|---|---|---|---|---|---|---|---|
| | | Stück | Nominalwert in Rbl. | Preis in Rbl. | Stück | Nominalwert in Rbl. | Kurs in Rbl. | Kursnotierung in Rbl. |
| I. im Jahre 1910 | | | | | | | | |
| 1. Rigaer Kommerzbank | 5000000 | 4000 | 1000000 | 1086000 | 3000 | 750000 | 274 | 822000 |
| 2. Sibirische Handelsbank | 2500000 | 1485 | 371500 | 697950 | — | — | — | — |
| II. im Jahre 1911 | | | | | | | | |
| 1. Kommerzbank in Warschau | 8000000 | 566 | 141500 | 223570 | 1415 | 353750 | 423 | 598545 |
| 2. Russ. Bank f. ausw. Handel in St. Petersburg | 10000000 | ca. 16000 | 4000000 | 5760000 | 80000 | 20000000 | 387 | 30960000 |
| 3. St. Petersburger Diskontobank | 5000000 | ca. 750 | 187500 | 307500 | — | — | — | — |
| 4. St. Petersburger Internationale Handelsbank | 12000000 | 6000 | 1500000 | 2745000 | 15—16000 | ca. 3750000—4000000 | 514 | 7710000—8224000 |
| 5. Asow-Don Kommerzbank | 10000000 | 686 | 171500 | 334425 | — | — | — | — |
| 6. Lodzer Handelsbank | 5000000 | 1000 | 250000 | 395000 | 3000 | 750000 | 408 | 1224000 |
| III. im Jahre 1912 | | | | | | | | |
| 1. Asow-Don Kommerzbank | 10000000 | 316 | 79000 | 162740 | 1264 | 316000 | 597 | 754608 |
| 2. St. Petersburger Diskontobank | 5000000 | ca. 1000 | 250000 | 425000 | ca. 4000 | 1000000 | 477 | 1908000 |
| 3. Warschauer Diskontobank | 4000000 | ca. 1500 | 375000 | 585000 | ca. 3750 | 937000 | 440 | 1650000 |
| 4. Sibirische Handelsbank | 7500000 | 876 | 219000 | 452892 | 2247 | 561750 | 577 | 1296519 |

Marktes für russische Bankaktien kaum von vorteilhafter Wirkung in irgend einer Beziehung für uns sein dürfte.

Übrigens ist seit der Marokko-Krisis der deutsche Bestand an russischen Bankaktien ganz erheblich zurückgegangen, und gerade in letzter Zeit zeigen die Bankaktien das Bestreben, auf den Pariser Markt überzusiedeln. Von den in Deutschland notierten Werten werden die Aktien der Asow-Don Bank in Paris gehandelt und seit vorigem Jahre auch die der Sibirischen Handelsbank. Ferner wird auch die bevorstehende Generalversammlung der Russenbank über die Einführung ihrer Aktien an der Pariser Börse (und die Erhöhung ihres Kapitals um 10 Millionen Rubel) Beschluß fassen.

Alles in allem dürfte danach zur Zeit kaum ein Anlaß vorliegen, den deutschen Markt für russische Kapitalbedürfnisse einzuengen.

Anlage 3
Übersicht der 1911 und 1912 auf den deutschen Markt gebrachten russischen Anleihen

| Name der Anleihe | Betrag [insgesamt] | | [davon] in Deutschland aufgenommen | |
|---|---|---|---|---|
| | Rbl. | Mark | Rbl. | Mark |
| A. **Eisenbahnanleihen** | | | | |
| **Jahr 1911** | | | | |
| Prioritäts Anleihe von 1911 der Moskau Kasan Eisenbahngesellschaft | 25244703 | 54481000 | 16816468 | 36320666 |
| Prioritäts Anleihe der Podolischen Eisenbahngesellschaft | 19758062 | 42674000 | 13172042 | 28449332 |
| **Jahr 1912** | | | | |
| Obligationen der Wladikawkas Eisenbahngesellschaft | 37040000 | 80000000 | 24693332 | 53333332 |
| B. **Stadtanleihen** | | | | |
| **Jahr 1912** | | | | |
| Anleihe der Stadt Moskau von 1912 | 35999964 | 77714208 | 1628000 | 3500000 |
| C. **Industrieaktien** | | | | |
| Naphtha-Gesellschaft Gebrüder Nobel | 15000000 | 31400000 | 5899000 | 12744000 (gezahlt wurden hierfür etwa 25500000 M; der heutige Wert beträgt aber etwa 43350000 M) |
| | | | 62208842 | 134347330 |

Abschrift dieses Berichts ist dem Kaiserlichen Generalkonsulat in Moskau übermittelt worden.

Randbemerkung Goebels:

x Es braucht aber auch darum nicht das Ausland von den Lieferungen für die mit ausländischem Kapital gebauten Bahnen *auszuschließen*.

xx Dürfte auch nicht nötig sein. Der Kapitalbedarf ist so groß, daß sie doch an uns herantreten müssen, wenn wir auch einmal nein sagen.

xxx Das ist der Fall.

xxxx A hat keine Bedenken.

*ZStAP, AA 3164, Bl. 46ff.*
1 Vgl. Dok. Nr. 314.

## 325 Schreiben des Bundes der Landwirte an den Reichskanzler von Bethmann Hollweg

*Ausfertigung.*

[Berlin,] 23. Mai 1913

[. . .]
Die Einführung eines Getreide- bzw. Mehlzolles für Rußland und Finnland würde für unsere östliche Landwirtschaft eine schwere Schädigung bedeuten. Sie würde, wie uns von dort übereinstimmend mitgeteilt wird, ohne weiteres einen Rückschlag auf die Getreidepreise zur Folge haben und damit wiederum einen Rückschlag auf den Wert der landwirtschaftlichen Anwesen namentlich an der Grenze, die davon am schwersten betroffen werden würden.

Indem wir Euerer Exzellenz Vorstehendes unterbreiten, beehren wir uns Euere Exzellenz zu bitten, geneigtest Maßnahmen veranlassen zu wollen, die die Einrichtung eines Zolles auf Getreide für Rußland und auf Getreide und Mehl für Finnland zu verhindern geeignet sind, die es insbesondere auch erreichen, daß die in dem deutsch-russischen Handelsvertrag für Finnland gegebenen Sonderbestimmungen erfüllt werden. Roesicke.

*ZStAP, AA 6371, Bl. 127ff.*

## 326 Bericht Nr. II 482 des Generalkonsuls in St. Petersburg Biermann an den Reichskanzler von Bethmann Hollweg

*Ausfertigung.*

St. Petersburg, 30. Mai 1913

Im Anschluß an den Bericht vom 21. d. M. — II 395[1] —.

Die zahlenmäßigen Angaben des nebenbezeichneten Berichts, insbesondere über den in deutschem Besitz befindlichen Aktienbesitz der hiesigen Internationalen Handelsbank und der Russischen Bank für auswärtigen Handel sind mir vertraulich durch Mitglieder des Direktoriums und Aufsichtsrats mitgeteilt worden.

Von einer ebenso vertrauenswürdigen und gleich gut orientierten deutschen Seite sind mir nun neuerdings Schätzungen zugegangen, die von diesen Angaben abweichen: Danach ist der deutsche Besitz zu schätzen:

I. An St. Petersburger Internationalen Handelsbank Aktien zur Zeit auf St. 35000—40000 — eher das letztere.

II. Der außerhalb Rußlands befindliche Besitz an Aktien der Russischen Bank für auswärtigen Handel wird zur Zeit auf etwa St. 55000 veranschlagt. Es scheint, daß hiervon ein nicht unerheblicher Teil über Berlin nach Österreich und der Schweiz gewandert ist, Kleinigkeiten auch nach Belgien und neuerdings vielleicht nach Frankreich. Vermutlich zählt die russische Schätzung den gesamten im Auslande befindlichen Besitz als deutschen. Der Besitz, der sich in deutschen Händen befindet, soll auf etwa St. 35000 zu veranschlagen sein. Dabei wird angenommen, daß in der Schweiz lebende Russen ihren Bestand an Aktien in der Schweiz hinterlegt haben und dadurch, daß die Dividendenscheine aus der Schweiz nach Berlin zur Einlösung gelangen, ergibt sich für die deutsche Schätzung ein größeres Quantum als an deutschem Besitz in diesen Aktien tatsächlich vorhanden ist.

*ZStAP, AA 3164, Bl. 60.*
1 Vgl. Dok. Nr. 324.

## 327 Notiz für den Direktor der Handelspolitischen Abteilung des Auswärtigen Amts von Koerner

[Berlin, um den 1. Juni 1913]

Der den Kaiserl. Generalkonsuln in Petersburg und Moskau mit Erlaß vom 22. Januar d. J. — II 0 174[1] — erteilte Auftrag, die Zweckmäßigkeit der Zulassung gewisser russischer Wertpapiere zum deutschen Markt zu prüfen, beschäftigte sich in erster Linie mit russischen Bankaktien und ging von dem Gesichtspunkt aus, daß die Zulassung derartiger Aktien uns keinen ersichtlichen Nutzen bringe, da die Gewährung von Mitteln an die russischen Banken nur dazu diene, den russischen Markt unabhängiger vom Auslande zu gestalten, und die Verbindungen zwischen unseren Emissionshäusern und den russischen Banken nicht derartige seien, daß sie auf unserer Seite der Erreichung besonderer wirtschaftlicher Vorteile nutzbar gemacht werden könnten. Der letztere Umstand scheint jedoch nach den Berichten der beiden Vertreter nicht zuzutreffen. Beide weisen übereinstimmend darauf hin, daß die russischen Banken, soweit sie mit deutschem Kapital arbeiten, unserer Volkswirtschaft, insbesondere unserer Industrie, doch mancherlei Nutzen bringen. Freilich schreibt sich dieser nach ihren Ausführungen nicht allein aus der Beteiligung deutschen Kapitals an den Banken her, sondern vornehmlich daraus, daß sich in diesen Banken, und zwar auch in den Zentralleitungen, vielfach Deutsche als Beamte befinden. Der Kaiserl. Generalkonsul in Petersburg regt daher auch an, nach Art der Franzosen vorzugehen, nach deren Bestimmungen nur die Papiere solcher Unternehmungen zum Handel im Parkett zugelassen werden, in deren Aufsichtsrat mindestens zwei französische Staatsangehörige tätig sind. Da wir bei den handelspolitischen Abschlußtendenzen des Auslandes immer mehr darauf angewiesen werden, nach Mitteln und Wegen zu suchen, um uns draußen auf irgendeine Weise wirtschaftlichen Einfluß zu wahren, so dürfte es sich wohl empfehlen, diese Frage einer Prüfung zu unterziehen. Zu diesem Zweck wären zunächst die betreffenden französischen Bestimmungen zu beschaffen, und es wird alsdann mit den beteiligten inneren Stellen ins Benehmen zu treten sein.

Jedenfalls wird im Hinblick auf die von beiden Berichterstattern hervorgehobenen Momente der Gedanke einer grundsätzlichen Fernhaltung russischer Bankaktien von den deutschen Börsen einstweilen nicht weiter zu verfolgen, vielmehr gegenüber künftigen Zulassungsanträgen bis auf weiteres nach den Umständen des einzelnen Falles zu verfahren sein.

Hinsichtlich russischer Industriepapiere und Stadtanleihen haben wir uns bereits in dem eingangs erwähnten Erlaß zu demselben Grundsatz bekannt. Bei Stadtanleihen wird es sich allerdings über kurz oder lang wohl doch als notwendig erweisen, den Grundsatz der russischen Regierung, daß das Ausland von Lieferungen an die Kommunen auszuschließen sei, generell zu bekämpfen. Ferner wäre es im Interesse der Möglichkeit einer genaueren Prüfung der Zulassungsanträge zu begrüßen, wenn den Emissionshäusern aufgegeben werden könnte, jede nach dem Auslande zu vergebende Anleihe dem A.A. bereits einige Zeit vor Stellung des Antrags anzuzeigen — und zwar schriftlich. Bei der jetzigen Art der Anzeige durch den Börsenkommissar läßt sich eine eingehende Prüfung vielfach nur unter einstweiliger Suspendierung des Antrags bewerkstelligen. Eine solche wird man aber natürlich möglichst zu vermeiden suchen.

In dem Erlaß nach Petersburg und Moskau und in den bezüglichen Berichten sind schließlich noch die russischen Eisenbahnobligationen behandelt worden, zu deren grundsätzlicher Fernhaltung vom deutschen Markt wir uns mit Rücksicht auf die vertragswidrige ablehnende Haltung der russischen Regierung gegenüber jeder Lieferung deutschen Eisenbahnmaterials schon wiederholt entschlossen haben. Beide Berichterstatter geben zu, daß die Zulassung dieser Obligationen uns wirtschaftlich keinen Nutzen bringt, und weisen lediglich auf ihren Charakter als gutes Anlagepapier sowie auf die Verstimmung hin, die ihre Zurückweisung erregen müßte. Was den ersteren Umstand betrifft, so dürfte an guten Anlagepapieren kaum ein Mangel bestehen. Der Moment einer Verstimmung im Falle der Zurückweisung der Papiere aber dürfte nicht allzusehr zu bewerten sein. Einer politischen Verstimmung, soweit sie sich hierauf gründet, scheint von der Politischen Abteilung keine wesentliche Bedeutung beigemessen zu werden. Eine Verstimmung gegenüber dem führenden deutschen Bankhaus, das bisher die Zulassung der Obligationen vermittelt hat, dürfte aber für uns nicht ausschlaggebend sein können. Überdies ist der russische Kapitalbedarf auf dem Gebiet des Eisenbahnwesens so groß, daß man sich russischerseits nach einiger Zeit doch wieder genötigt sehen würde, an den deutschen Markt heranzutreten. Schließlich wird sich eine mögliche Verstimmung dadurch mildern lassen, daß man nicht erst einen Zulassungsantrag erwartet, sondern bereits vorher, und zwar zweckmäßiger Weise dem vermittelnden Bankhaus, in bindender Weise mitteilt, es würden künftig Ausnahmen, wie sie bisher gemacht worden sind, nicht mehr zugelassen, vielmehr werde von der Bewilligung derartiger Anleihen abgesehen werden, wenn nicht die russische Regierung ihren Widerstand gegen die Zulassung ausländischen Eisenbahnmaterials aufgebe. Ein entsprechendes Schreiben an die Firma Mendelssohn & Co ist in der Angabe 2 enthalten.[2]

*ZStAP, AA 3164, Bl. 61.*

1 Vgl. Dok. Nr. 314.

2 Die für die Haltung des Osteuropäischen Handelsreferats kennzeichnende Notiz — Referent Nadolny — wurde zusammen mit dem Konzept des Schreibens an das Bankhaus Mendelssohn Koerner vorgelegt,

jedoch nicht gezeichnet. In dem Schreiben wurde Mendelssohn nahegelegt, die deutschen Wünsche bei der russischen Regierung zu befürworten, „bis zu einer günstigen Entscheidung aber von der Betreibung weiterer Anträge auf Zulassung russischer Eisenbahnwerte zum deutschen Börsenhandel“ abzusehen.

## 328 Notiz des Vortragenden Rats in der Handelspolitischen Abteilung des Auswärtigen Amts von Goebel

[Berlin, um den 7. Juni 1913]

Mit Rücksicht auf die Berichterstattung aus St. Petersburg u. Moskau[1] erscheint die Weiterverfolgung der Frage der Zulassung russischer Werte an den deutschen Börsen zur Zeit nicht angezeigt.

*ZStAP, AA 3164, Bl. 61.*
1 Vgl. Dok. Nr. 317 u. 324.

## 329 Bericht Nr. 261 des Vizekonsuls in Tomsk Stang an den Reichskanzler von Bethmann Hollweg

*Ausfertigung.*

Tomsk, 11. Juni 1913

Ich erlaube mir, dem Auswärtigen Amt anbei die Presskopie der Gruschwitz Textilwerke AG zu übersenden,[1] als Beispiel dafür, wie überaus ängstlich die deutschen Firmen hier in Sibirien in der Gewährung von Kredit sind. Die Firma hält es nicht einmal für nötig, einen Reisenden nach hier zu senden, wodurch sie ganz von selbst zu dem Ergebnis kommen würde, daß mit den von ihr verlangten Bedingungen hier unmöglich zu arbeiten ist. Überhaupt schenkt man in Deutschland Sibirien viel zu wenig Aufmerksamkeit, während das übrige Ausland den hiesigen Verhältnissen Rechnung zu tragen weiß und auch sehr bedeutende Geschäfte macht. Die Bevölkerung Sibiriens wächst von Jahr zu Jahr, und es ist hier eine ganze Reihe großer, zahlungsfähiger Firmen vorhanden, denen man den hier allgemein verlangten Kredit von 6 Monaten gegen Wechsel ruhig gewähren kann. Die wenigen Firmen, die Sibirien bereisen lassen, haben gewöhnlich auch recht bedeutende Erfolge auszuweisen; wie z. B. die Firma Biesolt & Locke, Meissen, die einen Fachmann hierher sandte, um das Land zu studieren, und die jetzt überzeugt ist, einen sehr bedeutenden Umsatz hier zu erzielen, da ihre Nähmaschinen den Singer'schen Fabrikaten überlegen sind.

*ZStAP, AA 6329, Bl. 95.*
1 In dem Schreiben vom 2. Juni an Stang gaben die Gruschwitzer Textilwerke bekannt, daß sie Geschäfte nur „gegen unsere in Rußland allgemein verlangte Kondition ‚*Vorher Geld*‘ oder ‚*gegen Nachnahme*‘“ machen können.

## 330 Bericht Nr. 132 des Generalkonsuls in Moskau Kohlhaas an den Reichskanzler von Bethmann Hollweg

*Ausfertigung.*

Moskau, 14. Juni 1913

Dieser Tage erschien der hiesige Vertreter der Firma August Borsig in Berlin-Tegel, die an der Internationalen Konkurrenz für ein Kühlhaus bei dem städtischen Schlachthof in Moskau teilgenommen hat, und erzählte mir Folgendes:

Während sich an dem Preisausschreiben nur die früher genannten drei deutschen Fabriken beteiligt hätten,[1] habe die einzige für solche Anlagen in Betracht kommende russische Fabrik, die Aktiengesellschaft Franz Crull in Reval, ursprünglich eine Beteiligung abgelehnt. Am Tage, der als letzter Termin für die Einreichung der Projekte und für die Einzahlung der vorgeschriebenen Sicherheit von 20000 Rubel bestimmt gewesen sei, d. h. am 25. April/ 8. Mai d. J., sei eine Stunde nach dem auf 1 Uhr mittags festgesetzten Schluß der Konkurrenz in der Stadtverwaltung ein Schreiben der Firma eingelaufen, worin sie mitgeteilt habe, ihr Oberingenieur sei krank, und sie habe deshalb ihr Konkurrenzprojekt nicht rechtzeitig einreichen können; sie werde das aber sobald wie möglich nachholen. Zur Zeit des Eingangs dieses Schreibens seien aber die Umschläge der von den drei deutschen Firmen eingereichten Projekte bereits den Bestimmungen des Ausschreibens entsprechend eröffnet gewesen. Die Firma Franz Crull habe nun durch Bestechung von Angestellten der Stadtverwaltung Kenntnis von den Entwürfen und den Preisen der konkurrierenden 3 deutschen Firmen erhalten und sei dadurch in die Lage gesetzt worden, in kurzer Zeit ein eigenes Projekt auszuarbeiten, das im Plan und in den Preisen den deutschen Projekten nahekomme. Dieses Projekt habe die russische Firma am 25. Mai/7. Juni, also einen vollen Monat zu spät, eingereicht und außerdem der Stadtverwaltung erklärt, daß sie die vorgeschriebene Sicherheit nicht leisten werde, da auch bei Staatslieferungen nie eine Sicherheit von ihr verlangt worden sei.

Der Vertreter von Borsig fügte hinzu, daß in Anbetracht der früher gemeldeten Einmischung der Regierung in diese Angelegenheit die Gefahr bestehe, daß dieser russischen Firma ungeachtet ihres unlauteren und den Ausschreibungen zuwiderlaufenden Verhaltens die Lieferung zugestellt werde, während die deutschen Firmen, die Monate lang an ihren Projekten gearbeitet, bedeutende Kosten aufgewendet und alle Bedingungen des Ausschreibens pünktlich erfüllt hätten, leer ausgingen.

Er regte die Frage an, ob es nicht möglich wäre, auf die russische Regierung dahin einzuwirken, daß sie ihren Einspruch gegen das Internationale Preisausschreiben zurückziehe, wodurch die Stadt wieder freie Hand bekäme, Crull unter Hinweis auf die Nichteinhaltung der Bedingungen des Ausschreibens zurückzuweisen.

Nach den von mir an maßgebender Stelle der Stadtverwaltung eingezogenen vertraulichen Erkundigungen ist die Darstellung des Vertreters von Borsig im wesentlichen völlig zutreffend. Crull hat tatsächlich mit einem Monat Verspätung und ohne Leistung der vorgeschriebenen Sicherheit ein nach Ausarbeitung und Preis brauchbares Projekt eingereicht, wobei ihm ohne allen Zweifel in Folge eines nicht aufgeklärten Vertrauensbruchs eines städtischen Angestellten die Arbeiten der Konkurrenten und ihre Preise bekannt waren. Die Stadtverwaltung hat die erste Ankündigung der Fabrik Crull, daß sie nachträglich ein Projekt einreichen werde, völlig ignoriert und beabsichtigt, auch dieses Projekt selbst zu ignorieren. Da aber, anscheinend infolge von Machenschaften der Firma Crull in St. Petersburg, die Regierung sich in die Angelegenheit eingemischt hat, so befindet die Stadt sich jetzt in einer sehr schwierigen Lage. Die Regierung steht auf dem Standpunkt, daß nach den Bedingungen der letzten städtischen Anleihe, aus deren Erlös auch die Anlage des Kühlhauses bestritten werden soll, Bestellungen ins Ausland nur mit besonderer Genehmigung der Minister des Inneren und für Handel und Industrie vergeben werden dürfen. Die Stadt vertritt den Standpunkt, daß ihr internationales Preisausschreiben keine Verletzung der angeführten Vorschrift sei, und daß es genüge, wenn sie nach Erledigung des Preisausschreibens vor Vergebung der Lieferung an eine ausländische Firma Genehmigung einhole. Es ist klar, daß die Position der Stadt eine sehr ungünstige ist, da die Regierung es auch so in der Hand hat, das Ergebnis des Preisausschreibens zu vereiteln.

Die Stadtverwaltung will nun, um aus dieser schlimmen Lage herauszukommen, die sämtlichen Projekte, und zwar auch das Crull'sche, durch ihre Sachverständigen prüfen und daraufhin einen Bericht an die Regierung ausarbeiten lassen. Die Stadtverwaltung ist der Ansicht, daß die Firma Crull, die bisher nur kleine Anlagen ausgeführt habe und überdies nur über geringe Erfahrungen auf dem Gebiet des Kühlhauswesens verfüge, ihr unmöglich die Garantien für eine tadellose Ausführung der Anlage bieten könne, wie irgend eine der konkurrierenden deutschen Firmen. Es komme hinzu, daß die deutschen Firmen in ihren Projekten in Aussicht genommen hätten, diejenigen Teile, die in Rußland ausgeführt werden können, von russischen Werken zu beziehen und nur die speziellen Anlagen und Maschinen, die in Rußland nicht hergestellt werden könnten, zu importieren. Umgekehrt habe aber auch die Aktiengesellschaft Fr. Crull in ihrem Entwurf sich dahin geäußert, daß sie diejenigen Teile, die sie nicht selbst herstellen oder in Rußland beziehen könne, aus dem Ausland importieren werde. Tatsächlich käme es also hinsichtlich des Materials auf das gleiche heraus, ob nun die russische Firma oder eine deutsche den Zuschlag erhalte; für die Stadt sei es aber nicht gleichgültig, wer mit seinen Erfahrungen und seinem Rufe für die Güte der Ausführung einstehe.

Meines Erachtens wird man zunächst abwarten müssen, welche Stellung die Regierung zu der in etwa einem Monat zu erwartenden eingehend motivierten Äußerung der Stadtverwaltung einnehmen wird.

Vorstellungen bei der russischen Regierung für den Fall, daß sie auf dem Zuschlag an die russische Firma bestehen sollte, scheinen mir kaum möglich zu sein, da es sich um eine rein interne Angelegenheit Rußlands handelt, in der außerdem die Stadtverwaltung doch wohl etwas unvorsichtig vorgegangen ist, zumal bei der gegenwärtigen protektionistischen Strömung und bei dem geringen Wohlwollen der Regierung gegenüber den städtischen Selbstverwaltungen. Es kommt aber noch hinzu, daß, soviel mir bekannt ist, die Aktiengesellschaft Franz Crull in Reval ein von Reichsangehörigen gegründetes Werk ist, dessen Aktien und dessen Leitung auch heute noch größtenteils in reichsdeutschen Händen sein dürften. Eine andere Frage wäre es wohl, ob die an der Konkurrenz beteiligt gewesenen drei reichsdeutschen Firmen im Falle, daß unter Verletzung der Konkurrenzbedingungen der russischen Firma der Zuschlag erteilt würde, die Moskauer Stadtverwaltung für den ihnen durch die Ausarbeitung der Projekte entstandenen Aufwand haftbar machen könnten.

Man wird aber auf diese Frage vorläufig nicht näher einzugehen brauchen, da die Entscheidung erst in einigen Monaten fallen dürfte.

Ich werde die Angelegenheit im Auge behalten und über ihre weitere Entwicklung berichten, möchte aber gehorsamst bitten, vorstehenden Bericht mit Rücksicht auf meinen Gewährsmann in der Stadtverwaltung als ganz vertraulich behandeln zu wollen.

*ZStAP, AA 2109, Bl. 167f.*

1 Vgl. Dok. Nr. 321.

## 331 Bericht Nr. 4962 des Generalkonsuls in St. Petersburg Biermann an den Reichskanzler von Bethmann Hollweg

*Ausfertigung.*

St. Petersburg, den 21. Juni 1913

[. . .][1] Wenn Herr Stang in dem Bericht No 261[2], betreffend die Gewährung von Krediten an sibirische Importeure, auch in eigener Sache plaidiert, so hat er doch insofern Recht, daß in Sibirien, wie in ganz Rußland verhältnismäßig langfristige Kredite an der Tagesordnung sind und daß im allgemeinen die Exportfirmen, die Vorausbezahlung oder Zahlung Zug um Zug beanspruchen, wenig Aussicht auf Geschäfte haben, allerdings auch nicht das Risiko des Verlustes laufen, das mit der Kreditgewährung ohne vorherige, nicht immer leicht zu beschaffende zuverlässige Auskunft verbunden ist.

*ZStAP, AA 6329, Bl. 94.*

1 Übersendet zwei Berichte des Vizekonsuls in Tomsk Stang.

2 Vgl. Dok. Nr. 329.

## 332 Erlaß Nr. II 0 2348 des Unterstaatssekretärs im Auswärtigen Amt Zimmermann an den Generalkonsul in St. Petersburg Biermann

*Konzept.*

Berlin, 30. Juni 1913

Die Regierungen einiger Bundesstaaten haben mir die Mitteilung gemacht, daß die Gesandten Rußlands bei ihnen beantragt haben, den neu ernannten russischen Handelssachverständigen in Berlin, Hamburg und Frankfurt a.M. den amtlichen Schriftverkehr mit den Landesbehörden und auch mit den Handelskammern zu gestatten. Gegen die Gewährung dieser Anträge sind hier Bedenken besonders in der Richtung geltend gemacht worden, daß es eine Umgehung der konsularischen Beschränkung bedeuten und einer Ausschaltung der diplomatischen Vertreter gleichkommen würde, wenn den Handelssachverständigen das Recht zur Einziehung amtlicher Auskünfte allgemeiner Art — über statistische Daten, Staatseinrichtungen, Gesetzesbestimmunen u.s.w. — eingeräumt werden sollte, das bisher im allgemeinen dem diplomatischen Wege vorbehalten worden ist.

Bevor ich endgültig zu dieser Frage Stellung nehme, ist es mir erwünscht, nähere Auskunft darüber zu erhalten, wie die Verhältnisse in jener Beziehung für unsere Handels- und landwirtschaftlichen Sachverständigen in Rußland liegen, insbesondere auch, ob letztere in ihrer amtlichen Eigenschaft mit den dortigen Behörden schriftlich verkehren und gegebenenfalls, ob dieser Schriftverkehr auf Grund einer ausdrücklichen Ermächtigung seitens der russischen Regierung ausgeübt wird.

Ew. pp. ersuche ich erg., hierüber tunlichst bald zu berichten und auch eine Abschrift des Schreibens zu beschaffen und einzureichen, mit dem die Kaiserliche Botschaft unsere Sachverständigen bei dem dortigen Ministerium einzuführen pflegt.

*ZStAP, AA 3310, Bl. 51f.*

## 333 Erlaß Nr. II W 3631 des Dirigenten der Handelspolitischen Abteilung des Auswärtigen Amts Lehmann an den Botschafter in St. Petersburg Graf von Pourtalès

*Abschrift.*

Berlin, 2. Juli 1913

Nach einem Bericht des dortigen Kaiserlichen Generalkonsuls vom 9. Mai d. J. — I. Nr. II 402 — hat die Duma auf die Erklärung des Handelsministers in der Frage der Heizstoffnot eine Übergangsformel angenommen, wonach u. a. die Aufhebung der Ausfuhrprämien für Naphtha und Petroleum in Form der ermäßigten Tarife der transkaukasischen Bahn für notwendig erklärt wird.

Sollte die russische Regierung diesem Verlangen der Duma Rechnung tragen, so würde dies unter Umständen die Versorgung der zu errichtenden deutschen Monopolgesellschaft mit Leuchtöl zu beeinträchtigen geeignet sein. Bei der gegenwärtigen Lage des Marktes würde insbesondere die Gesellschaft Nobel, welche für die Belieferung der deutschen Monopolverwaltung in erster Linie in Betracht kommt, ohne Schwierigkeiten in der Lage sein, die erhöhten Tarife auf den Lieferungspreis aufzuschlagen. Sollen die Beziehungen zwischen der russischen Petroleumindustrie am Kaspischen Meer und dem deutschen Markt aufrechterhalten bleiben, so ist der Fortbestand der bisherigen Tarife unbedingt Voraussetzung.

Euere Exzellenz bitte ich, gegebenenfalls im Benehmen mit dem dortigen Kaiserlichen Generalkonsul, in geeignet erscheinender Weise Erkundigungen darüber einzuziehen, welche Stellung die dortige Regierung dem gedachten Dumabeschluß gegenüber einnimmt und ob Befürchtungen in der angedeuteten Richtung gerechtfertigt erscheinen.

Sollten Euere Exzellenz auf Grund der angestellten Ermittlungen den Eindruck gewinnen, daß die Sachlage eine sofortige Aktion erfordert, so wollen Sie sich für ermächtigt betrachten, der dortigen Regierung eine Mitteilung zu machen, die unser lebhaftes Interesse an der Fortdauer des bisherigen Zustandes zum Ausdruck bringt.

Einem tunlichst baldigen Bericht sehe ich mit Interesse entgegen.

*ZStAP, AA 6255*, o.

## 334 Bericht Nr. II 581 des Generalkonsuls in St. Petersburg Biermann an den Reichskanzler von Bethmann Hollweg

*Ausfertigung.*

St. Petersburg, 8. Juli 1913

In dem Bericht vom 12. April d. J. II 327 hatte ich gemeldet, daß der Handelsminister im Wege der Gesetzgebung einen Kredit für die Vorarbeiten zur Revision der Handelsverträge verlangt habe.

Die Anlage 1 enthält einen Auszug aus den Motiven zu diesem Gesetzentwurf.

Es wird darin ein ausführliches Programm für die Vorarbeiten gegeben, die sich auf alle Gebiete des russischen Wirtschaftslebens erstrecken sollen.

Die allgemeinen, besonders statistischen Erhebungen über die Lage der Landwirtschaft, von Handel und Industrie und die im Interesse der heimischen Produktion geplante Revision des Zolltarifs sollen bis Ende 1914 vollendet sein. Die Revision der Vertragsbestimmungen, eine Übersicht der Ermäßigungen und Erleichterungen, die von den anderen Staaten gefordert werden sollen, und die Konzessionen, die man eventuell zu machen gedenkt, sollen dann in den Jahren 1915/16 ausgearbeitet werden.

Man kann erwarten, daß an den geplanten Untersuchungen mit großem Eifer gearbeitet und eine gewaltige Menge von Material zusammengeschleppt werden wird. Wieviel aber davon praktischen Wert haben und realen Nutzen bringen wird, bleibt abzuwarten.

Die Neigung der Russen, alle Fragen, an die sie herangehen, bis auf ihren letzten Ursprung zu verfolgen, dabei Doktorfragen zu lösen und auch bei Arbeiten, die rein praktische Ziele verfolgen, sich in endlose theoretische Untersuchungen zu vertiefen, wird sich vermutlich auch in diesem Fall geltend machen und es ist daher wohl möglich, daß ein großer Teil der Arbeiten überflüssig sein wird. Wenn man zum Beispiel hört, daß die vor vier Jahren zur Prüfung der Verhältnisse der russischen Eisenbahnen eingesetzte Kommission nicht weniger als 95 Bände Materialien gesammelt hat, so kann man sich denken, was bei der Erledigung des handelsministeriellen Programms herauskommen wird.

Aus den Motiven kann man herauslesen, daß Rußland sich zuerst durch die allgemeine Tarifrevision eine neue Grundlage, eine Art Kampftarif schaffen will, um seine Stellung bei den Verhandlungen günstig zu gestalten und es wird bei diesen auch gewiß ein reiches, aber auch tendenziös zusammengestelltes Material vorgeführt werden, um damit Konzessionen durchzudrücken, ohne selbst solche von Bedeutung zu gewähren.

Als sicher kann heute gelten, daß ohne langwierige und zähe Verhandlungen neue Handelsverträge mit Rußland nicht zustande kommen werden. Die hiesige öffentliche Meinung, oder vielmehr die kräftige Agitation der großen die einzelnen Wirtschaftszweige vertretenden Verbände zwingen die Regierung, ihr Bestes zu versuchen, um die Interessen des Landes, das heißt der Produzenten, weniger die der Konsumenten, energisch zu vertreten.

Daß Rußland dahin strebt, seine Industrie weiter so zu entwickeln, daß es mehr und mehr den inneren Markt selbst versorgen kann und die fremde Einfuhr, die in diesem Jahr bis heute sogar die Ausfuhr an Wert übertrifft, einzuschränken, daß es seine Rohprodukte möglichst vorteilhaft exportieren und daß es sich als ackerbautreibendes Land gegen den Import fremden Getreides schützen will, ist sein gutes Recht, ebenso wie es unser gutes Recht ist, unseren Markt den russischen Bodenprodukten zu verschließen oder ihm den Export wenigstens zu erschweren, wenn es durch seine Zollgesetzgebung unsere Industriekonkurrenz unfähig zu machen sucht.

Auf beiden Seiten herrscht ein berechtigter Egoismus und man sollte dem ruhig ins Auge sehen und nicht, wie es nach dem in Anlage 2 beigefügten Artikel der Handels- und Industrie-Zeitung der Fall zu sein scheint, in den Maßnahmen des wirtschaftlichen Kampfes Verbrechen oder Beleidigungen des einen gegen den anderen sehen.

*ZStAP, AA 6273, Bl. 8f.*

## 335 Schreiben Nr. II 0 2742 des Direktors der Handelspolitischen Abteilung des Auswärtigen Amts von Koerner an das Direktorium der Reichsbank

*Konzept.*

Berlin, 25. Juli 1913

Nach einer Mitteilung des „Echo de Paris“ soll die russische Regierung beschlossen haben, 250 Mill. — M? — ihrer Guthaben aus Deutschland zurückzuziehen, auch sei etwa die Hälfte jenes Betrages bereits zurückgezogen worden. Dem pp würde ich für eine bald gefällige Mitteilung darüber dankbar sein, ob und was in der Angelegenheit dort bekannt geworden ist.

*ZStAP, AA 21577, Bl. 144.*

## 336 Bericht Nr. 3175 des Botschafters in St. Petersburg Graf von Pourtalès an den Reichskanzler von Bethmann Hollweg

*Abschrift.*

St. Petersburg, 31. Juli 1913

Erlaß vom 2. d. M. — II W 3631[1] —.

In der Frage, betr. Aufhebung der Ausfuhrprämien für Naphtha und Petroleum in der Form der ermäßigten Tarife der Transkaukasischen Bahn, ist seitens der Regierung eine Stellungnahme noch nicht erfolgt. Es sollen zunächst die Gutachten des Fabrikantenvereins und des Conseils der Vertreter für Handel und Industrie eingeholt werden. Diese Körperschaften werden der Regierung ihre Antwort kaum vor dem Herbst erteilen, und letztere wird sich erst dann über eventl. Maßnahmen schlüssig werden.

In Interessentenkreisen nimmt man an, daß die Regierung sich davon habe überzeugen lassen, daß höhere Frachttarife Baku-Batum eine Preisermäßigung der Naphthaprodukte in Rußland kaum im Gefolge haben würden. Ist diese Annahme zutreffend, so würde die Regierung sich wohl dem Dumaantrag gegenüber ablehnend verhalten.

Daß die Russische Regierung für den Fall des Zustandekommens des deutschen Petroleummonopols einer Lieferung seitens einzelner russischer Firmen an die Monopolgesellschaft seinerzeit sympathisch gegenüberstand, ist sicher. Natürlich würde die Möglichkeit einer solchen Lieferung durch stark erhöhte Tarife Baku-Batum sehr erschwert.

*ZStAP, AA 3104, Bl. 150.*

1 Vgl. Dok. Nr. 333.

**337** **Schreiben Nr. 9950 des Reichsbank-Direktoriums an den Staatssekretär des Auswärtigen Amts von Jagow**

*Ausfertigung.*

Berlin, 4. August 1913

Auf das Schreiben vom 25. Juli 1913 — II 0 2742[1] —.

Nach den von uns an verschiedenen Stellen eingezogenen Erkundigungen dürfte die Mitteilung des „Echo de Paris" über die Höhe der russischen Regierungsguthaben in Deutschland und deren teilweise Zurückziehung — unter der Voraussetzung, daß die Beträge in Mark verstanden sind — den Tatsachen entsprechen.

Über den Grund dieser Zurückziehung gehen die Meinungen auseinander. Während einige sie als Folge der Debatten in der Duma ansehen, glauben andere, daß sie lediglich zur Aufrechterhaltung der russischen Valuta erfolgt sei, die durch eine wachsende Verschuldung ans Ausland während des letzten Jahres ungünstig beeinflußt wurde. Die Ursache hierfür liegt einmal darin, daß die Ernte des vergangenen Jahres in Rußland nicht günstig war, und daß die für den Export verfügbaren Bestände von den Besitzern zurückgehalten werden, weil man infolge der Vorgänge auf dem Balkan mit einem Anziehen der Getreidepreise rechnete. Sodann aber hat Rußland seit Jahr und Tag in größtem Umfange seine im Ausland befindlichen Renten und Aktien zurückgekauft. Insbesondere hat sich der Rückkauf von Industrie- und Bankaktien nach dem Ausbruch der Balkanwirren erheblich gesteigert, weil an den Börsen der westlichen Länder Europas viel Material an den Markt kam, zu dessen Aufnahme sich in Rußland zum Teil unter finanzieller Hilfe der russischen Staatsbank große Konsortien bildeten. Die Wirkung war die, daß die russische Zahlungsbilanz nicht unerheblich passiv wurde. Als nun infolge der an das Ausland zu machenden Rimessen die Kurse der fremden Wechsel in Rußland zu steigen begannen, hat die Staatsbank sowohl in Petersburg die verlangten Devisen abgegeben, als auch gleichzeitig an den auswärtigen Börsen durch Vermittlung ihrer ausländischen Korrespondenten, bei denen sie Guthaben besaß, Rubel kaufen lassen. Da der größte Rubelmarkt immer noch in Berlin liegt, kamen bei diesen Devisenoperationen in erster Linie Reichsmark in Betracht. Die Staatsbank hat den Markt dauernd kontrolliert und den Petersburger Banken die Rimessen für Berlin in Schecks zur Verfügung gestellt.

Hiernach beruht die Verminderung der russischen Regierungsguthaben in Deutschland u. E. durchaus auf wirtschaftlichen Gründen. Daß diese Verminderung gleichzeitig den in der Duma laut gewordenen Anregungen entsprach, dürfte der Russischen Regierung freilich nicht unerwünscht gewesen sein. Glasenapp. [Unterschrift.]

*ZStAP, AA 21577, Bl. 146.*

1 Vgl. Dok. Nr. 335.

**338 Bericht Nr. II 689 des Generalkonsuls in St. Petersburg Biermann an den Reichskanzler von Bethmann Hollweg**

*Ausfertigung.*

St. Petersburg, den 7. August 1913

Mit Bezug auf den Erlaß vom 30. Juni 1913 — II 0 2348[1] —.

Mit ist nicht bekannt, daß die dem Generalkonsulat früher oder jetzt attachierten Sachverständigen in amtlichem Schriftwechsel mit den russischen Behörden gestanden haben.

Herr Wossidlo hat mir dies für seine Person bestätigt.

Diese Annahme wird durch folgende Einzelfälle nicht widerlegt: In dem Journal des Handelssachverständigen, das bis zum Jahre 1900 zurückreicht, findet sich ein Schreiben von Herrn Göbel an die Börsenkomitees in Irbit und Nishni Nowgorod vermerkt, in dem er um eine Mitteilung von Material über die Messen des betreffenden Jahres bittet, ferner ein Schreiben an den Chef der Transbaikalbahn, in dem er um die Erlaubnis bittet, auf dem Regierungseisbrecher über den Baikalsee fahren zu dürfen.

In dem mir vorliegenden Journal des früheren Landwirtschaftlichen Sachverständigen Borchardt finden sich ein paar Schreiben an russische Beamte verzeichnet, mit denen Borchardt offenbar persönlich bekannt war. Außerdem ergibt das Journal, daß eine russische Behörde einmal Drucksachen an den Sachverständigen geschickt hat.

Andere Spuren eines direkten schriftlichen Verkehrs habe ich nicht finden können und ich nehme danach an, daß grundsätzlich ein solcher nicht stattgefunden hat.

Von Wert würde ein solcher Verkehr für die Sachverständigen auch nur gewesen sein, wenn sie sich an die Zentralbehörden hätten wenden können.

Ich kann mir aber nicht denken, daß die hiesige Regierung einem solchen Verkehr sympathisch gegenüberstände, da sie sehr streng darauf hält, daß auch seitens der fremden Konsulate der schriftliche Verkehr mit den Zentralbehörden und auch ihren Anhängseln nur auf diplomatischem Wege durch Vermittlung des Auswärtigen Ministeriums erfolgt, dies auch dann, wenn es sich um einfache, regelmäßig und in großer Zahl wiederkehrende Einzelfälle handelt.

In Rußland mit seiner starken Zentralisation, wo die einfachsten Dinge, wie Reiseerlaubnis für Juden, zollfreie Einfuhr von Umzugsgut, Erlaubnis zur Einfuhr einer Waffe oder von chemischen Fabrikaten und Patentheilmitteln von der Zentralinstanz entschieden werden, hat dies eine ganz andere Bedeutung als in Ländern, wo solche Fragen von Lokalbehörden erledigt werden.

Erst kürzlich wieder ist durch die Einschärfung des Grundsatzes, daß der Verkehr mit den Zentralinstanzen prinzipiell durch die diplomatische Behörde geht, eine langjährige, ohne jeden Nachteil geübte Praxis zum Schaden fremder Importeure beseitigt worden.

Es handelt sich um die zahlreichen Anträge auf Erteilung der Erlaubnis zur Einfuhr chemischer und pharmazeutischer Artikel.

Die Entscheidung über diese zu Hunderten eingehenden Anträge liegt bei dem dem Minister des Innern unterstehenden Medizinalrat bezw. dem Obermedizinalinspektor. Bis dahin sind diese Anträge und der damit zusammenhängende Schriftwechsel betreffend Einreichung und Ergänzung der Anträge, Anfragen über den Stand der Sache, Bitte um Beschleunigung, Bescheidung der Antragsteller direkt zwischen dem Obermedizinalinspektor und dem Generalkonsulat erledigt worden. Von jetzt an soll dieser ganze, oft recht kleinliche Verkehr auf diplomatischem Umwege erfolgen.

Abgesehen davon, daß dadurch die Botschaft mit einer Menge Kleinkram überflüssigerweise belastet wird, bedeutet diese Anordnung eine sehr wesentliche unangenehme weitere

Verzögerung der schon jetzt meist erst nach Monaten zur Erledigung kommenden Angelegenheiten.

Wünscht die russische Regierung jetzt Erleichterungen für ihre Agenten im Verkehr mit den deutschen Behörden, so soll sie erst selbst ihren rein prinzipiellen, unsere Interessen schädigenden Standpunkt modifizieren.

So gut die im Handelsvertrag vorgesehene direkte Korrespondenz mit dem Zolldepartment und zur Zeit auch die Übermittlung der Anträge auf Reiseerlaubnis für Juden durch das Generalkonsulat an das Ministerium des Innern ohne Schädigung russischer Interessen stattfindet, könnte auch ein solcher Verkehr in den Einzelfällen mit dem Obermedizinalinspektor beibehalten werden.

Wenn jetzt die russischen Handelsagenten das Recht direkten, amtlichen Schriftwechsels mit den deutschen Landesbehörden verlangen, so hängt das wohl damit zusammen, daß sie nicht dem Ministerium des Äußern, sondern dem Handelsministerium unterstellt sind.

Ihr Verhältnis zu den Chefs der Behörden, denen sie attachiert sind, scheint ein sehr loses zu sein und sie scheinen fast eine dritte selbständige Beamtenkategorie neben Diplomaten und Konsuln bilden zu sollen.

Ist dies beabsichtigt, so müßte dem empfangenden Staat auch ein Einfluß auf die Auswahl der Personen beziehungsweise ein dem Exequatur der Konsuln ähnliches Zustimmungsrecht zu der Bestallung der Agenten zustehen.

In den Motiven zu dem Gesetz, betreffend die Bestallung von Handelsagenten, welche ich auszugsweise mit meinem Bericht vom 31. Mai 1911 — II 451 — eingereicht habe, war erklärt, daß die Agenten mit Ermächtigung des Botschafters (resp. Konsuls) mit den örtlichen Behörden sollten Verhandlungen führen dürfen.

Im Regierungsanzeiger vom 12/25 Mai d. J. ist die Dienstanweisung für die Handelsagenten veröffentlicht, von der ich eine Übersetzung hier beifüge.

In dieser wird das Verhältnis der Agenten zu der Behörde des Auswärtigen Dienstes überhaupt nicht erwähnt. Auch dies spricht dafür, daß dieser Zusammenhang hinter ihrer Stellung als Beamte des Handelsministeriums völlig zurücktritt. Durch Erteilung des Rechts zu direktem schriftlichen Verkehr mit den Landesbehörden würde dieser Zusammenhang noch weiter gelöst, und die Agenten würden in der Tat selbständige Beamte, auf die die für die Konsuln bestehenden Beschränkungen nicht ohne weiteres Anwendung fänden.

Die nachgesuchte Erlaubnis soll sich doch — sonst hätte sie wenig Wert — nicht nur auf den Verkehr mit den lokalen Unterbehörden, sondern auch auf den mit den Landes- und Reichszentralbehörden, wie statistischen Ämtern, Gesundheitsamt etc. erstrecken, und damit würden für die Agenten zum Teil weitergehende Rechte begründet als für die Konsularbehörden, denen sie attachiert sind. Dasselbe inkonsequente Resultat würde eintreten, wenn wir für unsere Sachverständigen entsprechende Befugnisse verlangten.

Jedenfalls scheint es mir empfehlenswert, da sich die Entwicklung des Instituts der russischen Agenten noch nicht völlig übersehen läßt, die Zustimmung zu dem Antrag, wenn sie überhaupt erteilt wird, um den Russen einen Gefallen zu tun, unter Vorbehalt jederzeitigen Widerrufs zu erteilen.

Was den mündlichen Verkehr der hiesigen Sachverständigen betrifft, so haben sie zu einzelnen russischen Beamten, auch bei den Zentralbehörden, ebenso wie ich und andere Konsulatsbeamte, vielfache, durchgehend angenehme persönliche Beziehungen und finden für ihre Wünsche, auch amtlicher Natur, Entgegenkommen und Förderung ihrer Tätigkeit.

Abschriften der Schreiben, mit denen die Kaiserliche Botschaft die Ernennung der Sachverständigen Dr. Hollmann und Wossidlo zur Kenntnis der russischen Regierung gebracht hat, sind beigefügt.

*ZStAP, AA 3310, Bl. 65ff.*
1 Vgl. Dok. Nr. 332.

## 339 Erlaß Nr. II 0 2925 des Dirigenten der Handelspolitischen Abteilung des Auswärtigen Amts Lehmann an den Botschafter in St. Petersburg Graf von Pourtalès

*Konzept.*

Berlin, 16. August 1913

Aus der Berichterstattung Ew. pp. habe ich entnommen,[1] daß die dortigen maßgebenden Stellen zur Zeit anscheinend nicht beabsichtigen, die finnische Getreide- und Mehleinfuhr mit Zöllen zu belasten. Es wird aber auch dort bemerkt worden sein, daß in den Blättern immer wieder Nachrichten auftauchen, die gegenteilige Meldungen bringen und insbesondere darin beharren, daß auch die russischen Minister, des Handels und der Finanzen, sich für die möglichst umgehende Einführung jener Zölle ausgesprochen haben. Diesen Nachrichten wird von unseren Interessenten um so größeres Gewicht beigelegt, als sie zum Teil aus ernsthaften russischen und finnischen Blättern übernommen sind, und diese durch ausführliche Angaben über die Stellungnahme einzelner Beamten und Körperschaften den Eindruck besonderer Glaubwürdigkeit zu erwecken wissen. Es kann hiernach die Vermutung nicht von der Hand gewiesen werden, daß alle diese Nachrichten auf eine Gruppe einflußreicher Persönlichkeiten zurückzuführen sind, die durch diese den Tatsachen nicht entsprechenden Auslassungen ihre persönlichen Ziele zu fördern glauben. Wenn auch von diesem Gesichtspunkte aus jene Preßäußerungen nur bezwecken dürften, in Rußland Stimmung für die Bestrebungen ihrer Urheber zu machen, so haben sie doch weitergehend dahin geführt, daß im deutschen Getreidehandel und in unserer Mühlenindustrie eine überaus große und noch stets wachsende Beunruhigung Platz gegriffen hat.

Nach den Äußerungen unserer Presse sowie nach den hier vorliegenden zahlreichen Eingaben scheint die Unsicherheit, die sich unserer Interessenten kurz vor dem Einsetzen der Getreidekampagne bemächtigt hat, bereits soweit fortgeschritten zu sein, daß sie bei noch längerem Anhalten den gesamten Getreidehandel des kommenden Herbstes in Mitleidenschaft zu ziehen droht. Diese Besorgnis, der diesseits Rechnung getragen werden muß, dürfte aber auch die Beachtung der russischen Regierung verdienen, da eine etwaige Erschütterung des deutschen Getreidemarktes und der auf diesen angewiesenen Industrien ohne weiteres auch auf den Getreidehandel Rußlands zurückwirken wird.

Ew. pp. darf ich ergebenst bitten, die erwähnten Folgen der irreführenden Preßnachrichten, sofern keine Bedenken bestehen, mit der dortigen Regierung zu besprechen und soweit möglich unter Hinweis auf die auch für Rußland zu erwartenden Nachteile darauf hinzuwirken, daß die Veröffentlichung nicht zutreffender Nachrichten über die finnischen Getreide- und Mehlzölle abgestellt und, wenn möglich, eine Erklärung der Regierung über ihre Stellung zu dieser Frage veröffentlicht wird. Einem gefl. Bericht über den Verlauf der Angelegenheit werde ich mit Interesse entgegensehen.

*ZStAP, AA 6372, Bl. 47ff.*
1 Am 7. 8. 1913 telegraphierte Pourtalès an das AA: „Ministerrat ist kein Gesetzentwurf betreffend Einführung eines Getreide- und Mehlzolles für Finnland zugegangen."

**340 Bericht Nr. 3536 des Botschafters in St. Petersburg Graf von Pourtalès an den Reichskanzler von Bethmann Hollweg**

*Ausfertigung.*

St. Petersburg, 27. August 1913

Ich hatte gestern Gelegenheit, die Frage betreffend Einführung von Getreide- und Mehlzöllen für Finnland mit Herrn Kokowzow zu besprechen und ihn nach der Stellungnahme der russischen Regierung in dieser Angelegenheit zu befragen.[1] Der Minister sagte mir, er müsse zugeben, daß die vorerwähnte Maßnahme erwogen würde und daß sich die Mehrzahl der Minister für die Einführung der Zölle ausgesprochen habe. Die Angelegenheit habe jedoch bisher den Ministerrat noch nicht beschäftigt und würde wahrscheinlich erst Ende September im Ministerrat zur Sprache kommen. Es würde dann auch die Frage zu prüfen sein, ob ein solches Vorgehen Rußlands, mit dem Wortlaute des Handelsvertrages im Einklange stehe. Sollte sich Rußland nach eingehender Prüfung der Sachlage zu der Einführung von Zöllen entschließen, so würde diese Maßnahme jedenfalls noch nicht diesen Herbst in Kraft treten, da sie vorher von den gesetzgebenden Körperschaften des Landes, der Duma und dem Reichsrat, durchberaten werden müsse, also nicht vor Januar Gesetzeskraft erhalten könne.

Ich regte beim Minister an, um den irreführenden Preßnachrichten den Boden zu entziehen, eine Erklärung über die Stellungnahme der russischen Regierung veröffentlichen zu lassen. Herr Kokowtzoff entgegnete jedoch, daß die Regierung kein besonderes Interesse an einer solchen Veröffentlichung habe und bestritt, daß eine etwaige Erschütterung des deutschen Getreidemarktes auf den russischen Getreidehandel zurückwirken würde. Sollte jedoch auf deutscher Seite der Wunsch bestehen, in der Angelegenheit zu einer Veröffentlichung über den Standpunkt der russischen Regierung zu schreiten, so erkläre er sich damit einverstanden, wenn dort gesagt würde, daß nach Auskunft an amtlicher russischer Stelle die Einführung von Zöllen für Finnland jedenfalls für diesen Herbst nicht in Aussicht stehe.

*ZStAP, AA 6372, Bl. 82.*
1 Vgl. Dok. Nr. 339.

**341 Erlaß Nr. II 0 3251 des Staatssekretärs des Auswärtigen Amts von Jagow an den Botschafter in St. Petersburg Graf von Pourtalès**

*Konzept.*

Berlin, 8. September 1913

Aus dem gef. Bericht vom 27. v. M. — Nr. 3536[1] — habe ich ersehen, daß die Frage der Einführung von Getreide- und Mehlzöllen in Finnland voraussichtlich in etwa einem Monat im russischen Ministerrat zur Sprache kommen, und daß alsdann auch die Frage geprüft werden wird, ob ein solches Vorgehen Rußlands mit dem deutsch-russischen Handelsvertrag in Einklang steht. Mit Rücksicht hierauf möchte ich in Anbetracht der außerordentlichen Wichtigkeit der Angelegenheit für unseren um jedes Absatzgebiet schwer kämpfenden

Handel Ew. pp. bitten, Ihren Einfluß bei den in Frage kommenden Stellen geltend zu machen, damit die in dem Erlaß vom 18. April d. J. — II 0 1121[2] — an zweiter Stelle zur Begründung der Unzulässigkeit der fristlosen Einführung einer solchen Maßnahme angeführten Gesichtspunkte, die auch in russischen Kreisen Anhänger zu haben scheinen, durchdringen und die Frage zu unseren Gunsten entschieden wird.

Ferner bitte ich mich über jede in der Angelegenheit zu verzeichnende neue Tatsache sowie über die hinsichtlich der Vertragsauslegung bestehenden Ansichten nach Möglichkeit auf dem Laufenden zu erhalten.

Von einer Veröffentlichung nach Maßgabe des Schlusses des eingangs angezogenen Berichts habe ich abgesehen, dagegen sind die vorstellig gewordenen Interessenten mit dem abschriftlich anliegenden vertraulichen Bescheid versehen worden.

*ZStAP, AA 6372, Bl. 92.*
1 Vgl. Dok. Nr. 341.
2 Vgl. Dok. Nr. 319.

**342 Bericht Nr. 3446 des Geschäftsträgers in St. Petersburg von Lucius an den Reichskanzler von Bethmann Hollweg. Vertraulich!**

*Ausfertigung.*

St. Petersburg, 9. September 1913

Erlaß II 0 2877 vom 17. v. M.[1]

Der Chef der Kreditkanzlei sagte mir, betreffend die Mitteilung des „Echo de Paris", wegen angeblicher Zurückziehung des Regierungsguthabens aus Deutschland folgendes:

»Cette nouvelle est absolument inexacte. On ne retire rien de Berlin, sauf par le fait du payement régulier. Notre avoir partout à l'étranger a une tendance de diminuer, étant donné que notre bilan de commerce n'est pas actif actuellement, (car les importations et exportations sont égales, à peu près) et que nous n'avons pas fait d'emprunt dans les derniers temps à l'étranger. Les deux grandes sources de notre augmentation font défaut actuellement, il est donc évident que nos avoirs à l'étranger diminuent. D'un autre côté la richesse publique en Russie grandissant très vite, le public Russe achète pas mal de valeurs Russes placées à l'étranger; pour ces titres c'est encore la banque d'Etat et le trésor qui solve le payement et c'est encore une source de diminution de notre devoir (Vergleiche die Äußerung des Reichsbahndirektoriums). *Mais il n'y a pas de décision, ni d'intention de retirer nos fonds ni à Berlin ni ailleurs.* Au contraire le Gouvernement espère que l'exportation d'automne grandira et procurera les sommes qui pourront augmenter, plus tard, nos comptes à l'étranger.«

Diese Ausführungen stellen also die Absicht der Zurückziehung der russischen Regierungsguthaben bestimmt in Abrede, geben aber eine Verkleinerung der Guthaben im Ausland, *also nicht bloß in Berlin*, zu. Die von Herrn Dawydoff angegebenen Gründe finanztechnischer Natur decken sich teilweise mit den Ausführungen des Reichsbankdirektoriums vom 4. August d. J. Ich möchte noch hervorheben, daß ich Herrn Dawydoff die präzise Frage gestellt habe, ob auch Paris unter den so genannten „besoin régulier" zu leiden hätte und sich auch dort das russische Guthaben verringere. Herr Dawydoff bejahte dies auf das bestimmteste und gab mir eine von ihm verfaßte Broschüre über den russischen Geldvorrat im Auslande, den er für Deutschland auf 129,7 Millionen Rubel angibt; diese Summe entspricht ungefähr den vom „Echo de Paris“ angeführten 250 Millionen Mark. Herr Dawydoff kam wieder auf sein Lieblingsthema und seine Ausführungen in der mir seiner Zeit übergebenen, und Euerer Exzellenz überreichten Aufzeichnung zurück, wonach er die Berliner Banken besonders wohlwollend behandele; das Geld flösse in Berlin von einer Bank in die andere. „L'argent reste sur place.“ — Ich werde den Ministerpräsidenten heute auf dieselbe Angelegenheit ansprechen, bin aber sicher, daß er die oben erwähnten Ausführungen des Herrn Dawydoff voll bestätigen wird.[2]

*ZStAP, AA 21577, Bl. 150ff.*

1 Vgl. Dok. Nr. 337.

2 Lucius berichtete am 15. 9. 1913: „Auch der Ministerpräsident versicherte mir kürzlich auf das bestimmteste, daß er eine Zurückziehung der Auslandsguthaben nicht beabsichtige und bestätigte die Ausführung des Herrn Dawydoff in allen Stücken.“

## 343 Bericht Nr. 3790 des Botschafters in St. Petersburg Graf von Pourtalès an den Reichskanzler von Bethmann Hollweg

*Ausfertigung.*

St. Petersburg, 23. September 1913

Auf Erlaß Nr. II 0 3251 vom 8. dieses Monats.[1]

In der Angelegenheit der Einführung von Getreide- und Mehlzöllen in Finnland hatte ich gestern wieder Gelegenheit mit Herrn Kokowzew zu sprechen und ihn auf die von den deutschen Interessenten in dieser Frage geltend gemachten Gesichtspunkte hinzuweisen.

Der Ministerpräsident erzählte mir, daß die Angelegenheit inzwischen im Ministerrat zur Sprache gekommen sei. Dabei habe der Vertreter des Ministers des Äußeren Herr Neratow schwerwiegende Bedenken gegen die in Aussicht genommene Maßnahme erhoben und diese Bedenken damit begründet, daß nach seiner Ansicht die Einführung von Getreide- und Mehlzöllen in Finnland mit Rücksicht auf den Handelsvertrag mit Deutschland unzulässig sei.[2] Der Handelsminister habe dagegen diese Bedenken zu entkräften gesucht. Die Vertreter der beiden Ressorts seien schließlich aufgefordert worden, ihren Standpunkt in ausführlichen Gutachten darzulegen, welche einer der nächsten Sitzungen des Ministerrats vorgelegt werden sollen. Da gegenwärtig der Minister des Äußern abwesend sei, und auch der Handelsminister Petersburg zu verlassen beabsichtigte, so werde wohl einige Zeit vergehen, bis die Beratungen über gedachte Frage fortgesetzt würden. Alsdann würde die Angelegenheit, vorausgesetzt, daß der Ministerrat sich für die Einführung der Zölle ausspricht, der Duma und dem Reichsrat vorgelegt werden, worüber voraussichtlich wieder einige Monate vergehen würden. Auf keinen Fall werde die Einführung der Zölle vor Anfang des nächsten Jahres Gesetzeskraft erlangen. Übrigens sei es auch fraglich, wie sich der Reichsrat zu der Frage stellen werde.

Wiewohl Herr Kokowzew es vermied, sich in der Frage bestimmt zu äußern, hatte ich doch den Eindruck, daß er die seitens des Ministeriums des Äußern gegen die Zölle vorgebrachten Bedenken nicht teilt. Der Ministerpräsident vertrat unter anderem die Ansicht, daß von einer „incorporation" Finnlands bei der in Aussicht genommenen Maßnahme nicht wohl die Rede sein könne.

*ZStAP, AA 6372, Bl. 127f.*

1 Vgl. Dok. Nr. 341.

2 Kokovcovs Mitteilung war unzutreffend. Neratow vertrat die Ansicht, daß die geplanten Maßnahmen mit dem deutsch-russischen Handelsvertrag durchaus vereinbar seien. Er befürwortete nur, die Einführung der Getreide- und Mehlzölle in Rußland und Finnland durch zwei Gesetze zu regeln, um etwaigen Einwänden Deutschland, die Maßnahme käme einer zollpolitischen Einverleibung Finnlands in Rußland gleich, die Grundlage zu entziehen. (Neratov an Bark 23. 9. 1913, CGIA Leningrad, f. 23, op. 18, d. 110.)

## 344 Schreiben Nr. II 0 2935 des Dirigenten der Handelspolitischen Abteilung des Auswärtigen Amts Lehmann an den Staatssekretär des Innern Delbrück

*Konzept.*

Berlin, 29. September 1913

Die Regierungen einiger Bundesstaaten haben mir die Mitteilung gemacht, daß die Gesandten Rußlands bei ihnen beantragt haben, den neu ernannten russischen Handelssachverständigen in Berlin, Hamburg und Frankfurt a. M. den amtlichen Schriftverkehr mit den Landesbehörden und auch mit den Handelskammern zu gestatten und um Stellungnahme hierzu gebeten.

Gegen die Genehmigung dieser Anträge bestehen hier in Anbetracht der bisherigen Verhältnisse zunächst Bedenken nach der Richtung, daß es eine Umgehung der selbst den fremden Konsuln in ihren Befugnissen auferlegten Beschränkungen bedeuten und einer Ausschaltung der diplomatischen Vertreter gleichkommen würde, wenn den Handelssachverständigen das Recht zur Einziehung amtlicher Auskünfte allgemeiner Art — über statistische Daten, Staatseinrichtungen, Gesetzesbestimmungen usw. — eingeräumt werden sollte, das bisher im allgemeinen dem diplomatischen Wege vorbehalten worden ist. Sodann ist folgendes zu erwägen:

Die Stellung der Handelssachverständigen als Vertreter des Auslandes entbehrt bisher der völkerrechtlichen Grundlage und Regelung. Während es sich bei den Konsuln um Vertreter der fremden Regierungen selbst handelt, werden die Sachverständigen mehr oder weniger als Sachwalter besonderer Interessen usw. ihres Landes anzusehen sein. Es läßt sich zwar vielfach schwer oder überhaupt nicht absehen, in welchem Verhältnis sie zu den betreffenden Behörden und Interessentenkreisen ihrer Heimat stehen und ob und inwieweit die von ihnen bei uns gesammelten Erfahrungen in einem uns abträglichen Sinne Verwendung finden. Unter diesen Umständen dürfte es im Interesse einer besseren Übersichtlichkeit und Kontrolle ihrer sowie der gesamten Tätigkeit der ausländischen Vertretungen liegen, wenn ihnen der selbständige Schriftverkehr nicht gestattet, sondern verlangt wird, daß dieser sich unter der Firma der betreffenden diplomatischen oder konsularischen Vertretung vollzieht. Zudem könnte die Zulassung des selbständigen Schriftverkehrs leicht zu Mißverständnissen in unseren Handelskreisen über ihre Stellung und zu sonstigen den internationalen Gepflogenheiten bisher fremden und unerwünschten Konsequenzen hinsichtlich ihres Charakters und ihrer Befugnisse führen.

Indem ich bezüglich der gegenüber unseren Handelssachverständigen in Rußland bestehenden Übung sowie bezüglich der Beamtenstellung und Tätigkeit der russischen Handelssachverständigen einen von dem Kaiserl. Gen. Konsul in St. Petersburg erstatteten Bericht vom 7. v. M.[1] nebst einer Anlage in Abschrift z. gf. Kenntnis beifüge, darf ich, bevor ich zu der Frage Stellung nehme, Ew. Exz. bitten, sie auch dortseits nach Maßgabe ihrer praktischen Bedeutung einer gfl. Prüfung unterziehen und mir von dem Ergebnis Mitteilung machen zu wollen. Für ihre Beurteilung dürfte auch die bisher derartigen oder ähnlichen Vertretern ausländischer Behörden, z. B. dem Handelsdelegierten bei der hiesigen Italienischen Botschaft und dem der hiesigen Russischen Botschaft zugeteilt gewesenen Finanzagenten gegenüber geübte Praxis nicht ohne Bedeutung sein.[2]

*ZStAP, AA 3310, Bl. 79f.*

1 Vgl. Dok. Nr. 338.

2 Nachdem Delbrück und das preußische Ministerium für Handel und Gewerbe der Ansicht des AA beitraten, wurde den Bundesregierungen am 12. 12. 1913 mitgeteilt, daß es dem Standpunkt der Reichsleitung entsprechen würde, wenn sie „von einer Zulassung des amtlichen Schriftverkehrs der russischen Handelssachverständigen absehen und darauf hinweisen wollten, daß dieser sich unter der Firma der zuständigen diplomatischen oder konsularischen Vertretung vollziehen müsse".

## 345 Erlaß Nr. II 0 3711 des Unterstaatssekretärs im Auswärtigen Amt Zimmermann an den Botschafter in St. Petersburg Graf von Pourtalès

*Konzept.*

Berlin, 6. Oktober 1913

Nach dem bisherigen Verlauf der Frage der Einführung von Getreide- und Mehlzöllen in Finnland dürfte vor allem darauf Bedacht zu nehmen sein, den Widerstand des Ministeriums der auswärtigen Angelegenheiten gegen die Maßnahmen zu kräftigen. Ich bitte daher die Angelegenheit nach dieser Richtung weiter zu betreiben. Sollten Ew. pp., um Ihren Schritten eine größere Wirkung zu verleihen, eine offizielle Demarche bei der Regierung im Sinne des von unseren Interessenten geltend gemachten Gesichtspunkte für zweckmäßig halten, so will ich mich angesichts der großen Bedeutung einer uns günstigen Entschließung auch damit einverstanden erklären.[1]

Indem ich in der Anlage noch Abschrift eines die Angelegenheit betreffenden Schreibens des Herrn S. S. des Innern vom 24. d. M. zur gef. Information beifüge und anheimstelle, die darin enthaltenen weiteren Argumente gegen die Zulässigkeit der unangemeldeten Ausdehnung der Zölle auf Finnland nach Ihrem Ermessen zu verwenden, darf ich weiteren Berichten über den Verlauf der Sache mit Interesse entgegensehen.

*ZStAP, AA 6372, Bl. 140f.*

1 Der Erlaß war durch einen Bericht Lucius' vom 2. 10. 1913 veranlaßt worden, in dem der Geschäftsträger mitteilte, daß laut Zeitungsnachrichten die Beratungen über die Einführung von Zöllen auf deutsches Getreide am 3. 10. 1913 beginnen werden. Koerner versah den Bericht mit der Randbemerkung: „Dann dürfte es sich vielleicht doch empfehlen, mit unseren Vorstellungen nicht bis zur Rückkehr Sasonoffs zu warten."

**346 Bericht Nr. 4228 des Geschäftsträgers in St. Petersburg von Lucius an den Reichskanzler von Bethmann Hollweg**

*Ausfertigung.*

St. Petersburg, 11. Oktober 1913

Auf Erlaß vom 6. d. M. — Nr. II 0 3711[1] —.

Ich habe gestern, unter Hinterlassung der abschriftlich gehorsamst beigefügten Note, die Angelegenheit der Einführung von Getreide- und Mehlzöllen in Finnland bei Herrn Neratow zur Sprache gebracht.

Hierbei habe ich nicht unterlassen, erneut unseren Standpunkt darzulegen und insbesondere die vom Herrn Staatssekretär des Innern vorgebrachten weiteren Argumente gegen die Zulässigkeit einer unangemeldeten Ausdehnung der Zölle auf Finnland zu verwerten. Auch habe ich dem Ministergehilfen nicht verhehlt, daß nach Ansicht deutscher Interessenten die geplanten russischen Maßnahmen leicht zu Boykottbewegungen gegen das russische Getreide zugunsten des argentinischen in Deutschland führen könnten.

Herr Neratow versicherte mir, daß seine Regierung gewillt sei, die Bestimmungen des Handelsvertrags genau zu beachten, bestritt aber entschieden, daß eine Maßnahme wie die in Rede stehende als „incorporation" im Sinne der deutsch-russischen Vereinbarungen aufgefaßt werden könne. Es handele sich vielmehr lediglich um eine Änderung des autonomen finnischen Zolltarifs, die nicht unter die Bestimmungen der handelsvertraglichen Abmachungen fallen könne.

Wiewohl mir der Ministergehilfe noch eine weitere Antwort nach eingehender Prüfung der Frage versprach, so hege ich die Befürchtung, daß der hiesige Minister des Äußern, entgegen seiner früheren Stellungnahme, seinen Widerstand gegen die geplanten Maßnahmen aufzugeben im Begriff steht.

*ZStAP, AA 6372, Bl. 144.*

1 Vgl. Dok. Nr. 345.

**347 Privatschreiben des Geschäftsträgers in St. Petersburg von Lucius an den Dirigenten der Handelspolitischen Abteilung des Auswärtigen Amts Lehmann**

*Ausfertigung.*

St. Petersburg, 16. Oktober 1913

[. . .] Darf ich noch ein Wort über das mir seinerzeit mitgeteilte Schreiben des Reichsbankdirektoriums über die Zurückziehung der Russischen Regierungsguthaben[1] hinzufügen. Ist es nicht merkwürdig, daß das Direktorium über diese wichtige Frage so unrichtig orientiert ist? Ich habe mich beehrt über die Angelegenheit wiederholt zu berichten und möchte nur noch ein paar Worte aus einem Brief von Robert Mendelssohn hinzufügen:

Er schreibt mir: „Offen gestanden verstehe ich die Aufregung über eine eventuelle Verkleinerung der russischen Guthaben nicht recht. Wir Bankiers denken viel kühler darüber, wenn wir auch die Annehmlichkeit, welche die russischen Guthaben für das Ausland haben, durchaus nicht unterschätzen. Aber glauben Sie mir, Deutschland, England und Frankreich können sehr gut auch ohne russische Guthaben existieren. Den Hauptvorteil davon haben die Russen selbst; ich bin auch fest überzeugt, daß die russische Finanzverwaltung dieses sehr alte Prinzip weiterverfolgen wird, und es käme meines Erachtens gar nicht in Betracht, wenn sie, um der öffentlichen Meinung eine Konzession zu machen, mal 100 Millionen aus dem Auslande zurückzieht, was ich übrigens gar nicht weiß. Die Erklärungen, welche Ihnen Kokowtzoff und Dawydoff für die Verringerung (nicht Zurückziehung) der Guthaben gegeben haben, sind absolut einleuchtend und richtig."

Ich glaube über alle Finanzsachen ziemlich gut hier orientiert zu sein, da ich mit dem Chef der Kreditkanzlei Herrn Dawydoff nahe befreundet bin und eigentlich jede Woche einmal mit ihm esse. Ich glaube deshalb bestimmt sagen zu können, daß die immer wieder auftauchenden Gerüchte einer großen Auslandsanleihe unrichtig sind.

Ich würde gern über diese interessanten Fragen mehr berichten und weniger oberflächlich, bin aber so überhäuft mit Geschäften, daß ich leider nicht dazu kommen kann und Sie bitte, hochverehrter Herr Geheimrat, meine heutige Meldung nachsichtig beurteilen zu wollen.

*ZStAP, AA 1983, Bl. 140f.*
1 Vgl. Dok. Nr. 337.

## 348 Bericht des Generalkonsuls in Warschau Freiherr von Brück an den Reichskanzler von Bethmann Hollweg

*Abschrift.*

Warschau, 22. Oktober 1913

Wie aus dem hier beigefügten, uns auf ganz vertraulichem Wege zugegangenen Brief des Gehilfen des Ministers des Innern und Chefs der Gendarmerie Dschunkowski an den hiesigen Generalgouverneur Georg von Skalon und aus dem ebenfalls beigefügten Artikel des offiziösen Warschawski Dniewnik hervorgeht, hat die Russische Regierung in der Frage der Saisonarbeiter eine Schwenkung vollzogen und zwar auf Grund eines Berichts des russischen Gesandten in Dresden, der die Aufmerksamkeit des Zaren auf diese Frage lenkte. Offenbar infolge dieses Berichts sind im Innern Rußlands Aufforderungen an die russischen Bauern ergangen, die günstige Gelegenheit zu gewinnbringender Saisonarbeit in Deutschland zu benützen. Auf Grund dieser Aufforderungen, die zum ungünstigen Zeitpunkt erfolgten, sind denn auch schon Bauern aus dem Inland hier eingetroffen, die sich als Kundschafter für ihre Landsleute bezeichneten und uns um Auskunft über die Anwerbungsverhältnisse ersuchten; sie wurden an den hiesigen Vertreter der Arbeiterzentrale verwiesen. Auf derselben Grundlage beruht die in den hiesigen Zeitungen veröffentlichte Aufforderung der hiesigen landwirtschaftlichen Gesellschaft an die polnischen Grundbesitzer, im Hinblick auf den erhöhten Bedarf an Saisonarbeitern in Deutschland die Zahl der von ihnen benötigten Arbeiter sofort bekannt zu geben, damit sie ihnen gesichert werden könnten.

Wenn nun auch durch dieses unerwartete Vorgehen der Russischen Regierung der Arbeiterzentrale eine billige und ausgiebige Reklame gemacht wird und dem deutschen Arbeitsmarkt bisher unerschlossene Rekrutierungsgebiete eröffnet werden, so wird doch sicher das Anwerbungsgeschäft erschwert werden; denn was die Russische Regierung anfaßt, bringt für uns Erschwerungen mit sich, ganz abgesehen von der offenkundigen Tendenz, bei dieser Gelegenheit etwas herausschlagen zu wollen. Ganz ausgeschlossen erscheint die Mitwirkung der inneren Behörden bei dem Abschluß der Arbeitsverträge, da dies nur auf eine großartige Erpressung herauskäme. Jedenfalls muß man auch mit der Möglichkeit rechnen, daß die Russische Regierung mit einem Verbot der Saisonarbeit drohen wird, wenn sich Deutschland nicht allen Forderungen bedingungslos fügt. Ich glaube nun, daß Deutschland gegen eine solche Maßregel, die naturgemäß nur einen vorübergehenden Charakter haben könnte, sich teilweise schützen kann, indem darauf Bedacht genommen wird, daß der etwaige Abbruch der Verhandlungen in eine Zeit fällt, wo die Saisonarbeiter sich noch in Deutschland befinden; durch eine Anweisung an die Verwaltungsbehörden, nicht auf dem Abzug der Saisonarbeiter zu bestehen, könnte ein großer Teil des Bedarfs für das kommende Jahr gedeckt und damit der Druck der Russischen Regierung abgeschwächt werden.

*ZStAP, AA 13712, Bl. 3.*

**349 Bericht Nr. II 918 des Generalkonsuls in St. Petersburg Biermann an den Reichskanzler von Bethmann Hollweg**

*Ausfertigung.*

St. Petersburg, 1. November 1913

Wie aus den Anlagen des Berichts vom 1. August d. J. — II 672 — zu entnehmen ist, hatten sich die russischen Holzinteressenten seinerzeit energisch gegen eine Abschaffung der ermäßigten Ausfuhrtarife für Holz ausgesprochen und darauf hingewiesen, daß die russische Holzindustrie gegenüber den deutschen Zöllen nur dank diesen ermäßigten Tarifen auf den deutschen Märkten habe konkurrenzfähig werden können. Die Beibehaltung dieser Tarife war dabei als eine Lebensfrage für den russischen Holzhandel bezeichnet worden. Auch war von dem Vertreter der russischen Exportkammer darauf hingewiesen worden, wie unzeitgemäß es sei, angesichts der bevorstehenden Erneuerung des Handelsvertrages auf Abschaffung der ermäßigten Ausfuhrtarife zu dringen, da dies Deutschland dazu veranlassen könnte, seine hohen Einfuhrzölle aufrecht zu erhalten.

Dies alles läßt erkennen, wie sehr man hier daran interessiert ist, weitere Erschwerungen des Holzexports zu hintertreiben. Andererseits wird von russischer Seite seinerzeit sicherlich eine Ermäßigung der Zölle erstrebt werden.

Es ist daher leicht zu ermessen, welche Beunruhigung die von den deutschen Interessenten gewünschte Erhöhung dieser Zölle hier hervorrufen muß. Ein Beweis hierfür ist der in Übersetzung gehorsamst beigefügte Artikel der Handels- und Industriezeitung Nr 226 vom 4./17. d. M., in dem der Verfasser die russischen Holzindustriellen auf die drohende Gefahr aufmerksam macht. Wie aus den von dem Verfasser angeführten statistischen Daten hervorgeht, haben die von Deutschland eingeführten Zölle auf Holz keineswegs prohibitiv gewirkt, da die Einfuhr ständig zugenommen hat. Würden hingegen die von den deutschen

Interessenten gewünschten Erhöhungen eingeführt werden, so würde dies dem gesamten russischen Holzhandel, insbesondere aber dem Export gesägten Holzes, einen empfindlichen Schlag versetzen. Sind die russischen Sägemühlen in der Tat, wie sie behaupten, nur dank den ermäßigten Ausfuhrtarifen in der Lage, ihre Erzeugnisse nach dem Auslande abzusetzen, so müßte eine weitere und noch dazu so wesentliche Erhöhung wie von deutscher Seite angeregt eine Ausfuhr fast unmöglich machen.

Jedenfalls besitzen wir in unseren Holzzöllen und den noch weitergehenden Ansprüchen der deutschen Holzindustriellen eine weitere und wirksame Waffe bei den kommenden Handelsvertragsverhandlungen.

*ZStAP, AA 6247, Bl. 198.*

## 350 Erlaß Nr. II M 6342 des Direktors der Handelspolitischen Abteilung des Auswärtigen Amts von Koerner an den Geschäftsträger in St. Petersburg von Lucius

*Abschrift.*

Berlin, 8. November 1913

Abschrift[1] lasse ich Euer Hochwohlgeboren mit dem Ersuchen ergebenst zugehen, die dortige Regierung mit tunlichster Beschleunigung davon zu benachrichtigen, daß das russische Schweineeinfuhrkontingent, das vorübergehend über die im Schlußprotokoll zum Handelsvertrage vorgesehene Zahl von 2500 Stück wöchentlich auf 3000 Stück erhöht worden war, jetzt auf 2800 Stück wöchentlich herabgesetzt worden ist und in den Monaten Dezember, Januar und Februar sich weiter um je 100 vermindern soll, so daß dann wieder die normale Zahl von 2500 Stück wöchentlich zur Einfuhr zugelassen sein wird.

*ZStAP, AA 534, Bl. 189.*

1 Schreiben Schorlemers an Bethmann Hollweg vom 1. 11. 1913.

## 351 Schreiben Nr. A 3558 des Oberschlesischen Berg- und Hüttenmännischen Vereins an den preußischen Minister für Handel und Gewerbe von Sydow

*Abschrift.*

Kattowitz, 8. November 1913

Euer Exzellenz reichen wir die uns mit dem nebenbezeichneten geneigten Erlasse zur Äußerung übersandte Eingabe der Firma Lippmann Bloch in Breslau vom 19. September d. J. nebst Anlage mit folgendem Bericht ehrerbietigst zurück.

Das vollständige Versiegen der russischen Erzausfuhr ist für die oberschlesische Eisenindustrie in der Tat ein außerordentlich harter Schlag, da dieses Material für sie sowohl qualitativ wie quantitativ von großer Bedeutung war. Die russischen Erzzufuhren Oberschlesiens betrugen im Durchschnitt der Jahre 1908—1911 rund 237000 t gleich 20,75% seines Gesamtverbrauchs an Eisenerzen. Die oberschlesische Eisenindustrie würde es daher zweifellos auf das freudigste begrüßen und von drückenden Sorgen hinsichtlich ihrer zukünftigen Erzversorgung befreit werden, wenn ihr diese sehr wertvolle Erzquelle wieder erschlossen werden könnte. Da indessen nach Euer Exzellenz geneigtem Erlaß amtliche Schritte bei der Russischen Regierung dieserhalb wohl kaum in Frage kommen können, sehen wir zu unserem großen Bedauern vorerst keinen Weg, um zu diesem Ziele zu gelangen. Der Vorschlag von privater oberschlesischer Seite, aus Anlaß von Kohlenlieferungen nach Rußland entsprechende Vorstellungen im Interesse der oberschlesischen Erzversorgung zu erheben, ist nach Lage der Verhältnisse aussichtslos, da die oberschlesische Kohle für die Versorgung Rußlands mit fossilen Brennstoffen absolut keine ausschlaggebende Rolle spielt.

Was zunächst das eigentliche Polen betrifft, so herrscht hier die polnische Kohle, die Kohle des Dombrowaer Reviers, welches bisher ohne Schwierigkeiten vermocht hat, den dortigen Kohlenbedarf zu decken, und dessen Förderung noch sehr ausdehnungsfähig ist. Der Einfuhrbedarf Polens, der neben Niederschlesien und Mährisch-Ostrau von Oberschlesien gedeckt wird, ist relativ klein und erstreckt sich im wesentlichen auf Spezialsorten für industrielle Zwecke (Hochöfen, Eisenhütten und Maschinenfabriken, Textilindustrie, Zuckerfabriken, Gasanstalten). — In dem weiteren Rußland dominiert dagegen neben der Kohle der russischen Bergbaureviere durchaus die englische Kohle, der gegenüber die oberschlesische Kohle, wenn sie dorthin neuerdings auch in etwas größeren Mengen als früher versandt wird, absolut keine Rolle spielt. (Die oberschlesische Ausfuhr nach dem weiteren Rußland betrug von 1912 rund 181000 Tonnen.) Auch hinsichtlich des weiteren Rußlands hat Deutschland bezw. Oberschlesien daher keine Veranlassung, für seine Kohlenlieferungen etwa besondere Gegenforderungen auf dem Gebiete der russischen Erzausfuhr zu stellen, weil hier, wenn es mit seinen Lieferungen zurückhalten wollte, jederzeit England dafür einspringen könnte.

Nach alledem vermögen wir praktisch keine Möglichkeit zu erblicken, wie dem Antrag der Firma Lippmann Bloch Folge gegeben werden könnte, und können wir uns daher nur dahin resumieren, daß dieser Antrag bis auf weiteres als ein an sich zwar dankenswerter, aber völlig aussichtsloser Rat angesehen werden muß. [Unterschrift.]

*ZStAP, AA 2093, Bl. 152f.*

**352 Bericht Nr. 4834 des Geschäftsträgers in St. Petersburg von Lucius an den Reichskanzler von Bethmann Hollweg. Ganz vertraulich!**

*Ausfertigung.*

St. Petersburg, 21. November 1913

Der Vertreter der Parseval-Gesellschaft für Luftschiffe, Herr von Kehler, weilt augenblicklich hier, um bei der demnächstigen Vergebung von 3 Luftschiffen möglichst einen Auftrag für seine Gesellschaft zu erhalten. Herr von Kehler hat mir auf meine Bitte, mit dem ausdrücklichen Ersuchen, ihn nicht zu nennen, die in der Anlage gehorsamst beigefügte

Notiz über die seitens der Russischen Militärverwaltung verlangte Leistung der Luftschiffe usw. zur ganz vertraulichen Benutzung übergeben. Ich habe den Chef des Generalstabs gebeten, Herrn von Kehler in der betreffenden Angelegenheit zu empfangen. General Gilinsky hat diesem Wunsch sofort bereitwilligst entsprochen und Herrn von Kehler sehr freundlich empfangen. Eine bestimmte Entscheidung konnte der General noch nicht geben, da die verschiedenen Offerten der Prüfung der technischen Kommission unterlägen. Herr von Kehler hat den Eindruck, daß die Franzosen aus politischen Gründen den Zuschlag erhalten werden, obgleich die hiesige Militärverwaltung, welche mit den von der Parseval-Gesellschaft schon früher gelieferten Luftschiffen sehr zufrieden war, sonst gern der deutschen Offerte den Zuschlag erteilen würde.

*ZStAP, AA 2899, Bl. 86.*

**353 Schreiben Nr. II b 9757 des preußischen Ministers für Handel und Gewerbe von Sydow an den Staatssekretär des Auswärtigen Amts von Jagow**

*Ausfertigung.*

Berlin, 24. November 1913

Auf das gefällige Schreiben vom 18. November — II 0 4298 — dessen Anlagen wieder beigefügt werden.

Zu der von der Senatskommission in Hamburg gestellten Frage, ob gegen die Einführung der Rigaer Stadtanleihe an der Hamburger Börse und an anderen deutschen Börsen Bedenken bestehen, äußere ich mich dahin, daß für die preußischen Börsen eine entgegenkommende Behandlung der Angelegenheit z. Zt. nicht in Aussicht gestellt werden kann. Ich habe im Laufe des Sommers die hiesigen Emissionshäuser und erst neuerdings wieder die Banken in Frankfurt a. M. darauf hinweisen lassen, daß die Lage des deutschen Kapitalmarkts eine weitgehende Zurückhaltung bei der Übernahme ausländischer Anleihen notwendig macht. Bei den in den letzten Monaten zugelassenen ausländischen Anleihen war die Zulassung nach der Auffassung Eurer Exzellenz durch zwingende Gründe der äußeren Politik geboten; ich habe daher trotz der Schwäche des Marktes der Reichs- und Staatsanleihen, die die Befriedigung der Kreditbedürfnisse des Reichs und der Einzelstaaten in Frage stellt, der Zulassung nicht widersprechen zu dürfen geglaubt. Auch am Markte der Stadtanleihen liegen die Verhältnisse so, daß die deutschen Städte ohne unverhältnismäßige Opfer ihre Kapitalbedürfnisse am offenen Markte nicht befriedigen können, sondern genötigt sind, einen Teil durch Aufnahme von Darlehen unter ungünstigen Bedingungen vorläufig zu decken. Es scheint mir daher z. Z. nicht angängig, sofern nicht Umstände besonderer Art vorliegen, ausländischen Städten den deutschen Kapitalmarkt zur Verfügung zu stellen.

Denn es ist nicht zu bestreiten, daß dadurch die Aufnahmefähigkeit für deutsche Anleihen noch weiter eingeschränkt werden müßte. Für die Zulassung der Rigaer Stadtanleihe spricht lediglich der Umstand, daß ein anscheinend gutes Papier dem deutschen Publikum zu recht günstigen Bedingungen angeboten werden könnte. Dies ist ein Vorteil, der nur den Erwerbern zu Gute kommen würde. Die allgemeinen Bedenken können seinetwegen nicht zurückgestellt werden.

Wenngleich für Eure Exzellenz vom Standpunkte der äußeren Politik aus kein Anlaß vorliegen dürfte, gegen die Zulassung der Anleihe Stellung zu nehmen, darf ich doch ergebenst anheimstellen, der Senatskommission in Hamburg die Berücksichtigung der vorstehend dargelegten Bedenken zu empfehlen.[1]

*ZStAP, AA 3164, Bl. 93f.*

1 Jagow empfahl in einem Schreiben an die Senatskommission in Hamburg vom 27. 11. 1913, die Bedenken Sydows zu berücksichtigen, obwohl „vom Standpunkt der äußeren Politik aus zur Zeit kein Anlaß besteht, der Übernahme dieser Anleihe entgegenzuwirken".

## 354 Bericht Nr. 240 des Generalkonsuls in Moskau Kohlhaas an den Reichskanzler von Bethmann Hollweg

*Ausfertigung.*

Moskau, 28. November 1913

Mit Bezug auf den Bericht vom 14. Juni d. J. K. Nr. 132.[1]

Die Angelegenheit der Internationalen Konkurrenz für den Bau eines Kühlhauses bei dem Städtischen Schlachthof in Moskau hat eine für die deutsche Industrie günstige Wendung genommen.

Da die Firma August Borsig in Berlin-Tegel im Laufe dieses Sommers in St. Petersburg eine Filiale gegründet hat, die das russische Geschäft wahrnehmen soll, so war dadurch der Moskauer Stadtverwaltung die Möglichkeit gegeben, aus ihrer durch den Einspruch der Regierung gegen die Vergebung des Baus an eine ausländische Firma entstandenen schwierigen Lage herauszukommen und die Arbeiten der genannten deutschen, jetzt nominell russischen Firma zu übertragen. Dies ist vor einigen Tagen endgültig geschehen. Es handelt sich um ein Objekt von ca. 280000 Rubel; der Sieg der deutschen Firma ist aber von großer Bedeutung im Hinblick auf die zukünftige Entwicklung der Kälteindustrie in Rußland. Wie ich vertraulich höre, beabsichtigt das russische Handelshaus August Borsig keine Fabrikation in Rußland, sondern es wird, wie auch schon bei früheren Arbeiten in Rußland geschehen, die einfachen Konstruktionsteile in Rußland kaufen, die komplizierteren Teile aber und die Maschinen von dem deutschen Stammhaus beziehen.

Die amerikanische Konkurrenz, die sich anfangs sehr lebhaft um die Sache bemühte, ist gänzlich unbeachtet geblieben. Wie mir hiesige Fachleute, die mit der amerikanischen Industrie gut vertraut sind, sagen, bietet diese Konkurrenz auch fernerhin keine Gefahr für die deutsche Kälteindustrie, da die Amerikaner auf diesem Gebiete wohl leistungsfähig sind, für den russischen Markt aber jeder Organisation und technischen Information entbehren und daher gar nicht in der Lage sind, den Anforderungen des russischen Marktes zu genügen. Z. B. bauen die Amerikaner bei den entsprechenden Anlagen in den Vereinigten Staaten in Anbetracht der verhältnismäßigen Billigkeit des Heizmaterials die Antriebsmaschinen ohne Rücksicht auf den Heizmaterialverbrauch, während in Rußland bei der fortgesetzten Teuerung der Heizmaterialien in dieser Hinsicht größte Sparsamkeit gefordert wird, eine Bedingung, der die in Betracht kommenden deutschen, mit dem russischen Markte genau vertrauten Fabriken die größte Aufmerksamkeit zuwenden [. . .]

*ZStAP, AA 2109, Bl. 192.*

1 Vgl. Dok. Nr. 330.

## 355 Erlaß Nr. I c 15112 des Unterstaatssekretärs im Auswärtigen Amt Zimmermann an den Geschäftsträger in St. Petersburg von Lucius

*Abschrift.*

Berlin, 30. November 1913

Die Frage der Errichtung eines deutschen Berufskonsulats in Lodz ist infolge neuerer Eingaben der sächsischen Handelskreise wieder akut geworden. In dem letzten Berichte des Kaiserlichen Herrn Botschafters vom 28. Juli 1911 — Nr. 2646 — ist als empfehlenswert bezeichnet worden, mit einem erneuten Vorgehen zu warten, bis die Frage der Einrichtung einer höheren Verwaltungsbehörde in Lodz entschieden worden ist. Nachdem inzwischen wiederum zwei Jahre vergangen sind, ohne daß diese Angelegenheit merkbar vorwärts gegangen ist, scheint es mir nicht tunlich, unsererseits länger zu warten, sondern den Versuch zu erneuern, von der Russischen Regierung das Zugeständnis der Einrichtung eines Berufskonsulats zu erlangen.

Aus den abschriftlich beiliegenden Noten des hiesigen Königlich Sächsischen Gesandten vom 25. September 1911 und vom 11. d. M. nebst Anlage wollen Euer Hochwohlgeboren ersehen, daß unsere Interessen an der Errichtung der Berufsbehörde in Lodz von Jahr zu Jahr zunehmen.

Da es nach den letzten Berichten des Kaiserlichen Generalkonsuls in Warschau den Anschein gewinnt, als ob die ursprünglich auf der russischen Seite vorhandenen Widerstände jetzt abgeschwächt sind, so scheint mir auch der gegenwärtige Augenblick nicht ungünstig, um unsere Anträge zu erneuern.

Falls Euer Hochwohlgeboren glauben, daß es zweckmäßig sein könnte, möchte ich empfehlen, unter Betonung unserer rein wirtschaftlichen Gründe gelegentlich auch mit dem Ministerpräsidenten selbst über die Sache zu sprechen. Vielleicht wird aber das Auswärtige Ministerium an sich schon eine entgegenkommendere Haltung als früher in der Sache einnehmen. Ich bitte über die von Euer Hochwohlgeboren unternommenen Schritte den Generalkonsul Freiherr von Brück, dem Abschrift dieses Erlasses mitgeteilt worden ist, auf dem Laufenden zu halten, damit er auch seinerseits entsprechende Parallelaktionen bei dem Generalgouverneur in Warschau unternehmen kann.

Auch in der Frage der Errichtung kaufmännischer Vizekonsulate in Kasan und Smolensk (vgl. Erlaß vom 31. August d. J. — *I c 11100* —) erscheinen mir unsere Interessen, wenngleich sie nicht die Bedeutung haben wie in der Angelegenheit Lodz, doch wichtig genug, um uns mit der lediglich negativen Antwort der Russischen Regierung nicht zufrieden zu geben.

Ich ersuche Euer Hochwohlgeboren daher ergebenst, auch diese Angelegenheit zu geeigneter Zeit und in zweckentsprechender Form bei der dortigen Regierung nochmals zur Sprache zu bringen und persönlich unsere Gesichtspunkte zu erörtern. Ich bitte dabei zu betonen, daß gerade an diesen beiden Plätzen unser Wunsch auf Bestellung von Vertretern in erster Linie durch das deutsche Interesse an der *Ausfuhr* aus den betreffenden Gebieten nach Deutschland geleitet wird, ein Interesse, dem entgegenzukommen auch die russische Regierung allen Anlaß haben dürfte. Während Kasan als eins der Zentren des russischen Eierexports sowie beim Bezug von Häuten und Därmen für unseren Import eine große Rolle spielt, ist dies bei Smolensk auf dem Gebiet des Flachs- und Hanf- sowie des Holzhandels der Fall. Es liegt uns sehr viel daran und muß wohl auch russischerseits als wünschenswert erachtet werden, daß wir die Möglichkeit erlangen, uns über die Produktions- und Marktverhältnisse sowie über alle sonstigen den Handel mit diesen Erzeugnissen betreffenden Umstände jederzeit authentische Nachrichten an Ort und Stelle beschaffen zu können.

Hinsichtlich des Smolensker Gebiets sind überdies verschiedentlich Anfragen aus deutschen Kreisen über Gründung von Unternehmungen zur Förderung der dort vorhandenen Phosphorite erfolgt, und wenn es bisher zu solchen der Russischen Regierung sicher erwünschten Gründungen nicht gekommen ist, so mag ein Grund auch darin zu suchen sein, daß den Anfragenden mangels einer Vertretung an Ort und Stelle nicht genügende Angaben gemacht werden konnten oder daß sie bei dem Mangel einer deutschen Vertretung vor einer Gründung zurückschreckten. Ferner bitte ich darauf hinzuweisen, daß das Netz der russischen Vertretungen in Deutschland viel dichter ist als umgekehrt. Wenn man lediglich nach der Einwohnerzahl rechnet, müßten wir doppelt so viele Vertretungen in Rußland haben als Rußland bei uns, so daß wir also noch auf etwa 8 Konsulate Anspruch hätten. Dazu kommt aber noch die viel weitere Ausdehnung des Russischen Reiches, die einen schnellen Nachrichtendienst und leichten Verkehr der Vertreter mit ihren Schutzbefohlenen, wie er in Deutschland möglich ist, wesentlich erschwert. Schließlich bitte ich nochmals zu betonen, daß wir neuerdings in der Frage der Errichtung eines russischen Konsulats in Elberfeld der dortigen Regierung entgegengekommen seien und daß sie auch in anderen ähnlichen Fragen auf unser weiteres Entgegenkommen wird rechnen dürfen, wenn sie unseren Anträgen eine zuvorkommende Behandlung zuteil werden läßt.

Über das Ergebnis Ihrer Schritte bitte ich zu berichten.

*ZStAP, AA 6226, Bl. 276f.*

## 356 Schreiben des Direktors der Handelsabteilung im preußischen Ministerium für Handel und Gewerbe Lusensky an die Handelskammer Barmen[1]

*Abschrift.*

Berlin, 10. Dezember 1913

Auf die Eingabe vom 8. d. M. [. . .]

Ergänzend bemerke ich, daß die Stelle des Handelsagenten in Berlin dem Staatsrat und Kammerjunker von Müller, in Frankfurt a. M. dem Staatsrat von Felkner und in Hamburg dem Hofrat und Kammerjunker Stremouchow übertragen worden ist.

Die Frage, inwieweit die Tätigkeit dieser Beamten von deutscher Seite zu unterstützen ist, wird, wie ich vertraulich bemerke, nur im einzelnen Falle unter sorgfältiger Berücksichtigung der in Betracht kommenden heimischen Interessen zu entscheiden sein. Von einem amtlichen Schriftverkehr der Handelskammer mit den Handelsagenten ist abzusehen.

Ich stelle anheim, wegen Verständigung der Interessenten das Erforderliche zu veranlassen. Hierbei ersuche ich, für eine vertrauliche Behandlung der Mitteilung über die Unterstützung der Tätigkeit des Handelsagenten und den amtlichen Schriftverkehr Sorge zu tragen.

*ZStAP, AA 3310, Bl. 107.*

1 Vgl. Dok. Nr. 344; Abschriften des Schreibens wurden allen Handelskammern übermittelt.

## 357 Erlaß Nr. II 0 4651 des Unterstaatssekretärs im Auswärtigen Amt Zimmermann an den Botschafter in St. Petersburg Graf von Pourtalès

*Konzept.*

Berlin, 15. Dezember 1913

Nach den hier vorliegenden Nachrichten müssen wir annehmen, daß die Frage der Einführung von Getreide- und Mehlzöllen in Finnland nunmehr spruchreif geworden ist. Wie verlautet, soll dem Ministerrat ein entsprechender Gesetzesvorschlag kürzlich vorgelegt worden sein; es wird erwartet, daß er alsbald vom Ministerrat und den gesetzgebenden Faktoren angenommen und in Kraft gesetzt werden wird.

Bei dieser Sachlage darf ich Euere Exzellenz bitten, sofern nicht besondere Bedenken entgegenstehen, bei der dortigen Regierung auf die Angelegenheit erneut und dringend zurückzukommen und dabei zu erklären, daß die Kaiserliche Regierung sehr bedauern würde, wenn russischerseits die enge Auslegung der hier fraglichen Abmachung im Protokoll zum Zusatzvertrag zum Handelsvertrag als zutreffend anerkannt werden sollte. Sie können sich auch für ermächtigt halten, darauf hinzuweisen, daß eine Entschließung in dieser Richtung sich kaum in das sonst so erfreuliche Gesamtbild der deutsch-russischen Beziehungen einfügen würde. Wir gäben uns vielmehr der Hoffnung hin, daß die dortige Regierung bei nochmaliger Prüfung der historischen Entstehung der fraglichen Abmachung sowie der gesamten Lage der deutsch-russischen Handelsbeziehungen sich dazu verstehen wird, uns vor so einschneidenden und für den Handelsverkehr so bedeutsamen Änderungen des finnischen Zolltarifs wie den in Aussicht genommenen Maßnahmen in jedem Falle zwei Jahre vorher Kenntnis zu geben. Inwieweit Euere Exzellenz hierbei auf die Äußerungen des Grafen Witte, die in dem mit Erlaß vom 4. d. M. — II 0 4548 — dorthin übermittelten Ausschnitt aus „The Daily Telegraph" wiedergegeben sind, Bezug nehmen wollen, darf ich Ihrem Ermessen überlassen. Ich bitte jedoch, zuvor noch von dem Berichte des dortigen Kaiserlichen Generalkonsulats vom 25. Oktober d. J. — Nr. II 900 — Kenntnis nehmen zu wollen, der, soweit ersichtlich, dort nicht durchgelaufen ist.

Einem gefälligen Bericht über das Ergebnis Ihrer Schritte werde ich mit Interesse entgegensehen.

Abschrift dieses Erlasses ist dem dortigen Kaiserlichen Generalkonsul mitgeteilt worden.

*ZStAP, AA 6372, Bl. 172ff.*

## 358 Bericht Nr. II 1111 des Generalkonsuls in St. Petersburg Biermann an den Reichskanzler von Bethmann Hollweg

*Ausfertigung.*

St. Petersburg, 2. Januar 1914

Die Retsch bringt in ihrer Nr. 341 vom 13./26. Dezember 1913 den in gekürzter Übersetzung beigefügten Artikel über die interressortlichen Verhandlungen, welche der Einbringung des Gesetzentwurfs über die russisch-finnischen Mehl & Getreidezölle in der Reichs-Duma angeblich vorausgingen.

Ist der Gang der Verhandlungen wirklich so gewesen, und haben die dort angegebenen Räsonnements den Ausschlag gegeben, dann darf man an der bona fides der russischen Regierung stark zweifeln.

Die Auslegung, die das Handelsministerium der Abmachung von 1894 im Zusammenhang von 1904 gibt, läuft darauf hinaus, daß die letztere überhaupt keine Bedeutung hatte, denn wenn die Freiheit der etappenweisen Vereinigung der Zollgebiete völlig unbeschränkt war und blieb, so habe die Zusicherung von 1904 gar keinen praktischen Wert.

Die Anführung der Präzedenzfälle, wie z. B. Erhöhung der finnischen Zollsätze auf Spirituosen und Drogen etc. steht auf demselben Niveau. Daß eine Erhöhung eines einzelnen Zollsatzes eine teilweise Inkorporierung sei, hat bisher noch niemand behauptet, und weil bei diesen Anlässen Deutschland keine nicht gerechtfertigten Proteste erhoben hat, soll jetzt eine tatsächliche Verschmelzung der Zollgebiete durch Erhebung gleicher Zölle für die weitaus ersten Importartikel erlaubt sein; jetzt aber nicht als vereinzelte Zollmaßregel, sondern als eine auf Grund des Vertrages von 1894 erlaubte teilweise Inkorporation des Zollgebietes.

Das Auswärtige Ministerium war im Prinzip mit diesen Ausführungen einverstanden, sah aber dabei offenbar ein, daß sie nicht stichhaltig wären und behandelt die Frage nun wieder, als ob es sich nur um eine einzelne Zollerhöhung handle.

Deshalb sollen der Duma zwei getrennte Vorlagen vorgelegt werden.

Bei der in dem finnischen Entwurf auf Wunsch des Ministerrats vorgenommenen Umrechnung der Zollsätze in finnische Währung ist dann noch der Kniff, anders läßt es sich kaum bezeichnen, angewendet, zwischen den russischen und finnischen Zöllen eine kleine Differenz zu lassen, um auch das als ein Argument gegen die deutsche Auffassung von der Vertragswidrigkeit der Maßregel zu gebrauchen.

Wir hätten wirklich allen Anlaß, diese Unzuverlässigkeit der russischen Regierung ihren vertraglichen Pflichten gegenüber auch öffentlich zu rügen und die Sache nicht auf sich beruhen zu lassen.

*ZStAP, AA 6373, Bl. 29f.*

## 359 Bericht Nr. 210 des Botschafters in St. Petersburg Graf von Pourtalès an den Reichskanzler von Bethmann Hollweg

*Ausfertigung.*

St. Petersburg, 19. Januar 1914

Auf den Erlaß Nr. II 0 4651 vom 15. Dezember 1913.[1]

Obgleich ich mir von vornherein von neuen Schritten in der Frage der Einführung von Getreide- und Mehlzöllen in Finnland keinen Erfolg versprach, habe ich die Angelegenheit gelegentlich eines Besuches bei Herrn Kokowtzow vor einigen Tagen wiederum zur Sprache gebracht. Ich hatte es für angezeigt gehalten, bevor ich diesen Schritt tat, abzuwarten bis sich hier die Aufregung über die Mission des Generals Liman von Sanders in der Türkei etwas gelegt hätte.

Den mir von Euerer Exzellenz erteilten Weisungen gemäß habe ich dem Ministerpräsidenten gesagt, daß die Kaiserliche Regierung sehr bedauern würde, wenn russischerseits die enge Auslegung der fraglichen Abmachung im Protokoll zum Zusatzvertrag zum Handelsvertrag als zutreffend anerkannt werden sollte. Ich habe dann in meinen weiteren Ausführungen auch die anderen, in dem oben angezogenen Erlasse Euerer Exzellenz entwickelten Gesichtspunkte verwertet.

Herr Kokowtzow erwiderte, es täte ihm leid, mir keine befriedigende Antwort erteilen zu können. Er selbst habe den größten Wert darauf gelegt, daß die Angelegenheit eingehend und insbesondere auch vom Standpunkte ihrer historischen Entstehung aus geprüft werde. Zu dieser Prüfung wären hier die kompetentesten Persönlichkeiten aus Beamten- und Juristenkreisen herangezogen worden. Auch Herr Timirjasew habe an derselben teilgenommen. Die Prüfung habe zu dem Ergebnis geführt, daß die Einführung der Getreide- und Mehlzölle in Finnland nicht gegen die mit Deutschland getroffenen Abmachungen verstoße. Demgemäß habe der Ministerrat nunmehr beschlossen, die betreffende Gesetzesvorlage der Duma zugehen zu lassen. Auch das Ministerium des Äußeren habe seine früheren Bedenken nunmehr fallen lassen.

Herr Kokowtzow fügte hinzu, er glaube, die Vorlage werde in der Duma glatt angenommen werden. Dagegen sei es ihm fraglich, ob nicht im Reichsrat Bedenken gegen dieselbe würden geltend gemacht werden. Jedenfalls werde noch einige Zeit vergehen, bis die Maßnahme Gesetzeskraft erlange.

*ZStAP, AA 6373, Bl. 29f.*
1 Vgl. Dok. Nr. 357.

## 360 Schreiben des Direktors der Handelspolitischen Abteilung des Auswärtigen Amts von Koerner an den Staatssekretär des Innern Delbrück

*Konzept.*

Berlin, 31. Januar 1914

Abschrift [gekürzte Fassung von Pourtalés Bericht v. 19. Jan. 1914 — Nr. 210] dem Herrn St. S. des Innern zur gefälligen Kenntnisnahme ergebenst übersandt.

Sollten Ew. pp. der Ansicht sein, daß im Falle des Inkrafttretens der finnischen Zölle von unserer Seite mit Gegenmaßnahmen zu antworten wäre, so könnte es vielleicht zweckmäßig sein, diese Frage in einer kommissarischen Besprechung der beteiligten Ressorts zu erörtern. Ich würde eventuell bereit sein, eine solche herbeizuführen. Ich darf um Mitteilung der dortigen Auffassung hierüber bitten.

*ZStAP, AA 6373, Bl. 34.*

**361 Bericht Nr. 31 des Botschafters in St. Petersburg Graf von Pourtalès an den Reichskanzler von Bethmann Hollweg**

*Ausfertigung.*

St. Petersburg, 31. Januar 1914

Über die Angelegenheit Krupp/Putilow höre ich von dem Vertreter der Firma Krupp, Herrn von Simson, *streng vertraulich* Folgendes: Putilow habe sich schon vor Jahresfrist an Schneider, Creuzot, beziehungsweise dessen Banken wegen eines Darlehens von ungefähr 50 Millionen Francs gewandt. Krupp hat ebenso wie Schneider mit Putilow einen Lizenzvertrag und muß befürchten, daß bei Übergang der Putilowwerke in französischen Besitz seine Interessen geschädigt würden. Die Firma Krupp legt keinen Wert darauf, Kapital in Rußland anzulegen, will aber verhindern, daß Schneider das Werk praktisch erwirbt. Als nun die französischen Banken die Notlage der Putilowwerke durch übertrieben hohe Forderungen ausnutzen wollten, haben sich die Petersburger Banken an deutsche Banken gewandt. Letztere haben sich ohne Festlegung bereit erklärt, das Geschäft zu machen und den Gedanken ausgesprochen, Krupp die Beteiligung anzubieten. Dies ist bis heute noch nicht geschehen und die Stellungnahme der Firma Krupp läßt sich also noch nicht fest bestimmen.

Die Petersburger Privathandelsbank hat sich als Führerin eines Syndikats hiesiger Banken (Russisch-Asiatische Bank und Russische Bank für Handel und Industrie) von der Verwaltung der Putilowwerke eine Option auf die neue Emission von 20 Millionen Rubel geben lassen, um, in Besitz dieser Option, mit den deutschen Banken in Verbindung zu treten.

Die Franzosen haben durch ein Mitglied der Putilowverwaltung von diesen Vorgängen Kenntnis erhalten und darauf ihre Kampagne eröffnet. Herr Delcassé ist aufgefordert, darüber zu berichten und hat sich an den Ministerpräsidenten gewandt. Herr Kokowtzow hat geantwortet, daß er sich bei den russischen Banken informieren müßte und hat für morgen die Bankiers zu einer Besprechung eingeladen. Im Grunde ist ihm sowohl wie Herrn Davidoff das Geschäft mit den deutschen Banken durchaus sympathisch, da die Franzosen durch ihre übertriebenen Forderungen bei allen Anleiheverhandlungen eine starke Verstimmung im Finanzministerium hervorgerufen haben. Aus politischen Gründen muß man aber nach Ansicht des Herrn von Simson darauf gefaßt sein, daß der Finanzminister die Emission der neuen Aktien verbietet. Die von den Franzosen hauptsächlich geltend gemachten Gründe der Preisgabe ihrer Konstruktionsgeheimnisse, falls die deutschen Banken beziehungsweise Krupp die neuen Aktien von Putilow erwerben, sind nach Ansicht des Herrn von Simson völlig hinfällig, da Krupp und Putilow durch ihren Lizenzvertrag schon heute geschäftlich intim befreundet sind. Ingenieure der Firma Krupp und Blohm und Voss sind schon seit vielen Jahren in den Putilowwerken tätig, so daß die Vorgänge in dem genannten Werk den deutschen Firmen bis in alle Einzelheiten genau bekannt sind.

Über den weiteren Verlauf der Angelegenheit werde ich mich beehren Euerer Exzellenz Bericht zu erstatten.

*PA Bonn, Rußland 72, Bd. 96.*

## 362 Bericht Nr. I 95 des Generalkonsuls in St. Petersburg Biermann an den Reichskanzler von Bethmann Hollweg

*Ausfertigung.*

St. Petersburg, 31. Januar 1914

Über die Verhandlungen zwischen den Putilowwerken wegen einer Anleihe glaube ich folgende zuverlässige Mitteilungen machen zu können.

Die Verhandlungen zwischen Putilow und französischen Banken über eine Anleihe von etwa 20 Millionen Rubel sind schon seit über Jahresfrist im Gange.

Putilows brauchen das Geld immer nötiger, es soll schon bis zum Nichteinlösen von Wechseln gekommen sein, kommen aber mit den Franzosen zu keinem Resultat.

Sie haben sich daher vor einiger Zeit nach Deutschland gewandt und dort mit der Bank für Handel und Industrie Verhandlungen eingeleitet. Zugleich ist aber auch Krupp zu dieser Transaktion zugezogen worden.

Diese Verhandlungen waren allmählich soweit gediehen, daß vor einigen Tagen Vertreter der beiden deutschen Firmen und zwar die beiden Herren von Simson, der eine Aufsichtsratsmitglied von Krupp, der andere Direktor der Bank für Handel und Industrie, hierhergekommen sind, um definitiv Abreden zu treffen.

Die Sache war so gedacht, daß die Anleihe von der Bank für Handel und Industrie übernommen und die Papiere in Händen der Bank bezw. Krupps bleiben sollten.

Hierdurch würde die Verwaltung der Putilowwerke von der deutschen Gruppe abhängig geworden sein.

Die hiesige Regierung ist bisher in diese Verhandlungen nicht eingeweiht gewesen.

Die deutschen Bevollmächtigten sind gestern wieder abgereist. Zunächst wird mit der Regierung verhandelt. Welche Stellung diese, d. h. Herr Kokowzew einnehmen wird, wird noch als ungewiß angesehen, doch rechnet man auf Seiten der Deutschen damit, daß er gerade jetzt, wo ihm daran liegt, möglichst schnell seine Eisenbahnanleihe unter Dach zu bringen, seine Macht brauchen wird, um den Übergang der Putilowwerke nicht gegen den Willen der Franzosen an die Deutschen zu hindern.

Abschrift dieses Berichts ist der Kaiserlichen Botschaft hierselbst übermittelt worden.

*PA Bonn, Rußland 72, Bd. 96.*

## 363 Schreiben des Deutsch-Russischen Vereins an die Handelspolitische Abteilung des Auswärtigen Amts

*Ausfertigung.*

Berlin, 31. Januar 1914

Eine Zusammenstellung der sehr zahlreichen und eingehenden Arbeiten auf handelspolitischem Gebiete in Rußland aus neuerer Zeit liegt unseres Wissens nicht vor. Da diese Arbeiten fast ohne Ausnahme auf den Handelsvertrag mit Deutschland gerichtet sind, haben wir eine Zusammenstellung ausgearbeitet. Wir beehren uns, diese in der Anlage sehr ergebenst zur Verfügung zu stellen.

Es zeigt sich, daß seitens der russischen Regierung und von der Duma erhebliche Mittel für handelspolitische Arbeiten bereitgestellt sind, daß schon jetzt eine ausgedehnte neueste Literatur vorliegt, und daß noch zahlreiche Werke und Broschüren zu erwarten sind, ferner, daß von verschiedenen Seiten Umfragen veranstaltet werden, und endlich, daß die Absicht besteht, bis Anfang 1915 einen neuen Zolltarif aufzustellen.

Es sei uns gestattet, dabei zu bemerken, daß die zweifellos vorliegende ungemein lebhafte Tätigkeit auf handelspolitischem Gebiete in Rußland hauptsächlich darauf zurückzuführen ist, daß es bisher an einer Literatur der mannigfaltigen in Betracht kommenden Fragen gefehlt hat. In dem letzten Jahre ist die Zahl jüngerer russischer Nationalökonomen sehr gestiegen, und diese betrachtet es nun wohl als eine sehr willkommene Aufgabe, Handelsvertragsfragen zu bearbeiten. Ferner sind zahlreiche wirtschaftliche Verbände entstanden, und auch diese erblicken in den Handelsvertragsfragen ein willkommenes Feld ihrer Betätigung, um so mehr, als sie zu einem großen Teil vielleicht noch nicht genügend Erfahrung und Schulung besitzen, um interne Fragen, wie Beseitigung von Übelständen, Regulierung der Preise und dergleichen in die Hand zu nehmen. Auch hat es nachgerade fast den Anschein, daß man die Öffentlichkeit ablenken möchte von den immer dringender werdenden Wünschen nach inneren Reformen, indem man die Hoffnung erweckt, daß durch neue Handelsverträge eine erhebliche Besserung der wirtschaftlichen Zustände herbeigeführt werden könnte.

Immerhin besteht die Tatsache, daß den drei Ministerien: für Handel und Industrie — für Finanzen — für Landwirtschaft — unter Zustimmung der Duma beträchtliche Mittel zur Verfügung gestellt sind, um einen neuen Handelsvertrag vorzubereiten, ferner, daß das Ministerium für Handel und Industrie sich anheischig gemacht hat, bis zum 1/14 Januar 1915 einen Entwurf für einen neuen russischen Zolltarif vorzulegen.

Im Hinblick auf diese Tatsache, und weil u. E. minderberufene Kreise in Deutschland ebenfalls Umfragen veranstalten wollen, haben wir uns für verpflichtet gehalten, die beiden anliegenden Fragebogen, die zunächst die Einfuhr nach Rußland betreffen, zu versenden.

Wenn wir diese Umfrage schon jetzt veranstaltet haben, so glaubten wir dem vorbeugen zu sollen, daß von verschiedenen Seiten Beunruhigung in die in Frage kommenden Kreise hineingetragen würde, und ferner dafür zu sorgen, daß für die Äußerung der in weitesten Kreisen zweifellos bestehenden Wünsche eine Zentrale geschaffen werde, die tatsächlich in der Lage ist, das Material zu sichten und offenbar zu weit gehende und unklare Wünsche von vornherein zurückzuweisen. Wir hoffen dadurch eine Vorarbeit leisten zu können, und wir wären sehr dankbar, wenn dieses Bestreben auch die Billigung des Auswärtigen Amts finden würde. H. Friedrichs. M. Busemann.

*ZStAP, AA 6273, Bl. 203f.*

**364 Bericht Nr. 36 des Botschafters in St. Petersburg Graf von Pourtalès an den Reichskanzler von Bethmann Hollweg**

*Ausfertigung.*

St. Petersburg, 4. Februar 1914

Bei einer Begegnung, die ich gestern mit Herrn Kokowtzow in einer Gesellschaft hatte, redete ich den Ministerpräsidenten auf die Putilow-Angelegenheit an. Herr Kokowtzow sprach sich sehr ärgerlich über den von der französischen Presse angeschlagenen Lärm aus, der in keiner Weise begründet sei. Es handele sich um eine rein geschäftliche Frage, die mit der Politik gar nichts zu tun habe. Davon zu reden, daß die Firma Krupp von der Beteiligung an Unternehmungen hier in Rußland ferngehalten werden könnte, sei der reine Unsinn. Krupp sei tatsächlich an einer großen Anzahl von solchen Unternehmungen in hohem Maße beteiligt und daran werde sich auch nichts ändern.

Im vorliegenden Falle handele es sich einfach darum, daß der Darmstädter Bank, die hier den Wunsch geäußert habe, ein Geschäft zu machen, die Übernahme einer von den Putilowwerken aufzunehmenden Anleihe von 20 Millionen Rubel angeboten worden sei, nachdem Verhandlungen, die zu demselben Zwecke mit französischen Banken geführt worden seien, wegen des zögernden Verhaltens dieser Banken zu keinem Ergebnis geführt hätten. Die Darmstädter Bank habe für das fragliche Geschäft eine zweiwöchentliche Option[x] erhalten. Ein Beamter von Putilow habe hiervon gehört, dies nach Paris gemeldet, und nun sei von dort aus die Angelegenheit in einer ganz lächerlichen Weise aufgebauscht worden.

Ich erwiderte dem Ministerpräsidenten, ich würde vom Standpunkt unserer guten Beziehungen nicht umhinkönnen, es lebhaft zu bedauern, wenn jetzt infolge der von der französischen Presse unternommenen Kampagne die Darmstädter Bank, die, wie ich gehört habe, mit den russischen Banken wegen der neuen Putilowaktien bereits beinahe handelseinig geworden wäre, aus dem Geschäft herausgedrängt würde. Es würde dies für meine Landsleute, die hier Geschäfte machen wollten, nicht ermutigend sein und natürlich in Deutschland einen peinlichen Eindruck machen.

Herr Kokowtzow bestritt, daß das Geschäft der Darmstädter Bank dem Abschluß bereits nahe sei und erklärte, vom Verdrängen der deutschen Bewerber um das Geschäft könne nicht die Rede sein. Es werde schließlich diejenige Bank das Geschäft bekommen, welche die günstigsten Bedingungen stelle.

x Randvermerk Mirbachs: Die sie inzwischen, wie mir der Kruppvertreter Herr v. Simson mitteilte, bereits wieder zurückgegeben haben.
Randvermerk Zimmermanns: Dieselbe Darstellung gab mir gestern Dr. Mühlon von der Firma Krupp. 7/2.

*PA Bonn, Rußland 72, Bd. 96.*

## 365 Telegramm Nr. 27 des Botschafters in St. Petersburg Graf von Pourtalès an das Auswärtige Amt

St. Petersburg, 10. Februar 1914

Mehrere hiesige Zeitungen hatten Nachricht verbreitet, die auch an ausländische Blätter telegraphiert wurde, Sasonow habe in Budget-Kommission gesagt, er teile die vom Abgeordneten Schingarew geäußerte Befürchtung, daß Deutschland, um bei bevorstehender Erneuerung Handelsvertrags von Rußland Zugeständnisse zu erreichen, internationale Verwicklungen hervorrufen werde.

Sasonow sagte mir, daß seine Äußerungen gänzlich entstellt seien, er habe nur gesagt, er werde dafür sorgen, daß bei Handelsvertragsverhandlungen Bedingungen für Rußland möglichst günstig seien. Minister hat auf meine Anregung Berichtigung veranlaßt.[x1]

x Randbemerkung Wilhelm II: Erst darauf hin!! Solange hat er geschwiegen! [...] keines verspäteten Dementi bringt es wieder fort. An unfriendly act.

*PA Bonn, Deutschland 131, Bd. 35*

1 Vgl. Internationale Beziehungen im Zeitalter des Imperialismus, Reihe I, Bd. 1, Nr. 213.

## 366 Telegramm Nr. 24 des Unterstaatssekretärs im Auswärtigen Amt Zimmermann an die Botschaft in St. Petersburg

*Konzept.*

Berlin, 10. Februar 1914

Bitte Drahtbericht, ob befremdliche Sprache, die angeblich Herr Sasonow laut Petersburger Telegramm des gestrigen Berliner Tageblattes und des „Montag“ bezüglich Handelsvertragsfragen in Budgetkommission geführt hat,[1] zutreffend, und womöglich authentischen Wortlaut betreffender Erwiderung einreihen, ebenso auch auf Mission Liman bezüglichen Passus (cfr. Telegramm des Montag).

*PA Bonn, Deutschland 131, Bd. 35.*

1 Das Berliner Tageblatt vom 9. 2. 1914, Nr. 72 veröffentlichte folgendes Telegramm aus Petersburg: „Gestern richtete in der Budgetkommission der Reichsduma der Abgeordnete Schingarew an den Minister des Auswärtigen Sasonow die Frage, was die russische Regierung für den Abschluß eines neuen deutsch-russischen Handelsvertrages vorbereite. Sie müsse sich rüsten, die Unterhandlungen darüber gut vorbereitet aufnehmen zu können. Es liege ja auch die Befürchtung vor, Deutschland könne Rußland bis zum Jahre 1917 irgendwelche äußere Verwicklungen wie im Jahre 1904 bereiten, um sich besonders günstige Bedingungen zu sichern. Hierauf erwiderte der Minister Sasonow, daß die von Schingarew ausgesprochenen Befürchtungen der Begründung nicht entbehren.“

## 367 Bericht Nr. 55 des Botschafters in St. Petersburg Graf von Pourtalès an den Reichskanzler von Bethmann Hollweg

*Ausfertigung.*

St. Petersburg, 14. Februar 1914

Die Angelegenheit der Entstehung der von Herrn Sasonow in der vorigen Woche in der Budgetkommission der Duma über die Vorbereitungen für den Handelsvertrag mit Rußland abgegebenen Erklärungen hat wieder Gelegenheit zu einer Einsicht in den eigentümlichen Geschäftsgang des Pressebureaus des hiesigen Ministeriums des Äußern geboten. Am vorigen Sonntag beziehungsweise am Montag erschien in den beiden hiesigen deutschen Zeitungen, im ‚Swjet' und in den ‚Birshewija Wjedomosti' die falsche Version über die Erklärungen des Ministers.

In der bestimmten Annahme, daß eine Richtigstellung erfolgen würde, hatte ich bis Montag Abend gewartet, bevor ich Schritte bei Herrn Sasonow tat. Am Montag Abend begegnete ich dem Minister bei einem Diner und frug ihn, ob er denn keine Richtigstellung der zweifellos falschen Wiedergabe seiner Erklärungen in der Budgetkommission veranlassen wolle. Es stellte sich dabei heraus, daß Herr Sasonow von der entstellten Wiedergabe seiner Erklärungen keine Ahnung hatte![x] Er versprach mir, sofort für die Richtigstellung Sorge tragen zu wollen, welche dann auch am nächsten Tage erfolgte.

Ich habe keinen Zweifel, daß die unrichtige Version absichtlich von einer Seite, die wieder Stimmung gegen uns machen wollte, lanciert worden ist. Diese Intrige ist entweder im Preßbureau des Auswärtigen Amts übersehen, oder, was mir wahrscheinlicher vorkommt, absichtlich ignoriert worden.

x Randbemerkung Wilhelm II: Ach der Gute! Wie nett hat er mit Purzel Comödie gespielt und der ist darauf eingegangen. Natürlich gelogen. Er hat klar probiert, ob mein Botschafter der Sache nachgehen würde oder nicht.

*PA Bonn, Deutschland 131, Bd. 35.*

## 368 Telegramm Nr. 26 des Unterstaatssekretärs im Auswärtigen Amt Zimmermann an die Botschaft in St. Petersburg

*Konzept.*

Berlin, 14. Februar 1914

Laut Petersburger Meldung der Kölnischen Zeitung wäre Dementi der bekannten Äußerungen des Herrn Sasonow zum russisch-deutschen Handelsvertrag in Rußland selbst nicht verbreitet worden.

Drahtbericht ob dies zutreffend.

Bitte gegebenen Falls Herrn Sasonow gegenüber mit äußerem Befremden darüber nicht zurückhalten, daß fragliches Dementi, dessen Bekanntgabe gerade in Rußland von ausschlaggebender Bedeutung gewesen wäre, lediglich Auslandspresse zugegangen sei. Wir müßten bestimmt erwarten, daß auch russische öffentliche Meinung entsprechend aufgeklärt wird.

*PA Bonn, Deutschland 131, Bd. 35.*

**369 Telegramm Nr. 34 des Botschafters in St. Petersburg Graf von Pourtalès an das Auswärtige Amt**

St. Petersburg, 15. Februar 1914

Wortlaut der von der hiesigen Telegraphen-Agentur nach Deutschland telegraphierten Richtigstellung bekannter Äußerungen des Herren Sasonow ist inzwischen in hiesiger Presse wiedergegeben worden. Ich hatte schon vor mehreren Tagen Herrn Sasonow Verwunderung darüber ausgesprochen, daß Richtigstellung nicht gleich auch hier veröffentlicht worden ist. Ich wies darauf hin, daß bei analogem Falle in Deutschland Richtigstellung zweifellos in der Norddeutschen Allgemeinen Zeitung unter gleichzeitiger Zurechtweisung der Blätter, die falsche Version brächten, erfolgt wäre. Minister entgegenete, er habe vermeiden wollen, Aufmerksamkeit zu sehr auf Angelegenheit zu lenken. Falsche Version sei nur in einigen Zeitungen, zum Teil an wenig auffallender Stelle, erschienen. Die Nowoje Wremja z. B. habe von der Sache keine Notiz genommen. In solchen Fällen sei Dementi, welches durch Telegraphen-Agentur nach Ausland geschickt und dann hierher zurücktelegraphiert werde, einer Veröffentlichung hier vorzuziehen.

Bin überzeugt, daß Herr Sasonow, dem alle Pressesachen äußerst unsympathisch und fern sind, Art der Veröffentlichung seinem Pressedezernenten überlassen und dieser Richtigstellung durch offiziöse Kundgebung in hiesiger Presse absichtlich vermieden hat.

*PA Bonn, Deutschland 131, Bd. 35.*

**370 Schreiben Nr. IV B877 des Unterstaatssekretärs im Reichsamt des Innern Richter an den Staatssekretär des Auswärtigen Amts von Jagow**

*Ausfertigung.*

Berlin, 24. Februar 1914

Auf das gefällige Schreiben vom 31. v. M. — II 0 329 —, betreffend Gegenmaßnahmen für den Fall des Inkrafttretens der finnischen Zölle auf Getreide.

Bei der Wichtigkeit der Angelegenheit halte ich es für notwendig, die Frage, ob und gegebenenfalls welche Gegenmaßnahmen zu ergreifen wären, in einer kommissarischen Besprechung der beteiligten Ressorts zu erörtern.

Euer Exzellenz darf ich ergebenst anheimstellen, das hiernach Erforderliche zu veranlassen.

Als meinen Kommissar benenne ich den Geheimen Regierungsrat Abel.

*ZStAP, AA 6373, Bl. 102.*

**371 Bericht Nr. 67 des Botschafters in St. Petersburg Graf von Pourtalès an den Reichskanzler von Bethmann Hollweg. Streng vertraulich!**

*Abschrift.*

St. Petersburg, 25. Februar 1914

Der leitende Direktor der Putilow-Werft, Herr Orbanowski, teilte hier über die jüngsten Vorgänge in dem Werk folgendes mit:

Der Marineminister habe ihn kommen lassen und ihm nahegelegt, die russische Staatsangehörigkeit zu erwerben, da unter allen Umständen etwaigen neuen Angriffen der Nationalisten wegen der deutschen Leitung der Putilow-Werke vorgebeugt werden müsse. Er, der Minister, arbeite gern mit Deutschen und bedauere persönlich die Hetze gegen die deutschen Angestellten der Putilow-Werke. Er müsse aber mit der öffentlichen Meinung rechnen. Zunächst würde es genügen, wenn Herr Orbanowski die russische Staatsangehörigkeit erwerbe. Vielleicht werde es aber auch nötig werden, daß die übrigen deutschen Ingenieure seinem Beispiele später folgten.

Herr Orbanowski erklärte mir, daß er lebhaft bedauere, nun gezwungen zu sein, russischer Untertan zu werden. Er glaube aber der deutschen Industrie nur auf diese Weise weiter nutzen zu können und habe erst vor einigen Tagen trotz der Machenschaften der Franzosen einen großen Auftrag auf Bagger nach Lübeck geben können. In den letzten Tagen sei ein vertraulicher Erlaß von der Direktion ergangen, wonach in Zukunft das Engagement von deutschen Ingenieuren auf das bestimmteste untersagt werde. Englische und französische Ingenieure könnten wie bisher angenommen werden. Herr Orbanowski bedauerte diesen Erlaß um so mehr, als er verschiedene deutsche Herren bereits für das Werk verpflichtet habe und nun die Verträge mit denselben rückgängig machen müsse. Den betr. Erlaß der Direktion würde er sich zu verschaffen suchen und der Botschaft zur Verfügung stellen.

Ich beabsichtige, bei der ersten sich bietenden Gelegenheit Herrn Sasonow auf diese dem Geiste des Handelsvertrages widersprechende Behandlung der Deutschen anzusprechen und wäre dankbar für einen Hinweis, ob wir ev. in der Lage wären, Gegenmaßregeln anzukündigen.[1]

Streng vertraulich teilte Herr Orbanowski noch folgendes mit:

Der kaufmännische Direktor Spahn, der erst vor kurzem die russische Staatsangehörigkeit erworben und durch Mitteilung des von der Darmstädter Bank bezw. Krupp beabsichtigten Ankaufs der neuen Putilow-Obligationen an die Franzosen das Geschäft für uns vereitelt habe, sei an ihn mit der Frage herangetreten, ob deutsche Banken ev. geneigt sein würden, die 15 Millionen Obligationen der Putilow-Werft Russisch-Baltische Schiffsbaugesellschaft in St. Petersburg zu erwerben. Den französischen Banken sei nachträglich das Geschäft zu groß geworden. Ich habe Herrn Orbanowski dringend geraten, diese letzte Gelegenheit für uns, in Rußland Fuß zu fassen, nicht vorübergehen zu lassen und sofort mit Blohm & Voß in Hamburg sowie Krupp wegen Ankaufs der Werft in Verbindung zu treten. Herr Orbanowski erklärte, daß er das Nötige veranlassen würde und hoffe, daß man auf seine Vorschläge eingehen würde. Kommt das Geschäft zustande, so würde der indirekte Einfluß der Deutschen auch in den Putilow-Werken erheblich gestärkt werden. Die Werft ist bekanntlich von Blohm & Voß in Hamburg gebaut und die modernste und leistungsfähigste Rußlands. Herr Orbanowski wird die Botschaft über den Fortgang der Angelegenheit, welche vorläufig streng geheim gehalten werden muß, unterrichten.

Der Marine-Attaché hat Kenntnis von diesem Bericht erhalten.

*ZStAP, AA 6375, Bl. 73.*

1 Die ersten vier Absätze sind veröffentlicht GP 39, S. 250f.

**372 Bericht Nr. 1679 des Generalkonsuls in Moskau Kohlhaas an den Reichskanzler von Bethmann Hollweg**

*Ausfertigung.*

Moskau, 2. März 1914

Wie ich von beteiligter Seite höre, steht die hiesige Kommerzbank I. W. Junker & Co, die seit 2 Jahren Aktiengesellschaft ist und ihr Grundkapital noch unlängst von 15 auf 20 Millionen Rubel erhöht hat, mit einer deutschen Gruppe, an der die Deutsche Bank, die Berliner Handelsgesellschaft, die Darmstädter Bank und die Nationalbank für Deutschland beteiligt sind, in Unterhandlungen wegen Zulassung ihrer Aktien an der Berliner Börse. Die genannte Gruppe soll bereit sein, 20000 Stück Aktien der hiesigen Bank zu übernehmen, die auf einen Nominalwert von ca. 250 Rubel lauten und gegenwärtig an der Petersburger Börse auf 440 stehen. Die Dividende pro 1912 hat 30 Rubel betragen, für 1913 wird die gleiche Dividende erwartet.

Das Institut, das vorzüglich arbeitet und eine ausgedehnte und solide Kundschaft hat, soll aber 1913 so gute Geschäfte gemacht haben, daß die Ausschüttung einer bedeutend höheren Dividende möglich wäre.

Die Kommerzbank I. W. Junker & Co, die außer den früher genannten Filialen jetzt noch eine Filiale in Riga eröffnet hat, gilt in Rußland selbst, weil von Deutschen gegründet und auf dem Kapital einiger deutsch-russischer Familien beruhend, als eine deutsche Bank. Die Leitung ist, wie ja auch schon der weitaus größte Teil des Kapitals, fast durchweg in deutsch-russischen Händen; einer der Leiter — und gegenwärtig wohl der Kopf des Unternehmens — ist der Reichsdeutsche Heinrich Bockelmann aus Oldenburg, der mit den an der Bank beteiligten Familien verschwägert ist.

Die jetzt in Rede stehende Kombination stellt einen neuen Versuch der deutschen Banken dar, sich in Rußland im Bankgeschäft eine feste Stütze zu schaffen. Die früheren Versuche der Deutschen Bank mit der Russischen Bank für Auswärtigen Handel und mit der Sibirischen Handelsbank haben bekanntlich nicht durchweg befriedigende Resultate ergeben, insofern der Einfluß des deutschen Instituts auf die Leitung und Tätigkeit der genannten russischen Banken doch nur ein schwacher geblieben ist.

Es scheint mir, daß der neue Versuch, an dessen Verwirklichung kaum zu zweifeln ist, von unserm Standpunkte begrüßt werden muß. Das Papier, das an die Berliner Börse kommt, darf als ein solides bezeichnet werden. Die engere Verbindung mit den deutschen Großbanken, in die das hiesige Institut auf diese Weise gebracht wird, dürfte nicht nur für den deutschen Geldverkehr mit Rußland, sondern auch für den deutschen Handel und die deutsche Industrie von Nutzen sein, da die ungemein rührige Leitung des hiesigen Unternehmens zu vielen industriellen Unternehmungen Rußlands in engen Beziehungen steht, daher auch bei der Vergebung von Lieferungen u. dergl. ein Wort mitsprechen kann.

Abschriften dieses Berichts für die Kaiserliche Botschaft und das Kaiserliche Generalkonsulat in St. Petersburg liegen bei; ich bitte, dieselben mit nächster Gelegenheit dorthin befördern lassen zu wollen.

*ZStAP, AA 2075, Bl. 73f.*

**373 Schreiben der Deutschen Bank an die Berliner Handels-Gesellschaft. Vertraulich!**

*Ausfertigung.*

Berlin, 7. März 1914

Die Russische Bank für auswärtigen Handel, St. Petersburg, beabsichtigt, die in der Generalversammlung vom 16. April/9. Mai 1913 beschlossene Erhöhung des Aktienkapitals um Rb. 10.000.000 von Rb 50.000.000 auf Rb 60.000.000 nunmehr durchzuführen. Die St. 40.00 neuen Aktien im Nennwert von je Rb 250 haben Anspruch auf die halbe Dividende des Geschäftsjahres 1914 und sind vom 1. Januar 1915 ab den alten Aktien gleichgestellt. Sie sollen von der Russischen Bank für auswärtigen Handel den bisherigen Aktionären in der Zeit vom 1./14. März bis 27. März/9. April d. J. zum Ausgabekurs von Rb 362.50 zuzüglich Rb 2,50 für Stempelgebühren und Herstellungskosten in der Weise zum Bezuge angeboten werden, daß auf je 5 alte Aktien eine neue Aktie entfällt. Die ausländischen Aktionäre haben die Kosten des Landesstempels selbst zu tragen. Die Einzahlungen auf die jungen Aktien sind mit Rb 125.— pl. Rb 2,50 Stempel und Kosten am 27. März/9. April d. J. Rb 112,50 am 30. Juni/13. Juli d. J. Rb 125. — am 3./16. Oktober d. J. zu leisten.

Die Kapitalerhöhung wird von einem unter der Führung der Deutschen Bank stehenden Konsortium in der Weise garantiert, daß die etwa nicht bezogenen jungen Aktien seitens des Konsortiums zu den Bedingungen des Angebots an die Aktionäre zu übernehmen sind. Die jungen Aktien sollen an den Börsen von Berlin und Hamburg zur Notiz gebracht werden; die Einführung des gesamten Aktienkapitals der Russischen Bank für auswärtigen Handel an der Frankfurter Börse ist in Aussicht genommen. Die Kosten für die Einführung in Berlin trägt das Konsortium, während die Einführungsspesen für Hamburg und Frankfurt a.M. zu Lasten der Russischen Bank für auswärtigen Handel gehen.

Für die Übernahme der Garantie vergütet die Russische Bank für auswärtigen Handel dem Konsortium Rb 7,50 auf die St. 40.000 junge Aktien.

Für das Syndikat sind folgende Bedingungen maßgebend:

In der Syndikatsrechnung belastet die Deutsche Bank für Vorlagen Zinsen mit 1% über Reichsbankdiskont, während sie etwaige Guthaben mit 1% unter Banksatz nicht über 4% verzinst.

Die erforderlichen Börsenoperationen werden von der Deutschen Bank geleitet, die berechtigt ist, zum Zwecke der Kursregulierung bis zu St. 10.000 an alten Aktien, jungen Aktien oder Bezugsrechten aufzunehmen.

Die Dauer des Syndikats wird vorläufig bis zum 31. Dezember 1914 festgesetzt; sie verlängert sich, falls bis dahin das Geschäft nicht zur Abwicklung gelangt ist, ohne weiteres um 6 Monate.

Die Deutsche Bank bringt für die Führung eine Provision von 1/4% vom Nominalbetrage in Anrechnung.

Wir beehren uns, Ihnen im Einverständnis mit der Russ. Bank f. ausw. Handel eine Beteiligung unter und in Höhe von 5% des Ganzen = Rb 500.000 mit der Maßgabe anzubieten, daß alle Bedingungen, die wir für uns als bindend anerkennen, auch für Sie Geltung haben sollen.

Aus Stempelrücksichten gilt das Eigentum zur gesamten Hand sowie das Miteigentum an den einzelnen Stücken als ausgeschlossen.

Wir bitten, uns zu bestätigen, daß Sie die Beteiligung akzeptieren.[1] [Unterschriften.]

*ZStAP, Berliner Handels-Gesellschaft 14 181, Bl. 4ff.*

1 Die Berliner Handels-Gesellschaft akzeptierte mit Schreiben vom 9. 3. 1914 diese Bedingungen.

**374** **Bericht Nr. 83 des Botschafters in St. Petersburg Graf von Pourtalès an den Reichskanzler von Bethmann Hollweg**

*Ausfertigung.*

St. Petersburg, 8. März 1914

Der ehemalige Handelsminister, Reichsratsmitglied Timirjasew, hat sich einem Berichterstatter der Wetscherneje Wremja gegenüber über den künftigen Handelsvertrag mit Deutschland folgendermaßen ausgesprochen:

„Man muß an dem neuen Vertrage auch darum arbeiten, weil Deutschland ein großer Absatzmarkt für uns ist. Gleichzeitig darf man nicht vergessen, daß die Ausfuhr aus Deutschland wächst, und daß auch wir daher für Deutschland von außerordentlicher Wichtigkeit sind. Man muß alles daransetzen, daß der künftige Vertrag ein für uns günstiger wird. Ich denke, daß in diesem Sinne der leitende Gedanke der sein muß, unsere Handelsbeziehungen zu Deutschland zu beleben und zu erweitern, nicht aber sich loszulösen und um jeden Preis Beziehungen zu anderen Ländern zu suchen. Man muß sich alle Mühe für den Absatz unserer Produkte geben, aber es kann nicht in unserem Interesse liegen, den deutschen Markt mit

Diese Erklärungen scheinen mir bei der Autorität, welche Herr Timirjasew entschieden in handelspolitischen Fragen besitzt, um so bemerkenswerter, als der Genannte keineswegs ein Freund Deutschlands ist.

*ZStAP, AA 6274, Bl. 47.*

**375** **Schreiben Krupps von Bohlen und Halbach an den Staatssekretär des Auswärtigen Amts von Jagow**

*Ausfertigung.*

Essen/Ruhr, 24. März 1914

Euerer Exzellenz beehre ich mich, den Empfang der mir auf Allerhöchsten Befehl unter dem 17. d. M. — A 5159/I. Nr. 3460 — übersandten Abschrift eines die Putilowaffaire betreffenden Berichts des Kaiserlichen Botschafters in Paris vom 31. Januar d. J.[1] mit verbindlichstem Dank ergebenst zu bestätigen. Zu dem Inhalt des Berichts, von dem ich vertraulich und mit Interesse Kenntnis genommen habe, gestatte ich mir zu bemerken, daß, wie Euerer Exzellenz bekannt, die Putilow-Werke seit Jahren russische Geschütze nicht nur nach französischen Mustern, sondern einem mit der Kruppschen Fabrik abgeschlossenen, dem französischen ähnlichen Abkommen gemäß auch nach Kruppschen Modellen, die von der russischen Regierung angenommen wurden, fabrizieren.

Der am Schlusse des Berichts gemachte Hinweis, daß sich die Firma Schneider-Creuzot bei den von der russischen Regierung nach dem Auslande gemachten Bestellungen zurückgesetzt fühlt, dürfte sich auf die englische Firma Vickers beziehen, welcher für die Lieferung größerer Geschützrohre bei Herstellung derselben in Rußland erhebliche Konzessionen gemacht sein sollen.

*PA Bonn, Rußland 72, Bd. 96.*

1 Vgl. Dok. Nr. 361.

## 376 **Bericht Nr. 45 des Marineattachés in St. Petersburg Kapitän zur See von Fischer-Loßeinen an den Staatssekretär des Reichsmarineamts von Tirpitz**

*Abschrift.*

St. Petersburg, 30. März 1914

Schon seit längerer Zeit war eine Abneigung der russischen Schiffbauindustrie gegen Material deutschen Ursprungs deutlich zu bemerken. Ich habe über einen Fall berichtet (Nr. 22 vom 20. Februar d. J.), wo ein Auftrag nach Deutschland auf Wellenböcke für 2 leichte Kreuzer im letzten Augenblick zurückgezogen wurde und die Lieferung nach Schweden oder England ging. Damals hatte man sich hier in Maklerkreisen erzählt, daß Rußland kriegerische Verwicklungen Deutschlands vorauszusehen glaubte und deshalb fürchtete, die Lieferung nicht rechtzeitig zu erhalten.

Wenn es nun schon schwierig war, dem deutschen Markt Materialaufträge der russischen Schiffbauindustrie zuzuführen, so hat die Verhaftung des Kapitäns Poljakow in Cöln[1] das Maß zum Überlaufen gebracht. In Petersburg wie in Reval, wahrscheinlich auch an anderen Orten, sind Befehle erlassen, Ursprungszeugnisse für die Lieferungen beizubringen, was vorher nicht vorgeschrieben gewesen war. Angebote deutschen Materials — es handelt sich dabei hauptsächlich um Spezialstahle, Stahlgüsse größerer Dimensionen, Stahlrohre und Messing, Aufträge, die im einzelnen oft 1/4 Millionen betragen — werden mit den Worten zurückgewiesen:

„Wir dürfen aus Deutschland nichts mehr bestellen, trotzdem wir bisher mit den Lieferungen durchaus zufrieden waren!" Ein hoher Offizier sagte mir auf der Fahrt von Reval nach Petersburg: „Der Fall Poljakow soll Deutschland noch manche Kopeke kosten."

Den Hauptvorteil aus dieser Lage wird wahrscheinlich Schweden ziehen, das bekanntlich seit längerer Zeit systematisch darauf hinarbeitet, seinem Absatz nach Rußland neue Wege zu eröffnen und dem diese plötzliche Wendung sehr gelegen kommt; denn es vermag jetzt den Zwischenhändlern mit schnellen und günstigen Angeboten zu dienen. Die Propaganda für die Wehrvorlage in Schweden steht dem nicht entgegen. Handelsverbindungen entwickeln sich nach eigenen Gesetzen und lassen sich heutzutage durch politische Stimmungen nicht meistern, während andererseits die Politik dem Außenhandel weitgehend Rechnung zu tragen gezwungen ist. Hat die schwedische Industrie erst einmal den nordrussischen Markt erobert, so wird es schwer fallen, sie später aus ihrer Stellung zu vertreiben.

Angesichts der Tatsache, daß die Vergebung des ersten Teils des großen Schiffsbauprogramms vor der Tür steht, daß ungeheure Summen für Werften und Hafenbauten verausgabt werden (nach Ansicht russischer Offiziere werden allein in Reval alles in allem in den nächsten 12 Jahren 1000 Millionen Rubel hineingesteckt werden) ist der grundsätzliche Ausschluß deutschen Materials von den Lieferungen bedauerlich.

Das russische Urteil über den Fall Poljakow ist bisher von unserer Seite unwidersprochen geblieben. Das Marineoffizierskorps fühlt sich beleidigt. Es ist hier nicht bekannt, welche Überlegungen die Cölner Polizei bei ihrem Vorgehen geleitet haben; sicher ist es aber, daß es uns teuer zu stehen kommen wird.

*PA Bonn, Rußland 72b, Bd. 29.*

1 Am 23. Februar 1914 wurde Kapitänleutnant Poljakov in Köln, wo er sich den Karneval ansehen wollte, unter dem falschen Verdacht, im Gedränge einem Vorübergehenden die Uhr gestohlen zu haben, festgenommen und zehn Tage lang in Untersuchungshaft gehalten. Poljakov hatte im Auftrage des russischen Marineministeriums die Schichauwerft in Elbing besucht, um den Bau russischer Torpedoboote zu inspi-

zieren, und sich anschließend nach Duisburg begeben. Die russische Botschaft in Berlin beschwerte sich beim Auswärtigen Amt insbesondere darüber, daß Poljakov entgegen den in Deutschland geltenden Gesetzen nicht unverzüglich dem zuständigen Richter vorgeführt worden war. Nachdem man zur Untersuchung der gegen Poljakov erhobenen Beschuldigungen eine Kommission nach Köln entsandt hatte, brachte das Auswärtige Amt in einer Note an die russische Botschaft sein Bedauern über den Vorfall zum Ausdruck und sagte zu, die für den Mißgriff verantwortlichen Beamten zur Rechenschaft zu ziehen. — Ende März 1914 wurde der Beamte des russischen Verkehrsministeriums und Chef des Wegebaubezirks in Tomsk, Ingenieur Popov, in Brieg an der Oder zusammen mit dem belgischen Konsul in Mitau Heidemann festgenommen und drei Stunden in Haft gehalten. Beide wurden zu Unrecht der Spionage beschuldigt. Popov war im Auftrage der russischen Regierung nach Deutschland kommandiert worden, um in Hamburg und Breslau mehrere Dampfer für den Verkehr auf dem Ob und dem Jenissej zu kaufen. Vgl. Dok. Nr. 381, Anmerkung u. Dok. Nr. 389.

## 377 Schreiben des Unterstaatssekretärs im Auswärtigen Amt Zimmermann an den Chefredakteur Kleefeld

*Konzept.*

Berlin, 4. April 1914

Im Fall Poljakoff sind leider Fehler unserer inneren Behörden festzustellen gewesen. Dies haben wir auf der russischen Botschaft mit dem Ausdruck des Bedauerns zugeben müssen. Für die beiden Regierungen ist der Zwischenfall mit einem einmaligen Notenwechsel erledigt. Im deutschen Interesse liegt es nicht, öffentlich darauf zurückzukommen.

*PA Bonn, Deutschland 131, Bd. 36.*

## 378 Telegramm Nr. 74 des Botschafters in St. Petersburg Graf von Pourtalès an das Auswärtige Amt

St. Petersburg, 4. April 1914

Antwort auf Telegramm Nr. 58.

Pferdeausfuhrverbot noch nicht erlassen. Ministerrat hat aber bereits genehmigt, daß ein diesbezügliches Gesetz der Reichsduma vorgelegt wird. Zweifele nicht an Annahme.

Wie Militärattaché mit Bericht 15 meldete, hat russischer Kriegsminister Beunruhigung im Auslande infolge russischen Pferdeausfuhrverbots als unberechtigt bezeichnet, da dieses lediglich durch Pferdemangel und Preissteigerung notwendig geworden sei. Der Militärattaché hält dies für zutreffend.

*ZStAP, AA 6227, Bl. 67.*

**379** **Schreiben der Gelsenkirchener Bergwerks-Actien-Gesellschaft an das Auswärtige Amt**

*Ausfertigung.*

Gelsenkirchen, 6. April 1914

Wir nehmen Bezug auf die Besprechung zwischen Herrn Vicekonsul Frey und unserem Herrn Direktor Bergassessor Burgers vom 7. v. M. betreffs des von uns neu nachgesuchten Exequatur für Rußland und erlauben uns Folgendes auszuführen:

Wir führen in Gemeinschaft mit der Gewerkschaft Deutscher Kaiser aus dem Manganbezirk von Tschiaturi im Kaukasus jährlich über den Hafen von Poti etwa 250000 Tonnen Manganerz aus. Diese Geschäftstätigkeit ist uns bezw. unserem Rechtsvorgänger von der russischen Regierung nach Maßgabe der geltenden Gesetze durch ein im Jahre 1904 erteiltes Exequatur gestattet worden. Dieses Exequatur hat sich als nicht ausreichend erwiesen, weshalb wir ein neues erweitertes Exequatur bei der russischen Regierung im Jahre 1912 nachgesucht haben in der gleichen Fassung, wie es der Gewerkschaft Deutscher Kaiser, Hamborn, im Jahre 1912 für ihre Niederlassung in Nikolajew, an der wir zur Hälfte beteiligt sind, gewährt worden ist. Von unserem bereits bestehenden Exequatur sowohl als auch von dem neu nachgesuchten Exequatur haben wir je eine Abschrift hier beigefügt.

Die Verhandlungen mit der russischen Regierung werden von unserem russischen Rechtsanwalt, Herrn Dr. L. Berlinn, wohnhaft in Brüssel und St. Petersburg, geführt.

Man will uns in dem neuen Exequatur vorschreiben, daß der verantwortliche Geschäftsführer und unser gesamtes übriges Personal in Rußland russische Untertanen nicht mosaischer Religion sein müssen. Die Erfüllung dieser Bestimmung ist uns unmöglich. Unsere Angestellten in Rußland sind neben dem verantwortlichen Leiter, der Grieche ist, meist Deutsche, und ein Wechsel hierin durch Anstellung von Russen könnte für uns in dem geschäftlich sehr unsicheren Kaukasus die größten Nachteile im Gefolge haben. Wir haben daher unseren Bevollmächtigten Herrn Dr. Berlinn beauftragt, die Aufnahme dieser Bestimmung über die Angestellten in das neue Exequatur zu vermeiden. In einer in Abschrift hier beigefügten Eingabe des Herrn Dr. Berlinn an die russische Regierung ist zur Begründung besonders hervorgehoben, daß die etwa in Frage kommenden russischen Untertanen nicht hinreichend befähigt sind, die vorkommenden Arbeiten zu erledigen.

Nach Ansicht des Herrn Dr. Berlinn kann die Erfüllung unserer Wünsche durch eine private Besprechung des Botschafters mit dem Minister des Innern, Herrn Maklakoff, und dem die Sache bearbeitenden Geschäftsleiter des Ministerrats, Herrn v. Plehwe, wesentlich gefördert werden.

Da uns sehr viel daran liegt, das neue Exequatur, so wie von uns beantragt, recht bald genehmigt zu erhalten, so gestatten wir uns die höfliche Bitte auszusprechen, für uns in St. Petersburg entsprechend eintreten zu wollen. [Unterschrift.] Burgers.

*ZStAP, AA 2097, Bl. 2ff.*

## 380 Bericht Nr. 119 des Geschäftsträgers in St. Petersburg von Lucius an den Reichskanzler von Bethmann Hollweg

*Ausfertigung.*

St. Petersburg, 10. April 1914

Der Herr Botschafter hatte schon vor einigen Tagen Herrn Sasonow auf die der Botschaft verschiedentlich aus industriellen Kreisen zugegangenen Klagen der Benachteiligung der deutschen Industrie bei Vergebung von Aufträgen aufmerksam gemacht und darauf hingewiesen, daß ein amtliches Verbot seitens der Marine — oder Wegebauministeriums an die Werften und Fabriken, ihr Material aus Deutschland zu beziehen, dem Geiste des Handelsvertrages zuwider laufen würde.

Herr Sasonow, den ich auf die Angelegenheit heute anredete, hat von dem Marineminister die bestimmte Erklärung erhalten, daß ein derartiger Befehl an die Werften nicht ergangen ist. Ich habe Herrn Sasonow unter Hinweis auf die beginnende Pressepolemik (Frankfurter Zeitung, Berliner Tageblatt, etc.) wiederholt, daß ich erst eben von dem Vertreter einer großen deutschen Werft (Schichau) dieselbe Klage gehört hätte und ihn bäte, jedenfalls auch im Wegebauministerium die Angelegenheit zur Sprache zu bringen. Herr Sasonow sagte dies bereitwillig zu.

Ich habe dem Minister, der die Angelegenheit mit einigen Worten als „Zeitungsgerede" abtun wollte, ganz offen, ohne Angabe der Quelle gesagt, daß der betreffende Befehl vom Admiral Bubnow, stellvertretenden Marineminister, gegeben worden sei, und mir dies von drei verschiedenen Stellen, die ich für zuverlässig halten müsse, bestätigt worden sei.

Ich habe Herrn Sasonow die betreffenden Verwaltungen, welche in Frage kommen (Böker und die Russisch-Baltische Werft in Reval und Schichau in Riga) genannt.

Wie häufig wird Herr Sasonow auch diesmal von seinem Kollegen eine unrichtige Auskunft erhalten haben. Immerhin dürften die betreffenden Stellen jetzt gewarnt sein.

*ZStAP, AA 2827, Bl. 130f.*

## 381 Notiz des Reichskanzlers von Bethmann Hollweg

*Eigenhändig.*

[Berlin], 11. April 1914

Hat Petersburg schon hierüber berichtet?[1] Die Maßregel selbst und ihre Ankündigung in der Presse ist eine arge Unfreundlichkeit. Über unser Verhältnis zu Rußland werde ich im Reichstag sprechen müssen. Freundlich kann das nicht ausfallen, wenn sich die russische Regierung tatsächlich so zu uns stellt. Man wird sich aber wohl vorher in Petersburg resp. hier darüber aussprechen müssen.

Ich bitte um gef. Rücksprache.

*ZStAP, AA 2827, Bl. 132.*

1 Bezieht sich auf den Artikel des Berliner Tageblatts vom 4. 4. 1914, Nr. 181: Die „Bestrafung" Deutschlands durch Rußland. Darin wurde ausgeführt, daß durch die „Mißgriffe der schneidigen Polizeibeamten in Köln und Breslau, welche die Fälle Poljakow und Popow verschuldeten", die deutsche Industrie zu leiden habe. Die Birževye Vjedomosti berichten, daß die russische Regierung dabei sei, eine Vorschrift zu erlassen, die die Vergabe von Regierungsaufträgen nach Deutschland und Österreich von der Stellung „einer Kaution zur Vermeidung der Verhaftung der russischen Beamten" abhängig mache.

## 382 Notiz des Generalkonsuls in der Handelspolitischen Abteilung des Auswärtigen Amts Kohlhaas

Berlin, 11. April 1914

Ich habe die Frage des angeblichen Boykotts der deutschen Industrie bei russischen Regierungslieferungen soeben mit Herrn Grafen Mirbach besprochen.

Er teilt mir mit, daß der Herr Reichskanzler angeordnet habe, der Geschäftsträger in St. Petersburg solle angewiesen werden, dem Minister Sasonow über diese Angelegenheit und andere Beschwerdepunkte unter Hinweis auf bevorstehende Interpellationen im Reichstag zu befragen.

Der Erlaß wird von A entworfen und soll bei II zur Mitzeichnung vorgelegt werden.

*ZStAP, AA 2827, Bl. 121.*

## 383 Aufzeichnung des Generalkonsuls in der Handelspolitischen Abteilung des Auswärtigen Amts Kohlhaas

Berlin, 12. April [1914]

Zum Schreiben der Gelsenkirchner Bergwerks-Aktiengesellschaft an das Auswärtige Amt vom 6. April 1914[1]:

Die Schwierigkeiten, die der Gelsenkirchener Bergwerks Aktien-Gesellschaft von den Russen bei dem Antrag auf Abänderung ihrer Konzession zum Gewerbebetrieb in Rußland gemacht werden, stehen im Zusammenhang mit den nationalistischen Bestrebungen des herrschenden Regimes, das das Schlagwort „Nationalisierung des Kredits und der Volkswirtschaft" ausgegeben hat.

Nach den ersten russischen Zeitungsmeldungen (Russkoje Slowo Nr 72 vom 29. März/11. April) sind aber bis jetzt keine bestimmten Beschlüsse über den ursprünglich bestehenden Plan, Juden und Ausländer aus der Direktion in allen Aktiengesellschaften auszuschließen, gefaßt worden. Gewisse Beschränkungen in dieser Hinsicht bestanden schon immer, insbesondere hinsichtlich der Gesellschaften, die Grunderwerb in Rußland in ihrem Programm haben. Diese Beschränkungen sind in der letzten Zeit schärfer gehandhabt worden.[2]

Im Ministerrat selbst besteht Uneinigkeit über die weitere Behandlung der Frage, wie auch von Seiten des Handels und der Industrie gegen den „Nationalisierungsplan" scharf protestiert wird.

In dem Fall der Antragstellerin liegt die Sache insofern ungünstig, als es sich um ein Unternehmen vorzugsweise im Kaukasus handelt, wo die Russen noch besondere Gründe haben, gegen Juden und Ausländer vorsichtig zu sein.

Immerhin scheint es bei der gegenwärtigen Lage, wo die Regierung in sich hinsichtlich der weiteren Stellungnahme in prinzipieller Hinsicht zweifelhaft und uneinig ist, nicht aussichtslos, durch die Botschaft eine der Antragstellerin günstige Behandlung des Einzelfalls herbeizuführen.[3]

*ZStAP, AA 2097, Bl. 5f.*

1 Vgl. Dok. Nr. 379

2 Vgl. zur Gesamtproblematik L. E. Šepelev, Akcionernye kompanii v Rossii, Leningrad 1973.

3 Am 24. 4. 1914 wurde Lucius angewiesen, sich für die Gesellschaft einzusetzen.

## 384 Erlaß Nr. 323 des Staatssekretärs des Auswärtigen Amts von Jagow an den Geschäftsträger in St. Petersburg von Lucius

*Konzept.*

Berlin, 14. April 1914

Euer pp. ersuche ich ergebenst, trotz der bereits stattgehabten ersten Aussprache bei der nächsten sich bietenden Gelegenheit Herrn Sasonow gegenüber zusammenfassend und in nachdrücklichster Weise auf die lange Reihe vexatorischer Maßnahmen zurückzukommen, die Rußland in den letzten Wochen auf wirtschaftlichem Gebiet uns gegenüber teils bereits durchgeführt hat, teils angeblich noch planen soll, und die neben einer Anzahl anderer, mehr politischer Zwischenfälle — ich erinnere nur an die Erlebnisse der verschiedenen deutschen Flieger[1] — allmählich eine tiefgehende, im übrigen durchaus begreifliche Verstimmung der deutschen öffentlichen Meinung hervorgerufen haben.

Zu den Maßregeln der obengenannten Art müssen wir den inzwischen von der Reichsduma bereits angenommenen Russischen Einfuhrzoll auf Getreide zählen, desgleichen eine Reihe anderer, anscheinend noch im Stadium der Vorbereitung befindlicher Maßnahmen, wie die geplante Besteuerung unserer Getreide- und Mehleinfuhr nach Finnland und das in Aussicht stehende Pferde-Ausfuhrverbot. Insbesondere aber wollen Euer pp. dem Minister gegenüber erneut die durch die Presse gehende Nachricht zur Sprache bringen, wonach russischerseits angeblich geplant sein soll, die Regierungsaufträge mehrerer Ressorts künftighin nicht mehr, oder nur unter erschwerten Bedingungen nach Deutschland zu vergeben. Wir müßten den größten Wert darauf legen, einwandfrei festgestellt zu sehen, ob jene Nachricht wirklich nur als Presseerzeugnis zu betrachten ist, oder ob maßgebende russische Stellen sich tatsächlich mit derartigen Absichten tragen.

Es steht mit Sicherheit zu erwarten, daß die bereits erwähnte Mißstimmung unserer öffentlichen Meinung, bezüglich derer sich Herr Sasonow keinerlei Täuschungen hingeben möge, bei dem am 28ten d. Mts. erfolgenden Wiederzusammentritt des Reichstages in einer Reihe von Anfragen bezw. Aussprachen zu deutlichem Ausdruck kommen wird. Der Herr Reichskanzler wird alsdann selbstverständlich nicht umhin können, dazu das Wort zu nehmen. Herr Sasonow wolle sich vor Augen halten, daß die Tonart, worauf die bezüglichen Ausführungen des Herrn Reichskanzlers gestimmt sein werden, sehr wesentlich von den Erklärungen bezw. Zusicherungen abhängen wird, die der Minister Euer pp. zu den obenaufgeführten Punkten zu geben in der Lage ist.

Euer pp. baldgefälligem Bericht in der Angelegenheit sehe ich mit besonderem Interesse entgegen.

*ZStAP, AA 2827, Bl. 136.*

1 Das größte Aufsehen erregten folgende Vorfälle: 1. Am 2. Februar 1914 landete Bernhard Mischewski, Techniker der Deutschen Flugzeugwerke in Leipzig, nachdem er sich im Nebel verirrt hatte, auf einem Eindecker bei Pultusk im Gouvernement Warschau; 2. am 7. Februar 1914 starteten der Ingenieur Hans Berliner und seine Begleiter Nicolai und Haase mit einem Freiballon in Bitterfeld; sie landeten am 11. Februar im Gouvernement Perm. Die deutsche Botschaft in Petersburg trat wiederholt bei der russischen Regierung für die Freilassung Berliners und seiner Begleiter ein, ohne sich jedoch formal zu beschweren, da das Verbot, die russische Grenze zu überfliegen, in deutschen Luftschifferkreisen allgemein bekannt war. — Mischewski wurde am 8. April 1914 in Warschau zu drei Monaten Gefängnis, Berliner und seine Gefährten wurden am 1. Mai 1914 in Perm wegen Spionage zu sechs Monaten Einzelhaft verurteilt.

## 385 Bericht Nr. I 330 des Generalkonsuls in St. Petersburg Biermann an den Reichskanzler von Bethmann Hollweg

*Ausfertigung.*

St. Petersburg, 14. April 1914

In letzter Zeit ist in der Presse wiederholt gemeldet worden, der russische Marineminister habe im Zusammenhang mit der Verhaftung des Kapitäns Poljakow angeordnet, daß für sein Ressort keine Bestellungen nach Deutschland vergeben werden dürften.

Auch von einem hiesigen Kaufmann, der eine große deutsche Firma vertritt, ist mir erzählt worden, daß nahezu zum Abschluß gekommene Verhandlungen über eine größere Bestellung an seine Firma infolge dieser allgemeinen Verfügung des Marineministeriums abgebrochen und die Lieferung einer französischen Firma, trotzdem sie einen wesentlich höheren Preis gestellt hätte, übertragen worden sei.

An der Tatsache der Ausschaltung der deutschen Firma in diesem Falle läßt sich nicht zweifeln, dagegen steht die Meldung über die allgemeine Verfügung des Marineministers im Widerspruch zu einer Nachricht, die mir über eine der allerletzten Ministerratssitzungen aus zuverlässiger Quelle zugegangen ist.

Als in dieser die Frage der Regierungsbestellungen zur Sprache gekommen sei, habe sich Herr Sasonow dafür ausgesprochen, daß Deutschland bei Seite gelassen werden sollte, er habe sich besonders für die Berücksichtigung von Schneider und Creuzot ausgesprochen.

Hiergegen hätten sich sowohl der Kriegs- als der Marineminister gewandt und erklärt, daß sie die deutschen Lieferungen nicht entbehren könnten, die Deutschen lieferten nicht nur billiger, sondern auch besser und schneller, auf ihre Zusagen sei mehr Verlaß als auf die der Franzosen.

*ZStAP, AA 2827, Bl. 136.*

## 386 Bericht Nr. I 335 des Generalkonsuls in St. Petersburg Biermann an den Reichskanzler von Bethmann Hollweg

*Ausfertigung.*

St. Petersburg, den 15. April 1914

Im Anschluß an den Bericht vom 14. 4. — I 330 d. J.[1] —.

Von dem Leiter der hiesigen Tochtergesellschaft einer großen deutschen Firma, die seit langem verschiedenen Ressorts geliefert hat, ist mir vertraulich erzählt worden, daß allerdings in manchen Fällen jetzt die französischen, gelegentlich auch englischen Lieferanten den deutschen vorgezogen würden, daß aber von einer Boykottierung Deutschlands nicht die Rede sei.

Die von ihm geleitete hiesige Zweiggesellschaft, die dem Gesetz nach eine russische Firma ist, wird von den russischen Behörden heute gerade wie immer mit Bestellungen bedacht, noch in den allerletzten Tagen hat sie einen großen Auftrag erhalten, aber auch die Fabriken in Deutschland haben sowohl vom Marineministerium als auch von dem für besonders nationalistisch geltenden Eisenbahnminister Ruchlow noch letzthin Aufträge bekommen.

Der Herr bestätigte, daß vom Marineminister vor etwa 14 Tagen eine Verfügung erlassen sei, der zufolge keine Bestellungen nach Deutschland gehen sollten, aber Beamte des Marineressorts, die tatsächlich die Entscheidung über die Vergebung von Lieferungen hätten, haben zu verstehen gegeben, daß diese Verfügung nicht ängstlich befolgt werden brauche und es seien ihm auch tatsächlich nachdem schon Aufträge zuteil geworden.

Daß jetzt hier die Franzosen bevorzugt werden, daß auch die hiesige Hetzpresse und ihre Hinterleute, daß auf die französische öffentliche Meinung Rücksicht genommen wird, ist unbestreitbar, aber die vorstehenden Meinungen zeigen doch auch wieder, daß nach wie vor der Grundsatz in Geltung ist, da zu kaufen, wo man am besten bedient wird. Sehr wichtig ist dabei — in Rußland mehr wie sonstwo — daß die Vertreter der deutschen Firmen gute Beziehungen zu den maßgebenden russischen Beamten haben und sich mit ihnen richtig zu stellen wissen.

Abschrift dieses Berichtes ist der Kaiserlichen Botschaft hierselbst übermittelt worden.

*ZStAP, AA 2827, Bl. 137f.*

1 Vgl. Dok. Nr. 385.

## 387 Aufzeichnung des Vortragenden Rats in der Politischen Abteilung des Auswärtigen Amts Graf von Mirbach-Harff

Berlin, 16. April 1914

H. v. Bodenhausen, Mitglied des Kruppschen Direktoriums, erzählte mir heute nachstehendes Detail, welches mir zur Beleuchtung der russischen Boykottbewegung gegen deutsche Lieferungen nicht unwesentlich erscheint.

Ein größerer Turbinenauftrag für Nicolaieff, im Werte von ca. 200000 Mark, welcher der Firma Krupp so gut wie sicher war, ist in letzter Stunde, unter wenig stichhaltigen Vorwänden und zu erheblich höherem Preise an die englische Firma Brown vergeben worden.

*PA Bonn, Deutschland 131, Bd 36.*

**388 Bericht Nr. 132 des Geschäftsträgers in St. Petersburg von Lucius an den Reichskanzler von Bethmann Hollweg**

*Abschrift.*

St. Petersburg, 17. April 1914

Wie ich mich bereits zu berichten beehrte, befürchtete Herr Dawydoff in nächster Zeit in Folge der neuen Finanzpolitik und der Witteschen Machenschaften eine Beunruhigung der Börse und ein Fallen russischer Papiere. Diese Voraussicht hat sich bekanntlich sehr schnell bewahrheitet. Um einem weiteren Sinken der russischen Papiere vorzubeugen, hat sich gestern eine Abordnung russischer Bankiers unter Führung des Herrn Dawydoff zum Finanzminister Bark begeben und ihm sehr ernste Vorstellungen gemacht und von ihm verlangt, folgende Erklärungen in seinem Namen abgeben und ins Ausland telegraphieren zu dürfen.

1. Die russische Reichsbank wird ihr unter Kokowtzow — Dawydoff geübtes Verfahren den russischen Privatbanken gegenüber (Kreditgewährung etc.) nicht ändern.

2. Das Finanz- und Eisenbahnministerium wird die Privatbahnen nicht behelligen und sie in bisheriger Weise weiter existieren lassen, wenngleich die Regierung neue Bahnen nur als Staatsbahnen bauen wird.

3. Die Regierung beabsichtigt, entgegen umlaufenden Gerüchten, nicht die Guthaben Rußlands im Auslande zu vermindern.

Herr Bark lehnte ab, obige Erklärung selbst zu geben, autorisierte aber die Banken, das Ausland durch die Presse entsprechend zu informieren und versprach, sich jedes Dementis zu enthalten.

Herr Dawydoff befürchtet trotz dieser Erklärung infolge der Witte'schen Intrigen eine weitere Beunruhigung und soll mit Herrn Bark auch gerade wegen der wirtschaftlichen Unfreundlichkeiten gegen Deutschland, die er zur Sprache brachte, einen scharfen Zusammenstoß gehabt haben.

*ZStAP, Reichsschatzamt 2510, Bl. 30.*

**389 Bericht Nr. 134 des Geschäftsträgers in St. Petersburg von Lucius an den Reichskanzler von Bethmann Hollweg**

*Ausfertigung.*

St. Petersburg, 20. April 1914

Herr Sasonow gab mir heute in einer einstündigen Unterhaltung Gelegenheit, mich im Sinne des hohen Erlasses vom 14. April[1] mit ihm über unsere wirtschaftlichen und politischen Beziehungen ausführlich auszusprechen. Der Minister erklärte, daß die Einführung der Getreidezölle in Rußland keineswegs speziell gegen Deutschland gerichtet sei, da unter denselben Österreich—Ungarn, Rumänien und andere Staaten noch mehr litten als Deutschland. Auch die Einführung der Mehl- und Getreidezölle in Finnland, zu denen Rußland berechtigt wäre, erklärte der Minister als eine rein wirtschaftlich notwendige Maßnahme und kam dabei auf unsere Ausfuhrscheine zu sprechen, welche Rußland erheblichen Schaden täten und eigentlich wie Banknoten oder Wechsel von uns genutzt würden. Außerdem dürfe man nicht vergessen, daß der russische Getreideexport nach Deutschland in den letzten Jahren ganz erheblich abgenommen habe, wogegen das deutsche Getreide immer mehr nach Rußland eingeführt werde und mit wachsendem Erfolg auf den russischen Märkten konkurriere, daß sich nun die russischen Interessenten hiergegen zu schützen suchten, könne man ihnen nicht verdenken, wir würden sicher dasselbe tun.

Auch das Pferdeausfuhrverbot richte sich keineswegs gegen Deutschland. Durch die ungeheuren Ankäufe von russischen Pferden während der Balkankriege sei das Land geradezu von Pferden entblößt worden und die Preise so hoch gegangen, daß der Kriegsminister gar nicht anders gekonnt habe, als eine weitere Pferdeausfuhr zu verhindern.

Was nun die von mir wiederum berührten angeblichen Maßnahmen, betreffend die Entziehung von Regierungsaufträgen beträfe, so könne er mir nur wiederholen, daß ihm Admiral Bubnow auf das Bestimmteste versichert habe, daß ein derartiger Erlaß in keiner Form gegeben worden sei und er — der Admiral — überhaupt zum ersten Mal von dieser Angelegenheit habe sprechen hören. Augenblicklich seien für über 28 Millionen Rubel Aufträge der Werften in Deutschland vergeben. Einer der Botschafter der Tripleentente — ich könne mir ja denken welcher — (Paléologue) habe ihm erst kürzlich mit Beziehung hierauf gesagt: „comme vous favorisez l'Allemagne". Der Minister bemerkte mir, daß wenn eine derartige Ordre, Deutschland bei Staatsaufträgen auszuschließen, ergangen wäre, der Ministerrat sich notwendigerweise damit vorher hätte beschäftigen müssen. Dies sei aber nicht der Fall. Als ich den Minister weiter fragte, ob er die Angelegenheit auch mit dem Verkehrsminister Ruchlow besprochen hätte, erwiderte er mir, daß er hierzu noch keine Gelegenheit gehabt hätte, daß er aber sicher annehme, daß auch seitens des Verkehrsministeriums keine derartige Ordre erlassen worden wäre. Er würde die Angelegenheit gern beim nächsten Ministerrat zur Sprache bringen; dies sei aber erst am übernächsten Donnerstag möglich, da diese Woche wegen der Feiertage kein Conseil stattfände. Ich bat den Minister, in jedem Falle auch mit Herrn Goremykin bald über die Angelegenheit zu sprechen, was er versprach. Als ich Herrn Sasonow dann weiter fragte, ob vielleicht die gedachte Maßnahme etwa in Zukunft beabsichtigt wäre, erwiderte mir der Minister mit einiger Schärfe, daß er nicht das Recht habe, von seinen Kollegen darüber eine Auskunft zu erbitten, was dieselben in Zukunft beabsichtigten, da man ihm daraufhin keine Auskunft geben würde. Ich erwiderte dem Minister in demselben Tone, daß meine Frage sich natürlich auf den besonderen Fall und auf die nächste Zukunft, nicht aber auf Jahre hinaus beziehe und er schließlich die Erregung unserer öffentlichen Meinung besonders in den betreffenden industriellen Kreisen begreifen müsse. Im übrigen nähme ich mit Befriedigung davon Akt, daß die durch die Presse verbreiteten und mir von verschiedenen anderen Seiten zugegangenen Nachrichten von ihm, dem Minister, und dem stellvertretenden Marineminister, Admiral Bubnow, kategorisch als unwahr bezeichnet würden. Ich möchte ihm aber doch anheimstellen, bei den Direktionen der ihm von mir genannten Werften Nachforschungen darüber veranstalten zu wollen, auf Grund welchen Mißverständnisses, vielleicht einer untergeordneten Stelle, die Direktionen zu der Annahme gekommen seien, daß sie in Deutschland nicht mehr bestellen dürften. Ich halte es nämlich nicht für ausgeschlossen, daß der betreffende Befehl, ohne Wissen oder wenigstens nicht auf ausdrückliche Weisung des Ministers, vielleicht von einem Departement ausgegangen ist.

Als ich dem Minister sagte, daß Euere Exzellenz vielleicht schon in nächster Zeit sich im Reichstag auf Anfrage über diese und andere unsere Beziehungen zu Rußland betreffende Angelegenheiten äußern würden, erwiderte mir der Minister sehr lebhaft „si moi, j'etais obligé et ça peut arriver prochainement à l'occasion des déliberations dans la Duma de parler sur les relations Russo-allemandes —, je dirais que rien n'est changé dans les relations avec l'Allemagne, malgré les affirmations d'une presse qui nous fait la vie insupportable. Ces relations sont restées ce qu'elles étaient toujours très amicales."

In diesem Sinne hat sich, wie ich Euerer Exzellenz schon berichten durfte, Herr Sasonow allerdings fast wörtlich dem französischen Botschafter gegenüber geäußert.

Wenn also Herr Sasonow sich auch nicht über die zukünftigen Absichten der russischen amtlichen Stellen, betreffend Sondermaßregeln, gegen unsere Industrie hat aussprechen wollen, so liegt meines gehorsamsten Dafürhaltens, in seiner heutigen Erklärung und in seiner Betonung der Wichtigkeit einer sorgsamen Pflege der deutsch-russischen Beziehungen, welche durch einzelne Zwischenfälle und durch die gegenseitige Pressepolemik nicht kompromittiert werden sollten, doch eine gewisse Zusicherung, daß die Russische Regierung es vermeiden wird, Maßnahmen zu ergreifen, von denen sie jetzt bestimmt weiß, daß wir dieselben als unfreundlichen Akt auffassen und nicht ruhig hinnehmen würden. Wenn, was ich doch glaube, in geheimer Sitzung auch derartige Maßnahmen erwogen worden sein sollten, so dürften dieselben kaum mehr zur Ausführung kommen. Dafür sprechen auch die dem Generalkonsul Biermann zugegangenen Nachrichten hiesiger Industrieller, wonach es betreffend der Auslandsbestellungen nach Deutschland trotz der angeblichen Weisungen aus den Ministerien „alles beim alten bleiben werde". Man hat es also möglicher Weise mit einer gewissen Konzession an die Nationalisten zu tun.

Als ich den Minister verließ, wurde der Ministerpräsident Goremykin angemeldet. Ich bat Herrn Sasonow unter dem frischen Eindruck unserer Unterhaltung auch gerade Herrn Goremykin über die Angelegenheit zu sprechen, worauf Herr Sasonow gleich einging.

P.S. Der Bericht war fertiggestellt, als mich Herr Sasonow nochmals zu sich bat, um mir zu sagen, daß er inzwischen auch den Verkehrsminister nach derselben Angelegenheit gefragt habe. Herr Ruchlow habe ihm in bestimmtester Form genau dieselbe Erklärung wie Admiral Bubnow gegeben: Es wären keinerlei Maßnahmen für die Ausschaltung Deutschlands bei Aufträgen seines Ministeriums getroffen worden. Der Minister würde sich in der nächsten Ministerratssitzung darüber äußern. Dabei habe aber Herr Ruchlow ihn, Sasonow, gebeten, bei uns darauf hinzuweisen, daß in seinem Ressort allerdings eine entschiedene Verstimmung herrsche wegen der damaligen Arretierung von Popoff, welcher mit Staatsaufträgen nach Deutschland gereist sei. Seine baldige Freilassung verdanke Popoff nur dem glücklichen Umstande, daß mit ihm zusammen der belgische Konsul verhaftet und alsbald freigelassen worden sei.

Auch beklagten sich seine Beamten, daß man ihnen bei uns nie etwas zeige, während man in England und Amerika gerade das entgegengesetzte Prinzip befolge. Es handle sich hierbei um keine Geheimnisse. Man habe im vorigen Jahre den deutschen Ingenieuren auch hier die neue „machine-attraction“ in allen Einzelheiten vorgeführt.

*ZStAP, AA 2827, Bl. 139ff.*
1 Vgl. Dok. Nr. 384.

## 390 Schreiben des Direktoriums der Friedrich Krupp Aktiengesellschaft an das Auswärtige Amt

*Abschrift.*

21. April 1914

Trotz der sehr hohen Zölle, durch die Rußland seine Industrie schützt, war die Firma Krupp regelmäßig Lieferantin der russischen Maschinen- und Schiffsbauindustrie, und zwar sowohl der staatlichen wie der privaten. Es handelt sich dabei wesentlich um große und komplizierte Stahlformguß- und Schmiedestücke, für deren Herstellung die russischen Werke nicht eingerichtet sind.

Schon seit etwa zwei Jahren glaubten wir bei Aufträgen die direkt oder indirekt von Staatswerften ausgingen, das Bestreben wahrzunehmen, englischen Werken trotz höherer Preise, den Vorzug vor unseren Erzeugnissen zu geben, wobei indessen immer noch ein Teil der ins Ausland fallenden Aufträge uns zufiel und eine gegen die deutsche Industrie bestehende prinzipielle Animosität noch nicht auffällig in die Erscheinung trat.

Anfang dieses Monats ging durch die russische und deutsche Presse die Nachricht, die Ministerien für Marine und für Verkehr in St. Petersburg hätten die Weisung ergehen lassen, für Staatslieferungen nach Deutschland Aufträge nicht mehr zu erteilen. Die Nachricht wurde uns durch unsere Vertretung in Petersburg und einen unserer Prokuristen, der zur Zeit dort weilt, bestätigt. Dieser Herr schreibt uns unter dem 15. April wie folgt:

„Was zunächst die Weisung des Marineministeriums, in Deutschland nichts mehr zu kaufen, betrifft, so scheint sie in der Tat, wenn auch nicht in offizieller, so doch in nicht mißzuverstehender Form ergangen zu sein, so daß sich die russischen Werke veranlaßt sahen, ihre Aufträge nichtdeutschen Firmen zu erteilen. Auf diese Weise ist uns auch der Auftrag von Nicolaieff entgangen. Die kurzen Liefertermine der Konkurrenz waren natürlich nur eine Ausrede.“

Einen direkten Beweis für das Vorgehen der russischen Marinebehörde gegen die deutsche Industrie sehen wir in folgenden Geschehnissen:

Die Société des Ateliers et Chantiers de Nicolaieff in Nicolaieff, mit der wir in langjähriger freundschaftlicher Beziehung stehen, hatte uns mit Schreiben vom 9. Februar d. J. eine Anfrage nach Turbinenteilen gesandt, auf die wir am 2. März d. J. unser Angebot einreichten. Es handelte sich um ein Objekt im Werte von 204000 M. Anfang März erhielten wir von unserer Nicolajewer Vertretung die Nachricht, es sei mit größter Sicherheit darauf zu rechnen, daß uns der gesamte Auftrag erteilt würde, falls es uns möglich wäre, die Lieferung der angebotenen Teile in einer Frist von $8^1/_2$ Monaten zu bewirken. In unserer Antwort brachten wir zum Ausdruck, daß uns die Einhaltung der gewünschten Lieferzeit zwar nicht möglich sei, daß wir die Bestellung jedoch in 7 Monaten beginnen und in 11 Monaten beenden könnten. Darauf ging uns der Bescheid zu, daß die Werft in Nicolaieff offenbar mit unseren Lieferterminen einverstanden sei und daher ihrer *Petersburger* Verwaltung telegraphisch anheimgestellt habe, uns den Auftrag zu übergeben; die schriftliche Bestellung würde uns in einigen Tagen übermittelt werden. Unsere Vertreter in St. Petersburg, die sich inzwischen mit den dort maßgebenden Herren der Verwaltung der Werft in Verbindung gesetzt hatten, bestätigten diese Mitteilung in vollem Umfange.

Zu unserem großen Erstaunen berichtete indessen alsdann unsere Vertretung in Petersburg am 30. März, daß die Petersburger Zentralverwaltung der Werft wider alles Erwarten erklärt habe, die von uns aufgegebene Lieferfrist sei nicht annehmbar und man habe infolgedessen den Auftrag der Konkurrenz, die schneller liefern würde, überschrieben.

Nach Lage der Dinge kann in der Lieferfrist nur ein Vorwand gesehen werden. Die Werft in Nicolaieff, die die Turbinenteile zu bearbeiten und in die Schiffe einzubauen hat, hatte sich auf Grund ihres Arbeitsprogramms, das sich natürlich von Petersburg aus nicht im einzelnen übersehen läßt, mit der von uns verlangten Lieferzeit einverstanden erklärt. Das durchaus freundschaftliche Verhältnis auch der Petersburger Zentrale zu uns hätte bei etwaigen besonderen Wünschen, alter Gepflogenheit gemäß, unbedingt zur nochmaligen Rückfrage bei uns geführt, wenn nicht Weisungen höheren Ortes im Spiele waren.

Inzwischen haben wir von anderer Seite erfahren, daß die Bestellung zu einem *fast um die Hälfte höheren Preis nach England* gegangen ist.

Die unfreundliche Haltung der maßgebenden russischen Kreise gegen uns kommt auch noch in anderer Weise zum Ausdruck.

Allgemein ist es üblich, daß die technische Prüfung und Abnahme der auf den Stahlwerken hergestellten Erzeugnisse hier an Ort und Stelle erfolgt, damit bei etwaigen Fehlstücken die Kosten für Versand, Zoll und dergl. gespart werden. Es befinden sich daher in den größeren Industriestädten Hunderte von technischen Beamten und Beauftragten aller Länder, darunter auch Rußlands.

Nach neuerlicher Vorschrift soll, wie es scheint, hierin zu unseren Ungunsten eine Änderung Platz greifen.

Die Maschinenfabrik Ludwig Nobel in St. Petersburg, ebenfalls eine langjährige treue Kundin der Firma Krupp, erteilte uns am 4. März d. J. einen Auftrag im Werte von 107000 M. Das Bestellschreiben enthielt die Vorschrift, daß die Materialprüfung der ersten Teillieferung (1/12 der Bestellung) in Petersburg vorgenommen werden solle und daß wegen der Abnahme des übrigen Teils des Auftrags in nächster Zeit noch nähere Bestimmungen getroffen würden. Schon in unserem Angebot, das zur Erteilung des Auftrages führte, hatten wir eine solche Abnahmebedingung abgelehnt. Diesen Standpunkt hielten wir nach Erhalt der Bestellung der Firma Nobel gegenüber aufrecht. Durch Vermittlung unserer Petersburger Vertretung wurde uns daraufhin mitgeteilt, daß die Firma Ludwig Nobel den ganzen Auftrag bestehen lassen wollte, jedoch vom Ministerium nur für das erste Zwölftel die Erlaubnis zur Abnahme in Essen erhalten habe, daß es daher angebracht sei, zunächst nur diesen Teil der Bestellung anzufertigen, da die Möglichkeit vorliege, daß die Genehmigung für die übrige Lieferung nicht erteilt werde. Diese Angelegenheit schwebt noch. Wird sie zu unseren Ungunsten entschieden, so verringert sich der Wert der Bestellung von 107000 M auf 9000 M.

Bei einer weiteren Bestellung derselben Firma im Werte von 25000 M ist vorgeschrieben, daß die Prüfung sowie die Abnahme der Materialien *auf der Fabrik von Nobel* von einem Kronbeamten zu erfolgen habe. Nachdem zunächst im Verlauf längerer Verhandlungen eine Verständigung in der Preisfrage erzielt war, wurde unsererseits schließlich auch das weitgehende Zugeständnis gemacht, die Proben des Werkstückes vor dessen Versendung in einem russischen Institut unter unserer Kontrolle untersuchen zu lassen. Am 9. d. M. erhielten wir indessen den Bescheid, daß die Firma Nobel uns den Auftrag nicht erteilen könne, da die Erlaubnis hierzu seitens des Ministeriums nicht erteilt worden sei.

Diese Vorgänge sind geeignet, eine schwere Schädigung der deutschen Industrie herbeizuführen. Wir glauben aber nach unserer Kenntnis der Verhältnisse, daß auch die russische Industrie selbst durchaus nicht mit dem Vorgehen der Regierung einverstanden sein kann. Die Ausschaltung der deutschen (und österreichischen) Werke als Lieferanten wird ohne Zweifel, wie es schon der oben angezogene Fall beweist, eine sehr erhebliche Verteuerung der Maschinen- und Schiffsteile bringen, bezüglich deren der russische Konstrukteur auf das Ausland angewiesen ist. Belgien kommt für die Herstellung derartiger Stücke wenig in Betracht. In England und Frankreich sind die Herstellungskosten an sich höher als bei uns, wozu die weitere Fracht kommt. Dann aber werden die dortigen Stahlwerke sich fraglos die Ausschaltung des deutschen Wettbewerbs mit allen Mitteln zu Nutze machen und ihren durch die eigene Regierung wehrlos gemachten russischen Kunden jeden Preis diktieren können.

Es ist aus diesem Grunde auch nicht unmöglich, daß die Anregung zur Zurücknahme oder Einschränkung des „inoffiziellen" Ministererlasses, von der eine in den letzten Tagen hier eingegangene Nachricht spricht, mit auf die Vorstellungen eben jener russischen Konstrukteure zurückzuführen wäre. Bruhn. Bodenhausen.

*ZStAP, AA 2827, Bl. 168ff.*

## 391 Schreiben der Daimler-Motoren-Gesellschaft an das Auswärtige Amt

*Ausfertigung.*

Stuttgart-Untertürkheim, 25. April 1914

Der Leiter unserer russischen Filiale berichtet uns, daß besonders in letzter Zeit die deutsche Industrie in Rußland einen schweren Stand habe. Speziell die französische Industrie suche die deutschen Firmen und deutschen Fabrikate zurückzudrängen und werde hierbei von der Petersburger französischen Botschaft sowohl in amtlichem Verkehr als auch außerhalb desselben tatkräftig unterstützt. Unser russischer Vertreter klagt darüber, daß die deutsche Industrie von den deutschen Behörden nicht in der Weise gefördert werde, wie die französische durch ihre Botschaft. Wieweit die in dem Bericht unseres Vertreters angegebenen Einzelheiten den Tatsachen entsprechen, können wir nicht nachprüfen, da wir jedoch unseren russischen Vertreter als guten Beobachter und vorsichtigen Beurteiler kennen, glauben wir dem Auswärtigen Amt von diesen Klagen Kenntnis geben zu sollen. [Unterschriften.]

PS. Herr Graf Pourtalès hat einen amerikanischen Wagen gekauft. Wir wären gern bereit, zum Zweck der Propaganda einen Mercedes-Wagen zu einem Spezialpreis zur Verfügung zu stellen.

*ZStAP, AA 2899, Bl. 123.*

## 392 Bericht Nr. 144 des Botschafters in St. Petersburg Graf von Pourtalès an den Reichskanzler von Bethmann Hollweg

*Abschrift.*

St. Petersburg, 29. April 1914

Herr Sasonow kam von sich aus noch einmal auf das angeblich seitens des russischen Marine- und Verkehrsministeriums erlassene Verbot, Bestellungen bei deutschen Firmen zu machen, zu sprechen und stellte ausdrücklich fest, daß ein solches Verbot nie ergangen wäre. Ob vielleicht untergeordnete Stellen unter dem Eindruck der Poljakow-Affaire in einzelnen Fällen Maßnahmen gegen die deutsche Industrie getroffen hätten, entziehe sich seiner Kenntnis, jedenfalls sei von einem generellen Verbot keine Rede.

*ZStAP, AA 2827, Bl. 148.*

## 393 Bericht Nr. I 397 des Generalkonsuls in St. Petersburg Biermann an den Reichskanzler von Bethmann Hollweg

*Ausfertigung.*

St. Petersburg, den 9. Mai 1914

Mit Bezug auf den Bericht vom 16. v. M. — I 335[1] —.

Mir war eine Abschrift der angeblichen Verfügung des Marineministers über das Verbot der Vergebung von Lieferungen an deutsche Firmen in Aussicht gestellt worden. Es ist meinem Gewährsmann aber nicht möglich gewesen, seine Zusage zu erfüllen.

Die Verfügung, so wird mir gesagt, sei vor etwa vier Wochen ergangen, und zwar sei in ihr eine frühere, etwa im Dezember v. J. erlassene, die allgemein vorschrieb, möglichst wenig Bestellungen an ausländische Firmen zu vergeben, von neuem eingeschärft und dabei bemerkt worden, daß die Vorschrift ganz besonders streng Deutschland gegenüber anzuwenden sei. Sollte eine Bestellung in Deutschland unvermeidlich erscheinen, so sei vorher jedes Mal eine Rückfrage beim Minister nötig.

Folgende Vorgänge sind mir mitgeteilt worden, aber in jedem Fall unter der Bedingung strengster Diskretion.

Die Firma Nobel, der der Bau einer Anzahl von Torpedobooten übertragen ist, hatte die Schraubenwellen bei Borsig bestellt. Auf Verlangen des Marineministeriums hätten Nobel's die Bestellung rückgängig gemacht. Der Auftrag soll nun einer französischen Firma vergeben werden, auch wenn die Preise höher sind.

Die hiesige Firma Arthur Koppel hat einen großen Auftrag erhalten, der hier nicht ausgeführt werden kann, sondern in Deutschland von der Stammfirma ausgeführt werden sollte. Jetzt ist der Firma nahegelegt worden, die Arbeiten nicht in Deutschland, sondern bei einer ihrer Zweigfabriken in Frankreich oder den Vereinigten Staaten machen zu lassen.

Der Fall, den ich in meinem Bericht vom 14. v. M. — I 330 —[2] erwähnte, betraf die Lieferung einer Anzahl von Automobilin durch die Firma Mannesmann (Mulag).

Ein anderer Fall von Zurücksetzung Deutscher ist folgender:

Ein hiesiger Deutscher, Stroh, Mitglied der Donez-Jurjewka-Hüttenwerke, ist zugleich Vertreter einer Gruppe französischer Banken, die in russischen industriellen Werken interessiert sind.

Herr Stroh war von dieser französischen Gruppe vorgeschlagen, als ihr Vertreter in die Direktionen der Putilowwerke und der Société de construction, die den Revaler Kriegshafen baut, einzutreten. Die Anträge sind abgelehnt, mit der Begründung, es dürften in diesen Direktionen nur russische Untertanen sitzen, dabei sind wie Herr Stroh behauptet, sowohl bei Putilow, wie in der Société de construction eine ganze Anzahl der Direktoren Franzosen.

Auch Herr Stroh hat gebeten, seine Mitteilung vertraulich zu behandeln.

Neuerdings hat das Marineministerium an hiesige Firmen das Verlangen gestellt, ihre Angaben über die Zusammensetzung der Verwaltung und der technischen Beamten, Werkmeister etc. zu machen und dabei das Hauptgewicht auf die Angabe der Staatsangehörigkeit der Beamten gelegt.

Man vermutet in deutschen Kreisen, daß auch diese Umfrage den Zweck hat, Fabriken deutschen Ursprungs und mit deutschen Beamten bei Vergebung von Lieferungen zurückzusetzen. Übersetzung dieser mir zur Verfügung gestellten Umfrage füge ich bei.

Es ist bedauerlich, daß die Herren ihre Mitteilungen unter der Bedingung vertraulicher Behandlung gemacht haben, da hierdurch ihre Verwertung der russischen Regierung gegenüber verhindert wird.

Vielleicht werden aber die betreffenden Firmen in Deutschland auf Anfrage sich über die einzelnen Fälle äußern, so daß daraufhin bei der russischen Regierung wegen dieser unfreundlichen Behandlung der deutschen Industrie Vorstellungen erhoben und mit Beispielen belegt werden können.

Abschrift dieses Berichts ist der Kaiserlichen Botschaft hierselbst übermittelt worden.

*ZStAP, AA 2827, Bl. 150f.*

1 Vgl. Dok. Nr. 386.

2 Vgl. Dok. Nr. 385.

## 394 Schreiben Nr. II 0 2181 des Direktors der Handelspolitischen Abteilung des Auswärtigen Amts Johannes an die Staatssekretäre des Innern und des Reichsmarineamts sowie die preußischen Minister für Handel und Gewerbe, für Öffentliche Arbeiten und den Kriegsminister. Streng vertraulich!

*Konzept.*

Berlin, 13. Mai 1914

Aus Anlaß der durch die Presse gegangenen Nachricht, daß einige russische Minister wegen des Falles Poljakoff Anweisung erteilt hätten, Regierungsaufträge künftig nicht mehr oder doch nur unter erschwerten Bedingungen nach Deutschland zu vergeben, hatte ich die Kais. Botschaft in St. Petersburg beauftragt, eine Äußerung der russischen Regierung zu dieser Meldung herbeizuführen. In der ausführlichen Unterredung, die daraufhin der Kaiserl. Geschäftsträger mit dem Minister Sasonow gehabt hat, wurde von Herrn Sasonow mehrfach versichert, daß derartige Anordnungen in keiner Form ergangen seien; dabei hat jedoch der russische Minister Veranlassung genommen, seinerseits zu bemerken, daß insbesondere im russischen Verkehrsministerium eine erhebliche Verstimmung gegenüber Deutschland Platz ergriffen habe, die nicht nur auf die Fälle Poljakow und Popow zurückzuführen sei, sondern auch vornehmlich darauf beruhe, daß russische Anträge, Beamte zur Besichtigung und zum Studium technischer Einrichtungen zuzulassen, in Deutschland in letzter Zeit nur geringes Entgegenkommen selbst in solchen Fällen fänden, wo es ohne weiteres klar sei, daß die Gefahr einer Auskundschaftung von Geheimnissen nicht bestehe. England und Amerika seien in dieser Beziehung bei weitem entgegenkommender.[1]

Wenn auch diesseits nicht beabsichtigt wird, diesem Vorbringen des Ministers Sasonow eine weitere Folge zu geben, schon allein deshalb weil einzelne Fälle nicht namhaft gemacht worden sind, so habe ich doch bei der Wichtigkeit der Angelegenheit für unsere Industrie geglaubt, Ew. pp. von dieser russischen Beschwerde Kenntnis geben zu sollen. Ich würde es mit Dank erkennen, wenn Euere Exzellenz bei der Entscheidung über etwaige künftige russische Anträge der gedachten Art die russischen Klagen mit in Erwägung ziehen und solchen Anträgen gegenüber eine wohlwollende Haltung beziehen wollten, indem den russischen Abgesandten möglichst persönliches und sachliches Entgegenkommen gewährt wird, soweit nach Lage des Einzelfalls eine Gefährdung deutscher Interessen nicht zu befürchten ist.

Den sonst in Betracht kommenden Herren Ressortschefs geht eine entsprechende Mitteilung zu.

*ZStAP, AA 2827, Bl. 146f.*
1 Vgl. Dok. Nr. 389.

**395 Schreiben Nr. A 14/1985 der Centralstelle zur Förderung der Deutschen Portland-Cement-Industrie an den preußischen Minister der auswärtigen Angelegenheiten von Bethmann Hollweg**

*Ausfertigung.*

Berlin, 20. Mai 1914

[. . .]
Euere Exzellenz teilten in der Budgetkommission mit, daß die Behauptungen, die russischen Behörden hätten ein Verbot erlassen, wonach seitens der Regierung künftig keine Lieferungen mehr nach Deutschland vergeben werden sollten, von der russischen Regierung bestimmt in Abrede gestellt werden.

Demgegenüber weisen wir darauf hin, daß von seiten deutscher Industrieller ständig Klagen darüber laut werden, daß russische Behörden dem Sinne dieser offiziellen Kundgebung entgegen handeln. Selbst in den ziemlich häufigen Fällen, in denen sich die russische Industrie den an sie gestellten Anforderungen als nicht gewachsen zeigt, und die Lieferungen an das Ausland vergeben werden *müssen*, wie bei vielen Zementlieferungen, auch in solchen Fällen wird häufig die Annahme des Angebots davon abhängig gemacht, daß die Lieferung nicht aus Deutschland stammt. Auch in dem in der Anlage beigefügten Material, das durch die bis in die höchste Instanz durchgeführte gerichtliche Klarstellung der Sachlage eine besondere Bedeutung gewinnt, zeigt sich eine gleiche Haltung russischer

Behörden, die wohl um so weniger zu verteidigen sein wird, als sie auch gegen die mit dem deutschen Reich getroffenen Festsetzungen des Deutsch-Russischen Handelsvertrages verstößt.

Für die deutsche Zementindustrie insbesondere wäre ein Verlust des russischen Absatzes, vor allem der Lieferungen für öffentliche Bauten, von schwerwiegender Bedeutung. Zählen doch Rußland und Finnland zu den bedeutendsten Absatzgebieten der deutschen Zementindustrie, und ein Verlust dieser Märkte wäre gerade in gegenwärtiger Zeit von um so schwereren Folgen begleitet, als die weiteren Hauptabnehmer Deutschlands, die Staaten Südamerikas, zurzeit eine wirtschaftliche Krise durchmachen.

Aus alldem dürfte hervorgehen, wie sehr die Haltung der russischen Behörden, insoweit sie den Euerer Exzellenz gegebenen Zusicherungen widerspricht, geeignet erscheint, die deutsche Industrie zu schädigen, und so bitten wir Euere Exzellenz, das beigebrachte Material im geeigneten Falle zu verwerten, um so ein späteres ähnliches Verhalten russischer Behörden für die Zukunft hintanzuhalten. [Unterschrift.]

*ZStAP, AA 2827, Bl. 155f.*

## 396 Schreiben Nr. M 2311 des Abteilungsleiters im Reichsmarineamt Kapitän zur See Hopman an den Staatssekretär des Auswärtigen Amts von Jagow

*Ausfertigung.*

Berlin, 23. Mai 1914

Auf Schreiben vom 13. Mai 1914 — II 0 2182/35 637[1] —.

Im Bereiche der Kaiserlichen Marine sind russischen Offizieren, Beamten und Ingenieuren bei Besichtigungen von Marineanlagen und Privatwerften keinerlei Schwierigkeiten bereitet worden.

Die Besuche aus Rußland haben in den letzten Jahren stark zugenommen, sie betrafen hauptsächlich in Ausführung begriffene oder geplante Lieferungen für Rußland und Motoren für Unterseeboote und für andere Zwecke.

Für die Marine kommt daher eine Änderung des bisherigen Verfahrens nicht in Betracht.

*ZStAP, AA 2827, Bl. 160.*

1 Vgl. Dok. Nr. 394.

## 397 Notiz des Ständigen Hilfsarbeiters der Handelspolitischen Abteilung des Auswärtigen Amts Vizekonsul Frey

Berlin, 28. Mai 1914

Am 28. 5. 14 erschien im Auftrage der Fa. A. Borsig der Oberingenieur Georg Arnold.[1] Er erklärte, daß ihm von der Bestellung von Schraubenwellen für Torpedoboote seitens der Fa. Nobel nichts bekannt sei u. damit auch nichts von einer Zurückziehung des Auftrags.

Sollte derartiges vorgekommen sein, so würde er davon Kenntnis erhalten haben. Im übrigen habe auch seine Firma davon gehört, daß angeblich Verfügungen erlassen worden seien, wonach die Vergebung von Regierungsbestellungen nach Deutschland tunlichst vermieden werden sollte, jedoch habe der Petersburger Vertreter der Firma — San Galli — erklärt, dies seien nur Gerüchte, die nichts auf sich hätten u. vermutlich auf Konkurrenzmanöver zurückzuführen seien. Auch seien seiner Firma bisher keine Tatsachen bekannt geworden, aus denen sich schließen ließe, daß die erwähnten Gerüchte begründet seien.[2]

*ZStAP, AA 2827, Bl. 153f.*

1 Vgl. Dok. Nr. 393.

2 Auch Direktor Richard Flatow von der Firma Koppel äußerte sich im AA am 27. 5. 1914 gegenüber Vizekonsul Frey im gleichen Sinne. Er erklärte, „daß ihm über den vom Generalkonsul Biermann berichteten Fall nichts bekannt geworden sei. Er messe überhaupt der ganzen Sache keine allzugroße Bedeutung bei. Sollten tatsächlich Verfügungen des Inhalts ergangen sein, daß Regierungsbestellungen möglichst nicht nach Deutschland zu vergeben seien, so seien diese doch, wie ihm versichert worden sei, nicht von den Ministerialstellen ausgegangen. Es ist nicht ausgeschlossen, daß die russische und sonstige Konkurrenz die Hand dabei im Spiele gehabt habe. Zum mindesten sei bei seiner hiesigen Firma noch nicht ein Fall vorgekommen, der den Schluß zulasse, daß russischerseits Anordnungen der fraglichen Art getroffen worden seien."

## 398 Bericht Nr. I 426 des Generalkonsuls in St. Petersburg Biermann an den Reichskanzler von Bethmann Hollweg

*Ausfertigung.*

St. Petersburg, 30. Mai 1914

Meine Ermittlungen haben eine volle Bestätigung der Behauptung ergeben, daß die Firma Aron Hirsch & Sohn in Halberstadt im Verein mit Wogau & Co in Moskau sehr lebhaft auf die Erhöhung des Bleizolls in Rußland hinarbeiten.

Diese Firmen haben einen Zoll von 1,30 Rbl. verlangt, die Unterkommission hat sich für 1,10 Rbl. entschieden.

Ich möchte bei dieser Gelegenheit nicht verfehlen zu bemerken, daß, wie mir bekannt, auch andere deutsche Firmen, die hier Niederlassungen haben, in deren Interesse auf Erhöhung der russischen Einfuhrzölle hinzuarbeiten lieben.

*ZStAP, AA 6274, Bl. 164.*

## 399 Bericht Nr. I 408 des Generalkonsuls in St. Petersburg Biermann an den Reichskanzler von Bethmann Hollweg

*Abschrift.*

St. Petersburg, 15. Juni 1914

Über die Zurücksetzung der deutschen Industrie bei russischen Kronbestellungen habe ich wiederholt berichtet. Die Tatsache ist unbestreitbar und ebenso daß dies Verhalten auf allgemeine Anordnungen einiger Minister zurückzuführen ist.

Neue Einzelfälle habe ich nicht erfahren.

Von dem hiesigen Chef einer metallurgischen Großfirma wurde mir gesagt, daß nach seinen Informationen und Beobachtungen bereits eine Abschwächung der Ministerialverfügung erfolgt sei, dahingehend daß nur vorzugsweise England und Frankreich bei Bestellungen zu berücksichtigen seien.

Was die Befürchtung der Benachteiligung der deutschen Industrie aus Anlaß der Zollermäßigung für Roheisen betrifft, so habe ich bisher dafür keine Anhaltspunkte gefunden.

Das Gesetz über die Zollermäßigung hat die Dumakommission passiert und wird voraussichtlich noch vor dem Schluß der Session Gesetz werden.

Die Art und Weise der Berechnung der Zollermäßigung im Jahre 1911/12 ist in den Berichten vom 26. Juni 1911 — II 530 — und vom 26. März 1913 — II 308 — erörtert worden.

Nach dem Bericht der Handels- und Industrie Zeitung, dessen Übersetzung hier beigefügt ist, werden die damaligen Grundsätze wieder angewandt werden.

Der erste Grundsatz ist der, daß die Zollermäßigung jedesmal einen Ausgleich zwischen dem inländischen und ausländischen Roheisenpreis herbeiführen soll, d. h., der ermäßigte Zoll plus Fracht plus ausländischen Preis soll dem Preis des russischen Eisens an Ort und Stelle gleich kommen. Wird dieser Grundsatz angewandt, so wird eine Benachteiligung der deutschen, insbesondere der oberschlesischen Industrie nicht in Frage kommen. [. . .]

*ZStAP, AA 2827, Bl. 162f.*

## 400 Schreiben Nr. S IV 44 115/220 des preußischen Ministers für Öffentliche Arbeiten von Breitenbach an den Minister für auswärtige Angelegenheiten von Bethmann Hollweg

*Ausfertigung.*

Berlin, 15. Juni 1914

Auf das Schreiben vom 13. v. M. II 0 2181/36 637.[1]

Vom Standpunkte der Staatseisenbahnverwaltung *an sich* würden weniger Bedenken vorliegen, russischen Staatsangehörigen die Besichtigung von Eisenbahnanlagen und die Unterrichtung über Einrichtungen im Eisenbahnwesen in geeigneten Fällen zu gestatten. Indessen ist es kaum sicher zu bestimmen, ob militärische Rücksichten im einzelnen Falle *überhaupt nicht* berührt werden, und ich bin nach den Abmachungen mit dem Herrn Kriegsminister in jedem einzelnen Falle an die Zustimmung der Heeresverwaltung gebunden.

*ZStAP, AA 2827, Bl. 161.*
1 Vgl. Dok. Nr. 394.

## 401 Schreiben der J. E. Reinecker Aktiengesellschaft, Chemnitz-Gablenz, Werkzeuge und Werkzeugmaschinen an das Reichskanzleramt

*Ausfertigung.*

Chemnitz, 14. Juli 1914

Wir erhielten heute den Besuch eines Ingenieurs unseres russischen Vertreters in Moskau in Begleitung eines Werkstättenleiters des Russischen Arsenals in Brjansk.

Die Reise dieser Herren, denen sich außerdem ein Betriebsleiter der Artilleriewerkstatt in Tula noch anschließen sollte, erfolgt in geschäftlicher Angelegenheit, um sich durch Besichtigung unseres Betriebes für den Ankauf von weiteren Maschinen für dort zu informieren.

Wir stehen seit einer langen Reihe von Jahren mit den russischen Staatswerkstätten durch die Vermittlung unseres Moskauer Vertreters in recht angenehmer und ausgedehnter Geschäftsverbindung und sind wir stets als direkte Lieferanten für unsere Fabrikate anstandslos zugelassen worden; sehr häufig haben wir den Besuch der maßgebenden Herren aus den russischen Staatsbetrieben hier bei uns gehabt, ohne daß irgendwelche Bedenken geäußert wurden. Heute aber fragen uns die Herren Besucher hier zunächst, ob sie unserer Ansicht nach nichts zu befürchten haben würden bei dem Aufenthalte in Deutschland und speziell, ob ihnen selbst und uns keine Unannehmlichkeiten entstehen würden. Sie seien selbstredend gerne bereit, sich der Behörde gegenüber in jeder Beziehung zu legitimieren. Auf unsere erstaunte Frage: „Was sie denn zu dieser Frage veranlasse?“, erwiderte man uns, daß in Rußland heute eine Reise nach Deutschland als nicht ungefährlich für einen Russen angesehen werde, so daß man z. B. dem Hauptmann des Briansker Arsenals offiziell nicht die Erlaubnis zur Reise nach hier habe erteilen wollen, daß dieser Herr vielmehr auf sein eigenes Risiko reise, daß man aber dem Betriebsleiter des Arsenlas in Tula die Reise nach Deutschland seitens der Direktion dieser Werkstätten direkt untersagt habe. Dieser Herr habe daher seinen Weg direkt nach England genommen und werde die beiden hier anwesenden Herren erst bei ihrer Weiterreise in England treffen, wohin die Herren von hier aus ebenfalls zum Ankauf von Maschinen reisen.

Wir haben die Herren ja vollauf wegen ihres Aufenthaltes in Deutschland beruhigt, halten es aber doch für angebracht, dem Reichskanzleramt diese Mitteilung zugehen zu lassen, um eventl. feststellen zu lassen, von welcher Seite aus in Rußland derartige Nachrichten verbreitet werden, die dem geschäftlichen Verkehr ungeheueren Schaden bringen.

Zum Beweise dafür, daß tatsächlich der geschäftliche Verkehr mit Rußland ganz außerordentlich leidet, diene nachstehender Vorfall:

Am 18. Mai d. J. erhielten wir durch unseren Vertreter in Moskau einen festen Auftrag auf 31 Werkzeugmaschinen zur Einrichtung der Werkstätten der neu zu errichtenden „Vicker's“ Kanonenfabrik in St. Petersburg. Der Auftrag war in allen Teilen perfekt und fest abgeschlossen. Die Wertsumme betrug M. 88.730,— Die Lieferung wurde als besonders eilig bezeichnet und die Anfertigung wurde demgemäß sofort in Angriff genommen. Am 16. Juni d. Js. aber erhielten wir plötzlich die Nachricht, daß der Auftrag zurückgezogen und annulliert werden müsse und zwar auf Betreiben der Firma Vickers Maxim.

Wir vermuten, daß seitens der Engländer gegen die deutsche Industrie gehetzt wird und daß die Befürchtungen der russischen Herren vollständig unbegründet sind.

Für eine Mitteilung darüber, ob unsere Annahme, daß man den Herren amtlicherseits nichts in den Weg legt, richtig ist, wären wir dem Reichskanzler dankbar.

Wir würden bitten, eine diesbezügliche Mitteilung den Herren vorlegen zu dürfen.

Die Original-Unterlagen zu obigen Ausführungen stehen auf Wunsch zur Verfügung.

[Unterschrift.]

*ZStAP, AA 2827, Bl. 174.*

## 402 Schreiben des Unterstaatssekretärs im Auswärtigen Amt Zimmermann an die J. E. Reinecker Aktiengesellschaft

*Konzept.*

Berlin, 22. Juli 1914

Auf Ihre Anfrage[1] werden Sie erg. benachrichtigt, daß keinerlei amtliche Anordnungen irgendwelcher Art ergangen sind, die die Befürchtungen Ihrer russischen Geschäftsfreunde begründet erscheinen lassen könnten.

Gegen die von Ihnen beabsichtigte Verwendung dieser Mitteilung bestehen keine Bedenken.[x2]

x Randbemerkung Zimmermann: Der H. St. S. des R. A. d. I. ist mit der Form „keinerlei amtliche Anordnungen irgend welcher Art ergangen" völlig einverstanden. Sie entspricht seiner Überzeugung nach dem tatsächlichen Verhältnisse. Bitte sofort mündlich im K[riegs]M[inisterium] anfragen, ob auch dortseits dieser Form zugestimmt wird.

*ZStAP, AA 2827, Bl. 179.*

1 Vgl. Dok. Nr. 401.

2 Im Kriegsministerium bestanden gleichfalls keine Bedenken.

# PERSONENREGISTER

(Nich- berücksichtigt: Bülow und Bethmann Hollweg als Adressaten von Berichten der amtlichen Vertreter Deutschlands im Ausland; Verfasser von Schriften und Aufsätzen in den Anmerkungen)

# SACHREGISTER